全国计算机技术与软件专业技术资格（水平）考试指定用书

软件设计师

2016至2020年试题分析与解答

计算机技术与软件专业技术资格考试研究部 主编

清华大学出版社
北 京

内容简介

软件设计师考试是计算机技术与软件专业技术资格（水平）考试的中级职称考试，是历年各级考试报名中的热点之一。本书汇集了从 2016 上半年到 2020 下半年的所有试题和权威的解析，参加考试的考生，认真读懂本书的内容后，将会更加了解考题的思路，对提升自己考试通过率的信心会有极大的帮助。

图书在版编目（CIP）数据

软件设计师 2016 至 2020 年试题分析与解答 / 计算机技术与软件专业技术资格考试研究部主编. —北京：清华大学出版社，2021.12（2024.9重印）

全国计算机技术与软件专业技术资格（水平）考试指定用书

ISBN 978-7-302-58962-4

Ⅰ. ①软…　Ⅱ. ①计…　Ⅲ. ①软件设计－资格考试－题解　Ⅳ. ①TP311.1-44

中国版本图书馆 CIP 数据核字(2021)第 174578 号

责任编辑： 杨如林
封面设计： 杨玉兰
责任校对： 徐俊伟
责任印制： 刘海龙

出版发行： 清华大学出版社
网　　址： https://www.tup.com.cn，https://www.wqxuetang.com
地　　址： 北京清华大学学研大厦 A 座　　**邮　　编：** 100084
社 总 机： 010-83470000　　**邮　　购：** 010-62786544
投稿与读者服务： 010-62776969，c-service@tup.tsinghua.edu.cn
质量反馈： 010-62772015，zhiliang@tup.tsinghua.edu.cn
印 装 者： 三河市铭诚印务有限公司
经　　销： 全国新华书店
开　　本： 185mm×230mm　**印　张：** 28.5　**防伪页：** 1　**字　数：** 677 千字
版　　次： 2021 年 12 月第 1 版　　**印　次：** 2024 年 9 月第 4 次印刷
定　　价： 109.00 元

产品编号：093769-01

前　言

根据国家有关的政策性文件，全国计算机技术与软件专业技术资格（水平）考试（以下简称“计算机软件考试”）已经成为计算机软件、计算机网络、计算机应用、信息系统、信息服务领域高级工程师、工程师、助理工程师（技术员）国家职称资格考试。而且，根据信息技术人才年轻化的特点和要求，报考这种资格考试不限学历与资历条件，以不拘一格选拔人才。现在，软件设计师、程序员、网络工程师、数据库系统工程师、系统分析师、系统架构设计师和信息系统项目管理师等资格的考试标准已经实现了中国与日本互认，程序员和软件设计师等资格的考试标准已经实现了中国和韩国互认。

计算机软件考试规模发展很快，至今累计报考人数超过 600 万人。

计算机软件考试已经成为我国著名的 IT 考试品牌，其证书的含金量之高已得到社会的公认。计算机软件考试的有关信息见网站 www.ruankao.org.cn 中的资格考试栏目。

对考生来说，学习历年试题分析与解答是理解考试大纲的最有效、最具体的途径。

为帮助考生复习备考，计算机技术与软件专业技术资格考试研究部组织编写了软件设计师 2016 至 2020 年的试题分析与解答，以便于考生测试自己的水平，发现自己的弱点，更有针对性、更系统地学习。

计算机软件考试的试题质量高，包括了职业岗位所需的各个方面的知识和技术，不但包括技术知识，还包括法律法规、标准、专业英语、管理等方面的知识；不但注重广度，而且还有一定的深度；不但要求考生具有扎实的基础知识，还要具有丰富的实践经验。

这些试题中，包含了一些富有创意的试题，一些与实践结合得很好的试题，一些富有启发性的试题，具有较高的社会引用率，对学校教师、培训指导者、研究工作者都是很有帮助的。

由于编者水平有限，时间仓促，书中难免有错误和疏漏之处，诚恳地期望各位专家和读者批评指正，对此，我们将深表感激。

编者

2021 年 8 月

目　　录

第 1 章　2016 上半年软件设计师上午试题分析与解答

试题（1）

VLIW 是__（1）__的简称。

（1）A．复杂指令系统计算机　　B．超大规模集成电路
　　C．单指令流多数据流　　D．超长指令字

试题（1）分析

本题考查计算机系统基础知识。

VLIW 是超长指令字的缩写。

参考答案

（1）D

试题（2）

在主存与 Cache 的地址映射方式中，__（2）__方式可以实现主存任意一块装入 Cache 中任意位置，只有装满才需要替换。

（2）A．全相联　　B．直接映射　　C．组相联　　D．串并联

试题（2）分析

本题考查计算机系统基础知识。

全相联映射是指主存中任一块都可以映射到 Cache 中任一块的方式，也就是说，当主存中的一块需调入 Cache 时，可根据当时 Cache 的块占用或分配情况，选择一个块给主存块存储，所选的 Cache 块可以是 Cache 中的任意一块。

直接相联映射方式是指主存的某块 j 只能映射到满足特定关系的 Cache 块 i 中。

全相联映射和直接相联映射方式的优缺点正好相反，也就是说，对于全相联映射方式来说为优点的恰是直接相联映射方式的缺点，而对于全相联映射方式来说为缺点的恰是直接相联映射方式的优点。

组相连映射兼顾了这两种方式的优点：主存和 Cache 按同样大小划分成块；主存和 Cache 按同样大小划分成组；主存容量是缓存容量的整数倍，将主存空间按缓冲区的大小分成区，主存中每一区的组数与缓存的组数相同；当主存的数据调入缓存时，主存与缓存的组号应相等，也就是各区中的某一块只能存入缓存的同组号的空间内，但组内各块地址之间则可以任意存放，即从主存的组到 Cache 的组之间采用直接映射方式；在两个对应的组内部采用全相联映射方式。

参考答案

（2）A

试题（3）

如果“2X”的补码是“90H”，那么 X 的真值是__（3）__。

（3）A. 72　　B. –56　　C. 56　　D. 111

试题（3）分析

本题考查计算机系统基础知识。

先由补码“90H”得出其对应的真值，为负数，绝对值的二进制形式为 01110000，转换为十进制后等于–112，即 2X=–112，因此 X=–56。

参考答案

（3）B

试题（4）

移位指令中的__（4）__指令的操作结果相当于对操作数进行乘 2 操作。

（4）A. 算术左移　　B. 逻辑右移　　C. 算术右移　　D. 带进位循环左移

试题（4）分析

本题考查计算机系统基础知识。

算术移位时，对于负数，其符号位可能需要特殊处理，逻辑移位中没有符号的概念，只是二进制位序列。

算术左移等同于乘以 2 的操作。

参考答案

（4）A

试题（5）

内存按字节编址，从 A1000H 到 B13FFH 的区域的存储容量为__（5）__KB。

（5）A. 32　　B. 34　　C. 65　　D. 67

试题（5）分析

本题考查计算机系统基础知识。

结束地址和起始地址的差值再加 1 为存储单元的个数，即

B13FFH–A1000H+1=10400H

转换为十进制后为（65 536+1024）B=64KB+1KB=65KB。

参考答案

（5）C

试题（6）

以下关于总线的叙述中，不正确的是__（6）__。

（6）A. 并行总线适合近距离高速数据传输

B. 串行总线适合长距离数据传输

C. 单总线结构在一个总线上适应不同种类的设备，设计简单且性能很高

D. 专用总线在设计上可以与连接设备实现最佳匹配

试题（6）分析

本题考查计算机系统基础知识。

串行总线将数据一位一位传输，数据线只需要一根（如果支持双向需要 2 根），并行总线是将数据的多位同时传输（4 位，8 位，甚至 64 位，128 位），显然，并行总线的传输速度

快，在长距离情况下成本高；串行传输的速度慢，但是远距离传输时成本低。

单总线结构在一个总线上适应不同种类的设备，通用性强，但是无法达到高的性能要求，而专用总线则可以与连接设备实现最佳匹配。

参考答案

（6）C

试题（7）

以下关于网络层次与主要设备对应关系的叙述中，配对正确的是__（7）__。

（7）A．网络层——集线器　　B．数据链路层——网桥

C．传输层——路由器　　D．会话层——防火墙

试题（7）分析

网络层的联网设备是路由器，数据链路层的联网设备是网桥和交换机，传输层和会话层主要是软件功能，都不需要专用的联网设备。

参考答案

（7）B

试题（8）

传输经过 SSL 加密的网页所采用的协议是__（8）__。

（8）A．HTTP　　B．HTTPS　　C．S-HTTP　　D．HTTP-S

试题（8）分析

本题考查 HTTPS 基础知识。

HTTPS（Hyper Text Transfer Protocol over Secure Socket Layer），是以安全为目标的 HTTP 通道，即使用 SSL 加密算法的 HTTP。

参考答案

（8）B

试题（9）

为了攻击远程主机，通常利用__（9）__技术检测远程主机状态。

（9）A．病毒查杀　　B．端口扫描　　C．QQ 聊天　　D．身份认证

试题（9）分析

本题考查网络安全中漏洞扫描的基础知识。

通常利用端口漏洞扫描来检测远程主机状态，获取权限，从而攻击远程主机。

参考答案

（9）B

试题（10）

某软件公司参与开发管理系统软件的程序员张某，辞职到另一公司任职，于是该项目负责人将该管理系统软件上开发者的署名更改为李某（接张某工作）。该项目负责人的行为__（10）__。

（10）A．侵犯了张某开发者身份权（署名权）

B．不构成侵权，因为程序员张某不是软件著作权人

C．只是行使管理者的权利，不构成侵权

D．不构成侵权，因为程序员张某现已不是项目组成员

试题（10）分析

《计算机软件保护条例》规定软件著作权人享有的权利，包括发表权、署名权、修改权、复制权、发行权、出租权、信息网络传播权、翻译权。署名权是指软件开发者为表明身份在自己开发的软件原件及其复制件上标记姓名的权利。法律法规规定署名权的根本目的，在于保障不同软件来自不同开发者这一事实不被人混淆，署名即是标记，旨在区别，区别的目的是有效保护软件著作权人的合法权益。署名彰显了开发者与软件之间存在关系的客观事实。因此，行使署名权应当奉行诚实的原则，应当符合有效法律行为的要件，否则会导致署名无效的后果。

署名权只能是真正的开发者和被视同开发者的法人和非法人团体才有资格享有，其他任何个人、单位和组织不得行使此项权利。所以，署名权还隐含着另一种权利，即开发者资格权。法律保护署名权，意味着法律禁止任何未参加开发的人在他人开发的软件上署名。《计算机软件保护条例》规定“在他人开发的软件上署名或者更改他人开发的软件上的署名”的行为是侵权行为，这种行为侵犯了开发者身份权，即署名权。

参考答案

（10）A

试题（11）

美国某公司与中国某企业谈技术合作，合同约定使用 1 项美国专利（获得批准并在有效期内），该项技术未在中国和其他国家申请专利。依照该专利生产的产品__（11）__需要向美国公司支付这件美国专利的许可使用费。

（11）A．在中国销售，中国企业　　B．如果返销美国，中国企业不

C．在其他国家销售，中国企业　　D．在中国销售，中国企业不

试题（11）分析

依照该专利生产的产品在中国或其他国家销售，中国企业不需要向美国公司支付这件美国专利的许可使用费。这是因为，该美国公司未在中国及其他国家申请该专利，不受中国及其他国家专利法的保护，因此，依照该专利生产的产品在中国及其他国家销售，中国企业不需要向美国公司支付这件美国专利的许可使用费。

如果返销美国，需要向美国公司支付这件美国专利的许可使用费。这是因为，这件专利已在美国获得批准，因而受到美国专利法的保护，中国企业依照该专利生产的产品要在美国销售，则需要向美国公司支付这件美国专利的许可使用费。

参考答案

（11）D

试题（12）

以下媒体文件格式中，__（12）__是视频文件格式。

（12）A．WAV　　B．BMP　　C．MP3　　D．MOV

试题（12）分析

WAV 为微软公司开发的一种声音文件格式，它符合 RIFF（Resource Interchange File Format）文件规范。

BMP（Bitmap）是 Windows 操作系统中的标准图像文件格式，可以分成两类：设备相关位图（DDB）和设备无关位图（DIB）。它采用位映射存储格式，除了图像深度可选以外，不采用其他任何压缩。

MP3（Moving Picture Experts Group Audio Layer Ⅲ）是一种音频压缩技术，它被设计用来大幅度降低音频数据量。作为文件扩展名时表示该文件是一种音频格式文件。

MOV 即 QuickTime 影片格式，它是 Apple 公司开发的一种音频、视频文件格式，用于存储常用数字媒体类型。

参考答案

（12）D

试题（13）

以下软件产品中，属于图像编辑处理工具的软件是__（13）__。

（13）A．PowerPoint　　B．Photoshop　　C．Premiere　　D．Acrobat

试题（13）分析

PowerPoint 是微软公司的演示文稿软件。

Premiere 是一款常用的视频编辑软件，由Adobe公司推出。

Acrobat 是由Adobe公司开发的一款PDF（Portable Document Format）编辑软件。

Photoshop（简称 PS），是由Adobe Systems 开发和发行的图像处理软件。

参考答案

（13）B

试题（14）

使用 150DPI 的扫描分辨率扫描一幅 3×4 英寸的彩色照片，得到原始的 24 位真彩色图像的数据量是__（14）__Byte。

（14）A．1800　　B．90 000　　C．270 000　　D．810 000

试题（14）分析

DPI（Dots Per Inch，每英寸点数）通常用来描述数字图像输入设备（如图像扫描仪）或点阵图像输出设备（点阵打印机）输入或输出点阵图像的分辨率。一幅 3×4 英寸的彩色照片在 150DPI 的分辨率下扫描得到原始的 24 位真彩色图像的数据量是（150×3）×（150×4）×24/8B= 810 000 字节。

参考答案

（14）D

试题（15）、（16）

某软件项目的活动图如下图所示，其中顶点表示项目里程碑，连接顶点的边表示包含的活动，边上的数字表示活动的持续时间（天），则完成该项目的最少时间为__（15）__天。活动 BD 最多可以晚开始__（16）__天而不会影响整个项目的进度。

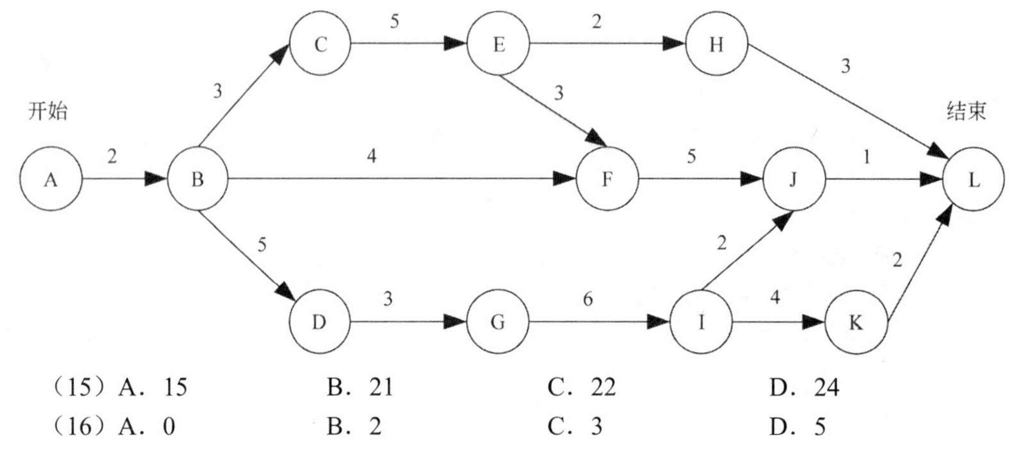

（15）A．15　　B．21　　C．22　　D．24

（16）A．0　　B．2　　C．3　　D．5

试题（15）、（16）分析

本题考查软件项目管理的基础知识。

活动图是描述一个项目中各个工作任务相互依赖关系的一种模型，项目的很多重要特性可以通过分析活动图得到，如估算项目完成时间，计算关键路径和关键活动等。

根据上图计算出关键路径为 A-B-D-G-I-K-L，其长度为 22，关键路径上的活动均为关键活动。活动 BD 在关键路径上，因此松弛时间为 0。

参考答案

（15）C　（16）A

试题（17）、（18）

在结构化分析中，用数据流图描述__（17）__。当采用数据流图对一个图书馆管理系统进行分析时，__（18）__是一个外部实体。

（17）A．数据对象之间的关系，用于对数据建模

B．数据在系统中如何被传送或变换，以及如何对数据流进行变换的功能或子功能，用于对功能建模

C．系统对外部事件如何响应，如何动作，用于对行为建模

D．数据流图中的各个组成部分

（18）A．读者　　B．图书　　C．借书证　　D．借阅

试题（17）、（18）分析

本题考查结构化分析的基础知识。

数据流图是结构化分析的一个重要模型，描述数据在系统中如何被传送或变换，以及描述如何对数据流进行变换的功能，用于功能建模。

数据流图中有四个要素：外部实体，也称为数据源或数据汇点，表示要处理的数据的输入来源或处理结果要送往何处，不属于目标系统的一部分，通常为组织、部门、人、相关的软件系统或者硬件设备；数据流表示数据沿箭头方向的流动；加工是对数据对象的处理或变换；数据存储在数据流中起到保存数据的作用，可以是数据库文件或者任何形式的数据组织。

根据上述定义和题干说明，读者是外部实体，图书和借书证是数据流，借阅是加工。

参考答案

（17）B　（18）A

试题（19）

软件开发过程中，需求分析阶段的输出不包括__（19）__。

（19）A．数据流图　　B．实体联系图
　　　C．数据字典　　D．软件体系结构图

试题（19）分析

本题考查软件开发过程的基础知识。

结构化分析模型包括数据流图、实体联系图、状态迁移图和数据字典，因此这些模型是需求分析阶段的输出。而确定软件体系结构是在软件设计阶段进行的。

参考答案

（19）D

试题（20）

以下关于高级程序设计语言实现的编译和解释方式的叙述中，正确的是__（20）__。

（20）A．编译程序不参与用户程序的运行控制，而解释程序则参与
　　　B．编译程序可以用高级语言编写，而解释程序只能用汇编语言编写
　　　C．编译方式处理源程序时不进行优化，而解释方式则进行优化
　　　D．编译方式不生成源程序的目标程序，而解释方式则生成

试题（20）分析

本题考查程序语言基础知识。

解释程序也称为解释器，它或者直接解释执行源程序，或者将源程序翻译成某种中间代码后再加以执行；而编译程序（编译器）则是将源程序翻译成目标语言程序，然后在计算机上运行目标程序。这两种语言处理程序的根本区别是：在编译方式下，机器上运行的是与源程序等价的目标程序，源程序和编译程序都不再参与目标程序的执行过程；而在解释方式下，解释程序和源程序（或其某种等价表示）要参与到程序的运行过程中，运行程序的控制权在解释程序。简单来说，在解释方式下，翻译源程序时不生成独立的目标程序，而编译器则将源程序翻译成独立保存的目标程序。

参考答案

（20）A

试题（21）

以下关于脚本语言的叙述中，正确的是__（21）__。

（21）A．脚本语言是通用的程序设计语言
　　　B．脚本语言更适合应用在系统级程序开发中
　　　C．脚本语言主要采用解释方式实现
　　　D．脚本语言中不能定义函数和调用函数

试题（21）分析

本题考查程序语言基础知识。

维基百科上将脚本语言定义为："为了缩短传统的编写—编译—链接—运行过程而创建的计算机编程语言。通常具有简单、易学、易用的特色，目的是希望开发者以简单的方式快速完成某些复杂程序的编写工作。"

脚本语言一般运行在解释器或虚拟机中，便于移植，开发效率较高。

参考答案

（21）C

试题（22）

将高级语言源程序先转化为一种中间代码是现代编译器的常见处理方式。常用的中间代码有后缀式、＿（22）＿、树等。

（22）A．前缀码　　B．三地址码　　C．符号表　　D．补码和移码

试题（22）分析

本题考查程序语言基础知识。

"中间代码"是一种简单且含义明确的记号系统，可以有若干种形式，它们的共同特征是与具体的机器无关。最常用的一种中间代码是与汇编语言的指令非常相似的三地址码，其实现方式常采用四元式，另外还有后缀式、树等形式的中间代码。

参考答案

（22）B

试题（23）

当用户通过键盘或鼠标进入某应用系统时，通常最先获得键盘或鼠标输入信息的是＿（23）＿程序。

（23）A．命令解释　　B．中断处理　　C．用户登录　　D．系统调用

试题（23）分析

I/O设备管理软件一般分为4层：中断处理程序、设备驱动程序、与设备无关的系统软件和用户级软件。至于一些具体分层时细节上的处理，是依赖于系统的，没有严格的划分，只要有利于设备独立这一目标，可以为了提高效率而设计不同的层次结构。I/O软件的所有层次及每一层的主要功能如下图所示。

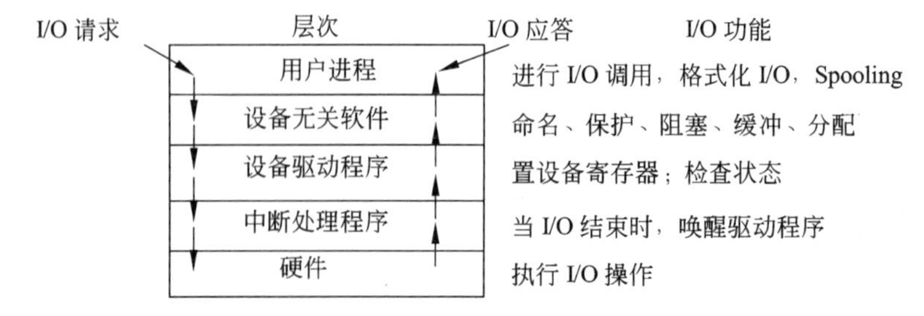

图中的箭头给出了I/O部分的控制流。当用户通过键盘或鼠标进入某应用系统时，通常最先获得键盘或鼠标输入信息的程序是中断处理程序。

参考答案

（23）B

试题（24）

在 Windows 操作系统中，当用户双击“IMG_20160122_103.jpg”文件名时，系统会自动通过建立的＿（24）＿来决定使用什么程序打开该图像文件。

（24）A．文件　　B．文件关联　　C．文件目录　　D．临时文件

试题（24）分析

本题考查 Windows 操作系统文件管理方面的基础知识。

当用户双击一个文件名时，Windows 系统通过建立的文件关联来决定使用什么程序打开该文件。例如系统建立了“Windows 照片查看器”或“11view”程序打开扩展名为“.jpg”类型的文件关联，那么当用户双击“IMG_20160122_103.jpg”文件时，Windows 先执行“Windows 照片查看器”或“11view”程序，然后打开“IMG_20160122_103.jpg”文件。

参考答案

（24）B

试题（25）

某磁盘有 100 个磁道，磁头从一个磁道移至另一个磁道需要 6ms。文件在磁盘上非连续存放，逻辑上相邻数据块的平均距离为 10 个磁道，每块的旋转延迟时间及传输时间分别为 100ms 和 20ms，则读取一个 100 块的文件需要＿（25）＿ms。

（25）A．12 060　　B．12 600　　C．18 000　　D．186 000

试题（25）分析

本题考查操作系统中设备管理的基础知识。

访问一个数据块的时间应为寻道时间、旋转延迟时间及传输时间之和。根据题意，每块的旋转延迟时间及传输时间共需 120ms，磁头从一个磁道移至另一个磁道需要 6ms，但逻辑上相邻数据块的平均距离为 10 个磁道，即读完一个数据块到下一个数据块寻道时间需要 60ms。通过上述分析，本题访问一个数据块的时间 T=120ms+60ms =180ms，而读取一个 100 块的文件共需要 18 000ms。

参考答案

（25）C

试题（26）～（28）

进程 P1、P2、P3、P4 和 P5 的前趋图如下图所示。

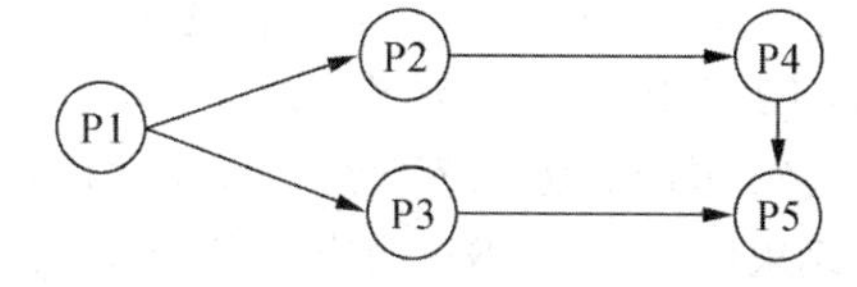

若用 PV 操作控制进程 P1、P2、P3、P4 和 P5 并发执行的过程，则需要设置 5 个信号量 S1、S2、S3、S4 和 S5，且信号量 S1～S5 的初值都等于零。下图中 a 和 b 处应分别填入＿（26）＿；c 和 d 处应分别填入＿（27）＿；e 和 f 处应分别填入＿（28）＿。

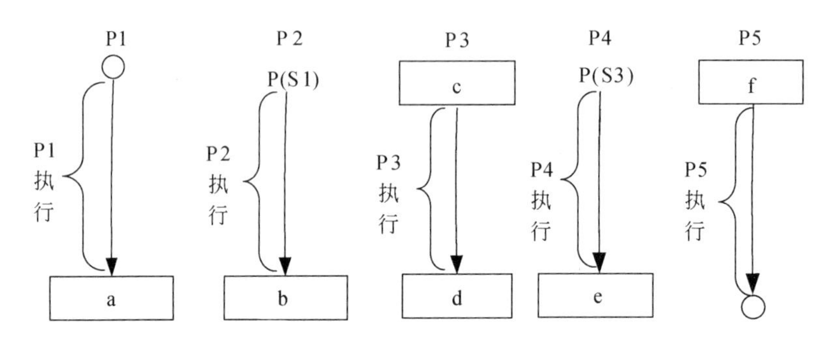

（26）A. V（S1）P（S2）和 V（S3）
B. P（S1）V（S2）和 V（S3）
C. V（S1）V（S2）和 V（S3）
D. P（S1）P（S2）和 V（S3）

（27）A. P（S2）和 P（S4）
B. P（S2）和 V（S4）
C. V（S2）和 P（S4）
D. V（S2）和 V（S4）

（28）A. P（S4）和 V（S4）V（S5）
B. V（S5）和 P（S4）P（S5）
C. V（S3）和 P（S4）P（S5）
D. P（S3）和 P（S4）P（S5）

试题（26）～（28）分析

根据前驱图，P1 进程执行完需要通知 P2 和 P3 进程，故需要利用 V（S1）V（S2）操作通知 P2 和 P3 进程，所以空 a 应填 V（S1）V（S2）；P2 进程执行完需要通知 P4 进程，所以空 b 应填 V（S3）。

根据前驱图，P3 进程运行前需要等待 P1 进程的结果，故执行程序前要先利用 1 个 P 操作，而 P3 进程运行结束需要通知 P5 进程。根据排除法，可选项只有选项 B 和选项 C。又因为 P3 进程运行结束后需要利用 1 个 V 操作通知 P5 进程，根据排除法，只有选项 B 满足要求。

根据前驱图，P4 进程执行结束需要利用 1 个 V 操作通知 P5 进程，故空 e 处需要 1 个 V 操作；P5 进程执行前需要等待 P3 和 P4 进程的结果，故空 f 处需要 2 个 P 操作。根据排除法，只有选项 B 和选项 C 能满足要求。根据试题（27）分析可知，P3 进程运行结束后利用 V（S4）通知 P5 进程，故 P4 进程运行结束后利用 V（S5）通知 P5 进程。

参考答案

（26）C　（27）B　（28）B

试题（29）

如下图所示，模块 A 和模块 B 都访问相同的全局变量和数据结构，则这两个模块之间的耦合类型为<u>（29）</u>耦合。

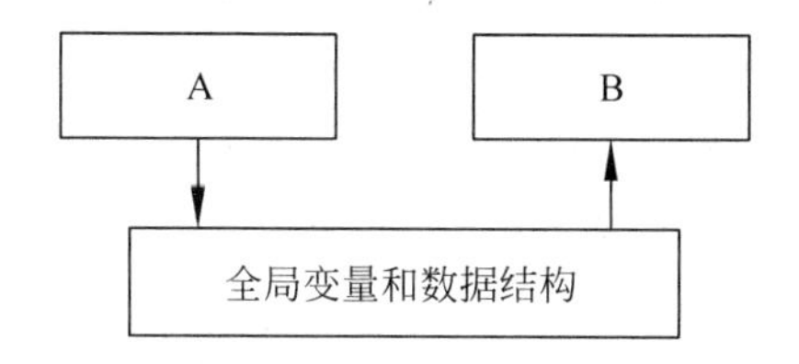

（29）A．公共　　B．控制　　C．标记　　D．数据

试题（29）分析

本题考查软件设计基础知识。

模块独立性是创建良好设计的一个重要原则，一般采用模块间的耦合和模块的内聚两个准则来进行度量。耦合程度越低，内聚程度越高，则模块的独立性越好。存在多种模块之间的耦合类型，从低到高依次为非直接耦合、数据耦合、标记耦合、控制耦合、外部耦合、公共耦合和内容耦合。 其中：

公共耦合是指一组模块都访问同一公共数据环境；

控制耦合是指一个模块通过传送开关、标志、名字等控制信息，明显地控制选择另一个模块的功能；

标记耦合是一组模块通过参数表传递记录信息；

数据耦合是一个模块访问另一个模块时，彼此之间通过数据参数（不是控制参数、公共数据结构或外部变量）来交换输入输出信息。

参考答案

（29）A

试题（30）

以下关于增量开发模型的叙述中，不正确的是__（30）__。

（30）A．不必等到整个系统开发完成就可以使用
B．可以使用较早的增量构件作为原型，从而获得稍后的增量构件需求
C．优先级最高的服务先交付，这样最重要的服务接受最多的测试
D．有利于进行好的模块划分

试题（30）分析

本题考查开发过程模型的基础知识。

增量开发模型将软件产品分解成一系列的增量构件，在增量开发中逐步加入。其优点主要有：能在较短的时间内交付可以使用的部分产品；逐步增加的产品功能可以使用户有充裕的时间学习和适应新产品；优先级最高的功能首先交付，这意味着最重要的功能经过最多的测试。但是要求对要开发的系统进行精心的分析和设计。

参考答案

（30）D

试题（31）

在设计软件的模块结构时，__（31）__不能改进设计质量。

（31）A．模块的作用范围应在其控制范围之内

B．模块的大小适中

C．避免或减少使用病态连接（从中部进入或访问一个模块）

D．模块的功能越单纯越好

试题（31）分析

本题考查软件设计的基础知识。

在设计软件的模块结构时，有一些启发式原则可以改进设计。如完善模块功能、消除重复功能、模块的作用范围应在其控制范围之内、尽可能减少高扇出结构、随着深度增大扇入、避免或减少使用病态连接等等。模块规模大小应适中。模块单一的功能可以提高其内聚性，但同时考虑与其他模块的耦合程度，因此不是模块功能越单纯越好。

参考答案

（31）D

试题（32）、（33）

软件体系结构的各种风格中，仓库风格包含一个数据仓库和若干个其他构件。数据仓库位于该体系结构的中心，其他构件访问该数据仓库并对其中的数据进行增、删、改等操作。以下关于该风格的叙述中，不正确的是<u>（32）</u>。<u>（33）</u>不属于仓库风格。

（32）A．支持可更改性和可维护性

B．具有可复用的知识源

C．支持容错性和健壮性

D．测试简单

（33）A．数据库系统　　B．超文本系统

C．黑板系统　　D．编译器

试题（32）、（33）分析

本题考查软件体系结构的基础知识。

仓库风格是一种软件体系结构，其中包含一个数据仓库和若干个其他构件。数据仓库位于该体系结构的中心，其他构件访问该数据仓库并对其中的数据进行增、删、改等操作。数据库系统、超文本系统和黑板系统都属于仓库风格。

该体系结构的优点包括：

① 对可更改性和可维护性的支持；

② 可复用的知识源；

③ 支持容错性和健壮性。

缺点包括：

① 测试困难；

② 不能保证有好的解决方案；

③ 难以建立好的控制策略；

④ 低效；

⑤ 昂贵的开发工作；

⑥ 缺少对并行机制的支持。

参考答案

（32）D　（33）D

试题（34）、（35）

下图（a）所示为一个模块层次结构的例子，图（b）所示为对其进行集成测试的顺序，则此测试采用了__（34）__测试策略。该测试策略的优点不包括__（35）__。

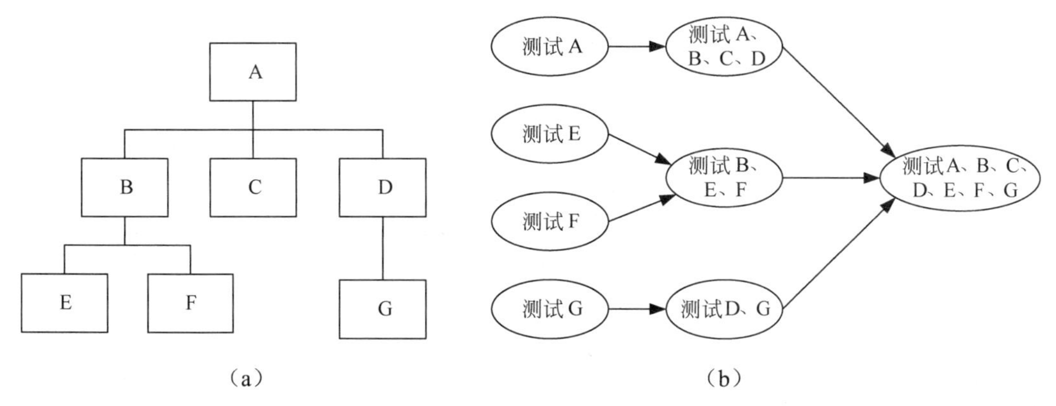

（a）　（b）

（34）A．自底向上　B．自顶向下
C．三明治　D．一次性

（35）A．较早地验证了主要的控制和判断点
B．较早地验证了底层模块
C．测试的并行程度较高
D．较少的驱动模块和桩模块的编写工作量

试题（34）、（35）分析

本题考查软件测试的基础知识。

软件测试按阶段划分为单元测试、集成测试和系统测试。在单元测试的基础上，将所有模块按照设计要求组装为系统，此时进行的测试称为集成测试。

集成测试有多种策略：

自底向上：从系统层次中最底层的构件开始测试，逐步向上。需要设计驱动模块来辅助测试。

自顶向下：与自底向上相反，从最顶层的构件开始，逐步向下。需要设计桩模块来辅助测试。

三明治：结合自底向上和自顶向下两种测试策略。

一次性：对所有构件一次性测试，然后集成。

根据题干，该实例采用了三明治测试策略。

该测量的优势是结合了自底向上和自顶向下的优点，如较早地验证了主要的控制构件和底层模块，并行测试程度较高等。但缺点是需要写较多的驱动模块和桩模块。

参考答案

（34）C　（35）D

试题（36）

采用 McCabe 度量法计算下图所示程序的环路复杂性为__（36）__。

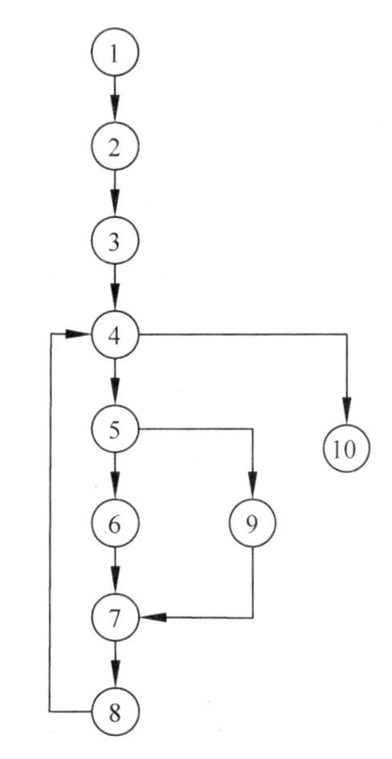

（36）A．1　　B．2　　C．3　　D．4

试题（36）分析

本题考查软件复杂性的基础知识。

McCabe 度量法是一种基于程序控制流的复杂性度量方法，环路复杂性为 $V(G) = m - n + 2$，图中 m=11，n=10，$V(G) = 11-10+2=3$。

参考答案

（36）C

试题（37）、（38）

在面向对象方法中，__（37）__是父类和子类之间共享数据和方法的机制。子类在原有父类接口的基础上，用适合于自己要求的实现去置换父类中的相应实现称为__（38）__。

（37）A．封装　　B．继承　　C．覆盖　　D．多态

（38）A．封装　　B．继承　　C．覆盖　　D．多态

试题（37）、（38）分析

本题考查面向对象的基础知识。

在面向对象系统中，对象是基本的运行时实体，它既包括数据（属性），也包括作用于数据的操作（行为）。所以，一个对象把属性和行为封装为一个整体。封装是一种信息隐蔽技术，它的目的是使对象的使用者和生产者分离，使对象的定义和实现分开。一个类定义了一组大体上相似的对象。一个类所包含的方法和数据描述一组对象的共同行为和属性，这些对象共享这些行为和属性。有些类之间存在一般和特殊关系，在定义和实现一个类的时候，可以在一个已经存在的类的基础上来进行，把这个已经存在的类所定义的内容作为自己的内

容，并加入新的内容，这种机制就是父类和子类之间共享数据和方法的机制，即继承。在子类定义时，可以继承它的父类（或祖先类）中的属性和方法，也可以重新定义父类中已经定义的方法，其方法可以对父类中方法进行覆盖，即在原有父类接口的基础上，用适合于自己要求的实现去置换父类中的相应实现。多态是在继承的支持下，在不同对象收到同一消息时可以产生不同的结果，这是由于对通用消息的实现细节由接收对象自行决定。

参考答案

（37）B　（38）C

试题（39）

在 UML 用例图中，参与者表示__（39）__。

（39）A．人、硬件或其他系统可以扮演的角色

B．可以完成多种动作的相同用户

C．不管角色的实际物理用户

D．带接口的物理系统或者硬件设计

试题（39）分析

本题考查面向对象和统一建模语言（UML）的基础知识。

UML 用例图展现了一组用例、参与者（Actor）以及它们之间的关系。用于对系统的静态用例视图进行建模。这个视图主要支持以下系统的行为，即该系统在它的周边环境的语境中所提供的外部可见服务。用例图说明参与者及其扮演的角色，可以是人、硬件或者其他系统可以扮演的角色，而非个人用户。

参考答案

（39）A

试题（40）

UML 中关联是一个结构关系，描述了一组链。两个类之间__（40）__关联。

（40）A．不能有多个

B．可以有多个由不同角色标识的

C．可以有任意多个

D．的多个关联必须聚合成一个

试题（40）分析

本题考查面向对象和统一建模语言（UML）的基础知识。

在 UML 中，关系把事物结合在一起，包括依赖、关联、泛化和实现四种。关联是一种结构关系，描述了一组链，即对象之间的连接；聚集是一种特殊类型的关联，描述了整体和部分之间的结构关系。在关联上可以标注重复度（Multiplicity）和角色（Role）。两个类之间可以有多个关联，但这些关联需要由不同角色进行标识。

参考答案

（40）B

试题（41）～（43）

如下所示的 UML 图是__（41）__，图中（Ⅰ）表示__（42）__，（Ⅱ）表示__（43）__。

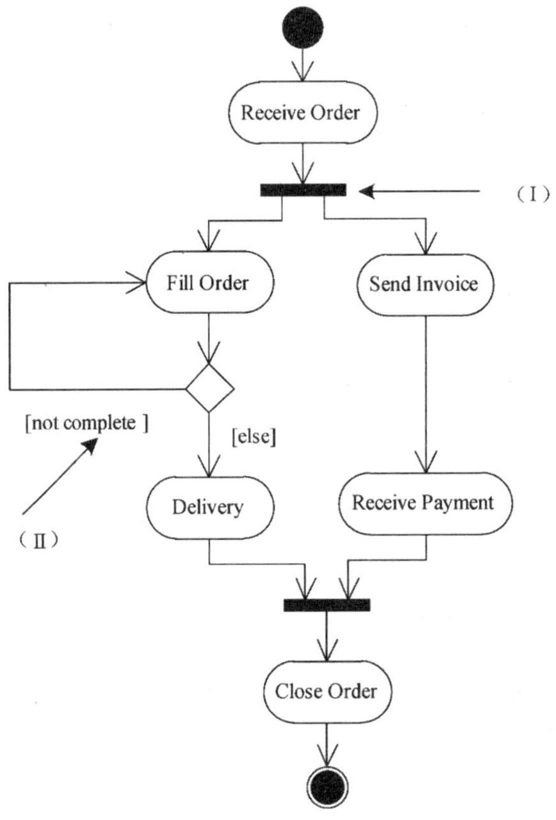

（41）A．序列图　　B．状态图　　C．通信图　　D．活动图
（42）A．合并分叉　　B．分支　　C．合并汇合　　D．流
（43）A．分支条件　　B．监护表达式　　C．动作名　　D．流名称

试题（41）～（43）分析

本题考查统一建模语言（UML）的基础知识。

活动图（Activity Diagram）是一种特殊的状态图，它展现了在系统内从一个活动到另一个活动的流程，专注于系统的动态视图，它对于系统的功能建模特别重要，并强调对象间的控制流程。如下图所示。

活动图一般包括活动状态和动作状态、转换和对象。活动图有开始、结束和一系列动作，可以表示分支、合并、分岔和汇合。分支描述基于布尔表达式的可选择路径，可有一个入流和两个或多个出流，在每个出流上放置一个布尔表达式条件（监护表达式），每个出流的条件不应该重叠，但需要覆盖所有可能性。合并描述当两条控制路径重新合并，不需要监护条件，只有一个出流。分岔描述把一个控制流分成两个或多个并发控制流，可以有一个进入转移和两个或多个离去转移，每个离去的转移表示一个独立的控制流，这些流可以并行进行。汇合表示两个或多个并发控制流的同步，可以有两个或多个进入转移和一个离去转移，意味着每个进入流都等待，直到所有进入流都达到这个汇合处。

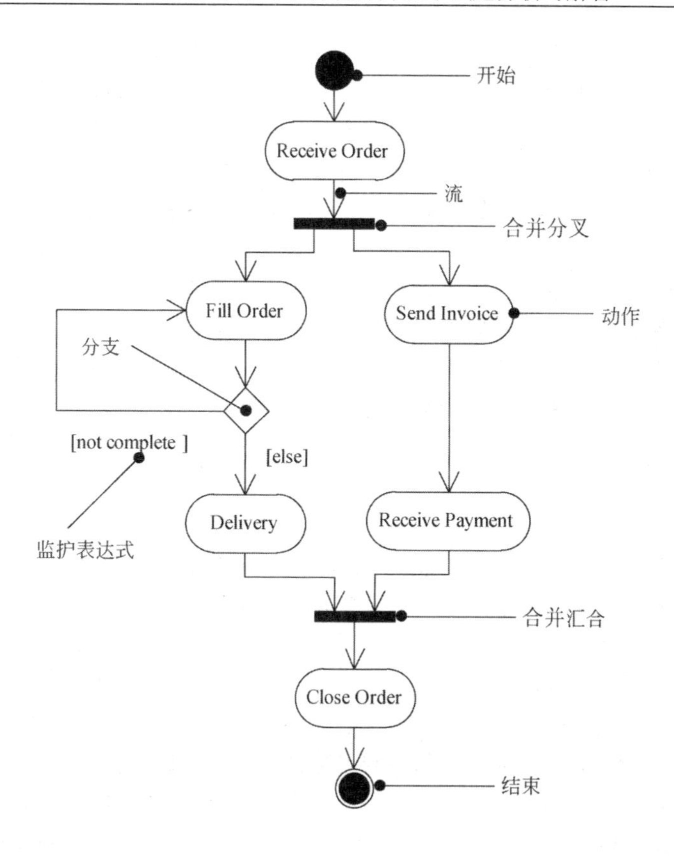

参考答案

（41）D　（42）A　（43）B

试题（44）

为图形用户界面（GUI）组件定义不同平台的并行类层次结构，适合采用＿（44）＿模式。

（44）A．享元（Flyweight）　　B．抽象工厂（Abstract Factory）

C．外观（Facade）　　D．装饰器（Decorator）

试题（44）分析

本题考查设计模式的基本概念。每种设计模式都有特定的意图和适用情况。

享元（Flyweight）模式运用共享技术有效地支持大量细粒度的对象。适用于：一个应用程序使用了大量的对象；完全由于使用大量的对象而造成很大的存储开销；对象的大多数状态都可变为外部状态；如果删除对象的外部状态，那么可以用相对较少的共享对象取代很多组对象；应用程序不依赖于对象标识。

抽象工厂（Abstract Factory）模式提供一个创建一系列相关或相互依赖对象的接口，而无须指定它们具体的类。适用于：一个系统要独立于它的产品的创建、组合和表示时；一个系统要由多个产品系列中的一个来配置时；当要强调一系列相关的产品对象的设计以便进行联合使用时；当提供一个产品类库，而只想显示它们的接口而不是实现时。如为图形用户界面（GUI）组件定义不同平台的并行类层次结构，适合采用此模式，其中抽象工厂声明一个创建抽象界面组件的操作接口，具体工厂实现创建产品对象的操作。

外观（Facade）模式为子系统中的一组接口提供一个一致的界面，Facade 模式定义了一个高层接口，这个接口使得这一子系统更加容易使用。适用于：要为一个复杂子系统提供一个简单接口时，子系统往往因为不断演化而变得越来越复杂；客户程序与抽象类的实现部分之间存在着很大的依赖性；当需要构建一个层次结构的子系统时，使用 Facade 模式定义子系统中每层的入口点。

装饰器（Decorator）模式描述了以透明围栏来支持修饰的类和对象的关系，动态地给一个对象添加一些额外的职责，从增加功能的角度来看，装饰器模式相比生成子类更加灵活。适用于：在不影响其他对象的情况下，以动态、透明的方式给单个对象添加职责；处理那些可以撤销的职责；当不能采用生成子类的方式进行扩充时。

参考答案

（44）B

试题（45）

（45）设计模式将一个请求封装为一个对象，从而使得可以用不同的请求对客户进行参数化，对请求排队或记录请求日志，以及支持可撤销的操作。

（45）A．命令（Command）　　B．责任链（Chain of Responsibility）
C．观察者（Observer）　　D．策略（Strategy）

试题（45）分析

本题考查设计模式的基本概念。每种设计模式都有特定的意图，描述一个在我们周围不断重复发生的问题，以及该问题的解决方案的核心，使该方案能够重用而不必做重复劳动。

命令（Command）将一个请求封装为一个对象，从而使得可以用不同的请求对客户进行参数化；对请求排队或记录请求日志，以及支持可撤销的操作。

责任链（Chain of Responsibility）使多个对象都有机会处理请求，从而避免请求的发送者和接收者之间的耦合关系。将这些对象连成一条链，并沿着这条链传递该请求，直到有一个对象处理它为止。

观察者（Observer）模式定义对象间的一种一对多的依赖关系，当一个对象的状态发生改变时，所有依赖于它的对象都得到通知并被自动更新。

策略（Strategy）定义一系列的算法，把它们一个个封装起来，并且使它们可以相互替换。此模式使得算法可以独立于使用它们的客户而变化。

参考答案

（45）A

试题（46）

（46）设计模式最适合用于发布/订阅消息模型，即当订阅者注册一个主题后，此主题有新消息到来时订阅者就会收到通知。

（46）A．适配器（Adapter）　　B．通知（Notifier）
C．观察者（Observer）　　D．状态（State）

试题（46）分析

本题考查设计模式的基本概念。每种设计模式都有特定的意图和适用情况。

适配器（Adapter）将一个类的接口转换成客户希望的另外一个接口。Adapter 模式使得原本由于接口不兼容而不能一起工作的那些类可以一起工作。类适配使用多重继承对一个接口与另一个接口进行匹配；对象适配器依赖于对象组合。适用于：想使用一个已经存在的类，而它的接口不符合要求；想创建一个可以复用的类，该类可以与其他不相关的类或不可预见的类（即那些接口不一定兼容的类）协同工作。仅适用于对象 Adapter：想使用一个已经存在的子类，但是不可能对每一个都进行子类化以匹配它们的接口。对象适配器可以适配它的父类接口。

观察者（Observer）模式定义对象间的一种一对多的依赖关系，当一个对象的状态发生改变时，所有依赖于它的对象都得到通知并被自动更新。适用于：当一个抽象模型有两个方面，其中一个方面依赖于另一个方面，将这两者封装在独立对象中以使它们可以各自独立地改变和复用；当对一个对象的改变需要同时改变其他对象，而不知道具体有多少对象有待改变时；当一个对象必须通知其他对象，而它又不能假定其他对象是谁，即不希望这些对象是紧耦合的。此模式最适合用于发布/订阅消息模型，由订阅者订阅消息主题，当发布者有新的主题消息发布，所有订阅者就会自动收到通知。

状态（State）允许一个对象在其内部状态改变时改变它的行为。对象看起来似乎修改了它的类。适用于：一个对象的行为决定于它的状态，并且它必须在运行时根据状态改变它的行为；一个操作中含有庞大的多分支的条件语句，且这些分支依赖于该对象的状态。这个状态通常用一个或多个枚举常量表示。通常，有多个操作包含这一相同的条件结构。State 模式将每一个条件分支放入一个独立的类中。这使得开发者可以根据对象自身的情况将对象的状态作为一个对象，这一对象可以不依赖于其他对象而独立变化。

参考答案

（46）C

试题（47）

因使用大量的对象而造成很大的存储开销时，适合采用__（47）__模式进行对象共享，以减少对象数量从而达到较少的内存占用并提升性能。

（47）A．组合（Composite）　　B．享元（Flyweight）
　　　C．迭代器（Iterator）　　D．备忘（Memento）

试题（47）分析

本题考查设计模式的基本概念。每种设计模式都有特定的意图和适用情况。

组合（Composite）模式将对象组合成树形结构以表示“部分-整体”的层次结构，使得用户对单个对象和组合对象的使用具有一致性。组件 Component 为组合的对象声明接口，通常定义父组件引用，用户引用此组件，Leaf 和 Composite 类可以继承这个引用以及管理这个引用的那些操作。适用于：想表示对象的“部分-整体”层次结构；希望用户忽略组合对象与单个对象的不同，用户将统一地使用组合结构中的所有对象。

享元（Flyweight）模式运用共享技术有效地支持大量细粒度的对象。

迭代器（Iterator）提供一种方法顺序访问一个聚合对象中各个元素，而又不需暴露该对象的内部表示。适用于：访问一个聚合对象的内容而无须暴露它的内部表示；支持对聚合对象的多种遍历；为遍历不同的聚合结构提供一个统一的接口。

备忘（Memento）在不破坏封装性的前提下，捕获一个对象的内部状态，并在对象之外保存这个状态。这样以后就可将对象恢复到原先保存的状态。适用于：必须保存一个对象在某一个时刻的（部分）状态，这样以后需要时它才能恢复到先前的状态；如果一个用接口来让其他对象直接得到这些状态，将会暴露对象的实现细节并破坏对象的封装性。

参考答案

（47）B

试题（48）

移进-归约分析法是编译程序（或解释程序）对高级语言源程序进行语法分析的一种方法，属于__（48）__的语法分析方法。

（48）A．自顶向下（或自上而下）　　B．自底向上（或自下而上）
　　　C．自左向右　　D．自右向左

试题（48）分析

本题考查程序语言基础知识。

语法分析方法分为两类：自上而下（自顶向下）分析法和自下而上（自底向上）分析法，递归下降分析法和预测分析法属于自上而下分析法，移进-归约分析法属于自下而上（自底向上）分析法。

参考答案

（48）B

试题（49）

某确定的有限自动机（DFA）的状态转换图如下图所示（A 是初态，C 是终态），则该 DFA 能识别__（49）__。

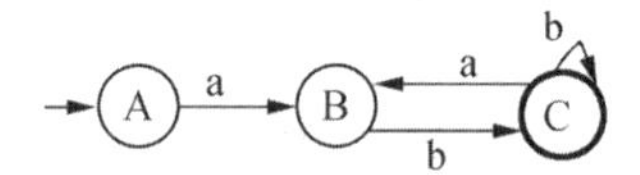

（49）A．aabb　　B．abab　　C．baba　　D．abba

试题（49）分析

本题考查程序语言基础知识。

在 DFA 中，如果存在从初态到达终态的路径，其上的标记字母构成字符串 s，则称该 DFA 可以识别 s。

根据题目中的状态转换图，对于 aabb，从状态 A 出发，识别字母“a”后转到状态 B，接下来不存在字母“a”的状态转换，因此，该 DFA 不能识别 aabb。

对于 abab，其识别路径为 A→B→C→B→C，当字符串结束时，到达终态 C，因此该 DFA 能识别 abab。

对于 baba，不存在识别路径，因为从状态 A 出发没有字母“b”的状态转换。

对于 abba，其识别路径为 A→B→C→C→B，字符串结束时不在终态，因此该 DFA 不能识别 abba。

参考答案

（49）B

试题（50）

函数 main()、f()的定义如下所示，调用函数 f()时，第一个参数采用传值（call by value）方式，第二个参数采用传引用（call by reference）方式，main 函数中“print(x)”执行后输出的值为__（50）__。

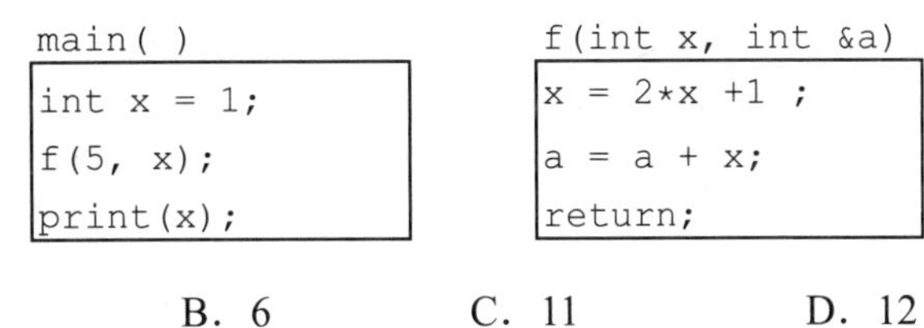

（50）A．1　　B．6　　C．11　　D．12

试题（50）分析

本题考查程序语言基础知识。

函数调用执行时，传值调用是指将实参的值传给形参，形参变量得到实参值的一份拷贝，引用调用实质上是将实参变量的地址传给形参变量，在被调用函数中通过指针间接访问实参变量，这样，对形参的修改实质上是对实参变量的修改。本题中，函数 f()执行时，其形参 x 得到的值为 5，语句“x=2*x+1;”将函数 f()中 x 的值改变为 11，而形参 a 实质上引用的是 main()函数中的 x，若用 main_x 表示函数 main()中的变量 x，用 f_x 表示函数 f()中的形参变量 x，则语句“a=a+x;”的实质是“main_x = main_x + f_x;”，因此结果是 main()函数中 x 的值改为 12。

参考答案

（50）D

试题（51）

数据的物理独立性和逻辑独立性分别是通过修改__（51）__来完成的。

（51）A．外模式与内模式之间的映像、模式与内模式之间的映像

B．外模式与内模式之间的映像、外模式与模式之间的映像

C．外模式与模式之间的映像、模式与内模式之间的映像

D．模式与内模式之间的映像、外模式与模式之间的映像

试题（51）分析

本题考查数据库的基础知识。

数据的独立性是由 DBMS 的二级映像功能来保证的。数据的独立性包括数据的物理独立性和数据的逻辑独立性。数据的物理独立性是指当数据库的内模式发生改变时，数据的逻辑结构不变。为了保证应用程序能够正确执行，需要通过修改概念模式/内模式之间的映像。数据的逻辑独立性是指用户的应用程序与数据库的逻辑结构是相互独立的。数据的逻辑结构

发生变化后，用户程序也可以不修改。但是，为了保证应用程序能够正确执行，需要修改外模式/概念模式之间的映像。

参考答案

（51）D

试题（52）

关系规范化在数据库设计的__（52）__阶段进行。

（52）A. 需求分析　　B. 概念设计　　C. 逻辑设计　　D. 物理设计

试题（52）分析

逻辑设计阶段的任务之一是对关系模式进一步的规范化处理。因为生成的初始关系模式并不能完全符合要求，还会有数据冗余、更新异常存在，这就需要根据规范化理论对关系模式分解之后来消除。不过有时根据处理要求，可能还需要增加部分冗余以满足处理要求。逻辑设计阶段的任务就是需要做部分关系模式的处理，分解、合并或增加冗余属性，提高存储效率和处理效率。

参考答案

（52）C

试题（53）

若给定的关系模式为 $R<U,F>$，$U=\{A,B,C\}$，$F=\{AB\to C, C\to B\}$，则关系 R __（53）__。

（53）A. 有 2 个候选关键字 AC 和 BC，并且有 3 个主属性

B. 有 2 个候选关键字 AC 和 AB，并且有 3 个主属性

C. 只有 1 个候选关键字 AC，并且有 1 个非主属性和 2 个主属性

D. 只有 1 个候选关键字 AB，并且有 1 个非主属性和 2 个主属性

试题（53）分析

本题考查关系数据库规范化理论方面的基础知识。

根据函数依赖定义可知 $AC\to U$ 和 $AB\to U$，所以 AC 和 AB 为候选关键字。根据主属性的定义“包含在任何一个候选码中的属性叫作主属性（Prime Attribute），否则叫作非主属性（Nonprime Attribute）”，所以，关系 R 中的 3 个属性都是主属性。

参考答案

（53）B

试题（54）～（56）

某公司数据库中的元件关系模式为 P（元件号，元件名称，供应商，供应商所在地，库存量），函数依赖集 F 如下所示：

F = {元件号→元件名称，（元件号，供应商）→库存量，供应商→供应商所在地}

元件关系的主键为__（54）__，该关系存在冗余以及插入异常和删除异常等问题。为了解决这一问题需要将元件关系分解为__（55）__，分解后的关系模式可以达到__（56）__。

（54）A. 元件号，元件名称　　B. 元件号，供应商

C. 元件号，供应商所在地　　D. 供应商，供应商所在地

（55）A．元件 1（元件号，元件名称，库存量）、元件 2（供应商，供应商所在地）
B．元件 1（元件号，元件名称）、元件 2（供应商，供应商所在地，库存量）
C．元件 1（元件号，元件名称）、元件 2（元件号，供应商，库存量）、元件 3（供应商，供应商所在地）
D．元件 1（元件号，元件名称）、元件 2（元件号，库存量）、元件 3（供应商，供应商所在地）、元件 4（供应商所在地，库存量）

（56）A．1NF　　B．2NF　　C．3NF　　D．4NF

试题（54）～（56）分析

试题（54）的正确选项为 B。由于（元件号，供应商）可以决定全属性，即（元件号，供应商）→元件名称，供应商所在地，库存量，所以元件关系的主键为（元件号，供应商）。

试题（55）的正确选项为 C。因为关系 *P* 存在冗余以及插入异常和删除异常等问题，为了解决这一问题需要将元件关系分解。选项 A、选项 B 和选项 D 是有损连接的，且不保持函数依赖，故分解是错误的。例如，分解为选项 A、选项 B 和选项 D 后，用户无法查询某元件是由哪些供应商来供应，原因是分解有损连接的，且不保持函数依赖。

试题（56）的正确选项为 C。因为原元件关系存在非主属性对码的部分函数依赖：（元件号，供应商）→供应商所在地，但是供应商→供应商所在地，故原关系模式元件非 2NF。分解后的关系模式元件 1、元件 2 和元件 3 消除了非主属性对码的部分函数依赖，同时不存在传递依赖，故达到 3NF。

参考答案

（54）B　（55）C　（56）C

试题（57）

若元素以 a,b,c,d,e 的顺序进入一个初始为空的栈中，每个元素进栈、出栈各 1 次，要求出栈的第一个元素为 d，则合法的出栈序列共有 （57） 种。

（57）A．4　　B．5　　C．6　　D．24

试题（57）分析

本题考查数据结构基础知识。

栈的修改规则是后进先出。对于题目给出的元素序列，若要求 d 先出栈，则此时 a、b、c 尚在栈中，因此这四个元素构成的出栈序列只能是 d c b a。元素 e 可在 c 出栈之前进栈，之后 c 也只能在 e 出栈后再出栈，因此可以得到出栈系列 d e c b a。同理，e 可在 b 出栈之前进栈，从而得到出栈序列 d c e b a。若 e 在 a 出栈前入栈，则得到出栈序列 d c b e a。若 e 在 a 出栈后进、出栈，则得到出栈序列 d c b a e。

参考答案

（57）A

试题（58）

设有二叉排序树（或二叉查找树）如下图所示，建立该二叉树的关键码序列不可能是 （58） 。

（58）A．23 31 17 19 11 27 13 90 61　　B．23 17 19 31 27 90 61 11 13

C．23 17 27 19 31 13 11 90 61　　　　D．23 31 90 61 27 17 19 11 13

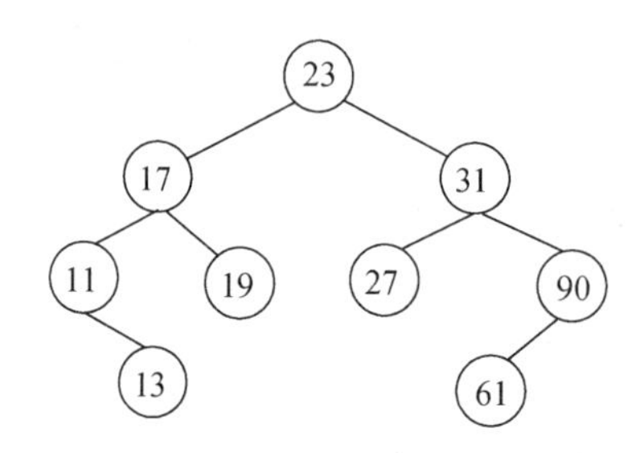

试题（58）分析

本题考查数据结构基础知识。

根据二叉排序树的定义，将新结点插入二叉排序树时，需要先查找插入位置。若等于树根，则不再插入，若大于树根，则递归地在右子树上查找插入位置，否则递归地在左子树上查找插入位置，因此，新结点总是以叶子的方式加入树中。这样，在根结点到达每个叶子结点的路径上，结点的顺序必须保持，也就是父结点必定先于子结点进入树中。

考查题目中的序列，在序列“23 17 27 19 31 13 11 90 61”中，27先于31进入该二叉排序树，这是不可能的。

参考答案

（58）C

试题（59）

若一棵二叉树的高度（即层数）为 h，则该二叉树__（59）__。

（59）A．有 2^h 个结点　　　　B．有 2^h-1 个结点

C．最少有 2^h-1 个结点　　　　D．最多有 2^h-1 个结点

试题（59）分析

本题考查数据结构基础知识。

二叉树中，非叶子结点最多有两个子结点，第 i 层上最多有 $2^{(i-1)}$ 个结点，因此高度为 h 的二叉树最多有 2^h-1 个结点。

参考答案

（59）D

试题（60）

在13个元素构成的有序表A[1..13]中进行折半查找（或称为二分查找，向下取整）。那么以下叙述中，错误的是__（60）__。

（60）A．无论要查找哪个元素，都是先与A[7]进行比较

B．若要查找的元素等于A[9]，则分别需与A[7]、A[11]、A[9]进行比较

C．无论要查找的元素是否在A[]中，最多与表中的4个元素比较即可

D．若待查找的元素不在A[]中，最少需要与表中的3个元素进行比较

试题（60）分析

本题考查数据结构基础知识。

设查找表的元素存储在一维数组 r[1..*n*]中，在表中的元素已经按关键字递增方式排序的情况下，进行折半查找的方法是：首先将待查元素的关键字（key）值与数组 r 中间位置上（下标为 mid）记录的关键字进行比较，若相等，则查找成功；若 key>r[mid].key，则说明待查记录只可能在后半个子表 r[mid+1..*n*]中，下一步应在后半个子表中进行查找，若 key<r[mid].key，说明待查记录只可能在前半个子表 r[1..mid–1]中，下一步应在 r 的前半个子表中进行查找，这样就可以迅速逐步缩小范围，直到查找成功或子表为空时失败为止。

折半查找过程可用一棵二叉树表示，其中结点中的数字表示元素的下标。

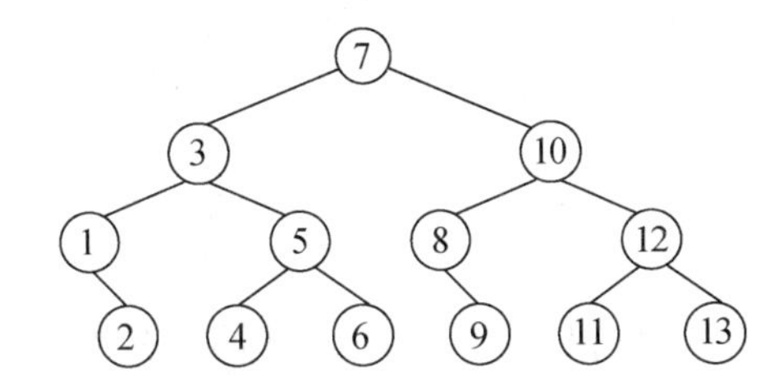

参考答案

（60）B

试题（61）

以下关于图的遍历的叙述中，正确的是__（61）__。

（61）A．图的遍历是从给定的源点出发对每一个顶点仅访问一次的过程

B．图的深度优先遍历方法不适用于无向图

C．使用队列对图进行广度优先遍历

D．图中有回路时则无法进行遍历

试题（61）分析

本题考查数据结构基础知识。

图的遍历是指对图中所有顶点进行访问且只访问一次的过程。因为图的任一个结点都可能与其余顶点相邻接，所以在访问了某个顶点之后，可能沿着某路径又回到该结点上。因此为了避免顶点的重复访问，在图的遍历过程中，必须对已访问过的顶点进行标记。深度优先遍历和广度优先遍历是两种遍历图的基本方法。

图的广度优先遍历方法为：从图中某个顶点 v 出发，在访问了 v 之后依次访问 v 的各个未被访问过的邻接点，然后分别从这些邻接点出发依次访问它们的邻接点，并使“先被访问的顶点的邻接点”先于“后被访问的顶点的邻接点”被访问，直至图中所有已被访问的顶点的邻接点都被访问到。若此时还有未被访问的顶点，则另选图中的一个未被访问的顶点作为起点，重复上述过程，直至图中所有的顶点都被访问到为止。

广度优先遍历图的特点是尽可能先进行横向搜索，即最先访问的顶点的邻接点也先被访问。为此，引入队列来保存已访问过的顶点序列，即每当一个顶点被访问后，就将其放入队中，当队头顶点出队时，就访问其未被访问的邻接点并令这些邻接顶点入队。

参考答案

（61）C

试题（62）～（65）

考虑一个背包问题，共有 $n = 5$ 个物品，背包容量为 $W = 10$，物品的重量和价值分别为：$w = \{2, 2, 6, 5, 4\}$，$v = \{6, 3, 5, 4, 6\}$，求背包问题的最大装包价值。若此为 0-1 背包问题，分析该问题具有最优子结构，定义递归式为：

$$c[i,j]=\begin{cases}0 & \text{若}i=0\text{或}j=0\\ c[i-1,j] & \text{若}w[i]>j\\ \max\{c[i-1,j-w[i]]+v[i],c[i-1,j]\} & \text{其他}\end{cases}$$

其中，$c(i, j)$表示 i 个物品、容量为 j 的 0-1 背包问题的最大装包价值，最终要求解 $c(n, W)$。

采用自底向上的动态规划方法求解，得到最大装包价值为__（62）__，算法的时间复杂度为__（63）__。

若此为部分背包问题，首先采用归并排序算法，根据物品的单位重量价值从大到小排序，然后依次将物品放入背包直至所有物品放入背包中或者背包再无容量，则得到的最大装包价值为__（64）__，算法的时间复杂度为__（65）__。

（62）A. 11　　B. 14　　C. 15　　D. 16.67

（63）A. $\Theta(nW)$　　B. $\Theta(n\lg n)$　　C. $\Theta(n^2)$　　D. $\Theta(n\lg nW)$

（64）A. 11　　B. 14　　C. 15　　D. 16.67

（65）A. $\Theta(nW)$　　B. $\Theta(n\lg n)$　　C. $\Theta(n^2)$　　D. $\Theta(n\lg nW)$

试题（62）～（65）分析

本题考查算法设计与分析的基础知识。

背包问题是一个经典的计算问题，有很多应用。背包问题有两类，0-1 背包问题和部分背包问题。

若用 $c(i,j)$表示 i 个物品、容量为 j 的最大装包价值，则 0-1 背包问题可以用动态规划方法求解，其递归式为：

$$c[i,j]=\begin{cases}0 & \text{若}i=0\text{或}j=0\\ c[i-1,j] & \text{若}w[i]>j\\ \max\{c[i-1,j-w[i]]+v[i],c[i-1,j]\} & \text{其他}\end{cases}$$

根据该递归式，自底向上可以计算题干实例中各个子问题的最优解的值，如下表所示。

		0	1	2	3	4	5	6	7	8	9	10
$w[i]$	$v[i]$	0	0	0	0	0	0	0	0	0	0	0
2	6	0	0	6	6	6	6	6	6	6	6	6
2	3	0	0	6	6	9	9	9	9	9	9	9
6	5	0	0	6	6	9	9	9	9	11	11	14
5	4	0	0	6	6	9	9	9	10	11	13	14
4	6	0	0	6	6	9	9	12	12	15	15	15

上表中行表示物品，列表示背包容量，每个元素的值表示，在仅考虑前 i 个物品时，背包容量为该列对应的值时，所获得的最大价值。

根据上表的结果，得到最大价值为 15。

自底向上计算该递归式，在实现时其实是两重循环，物品个数的循环和背包容量的循环，因此时间复杂度为 $\Theta(nW)$。

部分背包问题可以用贪心算法求解。首先根据物品的单位重量价值对物品从大到小排序，然后依次取出物品放入背包，直到所有物品装完或者背包不能装入某个物品时，只放入该物品的一部分，让背包装满。单位重量价值如下表。

	1	2	3	4	5
w	2	2	6	5	4
v	6	3	5	4	6
v/w	3	1.5	0.83	0.8	1.5

上表中行表示物品信息，即重量、价值和单位重量价值，列表示对应的物品。

根据贪心策略，首先取出第一个物品放入背包，然后取出第二个物品和第五个物品放入背包，此时获得价值 6+3+6=15，背包剩余容量 10–2–2–4=2。此时不能将第三个物品全部放入背包，只能放 2/6=1/3，对应获得的价值为 5×1/3=1.67，因此得到所获得的最大价值为 15+1.67=16.67。

若用时间复杂度为 $\Theta(n\lg n)$的归并排序算法先对物品的单位重量价值排序，然后依次将物品放入背包（时间复杂度为 $\Theta(n)$），则整个算法的时间复杂度为 $\Theta(n\lg n)$。

参考答案

（62）C　（63）A　（64）D　（65）B

试题（66）、（67）

默认情况下，FTP 服务器的控制端口为＿（66）＿，上传文件时的端口为＿（67）＿。

（66）A．大于 1024 的端口　B．20　C．80　D．21

（67）A．大于 1024 的端口　B．20　C．80　D．21

试题（66）、（67）分析

本题考查 FTP 的基础知识。

默认情况下，FTP 服务器的控制端口为 21，数据端口为 20。

参考答案

（66）D　（67）B

试题（68）

使用 ping 命令可以进行网络检测，在进行一系列检测时，按照由近及远原则，首先执行的是＿（68）＿。

（68）A．ping 默认网关　B．ping 本地 IP

C．ping 127.0.0.1　D．ping 远程主机

试题（68）分析

使用 ping 命令进行网络检测，按照由近及远原则，首先执行的是 ping 127.0.0.1，其次是 ping 本地 IP，再次是 ping 默认网关，最后是 ping 远程主机。

参考答案

（68）C

试题（69）

某 PC 的 Internet 协议属性参数如下图所示，默认网关的 IP 地址是__（69）__。

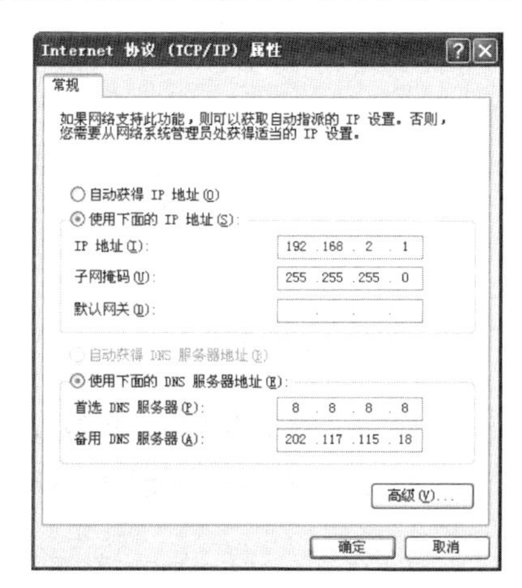

（69）A．8.8.8.8　　B．202.117.115.3　　C．192.168.2.254　　D．202.117.115.18

试题（69）分析

本题考查 Internet 协议属性参数的配置。

默认网关和本地 IP 地址应属同一网段。

参考答案

（69）C

试题（70）

在下图的 SNMP 配置中，能够响应 Manager2 的 getRequest 请求的是__（70）__。

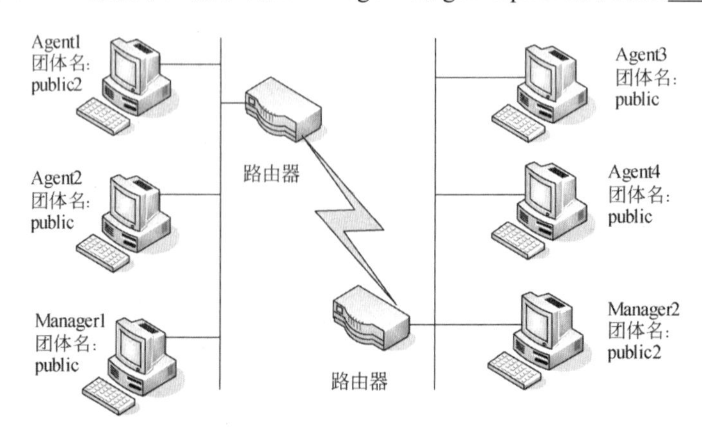

（70）A．Agent1　　B．Agent2　　C．Agent3　　D．Agent4

试题（70）分析

在 SNMP 管理中，管理站和代理之间进行信息交换时要通过团体名认证，这是一种简单的安全机制，管理站与代理必须具有相同的团体名才能互相通信。但是由于包含团体名的 SNMP 报文是明文传送，所以这样的认证机制是不够安全的。本题中的 Manager2 和 Agent1 的团体名都是 public2，所以二者可以互相通信。

参考答案

（70）A

试题（71）～（75）

In the fields of physical security and information security, access control is the selective restriction of access to a place or other resource. The act of accessing may mean consuming, entering, or using. Permission to access a resource is called authorization (授权).

An access control mechanism __(71)__ between a user (or a process executing on behalf of a user) and system resources, such as applications, operating systems, firewalls, routers, files, and databases. The system must first authenticate (验证) a user seeking access. Typically the authentication function determines whether the user is __(72)__ to access the system at all. Then the access control function determines if the specific requested access by this user is permitted. A security administrator maintains an authorization database that specifies what type of access to which resources is allowed for this user. The access control function consults this database to determine whether to __(73)__ access. An auditing function monitors and keeps a record of user accesses to system resources.

In practice, a number of __(74)__ may cooperatively share the access control function. All operating systems have at least a rudimentary (基本的), and in many cases a quite robust, access control component. Add-on security packages can add to the __(75)__ access control capabilities of the OS. Particular applications or utilities, such as a database management system, also incorporate access control functions. External devices, such as firewalls, can also provide access control services.

（71）A．cooperates　　B．coordinates　　C．connects　　D．mediates

（72）A．denied　　B．permitted　　C．prohibited　　D．rejected

（73）A．open　　B．monitor　　C．grant　　D．seek

（74）A．components　　B．users　　C．mechanisms　　D．algorithms

（75）A．remote　　B．native　　C．controlled　　D．automated

参考译文

在物理安全和信息安全领域，访问控制是访问一个地方或其他资源的选择性限制。访问的行为可能是消耗、进入或使用。访问资源的权限称为授权。

访问控制机制介于用户（或代表用户的过程的执行）和系统资源之间，资源如应用程序、操作系统、防火墙、路由器、文件和数据库。系统必须首先认证用户的访问企图。典型的，认证功能确定一个用户是否被允许访问该系统。然后，访问控制功能确定此用户的特定访问请求是否允许。安全管理员维护授权数据库，其中指定用户可以对哪个资源具有什么类型的访问权限。访问控制功能查询数据库以确定是否授权访问。审计功能监控和记录用户对系统资源的访问。

实际上，很多组件可以一起合作提供访问控制功能。所有操作系统至少具有基本的访问控制组件，而且这些组件大多情况下非常健壮。附加安全包可以添加到操作系统的本地安全控制功能。特定的应用和实用工具，如数据管理系统，也并入了访问控制功能。如防火墙等外部设备也能够提供访问控制服务。

参考答案

（71）D （72）B （73）C （74）A （75）B

第 2 章　2016 上半年软件设计师下午试题分析与解答

试题一（共 15 分）

阅读下列说明和图，回答问题 1 至问题 4，将解答填入答题纸的对应栏内。

【说明】

某会议中心提供举办会议的场地设施和各种设备，供公司与各类组织机构租用。场地包括一个大型报告厅、一个小型报告厅以及诸多会议室。这些报告厅和会议室可提供的设备有投影仪、白板、视频播放/回放设备、计算机等。为了加强管理，该中心欲开发一会议预订系统，系统的主要功能如下：

（1）检查可用性。客户提交预订请求后，检查预订表，判定所申请的场地是否在申请日期内可用；如果不可用，返回不可用信息。

（2）临时预订。会议中心管理员收到客户预订请求的通知之后，提交确认。系统生成新临时预订存入预订表，并对新客户创建一条客户信息记录加以保存。根据客户记录给客户发送临时预订确认信息和支付定金要求。

（3）分配设施与设备。根据临时预订或变更预订的设备和设施需求，分配所需设备（均能满足用户要求）和设施，更新相应的表和预订表。

（4）确认预订。管理员收到客户支付定金的通知后，检查确认，更新预订表，根据客户记录给客户发送预订确认信息。

（5）变更预订。客户还可以在支付余款前提交变更预订请求，对变更的预订请求检查可用性，如果可用，分配设施和设备；如果不可用，返回不可用信息。管理员确认变更后，根据客户记录给客户发送确认信息。

（6）要求付款。管理员从预订表中查询距预订的会议时间两周内的预订，根据客户记录给满足条件的客户发送支付余款要求。

（7）支付余款。管理员收到客户余款支付的通知后，检查确认，更新预订表中的已支付余款信息。

现采用结构化方法对会议预订系统进行分析与设计，获得如图 1-1 所示的上下文数据流图和图 1-2 所示的 0 层数据流图（不完整）。

【问题 1】（2 分）

使用说明中的词语，给出图 1-1 中的实体 E1～E2 的名称。

【问题 2】（4 分）

使用说明中的词语，给出图 1-2 中的数据存储 D1～D4 的名称。

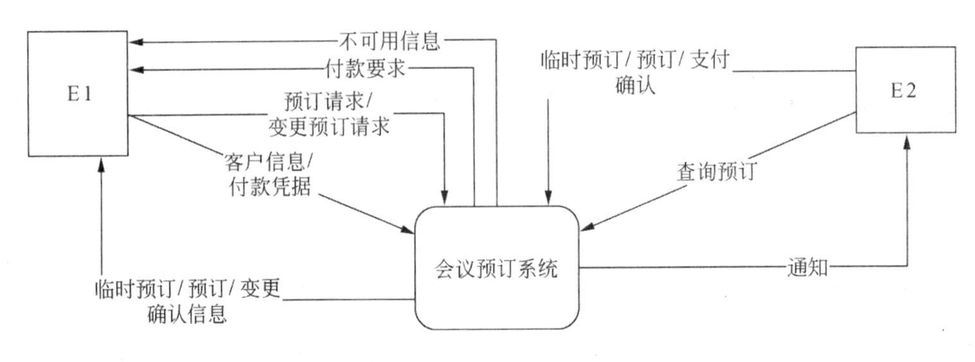

图 1-1　上下文数据流图

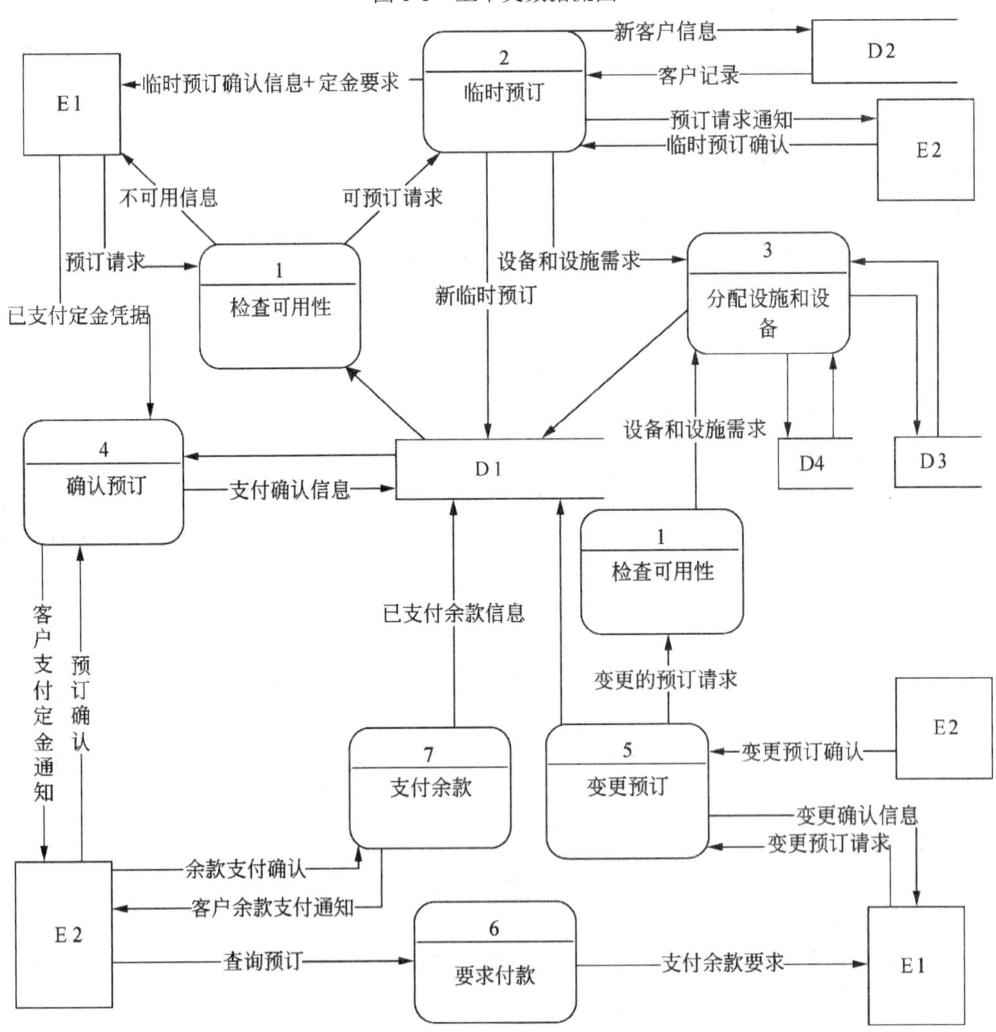

图 1-2　0 层数据流图

【问题 3】（6 分）

根据说明和图中术语，补充图 1-2 中缺失的数据流及其起点和终点。

【问题 4】（3 分）

如果发送给客户的确认信息是通过 Email 系统向客户信息中的电子邮件地址进行发送的，那么需要对图 1-1 和图 1-2 进行哪些修改？用 150 字以内文字加以说明。

试题一分析

本题考查采用结构化方法进行系统分析与设计，主要考查数据流图（DFD）的应用，是比较传统的题目，考点与往年类似，要求考生细心分析题目中所描述的内容。

面向数据流建模是目前仍然被广泛使用的结构化分析与设计的方法之一，而 DFD 是面向数据流建模的重要工具，是一种便于用户理解、分析系统数据流程的图形化建模工具，是系统逻辑模型的重要组成部分。DFD 将系统建模成“输入—加工（处理）—输出”的模型，即流入软件的数据对象，经由加工的转换，最后以结果数据对象的形式流出软件，并采用分层的方式加以表示。

上下文 DFD（顶层 DFD）通常用来确定系统边界，将待开发系统看作一个大的加工（处理），然后根据系统从哪些外部实体接收数据流，以及系统将数据流发送到哪些外部实体，建模出的上下文图中只有唯一的一个加工和一些外部实体，以及这两者之间的输入输出数据流。0 层 DFD 在上下文确定的系统外部实体以及与外部实体的输入输出数据流的基础上，将上下文 DFD 中的加工分解成多个加工，识别这些加工的输入输出数据流，使得所有上下文 DFD 中的输入数据流，经过这些加工之后变换成上下文 DFD 的输出数据流。根据 0 层 DFD 中加工的复杂程度进一步建模加工的内容。

在建分层 DFD 时，根据需求情况可以将数据存储建模在不同层次的 DFD 中，注意在绘制下层数据流图时要保持父图与子图平衡。父图中某加工的输入输出数据流必须与它的子图的输入输出数据流在数量和名字上相同，或者父图中的一个输入（或输出）数据流对应于子图中几个输入（或输出）数据流，而子图中组成这些数据流的数据项全体正好是父图中的这一条数据流。

【问题 1】

本问题考查上下文 DFD，要求确定外部实体。在上下文 DFD 中，系统名称作为唯一加工的名称，外部实体和该唯一加工之间有输入输出数据流。通过考查系统的主要功能，不难发现，系统中涉及客户和会议中心管理员，没有提到其他与系统交互的外部实体。根据描述（1）“客户提交预订请求后”，（2）“会议中心管理员收到客户预订请求的通知之后，提交确认”“根据客户记录给客户发送临时预订确认信息和支付定金要求”等信息，对照图 1-1，从而即可确定 E1 为“客户”实体，E2 为“管理员”实体。

【问题 2】

本问题要求确定图 1-2 所示的 0 层数据流图中的数据存储。重点分析说明中与数据存储有关的描述。根据（1）“客户提交预订请求后，检查预订表”，（2）“系统生成新临时预订存入预订表，并对新客户创建一条客户信息记录加以保存”，可知 D1 为预订表、D2 为客户表；根据“会议中心提供举办会议的场地设施和各种设备”，（3）“根据临时预订或变更预订的设备和设施需求，分配所需设备（均能满足用户要求）和设施，更新相应的表和预订表”“分配设施和设备”可知，D3为场地（设施）表，D4为设备表。

【问题3】

本问题要求补充缺失的数据流及其起点和终点。

对照图1-1和图1-2的输入、输出数据流，数量不同，考查图1-1中从加工“会议预订系统”输出至E1的数据流，有“临时预订/预订/变更确认信息”，而图1-2中从加工输出至E1的数据流有“临时预订确认信息”和“变更预订确认信息”，但缺少了其中一条数据流“预订确认信息”。

另外，图1-1中有“付款凭据”，图1-2中没有“付款凭据”，而只有“已支付定金凭据”，没有针对说明（7）“管理员收到客户余款支付的通知后”中的“支付余款凭据”。上述两条数据流的遗失，使父图和子图数据流没有达到平衡。所以需要确定这两条数据流或者其分解的数据流的起点或终点。

考查说明中的功能，先考查“确认预订”，功能（4）中“给客户发送预订确认信息”，对照图1-2，加工4没有到实体E1客户的“预订确认信息”数据流；功能（7）中“管理员收到客户余款支付的通知后”，对照图1-2，加工7没有从实体E1客户输入的数据流“余款支付凭据”。图中“余款支付凭据”数据流是上下文数据流图中数据流“支付凭据”的分解，与另一条分解出的数据流“已支付定金凭据”对照，改名为“已支付余款凭据”。

下面再仔细核对说明和图1-2之间是否还有遗失的数据流。

不难发现，功能（4）中“根据客户记录给客户发送预订确认信息”，而图1-2中加工4从D1预订表中读取预订信息，并没有读取客户信息，所以，此处遗失了数据流“客户记录”，起点是D2客户表，终点是加工4确认预订；功能（5）中“管理员确认变更后，根据客户记录给客户发送确认信息”，而图1-2中加工5并没有所根据的“客户记录”输入数据流，所以，此处遗失了数据流“客户记录”，起点是D2客户表，终点是加工5变更预订；功能（6）中“根据客户记录给满足条件的客户发送支付余款要求”，而图1-2中加工6并没有所根据的“客户记录”输入数据流，所以，此处遗失了数据流“客户记录”，起点是D2客户表，终点是加工6要求付款。

继续核对说明和图1-2，不难发现，功能（6）中“管理员从预订表中查询距预订的会议时间两周内的预订”，而图1-2中没有从D1预订表到加工6的输入流，所以，此处遗失了数据流“距预订会议时间两周内的预订”，其起点是D1预订表，终点是加工6要求付款。

【问题4】

DFD中，外部实体可以是用户，也可以是与本系统交互的其他系统。如果某功能交互的是外部系统（在本题中是Email系统），则本系统需要将发送给客户的确认信息发送给Email系统。然后由第三方Email系统向客户发送邮件，此时第三方Email系统即为外部实体，而非本系统内部加工，因此需要对图1-1和图1-2进行修改，添加外部实体“Email系统”，并将数据流确认信息的终点全部改为Email系统。即将数据流“临时预订确认信息”“预订确认信息”“变更确认信息”数据流的终点改为新的外部实体“Email系统”。

参考答案

【问题 1】

E1：客户

E2：管理员

【问题 2】

D1：预订表

D2：客户表

D3：场地表（设施表 或 场地设施表）

D4：设备表

注：D3 和 D4 可互换

【问题 3】

数　据　流	起　　点	终　　点
已支付余款凭据	E1 或 客户	7 或 支付余款
距预订会议时间两周内的预订	D1 或 预订表	6 或 要求付款
预订确认信息	4 或 确认预订	E1 或 客户
客户记录	D2 或 客户表	6 或 要求付款
客户记录	D2 或 客户表	5 或 变更预定
客户记录	D2 或 客户表	4 或 确认预定

注：上述 6 条数据流无顺序要求。

【问题 4】

将 Email 系统作为外部实体，并将发送给客户（E1）的确认信息数据流的终点全部改为 Email 系统（或具体说明确认信息数据流：临时预订确认信息、预订确认信息、变更确认信息，终点均改为 Email 系统）。

试题二（共 15 分）

阅读下列说明，回答问题 1 至问题 3，将解答填入答题纸的对应栏内。

【说明】

某销售公司当前的销售业务为商城实体店销售。现该公司拟开展网络销售业务，需要开发一个信息化管理系统。请根据公司现有业务及需求完成该系统的数据库设计。

【需求描述】

（1）记录公司所有员工的信息。员工信息包括工号、身份证号、姓名、性别、出生日期和电话，并只登记一部电话。

（2）记录所有商品的信息。商品信息包括商品名称、生产厂家、销售价格和商品介绍。系统内部用商品条码唯一区别每种商品。一种商品只能放在一个仓库中。

（3）记录所有顾客的信息。顾客信息包括顾客姓名、身份证号、登录名、登录密码和电话号码。一位顾客只能提供一个电话号码。系统自动生成唯一的顾客编号。

（4）顾客登录系统之后，在网上商城购买商品。顾客可将选购的商品置入虚拟的购物车内，购物车可长期存放顾客选购的所有商品。顾客可在购物车内选择商品、修改商品数量后生成网购订单。订单生成后，由顾客选择系统提供的备选第三方支付平台进行电子支付，支付成功后系统需要记录唯一的支付凭证编号，然后由商城根据订单进行线下配送。

（5）所有的配送商品均由仓库统一出库。为方便顾客，允许每位顾客在系统中提供多组收货地址、收货人及联系电话。一份订单所含的多个商品可能由多名分拣员根据商品所在仓库信息从仓库中进行分拣操作，分拣后的商品交由配送员根据配送单上的收货地址进行配送。

（6）新设计的系统要求记录实体店的每笔销售信息，包括营业员、顾客、所售商品及其数量。

【概念模型设计】

根据需求阶段收集的信息，设计的实体联系图（不完整）如图 2-1 所示。

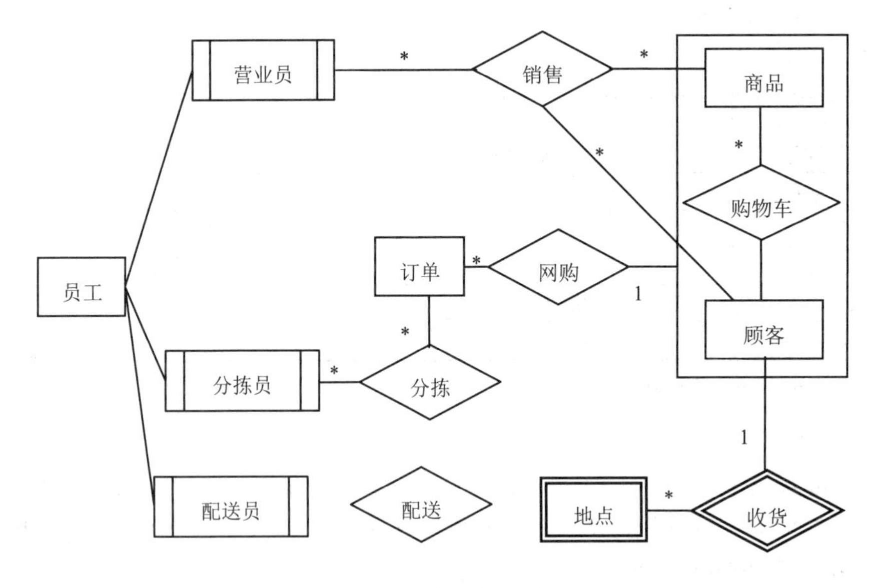

图 2-1　实体联系图

【逻辑结构设计】

根据概念模型设计阶段完成的实体联系图，得出如下关系模式（不完整）：

员工 (工号, 身份证号, 姓名, 性别, 出生日期, 电话)
商品 (商品条码, 商品名称, 生产厂家, 销售价格, 商品介绍, ＿(a)＿)
顾客 (顾客编号, 姓名, 身份证号, 登录名, 登录密码, 电话)
收货地点 (收货 ID, 顾客编号, 收货地址, 收货人, 联系电话)
购物车 (顾客编号, 商品条码, 商品数量)
订单 (订单 ID, 顾客编号, 商品条码, 商品数量, ＿(b)＿)
分拣 (分拣 ID, 分拣员工号, ＿(c)＿, 分拣时间)
配送 (配送 ID, 分拣 ID, 配送员工号, 收货 ID, 配送时间, 签收时间, 签收快照)
销售 (销售 ID, 营业员工号, 顾客编号, 商品条码, 商品数量)

【问题 1】（4 分）

补充图 2-1 中的“配送”联系所关联的对象及联系类型。

【问题 2】（6 分）

补充逻辑结构设计中的（a）、（b）和（c）三处空缺。

【问题 3】（5 分）

对于实体店销售，若要增加送货上门服务，由营业员在系统中下订单，与网购的订单进行后续的统一管理。请根据该需求，对图 2-1 进行补充，并修改订单关系模式。

试题二分析

本题考查数据库概念结构设计和逻辑结构设计。

此类题目要求考生认真阅读题目中的需求描述，配合已给出的 E-R 图，理解概念结构设计中设计者对实体及联系的划分和组织方法，结合需求描述完成 E-R 图中空缺部分，并使用 E-R 图向关系模式的转换方法，完成逻辑结构设计。

【问题 1】

根据所给 E-R 图，结合需求描述，购物车作为顾客和商品之间的联系，而订单由顾客从购物车中选择商品生成，因此将购物车这一联系当作实体，与订单实体产生联系。将联系当作实体参与另一联系，称为聚合，通常当后一联系与此联系相关时，采用这种设计方法。顾客可以从购物车中生成多个订单，一个订单只能从一个购物车里提取商品，属于一对多联系。

根据需求描述中的“分拣后的商品交由配送员根据配送单上的收货地址进行配送”可以知道，配送是与分拣联系相关的联系，同样的，将分拣联系进行聚合，参与配送联系，同时参与配送联系的还有配送员和地点，为多对多对多联系，语义为配送员根据分拣结果按照收货地点进行配送，与需求相符。

【问题 2】

本小题考核 E-R 图向关系模式的转换。由于 E-R 图中没有画出实体及联系的属性，需要根据需求描述进行补充。根据需求中的“一种商品只能放在一个仓库中”和“一份订单所含的多个商品可能由多名分拣员根据商品所在仓库信息从仓库中进行分拣操作”，可以确定“所在仓库”作为商品实体的属性，转入商品关系中。

订单关系由 E-R 图中的订单实体和一对多联系网购合并而成，取一方的主码，即购物车这一联系的主码，为参与该联系的实体的主码商品条码和顾客编号，加上网购联系的属性数量，并入到订单实体转成的关系模式中。订单 ID 为订单实体的标识符，订单实体的其他属性需要从需求描述中获取。根据需求“订单生成后，由顾客选择系统提供的备选第三方支付平台进行电子支付，支付成功后系统需要记录唯一的支付凭证编号”，支付凭证编号应为订单的属性，转入订单关系中。

E-R 图中的分拣联系为分拣员与订单之间的多对多联系，转换成独立的分拣关系模式，应包含分拣员实体的标识符分拣员工号和订单实体的标识符订单 ID，及分拣联系的属性分拣时间。

【问题 3】

实体店的订单是营业员根据销售结果生成的，将销售联系聚合成实体，与订单产生联系。一笔销售对应一个订单，一个订单对应一笔销售，为一对一联系。转换为关系模式时，将此联系归入订单关系，即取销售的标识符销售 ID 加入到订单关系模式中。

参考答案

【问题 1】

补充内容如图中虚线所示。

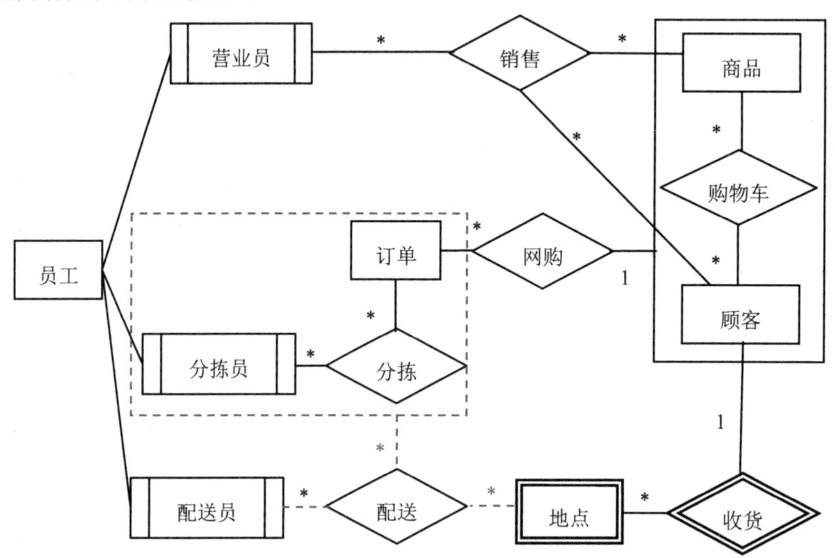

【问题 2】

（a）所在仓库

（b）支付凭证编号

（c）订单 ID

【问题 3】

补充内容如图中虚线所示。

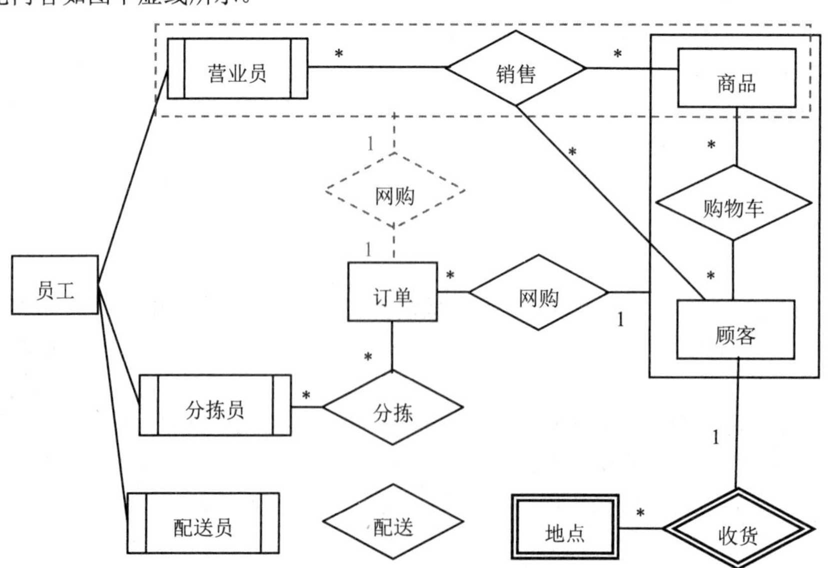

关系模式：订单（订单 ID，顾客编号，商品条码，商品数量，销售 ID）

试题三（共 15 分）

阅读下列说明和图，回答问题 1 至问题 3，将解答填入答题纸的对应栏内。

【说明】

某软件公司欲设计实现一个虚拟世界仿真系统。系统中的虚拟世界用于模拟现实世界中的不同环境（由用户设置并创建），用户通过操作仿真系统中的 1～2 个机器人来探索虚拟世界。机器人维护着两个变量 b1 和 b2，用来保存从虚拟世界中读取的字符。

该系统的主要功能描述如下：

（1）机器人探索虚拟世界（Run Robots）。用户使用编辑器（Editor）编写文件以设置想要模拟的环境，将文件导入系统（Load File）从而在仿真系统中建立虚拟世界（Setup World）。机器人在虚拟世界中的行为也在文件中进行定义，建立机器人的探索行为程序（Setup Program）。机器人在虚拟世界中探索时（Run Program），有 2 种运行模式：

① 自动控制（Run）：事先编排好机器人的动作序列（指令（Instruction）），执行指令，使机器人可以连续动作。若干条指令构成机器人的指令集（Instruction Set）。

② 单步控制（Step）：自动控制方式的一种特殊形式，只执行指定指令中的一个动作。

（2）手动控制机器人（Manipulate Robots）。选定 1 个机器人后（Select Robot），可以采用手动方式控制它。手动控制有 4 种方式：

① Move：机器人朝着正前方移动一个交叉点。

② Left：机器人原地沿逆时针方向旋转 90 度。

③ Read：机器人读取其所在位置的字符，并将这个字符的值赋给 b1；如果这个位置上没有字符，则不改变 b1 的当前值。

④ Write：将 b1 中的字符写入机器人当前所在的位置，如果这个位置上已经有字符，该字符的值将会被 b1 的值替代。如果这时 b1 没有值，即在执行 Write 动作之前没有执行过任何 Read 动作，那么需要提示用户相应的错误信息（Show Errors）。

手动控制与单步控制的区别在于，单步控制时执行的是指令中的动作，只有一种控制方式，即执行下一个动作；而手动控制时有 4 种动作。

现采用面向对象方法设计并实现该仿真系统，得到如图 3-1 所示的用例图和图 3-2 所示的初始类图。图 3-2 中的类“Interpreter”和“Parser”用于解析描述虚拟世界的文件以及机器人行为文件中的指令集。

【问题 1】（6 分）

根据说明中的描述，给出图 3-1 中 U1～U6 所对应的用例名。

【问题 2】（4 分）

图 3-1 中用例 U1～U6 分别与哪个（哪些）用例之间有关系，是何种关系？

【问题 3】（5 分）

根据说明中的描述，给出图 3-2 中 C1～C5 所对应的类名。

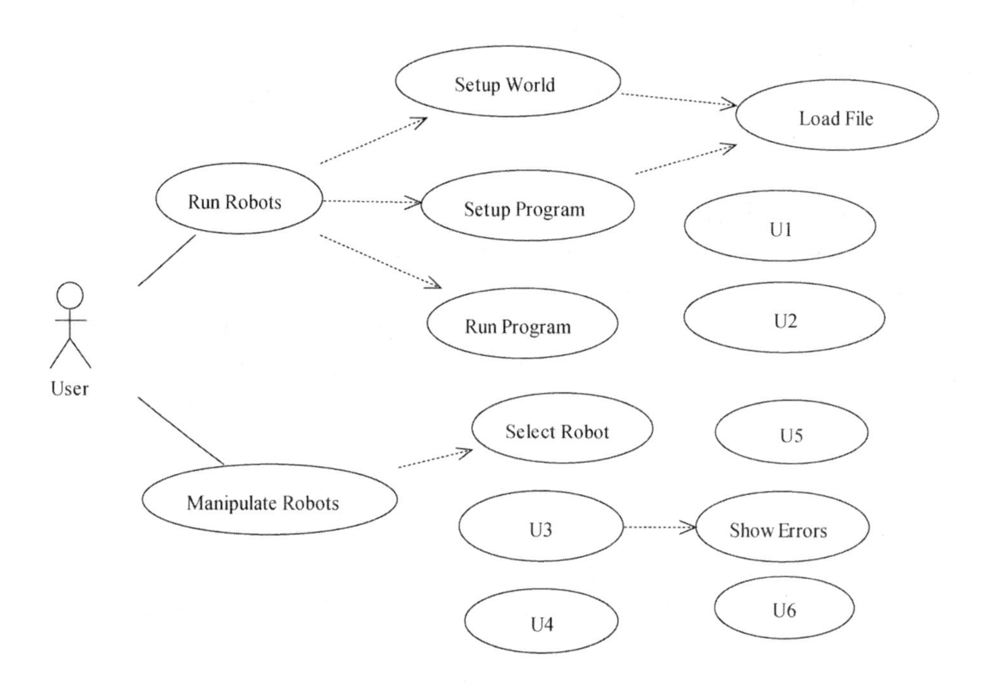

图 3-1 用例图

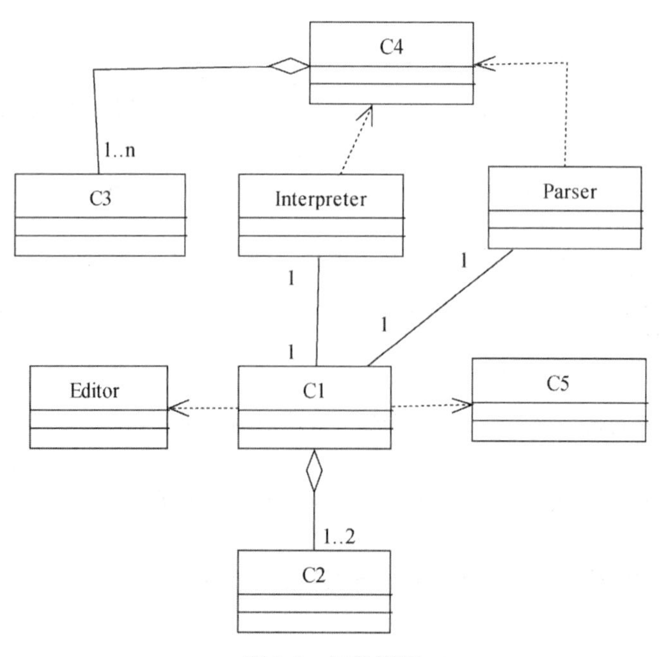

图 3-2 初始类图

试题三分析

本题属于经典的考题，主要考查面向对象分析方法与设计的基本概念。在建模方面，本题涉及 UML 的类图和用例图。本题的考点比较常规，题目难度不大。

【问题 1】

在图 3-1 的用例图中，需要确定 6 个用例。在面向对象方法中，用例及用例图是描述功能需求的工具，每一个用例表示一个单一的功能单元。通过对说明中功能描述的阅读，可以将未出现在图 3-1 中的功能单元列举出来：Run、Step、Move、Left、Read 和 Write。下面就是要判断这 6 个用例在图中的对应关系了。由图 3-1 可知，U3 中包含了 Show Errors 的功能，所以 U3 只能对应用例“Write”。其余的没有严格的顺序要求，但是在回答问题 2 时要根据所填写的用例来判断用例之间的关系。这里我们按照下列顺序填写：U1→Run；U2→Step；U3→Write；U4→Read；U5→Left；U6→Move。

【问题 2】

图 3-1 中没有将用例之间的关系完整地给出来，因此需要根据说明中的功能描述判定 U1～U6 与其他用例之间的关系。根据说明中的描述可知，Run 和 Step 是 Run Program 的两种具体方式，所以这 3 个用例之间是有关系的，在 UML 用例图中，这种关联通常采用泛化关系描述。同理，U3～U6 用例是用例 Manipulate Robots 的 4 种具体实现方法，因此这 5 个用例之间也是泛化关系。

【问题 3】

本题要求将类图中缺失的 5 个类补充完整。在解答此类题目时，首先考虑类图中的特殊关系，如继承关系、聚集或组合关系等，这是比较好的突破口。另外应关注类之间的多重度。在图 3-2 中出现了两个聚集关系：C1 和 C2 之间以及 C3 和 C4 之间。我们先考虑 C1 和 C2 这一对，因为这两个类之间的多重度是一个具体的范围 1..2。说明中有一句话，“用户通过操作仿真系统中的 1～2 个机器人来探索虚拟世界”，也就是说在虚拟世界中包含着 1～2 个机器人，由此可以推断 C2 对应的是机器人 Robot/ Robots，C1 代表的就是整个虚拟世界 World。

下面我们来看 C3 和 C4 这一对聚集关系。C4 和 Interpreter、Parser 有关联，而这两个类与文件及机器人指令集的解析有关，由此可以推断，C3、C4 这两个类也应该跟解析功能相关。由说明可知，系统中有两类需要解析的事物：虚拟世界文件和机器人指令集，而机器人指令集是由若干条指令构成的，这里就出现了一个聚集结构。因此 C3 应该对应 Instruction，C4 对应的是 Instruction Set。

对于最后一个类，将功能需求与用例图再回顾一遍，发现在类图中还缺少关于错误信息的描述，因此 C5 所对应的就是类 Error。

参考答案

【问题 1】

U1：Run

U2：Step

U3：Write

U4：Read

U5：Left

U6：Move

注：U1 和 U2 可以互换；U4～U6 可以互换。

【问题 2】

U1～U2 与 Run Program 有关系；是泛化关系。

U3～U6 与 Manipulate Robots 有关系；是泛化关系。

【问题 3】

C1：World

C2：Robot/ Robots

C3：Instruction

C4：Instruction Set

C5：Error/Errors

试题四（共 15 分）

阅读下列说明和 C 代码，回答问题 1 至问题 3，将解答写在答题纸的对应栏内。

【说明】

在一块电路板的上下两端分别有 n 个接线柱。根据电路设计，用$(i,\pi(i))$表示将上端接线柱 i 与下端接线柱 $\pi(i)$相连，称其为该电路板上的第 i 条连线。如图 4-1 所示的 $\pi(i)$排列为{8, 7, 4, 2, 5, 1, 9, 3, 10, 6}。对于任何 $1\leqslant i<j\leqslant n$，第 i 条连线和第 j 条连线相交的充要条件是 $\pi(i)>\pi(j)$。

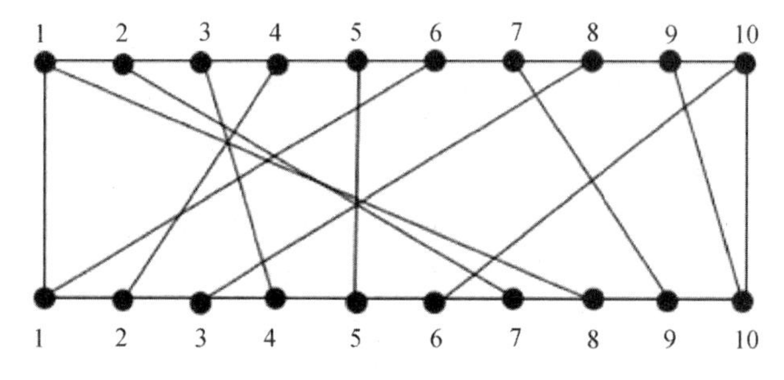

图 4-1 电路布线示意图

在制作电路板时，要求将这 n 条连线分布到若干绝缘层上，在同一层上的连线不相交。现在要确定将哪些连线安排在一层上，使得该层上有尽可能多的连线，即确定连线集 Nets = $\{(i,\pi(i)),\ 1\leqslant i\leqslant n\}$的最大不相交子集。

【分析问题】

记 $N(i,j)=\{t\mid(t,\pi(t))\in \text{Nets}, t\leqslant i,\pi(t)\leqslant j\}$。$N(i,j)$的最大不相交子集为 $MNS(i,j)$，$size(i,j)=|MNS(i,j)|$。

经分析，该问题具有最优子结构性质。对规模为 n 的电路布线问题，可以构造如下递归式：

（1）当 $i=1$ 时，$size(1,j)=\begin{cases}0 & j<\pi(1)\\ 1 & \text{其他情况}\end{cases}$

（2）当 $i>1$ 时，$\text{size}(i,j)=\begin{cases}\text{size}(i-1,j) & j<\pi(i)\\ \max\{\text{size}(i-1,j),\text{size}(i-1,\pi(i)-1)+1\} & \text{其他情况}\end{cases}$

【C 代码】

下面是算法的 C 语言实现。

（1）变量说明

size[i][j]：上下端分别有 i 个和 j 个接线柱的电路板的第一层最大不相交连接数

pi[i]：$\pi(i)$，下标从 1 开始

（2）C 程序

```
#include"stdlib.h"
#include<stdio.h>
#define N 10                    /* 问题规模 */
int m = 0;                      /* 记录最大连接集合中的接线柱 */
void maxNum(int pi[], int size[N + 1][N + 1], int n)  {
                                /* 求最大不相交连接数 */
    int i, j;
    for(j = 0; j < pi[1]; j++)    size[1][j] = 0;     /* 当 j < π(1)时 */
    for(j = pi[1]; j <= n; j++)  ___(1)___;            /* 当 j >= π(1)时 */
    for(i = 2; i < n; i++)  {
        for(j = 0; j < pi[i]; j++)  ___(2)___;          /* 当 j < pi[i]时 */
        for(j = pi[i]; j <= n; j++)  {  /* 当 j >= c[i]时，考虑两种情况 */
          size[i][j] = size[i-1][j] >= size[i-1][pi[i]-1]+1 ? size[i-1][j] :
          size[i-1][pi[i]-1]+1;
        }
}
/* 最大连接数 */
    size[n][n] = size[n-1][n] >= size[n-1][pi[n]-1]+1 ? size[n-1][n] :
    size[n-1][pi[n]-1]+1;
}
/* 构造最大不相交连接集合，net[i]表示最大不相交子集中第 i 条连线的上端接线柱的序号 */
void constructSet(int pi[], int size[N + 1][N + 1], int n, int net[n]) {
    int i, j = n;
    m = 0;
    for(i = n; i > 1; i--)      { /* 从后往前 */
        if(size[i][j] != size[i-1][j]) {
                                /* (i, pi[i])是最大不相交子集的一条连线 */
          ___(3)___;            /* 将 i 记录到数组 net 中，连接线数自增 1 */
          j = pi[i]-1;          /* 更新扩展连线柱区间 */
        }
    }
    if(j >= pi[1])   net[m++] = 1;/* 当 i =1 时 */
}
```

【问题 1】（6 分）

根据以上说明和 C 代码，填充 C 代码中的空（1）～（3）。

【问题 2】（6 分）

根据题干说明和以上 C 代码，算法采用了__（4）__算法设计策略。

函数 maxNum 和 constructSet 的时间复杂度分别为__（5）__和__（6）__（用 O 表示）。

【问题 3】（3 分）

若连接排列为{8,7,4,2,5,1,9,3,10,6}，即如图 4-1 所示，则最大不相交连接数为__（7）__，包含的连线为__（8）__（用$(i,\pi(i))$的形式给出）。

试题四分析

本题考查算法设计和 C 语言实现算法的能力。

本题要求考生对常用的算法设计策略，包括分治法、动态规划、贪心算法、回溯法等有基本的掌握，并理解每类算法策略中的几个典型实例。

【问题 1】

一般不要求考生设计问题的求解算法，但要求考生能够理解题目给出的算法设计思路，并补充 C 程序。如本题中的空（1），可以根据题干中递归式第一部分和 C 代码中的注释，得到答案 size[1][j] = 1。

（1）当 $i = 1$ 时，$\text{size}(1, j) = \begin{cases} 0 & j < \pi(1) \\ 1 & 其他情况 \end{cases}$

空（2）则根据阅读题干中递归式第二部分和 C 代码中的注释，得到答案 size[i][j] = size[i−1][j]。

（2）当 $i > 1$ 时，$\text{size}(i, j) = \begin{cases} \text{size}(i-1, j) & j < \pi(i) \\ \max\{\text{size}(i-1, j), \text{size}(i-1, \pi(i)-1)+1\} & 其他情况 \end{cases}$

空（3）则依据 C 代码中的注释，即可得到答案 net[m++] = i。

【问题 2】

题干在叙述过程中，较明显地提到了动态规划策略的几个特点，如最优子结构、递归式、自底向上求解等，因此这是一个动态规划算法。算法的时间复杂度分析也较简单。函数 maxNum 中有两重循环，时间复杂度为 $O(n^2)$。函数 constructSet 中有一重循环，时间复杂度为 O(n)。

【问题 3】

本问题考查该算法的一个实例，理解了题干就可以直接计算出该实例的解，即最大不相交连接数为 4，连线为：(3,4)(5,5)(7,9)(9,10)。

参考答案

【问题 1】

（1）size[1][j] = 1

（2）size[i][j] = size[i−1][j]

（3）net[m++] = i　或其等价形式

【问题 2】

（4）动态规划

（5）$O(n^2)$

（6）$O(n)$

【问题 3】

（7）4

（8）(3,4)(5,5)(7,9)(9,10)

注意：从试题五和试题六中，任选一道题解答。

试题五（共 15 分）

阅读下列说明和 C++代码，将应填入__（n）__处的字句写在答题纸的对应栏内。

【说明】

某软件系统中，已设计并实现了用于显示地址信息的类 Address（如图 5-1 所示），现要求提供基于 Dutch 语言的地址信息显示接口。为了实现该要求并考虑到以后可能还会出现新的语言的接口，决定采用适配器（Adapter）模式实现该要求，得到如图 5-1 所示的类图。

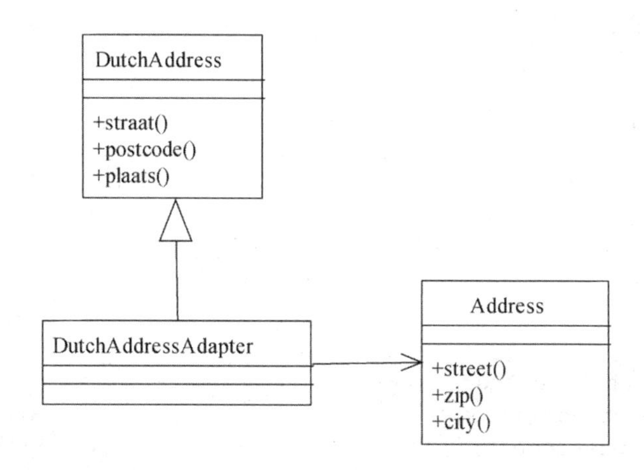

图 5-1　适配器模式类图

【C++代码】

```
#include<iostream>
using namespace std;

class Address {
public:
    void street()    {/*  实现代码省略  */    }
    void zip()      { /*  实现代码省略  */    }
    void city()     { /*  实现代码省略  */    }
//其他成员省略
```

```
};

class DutchAddress {
public:
   virtual void straat() = 0;
   virtual void postcode() = 0;
   virtual void plaats() = 0;
//其他成员省略
};

class DutchAddressAdapter : public DutchAddress{
private:
   ___(1)___;
public:
    DutchAddressAdapter(Address *addr) {
        address = addr;
    }
    void straat() {
        ___(2)___;
    }
    void postcode() {
      ___(3)___;
    }
    void plaats() {
      ___(4)___;
    }
//其他成员省略
};

void testDutch(DutchAddress *addr) {
       addr->straat();
       addr->postcode();
       addr->plaats();
}

int main() {
  Address *addr = new Address();
  ___(5)___;
  cout << "\n The DutchAddress\n" << endl;
  testDutch(addrAdapter);
  return 0;
}
```

试题五分析

本题考查 Adapter（适配器）模式的基本概念和应用。

Adapter 模式的设计意图是，将一个类的接口转换成客户希望的另外一个接口。Adapter 模式使得原本由于接口不兼容而不能一起工作的那些类可以一起工作。

Adapter 模式有两种实现方式。类适配使用多重继承对一个接口与另一个接口进行匹配，其结构如图 5-2 所示。

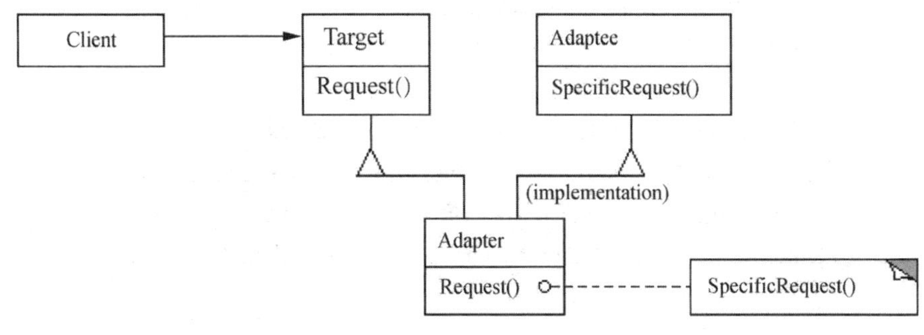

图 5-2　类适配器结构图

对象适配器依赖于对象组合，其结构如图 5-3 所示。

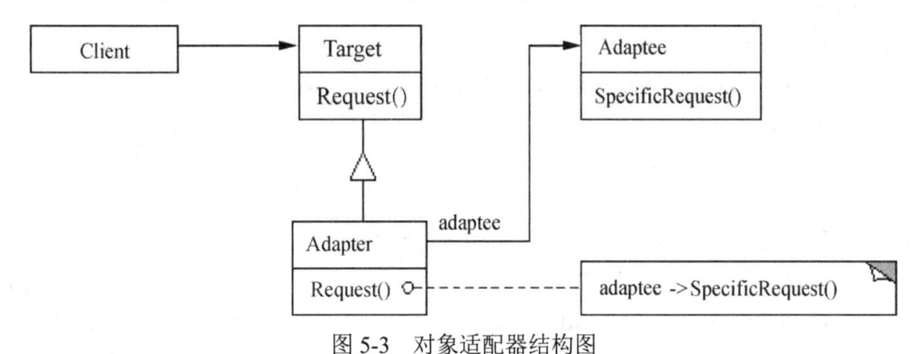

图 5-3　对象适配器结构图

- Target 定义 Client 使用的与特定领域相关的接口。
- Client 与符合 Target 接口的对象协同。
- Adaptee 定义一个已经存在的接口，这个接口需要适配。
- Adapter 对 Adaptee 的接口与 Target 接口进行适配。

Adapter 模式适用于：

- 想使用一个已经存在的类，而它的接口不符合要求。
- 想创建一个可以复用的类，该类可以与其他不相关的类或不可预见的类（即那些接口不一定兼容的类）协同工作。
- 仅适用于对象 Adapter：想使用一个已经存在的子类，但是不可能对每一个都进行子类化以匹配它们的接口。对象适配器可以适配它的父类接口。

本题中采用对象适配器，题中类 DutchAddressAdapter 对应图 5-3 中的 Adapter、DutchAddress 对应图 5-3 中的 Target、Address 对应图 5-3 中的 Adaptee。

由图 5-3 可知，在 Adapter 中应该有一个 Adaptee 的对象，因此空（1）处应该填写的是

Address 的对象：Address *address。

类 DutchAddress 的实现采用了 C++中的抽象类，作为其子类 DutchAddressAdapter，必须对 DutchAddress 中的 3 个纯虚拟函数进行重置，所以空（2）～（4）是在考查这 3 个纯虚拟函数在子类中的实现方式。由图 5-3 可知，Adapter 中方法的实现方式还是要借助于 Adaptee 中所提供的行为，也就是说，DutchAddressAdapter 中 3 个纯虚拟函数的实现与 Address 是密不可分的。由此可知，空（2）～（4）分别应填入：address->street()、address->zip()和 address->city()。

第（5）空考查 Adapter 模式的使用。这里调用普通函数 testDutch 来进行测试，这个函数要求传递 DutchAddress 类型的参数，并且给出了实参的名字：addrAdatper。因此第（5）空应该填写的是 addrAdapter 的创建语句，这里需要使用 DutchAddress 的构造函数。因此第（5）空应填写：DutchAddress *addrAdapter = new DutchAddressAdapter (addr)。

参考答案

（1）Address *address

（2）address->street()

（3）address->zip()

（4）address->city()

（5）DutchAddress *addrAdapter = new DutchAddressAdapter(addr)

试题六（共 15 分）

阅读下列说明和 Java 代码，将应填入__（n）__处的字句写在答题纸的对应栏内。

【说明】

某软件系统中，已设计并实现了用于显示地址信息的类 Address（如图 6-1 所示），现要求提供基于 Dutch 语言的地址信息显示接口。为了实现该要求并考虑到以后可能还会出现新的语言的接口，决定采用适配器（Adapter）模式实现该要求，得到如图 6-1 所示的类图。

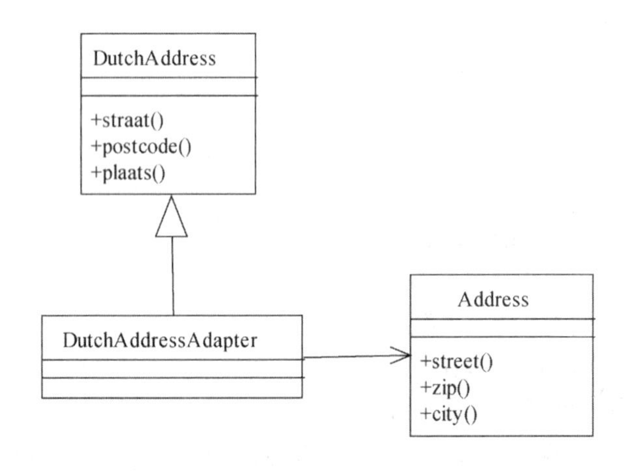

图 6-1 适配器模式类图

【Java 代码】

```
import java.util.*;

class Address {
   public void street()    {      //实现代码省略          }
   public void zip()       {      //实现代码省略          }
   public void city()      {      //实现代码省略          }
//其他成员省略
}

class DutchAddress {
    public void straat()     {   //实现代码省略          }
    public void postcode()  {   //实现代码省略          }
    public void plaats()    {   //实现代码省略          }
//其他成员省略
}

class DutchAddressAdapter extends DutchAddress {
    private ___(1)___;

    public DutchAddressAdapter(Address addr) {
        address = addr;
    }

    public void straat() {
        ___(2)___;
    }

    public void postcode() {
        ___(3)___;
    }

    public void plaats() {
        ___(4)___;
    }
//其他成员省略
}

class Test {
    public static void main(String[] args) {
        Address addr = new Address();
        ___(5)___;
        System.out.println("\n The DutchAddress\n");
        testDutch(addrAdapter);
    }
```

```
    static void testDutch(DutchAddress addr) {
      addr.straat();
      addr.postcode();
      addr.plaats();
    }
}
```

试题六分析

本题考查 Adapter（适配器）模式的基本概念和应用。

Adapter 模式的设计意图是，将一个类的接口转换成客户希望的另外一个接口。Adapter 模式使得原本由于接口不兼容而不能一起工作的那些类可以一起工作。

Adapter 模式有两种实现方式。类适配使用多重继承对一个接口与另一个接口进行匹配，其结构如图 6-2 所示。

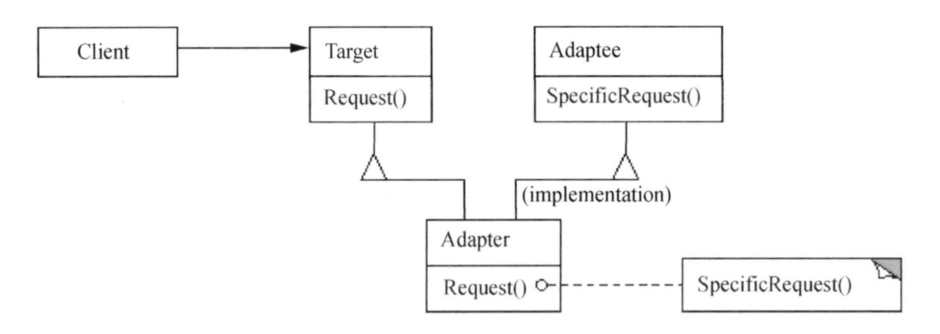

图 6-2　类适配器结构图

对象适配器依赖于对象组合，其结构如图 6-3 所示。

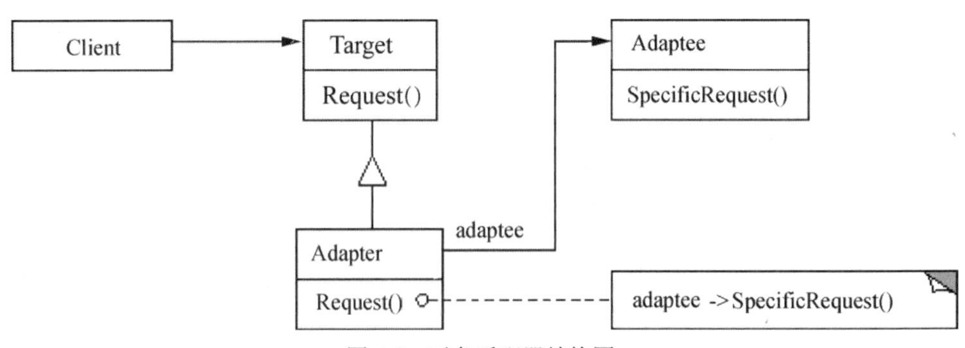

图 6-3　对象适配器结构图

- Target 定义 Client 使用的与特定领域相关的接口。
- Client 与符合 Target 接口的对象协同。
- Adaptee 定义一个已经存在的接口，这个接口需要适配。
- Adapter 对 Adaptee 的接口与 Target 接口进行适配。

Adapter 模式适用于：

- 想使用一个已经存在的类，而它的接口不符合要求。
- 想创建一个可以复用的类，该类可以与其他不相关的类或不可预见的类（即那些接口不一定兼容的类）协同工作。
- 仅适用于对象 Adapter：想使用一个已经存在的子类，但是不可能对每一个都进行子类化以匹配它们的接口。对象适配器可以适配它的父类接口。

本题中采用对象适配器，题中类 DutchAdddressAdapter 对应图 6-3 中的 Adapter、DutchAddress 对应图 6-3 中的 Target、Address 对应图 6-3 中的 Adaptee。

由图 6-3 可知，在 Adapter 中应该有一个 Adaptee 的对象，因此空（1）处应该填写的是 Address 的对象：Address address。

空（2）～（4）考查父类中的 3 个方法在子类 DutchAddressAdapter 中的实现方式。由图 6-3 可知，Adapter 中方法的实现方式还是要借助于 Adaptee 中所提供的行为，也就是说，DutchAddressAdapter 中 3 个方法的实现与 Address 是密不可分的。由此可知，空（2）～（4）分别应填入：address.street()、address.zip()和 address.city()。

第（5）空考查 Adapter 模式的使用。这里使用方法 testDutch 来进行测试，这个方法要求传递 DutchAddress 类型的参数，并且给出了实参的名字：addrAdatper。因此第（5）空应该填写的是 addrAdapter 的创建语句，这里需要使用 DutchAddress 的构造函数。因此第（5）空应填写：DutchAddress addrAdapter = new DutchAddressAdapter(addr)。

参考答案

（1）Address address

（2）address.street()

（3）address.zip()

（4）address.city()

（5）DutchAddress addrAdapter = new DutchAddressAdapter(addr)

第3章　2016下半年软件设计师上午试题分析与解答

试题（1）

在程序运行过程中，CPU需要将指令从内存中取出并加以分析和执行。CPU依据__（1）__来区分在内存中以二进制编码形式存放的指令和数据。

（1）A．指令周期的不同阶段　　B．指令和数据的寻址方式
　　C．指令操作码的译码结果　　D．指令和数据所在的存储单元

试题（1）分析

本题考查计算机系统基础知识。

指令周期是执行一条指令所需要的时间，一般由若干个机器周期组成，是从取指令、分析指令到执行完所需的全部时间。CPU执行指令的过程中，根据时序部件发出的时钟信号按部就班进行操作。在取指令阶段读取到的是指令，在分析指令和执行指令时，需要操作数时再去读操作数。

参考答案

（1）A

试题（2）

计算机在一个指令周期的过程中，为从内存读取指令操作码，首先要将__（2）__的内容送到地址总线上。

（2）A．指令寄存器（IR）　　B．通用寄存器（GR）
　　C．程序计数器（PC）　　D．状态寄存器（PSW）

试题（2）分析

本题考查计算机系统基础知识。

CPU首先从程序计数器（PC）获得需要执行的指令地址，从内存（或高速缓存）读取到的指令则暂存在指令寄存器（IR），然后进行分析和执行。

参考答案

（2）C

试题（3）

设16位浮点数，其中阶符1位、阶码值6位、数符1位、尾数8位。若阶码用移码表示，尾数用补码表示，则该浮点数所能表示的数值范围是__（3）__。

（3）A．$-2^{64} \sim (1-2^{-8})2^{64}$　　B．$-2^{63} \sim (1-2^{-8})2^{63}$
　　C．$-(1-2^{-8})2^{64} \sim (1-2^{-8})2^{64}$　　D．$-(1-2^{-8})2^{63} \sim (1-2^{-8})2^{63}$

试题（3）分析

本题考查计算机系统基础知识。

浮点格式表示一个二进制数N的形式为$N=2^E \times F$，其中E称为阶码，F叫作尾数。在浮

点表示法中，阶码通常为含符号的纯整数，尾数为含符号的纯小数。

指数为纯整数，阶符 1 位、阶码 6 位在补码表示方式下可表示的最大数为 63（即 2^6-1），最小数为−64（即 -2^6）。尾数用补码表示时最小数为−1、最大数为 $1-2^{-8}$，因此该浮点表示的最小数为 -2^{63}，最大数为 $(1-2^{-8})\times 2^{63}$。

参考答案

（3）B

试题（4）

已知数据信息为 16 位，最少应附加__（4）__位校验位，以实现海明码纠错。

（4）A．3　　B．4　　C．5　　D．6

试题（4）分析

本题考查计算机系统基础知识。

海明码是利用奇偶性来检错和纠错的校验方法。海明码的构成方法是：在数据位之间插入 k 个校验位，通过扩大码距来实现检错和纠错。

设数据位是 n 位，校验位是 k 位，则 n 和 k 必须满足以下关系：$2^k-1\geqslant n+k$。

若数据信息为 n=16 位，则 k=5 是满足 $2^k-1\geqslant n+k$ 的最小值。

参考答案

（4）C

试题（5）

将一条指令的执行过程分解为取指、分析和执行三步，按照流水方式执行，若取指时间 $t_{取指}=4\Delta t$、分析时间 $t_{分析}=2\Delta t$、执行时间 $t_{执行}=3\Delta t$，则执行完 100 条指令，需要的时间为__（5）__Δt。

（5）A．200　　B．300　　C．400　　D．405

试题（5）分析

本题考查计算机系统基础知识。

对于该指令流水线，建立时间为 $4\Delta t+2\Delta t+3\Delta t=9\Delta t$，此后每 $4\Delta t$ 执行完一条指令，即执行完 100 条指令的时间为 $9\Delta t+99\times 4\Delta t=405\Delta t$。

参考答案

（5）D

试题（6）

以下关于 Cache 与主存间地址映射的叙述中，正确的是__（6）__。

（6）A．操作系统负责管理 Cache 与主存之间的地址映射

B．程序员需要通过编程来处理 Cache 与主存之间的地址映射

C．应用软件对 Cache 与主存之间的地址映射进行调度

D．由硬件自动完成 Cache 与主存之间的地址映射

试题（6）分析

本题考查计算机系统基础知识。

存储系统采用 Cache 技术的主要目的是提高存储器的访问速度，因此是由硬件自动完成

Cache 与主存之间的地址映射。

参考答案

（6）D

试题（7）

可用于数字签名的算法是＿（7）＿。

（7）A．RSA　　B．IDEA　　C．RC4　　D．MD5

试题（7）分析

本题考查网络安全相关基础知识。

RSA 基于大数定律，通常用于对消息摘要进行签名；IDEA 和 RC4 适宜于进行数据传输加密；MD5 为摘要算法。

参考答案

（7）A

试题（8）

＿（8）＿不是数字签名的作用。

（8）A．接收者可验证消息来源的真实性

B．发送者无法否认发送过该消息

C．接收者无法伪造或篡改消息

D．可验证接收者的合法性

试题（8）分析

本题考查数字签名方面的基础知识。

数字签名用于通信的 A、B 双方， A 向 B 发送签名的消息 P，则：

① B 可以验证消息 P 确实是来源于 A；

② A 不能否认发送过消息 P；

③ B 不能编造或改变消息 P。

数字签名首先需要生成消息摘要，使用非对称加密算法以及私钥对摘要进行加密。接收方使用发送方的公钥对消息摘要进行验证。

参考答案

（8）D

试题（9）

在网络设计和实施过程中要采取多种安全措施，其中＿（9）＿是针对系统安全需求的措施。

（9）A．设备防雷击　　B．入侵检测

C．漏洞发现与补丁管理　　D．流量控制

试题（9）分析

设备防雷击属于物理线路安全措施，入侵检测和流量控制属于网络安全措施，漏洞发现与补丁管理属于系统安全措施。

参考答案

（9）C

试题（10）

__（10）__的保护期限是可以延长的。

（10）A．专利权　　B．商标权　　C．著作权　　D．商业秘密权

试题（10）分析

发明专利权的期限为二十年，实用新型专利权和外观设计专利权的期限为十年，均自申请日起计算。专利保护的起始日是从授权日开始，有下列情形之一的，专利权在期限届满前终止：①没有按照规定缴纳年费的；②专利权人以书面声明放弃其专利权的。还有一种情况就是专利期限到期，专利终止时，保护自然结束。

商标权保护的期限是指商标专用权受法律保护的有效期限。我国注册商标的有效期为十年，自核准注册之日起计算。注册商标有效期满可以续展；商标权的续展是指通过一定程序，延续原注册商标的有效期限，使商标注册人继续保持其注册商标的专用权。

在著作权的期限内，作品受著作权法保护；著作权期限届满，著作权丧失，作品进入公有领域。

法律上对商业秘密的保密期限没有限制，只要商业秘密的四个基本特征没有消失，权利人可以将商业秘密一直保持下去。权利人也可以根据实际状况，为商业秘密规定适当的期限。

参考答案

（10）B

试题（11）

甲公司软件设计师完成了一项涉及计算机程序的发明。之后，乙公司软件设计师也完成了与甲公司软件设计师相同的涉及计算机程序的发明。甲、乙公司于同一天向专利局申请发明专利。此情形下，__（11）__是专利权申请人。

（11）A．甲公司　　B．甲、乙两公司

C．乙公司　　D．由甲、乙公司协商确定的公司

试题（11）分析

当两个以上的申请人分别就同样的发明创造申请专利时，专利权授给最先申请的人。如果两个以上申请人在同一日分别就同样的发明创造申请专利，应当在收到专利行政管理部门的通知后自行协商确定申请人。如果协商不成，专利局将驳回所有申请人的申请，即均不授予专利权。我国专利法规定：“两个以上的申请人分别就同样的发明创造申请专利的，专利权授予最先申请的人。”我国专利法实施细则规定：“同样的发明创造只能被授予一项专利。依照专利法第九条的规定，两个以上的申请人在同一日分别就同样的发明创造申请专利的，应当在收到国务院专利行政部门的通知后自行协商确定申请人。”

参考答案

（11）D

试题（12）

甲、乙两厂生产的产品类似，且产品都使用“B”商标。两厂于同一天向商标局申请商

标注册，且申请注册前两厂均未使用“B”商标。此情形下，___(12)___能核准注册。

(12) A. 甲厂　　B. 由甲、乙厂抽签确定的厂
C. 乙厂　　D. 甲、乙两厂

试题(12)分析

我国商标注册以申请在先为原则，使用在先为补充。当两个或两个以上申请人在同一种或者类似商品上申请注册相同或者近似商标时，申请在先的人可以获得注册。对于同日申请的情况，商标法及其实施条例规定保护先用人的利益，使用在先的人可以获得注册。“使用”包括将商标用于商品、商品包装、容器以及商品交易书上，或者将商标用于广告宣传、展览及其他商业活动中。如果同日使用或均未使用，则采取申请人之间协商解决，不愿协商或者协商不成的，由各申请人抽签决定。商标局通知各申请人以抽签的方式确定一个申请人，驳回其他人的注册申请。商标局已经通知但申请人未参加抽签的，视为放弃申请。

参考答案

(12) B

试题(13)、(14)

在FM方式的数字音乐合成器中，改变数字载波频率可以改变乐音的___(13)___，改变它的信号幅度可以改变乐音的___(14)___。

(13) A. 音调　　B. 音色　　C. 音高　　D. 音质
(14) A. 音调　　B. 音域　　C. 音高　　D. 带宽

试题(13)、(14)分析

音调(Pitch)用来表示人的听觉分辨一个声音的调子高低的程度，主要由声音的频率决定，同时也与声音强度有关。对一定强度的纯音，音调随频率的升降而升降；对一定频率的纯音，低频纯音的音调随声强增加而下降，高频纯音的音调却随强度增加而上升。

音色(Timbre)是指声音的感觉特性，不同的人声和不同的声响都能区分为不同的音色，即音频泛音或谐波成分。

音高是指各种不同高低的声音(即音的高度)，是音的基本特征的一种。

在FM方式的音乐合成器中，数字载波波形和调制波形有很多种，不同型号的FM合成器所选用的波形也不同。各种不同乐音的产生是通过组合各种波形和各种波形参数并采用各种不同的方法实现的。改变数字载波频率可以改变乐音的音调，改变它的幅度可以改变乐音的音高。

参考答案

(13) A　(14) C

试题(15)

结构化开发方法中，___(15)___主要包含对数据结构和算法的设计。

(15) A. 体系结构设计　　B. 数据设计　　C. 接口设计　　D. 过程设计

试题(15)分析

本题考查软件设计的基础知识。

结构化设计主要包括：

① 体系结构设计：定义软件的主要结构元素及其关系。

② 数据设计：基于实体联系图确定软件涉及的文件系统的结构及数据库的表结构。

③ 接口设计：描述用户界面，软件和其他硬件设备、其他软件系统及使用人员的外部接口，以及各种构件之间的内部接口。

④ 过程设计：确定软件各个组成部分内的算法及内部数据结构，并选定某种过程的表达形式来描述各种算法。

参考答案

（15）D

试题（16）

在敏捷过程的开发方法中，＿（16）＿使用了迭代的方法，其中，把每段时间（30 天）一次的迭代称为一个“冲刺”，并按需求的优先级别来实现产品，多个自组织和自治的小组并行地递增实现产品。

（16）A．极限编程 XP　　　　B．水晶法

C．并列争球法　　　　D．自适应软件开发

试题（16）分析

本题考查敏捷方法的基础知识。

在 20 世纪 90 年代后期，一些开发人员抵制严格化软件开发过程，试图强调灵活性在快速有效的软件生产中的作用，提出了敏捷宣言，即个人和交互胜过过程和工具；可以运行的软件胜过面面俱到的文档；与客户合作胜过合同谈判；对变化的反应胜过遵循计划。

基于这些基本思想，有很多敏捷过程的典型方法。其中，极限编程 XP 是激发开发人员创造性、使得管理负担最小的一组技术；水晶法 Crystal 认为每一个不同的项目都需要一套不同的策略、约定和方法论；并列争球法（Scrum）使用迭代的方法，其中把每 30 天一次的迭代成为一个“冲刺”，并按需求的优先级来实现产品。多个自组织和自治小组并行地递增实现产品，并通过简短的日常情况会议进行协调。

自适应软件开发（ASD）有六个基本的原则：

① 在自适应软件开发中，有一个使命作为指导，它设立了项目的目标，但并不描述如何达到这个目标；

② 特征被视为客户键值的关键，因此，项目围绕着构造的构件来组织并实现特征；

③ 过程中的迭代是很重要的，因此重做与做同样重要，变化也包含其中；

④ 变化不视为一种更正，而是对软件开发实际情况的调整；

⑤ 确定的交付时间迫使开发人员认真考虑每一个生产版本的关键需求；

⑥ 风险也包含其中，它使开发人员首先跟踪最艰难的问题。

参考答案

（16）C

试题（17）、（18）

某软件项目的活动图如下图所示，其中顶点表示项目里程碑，连接顶点的边表示包含的

活动，边上的数字表示相应活动的持续时间（天），则完成该项目的最少时间为＿（17）＿天。活动 BC 和 BF 最多可以晚开始＿（18）＿天而不会影响整个项目的进度。

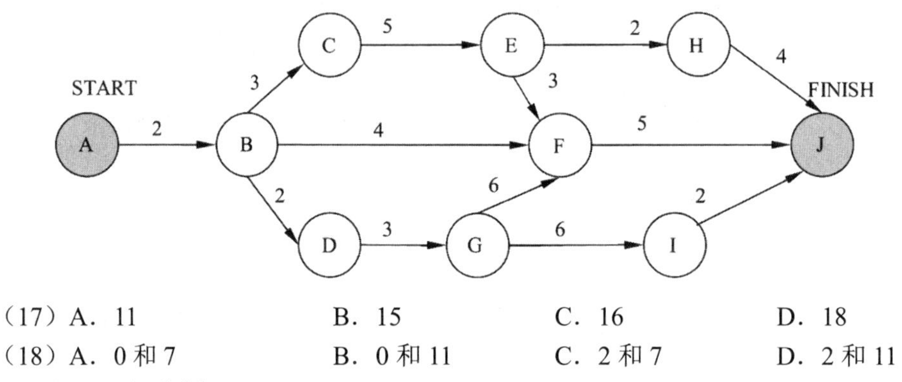

（17）A．11　　B．15　　C．16　　D．18

（18）A．0 和 7　　B．0 和 11　　C．2 和 7　　D．2 和 11

试题（17）、（18）分析

本题考查软件项目管理的基础知识。

活动图是描述一个项目中各个工作任务相互依赖关系的一种模型，项目的很多重要特性可以通过分析活动图得到，如估算项目完成时间，计算关键路径和关键活动等。

根据上图计算出关键路径为 A-B-C-E-F-J 和 A-B-D-G-F-J，其长度为 18。关键路径上的活动均为关键活动。活动 BC 在关键路径上，因此松弛时间为 0。活动 BF 不在关键路径上，包含该活动的最长路径为 A-B-F-J，其长度为 11，因此该活动的松弛时间为 18−11=7。

参考答案

（17）D　（18）A

试题（19）

成本估算时，＿（19）＿方法以规模作为成本的主要因素，考虑多个成本驱动因子。该方法包括三个阶段性模型，即应用组装模型、早期设计阶段模型和体系结构阶段模型。

（19）A．专家估算　　B．Wolverton　　C．COCOMO　　D．COCOMO II

试题（19）分析

本题考查软件项目管理的基础知识。

存在多种软件项目管理的成本估算方法。其中专家估算方法主要依赖于专家的背景和经验，具有较大的主观性。Wolverton 模型基于一个成本矩阵，定义不同的软件类型（如控制、输入/输出等）和难易（容易和困难）的成本，基于此计算软件开发的成本。COCOMO 模型将规模视为成本的主要因素，考虑多个成本驱动因子。在后来的版本 COCOMO Ⅱ中，还考虑了软件开发的不同阶段，包含三个阶段性模型，即应用组装模型、早期设计阶段模型和体系结构阶段模型。

参考答案

（19）D

试题（20）

逻辑表达式求值时常采用短路计算方式。“&&”“||”“!”分别表示逻辑与、或、非运算，

“&&”“||”为左结合，“!”为右结合，优先级从高到低为“!”“&&”“||”。对逻辑表达式“x && (y || ! z)”进行短路计算方式求值时，__(20)__。

（20）A．x 为真，则整个表达式的值即为真，不需要计算 y 和 z 的值
B．x 为假，则整个表达式的值即为假，不需要计算 y 和 z 的值
C．x 为真，再根据 z 的值决定是否需要计算 y 的值
D．x 为假，再根据 y 的值决定是否需要计算 z 的值

试题（20）分析

本题考查逻辑运算知识。

由“逻辑与”“逻辑或”运算构造的逻辑表达式可采用短路计算的方式求值。

“逻辑与”运算“&&”的短路运算逻辑为：a&&b 为真当且仅当 a 和 b 都为真，当 a 为假，无论 b 的值为真还是假，该表达式的值即为假，也就是说此时不需要再计算 b 的值。

“逻辑或”运算“||”的短路运算逻辑为：a||b 为假当且仅当 a 和 b 都为假，当 a 为真，无论 b 的值为真还是假，该表达式的值即为真，也就是说此时不需要再计算 b 的值。

对逻辑表达式“x && (y || ! z)”进行短路计算方式求值时，x 为假则整个表达式的值即为假，不需要计算 y 和 z 的值。若 x 的值为真，则再根据 y 的值决定是否需要计算 z 的值，y 为真就不需要计算 z 的值，y 为假则需要计算 z 的值。

参考答案

（20）B

试题（21）

常用的函数参数传递方式有传值与传引用两种。__(21)__。

（21）A．在传值方式下，形参与实参之间互相传值
B．在传值方式下，实参不能是变量
C．在传引用方式下，修改形参实质上改变了实参的值
D．在传引用方式下，实参可以是任意的变量和表达式

试题（21）分析

本题考查程序语言基础知识。

传值调用和引用调用是常用的两种参数传递方式。在传值调用方式下，是将实参的值传递给形参，该传递是单方向的，调用结束后不会再将形参的值传给实参。在引用调用方式下，实质上是将实参的地址传递给形参，借助指针间接访问数据（或者将形参看作实参的别名），在被调用函数中对形参的修改实质上是对实参的修改。

参考答案

（21）C

试题（22）

二维数组 a[1..N, 1..N]可以按行存储或按列存储。对于数组元素 a[i,j]（$1\leqslant i,j\leqslant N$），当__(22)__时，在按行和按列两种存储方式下，其偏移量相同。

（22）A．$i\neq j$　　B．$i=j$　　C．$i>j$　　D．$i<j$

试题（22）分析

本题考查数据存储知识。

二维数组 a[1..N, 1..N]用来表示一个 $N*N$ 的方阵，主对角线上元素的行下标和列下标相同，以 4×4 的矩阵为例，如下图所示。

a_{11}	a_{12}	a_{13}	a_{14}
a_{21}	a_{22}	a_{23}	a_{24}
a_{31}	a_{32}	a_{33}	a_{34}
a_{41}	a_{42}	a_{43}	a_{44}

对于主对角线中的元素，无论按行方式排列还是按列方式排列，其在序列中的位置都是相同的。

参考答案

（22）B

试题（23）

实时操作系统主要用于有实时要求的过程控制等领域。实时系统对于来自外部的事件必须在__（23）__。

（23）A. 一个时间片内进行处理

B. 一个周转时间内进行处理

C. 一个机器周期内进行处理

D. 被控对象规定的时间内做出及时响应并对其进行处理

试题（23）分析

本题考查操作系统基础知识。

实时是指计算机对于外来信息能够以足够快的速度进行处理，并在被控对象允许的时间范围内做出快速响应。因此，实时操作系统与分时操作系统的第一点区别是交互性强弱不同，分时系统交互型强，实时系统交互性弱但可靠性要求高；第二点区别是实时操作系统对响应时间的敏感性强，对随机发生的外部事件必须在被控制对象规定的时间内做出及时响应并对其进行处理；第三点区别是系统的设计目标不同，分时系统是设计成一个多用户的通用系统，交互能力强，而实时系统大都是专用系统。

参考答案

（23）D

试题（24）、（25）

假设某计算机系统中只有一个 CPU、一台输入设备和一台输出设备，若系统中有四个作业 T_1、T_2、T_3 和 T_4，系统采用优先级调度，且 T_1 的优先级＞T_2 的优先级＞T_3 的优先级＞T_4 的优先级。每个作业 T_i 具有三个程序段：输入 I_i、计算 C_i 和输出 P_i（$i = 1,2,3,4$），其执行顺序为 $I_i \rightarrow C_i \rightarrow P_i$。这四个作业各程序段并发执行的前驱图如下所示。图中①、②分别为__（24）__，③、④、⑤分别为__（25）__。

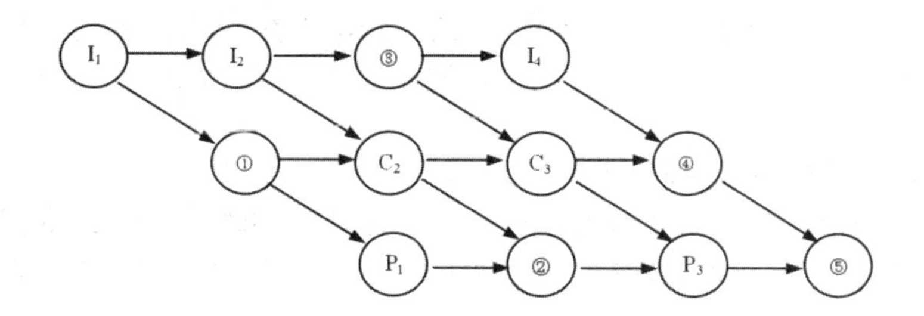

（24）A．I_2、P_2　　B．I_2、C_2　　C．C_1、P_2　　D．C_1、P_3

（25）A．C_2、C_4、P_4　　B．I_2、I_3、C_4　　C．I_3、P_3、P_4　　D．I_3、C_4、P_4

试题（24）、（25）分析

本题考查操作系统基础知识。

前趋图是一个有向无环图，由节点和有向边组成，节点代表各程序段的操作，而节点间的有向边表示两个程序段操作之间存在的前趋关系（“→”）。程序段 P_i 和 P_j 的前趋关系可表示成 $P_i \to P_j$，其中 P_i 是 P_j 的前趋，P_j 是 P_i 的后继，其含义是 P_i 执行结束后 P_j 才能执行。本题完整的前趋图如下图所示，具体分析如下。

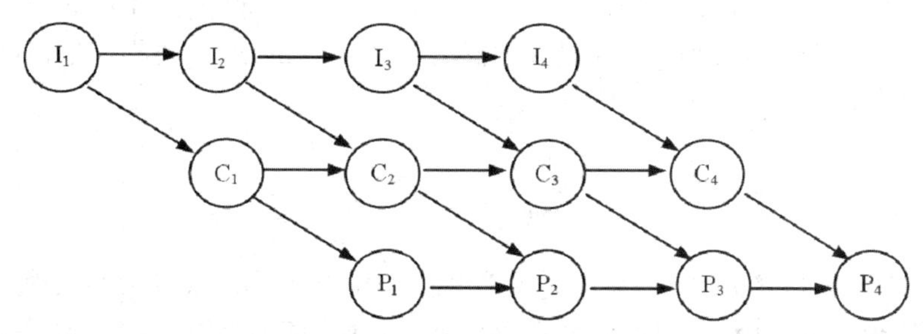

根据题意，I_1 执行结束后 C_1 才能执行，P_1 执行结束后 P_2 才能执行，因此 I_1 是 C_1 的前趋，P_1 是 P_2 的前趋。可见，①、②分别为 C_1、P_2。

根据题意，I_2 执行结束后 I_3 才能执行，即 I_2 是 I_3 的前趋，所以③应为 I_3。又因为计算机系统中只有一个 CPU 和一台输出设备，所以 C_3 执行结束后 C_4 才能执行，C_3 是 C_4 的前趋，所以④应为 C_4；P_3 执行结束后 P_4 才能执行，P_3 是 P_4 的前趋，所以⑤应为 P_4。

参考答案

（24）C　（25）D

试题（26）

假设段页式存储管理系统中的地址结构如下图所示，则系统<u>（26）</u>。

31　　　　24	23　　　　13	12　　　　0
段　号	页　号	页内地址

（26）A．最多可有 256 个段，每个段的大小均为 2048 个页，页的大小为 8KB

　　B．最多可有 256 个段，每个段最大允许有 2048 个页，页的大小为 8KB

C．最多可有512个段，每个段的大小均为1024个页，页的大小为4KB

D．最多可有512个段，每个段最大允许有1024个页，页的大小为4KB

试题（26）分析

本题考查操作系统页式存储管理方面的基础知识。

从图中可见，页内地址的长度是13位，2^{13}=8192，即8KB；页号部分的地址长度是11位，每个段最大允许有2^{11}=2048个页；段号部分的地址长度是8位，2^8=256，最多可有256个段。

参考答案

（26）B

试题（27）

假设系统中有*n*个进程共享3台扫描仪，并采用PV操作实现进程同步与互斥。若系统信号量S的当前值为–1，进程P_1、P_2又分别执行了1次P（S）操作，那么信号量S的值应为__（27）__。

（27）A．3　　B．–3　　C．1　　D．–1

试题（27）分析

本题考查操作系统PV操作方面的基础知识。

系统采用PV操作实现进程同步与互斥，若有*n*个进程共享3台扫描仪，那么信号量S初值应为3。若系统当前信号量S的值为–1，此时，P_1、P_2又分别执行了1次P（S）操作，那么当P_1进程执行P（S）操作时，信号量S的值减1后等于–2；当P_2进程执行P（S）操作时，信号量S的值减1后等于–3。

参考答案

（27）B

试题（28）

某字长为32位的计算机的文件管理系统采用位示图（Bitmap）记录磁盘的使用情况。若磁盘的容量为300GB，物理块的大小为1MB，那么位示图的大小为__（28）__个字。

（28）A．1200　　B．3200　　C．6400　　D．9600

试题（28）分析

本题考查操作系统文件管理方面的基础知识。

根据题意，若磁盘的容量为300GB，物理块的大小为1MB，则该磁盘的物理块数为300×1024=307 200个，位示图的大小为307 200/32=9600个字。

参考答案

（28）D

试题（29）、（30）

某开发小组欲为一公司开发一个产品控制软件，监控产品的生产和销售过程，从购买各种材料开始，到产品的加工和销售进行全程跟踪。购买材料的流程、产品的加工过程以及销售过程可能会发生变化。该软件的开发最不适宜采用__（29）__模型，主要是因为这种模型__（30）__。

（29）A．瀑布　　B．原型　　C．增量　　D．喷泉

（30）A．不能解决风险　　B．不能快速提交软件
C．难以适应变化的需求　　D．不能理解用户的需求

试题（29）、（30）分析

本题考查软件开发过程模型的基础知识。

瀑布模型将开发阶段描述为从一个阶段瀑布般地转换到另一个阶段的过程。

原型模型中，开发人员快速地构造整个系统或者系统的一部分以理解或澄清问题。

增量模型是把软件产品作为一系列的增量构件来设计、编码、集成和测试，每个构件由多个相互作用的模块组成，并且能够完成特定的功能。

喷泉模型开发过程中以用户需求为动力，以对象为驱动，适合于面向对象的开发方法。

在上述几种开发过程模型中，瀑布模型不能适应变化的需求。

参考答案

（29）A　（30）C

试题（31）

___（31）___不属于软件质量特性中的可移植性。

（31）A．适应性　　B．易安装性　　C．易替换性　　D．易理解性

试题（31）分析

本题考查软件质量的基础知识。

ISO/IEC 软件质量模型定义了六个软件质量特性，即功能性、可靠性、易使用性、效率、可维护性和可移植性。对每个质量特性定义其子特性。其中可移植性包括子特性：适应性、易安装性、一致性和易替换性。

参考答案

（31）D

试题（32）、（33）

对右图所示流程图采用白盒测试方法进行测试，若要满足路径覆盖，则至少需要___（32）___个测试用例。采用 McCabe 度量法计算该程序的环路复杂性为___（33）___。

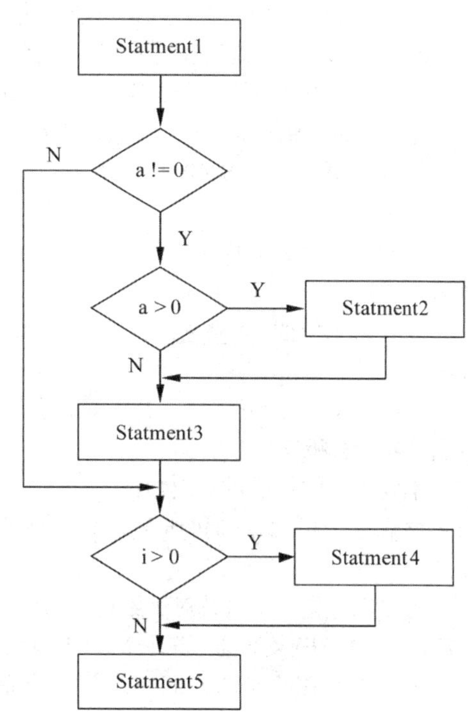

（32）A．3　　B．4
C．6　　D．8

（33）A．1　　B．2
C．3　　D．4

试题（32）、（33）分析

本题考查软件测试的基础知识。

白盒测试和黑盒测试是两种最常用的软件测试方法。路径覆盖是白盒测试的一种具体方法。

路径覆盖是指设计若干个测试用例，覆盖程序中的所有路径。

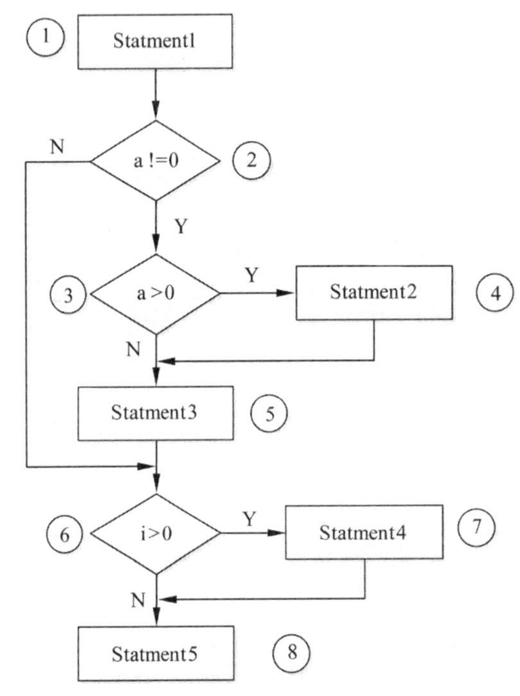

路径覆盖应使程序中每一条可能的路径至少执行一次。该流程图中一共有六条路径：①②③④⑤⑥⑦⑧，①②③④⑤⑥⑧，①②③⑤⑥⑦⑧，①②③⑤⑥⑧，①②⑥⑦⑧，①②⑥⑧，因此，实现路径覆盖至少需要 6 个测试用例。

McCabe 度量法是一种基于程序控制流的复杂性度量方法，环路复杂性为 $V(G) = m - n + 2$，图中 m=10，n=8，$V(G) = 10-8+2=4$。

参考答案

（32）C　（33）D

试题（34）

计算机系统的＿（34）＿可以用 MTBF/(1+MTBF)来度量，其中 MTBF 为平均失效间隔时间。

（34）A．可靠性　　B．可用性　　C．可维护性　　D．健壮性

试题（34）分析

本题考查软件质量基础知识。

可靠性、可用性和可维护性是软件的质量属性，软件工程中，用 0～1 之间的数来度量。

可靠性是指一个系统对于给定的时间间隔内、在给定条件下无失效运作的概率。可以用 MTTF/(1+MTTF)来度量，其中 MTTF 为平均无故障时间。

可用性是在给定的时间点上，一个系统能够按照规格说明正确运作的概率。可以用

MTBF/(1+MTBF)来度量，其中 MTBF 为平均失效间隔时间。

可维护性是在给定的使用条件下，在规定的时间间隔内，使用规定的过程和资源完成维护活动的概率。可以用 1/(1+MTTR)来度量，其中 MTTR 为平均修复时间。

参考答案

（34）B

试题（35）

以下关于软件测试的叙述中，不正确的是＿（35）＿。

（35）A．在设计测试用例时应考虑输入数据和预期输出结果

B．软件测试的目的是证明软件的正确性

C．在设计测试用例时，应该包括合理的输入条件

D．在设计测试用例时，应该包括不合理的输入条件

试题（35）分析

本题考查软件测试的基础知识。

选项 A、C、D 都与测试用例的基本概念相关，每个测试用例应该包含输入数据和预期输出结果。在设计测试用例时，要包含合理的输入和不合理的输入。因此，这三个选项均正确。

软件测试的目的是发现更多的错误，而不是证明软件的正确性。

参考答案

（35）B

试题（36）

某模块中有两个处理 A 和 B，分别对数据结构 X 写数据和读数据，则该模块的内聚类型为＿（36）＿内聚。

（36）A．逻辑　　B．过程　　C．通信　　D．内容

试题（36）分析

本题考查软件设计的基础知识。

模块间的耦合和模块的内聚是度量模块独立性的两个准则。内聚是模块功能强度的度量，即模块内部各个元素彼此结合的紧密程度。一个模块内部各个元素之间的紧密程度越高，则其内聚性越高，模块独立性越好。模块内聚类型主要有以下几类。

偶然内聚（巧合内聚）：指一个模块内的各处理元素之间没有任何联系。

逻辑内聚：指模块内执行若干个逻辑上相似的功能，通过参数确定该模块完成哪一个功能。

时间内聚：把需要同时执行的动作组合在一起形成的模块。

过程内聚：指一个模块完成多个任务，这些任务必须按指定的过程执行。

通信内聚：指模块内的所有处理元素都在同一个数据结构上操作，或者各处理使用相同的输入数据或产生相同的输出数据。

顺序内聚：指一个模块中的各个处理元素都密切相关于同一个功能且必须顺序执行，前一个功能元素的输出就是下一功能元素的输入。

功能内聚：指模块内的所有元素共同作用完成一个功能，缺一不可。

本题中，两个处理A和B对相同的数据结构操作，属于通信内聚。

参考答案

C

试题（37）

在面向对象方法中，不同对象收到同一消息可以产生完全不同的结果，这一现象称为__(37)__。在使用时，用户可以发送一个通用的消息，而实现的细节则由接收对象自行决定。

（37）A．接口　　B．继承　　C．覆盖　　D．多态

试题（37）分析

本题考查面向对象的基础知识。

在面向对象系统中，对象是基本的运行时实体，它既包括数据（属性），也包括作用于数据的操作（行为），访问对象的这些操作也称为接口。一组大体上相似的对象定义为一个类。一个类所包含的方法和数据描述一组对象的共同行为和属性，这些对象共享这些行为和属性。有些类之间存在一般和特殊关系，在定义和实现一个类的时候，可以在一个已经存在的类的基础上来进行，把这个已经存在的类所定义的内容作为自己的内容，并加入新的内容，这种机制就是父类和子类之间共享数据和方法的机制，即继承。在子类定义时，可以继承它的父类（或祖先类）中的属性和方法，也可以重新定义父类中已经定义的方法，其方法可以对父类中方法进行覆盖，即在原有父类接口的基础上，用适合于自己要求的实现去置换父类中的相应实现。在继承的支持下，不同对象在收到同一消息时可以产生不同的结果，这是由于对通用消息的实现细节由接收对象自行决定的缘故，这就是多态。

参考答案

（37）D

试题（38）

在面向对象方法中，支持多态的是__(38)__。

（38）A．静态分配　　B．动态分配　　C．静态类型　　D．动态绑定

试题（38）分析

本题考查面向对象的基础知识。

多态的实现受到继承的支持，利用类的继承的层次关系，把具有通用功能的消息存放在高层次，而不同的实现这一功能的行为放在较低层次。当一个对象发送通用消息请求服务时，要根据接收对象的具体情况将请求的操作与实现的方法进行连接，即动态绑定，以实现在这些低层次上生成的对象给通用消息以不同的响应。

参考答案

（38）D

试题（39）

面向对象分析的目的是获得对应用问题的理解，其主要活动不包括__(39)__。

（39）A．认定并组织对象　　B．描述对象间的相互作用

C．面向对象程序设计　　　　　　　　D．确定基于对象的操作

试题（39）分析

本题考查面向对象的基础知识。

面向对象分析的目的是获得对应用问题的理解，以确定系统的功能、性能要求。面向对象分析方法是将数据和功能结合在一起作为一个综合对象来考虑。面向对象分析技术可以将系统的行为和信息间的关系表示为迭代构造特征。面向对象分析包含 5 个活动：认定对象、组织对象、描述对象间的相互作用、定义对象的操作、定义对象的内部信息。

参考答案

（39）C

试题（40）

如下所示的 UML 状态图中，＿（40）＿时，不一定会离开状态 B。

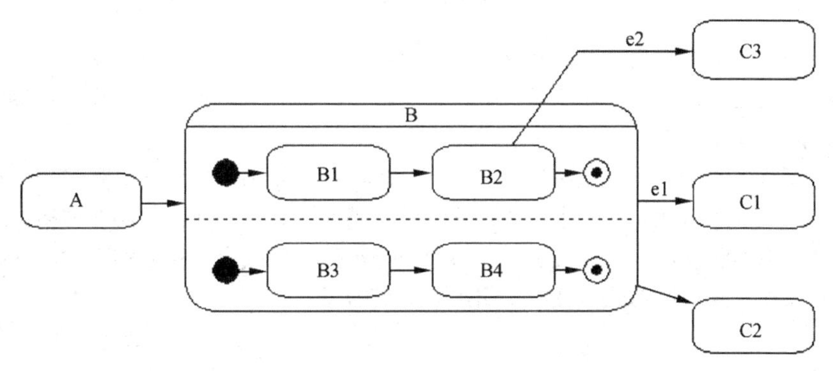

（40）A．状态 B 中的两个结束状态均达到
　　B．在当前状态为 B2 时，事件 e2 发生
　　C．事件 e2 发生
　　D．事件 e1 发生

试题（40）分析

本题考查面向对象和统一建模语言（UML）的基础知识。

状态图（State Diagram）展现了一个状态机，用于描述一个对象在其生存期间的动态行为，表现为一个对象所经历的状态序列，它由状态、转换、事件和活动组成。状态图关注系统的动态视图，它对于接口、类和协作的行为建模尤为重要，强调对象行为的事件顺序。状态图通常包括简单状态和组合状态、转换（事件和动作）。

可以用状态图对系统的动态方面建模。这些动态方面可以包括出现在系统体系结构的任何视图中的任何一种对象的按事件排序的行为，这些对象包括类（各主动类）、接口、构件和节点。

当对象处于某个状态时，这个状态被称为激活状态（Active State）。任何从激活状态出发的转换所标识的事件被检测到发生时，进行转换，而从当前状态出发的事件如果没有标注所检测到的事件名称，就忽略该事件，不激发任何转换，当前状态仍然是激活状态。

本题叙述中图示状态 B 内嵌套了 B1、B2、B3 和 B4。当激活状态是 B 且内嵌为状态 B2

时，如果发生事件 e2，则转移到 C3 状态；如果当前激活状态 B 的子状态不是 B2，则事件 e2 发生后，不激发状态转换。当激活状态为 B 时，不论内嵌状态是哪个，则发生事件 e1 后，激活状态转换到 C1；或者 B 中内嵌的两个结束状态均达到时，会离开状态 B。

参考答案

（40）C

试题（41）

以下关于 UML 状态图中转换（Transition）的叙述中，不正确的是__（41）__。

（41）A．活动可以在转换时执行也可以在状态内执行

B．监护条件只有在相应的事件发生时才进行检查

C．一个转换可以有事件触发器、监护条件和一个状态

D．事件触发转换

试题（41）分析

本题考查面向对象和统一建模语言（UML）的基础知识。

状态图（State Diagram）展现了一个状态机，关注系统的动态视图，强调对象行为的事件顺序引起的对象状态变化。

一般情况下，活动可以在状态转换时执行，也可以走状态内执行。检测到一个事件可能导致对象从一个状态移动到另一个状态，这样的移动即为转换，即事件触发转换，这样能引起转换的事件称为触发器。事件发生时，检查监护条件，如果满足相应的事件，则进行相应的转换，如果都没满足，则此事件没有引起状态的改变。

参考答案

（41）C

试题（42）、（43）

下图①②③④所示是 UML__（42）__。现有场景：一名医生（Doctor）可以治疗多位病人（Patient），一位病人可以由多名医生治疗，一名医生可能多次治疗同一位病人。要记录哪名医生治疗哪位病人时，需要存储治疗（Treatment）的日期和时间。以下①②③④图中__（43）__是描述此场景的模型。

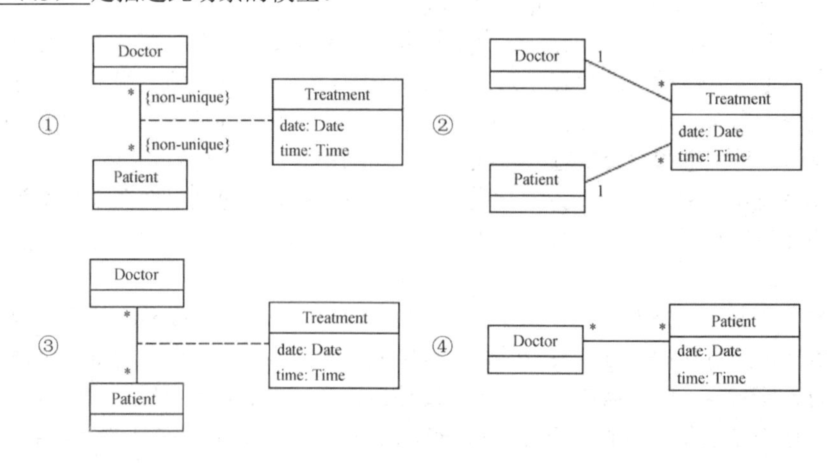

（42）A. 用例图　B. 对象图　C. 类图　D. 协作图

（43）A. ①　B. ②　C. ③　D. ④

试题（42）、（43）分析

本题考查统一建模语言（UML）的基础知识。

一个类定义了一组大体上相似的对象。一个类所包含的方法和数据描述一组对象的共同行为和属性。把一组对象的共同特征加以抽象并存储在一个类中的能力，是面向对象技术最重要的一点。类图（Class Diagram）展现了一组对象、接口、协作和它们之间的关系。在面向对象系统的建模中所建立的最常见的图就是类图。类图给出系统的静态设计视图。包含主动类的类图给出了系统的静态进程视图。

类图中通常包括类、接口、协作、依赖、泛化和关联关系等内容（如下图所示）。类图中也可以包含注解和约束。类图还可以含有包或子系统，两者都用于把模型元素聚集成更大的组块。

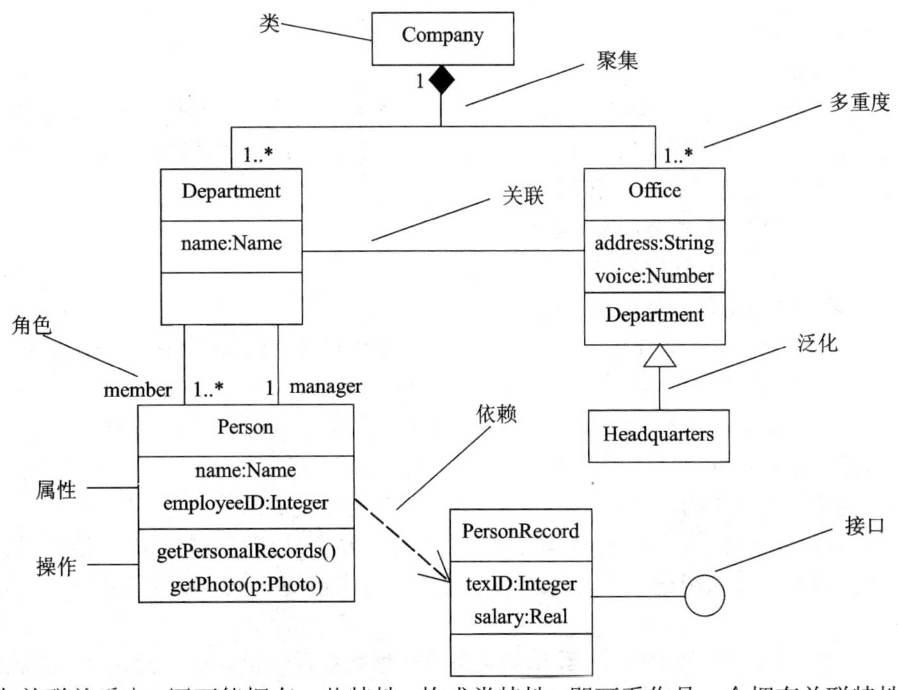

在关联关系中，还可能拥有一些特性，构成类特性，即可看作是一个拥有关联特性的类，该关系兼具关联和类的特色。它定义了用于连接一些分类器，还定义属于关联关系本身的特性，这些特性只属于关联关系本身。例如要建模员工（Person）和公司（Company）之间的工作关系，有一个重要的属性是工作岗位及其岗位工资。如果将岗位工资属性放在 Person 类和 Company 类都不合适，这一属性应该放在关联关系上，这样就需要建模一个关联类 Job，用来设置岗位和岗位工资。

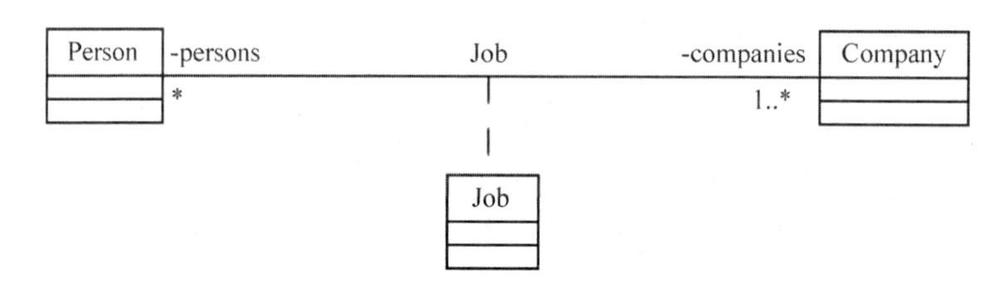

本题叙述中，一名医生（Doctor）可以治疗多位病人（Patient），一位病人可以由多名医生治疗，这样，医生类和病人类之间的关联关系的两端多重度均为多（*）。另外，一名医生可能多次治疗同一位病人，那么，要记录哪名医生治疗哪位病人时，需要存储治疗（Treatment）的日期和时间。这一治疗日期和时间属性放在医生类和病人类都不合适，所以这一属性应该放在关联关系上，构成关联类治疗（Treatment），并且一名医生可以多次治疗同一位病人，所以医生和病人组合并不唯一（non-unique）。

参考答案

（42）C　（43）A

试题（44）、（45）

<u>（44）</u>模式定义一系列的算法，把它们一个个封装起来，并且使它们可以相互替换，使得算法可以独立于使用它们的客户而变化。以下<u>（45）</u>情况适合选用该模式。

① 一个客户需要使用一组相关对象

② 一个对象的改变需要改变其他对象

③ 需要使用一个算法的不同变体

④ 许多相关的类仅仅是行为有异

（44）A．命令（Command）　B．责任链（Chain of Responsibility）
　　C．观察者（Observer）　D．策略（Strategy）

（45）A．①②　B．②③　C．③④　D．①④

试题（44）、（45）分析

本题考查设计模式的基本概念。每种设计模式都有特定的意图和适用情况。

命令（Command）将一个请求封装为一个对象，从而使得可以用不同的请求对客户进行参数化；对请求排队或记录请求日志，以及支持可撤销的操作。命令模式适用于以下几种情况：

① 抽象出待执行的动作以参数化某对象，此模式是过程语言中的回调（Callback）机制的一个面向对象的替代方式；

② 在不同的时刻指定、排列和执行请求；

③ 支持取消操作；

④ 支持修改日志，这样当系统崩溃时，这些修改可以被重做一遍；

⑤ 用构建在原语操作上的高层操作构造一个系统。

责任链（Chain of Responsibility）使多个对象都有机会处理请求，从而避免请求的发送者和接收者之间的耦合关系。将这些对象连成一条链，并沿着这条链传递该请求，直到有一个对象处理它为止。责任链模式适用于以下几种情况：

① 有多个对象可以处理一个请求，哪个对象处理该请求在运行时刻自动确定；

② 在不明确指定接收者的情况下，向多个对象中的一个提交一个请求；

③ 可处理一个请求的对象集合应被动态指定。

观察者（Observer）模式定义对象间的一种一对多的依赖关系，当一个对象的状态发生改变时，所有依赖于它的对象都得到通知并被自动更新。观察者适用于以下几种情况：

① 当一个抽象模型有两个方面，其中一个方面依赖于另一个方面，将这两者封装在独立的对象中以使它们可以各自独立地改变和复用；

② 当对一个对象的改变需要同时改变其他对象，而不知道具体有多少对象有待改变时；

③ 当一个对象必须通知其他对象，而它又不能假定其他对象是谁时，即不希望这些对象是紧耦合的。

策略（Strategy）定义一系列的算法，把它们一个个封装起来，并且使它们可以相互替换。此模式使得算法可以独立于使用它们的客户而变化。策略模式适用于以下几种情况：

① 许多相关的类仅仅是行为有异，“策略”提供了一种用多个行为中的一个行为来配置一个类的方法；

② 需要使用一个算法的不同变体，例如，定义一些反应不同空间的空间/时间权衡的算法，当这些变体实现为一个算法的类层次时，可以使用策略模式；

③ 算法使用客户不应该知道的数据，可使用策略模式以避免暴露复杂的、与算法相关的数据结构；

④ 一个类定义了多种行为，并且这些行为在这个类的操作中以多个条件语句的形式出现，将相关的条件分支移入它们各自的 Strategy 类中，以代替这些条件语句。

参考答案

（44）D　（45）C

试题（46）、（47）

___（46）___模式将一个复杂对象的构建与其表示分离，使得同样的构建过程可以创建不同的表示。以下___（47）___情况适合选用该模式。

① 抽象复杂对象的构建步骤

② 基于构建过程的具体实现构建复杂对象的不同表示

③ 一个类仅有一个实例

④ 一个类的实例只能有几个不同状态组合中的一种

（46）A．生成器（Builder）　B．工厂方法（Factory Method）
　　　C．原型（Prototype）　D．单例（Singleton）

（47）A．①②　B．②③　C．③④　D．①④

试题（46）、（47）分析

本题考查设计模式的基本概念。每种设计模式都集中于一个特定的面向对象设计问题或设计要点，有特定的意图和适用情况。

生成器（Builder）模式将一个复杂对象的构建与它的表示分离，使得同样的构建过程可以创建不同的表示。生成器模式适用于以下几种情况：

① 当创建复杂对象的算法应该独立于该对象的组成部分以及它们的装配方式时；

② 当构造过程必须允许被构造的对象有不同的表示时。

工厂方法（Factory Method）定义一个用于创建对象的接口，让子类决定将哪一个类实例化，使一个类的实例化延迟到其子类。工厂方法适用于以下几种情况：

① 当一个类不知道它所必须创建的对象的类的时候；

② 当一个类希望由它的子类来指定它所创建的对象的时候；

③ 当类将创建对象的职责委托给多个帮助子类中的某一个，并且你希望将哪一个帮助子类是代理者这一信息局部化的时候。

原型（Prototype）模式用原型实例指定创建对象的种类，并且通过拷贝这个原型来创建新的对象。原型模式适用于以下几种情况：

① 当一个系统应该独立于它的产品创建、构成和表示时；

② 当要实例化的类是在运行时刻指定时，例如，通过动态装载；

③ 为了避免创建一个与产品类层次平行的工厂类层次时；

④ 当一个类的实例只能有几个不同状态组合中的一种时，建立相应数目的原型并克隆它们可能比每次用合适的状态手工实例化该类更方便一些。

单例（Singleton）设计模式是一种创建型模式，其意图是保证一个类仅有一个实例，并提供一个访问这个唯一实例的全局访问点。单例模式适用于以下情况：

① 当类只能有一个实例而且客户可以从一个众所周知的访问点访问它时；

② 当这个唯一实例应该是通过子类化可扩展的，并且客户应该无须更改代码就能使用一个扩展的实例时。

参考答案

（46）A （47）A

试题（48）

由字符 a、b 构成的字符串中，若每个 a 后至少跟一个 b，则该字符串集合可用正规式表示为 （48） 。

（48）A．(b|ab)* B．(ab*)* C．(a*b*)* D．(a|b)*

试题（48）分析

本题考查程序语言知识。

正规式 (b|ab)表示的正规集为{b, ab}， (b|ab)*表示的正规集为{ ε ,b, ab, bb, bab, abb, abab, bbb, bbab, babb, babab, abbb, abbab, ababb, ababab, ...}，用自然语言描述就是每个 a 后面都至少有 1 个 b。

正规式 (ab*)表示的正规集为{ ε ,a, ab, abb, abbb, abbbb, ...}，(ab*)*表示的正规集为{aa, aab, aabb, aabbb, aabbbb, aba, abba, abbba, abab, abbab, ...}，用自然语言描述就是除了空串，每个串中都至少有 1 个 a。

正规式(a*b*)*和(a|b)*是等价的，它们都表示{ ε ,a, b, aa, ab, ba, bb, aaa, aab, aba, abb, baa, bab, bab, bbb, ... }，用自然语言描述就是用 a、b 构成的任何字符串。

参考答案

（48）A

试题（49）

乔姆斯基（Chomsky）将文法分为 4 种类型，程序设计语言的大多数语法现象可用其中的__（49）__描述。

（49）A．上下文有关文法　　B．上下文无关文法
C．正规文法　　D．短语结构文法

试题（49）分析

本题考查程序语言知识。

程序语言的大多数语法现象可用乔姆斯基的上下文无关文法描述。

参考答案

（49）B

试题（50）

运行下面的 C 程序代码段，会出现__（50）__错误。

```
int k = 0;
for (; k < 100; );
{ k++;}
```

（50）A．变量未定义　　B．静态语义　　C．语法　　D．动态语义

试题（50）分析

本题考查程序语言知识。

代码段中“for (; k < 100;);”的循环体为空语句，循环条件中的 k 值在循环中没有改变，因此“k < 100”是一直成立的，此代码段是无限循环的，只有运行时才能表现出来，属于动态语义错误。

参考答案

（50）D

试题（51）

在数据库系统中，一般由 DBA 使用 DBMS 提供的授权功能为不同用户授权，其主要目的是保证数据库的__（51）__。

（51）A．正确性　　B．安全性　　C．一致性　　D．完整性

试题（51）分析

本题考查数据库安全控制方面的基础知识。

数据库管理系统的安全措施有 3 个方面：

① 权限机制：通过权限机制，限定用户对数据的操作权限，把数据的操作限定在具有指定权限的用户范围内，以保证数据的安全。在标准 SQL 中定义了授权语句 GRANT 来实现权限管理。

② 视图机制：通过建立用户视图，用户或应用程序只能通过视图来操作数据，保证了视图之外的数据的安全性。

③ 数据加密：对数据库中的数据进行加密，可以防止数据在存储和传输过程中失密。

参考答案

（51）B

试题（52）、（53）

给定关系模式 $R(U, F)$，其中：U 为关系模式 R 中的属性集，F 是 U 上的一组函数依赖。假设 $U=\{A_1,A_2,A_3,A_4\}$，$F=\{A_1 \to A_2, A_1A_2 \to A_3, A_1 \to A_4, A_2 \to A_4\}$，那么关系 R 的主键应为＿（52）＿。函数依赖集 F 中的＿（53）＿是冗余的。

（52）A. A_1　　B. A_1A_2　　C. A_1A_3　　D. $A_1A_2A_3$

（53）A. $A_1 \to A_2$　　B. $A_1A_2 \to A_3$　　C. $A_1 \to A_4$　　D. $A_2 \to A_4$

试题（52）、（53）分析

本题考查关系数据库规范化理论方面的基础知识。

根据题意，$F=\{A_1 \to A_2, A_1A_2 \to A_3, A_1 \to A_4, A_2 \to A_4\}$，不难得出属性 A_1A_2 决定全属性 U，所以 A_1A_2 为候选关键字。由于 $A_1 \to A_2$，$A_2 \to A_4$ 可以推出 $A_1 \to A_4$（传递率），所以函数依赖集 $A_1 \to A_4$ 是冗余的。

参考答案

（52）B　（53）C

试题（54）、（55）

给定关系 $R(A,B,C,D)$ 和关系 $S(A,C,E,F)$，对其进行自然连接运算 $R \bowtie S$ 后的属性列为＿（54）＿个；与 $\sigma_{R.B>S.E}(R \bowtie S)$ 等价的关系代数表达式为＿（55）＿。

（54）A. 4　　B. 5　　C. 6　　D. 8

（55）A. $\sigma_{2>7}(R \times S)$　　B. $\pi_{1,2,3,4,7,8}(\sigma_{1=5 \wedge 2>7 \wedge 3=6}(R \times S))$

C. $\sigma_{2>'7'}(R \times S)$　　D. $\pi_{1,2,3,4,7,8}(\sigma_{1=5 \wedge 2>'7' \wedge 3=6}(R \times S))$

试题（54）、（55）分析

本题考查关系代数运算方面的基础知识。

自然连接是一种特殊的等值连接，它要求两个关系中进行比较的分量必须是相同的属性组，并且在结果集中去掉右边重复的属性列。对关系 R 和 S 进行自然连接运算后的属性列数为 6 个，即为 $R.A, R.B, R.C, R.D, S.E, S.F$。

对于试题（55），选项 A 和 C 是错误的，因为 $R \times S$ 的结果集的属性列为 $R.A, R.B, R.C, R.D, S.A, S.C, S.E, S.F$，选取运算 σ 是对关系进行横向运算，没有去掉重复属性列。选项 B“$\pi_{1,2,3,4,7,8}(\sigma_{1=5 \wedge 2>7 \wedge 3=6}(R \times S))$”的含义为 R 与 S 的笛卡儿积中选择第 1 个属性列=第 5 个属性列（即 $R.A=S.A$），同时满足第 2 个属性列＞第 7 个属性列（即 $R.B>S.E$），同时满足第 3 个属性列=第 6 个属性列（即 $R.C=S.C$）。选项 D 错误的原因是选取运算 $\sigma_{1=5 \wedge 2>'7' \wedge 3=6}(R \times S)$ 中的条件“2>'7'”与题意不符，其含义是 $R.B$ 的值大于 7（属性列数字 7 加了单引号表示数值 7），而不是 $R.B>S.E$。

参考答案

（54）C　（55）B

试题（56）

下列查询 B=“大数据”且 F=“开发平台”，结果集属性列为 A、B、C、F 的关系代数表达式中，查询效率最高的是__（56）__。

（56）A．$\pi_{1,2,3,8}(\sigma_{2='\text{大数据}'\wedge 1=5\wedge 3=6\wedge 8='\text{开发平台}'}(R\times S))$

B．$\pi_{1,2,3,8}(\sigma_{1=5\wedge 3=6\wedge 8='\text{开发平台}'}(\sigma_{2='\text{大数据}'}(R)\times S))$

C．$\pi_{1,2,3,8}(\sigma_{2='\text{大数据}'\wedge 1=5\wedge 3=6}(R\times\sigma_{4='\text{开发平台}'}(S)))$

D．$\pi_{1,2,3,8}(\sigma_{1=5\wedge 3=6}(\sigma_{2='\text{大数据}'}(R)\times\sigma_{4='\text{开发平台}'}(S)))$

试题（56）分析

本题考查关系代数运算方面的基础知识。

关系代数表达式查询优化的原则如下：

① 提早执行选取运算。对于有选择运算的表达式，应优化成尽可能先执行选择运算的等价表达式，以得到较小的中间结果，减少运算量以及从外存读块的次数。

② 合并乘积与其后的选择运算为连接运算。在表达式中，当乘积运算后面是选择运算时，应该合并为连接运算，使选择与乘积一同完成，以避免做完乘积后，需再扫描一个大的乘积关系进行选择运算。

③ 将投影运算与其后的其他运算同时进行，以避免重复扫描关系。

④ 将投影运算和其前后的二目运算结合起来，使得没有必要为去掉某些字段再扫描一遍关系。

⑤ 在执行连接前对关系适当地预处理，就能快速地找到要连接的元组。方法有两种：索引连接法、排序合并连接法。

⑥ 存储公共子表达式。对于有公共子表达式的结果应存于外存（中间结果），这样，当从外存读出它的时间比计算的时间少时，就可节约操作时间。

显然，根据原则①尽量提早执行选取运算。

参考答案

（56）D

试题（57）

拓扑序列是有向无环图中所有顶点的一个线性序列，若有向图中存在弧<*v*,*w*>或存在从顶点 *v* 到 *w* 的路径，则在该有向图的任一拓扑序列中，*v* 一定在 *w* 之前。下面有向图的拓扑序列是__（57）__。

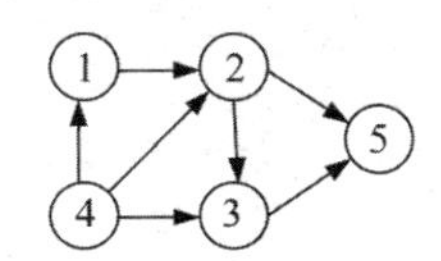

（57）A．41235　　B．43125　　C．42135　　D．41325

试题（57）分析

本题考查数据结构基础知识。

对有向无环图网进行拓扑排序的方法如下：

① 在 AOV 网中选择一个入度为零（没有前驱）的顶点 *v* 且输出它；

② 从网中删除该顶点 v 以及与该顶点有关的所有边；

③ 重复上述两步，直至网中不存在入度为零的顶点为止。

按照上述方法，拓扑序列的第一个顶点为 4，执行①和②步之后的有向图如下图（a）所示。接下来再输出的顶点只能为 1，因此执行①和②步之后的有向图如下图（b）所示。接下来再输出的顶点只能为 2，因此①和②步之后的有向图如下图（c）所示。因此，拓扑序列为 41235。

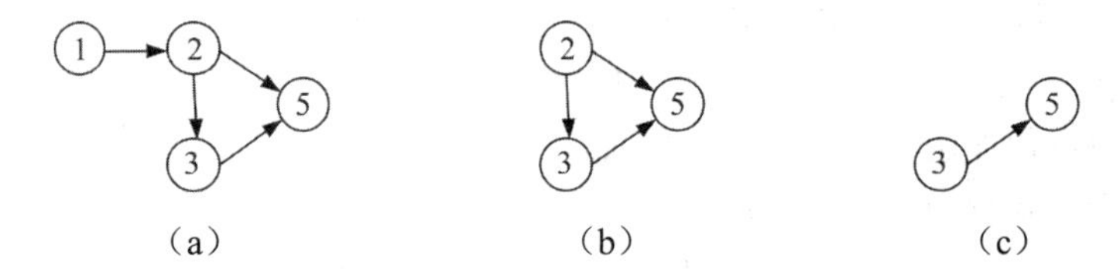

（a）　　（b）　　（c）

参考答案

（57）A

试题（58）、（59）

设有一个包含 n 个元素的有序线性表。在等概率情况下删除其中的一个元素，若采用顺序存储结构，则平均需要移动__（58）__个元素；若采用单链表存储，则平均需要移动__（59）__个元素。

（58）A．1　　B．$(n-1)/2$　　C．$\log n$　　D．n

（59）A．0　　B．1　　C．$(n-1)/2$　　D．$n/2$

试题（58）、（59）分析

本题考查数据结构基础知识。

线性表是一个线性序列，在顺序存储方式下，若删除其中一个元素，需要将其后的元素逐个前移，使得元素之间没有空闲单元。表长为 n 时，共有 n 个可删除的元素，删除元素 a_1 时需要移动 $n-1$ 个元素，删除元素 a_n 时不需要移动元素，因此，等概率下删除一个元素时平均的移动元素次数 E_{delete} 为

$$E_{delete} = \sum_{i=1}^{n} q_i \times (n-i) = \frac{1}{n}\sum_{i=1}^{n}(n-i) = \frac{n-1}{2}$$

线性表若采用单链表存储，插入和删除元素的实质都是对相关指针的修改，而不需要移动元素。

参考答案

（58）B　（59）A

试题（60）

具有 3 个结点的二叉树有__（60）__种形态。

（60）A．2　　B．3　　C．5　　D．7

试题（60）分析

本题考查数据结构基础知识。

具有 3 个结点的二叉树有以下 5 种形态，如下图所示。

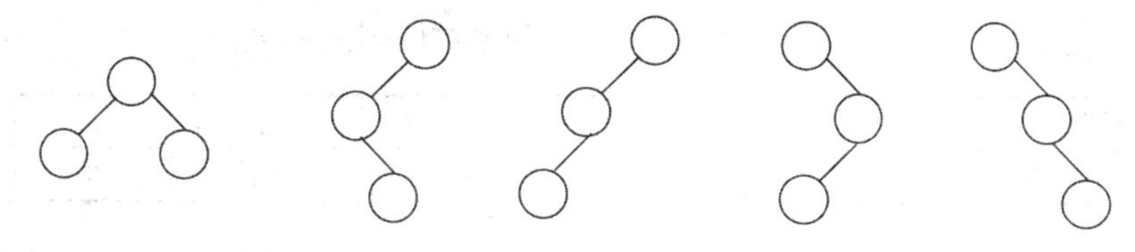

参考答案

（60）C

试题（61）

以下关于二叉排序树（或二叉查找树、二叉检索树）的叙述中，正确的是＿（61）＿。

（61）A．对二叉排序树进行先序、中序和后序遍历，都得到结点关键字的有序序列

B．含有 n 个结点的二叉排序树高度为 $\lfloor \log_2 n \rfloor + 1$

C．从根到任意一个叶子结点的路径上，结点的关键字呈现有序排列的特点

D．从左到右排列同层次的结点，其关键字呈现有序排列的特点

试题（61）分析

本题考查数据结构基础知识。

二叉查找树又称为二叉排序树或二叉检索树，它或者是一棵空树，或者是具有如下性质的二叉树：①若它的左子树非空，则左子树中所有结点的值均小于根结点的值；②若它的右子树非空，则右子树中所有结点的值均大于根结点的值；③左、右子树本身就是二叉查找树。某二叉排序树如下图所示。

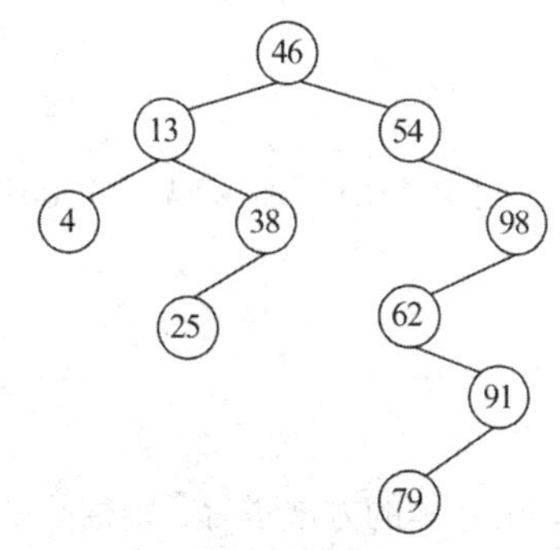

以上图为例，对非空二叉排序树进行中序遍历，得到递增有序的序列，先序和后序序列则不是。因此，选项 A 的说法是错误的。

二叉排序树中结点在左、右子树上的分布并不均匀，极端情况下，n 个结点的二叉排序树的高度为 n。因此，选项 B 的说法是错误的。

以上图为例，从 46 到 25 的路径上的结点关键码序列为 46, 13, 38, 25，并不是一个有序序列。因此，选项 C 的说法是错误的。

参考答案

（61）D

试题（62）、（63）

下表为某文件中字符的出现频率，采用霍夫曼编码对下列字符编码，则字符序列“bee”

的编码为__（62）__；编码“110001001101”对应的字符序列为__（63）__。

字符	a	b	c	d	e	f
频率(%)	45	13	12	16	9	5

（62）A．10111011101　　B．10111001100　　C．001100100　　D．110011011

（63）A．bad　　B．bee　　C．face　　D．bace

试题（62）、（63）分析

本题考查算法设计与分析的基础知识。题干中给出的实例的霍夫曼编码树如下图所示。

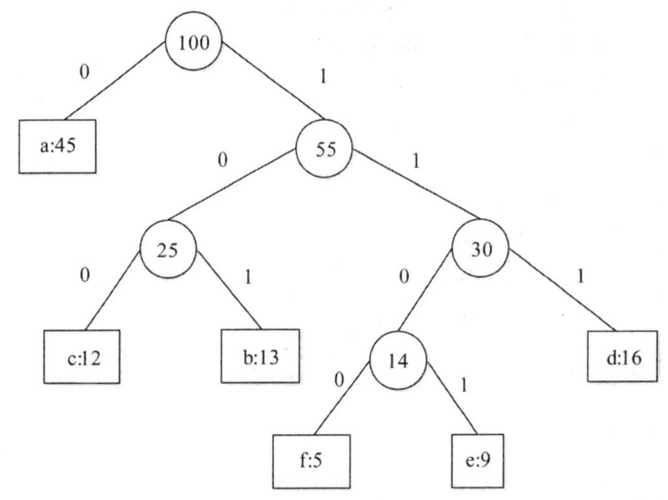

根据该图，bee 的编码为 101 1101 1101。而编码“110001001101”对应的字符序列则为 face。

参考答案

（62）A　（63）C

试题（64）、（65）

两个矩阵 $\boldsymbol{A}_{m*n}$ 和 $\boldsymbol{B}_{n*p}$ 相乘，用基本的方法进行，则需要的乘法次数为 $m\times n\times p$。多个矩阵相乘满足结合律，不同的乘法顺序所需要的乘法次数不同。考虑采用动态规划方法确定 $\boldsymbol{M}_i$，$\boldsymbol{M}_{(i+1)}$，…，$\boldsymbol{M}_j$ 多个矩阵连乘的最优顺序，即所需要的乘法次数最少。最少乘法次数用 $m[i,j]$表示，其递归式定义为：

$$m[i,j]=\begin{cases}0 & i=j\\ \min\limits_{i\leqslant k<j}\{m[i,k]+m[k+1,j]+p_{i-1}p_kp_j\} & i<j\end{cases}$$

其中，i、j 和 k 为矩阵下标，矩阵序列中 $\boldsymbol{M}_i$ 的维度为$(p_{i-1})*p_i$。采用自底向上的方法实现该算法来确定 n 个矩阵相乘的顺序，其时间复杂度为__（64）__。若四个矩阵 $\boldsymbol{M}_1$、$\boldsymbol{M}_2$、$\boldsymbol{M}_3$、$\boldsymbol{M}_4$ 相乘的维度序列为 2、6、3、10、3，采用上述算法求解，则乘法次数为__（65）__。

（64）A．$O(n^2)$　　B．$O(n^2\lg n)$　　C．$O(n^3)$　　D．$O(n^3\lg n)$

（65）A．156　　B．144　　C．180　　D．360

试题（64）、（65）分析

本题考查算法设计与分析的基础知识。

矩阵连乘是一个最优化问题，求解 n 个矩阵相乘的最优加括号方式，可以用动态规划方法来求解。题干已经给出动态规划求解的递归式。根据上式计算 m 的值，同时记录 k 的值到 s 中。

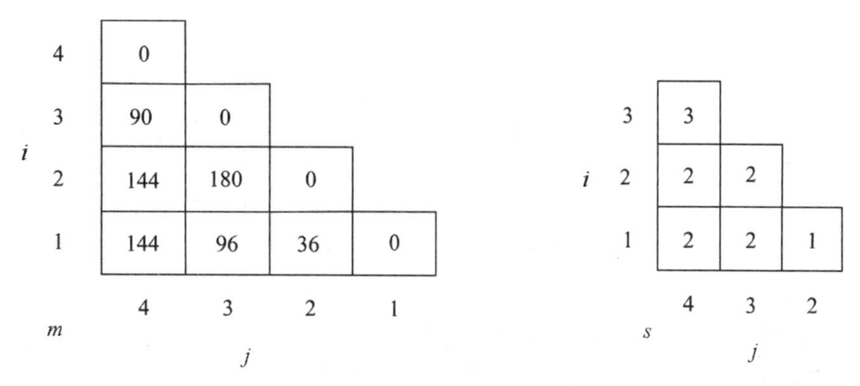

可以得到最优的加括号方式$((M_1M_2)(M_3M_4))$，乘法次数为 144。因此（65）题选择 B。

而根据该递归式自底向上求解时，应该用三重循环进行，即矩阵链长度 l 从 1 到 n，子矩阵链起始位置 i 从 1 到 $n-l+1$，矩阵链分开的位置 k 从 i 到 $j-1$。因此时间复杂度为 $O(n^3)$。

参考答案

（64）C　（65）B

试题（66）、（67）

以下协议中属于应用层协议的是__（66）__，该协议的报文封装在__（67）__中传送。

（66）A．SNMP　　B．ARP　　C．ICMP　　D．X.25

（67）A．TCP　　B．IP　　C．UDP　　D．ICMP

试题（66）、（67）分析

属于应用层协议的是简单网络管理协议 SNMP，它的传输层协议是 UDP。ARP 和 ICMP 都属于网络层协议。X.25 是分组交换网上的协议，也归于网络层。

参考答案

（66）A　（67）C

试题（68）

某公司内部使用 wb.xyz.com.cn 作为访问某服务器的地址，其中 wb 是__（68）__。

（68）A．主机名　　B．协议名　　C．目录名　　D．文件名

试题（68）分析

本题考查 URL 的基础知识。

URL（Uniform Resource Locator，统一资源定位符）是对互联网上的资源位置和访问方

法的一种简洁的表示，是互联网上资源的地址。互联网上的每个文件都有唯一的 URL，它包含的信息指出文件的位置以及浏览器应该怎么处理它。

一个标准 URL 的格式如下：

```
协议://主机名.域名.域名后缀或 IP 地址（:端口号）/目录/文件名
```

其中，目录可能是多级的。

参考答案

（68）A

试题（69）

如果路由器收到了多个路由协议转发的关于某个目标的多条路由，那么决定采用哪条路由的策略是__（69）__。

（69）A．选择与自己路由协议相同的　　B．选择路由费用最小的
C．比较各个路由的管理距离　　D．比较各个路由协议的版本

试题（69）分析

各种路由来源的管理距离如下表所示。

路由来源	管理距离	路由来源	管理距离
直连路由	0	IS-IS	115
静态路由	1	RIP	120
EIGRP 汇总路由	5	EGP	140
外部 BGP	20	ODR（按需路由）	160
内部 EIGRP	90	外部 EIGRP	170
IGRP	100	内部 BGP	200
OSPF	110	未知	255

如果路由器收到了由多个路由协议转发的、关于某个目标的多条路由，则比较各个路由的管理距离，并采用管理距离小的路由来源提供的路由信息。

参考答案

（69）C

试题（70）

与地址 220.112.179.92 匹配的路由表的表项是__（70）__。

（70）A．220.112.145.32/22　　B．220.112.145.64/22
C．220.112.147.64/22　　D．220.112.177.64/22

试题（70）分析

地址 220.112.145.32/22 的二进制形式是 **1101 1100. 0111 0000. 1001 00**01. 0010 0000。

地址 220.112.145.64/22 的二进制形式是 **1101 1100. 0111 0000. 1001 00**01. 0100 0000。

地址 220.112.147.64/22 的二进制形式是 **1101 1100. 0111 0000. 1001 00**11. 0100 0000。

地址 220.112.177.64/22 的二进制形式是 **1101 1100. 0111 0000. 1011 00**01. 0100 0000。

而地址 220.112.179.92 的二进制形式是 **1101 1100. 0111 0000. 1011 00**11. 0101 1100。

所以与地址 220.112.179.92 匹配的是 220.112.177.64/22。

参考答案

（70）D

试题（71）～（75）

Software entities are more complex for their size than perhaps any other human construct, because no two parts are alike (at least above the statement level). If they are, we make the two similar parts into one, a __（71）__, open or closed. In this respect software systems differ profoundly from computers, buildings, or automobiles, where repeated elements abound.

Digital computers are themselves more complex than most things people build; they have very large numbers of states. This makes conceiving, describing, and testing them hard. Software systems have orders of magnitude more __（72）__ than computers do.

Likewise, a scaling-up of a software entity is not merely a repetition of the same elements in larger size; it is necessarily an increase in the number of different elements. In most cases, the elements interact with each other in some __（73）__ fashion, and the complexity of the whole increases much more than linearly.

The complexity of software is a(an) __（74）__ property, not an accidental one. Hence descriptions of a software entity that abstract away its complexity often abstract away its essence. Mathematics and the physical sciences made great strides for three centuries by constructing simplified models of complex phenomena, deriving properties from the models, and verifying those properties experimentally. This worked because the complexities __（75）__ in the models were not the essential properties of the phenomena. It does not work when the complexities are the essence.

Many of the classical problems of developing software products derive from this essential complexity and its nonlinear increases with size. Not only technical problems but management problems as well come from the complexity.

（71）A．task　　B．job　　C．subroutine　　D．program

（72）A．states　　B．parts　　C．conditions　　D．expressions

（73）A．linear　　B．nonlinear　　C．parallel　　D．additive

（74）A．surface　　B．outside　　C．exterior　　D．essential

（75）A．fixed　　B．included　　C．ignored　　D．stabilized

参考译文

规模上，软件实体可能比任何由人类创造的其他实体都要复杂，因为没有任何两个软件部分是相同的（至少是在语句的级别）。如果有相同的情况，我们会把它们合并成供调用的子函数。在这个方面，软件系统与计算机、建筑或者汽车大不相同，后者往往存在着大量重复的部分。

数字计算机本身就比人类建造的大多数东西复杂。计算机拥有大量的状态，这使得构思、描述和测试都非常困难。软件系统的状态又比计算机系统状态多若干个数量级。

同样，软件实体的扩展也不仅仅是相同元素重复添加，而必须是不同元素实体的添加。大多数情况下，这些元素以非线性递增的方式交互，因此整个软件的复杂度以更大的非线性级数增长。

软件的复杂度是必要属性，不是次要因素。因此，抽掉复杂度的软件实体描述常常也去掉了一些本质属性。数学和物理学在过去三个世纪取得了巨大的进步，数学家和物理学家们建立模型以简化复杂的现象，从模型中抽取出各种特性，并通过试验来验证这些特性。这些方法之所以可行，是因为模型中忽略的复杂度不是被研究现象的必要属性。当复杂度是本质特性时，这些方法就行不通了。

上述软件特有的复杂度问题造成了很多经典的软件产品开发问题。复杂度不仅仅导致技术上的困难，还引发了很多管理上的问题。

参考答案

（71）C　（72）A　（73）B　（74）D　（75）C

第 4 章　2016 下半年软件设计师下午试题分析与解答

试题一（共 15 分）

阅读下列说明和图，回答问题 1 至问题 4，将解答填入答题纸的对应栏内。

【说明】

某证券交易所为了方便提供证券交易服务，欲开发一证券交易平台，该平台的主要功能如下：

（1）开户。根据客户服务助理提交的开户信息，进行开户，并将客户信息存入客户记录中，账户信息（余额等）存入账户记录中。

（2）存款。客户可以向其账户中存款，根据存款金额修改账户余额。

（3）取款。客户可以从其账户中取款，根据取款金额修改账户余额。

（4）证券交易。客户和经纪人均可以进行证券交易（客户通过在线方式，经纪人通过电话），将交易信息存入交易记录中。

（5）检查交易。平台从交易记录中读取交易信息，将交易明细返回给客户。

现采用结构化方法对该证券交易平台进行分析与设计，获得如图 1-1 所示的上下文数据流图和图 1-2 所示的 0 层数据流图。

【问题 1】（3 分）

使用说明中的词语，给出图 1-1 中的实体 E1～E3 的名称。

【问题 2】（3 分）

使用说明中的词语，给出图 1-2 中的数据存储 D1～D3 的名称。

【问题 3】（4 分）

根据说明和图中的术语，补充图 1-2 中缺失的数据流及其起点和终点。

【问题 4】（5 分）

实际的证券交易通常是在证券交易中心完成的，因此，该平台的“证券交易”功能需将交易信息传递给证券交易中心。针对这个功能需求，需要对图 1-1 和图 1-2 进行哪些修改，请用 200 字以内的文字加以说明。

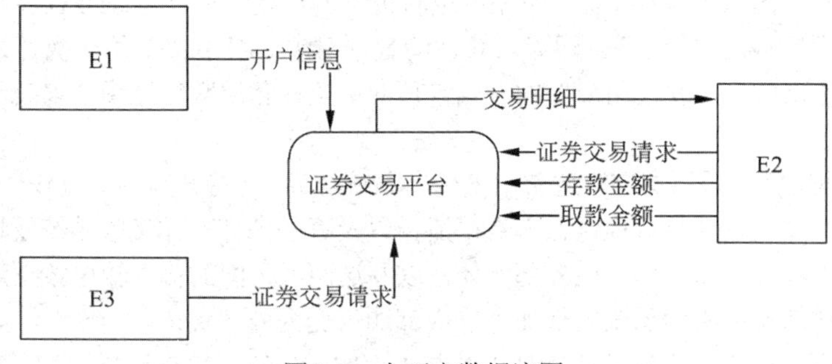

图 1-1　上下文数据流图

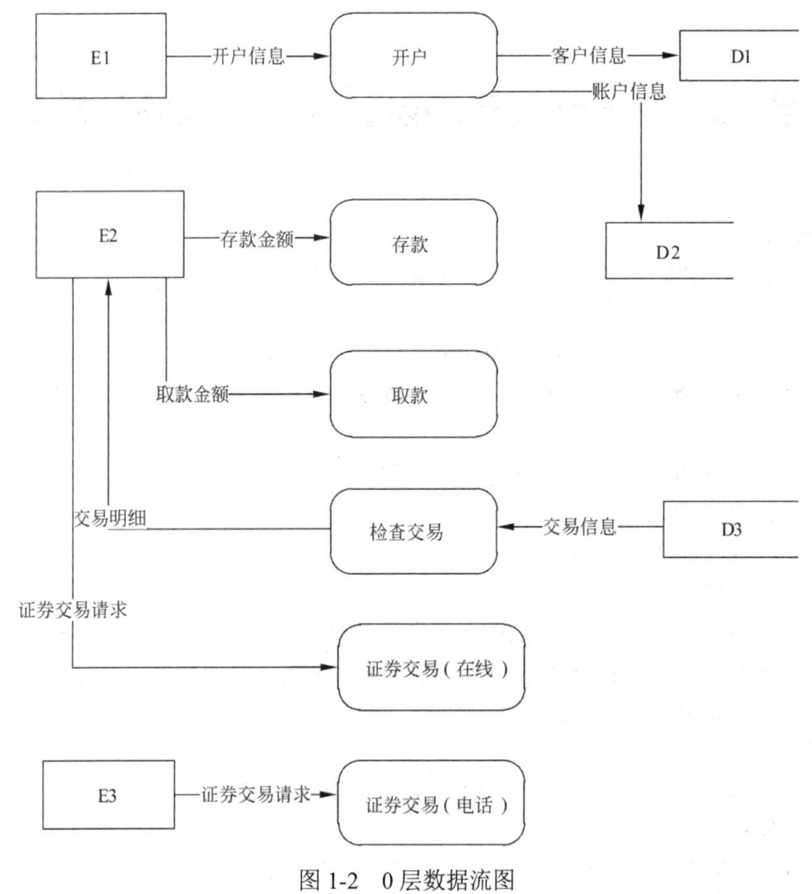

图 1-2　0 层数据流图

试题一分析

本题考查采用结构化方法进行系统分析与设计，主要考查数据流图（DFD）的应用，是传统的考题，考点与往年类似，要求考生细心分析题目中所描述的内容。本题题干描述较短，更易于分析。

DFD 是面向数据流建模的结构化分析与设计方法的重要工具，是一种便于用户理解、分析系统数据流程的图形化建模工具，是系统逻辑模型的重要组成部分。DFD 将系统建模成输入、加工（处理）、输出的模型，即流入软件的数据对象、经由加工的转换、最后以结果数据对象的形式流出软件，并采用分层的方式自顶向下建模各层数据流图，来表示不同详细程度的模型。

上下文数据流图（顶层 DFD）通常用来确定系统边界，将待开发系统看作一个大的加工，然后根据哪些外部实体为系统提供输入数据流，以及哪些外部实体接收系统发送的数据流，建模上下文图中唯一的加工和一些外部实体，以及这两者之间的输入输出数据流。系统边界的变化可能使外部实体成为系统内部加工或内部加工变为外部实体。

在上下文图中确定的系统外部实体以及与外部实体的输入输出数据流的基础上，将上下文 DFD 中的加工分解成多个加工，识别这些加工的输入输出数据流，使得所有上下文 DFD 中的输入数据流，经过这些加工之后变换成上下文 DFD 的输出数据流，建模 0 层 DFD。根据 0 层 DFD 中加工的复杂程度进一步建模加工的内容。

在建模分层 DFD 时，根据需求情况可以将数据存储建模在不同层次的 DFD 中。建模时，需要注意加工和数据流的正确使用，一个加工必须既有输入又有输出；数据流必须和加工相关，即从加工流向加工、数据源流向加工或加工流向数据源。注意在绘制下层数据流图时要保持父图与子图平衡。父图中某加工的输入输出数据流必须与它的子图的输入输出数据流在数量和名字上相同，或者父图中的一个输入（或输出）数据流对应于子图中几个输入（或输出）数据流，而子图中组成这些数据流的数据项全体正好是父图中的这一条数据流。

【问题 1】

本问题考查的是上下文 DFD，要求确定外部实体。在上下文 DFD 中，系统名称“证券交易平台”作为唯一加工的名称，外部实体为这个唯一加工提供输入数据流或者接收其输出数据流。通过考查系统的主要功能，发现系统中涉及客户服务助理、客户和经纪人，没有提到其他与系统交互的外部实体。根据描述（1）中“客户服务助理提交的开户信息”，（2）中“客户可以向其账户中存款”、（3）中“客户可以从其账户中取款”，（4）中“客户和经纪人均可以进行证券交易”，以及（5）中“将交易明细返回给客户”等信息，对照图 1-1，从而即可确定 E1 为“客户服务助理”实体，E2 为“客户”实体，E3 为“经纪人”实体。

【问题 2】

本问题要求确定图 1-2 中 0 层数据流图中的数据存储。重点分析说明中与数据存储有关的描述。说明（1）中“并将客户信息存入客户记录中，账户信息（余额等）存入账户记录中”，可知 D1 为客户记录、D2 为账户记录；说明（5）中“平台从交易记录中读取交易信息”，可知 D3 为交易记录。

【问题 3】

本问题要求补充缺失的数据流及其起点和终点。对照图 1-1 和图 1-2 的输入、输出数据流，数量和名称均相同，所以需要从内部确定缺失的数据流。

考查说明中的功能，先考查说明（2）/（3）中“客户可以向其账户中存款/取款，根据存款/取款金额修改账户余额”，加工存款与取款分别需要有到数据存储账户记录（D2）标识余额的数据流，图 1-2 中加工存款与取款没有到数据存储账户记录的数据流。再考查说明（4）中“客户和经纪人均可以进行证券交易（客户通过在线方式，经纪人通过电话），将交易信息存入交易记录中”，图 1-2 中加工证券交易（在线）和证券交易（电话）分别需要有到交易记录标识交易信息的数据流。

【问题 4】

DFD 中，外部实体可以是用户，可以是其他与本系统交互的系统。如果某功能交互的是外部系统，本题中证券交易通常是在证券交易中心完成的，即证券交易中心。此时证券交易中心即为外部实体，而非本系统内部加工，因此需要对图 1-1 和图 1-2 进行修改，添加外部实体“证券交易中心”，并将数据流交易信息的终点全部改为证券交易中心。在图 1-1 中，将“证券交易中心”作为外部实体，添加从“证券交易平台”到此外部实体的数据流“交易信息”。在图1-2中，将“证券交易中心”作为外部实体，添加从加工“证券交易（在线）”到此外部实体的数据流“交易信息”，添加从加工“证券交易（电话）”到此外部实体的数据流“交易信息”。

参考答案

【问题1】

E1：客户服务助理

E2：客户

E3：经纪人

【问题2】

D1：客户记录

D2：账户记录

D3：交易记录

【问题3】

数　据　流	起　　点	终　　点
余额	存款	D2或账户记录
余额	取款	D2或账户记录
交易信息	证券交易（在线）	D3或交易记录
交易信息	证券交易（电话）	D3或交易记录

注：以上数据流与顺序无关。

【问题4】

在图1-1中，将“证券交易中心”作为外部实体，添加从“证券交易平台”到此外部实体的数据流“交易信息”。

在图1-2中，将“证券交易中心”作为外部实体，添加从加工“证券交易（在线）”到此外部实体的数据流“交易信息”，添加从加工“证券交易（电话）”到此外部实体的数据流“交易信息”。

试题二（共15分）

阅读下列说明，回答问题1至问题3，将解答填入答题纸的对应栏内。

【说明】

某宾馆为了有效地管理客房资源，满足不同客户需求，拟构建一套宾馆信息管理系统，以方便宾馆管理及客房预订等业务活动。

【需求分析结果】

该系统的部分功能及初步需求分析的结果如下：

（1）宾馆有多个部门，部门信息包括部门号、部门名称、电话、经理。每个部门可以有多名员工，每名员工只属于一个部门；每个部门只有一名经理，负责管理本部门。

（2）员工信息包括员工号、姓名、岗位、电话、工资，其中，员工号唯一标识员工关系中的一个元组，岗位有经理、业务员。

（3）客房信息包括客房号（如1301、1302等）、客房类型、收费标准、入住状态（已入住/未入住），其中客房号唯一标识客房关系中的一个元组，不同客房类型具有不同的收费标准。

（4）客户信息包括客户号、单位名称、联系人、联系电话、联系地址，其中客户号唯一标识客户关系中的一个元组。

（5）客户预订客房时，需要填写预订申请。预订申请信息包括申请号、客户号、入住时间、入住天数、客房类型、客房数量，其中，一个申请号唯一标识预订申请中的一个元组；一位客户可以有多个预订申请，但一个预订申请对应唯一的一位客户。

（6）当客户入住时，业务员根据客户的预订申请负责安排入住客房事宜。安排信息包括客房号、姓名、性别、身份证号、入住时间、天数、电话，其中客房号、身份证号和入住时间唯一标识一次安排。一名业务员可以安排多个预订申请，一个预订申请只由一名业务员安排，而且可安排多间同类型的客房。

【概念模型设计】

根据需求阶段收集的信息，设计的实体联系图如图2-1所示。

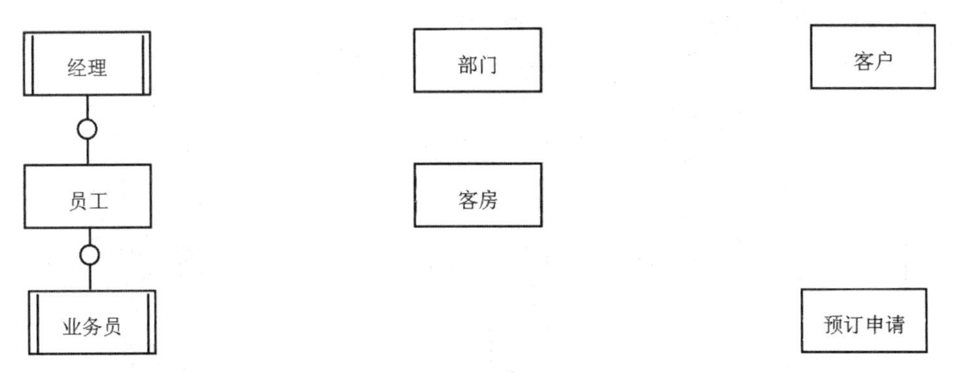

图2-1　实体联系图

【关系模式设计】

部门(部门号,部门名称,经理,电话)
员工(员工号,__(a)__,姓名,岗位,电话,工资)
客户(__(b)__,联系人,联系电话,联系地址)
客房(客房号,客房类型,收费标准,入住状态)
预订申请(__(c)__,入住时间,天数,客房类型,客房数量)
安排(申请号,客房号,姓名,性别,__(d)__,天数,电话,业务员)

【问题1】（4分）

根据问题描述，补充四个联系，完善图2-1的实体联系图。联系名可用联系1、联系2、联系3和联系4代替，联系的类型为1∶1、1∶n和m∶n（或1∶1、1∶*和*∶*）。

【问题2】（8分）

（1）根据题意，将关系模式中的空（a）～（d）补充完整，并填入答题纸对应的位置上。

（2）给出“预订申请”和“安排”关系模式的主键和外键。

【问题 3】（3 分）

关系模式设计中的“客房”关系模式是否存在规范性问题，请用 100 字以内文字解释你的观点（若存在问题，应说明如何修改“客房”关系模式）。

试题二分析

本题考查数据库系统中实体联系模型（E-R 模型）和关系模式设计方面的基础知识。

【问题 1】

① 根据题意“每个部门可以有多名员工，每名员工只属于一个部门”，所以部门和员工之间有一个“所属”联系，联系类型为 1∶*。

② 根据题意“每个部门只有一名经理，负责管理本部门”，所以部门和经理之间有一个“管理”联系，联系类型为 1∶1。

③ 根据题意“一位客户可以有多个预订申请，但一个预订申请对应唯一的一位客户”，所以客户和预订申请之间有一个“预订”联系，联系类型为 1∶*。

④ 根据题意“一名业务员可以安排多个预订申请，一个预订申请只由一名业务员安排，而且可安排多间同类型的客房”，即一份预订申请可以预订多间同类型的客房，所以业务员与客房和预订申请之间的“安排”联系类型为 1∶*∶*。

根据上述分析，完善图 2-1 所示的实体联系图如图 2-2 所示。

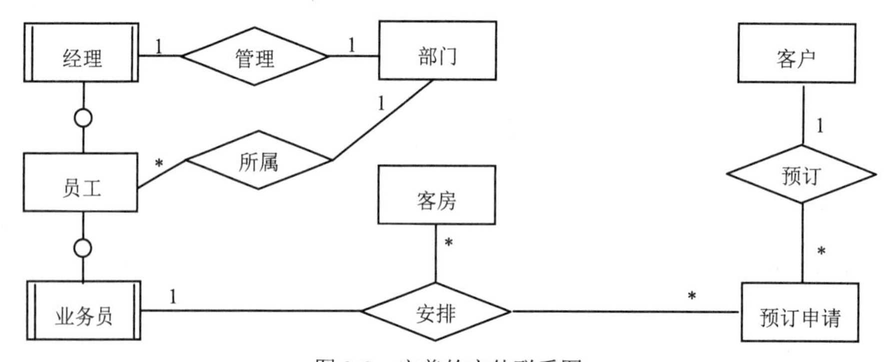

图 2-2　完善的实体联系图

【问题 2】

由于部门和员工之间有一个 1 : *的“所属”联系需要将一端的码“部门号”并入多端，故员工关系模式中的空（a）应填写“部门号”。

根据题意，客户信息包括客户号、单位名称、联系人、联系电话、联系地址，给定的客户关系模式中，不含客户号、单位名称，故空（b）应填写“客户号，单位名称”。

由于预订申请信息包括申请号、客户号、入住时间、入住天数、客房类型、客房数量，故空（c）应填写“申请号，客户号”。

根据题意，客房号、身份证号和入住时间唯一标识一次安排，所以空（d）应填写“身份证号，入住时间”。

根据题意，一个申请号唯一标识预订申请中的一个元组，所以预订申请关系模式的主键为申请号；又因为客户号是客户关系的主键，根据外键定义可知，客户号是预订申请关系的外键。

根据题意，客房号、身份证号和入住时间唯一标识一次安排，所以安排关系模式的主键为客房号，身份证号，入住时间；外键为申请号，客房号，业务员，因为申请号和客房号为预约申请和客房关系的主键，而业务员是员工关系子实体，必须参考员工关系的主键员工号，所以业务员也是外键。

【问题 3】

客房关系模式存在问题。因为客房号为主键，所以客房号可以决定全属性，即客房号→（客房类型，收费标准，入住状态）。又因为客房类型→收费标准，所以该关系模式存在传递依赖，没有达到 3NF，应将客房关系模式分解为客房 1（客房号，客房类型，入住状态），客房 2（客房类型，收费标准）。

参考答案

【问题 1】

完善后的实体联系图如下所示（所补充的联系和类型如虚线所示）。

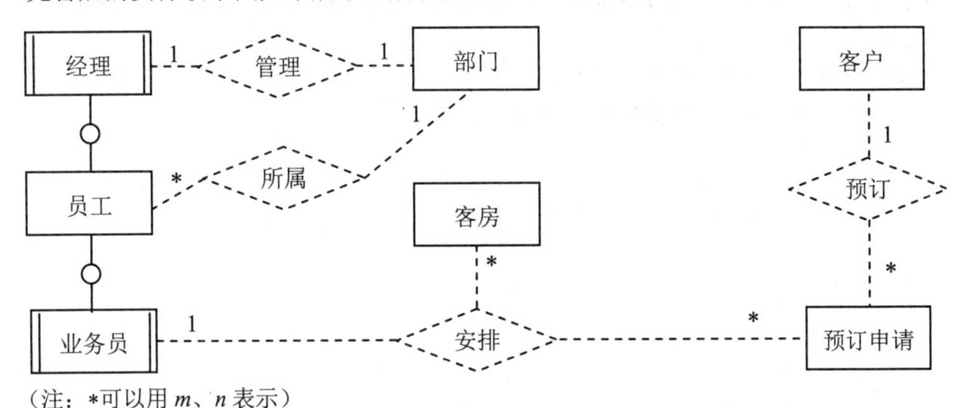

（注：*可以用 m、n 表示）

【问题 2】

（1）

（a）部门号

（b）客户号，单位名称

（c）申请号，客户号

（d）身份证号，入住时间

（2）

“预订申请”关系模式：主键为申请号

外键为客户号

“安排”关系模式：主键为客房号，身份证号，入住时间

外键为申请号，客房号，业务员

【问题 3】

存在问题。

关系模式存在传递依赖，没有达到 3NF。

应将客房关系模式分解为客房 1（客房号，客房类型，入住状态），客房 2（客房类型，收费标准）。

试题三（共 15 分）

阅读下列说明，回答问题 1 至问题 3，将解答填入答题纸的对应栏内。

【说明】

某种出售罐装饮料的自动售货机（Vending Machine）的工作过程描述如下：

（1）顾客选择所需购买的饮料及数量。

（2）顾客从投币口向自动售货机中投入硬币（该自动售货机只接收硬币）。硬币器收集投入的硬币并计算其对应的价值。如果所投入的硬币足够购买所需数量的这种饮料且饮料数量足够，则推出饮料，计算找零，顾客取走饮料和找回的硬币；如果投入的硬币不够或者所选购的饮料数量不足，则提示用户继续投入硬币或重新选择饮料及数量。

（3）一次购买结束之后，将硬币器中的硬币移走（清空硬币器），等待下一次交易。

自动售货机还设有一个退币按钮，用于退还顾客所投入的硬币。已经成功购买饮料的钱是不会被退回的。

现采用面向对象方法分析和设计该自动售货机的软件系统，得到如图 3-1 所示的用例图，其中，用例“购买饮料”的用例规约描述如下。

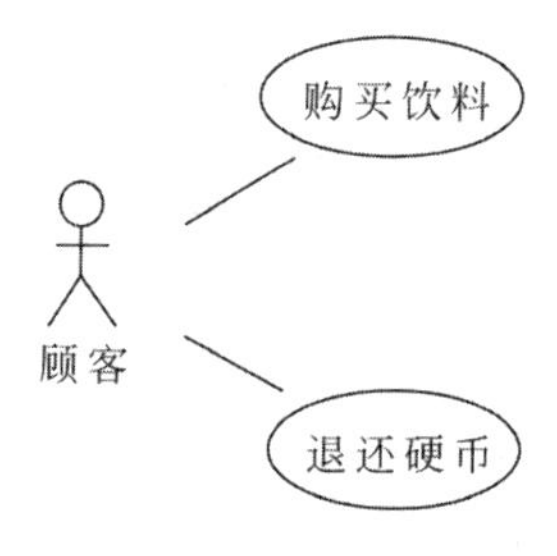

图 3-1 用例图

参与者：顾客。

主要事件流：

1. 顾客选择需要购买的饮料和数量，投入硬币；
2. 自动售货机检查顾客是否投入足够的硬币；
3. 自动售货机检查饮料储存仓中所选购的饮料是否足够；
4. 自动售货机推出饮料；
5. 自动售货机返回找零。

备选事件流：

2a．若投入的硬币不足，则给出提示并退回到 1；

3a．若所选购的饮料数量不足，则给出提示并退回到 1。

根据用例“购买饮料”得到自动售货机的 4 个状态：“空闲”状态、“准备服务”状态、“可购买”状态以及“饮料出售”状态，对应的状态图如图 3-2 所示。

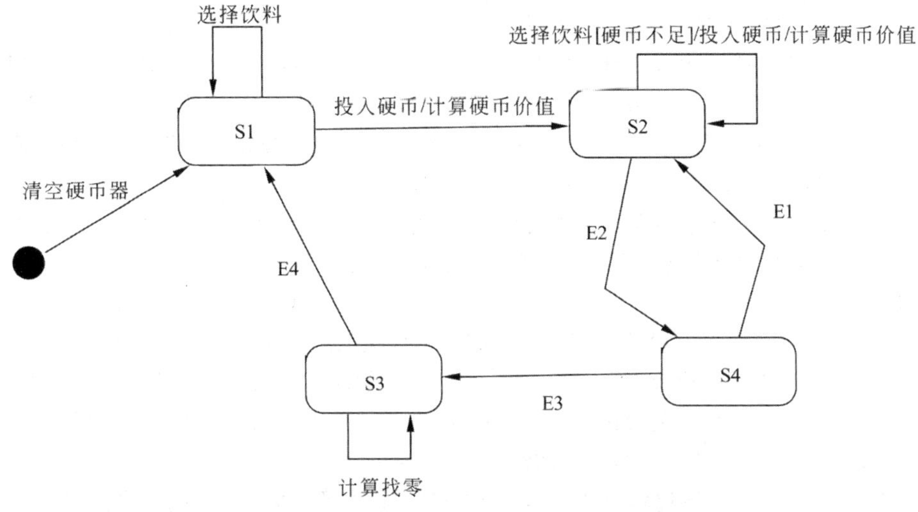

图 3-2　状态图

所设计的类图如图 3-3 所示。

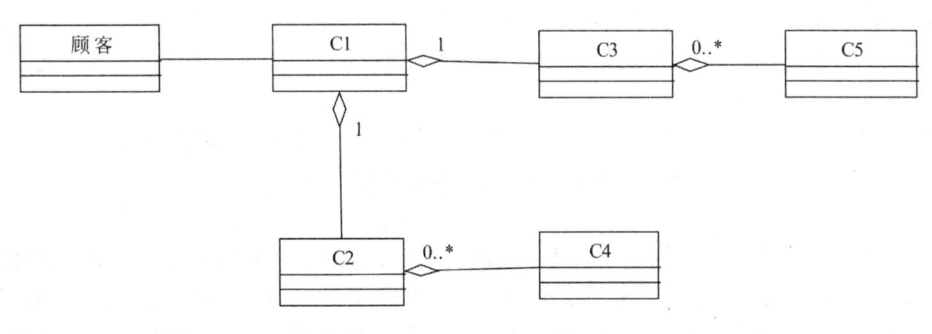

图 3-3　类图

【问题 1】（6 分）

根据说明中的描述，使用说明中的术语，给出图 3-2 中的 S1～S4 所对应的状态名。

【问题 2】（4 分）

根据说明中的描述，使用说明中的术语，给出图 3-2 中 E1～E4 所对应的事件名称。

【问题 3】（5 分）

根据说明中的描述，使用说明中的术语，给出图 3-3 中 C1～C5 所对应的类名。

试题三分析

本题属于经典的考题，主要考查面向对象分析与设计的基本概念。在建模方面，本题涉及用例图、状态图和类图。用例是描述系统功能需求的一种常用方法，用例规约是创建需求模型，进行系统设计的依据。本题的考点就是由用例规约创建状态图和类图。

【问题 1】

题目说明中已经给出了自动售货机的 4 个状态，分别是：“空闲”状态、“准备服务”状态、“可购买”状态以及“饮料出售”状态。解答本题需要根据用例规约推出这 4 个状态之间的迁移关系，这样才能与图3-2中的状态S1～S4对应。

首先从状态图的初始状态“●”开始，S1代表的就是自动售货机的初始状态。在上述4个状态中，只有在“空闲”状态下，才能开始一次售卖，所以S1对应的是“空闲”状态。

根据S2相关的事件来看，在该状态时，自动售货机在接收顾客的请求（顾客选择的饮料以及投入的硬币），因此应对应“准备服务”状态。

状态S3有一个自迁移事件“计算找零”，根据说明和用例规约可知，饮料出售之后进行找零，所以S3对应“饮料出售”状态。S4则对应“可购买”状态。

【问题2】

确定了状态图中的各个状态，接下来就需要进行状态之间迁移事件的获取。E2是从“准备服务”状态变换到“可购买”状态的事件，“选择饮料[硬币不足]”时仍然停留在“准备服务”状态，对应用例规约中的2a；根据用例规约，若硬币足够则进入下一步，所以E2所对应的事件是“选择饮料[硬币足够购买饮料]”。

E1事件的触发将使得自动售货机从“可购买”状态变换到“准备服务”状态，对应用例规约中的3a，所以E1对应的事件应是“所选购的饮料数量不足”。

E3事件的触发将使得自动售货机从“可购买”状态迁移到“饮料出售”状态。根据说明，能够售出饮料必须满足两个条件：该饮料数量足够以及顾客投入的硬币足够。硬币是否足够以及饮料数量是否不足在状态S2已经进行了判断，因此E3对应的事件应是“所选购的饮料数量足够/推出饮料”。

E4对应的事件是自动售货机完成一次售卖，回到“空闲”状态时需处理的事件，根据说明可知，E4对应的事件应是“取走饮料/找零并清空硬币器”。

【问题3】

本题要求根据说明和用例规约创建对应的类模型。根据说明和用例规约可知自动售货机有几个重要的组成元素：饮料、硬币、硬币器和饮料存储仓。1台自动售货机有1个硬币器、1个饮料存储仓；硬币器可以接收多枚硬币，饮料存储仓中可以容纳多种饮料。由此可知，图3-3中的两个0..*聚集关系应该分别对应“硬币器-硬币”和“饮料存储仓-饮料”这两对“部分-整体”关系；而C1就是自动售货机。

参考答案

【问题1】

S1：空闲

S2：准备服务

S3：饮料出售

S4：可购买

【问题2】

E1：所选购的饮料数量不足

E2：选择饮料[硬币足够购买饮料]

E3：所选购的饮料数量足够/推出饮料

E4：取走饮料/找零并清空硬币器

【问题 3】

C1：自动售货机

C2：硬币器

C3：饮料存储仓

C4：硬币

C5：饮料

或者

C1：自动售货机

C2：饮料存储仓

C3：硬币器

C4：饮料

C5：硬币

试题四（共 15 分）

阅读下列说明和 C 代码，回答问题 1 至问题 3，将解答写在答题纸的对应栏内。

【说明】

模式匹配是指给定主串 *t* 和子串 *s*，在主串 *t* 中寻找子串 *s* 的过程，其中 *s* 称为模式。如果匹配成功，返回 *s* 在 *t* 中的位置，否则返回−1。

KMP 算法用 next 数组对匹配过程进行了优化。KMP 算法的伪代码描述如下：

1. 在串 *t* 和串 *s* 中，分别设比较的起始下标 $i=j=0$。

2. 如果串 *t* 和串 *s* 都还有字符，则循环执行下列操作：

（1）如果 $j=-1$ 或者 $t[i]=s[j]$，则将 *i* 和 *j* 分别加 1，继续比较 *t* 和 *s* 的下一个字符；

（2）否则，将 *j* 向右滑动到 next[*j*]的位置，即 *j*=next[*j*]。

3. 如果 *s* 中所有字符均已比较完毕，则返回匹配的起始位置（从 1 开始）；否则返回−1。

其中，next 数组根据子串 *s* 求解。求解 next 数组的代码已由 get_next 函数给出。

【C 代码】

（1）常量和变量说明

```
t,s: 长度为 lt 和 ls 的字符串
next: next 数组,长度为 ls
```

（2）C 程序

```
#include<stdio.h>
#include<stdlib.h>
#include<string.h>
 /*求 next[]的值*/
void get_next(int *next, char *s, int ls)  {
    int i = 0, j = -1;
    next[0] = -1;                              /*初始化 next[0] */
    while(i < ls){                             /*还有字符*/
          if(j == -1 || s[i] == s[j]){ /*匹配*/
```

```
                j++;
                i++;
                if(s[i] == s[j])
                    next[i] = next[j];
                else
                    next[i] = j;

            }
            else
                j = next[j];
        }
    }
    int kmp(int *next, char *t ,char *s, int lt, int ls)
    {
        int i = 0, j = 0;
        while(i < lt && __(1)__){
            if(j == -1 || __(2)__){
                i ++;
                j ++;

            } else
                __(3)__;
        }
        if(j >= ls)
            return __(4)__;
        else
            return -1;
    }
```

【问题1】（8分）

根据题干说明，填充C代码中的空（1）～（4）。

【问题2】（2分）

根据题干说明和C代码，分析出KMP算法的时间复杂度为__（5）__（主串和子串的长度分别为*lt*和*ls*，用O符号表示）。

【问题3】（5分）

根据C代码，字符串“BBABBCAC”的next数组元素值为__（6）__（直接写元素值，之间用逗号隔开）。若主串为“AABBCBBABBCACCD”，子串为“BBABBCAC”，则函数kmp的返回值是__（7）__。

试题四分析

本题考查算法设计与分析以及用C程序设计语言实现算法的能力。

KMP算法是一个非常经典的模式匹配算法。其核心思想是：匹配过程中字符对不相等时，不需回溯主串，而是利用已经得到的部分匹配结果将模式向右滑动尽可能远的一段距离继续比较。滑动的距离由next数组给出。该算法提出之后，有一些改进的思想，使得next

数组的计算有多种方式。本题不需要考生考虑如何计算 next 数组，已经直接给出计算该数组的 C 代码。只需要根据已经计算的 next 数组进行模式匹配即可。

【问题 1】

在 C 函数 kmp 中，while 循环是判断串 *s* 和 *t* 是否还有字符，因此空（1）处应填写“j < ls”。根据题干描述，“如果 *j*=−1 或者 *t*[*i*]=*s*[*j*]，则将 *i* 和 *j* 分别加 1”，则空（2）处填入“t[i] == s[j]”。空（3）处是“否则，将 *j* 向右滑动到 next[*j*]的位置，即 *j*=next[*j*]”的情况，因此填入“j = next[j]”。空（4）处要填返回值，此处应该是能找到模式串的情况，此时 *i* 是主串匹配完成后的位置，*j* 是子串的长度，则匹配的起始位置为 *i*−*j*+1（从 1 开始）。

【问题 2】

在 kmp 函数中，只有一个 while 循环，该算法的时间复杂度为 O(*lt*+*ls*)。

【问题 3】

根据 C 函数 get_next，得到“BBABBCAC”的 next 数组的值为−1，−1，1，−1，−1，2，0，0。对主串“AABBCBBABBCACCD”和上述模式串，得到匹配位置为 6，这里需要注意的是，位置从 1 开始。

参考答案

【问题 1】

（1）j < ls

（2）t[i] == s[j]

（3）j = next[j]

（4）i−j+1

【问题 2】

（5）O(*lt*+*ls*)

【问题 3】

（6）−1，−1，1，−1，−1，2，0，0

（7）6

注意：从试题五和试题六中，任选一道题解答。

试题五（共 15 分）

阅读下列说明和 C++代码，将应填入<u>（n）</u>处的字句写在答题纸的对应栏内。

【说明】

某发票（Invoice）由抬头（Head）部分、正文部分和脚注（Foot）部分构成。现采用装饰（Decorator）模式实现打印发票的功能，得到如图 5-1 所示的类图。

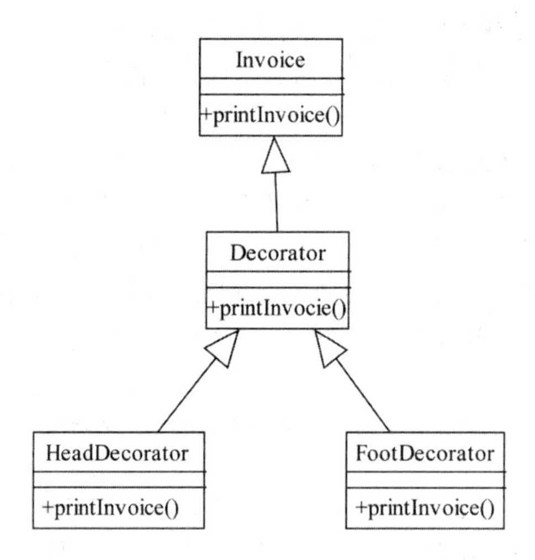

图 5-1 类图

【C++代码】

```
#include<iostream>
using namespace std;
class Invoice {
public:
    ___(1)___ {
        cout << "This is the content of the invoice!" << endl;
    }
};
class Decorator : public Invoice{
Invoice *ticket;
public:
    Decorator(Invoice *t)  { ticket = t; }
     void printInvoice(){
        if(ticket != NULL)
            ___(2)___;
    }
};
class HeadDecorator : public Decorator{
public:
    HeadDecorator(Invoice *t): Decorator(t){ }
    void printInvoice() {
        cout << "This is the header of the invoice!" << endl;
        ___(3)___;
    }
};
class FootDecorator : public Decorator{
```

```
public:
    FootDecorator(Invoice *t): Decorator(t) { }
    void printInvoice() {
        (4) ;
        cout << "This is the footnote of the invoice!" << endl;
    }
};
int main(void) {
   Invoice t;
   FootDecorator f(&t);
   HeadDecorator h(&f);
   h.printInvoice();
   cout << "------------------------"<< endl;
   FootDecorator a(NULL);
   HeadDecorator b( (5) );
   b.printInvoice();
   return 0;
}
```

程序的输出结果为：

```
This is the header of the invoice!
This is the content of the invoice!
This is the footnote of the invoice!
------------------------
This is the header of the invoice!
This is the footnote of the invoice!
```

试题五分析

本题考查装饰（Decorator）模式的基本概念和应用。

装饰模式属于结构型设计模式，其设计意图是动态地给一个对象添加一些额外的职责。就增加功能而言，装饰模式比生成子类更加灵活。装饰模式的结构如图 5-2 所示。

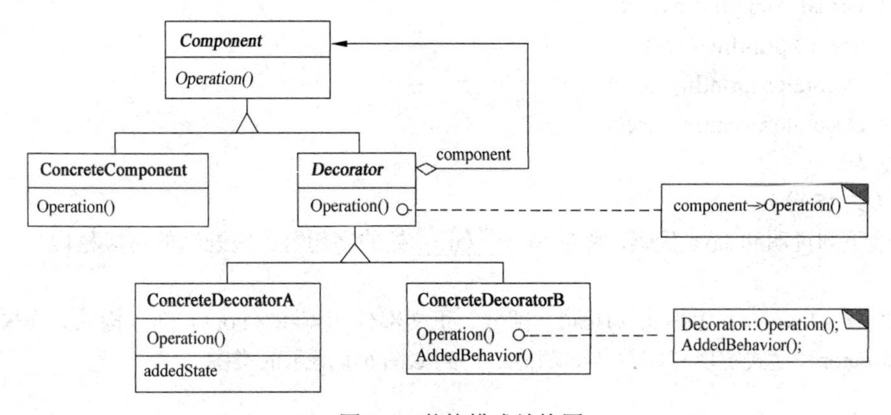

图 5-2　装饰模式结构图

其中：

- Component 定义一个对象接口，可以给这些对象动态地添加职责。
- ConcreteComponent 定义一个对象，可以给这个对象添加一些职责。
- Decorator 维持一个指向 Component 对象的指针，并定义一个与 Component 接口一致的接口。
- ConcreteDecorator 向组件添加职责。

装饰模式适用于：

- 在不影响其他对象的情况下，以动态、透明的方式给单个对象添加职责。
- 处理那些可以撤销的职责。
- 当不能采用生成子类的方式进行扩充时。一种情况是，可能有大量独立的扩展，为支持每一种组合将产生大量的子类，使得子类数目呈爆炸性增长。另一种情况可能是，由于类定义被隐藏，或类定义不能用于生成子类。

本题将装饰模式用于实现打印发票问题。图 5-1 的类图中，类 Invoice 对应图 5-2 中的 Component，其功能是打印发票的内容；HeadDecorator 和 FootDecorator 是两个 ConcreteDecorator，向组件中添加打印发票抬头和发票脚注的功能。

方法 printInvoice 是 Invoice 中定义的接口，Component 类中应定义一个与之一致的接口。在 C++中，父类和子类之间共享接口，通常采用虚拟函数。由此可知，空（1）处应填写“virtual void printInvoice()”。这个接口在类 Decorator、HeadDecorator 和 FootDecorator 中分别进行了重置，分别对应代码中的空（2）～（4）。

类 Decorator 中保持了一个指向 Component 对象的指针——ticket，用来接收所要装饰的组件 Invoice。因此空（2）处应填写“ticket->printInvoice()”。类 HeadDecorator 和 FootDecorator 是在打印发票内容的基础上，打印发票的抬头和脚注，所以空（3）、（4）处都应填写“Decorator::printInvoice()”。

最后一空考查的是装饰模式的调用，由 main()函数中给出的第一次调用可以获得一些提示，推断出空（5）处应填写“&a”。

参考答案

（1）virtual void printInvoice()

（2）ticket->printInvoice()

（3）Decorator::printInvoice()

（4）Decorator::printInvoice()

（5）&a

试题六（共 15 分）

阅读下列说明和 Java 代码，将应填入<u>（n）</u>处的字句写在答题纸的对应栏内。

【说明】

某发票（Invoice）由抬头（Head）部分、正文部分和脚注（Foot）部分构成。现采用装饰（Decorator）模式实现打印发票的功能，得到如图 6-1 所示的类图。

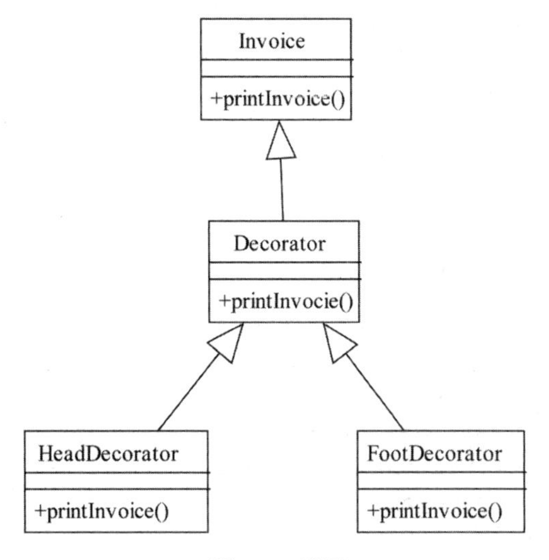

图 6-1　类图

【Java 代码】

```
class Invoice {
    public void printInvoice() {
      System.out.println("This is the content of the invoice!");
    }
}

class Decorator extends Invoice{
    protected Invoice ticket;
    public Decorator(Invoice t){
        ticket = t;
    }
    public void printInvoice(){
        if(ticket != null)
          ___(1)___;
    }
}
class HeadDecorator extends Decorator{
    public HeadDecorator(Invoice t) {
        super(t);
    }
    public void printInvoice() {
        System.out.println("This is the header of the invoice!");
        ___(2)___;
    }
}
class FootDecorator extends Decorator{
    public FootDecorator(Invoice t) {
```

```
            super(t);
        }
        public void printInvoice() {
            (3) ;
            System.out.println("This is the footnote of the invoice!");
        }
    }
    class Test {
        public static void main(String[] args) {
            Invoice t = new Invoice();
            Invoice ticket;
            ticket = (4) ;
            ticket.printInvoice();
            System.out.println("------------------------");
            ticket = (5) ;
            ticket.printInvoice();
        }
    }
```

程序的输出结果为：

```
This is the header of the invoice!
This is the content of the invoice!
This is the footnote of the invoice!
------------------------
This is the header of the invoice!
This is the footnote of the invoice!
```

试题六分析

本题考查装饰（Decorator）模式的基本概念和应用。

装饰模式属于结构型设计模式，其设计意图是动态地给一个对象添加一些额外的职责。就增加功能而言，装饰模式比生成子类更加灵活。装饰模式的结构如图 6-2 所示。

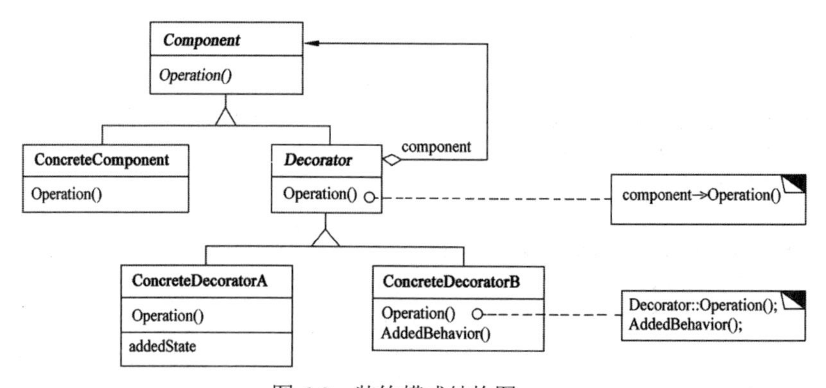

图 6-2　装饰模式结构图

其中：

- Component 定义一个对象接口，可以给这些对象动态地添加职责。
- ConcreteComponent 定义一个对象，可以给这个对象添加一些职责。
- Decorator 维持一个指向 Component 对象的指针，并定义一个与 Component 接口一致的接口。
- ConcreteDecorator 向组件添加职责。

装饰模式适用于：

- 在不影响其他对象的情况下，以动态、透明的方式给单个对象添加职责。
- 处理那些可以撤销的职责。
- 当不能采用生成子类的方式进行扩充时。一种情况是，可能有大量独立的扩展，为支持每一种组合将产生大量的子类，使得子类数目呈爆炸性增长。另一种情况可能是，由于类定义被隐藏，或类定义不能用于生成子类。

本题将装饰模式用于实现打印发票问题。图 6-1 的类图中，类 Invoice 对应图 6-2 中的 Component，其功能是打印发票的内容；HeadDecorator 和 FootDecorator 是两个 ConcreteDecorator，向组件中添加打印发票头和发票脚注的功能。

方法 printInvoice 是 Invoice 中定义的接口，Component 类中应定义一个与之一致的接口。这个接口在类 Decorator、HeadDecorator 和 FootDecorator 中分别进行了重新定义，分别对应代码中的空（1）～（3）。

类 Decorator 中保持了一个 Component 对象——ticket，用来接收所要装饰的组件 Invoice。因此空（1）处应填写“ticket.printInvoice()”。类 HeadDecorator 和 FootDecorator 是在打印发票内容的基础上，打印发票的抬头和脚注，所以空（2）、（3）处都应填写“super.printInvoice()”。

空（4）、（5）考查的是装饰模式的调用，分别应填写“new HeadDecorator(new FootDecorator(t))”和“new HeadDecorator(new FootDecorator(null))”。

参考答案

（1）ticket.printInvoice()

（2）super.printInvoice()

（3）super.printInvoice()

（4）new HeadDecorator(new FootDecorator(t))

（5）new HeadDecorator(new FootDecorator(null))

第 5 章　2017 上半年软件设计师上午试题分析与解答

试题（1）

CPU 执行算术运算或者逻辑运算时，常将源操作数和结果暂存在__（1）__中。

（1）A．程序计数器（PC）　　B．累加器（AC）

C．指令寄存器（IR）　　D．地址寄存器（AR）

试题（1）分析

本题考查计算机系统基础知识。

CPU 中常设置多个寄存器，其中，程序计数器的作用是保存待读取指令在内存中的地址，累加器是算逻运算单元中用来暂存源操作数和计算结果的寄存器，指令寄存器暂存从内存读取的指令，地址寄存器暂存要访问的内存单元的地址。

参考答案

（1）B

试题（2）

要判断字长为 16 位的整数 a 的低四位是否全为 0，则__（2）__。

（2）A．将 a 与 0x000F 进行“逻辑与”运算，然后判断运算结果是否等于 0

B．将 a 与 0x000F 进行“逻辑或”运算，然后判断运算结果是否等于 F

C．将 a 与 0xFFF0 进行“逻辑异或”运算，然后判断运算结果是否等于 0

D．将 a 与 0xFFF0 进行“逻辑与”运算，然后判断运算结果是否等于 F

试题（2）分析

本题考查计算机系统基础知识。

在位级表示中，将 x 与 y 进行“逻辑与”“逻辑或”“逻辑异或”的结果如下表所示。

x	y	逻辑与	逻辑或	逻辑异或
0	0	0	0	0
0	1	0	1	1
1	0	0	1	1
1	1	1	1	0

将整数 a 与 0x000F 进行“逻辑与”运算，则运算结果中高 12 位都为 0，而低 4 位则完全是 a 的低 4 位，所以“逻辑与”运算的结果为 0，则说明 a 的低 4 位为 0。

将整数 a 与 0x000F 进行“逻辑或”运算，则运算结果中高 12 位都保留的是 a 的高 12 位，而低 4 位则全为 1，所以“逻辑或”运算的结果不能判定 a 的低 4 位是否为 0。

将整数 a 与 0xFFF0 进行“逻辑异或”运算，则运算结果中高 12 位是将 a 的高 12 位取反，而低 4 位则保留了 a 的低 4 位，所以“逻辑异或”运算的结果不能判定 a 的低 4 位是否为 0，因为高 12 位中可能有 0 有 1。

将整数 a 与 0xFFF0 进行“逻辑与”运算，则运算结果中高 12 位都保留的是 a 的高 12 位，而低 4 位则全为 0，所以“逻辑与”运算的结果不能判定 a 的低 4 位是否为 0，因为高 12 位中可能有 0 有 1。

参考答案

（2）A

试题（3）

计算机系统中常用的输入/输出控制方式有无条件传送、中断、程序查询和 DMA 方式等。当采用 __（3）__ 方式时，不需要 CPU 执行程序指令来传送数据。

（3）A．中断　　B．程序查询

C．无条件传送　　D．DMA

试题（3）分析

本题考查计算机系统基础知识。

中断方式、程序查询方式和无条件传送方式都是通过 CPU 执行程序指令来传送数据的，DMA 方式下是由 DMA 控制器直接控制数据的传送过程，CPU 需要让出对总线的控制权，并不需要 CPU 执行程序指令来传送数据。

参考答案

（3）D

试题（4）

某系统由下图所示的冗余部件构成。若每个部件的千小时可靠度都为 R，则该系统的千小时可靠度为 __（4）__。

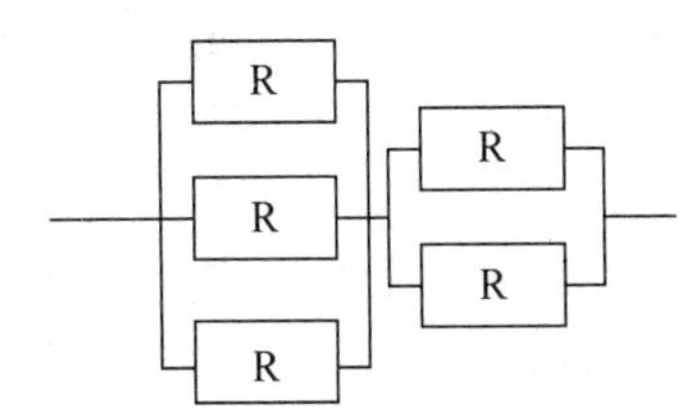

（4）A．$(1-R^3)(1-R^2)$　　B．$(1-(1-R)^3)(1-(1-R)^2)$

C．$(1-R^3)+(1-R^2)$　　D．$(1-(1-R)^3)+(1-(1-R)^2)$

试题（4）分析

本题考查计算机系统基础知识。

可靠度为 R_1 和 R_2 的两个部件并联后的可靠度为$(1-(1-R_1)(1-R_2))$，这两个部件串联后的可靠度为 R_1R_2，因此图中所示系统的可靠度为$(1-(1-R)^3)(1-(1-R)^2)$。

参考答案

（4）B

试题（5）

已知数据信息为 16 位，最少应附加 __（5）__ 位校验位，才能实现海明码纠错。

（5）A．3　　B．4　　C．5　　D．6

试题（5）分析

本题考查计算机系统基础知识。

设数据位是 n 位，校验位是 k 位，则海明码中 n 和 k 必须满足以下关系：$2^k-1 \geqslant n+k$。

若 n=16，则 k 为 5 时可满足 $2^5 \geqslant 16+5$ 。

海明码的编码规则如下：

设 k 个校验位为 P_k，P_{k-1}，…，P_1，n 个数据位为 D_{n-1}，D_{n-2}，…，D_1，D_0，对应的海明码为 H_{n+k}，H_{n+k-1}，…，H_1，那么：

① P_i 在海明码的第 2^{i-1} 位置，即 $H_j=P_i$，且 $j=2^{i-1}$；数据位则依序从低到高占据海明码中剩下的位置。

② 海明码中的任一位都是由若干个校验位来校验的。其对应关系如下：被校验的海明位的下标等于所有参与校验该位的校验位的下标之和，而校验位则由自身校验。

参考答案

（5）C

试题（6）

以下关于 Cache（高速缓冲存储器）的叙述中，不正确的是__（6）__。

（6）A．Cache 的设置扩大了主存的容量

B．Cache 的内容是主存部分内容的拷贝

C．Cache 的命中率并不随其容量增大线性地提高

D．Cache 位于主存与 CPU 之间

试题（6）分析

本题考查计算机系统基础知识。

高速缓存（Cache）是随着 CPU 与主存之间的性能差距不断增大而引入的，其速度比主存快得多，所存储的内容是 CPU 近期可能会需要的信息，是主存内容的副本，因此 CPU 需要访问数据和读取指令时要先访问 Cache，若命中则直接访问，若不命中再去访问主存。

评价 Cache 性能的关键指标是 Cache 的命中率，影响命中率的因素有其容量、替换算法、其组织方式等。Cache 的命中率随容量的增大而提高，其关系如下图所示。

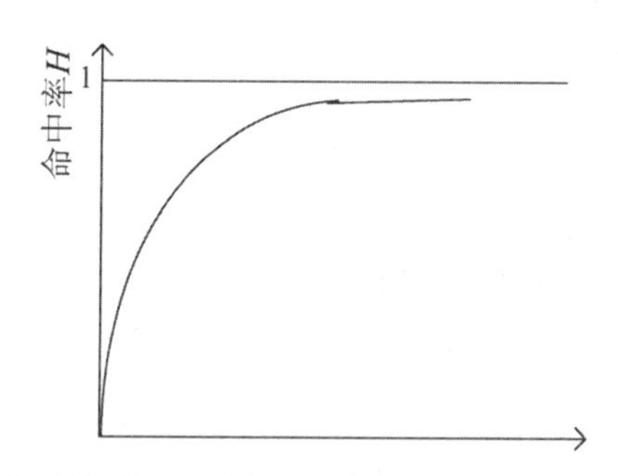

Cache 的设置不以扩大主存容量为目的，事实上也并没有扩大主存的容量。

参考答案

（6）A

试题（7）

HTTPS 使用__（7）__协议对报文进行封装。

（7）A．SSH　　B．SSL　　C．SHA-1　　D．SET

试题（7）分析

本题考查 HTTPS 基础知识。

HTTPS（Hyper Text Transfer Protocol over Secure Socket Layer）是以安全为目标的 HTTP 通道，即使用 SSL 加密算法的 HTTP。

参考答案

（7）B

试题（8）

以下加密算法中适合对大量的明文消息进行加密传输的是__（8）__。

（8）A．RSA　　B．SHA-1　　C．MD5　　D．RC5

试题（8）分析

本题考查加密算法的基础知识。

根据题意，要求选出适合对大量明文进行加密传输的加密算法。备选项中的 4 种加密算法均能够对明文进行加密。

RSA 是一种非对称加密算法，由于加密和解密的密钥不同，因此便于密钥管理和分发，同时在用户或者机构之间进行身份认证方面有较好的应用；

SHA-1 是一种安全散列算法，常用于对接收到的明文输入产生固定长度的输出，来确保明文在传输过程中不会被篡改；

MD5 是一种使用最为广泛的报文摘要算法；

RC5 是一种用于对明文进行加密的算法，在加密速度和强度上，均较为合适，适用于大量明文进行加密并传输。

参考答案

（8）D

试题（9）

假定用户 A、B 分别在 I_1 和 I_2 两个 CA 处取得了各自的证书，下面__（9）__是 A、B 互信的必要条件。

（9）A．A、B 互换私钥　　B．A、B 互换公钥

C．I_1、I_2 互换私钥　　D．I_1、I_2 互换公钥

试题（9）分析

本题考查证书认证的基础知识。

用户可在一定的认证机构（CA）处取得各自能够认证自身身份的数字证书，与该用户在同一机构取得的数字证书可通过相互的公钥认证彼此的身份；当两个用户所使用的证书来自于不同的认证机构时，用户双方在相互确定对方的身份之前，首先需要确定彼此的证书颁发机构的可信度，即两个 CA 之间的身份认证，需交换两个 CA 的公钥以确定 CA 的合法性，然后再进行用户的身份认证。

参考答案

（9）D

试题（10）

甲软件公司受乙企业委托安排公司软件设计师开发了信息系统管理软件，由于在委托开发合同中未对软件著作权归属作出明确的约定，所以该信息系统管理软件的著作权由__（10）__享有。

（10）A．甲　　B．乙　　C．甲与乙共同　　D．软件设计师

试题（10）分析

本题考查知识产权相关知识。

依照《计算机软件保护条例》的相关规定，计算机软件著作权的归属可以分为以下情况。

① 独立开发。

这种开发是最普遍的情况。此时，软件著作权当然属于软件开发者，即实际组织开发、直接进行开发，并对开发完成的软件承担责任的法人或者其他组织；或者依照自己具有的条件独立完成软件开发，并对软件承担责任的自然人。

① 合作开发。

由两个以上的自然人、法人或者其他组织合作开发的软件，一般是合作开发者签定书面合同约定软著作权归属。如果没有书面合同或者合同并未明确约定软件著作权的归属，合作开发的软件如果可以分割使用的，开发者对各自开发的部分可以单独享有著作权；但是行使著作权时，不得扩展到合作开发的软件整体的著作权。如果合作开发的软件不能分割使用，其著作权由各合作开发者共同享有，通过协商一致行使；不能协商一致，又无正当理由的，任何一方不得阻止他方行使除转让权以外的其他权利，但是所获收益应当合理分配给所有合作开发者。

③ 委托开发。

接受他人委托开发的软件，一般也是由委托人与受托人签订书面合同约定该软件著作权的归属；如无书面合同或者合同未作明确约定的，则著作权人由受托人享有。

④ 国家机关下达任务开发。

由国家机关下达任务开发的软件，一般是由国家机关与接受任务的法人或者其他组织依照项目任务书或者合同规定来确定著作权的归属与行使。这里需要注意的是，国家机关下达任务开发，接受任务的人不能是自然人，只能是法人或者其他组织。但如果项目任务书或者合同中未作明确规定的，软件著作权由接受任务的法人或者其他组织享有。

⑤ 职务开发。

自然人在法人或者其他组织中任职期间所开发的软件有下列情形之一的，该软件著作权由该法人或者其他组织享有。（一）针对本职工作中明确指定的开发目标所开发的软件；（二）开发的软件是从事本职工作活动所预见的结果或者自然的结果；（三）主要使用了法人或者其他组织的资金、专用设备、未公开的专门信息等物质技术条件所开发并由法人或者其他组织承担责任的软件。但该法人或者其他组织可以对开发软件的自然人进行奖励。

⑥ 继承和转让。

软件著作权是可以继承的。软件著作权属于自然人的，该自然人死亡后，在软件著作权的保护期内，软件著作权的继承人可以依照继承法的有关规定，继承除署名权以外的其他软件著作权权利，包括人身权利和财产权利。软件著作权属于法人或者其他组织的，法人或者其他组织变更、终止后，其著作权在条例规定的保护期内由承受其权利义务的法人或者其他组织享有；没有承受其权利义务的法人或者其他组织的，由国家享有。

参考答案

（10）A

试题（11）

根据我国商标法，下列商品中必须使用注册商标的是＿（11）＿。

（11）A．医疗仪器　　B．墙壁涂料　　C．无糖食品　　D．烟草制品

试题（11）分析

本题考查法律法规知识。

我国商标法第六条规定：“国家规定必须使用注册商标的商品，必须申请商标注册，未经核准注册的，不得在市场销售。”

目前根据我国法律法规的规定，必须使用注册商标的是烟草类商品。

参考答案

（11）D

试题（12）

甲、乙两人在同一天就同样的发明创造提交了专利申请，专利局将分别向各申请人通报有关情况，并提出多种可能采用的解决办法。下列说法中，不可能采用＿（12）＿。

（12）A．甲、乙作为共同申请人

B．甲或乙一方放弃权利并从另一方得到适当的补偿

C．甲、乙都不授予专利权

D．甲、乙都授予专利权

试题（12）分析

本题考查知识产权相关知识。

专利权是一种具有财产权属性的独占权以及由其衍生出来的相应处理权。专利权人的权利包括独占实施权、转让权、实施许可权、放弃权和标记权等。专利权人对其拥有的专利权享有独占或排他的权利，未经其许可或者出现法律规定的特殊情况，任何人不得使用，否则即构成侵权。这是专利权（知识产权）最重要的法律特点之一。

参考答案

（12）D

试题（13）

数字语音的采样频率定义为 8kHz，这是因为＿（13）＿。

（13）A．语音信号定义的频率最高值为 4 kHz

B．语音信号定义的频率最高值为 8 kHz

C．数字语音传输线路的带宽只有 8 kHz

D．一般声卡的采样频率最高为每秒 8 千次

试题（13）分析

本题考查多媒体基础知识。

语音信号频率范围是 300Hz～3.4kHz，也就是不超过 4kHz，按照奈奎斯特定律，要保持语音抽样以后再恢复时不失真，最低抽样频率是 2 倍的最高频率，即 8kHz 就可以保证信号能够正确恢复，因此将数字语音的采样频率定义为 8kHz。

参考答案

（13）A

试题（14）

使用图像扫描仪以 300DPI 的分辨率扫描一幅 3×4 平方英寸的图片，可以得到<u>（14）</u>像素的数字图像。

（14）A．300×300　　B．300×400　　C．900×4　　D．900×1200

试题（14）分析

本题考查多媒体基础知识。

3×300×4×300=900×1200。

参考答案

（14）D

试题（15）、（16）

在采用结构化开发方法进行软件开发时，设计阶段接口设计主要依据需求分析阶段的<u>（15）</u>。接口设计的任务主要是<u>（16）</u>。

（15）A．数据流图　　B．E-R 图　　C．状态-迁移图　　D．加工规格说明

（16）A．定义软件的主要结构元素及其之间的关系

B．确定软件涉及的文件系统的结构及数据库的表结构

C．描述软件与外部环境之间的交互关系，软件内模块之间的调用关系

D．确定软件各个模块内部的算法和数据结构

试题（15）、（16）分析

本题考查结构化分析与设计的相关知识。

结构化分析的输出是结构化设计的输入，设计活动依据分析结果进行。接口设计是描述软件与外部环境之间的交互关系，软件内模块之间的调用关系，而这些关系的依据主要是分析阶段的数据流图。

参考答案

（15）A　（16）C

试题（17）、（18）

某软件项目的活动图如下图所示，其中顶点表示项目里程碑，连接顶点的边表示包含的活动，边上的数字表示活动的持续时间（天），则完成该项目的最少时间为<u>（17）</u>天。活动 BD 和 HK 最早可以从第<u>（18）</u>天开始。（活动 AB、AE 和 AC 最早从第 1 天开始）

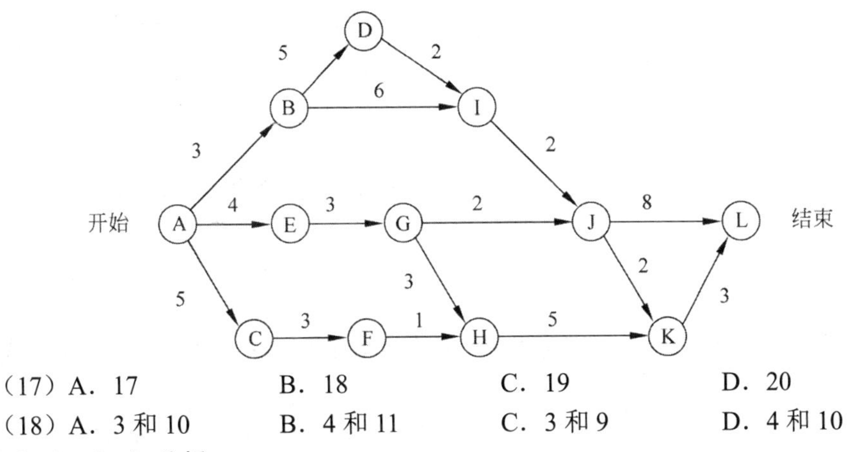

（17）A．17　　B．18　　C．19　　D．20

（18）A．3 和 10　　B．4 和 11　　C．3 和 9　　D．4 和 10

试题（17）、（18）分析

本题考查软件项目管理的基础知识。

活动图是描述一个项目中各个工作任务相互依赖关系的一种模型，项目的很多重要特性可以通过分析活动图得到，如估算项目完成时间，计算关键路径和关键活动等。

根据上图计算出关键路径为 A-B-D-I-J-L，其长度为 20。

活动弧 BD 对应的活动的最早开始时间为第 4 天。活动弧 HK 对应活动的最早开始时间为第 11 天。

参考答案

（17）D　（18）B

试题（19）

在进行软件开发时，采用无主程序员的开发小组，成员之间相互平等；而主程序员负责制的开发小组，由一个主程序员和若干成员组成，成员之间没有沟通。在一个由 8 名开发人员构成的小组中，无主程序员组和主程序员组的沟通路径分别是__（19）__。

（19）A．32 和 8　　B．32 和 7　　C．28 和 8　　D．28 和 7

试题（19）分析

本题考查项目管理中人员管理的相关知识。

无主程序员组的开发小组，每两个开发人员之间都有沟通路径，因此，8 人组成的开发小组沟通路径为完全连通无向图的边数，即 $m = n(n-1)/2$，其中 n 和 m 分别表示图的顶点数和边数。当 n=8 时，$m = 28$。

主程序员组中，除了主程序员外的每个开发人员只能和主程序员沟通，因此 8 人组成的开发小组的沟通路径为 $8 - 1 = 7$。

参考答案

（19）D

试题（20）

在高级语言源程序中，常需要用户定义的标识符为程序中的对象命名，常见的命名对象有__（20）__。

①关键字（或保留字） ②变量 ③函数 ④数据类型 ⑤注释

（20）A．①②③ B．②③④ C．①③⑤ D．②④⑤

试题（20）分析

本题考查程序语言基础知识。

在源程序中，可由用户（程序员）为变量、函数和数据类型等命名。

参考答案

（20）B

试题（21）

在仅由字符 a、b 构成的所有字符串中，其中以 b 结尾的字符串集合可用正规式表示为__（21）__。

（21）A．(b|ab)*b B．(ab*)*b C．a*b*b D．(a|b)*b

试题（21）分析

本题考查程序语言基础知识。

(b|ab)*b 表示的字符串集合为{b, bb, abb, bbb, abab, bbbb, abbb, babb, …}，除了以 b 结尾，还要求每个 a 后面至少有 1 个 b。

(ab*)*b 表示的字符串集合为{b, ab, abb, aab, abbb, aaab, abab, …}，除了以 b 结尾，还要求以 a 开头（除了仅有 1 个 b 的情形）。

a*b*b 表示的字符串集合为{b, ab, bb, abb, aab, bbb, abbb, aabb, aaab, bbbb, … }，除了以 b 结尾，还要求若干个 a 之后连接若干个 b，b 只能出现在 a 之后。

(a|b)*b 表示的字符串集合为{b, ab, bb, aab, abb, bab, bbb, aaab, aabb, abab, abbb, baab, babb, bbab,… }，是由 a、b 构成的且以 b 结尾的字符串集合。

参考答案

（21）D

试题（22）

在以阶段划分的编译过程中，判断程序语句的形式是否正确属于__（22）__阶段的工作。

（22）A．词法分析 B．语法分析 C．语义分析 D．代码生成

试题（22）分析

本题考查程序语言基础知识。

程序语言中的词（符号）的构成规则可由正规式描述，词法分析的基本任务就是识别出源程序中的每个词。语法分析是分析语句及程序的结构是否符合语言定义的规范。对于语法正确的语句，语义分析是判断语句的含义是否正确。因此判断语句的形式是否正确是语法分析阶段的工作。

参考答案

（22）B

试题（23）

某文件管理系统在磁盘上建立了位示图（Bitmap），记录磁盘的使用情况。若计算机系统的字长为 32 位，磁盘的容量为 300GB，物理块的大小为 4MB，那么位示图的大小

需要<u>（23）</u>个字。

（23）A．1200　　B．2400　　C．6400　　D．9600

试题（23）分析

本题考查操作系统文件管理的基础知识。

根据题意，计算机系统中的字长为 32 位，每位可以表示一个物理块的“使用”还是“未用”，一个字可记录 32 个物理块的使用情况。又因为磁盘的容量为 300GB，物理块的大小为 4MB，那么该磁盘有 300×1024/4=76 800 个物理块，位示图的大小为 76 800/32=2400 个字。

参考答案

（23）B

试题（24）

某系统中有 3 个并发进程竞争资源 R，每个进程都需要 5 个 R，那么至少有<u>（24）</u>个 R，才能保证系统不会发生死锁。

（24）A．12　　B．13　　C．14　　D．15

试题（24）分析

本题考查操作系统进程管理的基础知识。

选项 A 是错误的，假设系统为每个进程分配了 4 个资源，资源剩余数为 0，导致这 3 个进程互相都要求对方占用的资源而无法继续运行，产生死锁。对于选项 B，系统为每个进程分配了 4 个资源，还剩余 1 个，能保证 3 个进程中的一个进程运行完毕。当该进程释放其占有的资源，系统可用资源数为 5 个，能保证未完成的 2 个进程分别得到 1 个资源而运行完毕，故不会发生死锁。选项 C 和选项 D 虽然不会使系统发生死锁，但不满足至少有几个该类资源才能保证系统不会发生死锁的题意。

参考答案

（24）B

试题（25）

某计算机系统页面大小为 4KB，进程的页面变换表如下所示。若进程的逻辑地址为 2D16H。该地址经过变换后，其物理地址应为<u>（25）</u>。

页号	物理块号
0	1
1	3
2	4
3	6

（25）A．2048H　　B．4096H　　C．4D16H　　D．6D16H

试题（25）分析

根据题意，页面大小为 4KB，逻辑地址 2D16H 所在页号为 2，页内地址为 D16H，查页表后可知物理块号为 4，该地址经过变换后，其物理地址应为物理块号 4 拼接上页内地址

D16H，即十六进制 4D16H。

参考答案

（25）C

试题（26）～（28）

进程 P1、P2、P3、P4 和 P5 的前趋图如下所示。

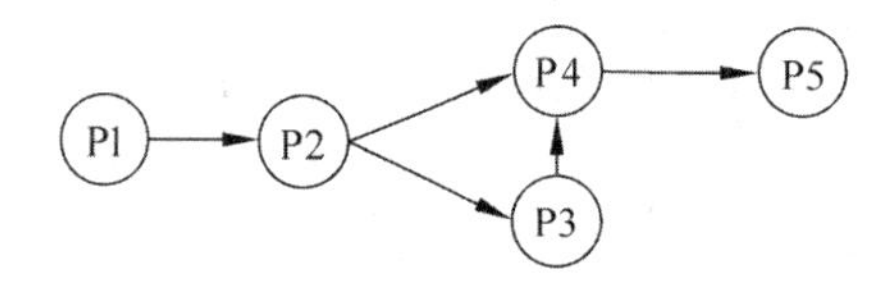

若用 PV 操作控制进程 P1、P2、P3、P4 和 P5 并发执行的过程，需要设置 5 个信号量 S1、S2、S3、S4 和 S5，且信号量 S1～S5 的初值都等于零。如下的进程执行图中 a 和 b 处应分别填写__（26）__，c 和 d 处应分别填写__（27）__，e 和 f 处应分别填写__（28）__。

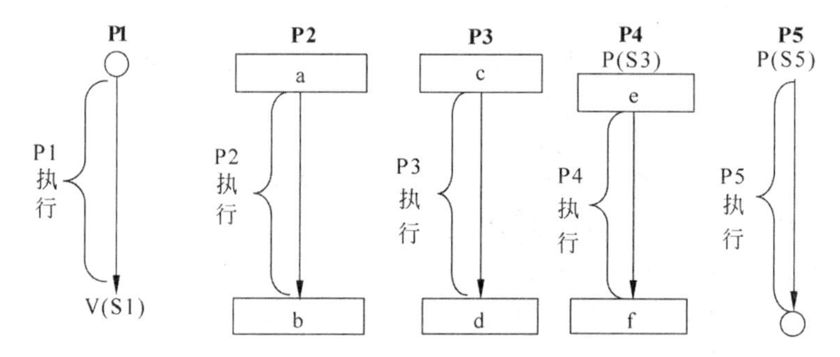

（26）A．V（S1）和 P（S2）V（S3）　　B．P（S1）和 V（S2）V（S3）
　　C．V（S1）和 V（S2）V（S3）　　D．P（S1）和 P（S2）V（S3）

（27）A．P（S2）和 P（S4）　　B．V（S2）和 P（S4）
　　C．P（S2）和 V（S4）　　D．V（S2）和 V（S4）

（28）A．P（S4）和 V（S5）　　B．V（S5）和 P（S4）
　　C．V（S4）和 P（S5）　　D．V（S4）和 V（S5）

试题（26）～（28）分析

根据前驱图，P1 进程运行完需要利用 V（S1）操作通知 P2 进程， P2 进程需要等待 P1 进程的通知，故需要利用 P（S1）操作测试 P1 进程是否运行完，所以空 a 应填“P（S1）”。又由于 P2 进程运行完需要分别通知 P3、P4 进程，所以空 b 应填两个 V 操作，故 b 应填写 V（S2）V（S3）。

根据前驱图，P3 进程需要等待 P2 进程的通知，需要执行 1 个 P 操作，故空 c 应为一个 P 操作。而 P3 进程运行结束需要利用 1 个 V 操作通知 P4 进程，故空 d 应为 1 个 V 操作。只有选项 C 满足条件。

根据前驱图，P4 进程执行需要等待 P2、P3 进程的通知，题中 P4 已执行了 P（S3），故还需要执行 1 个 P（S4）操作；而 P4 进程执行完需要利用一个 V 操作通知 P5 进程，从进程执行图中看出，P5 进程执行 P（S5）操作等待 P4 进程唤醒，故 P4 进程应该执行 V（S5）。

参考答案

（26）B　（27）C　（28）A

试题（29）

以下关于螺旋模型的叙述中，不正确的是＿（29）＿。

（29）A．它是风险驱动的，要求开发人员必须具有丰富的风险评估知识和经验

B．它可以降低过多测试或测试不足带来的风险

C．它包含维护周期，因此维护和开发之间没有本质区别

D．它不适用于大型软件开发

试题（29）分析

本题考查软件过程模型的相关知识。

瀑布模型、原型化模型、增量或迭代的阶段化开发、螺旋模型等都是典型的软件过程模型，要求考生理解这些模型的优缺点以及适用的场合。螺旋模型是一个风险驱动的过程模型，因此要求开发人员必须具有丰富的风险评估知识和经验，否则会因为忽视或过于重视风险造成问题。在对测试风险评估后，可以降低过多测试或测试不足带来的风险。而且，螺旋模型是一个迭代的模型，维护阶段是其中的一个迭代。螺旋模型适用于大规模的软件项目开发。

参考答案

（29）D

试题（30）

以下关于极限编程（XP）中结对编程的叙述中，不正确的是＿（30）＿。

（30）A．支持共同代码拥有和共同对系统负责

B．承担了非正式的代码审查过程

C．代码质量更高

D．编码速度更快

试题（30）分析

本题考查敏捷开发中极限编程（XP）的相关知识。

敏捷开发方法是强调灵活性和快速开发的一种开发方法，有多种具体的方法，其中极限编程是敏捷方法中最普遍的一种方法。极限编程包含 12 个实践操作。其中，集体所有权表示任何开发人员可以对系统任何部分进行改变，结对编程实际上存在一个非正式的代码审查过程，可以获得更高的代码质量。据统计，结对编程的编码速度与传统的单人编程相当。

参考答案

（30）D

试题（31）

以下关于 C/S（客户机/服务器）体系结构的优点的叙述中，不正确的是＿（31）＿。

（31）A．允许合理地划分三层的功能，使之在逻辑上保持相对独立性

B．允许各层灵活地选用平台和软件

C．各层可以选择不同的开发语言进行并行开发

D．系统安装、修改和维护均只在服务器端进行

试题（31）分析

本题考查软件体系结构的相关知识。

三层C/S体系结构由逻辑上相互分离的表示层、业务层和数据层构成。其中表示层向客户提供数据，业务层实施业务和数据规则，数据层定义数据访问标准。该体系结构具有许多优点，如逻辑上相对独立，不同层可以用不同的平台、软件和开发语言，而系统的安装、修改和维护在各层都可能进行。

参考答案

（31）D

试题（32）

在设计软件的模块结构时，__（32）__不能改进设计质量。

（32）A．尽量减少高扇出结构　　B．模块的大小适中

C．将具有相似功能的模块合并　　D．完善模块的功能

试题（32）分析

本题考查软件设计的相关知识。

在软件设计中，人们总结了一些启发式原则，根据这些原则进行设计，可以设计出较高质量的软件系统。其中，模块的扇入扇出适中、模块大小适中以及完善模块功能都可以改进设计质量。而将相似功能的模块合并可能会降低模块内聚和提高模块之间的耦合，因此并不能改进设计质量。

参考答案

（32）C

试题（33）、（34）

模块A、B和C有相同的程序块，块内的语句之间没有任何联系，现把该程序块取出来，形成新的模块D，则模块D的内聚类型为__（33）__内聚。以下关于该内聚类型的叙述中，不正确的是__（34）__。

（33）A．巧合　　B．逻辑　　C．时间　　D．过程

（34）A．具有最低的内聚性　　B．不易修改和维护

C．不易理解　　D．不影响模块间的耦合关系

试题（33）、（34）分析

本题考查计算机软件设计的相关知识。

模块的内聚是一个模块内部各个元素彼此结合的紧密程度的度量。

① 巧合内聚：指一个模块内的各处理元素之间没有任何联系。

② 逻辑内聚：指模块内执行若干个逻辑上相似的功能，通过参数确定该模块完成哪一个功能。

③ 时间内聚：把需要同时执行的动作组合在一起形成的模块。

④ 过程内聚：指一个模块完成多个任务，这些任务必须按指定的过程执行。

由于模块 D 内的语句之间没有任何联系，因此该模块的内聚类型为巧合内聚。

该内聚类型具有最低的内聚性，是最不好的一种内聚类型。具有该类内聚类型的模块具有不易修改、不易理解和不易维护等特点，同时会影响模块间的耦合关系。

参考答案

（33）A　（34）D

试题（35）、（36）

对下图所示的程序流程图进行语句覆盖测试和路径覆盖测试，至少需要__（35）__个测试用例。采用 McCabe 度量法计算其环路复杂度为__（36）__。

（35）A．2 和 3　　B．2 和 4　　C．2 和 5　　D．2 和 6

（36）A．1　　B．2　　C．3　　D．4

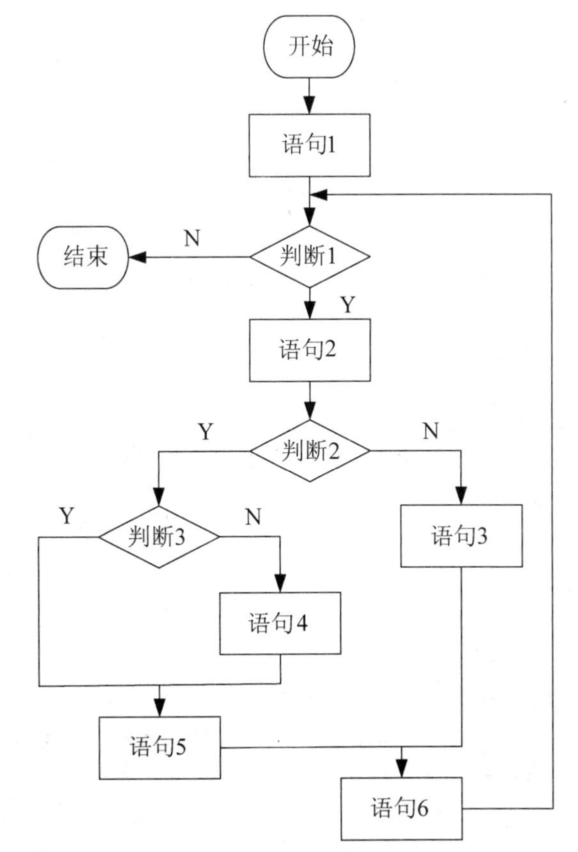

试题（35）、（36）分析

本题考查软件测试的相关知识。

要求考生能够熟练掌握典型的白盒测试和黑盒测试方法。语句覆盖和路径覆盖是两种具体的白盒测试方法。语句覆盖是指设计若干测试用例，覆盖程序中的所有语句；而路径覆盖是指设计若干个测试用例，覆盖程序中的所有路径。该流程图中：

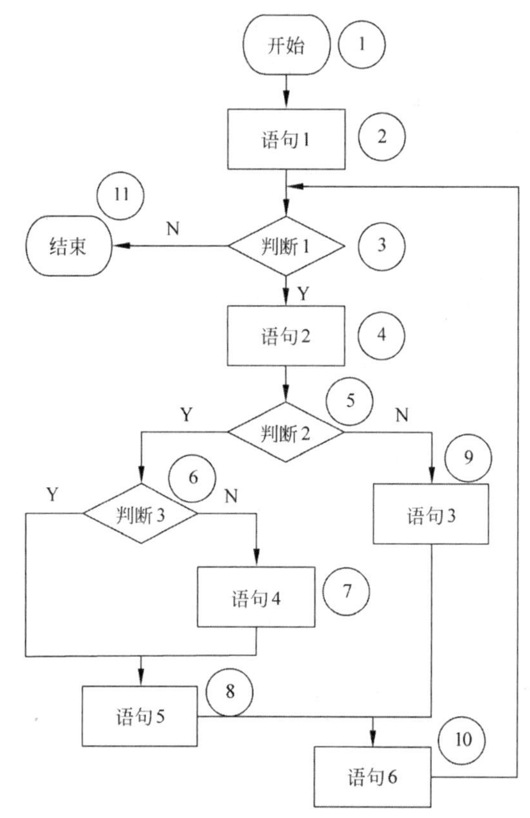

设计两个测试用例执行路径：

①②③④⑤⑥⑦⑧⑩⑪和①②③④⑤⑨⑩⑪即可满足语句覆盖。

流程图中有 4 条路径：

①②③④⑤⑥⑦⑧⑩⑪；

①②③④⑤⑥⑧⑩⑪；

①②③④⑤⑨⑩⑪；

①②③⑪。

因此 4 个最少测试用例就可以满足路径覆盖。

McCabe 度量法是一种基于程序控制流的复杂性度量方法，环路复杂度为 $V(G) = m - n + 2$，图中 m=13，n=11，$V(G) = 13-11+2=4$。

参考答案

（35）B （36）D

试题（37）、（38）

在面向对象方法中，两个及以上的类作为一个类的超类时，称为__（37）__，使用它可能造成子类中存在__（38）__的成员。

（37）A．多重继承 B．多态 C．封装 D．层次继承

（38）A．动态 B．私有 C．公共 D．二义性

试题（37）、（38）分析

本题考查面向对象的基础知识。

在面向对象方法中，对象是基本的运行时实体，一组大体上相似的对象定义为一个类。有些类之间存在一般和特殊关系，在定义和实现一个类的时候，可以在已经存在的类的基础上来进行，把已经存在的类所定义的属性和行为作为自己的内容，并加入新的内容，这种机制就是超类（父类）和子类之间共享数据和方法的机制（即继承）。在继承的支持下，不同对象在收到同一消息时可以产生不同的结果，这就是多态。

定义一个类时继承多于一个超类称为多重继承。使用多重继承时，多个超类中可能定义有相同名称而不同含义的成员，就可能会造成子类中存在二义性的成员。例如，下图所示为典型的“钻石问题”，类 B 和 C 都继承 A，类 D 继承 B 和 C。若 A 中有一个方法，B 和 C 进行覆盖，而 D 没有进行覆盖，那么 D 应该继承 B 中的方法版本还是 C 中的方法版本就无法确定，从而产生二义性。

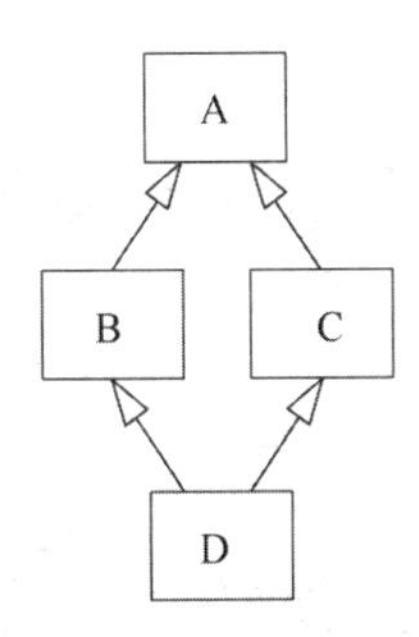

参考答案

（37）A　（38）D

试题（39）

采用面向对象方法进行软件开发，在分析阶段，架构师主要关注系统的__（39）__。

（39）A．技术　　B．部署　　C．实现　　D．行为

试题（39）分析

本题考查面向对象方法的基础知识。

采用面向对象方法进行软件开发时，需要进行面向对象分析（OOA）、面向对象设计（OOD）、面向对象实现和面向对象测试几个阶段。分析阶段的目的是获得对应用问题的理解，确定系统的功能、性能要求，在此阶段主要关注系统的行为，明确系统需要提供什么服务。在设计阶段，采用面向对象技术将 OOA 所创建的分析模型转化为设计模型，其目标是定义系统构造蓝图。在实现阶段（面向对象程序设计），系统实现人员选用一种面向对象程序设计语言，采用对象、类及其相关概念进行程序设计，即实现系统。

参考答案

（39）D

试题（40）

在面向对象方法中，多态指的是__（40）__。

（40）A．客户类无需知道所调用方法的特定子类的实现
B．对象动态地修改类
C．一个对象对应多张数据库表
D．子类只能够覆盖父类中非抽象的方法

试题（40）分析

本题考查面向对象的基础知识。

多态的实现受到继承的支持，利用类的继承的层次关系，把具有通用功能的消息存放在高层次，而不同的实现这一功能的行为放在较低层次。当一个客户类对象发送通用消息请求服务时，它无需知道所调用方法的特定子类的实现，而是根据接收对象的具体情况将请求的操作与实现的方法进行连接，即动态绑定，以实现在这些低层次上生成的对象给通用消息以不同的响应。

参考答案

（40）A

试题（41）～（43）

以下 UML 图是__（41）__，图中 :Order 和 b:Book 表示__（42）__，1*:find_books() → 和 1.1:search() → 表示__（43）__。

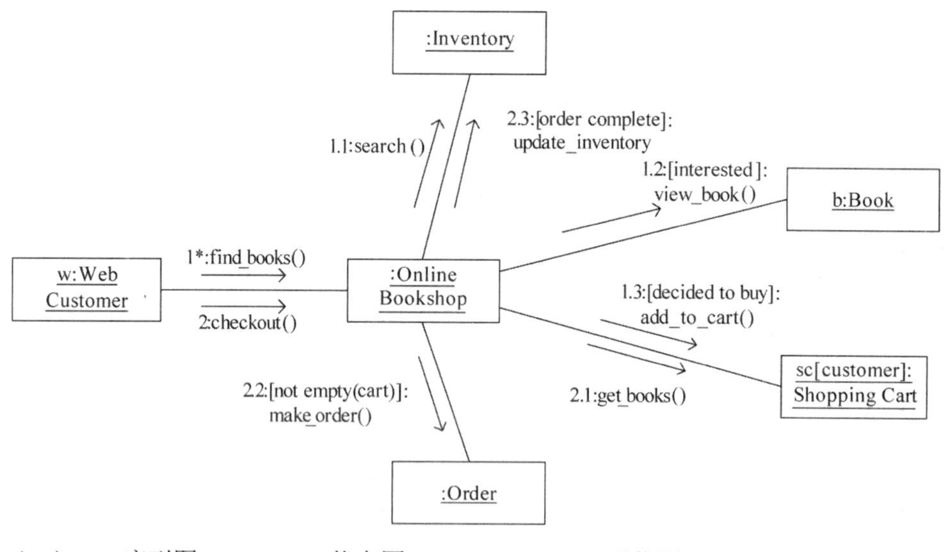

（41）A．序列图　B．状态图　C．通信图　D．活动图
（42）A．类　B．对象　C．流名称　D．消息
（43）A．类　B．对象　C．流名称　D．消息

试题（41）～（43）分析

本题考查统一建模语言（UML）的基础知识。

UML 2.0 及后续版本提供了 13 种图，部分图用于刻画系统的静态方面，如类图、对象图等；部分图刻画系统的动态方面，如序列图、状态图、通信图和活动图等。

序列图（Sequence Diagram）是场景（Scenario）的图形化表示，描述了以时间顺序组织的对象之间的交互活动。如下图所示，参加交互的对象放在图的上方，沿水平方向排列。然后，把这些对象发送和接收的消息沿垂直方向按时间顺序从上到下放置。

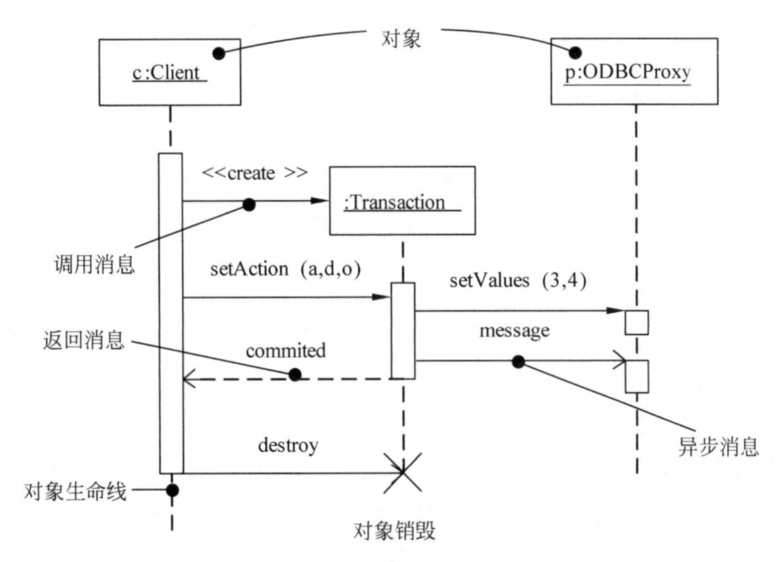

状态图（State Diagram）展现了一个状态机，它由状态、转换、事件和活动组成，对于接口、类和协作的行为建模尤为重要，强调对象行为的事件顺序。如下图所示，状态图通常包括简单状态和组合状态、转换（事件和动作）。

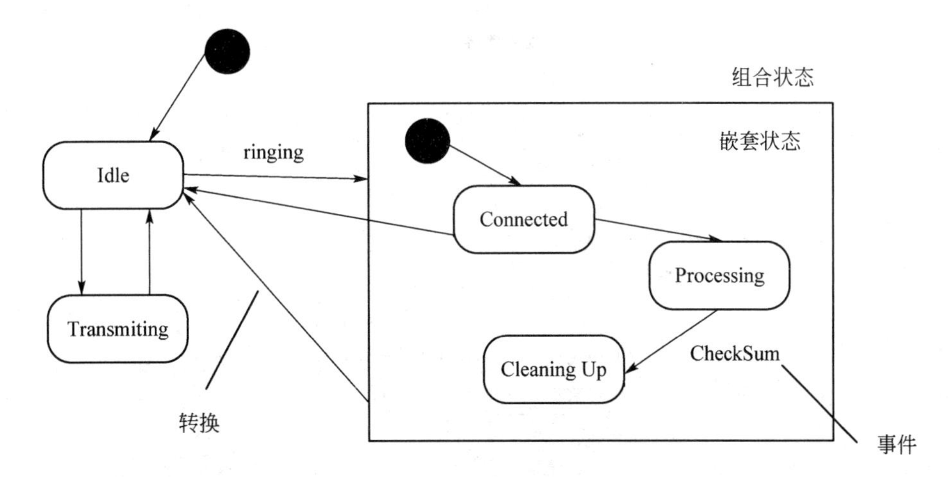

通信图（Communication Diagram）强调收发消息的对象的结构组织，强调参加交互的对象的组织，在早期的版本中也被称作协作图。如下图所示，参与交互的对象作为图的顶点，连接这些对象的链表示为图的弧，用对象发送和接收的消息来修饰这些链。通信图有路径，消息有序号，如图中的 1、2、2.1 等。

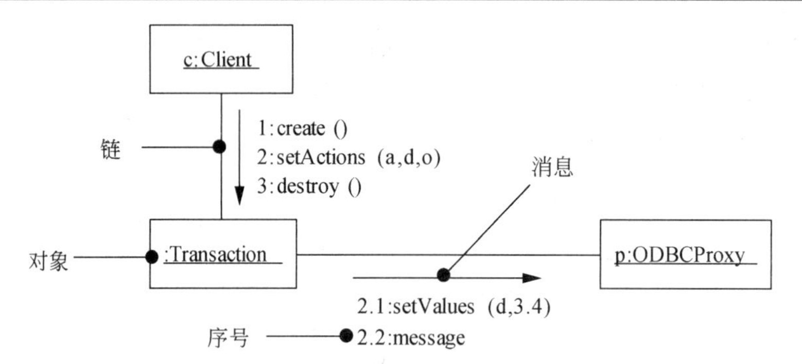

活动图（Activity Diagram）是一种特殊的状态图，它展现了在系统内从一个活动到另一个活动的流程，如下图所示。

本题叙述中，给出一个通信图的实例，图中参与交互的对象作为图的顶点，包括 w:WebCustomer 、 :Order 和 b:Book 等，对象之间的连线表示链，并用消息来进行修饰，如图中 1*:find_books() 和 1.1:search() 等，其中序号 1 表示第一条消息，2 表示第二条消息，1.1 表示嵌套在消息 1 中的第一条消息，1.2 表示嵌套在消息 1 中的第二条消息，2.1 表示嵌套在消息 2 中的第一条消息，2.2 表示嵌套在消息 2 中的第二条消息，以此类推。在一条消息中，可以有监护条件，如题图中消息 1.2:[interested]:view_book()中的[interested]。

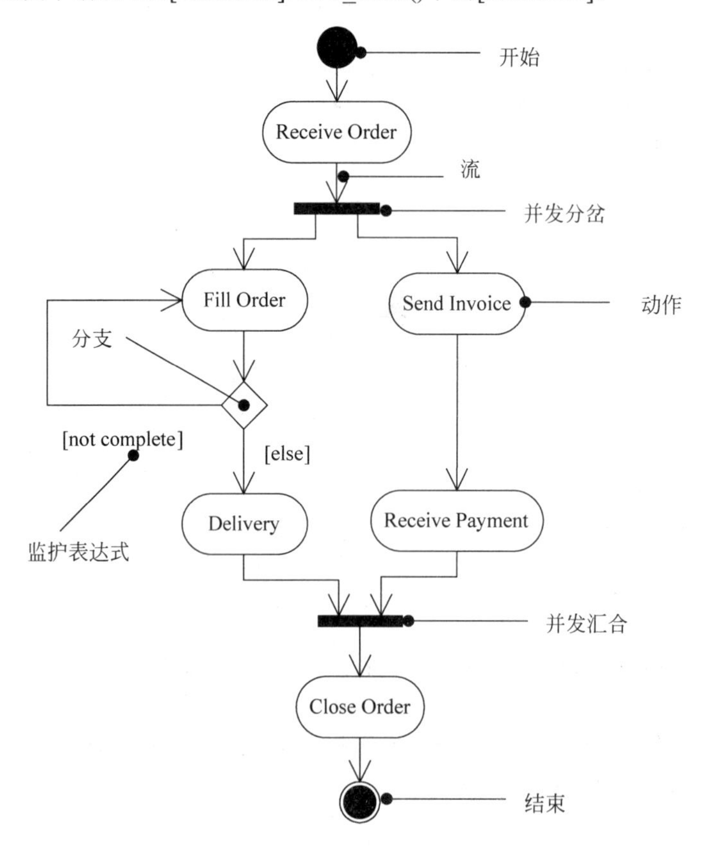

参考答案

（41）C　（42）B　（43）D

试题（44）、（45）

下图所示为观察者（Observer）模式的抽象示意图，其中<u>（44）</u>知道其观察者，可以有任意多个观察者观察同一个目标；提供注册和删除观察者对象的接口。此模式体现的最主要的特性是<u>（45）</u>。

（44）A．Subject　B．Observer　C．ConcreteSubject　D．ConcreteObserver

（45）A．类应该对扩展开放，对修改关闭

B．使所要交互的对象尽量松耦合

C．组合优先于继承使用

D．仅与直接关联类交互

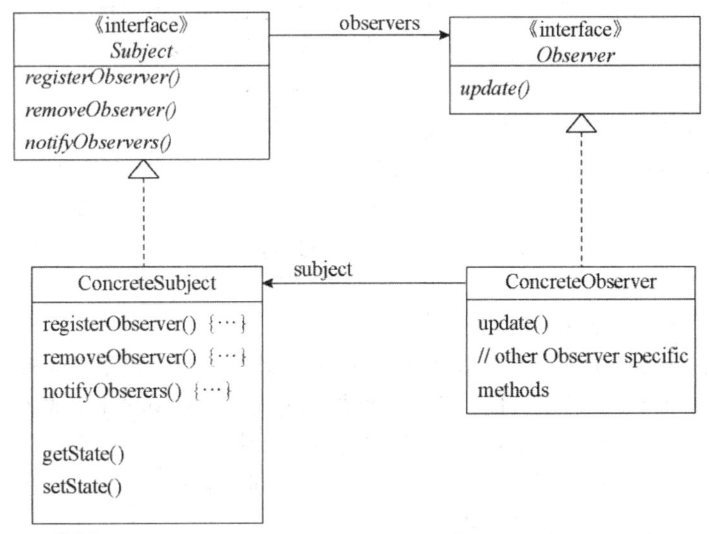

试题（44）、（45）分析

本题考查设计模式的基本概念。每种设计模式都有特定的意图和适用情况。

观察者（Observer）模式为行为设计模式，定义对象间的一种一对多的依赖关系，当一个对象的状态发生改变时，所有依赖于它的对象都得到通知并被自动更新。在题图所示的观察者模式的结构图中：

① Subject（目标）知道它的观察者，可以有任意多个观察者观察同一个目标；提供注册和删除观察者对象的接口。

② Observer（观察者）为那些在目标发生改变时需获得通知的对象定义一个更新接口。

③ ConcreteSubject（具体目标）将有关状态存入各 ConcreteObserver 对象；当它的状态发生改变时，向其各个观察者发出通知。

④ ConcreteObserver（具体观察者）维护一个指向 ConcreteSubject 对象的引用；存储有关状态，这些状态应与目标的状态保持一致；实现 Observer 的更新接口，以使自身状态与目标的状态保持一致。

该模式的特点适用于以下情况：

① 当一个抽象模型有两个方面，其中一个方面依赖于另一个方面，将这两者封装在独立的对象中以使它们可以各自独立地改变和复用；

② 当对一个对象的改变需要同时改变其他对象，而不知道具体有多少对象有待改变时；

③ 当一个对象必须通知其他对象，而它又不能假定其他对象是谁时，即不希望这些对象是紧耦合的。

题目中知道其观察者的即为 Subject；第（45）题 B 选项所述“使所要交互的对象尽量松耦合”，即上述适用情况③。

参考答案

（44）A　（45）B

试题（46）、（47）

装饰器（Decorator）模式用于__（46）__；外观（Facade）模式用于__（47）__。

① 将一个对象加以包装以给客户提供其希望的另外一个接口

② 将一个对象加以包装以提供一些额外的行为

③ 将一个对象加以包装以控制对这个对象的访问

④ 将一系列对象加以包装以简化其接口

（46）A. ①　　B. ②　　C. ③　　D. ④

（47）A. ①　　B. ②　　C. ③　　D. ④

试题（46）、（47）分析

本题考查设计模式的基本概念。

装饰器（Decorator）模式和外观（Facade）模式均为对象结构型设计模式。装饰器模式动态地给一个对象添加一些额外的职责。就增加功能而言，此模式比生成子类更加灵活。外观模式为子系统中的一组接口提供一个统一的界面，此模式定义了一个高层接口，这个接口使得这一子系统更加容易使用。这两种模式适用于不同的情况。

装饰器模式适用于以下几种情况：

① 在不影响其他对象的情况下，以动态、透明的方式给单个对象添加职责。

② 处理那些可以撤销的职责。

③ 当不能采用生成子类的方式进行扩充时。一种情况是，可能有大量独立的扩展，为支持每一种组合将产生大量的子类，使得子类数目呈爆炸性增长。另一种情况可能是，由于类定义被隐藏，或类定义不能用于生成子类。

外观模式适用于以下几种情况：

① 要为一个复杂子系统提供一个简单接口时，子系统往往因为不断演化而变得越来越复杂，Facade 可以提供一个简单的默认视图，这一视图对大多数用户来说已经足够，而那些需要更多的可定制性的用户可以越过 Facade 层。

② 客户程序与抽象类的实现部分之间存在着很大的依赖性。引入 Facade 将这个子系统与客户以及其他的子系统分离，可以提高子系统的独立性和可移植性。

③ 当需要构建一个层次结构的子系统时，使用 Facade 模式定义子系统中每层的入口点。

如果子系统之间是相互依赖的，则可以让它们仅通过 Facade 进行通信，从而简化了它们之间的依赖关系。

本题所给 4 种情况中，②将一个对象加以包装以提供一些额外的行为符合装饰器的动态、透明地给单个对象添加职责的适用性；④将一系列对象加以包装以简化其接口符合外观模式的主要特点。

参考答案

（46）B　（47）D

试题（48）

某确定的有限自动机（DFA）的状态转换图如下图所示（A 是初态，D、E 是终态），则该 DFA 能识别＿（48）＿。

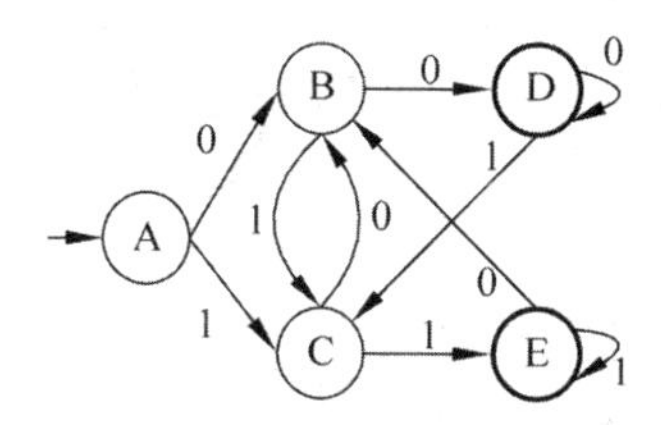

（48）A．00110　　B．10101　　C．11100　　D．11001

试题（48）分析

本题考查程序语言基础知识。

在自动机中，从初态到达终态的一条路径上所标记的字符形成的串正好与要识别的串相同，则称该自动机能识别此字符串。

对于 00110，从状态 A 出发，其识别路径为 A→B→D→C→E→B，字符串结束时，自动机所在状态为 B，而不是终态 D 或 E，所以该 DFA 不能识别 00110。

对于 10101，从状态 A 出发，其识别路径为 A→C→B→C→B→C，字符串结束时，自动机所在状态为 C，而不是终态 D 或 E，所以该 DFA 不能识别 10101。

对于 11100，从状态 A 出发，其识别路径为 A→C→E→E→B→D，字符串结束时，自动机所在状态为终态 D，所以该 DFA 可以识别 11100。

对于 11001，从状态 A 出发，其识别路径为 A→C→E→B→D→C，字符串结束时，自动机所在状态为 C，而不是终态 D 或 E，所以该 DFA 不能识别 11001。

参考答案

（48）C

试题（49）

函数 main()、f()的定义如下所示，调用函数 f()时，第一个参数采用传值（Call by Value）方式，第二个参数采用传引用（Call by Reference）方式，main()函数中“print(x)”执行后输出的值为＿（49）＿。

```
main()
int x = 5;
f(x+1, x);
print(x);
```

```
f(int x, int &a)
x = x*x -1;
a = x + a;
return;
```

（49）A．11　　B．40　　C．45　　D．70

试题（49）分析

本题考查程序语言基础知识。

若实现函数调用时，是将实参的值传递给对应的形参，则称之为传值调用。这种方式下，形参不能向实参传递信息。引用调用的本质是将实参的地址传给形参，函数中对形参的访问和修改实际上就是针对相应实参变量所做的访问和改变。

根据题目说明，调用函数 f()时，第一个参数是传值方式，第二个参数是引用方式，因此在 main()函数中，先将其局部变量 x 的值加 1 后（即 6）传递给函数 f()的第一个参数 x，而将其 main()函数中 x 的地址传给函数 f()的第二个参数 a，因此在函数 f()中对 a 的修改等同于对 main()函数中 x 的修改。

在函数 f()中，x 的初始值为 6，经过“x = x*x −1”运算后修改为 35，经过“a = x + a”运算后将 a 的值改为 40。这里需要注意的是，函数 f()中的 x 与 main()函数中的 x 是两个不同且相互独立的变量。

参考答案

（49）B

试题（50）

下图为一个表达式的语法树，该表达式的后缀形式为__（50）__。

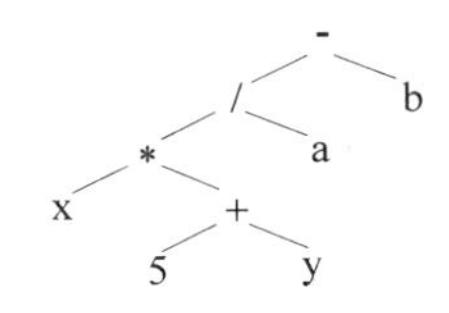

（50）A．x 5 y + ∗ a / b −　　B．x 5 y a b ∗ + / −
　　C．− / ∗ x + 5 y a b　　D．x 5 ∗ y + a / b −

试题（50）分析

本题考查程序语言基础知识。

对题中的二叉树进行后序遍历即可得该二叉树所表示表达式的后缀式，为“x 5 y + ∗ a / b −”。

参考答案

（50）A

试题（51）、（52）

若事务 T_1 对数据 D_1 加了共享锁，事务 T_2、T_3 分别对数据 D_2、D_3 加了排他锁，则事务 T_1 对数据__（51）__；事务 T_2 对数据__（52）__。

（51）A．D_2、D_3 加排他锁都成功

B．D_2、D_3 加共享锁都成功

C．D_2 加共享锁成功，D_3 加排他锁失败

D．D_2、D_3 加排他锁和共享锁都失败

（52）A．D_1、D_3 加共享锁都失败

B．D_1、D_3 加共享锁都成功

C．D_1 加共享锁成功，D_3 加排他锁失败

D．D_1 加排他锁成功，D_3 加共享锁失败

试题（51）、（52）分析

本题考查数据库并发控制方面的基础知识。

在多用户共享的系统中，许多用户可能同时对同一数据进行操作，可能带来数据不一致问题。为了解决这类问题，数据库系统必须控制事务的并发执行，保证数据库处于一致的状态，在并发控制中引入两种锁：排他锁（Exclusive Locks，简称 X 锁）和共享锁（Share Locks，简称 S 锁）。

排他锁又称为写锁，用于对数据进行写操作时进行锁定。如果事务 T 对数据 A 加上 X 锁后，就只允许事务 T 读取和修改数据 A，其他事务对数据 A 不能再加任何锁，从而也不能读取和修改数据 A，直到事务 T 释放 A 上的锁。

共享锁又称为读锁，用于对数据进行读操作时进行锁定。如果事务 T 对数据 A 加上了 S 锁后，事务 T 就只能读数据 A 但不可以修改，其他事务可以再对数据 A 加 S 锁来读取，只要数据 A 上有 S 锁，任何事务都只能再对其加 S 锁（读取）而不能加 X 锁（修改）。

参考答案

（51）D　（52）C

试题（53）

假设关系 $R<U,F>$，$U=\{A_1,A_2,A_3\}$，$F=\{A_1A_3\to A_2,A_1A_2\to A_3\}$，则关系 R 的各候选关键字中必定含有属性__（53）__。

（53）A．A_1　　B．A_2　　C．A_3　　D．A_2A_3

试题（53）分析

本题考查关系数据库的基础知识。

在关系数据库中，候选关键字可以决定全属性。由于属性 A_1 只出现在函数依赖的左部，所以必为候选关键字的成员。本题 $(A_1A_3)_F^+=U$，$(A_1A_2)_F^+=U$，所以 A_1A_3 和 A_1A_2 均为候选关键字，且含有属性 A_1。而选项 D 求属性的闭包不能包含全属性，$(A_2A_3)_F^+\neq U$，故 A_2A_3 不是候选关键字。

参考答案

（53）A

试题（54）～（56）

在某企业的工程项目管理系统的数据库中供应商关系 Supp、项目关系 Proj 和零件关系 Part 的 E-R 模型和关系模式如下。

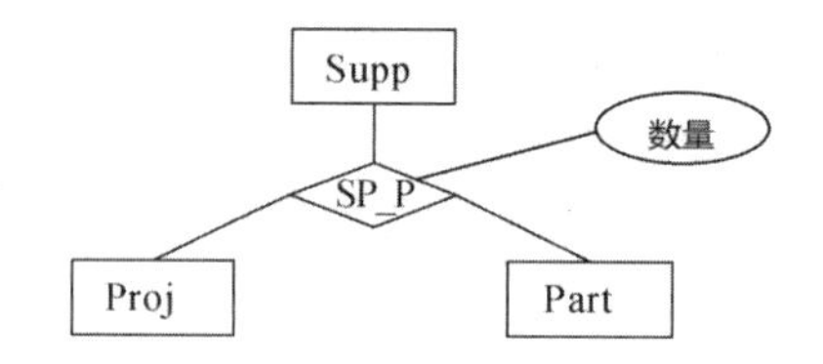


```
Supp (供应商号,供应商名,地址,电话)
Proj (项目号,项目名,负责人,电话)
Part (零件号,零件名)
```

其中，每个供应商可以为多个项目供应多种零件，每个项目可由多个供应商供应多种零件。SP_P 需要生成一个独立的关系模式，其联系类型为 (54) 。

给定关系模式 SP_P（供应商号，项目号，零件号，数量），查询至少供应了 3 个项目（包含 3 项）的供应商，输出其供应商号和供应零件数量的总和，并按供应商号降序排列。

```
SELECT  供应商号,SUM (数量)  FROM  (55)
    GROUP BY 供应商号
    ______(56)______
    ORDER BY 供应商号 DESC;
```

（54）A. *:*:* B. 1:*:* C. 1:1:* D. 1:1:1

（55）A. Supp B. Proj C. Part D. SP_P

（56）A. HAVING COUNT（项目号）> 2

B. WHERE COUNT（项目号）> 2

C. HAVING COUNT（DISTINCT（项目号））> 2

D. WHERE COUNT（DISTINCT（项目号））> 3

试题（54）～（56）分析

本题考查 SQL 语言基础知识。

根据“每个供应商可以为多个项目供应多种零件，每个项目可由多个供应商供应多种零件”可知，SP_P 的联系类型为多对多对多（*:*:*），其 E-R 模型如下图所示。而多对多对多的联系必须生成一个独立的关系模式，该模式是由多端的码即“供应商号”“项目号”“零件号”以及 SP_P 联系的属性“数量”构成。

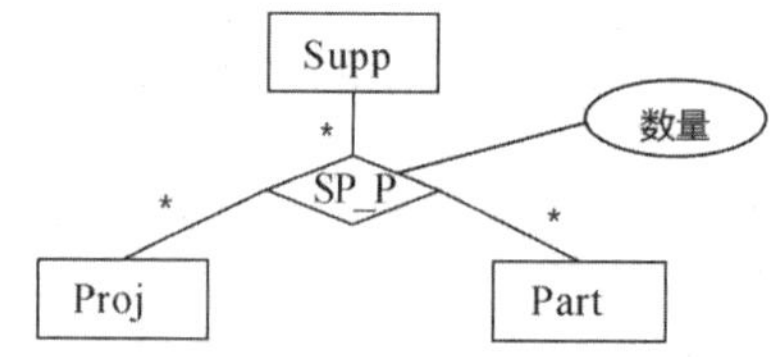

SELECT 语句格式如下：

```
SELECT [ALL|DISTINCT]<目标列表达式>[,<目标列表达式>]…
        FROM <表名或视图名>[,<表名或视图名>]
        [WHERE <条件表达式>]
```

```
[GROUP BY <列名 1>[HAVING<条件表达式>]]
[ORDER BY <列名 2>[ASC|DESC]…]
```

根据题意，从关系模式 SP_P（供应商号，项目号，零件号，数量）查询至少供应了 3 个项目（包含 3 项）的供应商，输出其供应商号和供应零件数量的总和。试题（55）的正确选项是 D。

试题（56）正确的选项是 C。根据题意，需查询至少供应了 3 个项目（包含 3 项）的供应商，故应该按照供应商号分组，而且应该加上条件项目号的统计数目。一个供应商可能为同一个项目供应了多种零件，因此，在统计工程项目数的时候需要加上 DISTINCT，以避免重复统计导致错误的结果。

假如按供应商号='S1'分组，结果如表 1。

表 1　按供应商号='S1'分组

供应商号	零件号	项目号	数量
S1	P1	J1	200
S1	P3	J1	400
S1	P3	J2	200
S1	P5	J2	100
S1	P1	J3	200
S1	P6	J3	300
S1	P3	J3	200

从表 1 我们可以看出，如果不加 DISTINCT，统计结果为 7，而加了 DISTINCT，统计结果是 3。

参考答案

（54）A　（55）D　（56）C

试题（57）

以下关于字符串的叙述中，正确的是＿（57）＿。

（57）A. 包含任意个空格字符的字符串称为空串

B. 字符串不是线性数据结构

C. 字符串的长度是指串中所含字符的个数

D. 字符串的长度是指串中所含非空格字符的个数

试题（57）分析

本题考查数据结构基础知识。

字符串是由字符构成的序列，属于线性数据结构。包含任意个空格字符的字符串称为空白串。字符串中的字符取自特定的字符集合（常见的是 ASCII 码字符集），其长度是指包含的字符个数。

参考答案

（57）C

试题（58）

已知栈 S 初始为空，用 I 表示入栈、O 表示出栈，若入栈序列为 $a_1\ a_2\ a_3\ a_4\ a_5$，则通过栈 S 得到出栈序列 $a_2\ a_4\ a_5\ a_3\ a_1$ 的合法操作序列为__（58）__。

（58）A. IIOIIOIOOO　　B. IOIOIOIOIO
　　C. IOOIIOIOIO　　D. IIOOIOIOOO

试题（58）分析

本题考查数据结构基础知识。

IIOIIOIOOO 表示的操作是 a_1 入栈、a_2 入栈、栈顶元素（即 a_2）出栈、a_3 入栈、a_4 入栈、栈顶元素（即 a_4）出栈、a_5 入栈、栈顶元素（即 a_5）出栈、栈顶元素（即 a_3）出栈、栈顶元素（即 a_1）出栈，按照出栈顺序得到的序列是 $a_2a_4a_5a_3a_1$。

IOIOIOIOIO 表示的操作是 a_1 入栈、栈顶元素（即 a_1）出栈、a_2 入栈、栈顶元素（即 a_2）出栈、a_3 入栈、栈顶元素（即 a_3）出栈、a_4 入栈、栈顶元素（即 a_4）出栈、a_5 入栈、栈顶元素（即 a_5）出栈，按照出栈顺序得到的序列是 $a_1a_2a_3a_4a_5$。

IOOIIOIOIO 表示的操作是 a_1 入栈、栈顶元素（即 a_1）出栈、栈顶元素出栈，此时需要从空栈中弹出元素，所以是非法操作。

IIOOIOIOOO 表示的操作是 a_1 入栈、a_2 入栈、栈顶元素（即 a_2）出栈、栈顶元素（即 a_1）出栈、a_3 入栈、栈顶元素（即 a_3）出栈、a_4 入栈、栈顶元素（即 a_4）出栈、栈顶元素出栈，此时需要从空栈中弹出元素，所以是非法操作。

参考答案

（58）A

试题（59）

某二叉树的先序遍历序列为 ABCDEF，中序遍历序列为 BADCFE，则该二叉树的高度（即层数）为__（59）__。

（59）A. 3　　B. 4　　C. 5　　D. 6

试题（59）分析

本题考查数据结构基础知识。

对于一个非空的二叉树，其先序遍历序列和中序遍历序列都是唯一确定的。先序遍历是首先访问根结点，其次是先序遍历左子树，最后再先序遍历右子树，因此，先序遍历序列中的第一个元素是根结点。中序遍历是首先中序遍历左子树，然后访问根结点，最后中序遍历右子树，因此，在已知根结点的情况下，可将左子树和右子树的结点区分开。

本题中，根据先序遍历序列，可知树根结点是 A，然后从中序遍历序列得知左子树中只有一个结点（B），依此类推，可推得该二叉树如下图所示，其高度为 4。

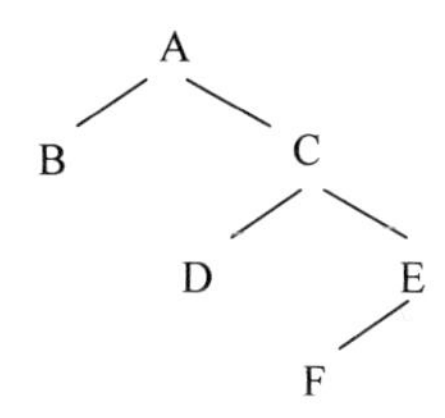

参考答案

（59）B

试题（60）

对于 n 个元素的关键字序列 $\{k_1,k_2,\cdots,k_n\}$，当且仅当满足关系 $k_i \leqslant k_{2i}$ 且 $k_i \leqslant k_{2i+1}$ $\left(i=1,2,\cdots,\left\lfloor \frac{n}{2} \right\rfloor\right)$ 时称其为小根堆（小顶堆）。以下序列中，__（60）__不是小根堆。

（60）A．16, 25, 40, 55, 30, 50, 45　　B．16, 40, 25, 50, 45, 30, 55
　　C．16, 25, 39, 41, 45, 43, 50　　D．16, 40, 25, 53, 39, 55, 45

试题（60）分析

本题考查数据结构基础知识。

若将序列中的元素以完全二叉树的方式呈现，则 k_i 与 k_{2i}、k_{2i+1} 正好形成父结点、左孩子和右孩子的关系，很容易判断条件 $k_i \leqslant k_{2i}$ 且 $k_i \leqslant k_{2i+1}$ 是否成立。

题中选项 A、B 和 C 的序列如下图所示，树中每个非叶子结点都不大于其左孩子结点和右孩子结点，因此都是小根堆。

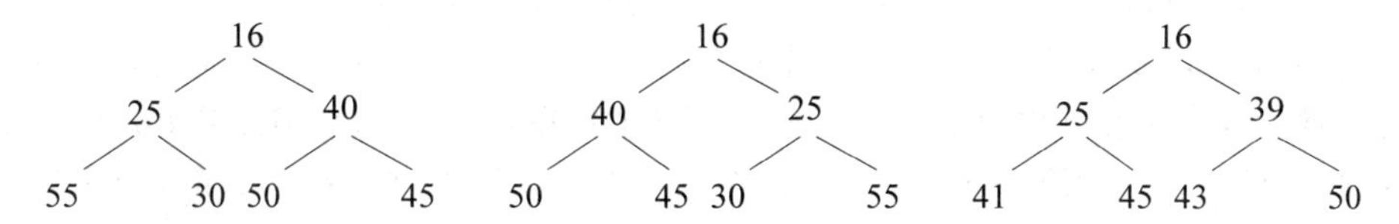

选项 D 中序列对应的完全二叉树如下图所示，其中 40 大于其右孩子结点 39，因此不是小根堆。

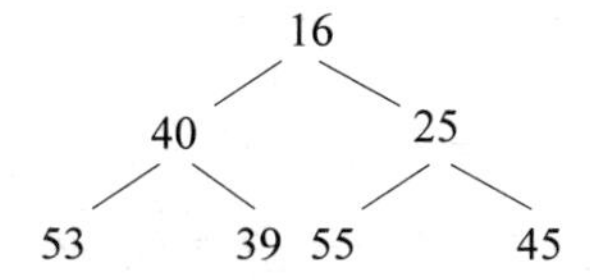

参考答案

（60）D

试题（61）

在 12 个互异元素构成的有序数组 a[1..12]中进行二分查找（即折半查找，向下取整），若待查找的元素正好等于 a[9]，则在此过程中，依次与数组中的__（61）__比较后，查找成功结束。

（61）A．a[6]、a[7]、a[8]、a[9]　　B．a[6]、a[9]

C．a[6]、a[7]、a[9]　　　　D．a[6]、a[8]、a[9]

试题（61）分析

本题考查数据结构基础知识。

在 12 个元素构成的有序表中进行二分查找的过程可用折半查找判定树表示，如下图所示（数字表示元素的序号）。

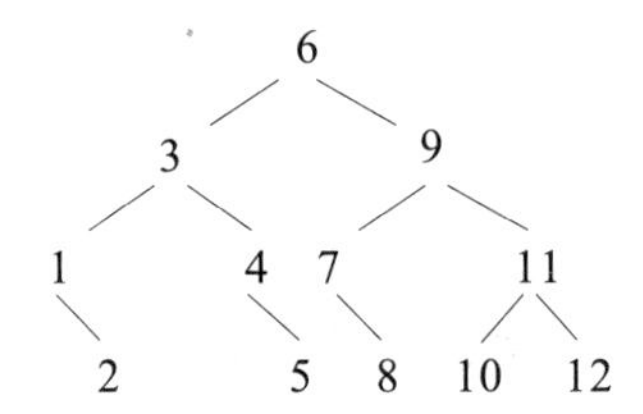

若要查找的元素等于 a[9]，则依次与 a[6]、a[9]进行了比较。

参考答案

（61）B

试题（62）～（65）

某汽车加工工厂有两条装配线 L1 和 L2，每条装配线的工位数均为 n (S_{ij}, i=1 或 2, j = 1,2,⋯,n)，两条装配线对应的工位完成同样的加工工作，但是所需要的时间可能不同(a_{ij}, i=1 或 2, j = 1,2,⋯,n)。从汽车底盘开始到进入两条装配线的时间（e_1，e_2）以及装配后到结束的时间（x_1，x_2）也可能不相同。从一个工位加工后流到下一个工位需要迁移时间(t_{ij}, i=1 或 2, j = 2,⋯,n)。现在要以最快的时间完成一辆汽车的装配，求最优的装配路线。

分析该问题，发现问题具有最优子结构。以 L1 为例，除了第一个工位之外，经过第 j 个工位的最短时间包含了经过 L1 的第 j−1 个工位的最短时间或者经过 L2 的第 j−1 个工位的最短时间，如式（1）。装配后到结束的最短时间包含离开 L1 的最短时间或者离开 L2 的最短时间，如式（2）。

$$f_{1,j} = \begin{cases} e_1 + a_{1,j} & 若 j = 1 \\ \min\left(f_{1,j-1} + a_{1,j} + t_{1,j-1}, f_{2,j-1} + a_{1,j} + t_{2,j-1}\right) & 其他 \end{cases} \tag{1}$$

$$f_{\min} = \min\left(f_{1,n} + x_1, f_{2,n} + x_2\right) \tag{2}$$

由于求解经过 L1 和 L2 的第 j 个工位的最短时间均包含了经过 L1 的第 j−1 个工位的最短时间或者经过 L2 的第 j−1 个工位的最短时间，该问题具有重复子问题的性质，故采用迭代方法求解。

该问题采用的算法设计策略是__（62）__，算法的时间复杂度为__（63）__。

以下是一个装配调度实例，其最短的装配时间为__（64）__，装配路线为__（65）__。

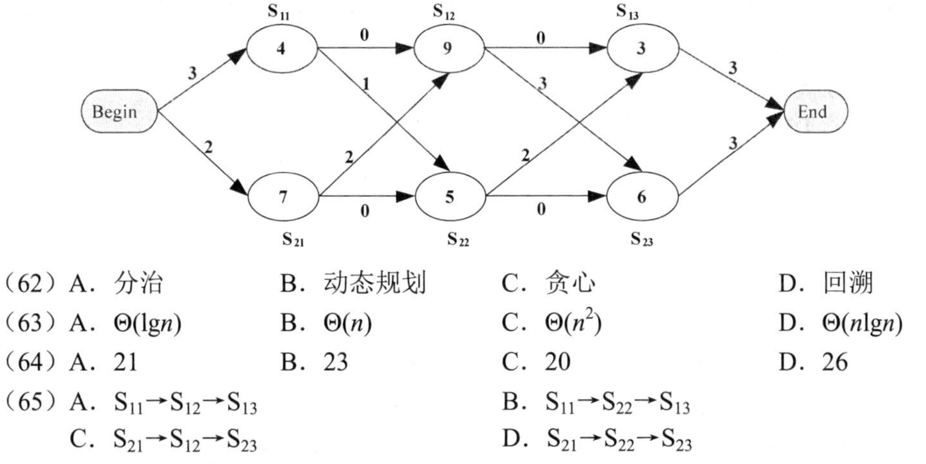

（62）A．分治　B．动态规划　C．贪心　D．回溯

（63）A．$\Theta(\lg n)$　B．$\Theta(n)$　C．$\Theta(n^2)$　D．$\Theta(n\lg n)$

（64）A．21　B．23　C．20　D．26

（65）A．$S_{11}\rightarrow S_{12}\rightarrow S_{13}$　B．$S_{11}\rightarrow S_{22}\rightarrow S_{13}$

C．$S_{21}\rightarrow S_{12}\rightarrow S_{23}$　D．$S_{21}\rightarrow S_{22}\rightarrow S_{23}$

试题（62）～（65）分析

本题考查算法设计与分析技术的相关知识。

要求考生掌握几个基本的算法设计技术，包括分治法、动态规划、贪心法、回溯法和分支限界法等，并熟悉其典型的应用实例。

根据题干描述，装配线调度问题是一个最优化问题，需要求最短的装配路线。在求解最优解的过程中，利用问题的最优子结构性质（即问题的最优解包含其子问题的最优解），且分析出问题具有重复子问题的性质。这是采用动态规划策略求解问题的两个基本要素。因此（62）题选 B。

分析题干描述的求解该问题的思路，迭代地求解题干中给的递归式，即一重 n 的循环，因此时间复杂度为 $\Theta(n)$。

根据递归式计算 f 数组和 f_{min}，并构造数组 l 和 f_{min} 记录到达某个工位的前一个工位来自哪条装配线以及最终从哪条装配线离开，得到下表。

	S_{11} / S_{21}	S_{12} / S_{22}	S_{13} / S_{23}		f_{min}
f_{1j}	7	16	18	21	21
f_{2j}	9	13	19	22	

	S_{12} / S_{22}	S_{13} / S_{23}	l_{min}
l_{1j}	1	2	1
l_{2j}	1	2	

根据上表，得到最短的装配路线的长度为 21。最短路线从后往前推，首先 l_{min}=1，表示汽车装配完后是从第一条装配线出来的，因此会经过 S_{13}，然后再查 l_{13}=2，表示 S_{13} 的前一个工位是 S_{22}，再查 S_{22}=1，表示 S_{22} 的前一个工位是 S_{11}，于是得到最短路线为 $S_{11}\rightarrow S_{22}\rightarrow S_{13}$。

参考答案

（62）B　（63）B　（64）A　（65）B

试题（66）

在浏览器地址栏输入一个正确的网址后，本地主机将首先在__（66）__中查询该网址对应的 IP 地址。

（66）A．本地 DNS 缓存　　B．本机 hosts 文件
　　　C．本地 DNS 服务器　　D．根域名服务器

试题（66）分析

本题考查 DNS 的基础知识。

DNS 域名查询的次序是：本地的 hosts 文件→本地 DNS 缓存→本地 DNS 服务器→根域名服务器。

参考答案

（66）B

试题（67）

下面关于 Linux 目录的描述中，正确的是＿（67）＿。

（67）A．Linux 只有一个根目录，用“/root”表示
　　　B．Linux 中有多个根目录，用“/”加相应目录名称表示
　　　C．Linux 中只有一个根目录，用“/”表示
　　　D．Linux 中有多个根目录，用相应目录名称表示

试题（67）分析

本题考查 Linux 操作系统基础知识。

在 Linux 操作系统中，只有一个根目录，根目录使用“/”来表示。根目录是一个非常重要的目录，其他的文件目录均由根目录衍生而来。

参考答案

（67）C

试题（68）

以下关于 TCP/IP 协议栈中协议和层次的对应关系正确的是＿（68）＿。

（68）A.

<table><tr><td>TFTP</td><td>Telnet</td></tr><tr><td>UDP</td><td>TCP</td></tr><tr><td colspan="2">ARP</td></tr></table>

B.

<table><tr><td>RIP</td><td>Telnet</td></tr><tr><td>UDP</td><td>TCP</td></tr><tr><td colspan="2">ARP</td></tr></table>

C.

<table><tr><td>HTTP</td><td>SNMP</td></tr><tr><td>TCP</td><td>UDP</td></tr><tr><td colspan="2">IP</td></tr></table>

D.

<table><tr><td>SMTP</td><td>FTP</td></tr><tr><td>UDP</td><td>TCP</td></tr><tr><td colspan="2">IP</td></tr></table>

试题（68）分析

本题考查 TCP/IP 协议栈中的协议与层次关系。

选项 A、B 错误，第 3 层应为 IP 协议；选项 D 错误，SMTP 采用的传输层协议为 TCP。

参考答案

（68）C

试题（69）

在异步通信中，每个字符包含 1 位起始位、7 位数据位和 2 位终止位，若每秒钟传送 500

个字符，则有效数据速率为＿（69）＿。

（69）A．500b/s　　B．700b/s　　C．3500b/s　　D．5000b/s

试题（69）分析

本题考查异步传输协议基础知识。

根据题目中的数据，每秒传送 500 个字符，每字符 7 比特，故有效数据速率为 3500b/s。

参考答案

（69）C

试题（70）

以下路由策略中，依据网络信息经常更新路由的是＿（70）＿。

（70）A．静态路由　　B．洪泛式　　C．随机路由　　D．自适应路由

试题（70）分析

本题考查路由策略基础知识。

静态路由是固定路由，从不更新，除非拓扑结构发生变化；洪泛式将路由信息发送到连接的所有路由器，不利用网络信息；随机路由是洪泛式的简化；自适应路由依据网络信息进行代价计算，依据最小代价实时更新路由。

参考答案

（70）D

试题（71）～（75）

The beauty of software is in its function, in its internal structure, and in the way in which it is created by a team. To a user, a program with just the right features presented through an intuitive and ＿（71）＿ interface is beautiful. To a software designer, an internal structure that is partitioned in a simple and intuitive manner, and that minimizes internal coupling is beautiful. To developers and managers, a motivated team of developers making significant progress every week, and producing defect-free code, is beautiful. There is beauty on all these levels.

Our world needs software -- lots of software. Fifty years ago software was something that ran in a few big and expensive machines. Thirty years ago it was something that ran in most companies and industrial settings. Now there is software running in our cell phones, watches, appliances, automobiles, toys, and tools. And need for new and better software never ＿（72）＿. As our civilization grows and expands, as developing nations build their infrastructures, as developed nations strive to achieve ever greater efficiencies, the need for more and more software ＿（73）＿ to increase. It would be a great shame if, in all that software, there was no beauty.

We know that software can be ugly. We know that it can be hard to use, unreliable, and carelessly structured. We know that there are software systems whose tangled and careless internal structures make them expensive and difficult to change. We know that there are software systems that present their features through an awkward and cumbersome interface. We know that there are software systems that crash and misbehave. These are ＿（74）＿ systems. Unfortunately, as a profession, software developers tend to create more ugly systems than beautiful ones.

There is a secret that the best software developers know. Beauty is cheaper than ugliness. Beauty is faster than ugliness. A beautiful software system can be built and maintained in less time, and for less money, than an ugly one. Novice software developers don't understand this. They think that they have to do everything fast and quick. They think that beauty is ___(75)___. No! By doing things fast and quick, they make messes that make the software stiff, and hard to understand. Beautiful systems are flexible and easy to understand. Building them and maintaining them is a joy. It is ugliness that is impractical. Ugliness will slow you down and make your software expensive and brittle. Beautiful systems cost the least to build and maintain, and are delivered soonest.

（71）A. simple　　B. hard　　C. complex　　D. duplicated
（72）A. happens　　B. exists　　C. stops　　D. starts
（73）A. starts　　B. continues　　C. appears　　D. stops
（74）A. practical　　B. useful　　C. beautiful　　D. ugly
（75）A. impractical　　B. perfect　　C. time-wasting　　D. practical

参考译文

软件之美在于它的功能、内部结构以及团队创建它的过程。对用户而言，通过直观、简单的界面呈现出恰当特性的程序就是美的。对软件设计者而言，被简单、直观地分割，并具有最小内部耦合的内部结构就是美的。对开发人员和管理者而言，每周都会取得重大进展，并且生产出无缺陷代码的具有活力的团队就是美的。美存在于所有这些层次之中。

人们需要软件——需要许多软件。50年前，软件还只是运行在少量大型、昂贵的机器之上。30年前，软件可以运行在大多数公司和工业环境之中。现在，移动电话、手表、电器、汽车、玩具以及工具中都运行有软件，并且对更新、更好的软件的需求永远不会停止。随着人类文明的发展和壮大，随着发展中国家不断构建基础设施，随着发达国家努力追求更高的效率，对越来越多的软件的需求不断增加。如果在所有这些软件之中，都没有美存在，这将会是一个很大的遗憾。

我们知道软件可能会是丑陋的。我们知道软件可能会难以使用、不可靠并且是粗制滥造的。我们知道有一些软件系统，其混乱、粗糙的内部结构使得对它们的更改既昂贵又困难。我们还见过那些通过笨拙、难以使用的界面展现其特性的软件系统。我们同样也见过那些易崩溃且行为不当的软件系统。这些都是丑陋的系统。糟糕的是，作为一种职业，软件开发人员所创建出来的美的东西却往往少于丑的东西。

最好的软件开发人员都知道一个秘密：美的东西比丑的东西创建起来更廉价，也更快捷。构建、维护一个美的软件系统所花费的时间、金钱都要少于丑的系统。软件开发新手往往不理解这一点。他们认为做每件事情都必须要快，他们认为美是不实用的。错！由于事情做得过快，他们造成的混乱致使软件僵化，难以理解。美的系统是灵活、易于理解的，构建、维护它们就是一种快乐。丑陋的系统才是不实用的。丑陋会降低你的开发速度，使你的软件昂贵而又脆弱。构建、维护美的系统所花费的代价最少，交付起来也最快。

参考答案

（71）A　（72）C　（73）B　（74）D　（75）A

第 6 章　2017 上半年软件设计师下午试题分析与解答

试题一（共 15 分）

阅读下列说明和图，回答问题 1 至问题 4，将解答填入答题纸的对应栏内。

【说明】

某医疗器械公司作为复杂医疗产品的集成商，必须保持高质量部件的及时供应。为了实现这一目标，该公司欲开发一采购系统。系统的主要功能如下：

1．检查库存水平。采购部门每天检查部件库存量，当特定部件的库存量降至其订货点时，返回低存量部件及库存量。

2．下达采购订单。采购部门针对低存量部件及库存量提交采购请求，向其供应商（通过供应商文件访问供应商数据）下达采购订单，并存储于采购订单文件中。

3．交运部件。当供应商提交提单并交运部件时，运输和接收（S/R）部门通过执行以下三步过程接收货物：

（1）验证装运部件。通过访问采购订单并将其与提单进行比较来验证装运的部件，并将提单信息发给 S/R 职员。如果收货部件项目出现在采购订单和提单上，则已验证的提单和收货部件项目将被送去检验。否则，将 S/R 职员提交的装运错误信息生成装运错误通知发送给供应商。

（2）检验部件质量。通过访问质量标准来检查装运部件的质量，并将已验证的提单发给检验员。如果部件满足所有质量标准，则将其添加到接收的部件列表用于更新部件库存。如果部件未通过检查，则将检验员创建的缺陷装运信息生成缺陷装运通知发送给供应商。

（3）更新部件库存。库管员根据收到的接收的部件列表添加本次采购数量，与原有库存量累加来更新库存部件中的库存量。标记订单采购完成。

现采用结构化方法对该采购系统进行分析与设计，获得如图 1-1 所示的上下文数据流图和图 1-2 所示的 0 层数据流图。

【问题 1】（5 分）

使用说明中的词语，给出图 1-1 中的实体 E1～E5 的名称。

【问题 2】（4 分）

使用说明中的词语，给出图 1-2 中的数据存储 D1～D4 的名称。

【问题 3】（4 分）

根据说明和图中术语，补充图 1-2 中缺失的数据流及其起点和终点。

【问题 4】（2 分）

用 200 字以内文字，说明建模图 1-1 和图 1-2 如何保持数据流图平衡。

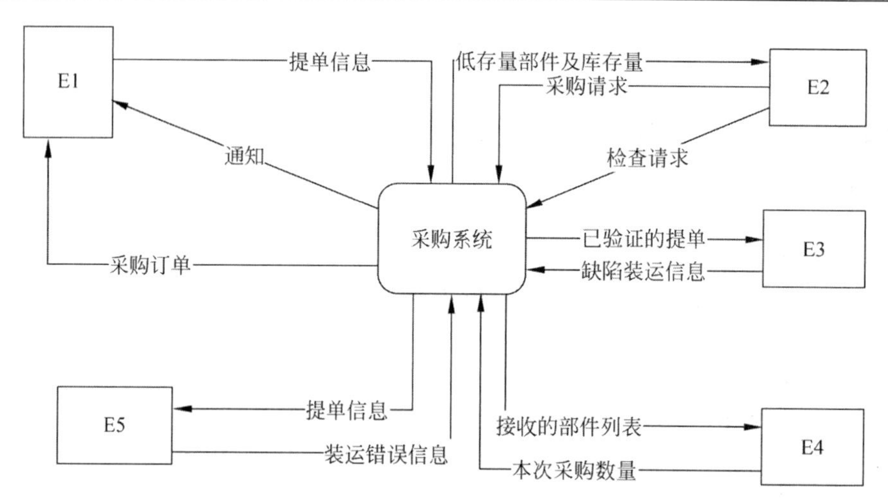

图 1-1　上下文数据流图

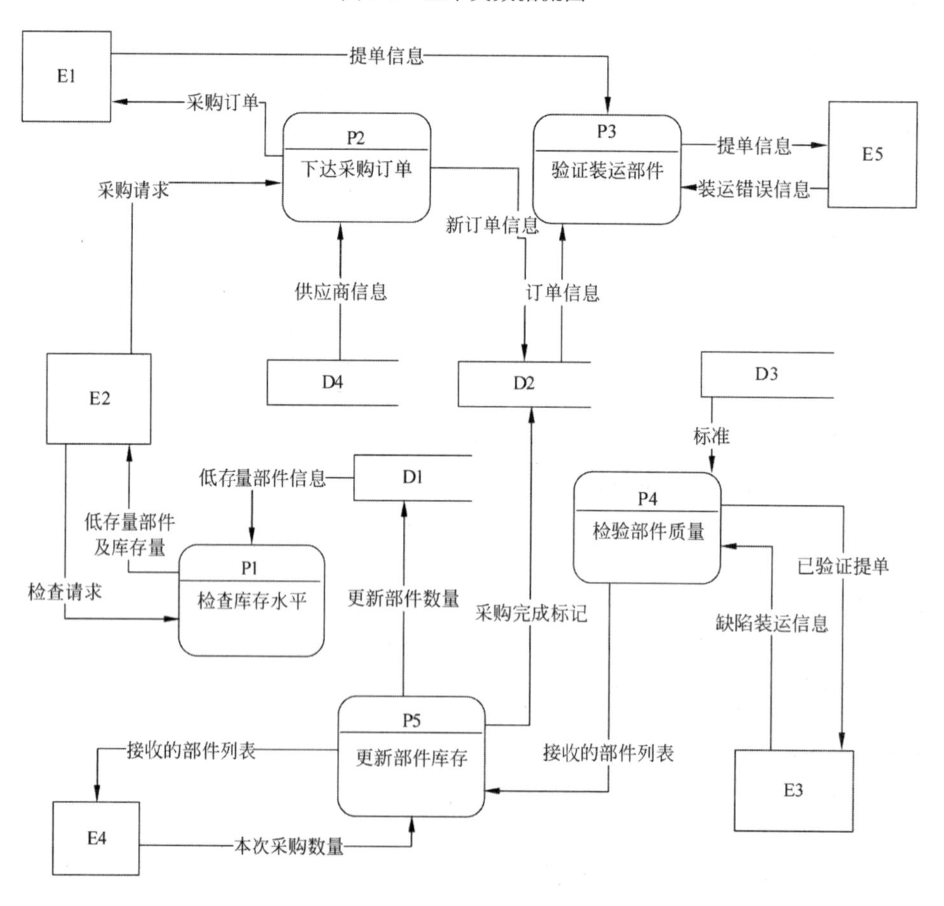

图 1-2　0 层数据流图

试题一分析

本题考查采用结构化方法进行系统分析与设计中对数据流图（DFD）的应用，考点与往年类似，要求考生细心分析题目中所描述的内容。题干描述清晰，易于分析。

DFD 是面向数据流建模的结构化分析与设计方法的工具。DFD 将系统建模成输入、加工（处理）、输出的模型，即流入软件的数据对象经由加工的转换，最后以结果数据对象的形式流出软件，并采用自顶向下分层且逐层细化的方式，建模不同详细程度的数据流图模型。

上下文数据流图（顶层 DFD）通常用来确定系统边界，将待开发系统看作一个大的加工，然后根据为系统提供输入数据流，以及接收系统发送的数据流，来确定系统的外部实体，以及外部实体和加工之间的输入输出数据流。

在上下文图中确定的系统外部实体以及与外部实体的输入输出数据流的基础上，将上下文 DFD 中的加工分解成多个加工，识别这些加工的输入数据流以及结果加工变换后的输出数据流，建模 0 层 DFD。根据 0 层 DFD 中加工的复杂程度进一步建模加工的内容。

在建模分层 DFD 时，根据需求情况可以将数据存储建模在不同层次的 DFD 中。建模时，需要注意加工和数据流的正确使用，一个加工必须既有输入又有输出；数据流必须和加工相关，即从加工流向加工、数据源流向加工或加工流向数据源。注意在绘制下层数据流图时要保持父图与子图平衡。

【问题 1】

本问题考查的是上下文 DFD，要求确定外部实体。在上下文 DFD 中，系统名称“采购系统”作为唯一加工的名称，外部实体为这一唯一加工提供输入数据流或者接收其输出数据流。通过考查系统的主要功能发现，系统中涉及供应商、采购部、检验员、库管员以及 S/R 职员。根据说明 1 中“采购部门每天检查部件库存量”，说明 2 中“向其供应商（通过供应商文件访问供应商数据）下达采购订单”、说明 3 的（1）中“并将提单信息发给 S/R 职员”，3 的（2）中“并将已验证的提单发给检验员”，以及 3 的（3）中“库管员根据收到的接收的部件列表添加本次采购数量”等信息，对照图 1-1，从而即可确定 E1 为“供应商”实体，E2 为“采购部”实体，E3 为“检验员”实体，E4 为“库管员”实体，E5 为“S/R 职员”实体。

【问题 2】

本问题要求确定图 1-2 0 层数据流图中的数据存储。重点分析说明中与数据存储有关的描述。根据说明 1 中“每天检查部件库存量”以及说明 3 的（3）中“与原有库存量累加来更新库存部件中的库存量”，可知 D1 为库存；根据说明 2 中“向其供应商（通过供应商文件访问供应商数据）下达采购订单，并存储于采购订单文件中”，可知 D2 为采购订单、D4 为供应商；根据说明 3 的（2）中“通过访问质量标准来检查装运部件的质量”，可知 D3 为质量标准。

【问题 3】

本问题要求补充缺失的数据流及其起点和终点。对照图 1-1 和图 1-2 的输入、输出数据流，缺少了从加工到外部实体 E1（供应商）的数据流——“通知”。根据说明，发给供应商的通知分为两种情况：一种是在验证装运部件时出现不符合采购订单和提单信息的情况下，“将 S/R 职员提交的装运错误信息生成装运错误通知发送给供应商”；另一种情况是在检验部件质量时，“如果部件未通过检查，则将检验员创建的缺陷装运信息生成缺陷装运通知发送给供应商”。所以缺少了两条数据流，加工“验证装运部件”流出的数据流“装运错误通知”和加工“检验部件质量”流出的数据流“缺陷装运通知”，这两条数据流的综合即为上下文 DFD 中的“通知”。

再考查说明中的功能判定是否缺失内部的数据流，不难发现缺失的数据流。先考查说明 3 的（1）中“如果收货部件项目出现在采购订单和提单上，则已验证的提单和收货部件项目将被送去检验”，发现在图 1-2 中缺失起点为“验证装运部件”，终点为“检验部件质量”的数据流。再考查说明 3 的（3）中“与原有库存量累加来更新库存部件中的库存量”，加工“更新部件库存”需要从数据存储“库存（D1）”中取出原有部件库存量，与“接收到的部件量”累加后得到“更新部件数量”，更新库存部件中的库存量，图 1-2 中缺失了从 D1 到 P5 的数据流“原有部件库存量”。

【问题 4】

在自顶向下建模分层 DFD 时，会因为加工的细分而发生数据流的分解情况，需要注意保持数据流图之间的平衡（本题中图 1-1 和图 1-2）。父图中某加工的输入输出数据流必须与它的子图的输入输出数据流在数量和名字上相同，或者父图中的一个输入（或输出）数据流对应于子图中几个输入（或输出）数据流，而子图中组成这些数据流的数据项全体正好是父图中的这一条数据流。

参考答案

【问题 1】

E1：供应商

E2：采购部

E3：检验员

E4：库管员

E5：S/R 职员

【问题 2】

D1：库存

D2：采购订单

D3：质量标准

D4：供应商

（注：名称后面可以带有“文件”）

【问题 3】

数据流	起点	终点
装运错误通知	P3 或 验证装运部件	E1 或 供应商
缺陷装运通知	P4 或 检验部件质量	E1 或 供应商
原有部件库存量	D1 或 库存	P5 或 更新部件库存
已验证的提单信息	P3 或 验证装运部件	P4 或 检验部件质量

注：表中数据流顺序无关

【问题 4】

图 1-1（或父图）中某加工的输入输出数据流必须与图 1-2（或子图）的输入输出数据流在数量和名字上相同；图 1-1（或父图）中的一个输入（或输出）数据流对应于图 1-2（或子图）中几个输入（或输出）数据流，而图 1-2（或子图）中组成这些数据流的数据项全体正好是父图中的这一条数据流。

试题二（共 15 分）

阅读下列说明，回答问题 1 至问题 3，将解答填入答题纸的对应栏内。

【说明】

某房屋租赁公司拟开发一个管理系统用于管理其持有的房屋、租客及员工信息。请根据下述需求描述完成系统的数据库设计。

【需求描述】

1. 公司拥有多幢公寓楼，每幢公寓楼有唯一的楼编号和地址。每幢公寓楼中有多套公寓，每套公寓在楼内有唯一的编号（不同公寓楼内的公寓号可相同）。系统需记录每套公寓的卧室数和卫生间数。

2. 员工和租客在系统中有唯一的编号（员工编号和租客编号）。

3. 对于每个租客，系统需记录姓名、多个联系电话、一个银行账号（方便自动扣房租）、一个紧急联系人的姓名及联系电话。

4. 系统需记录每个员工的姓名、一个联系电话和月工资。员工类别可以是经理或维修工，也可兼任。每个经理可以管理多幢公寓楼。每幢公寓楼必须由一个经理管理。系统需记录每个维修工的业务技能，如：水暖维修、电工、木工等。

5. 租客租赁公寓必须和公司签订租赁合同。一份租赁合同通常由一个或多个租客（合租）与该公寓楼的经理签订，一个租客也可租赁多套公寓。合同内容应包含签订日期、开始时间、租期、押金和月租金。

【概念模型设计】

根据需求阶段收集的信息，设计的实体联系图（不完整）如图 2-1 所示。

【逻辑结构设计】

根据概念模型设计阶段完成的实体联系图，得出如下关系模式（不完整）：

联系电话 (电话号码, 租客编号)
租客 (租客编号, 姓名, 银行账号, 联系人姓名, 联系人电话)
员工 (员工编号, 姓名, 联系电话, 类别, 月工资, ＿（a）＿)
公寓楼 (＿（b）＿, 地址, 经理编号)
公寓 (楼编号, 公寓号, 卧室数, 卫生间数)
合同 (合同编号, 租客编号, 楼编号, 公寓号, 经理编号, 签订日期, 起始日期, 租期, ＿（c）＿, 押金)

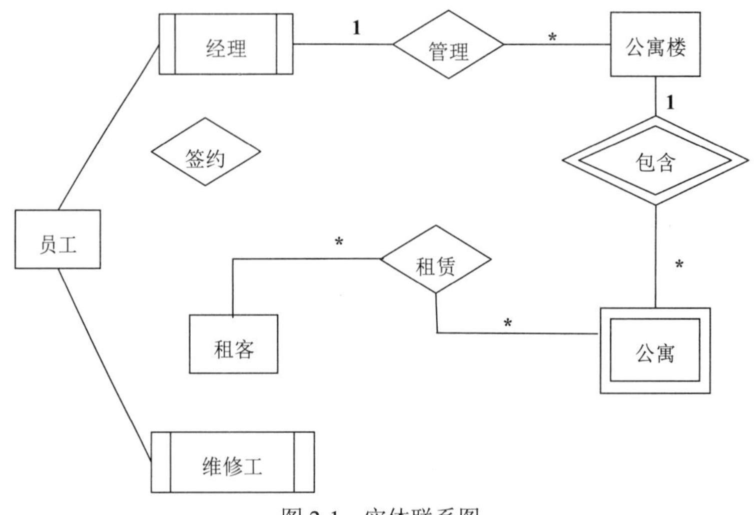

图 2-1 实体联系图

【问题 1】（4.5 分）

补充图 2-1 中的“签约”联系所关联的实体及联系类型。

【问题 2】（4.5 分）

补充逻辑结构设计中的（a）、（b）、（c）三处空缺。

【问题 3】（6 分）

在租期内，公寓内设施如出现问题，租客可在系统中进行故障登记，填写故障描述，每项故障由系统自动生成唯一的故障编号，由公司派维修工进行故障维修，系统需记录每次维修的维修日期和维修内容。请根据此需求，对图 2-1 进行补充，并将所补充的 E-R 图内容转换为一个关系模式，请给出该关系模式。

试题二分析

本题考查数据库概念设计及逻辑设计中 E-R 图向关系模式的转换方法。

此类题目要求考生认真阅读题目中对需求问题的描述，经过分类、聚集、概括等方法，从中确定实体及其联系。题目已经给出了 6 个实体以及部分实体之间的联系，需要根据需求描述，将实体之间的联系补充完整。

【问题 1】

题目中已经给出了租客与公寓间的租赁关系，由“一份租赁合同通常由一个或多个租客（合租）与该公寓楼的经理签订”可知，需要建立经理和“租客与公寓间的租赁关系”之间的联系，即将联系作为实体，参与下一次联系，使用聚合的方法。因此，最后的结果如参考答案图中虚线部分所示。

【问题 2】

从需求描述 4 中“系统需记录每个维修工的业务技能”，可知员工的属性信息需要业务技能属性。由需求 1 中“每幢公寓楼有唯一的楼编号和地址”，可知楼编号是唯一的，不会重复，可作为公寓楼的主键属性。需求 5 中说明了合同的属性信息中包含签订日期、开始时间、租期、押金、月租金，模式中还缺少月租金属性。完整的关系模式如下：

联系电话 (电话号码, 租客编号)
租客 (租客编号, 姓名, 银行账号, 联系人姓名, 联系人电话)
员工 (员工编号, 姓名, 联系电话, 类别, 月工资, 业务技能)
公寓楼 (楼编号, 地址, 经理编号)
公寓 (楼编号, 公寓号, 卧室数, 卫生间数)
合同 (合同编号, 租客编号, 楼编号, 公寓号, 经理编号, 签订日期, 起始日期, 租期, 月租金, 押金)

【问题 3】

此题 E-R 图不唯一，这里给出两种备选的答案。

答案一：由“公寓内设施如出现问题，租客可在系统中进行故障登记”，但公寓出现问题的次数不止一次，可知租客和公寓之间存在着 $m:n$ 联系。系统故障生成之后会派维修工进行维修，因此可建立维修工和特定故障记录之间的联系。

答案二：也可直接建立租客、公寓和维修工之间的三元联系。

参考答案

【问题 1】

补充内容如下图中虚线所示。

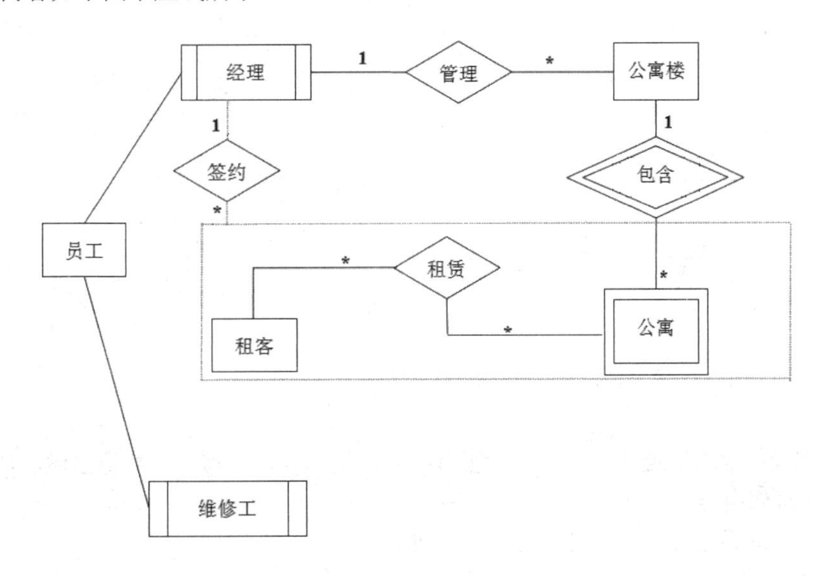

【问题 2】

（a）业务技能

（b）楼编号

（c）月租金

【问题 3】

E-R 图的补充方式不唯一，补充内容如 E-R 图一或 E-R 图二中虚线所示。

E-R 图一

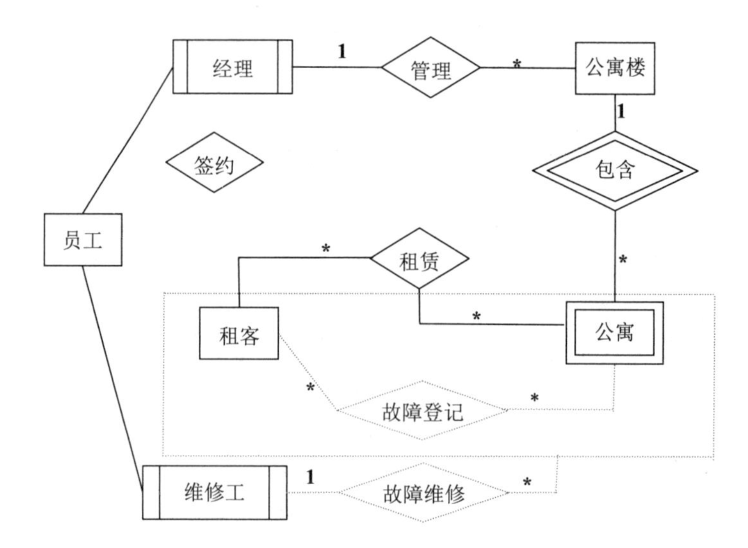

E-R 图二

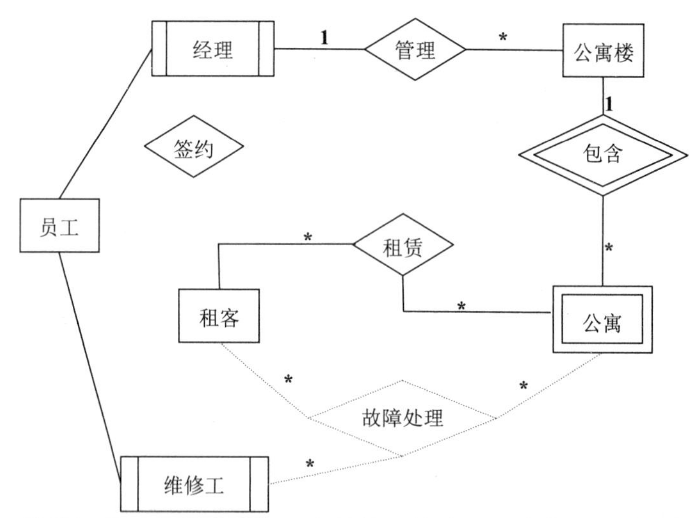

关系模式：维修记录（故障编号，租客编号，楼编号，公寓号，故障描述，员工编号，维修日期，维修内容）

备注：此联系名称能够合理表达需求即可。

试题三（共 15 分）

阅读下列系统设计说明，回答问题 1 至问题 3，将解答填入答题纸的对应栏内。

【说明】

某玩具公司正在开发一套电动玩具在线销售系统，用于向注册会员提供端对端的玩具定制和销售服务。在系统设计阶段，“创建新订单（New Order）”的设计用例详细描述如表 3-1 所示，候选设计类分类如表 3-2 所示，并根据该用例设计出部分类图如图 3-1 所示。

表 3-1　创建新订单（New Order）设计用例

<table>
<tr><td>用例名称</td><td colspan="2">创建新订单 New Order</td></tr>
<tr><td>用例编号</td><td colspan="2">ETM-R002</td></tr>
<tr><td>参与者</td><td colspan="2">会员</td></tr>
<tr><td>前提条件</td><td colspan="2">会员已经注册并成功登录系统</td></tr>
<tr><td>典型事件流</td><td colspan="2">1. 会员（C1）单击“新订单”按钮；
2. 系统列出所有正在销售的电动玩具清单及价格（C2）；
3. 会员点击复选框选择所需电动玩具并输入对应数量，单击“结算”按钮；
4. 系统自动计算总价（C3），显示销售清单和会员预先设置个人资料中的收货地址和支付方式（C4）；
5. 会员单击“确认支付”按钮；
6. 系统自动调用支付系统（C5）接口支付该账单；
7. 若支付系统返回成功标识，系统生成完整订单信息持久存储到数据库订单表（C6）中；
8. 系统将以表格形式显示完整订单信息（C7），同时自动发送完整订单信息（C8）到会员预先配置的邮箱地址（C9）。</td></tr>
<tr><td rowspan="2">候选事件流</td><td>3a.</td><td>（1）会员单击“定制”按钮；
（2）系统以列表形式显示所有可以定制的电动玩具清单和定制属性（如尺寸、颜色等）（C10）；
（3）会员单击单选按钮选择所需要定制的电动玩具并填写所需要定制的属性要求，单击“结算”按钮；
（4）回到步骤 4。</td></tr>
<tr><td>7a.</td><td>（1）若支付系统返回失败标识，系统显示会员当前默认支付方式（C11）让会员确认；
（2）若会员单击“修改付款”按钮，调用“修改付款”用例，可以新增并存储为默认支付方式（C12），回到步骤 4；
（3）若会员单击“取消订单”，则该用例终止执行。</td></tr>
</table>

表 3-2　候选设计类分类

接口类（Interface，负责系统与用户之间的交互）	（a）
控制类（Control，负责业务逻辑的处理）	（b）
实体类（Entity，负责持久化数据的存储）	（c）

在订单处理的过程中，会员可以单击“取消订单”取消该订单。如果支付失败，该订单将被标记为挂起状态，可后续重新支付，如果挂起超时 30 分钟未支付，系统将自动取消该订单。订单支付成功后，系统判断订单类型：（1）对于常规订单，标记为备货状态，订单信息发送到货运部，完成打包后交付快递发货；（2）对于定制订单，会自动进入定制状态，定制完成后交付快递发货。会员在系统中单击“收货”按钮变为收货状态，结束整个订单的处理流程。根据订单处理过程所设计的状态图如图 3-2 所示。

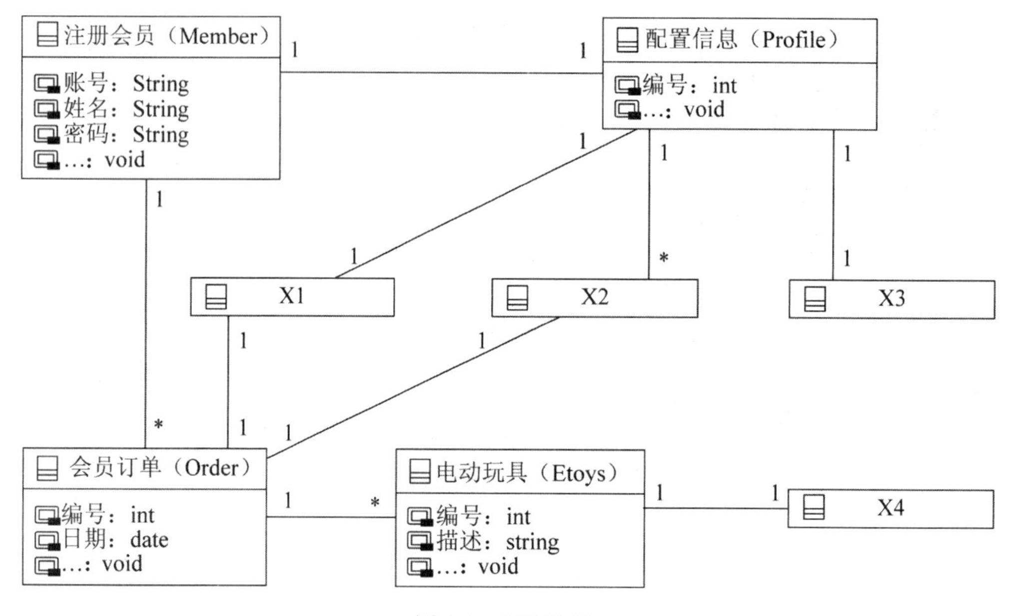

图 3-1　部分类图

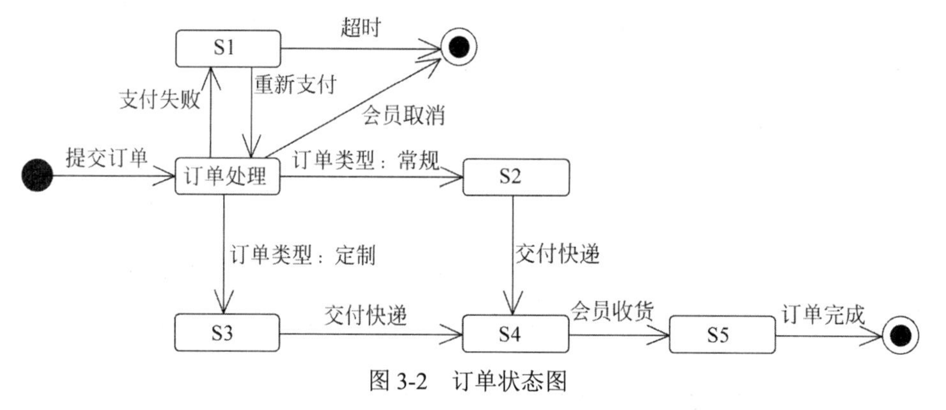

图 3-2　订单状态图

【问题 1】（6 分）

根据表 3-1 中所标记的候选设计类，请按照其类别将编号 C1～C12 分别填入表 3-2 中的（a）、（b）和（c）处。

【问题 2】（4 分）

根据创建新订单的用例描述，请给出图 3-1 中 X1～X4 处对应类的名称。

【问题 3】（5 分）

根据订单处理过程的描述，在图 3-2 中 S1～S5 处分别填入对应的状态名称。

试题三分析

本题考查面向对象设计方法及应用。

面向对象设计是一种工程化软件设计规范，其基本思想包括抽象、封装和可扩展性。类封装了信息和行为，是面向对象技术的重要组成部分，类是具有相同属性、方法和关系的对象集合的总称。在系统中，每个类都具有一定的职责，即指类所担任的任务。一个类可以有多种职责，设计得好的类一般至少有一种职责。类图描述了模型的静态结构，特别是模型中存在的类、类的内部结构以及它们与其他类的关系等。状态图是描述一个实体基于事件反映的动态行为，显示了该实体如何根据当前所处的状态对不同的事件作出反应。

面向对象设计是软件设计师必须掌握的专业知识与技能，特别是需要掌握软件类设计、类图和状态图等设计内容。

【问题 1】

设计类是面向对象设计中最重要的组成部分，也是最复杂和最耗时的部分。面向对象设计过程中，类可以分为三种类型：实体类、控制类和接口类。其中，实体类映射需求中的每个实体，实体类保存需要存储在永久存储体中的信息，主要负责持久化数据的存储；控制类是用于控制用例工作的类，一般是由动宾结构的短语转化来的名词，主要负责业务逻辑的处理；接口类用于封装在用例内、外流动的信息或数据流，主要负责系统与用户之间的交互。在表 3-1 中，C1（会员）、C6（订单表）、C9（邮箱地址）、C12（支付方式）主要用来存储信息，所以属于实体类；C3（计算总价）、C5（调用支付系统）、C8（发送完整订单信息）主要用来处理业务逻辑，所以属于控制类；C2（列出电动玩具清单及价格）、C4（显示地址和支付方式）、C7（显示完整订单信息）、C10（显示清单和定制属性）、C11（显示默认支付方式）主要用来与用户交互，所以属于接口类。

【问题 2】

根据创建新订单的用例描述，所设计的系统部分类图如下图所示。所以 X1～X4 处分别填入的类名：收货地址、支付方式、邮箱地址和定制属性。

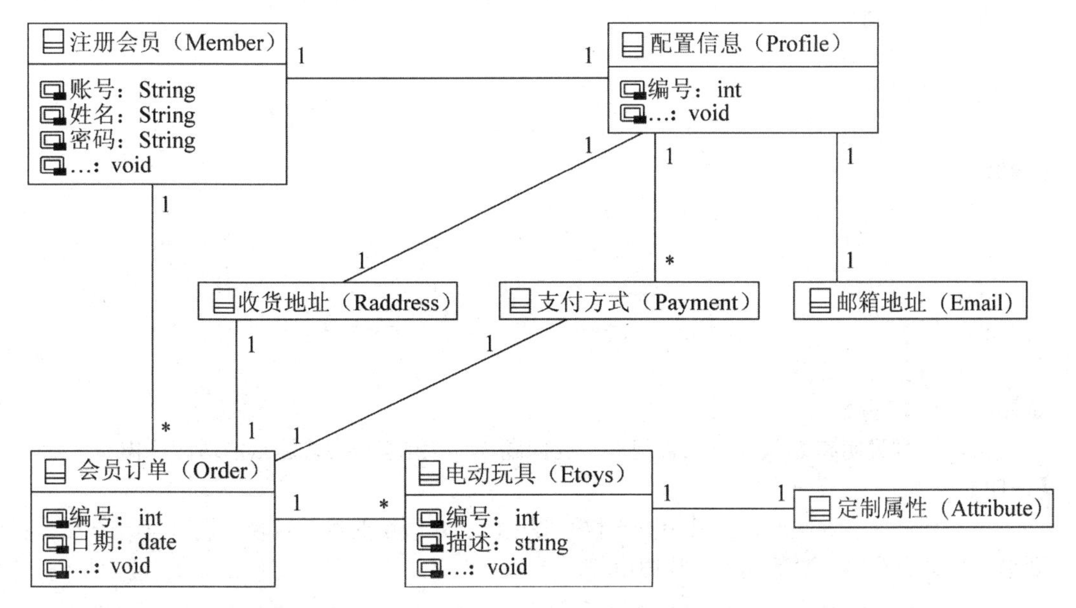

【问题 3】

根据订单处理过程的描述，所设计的系统状态图如下图所示。所以 S1～S5 处分别填入的状态名：挂起、备货、定制、发货和收货。

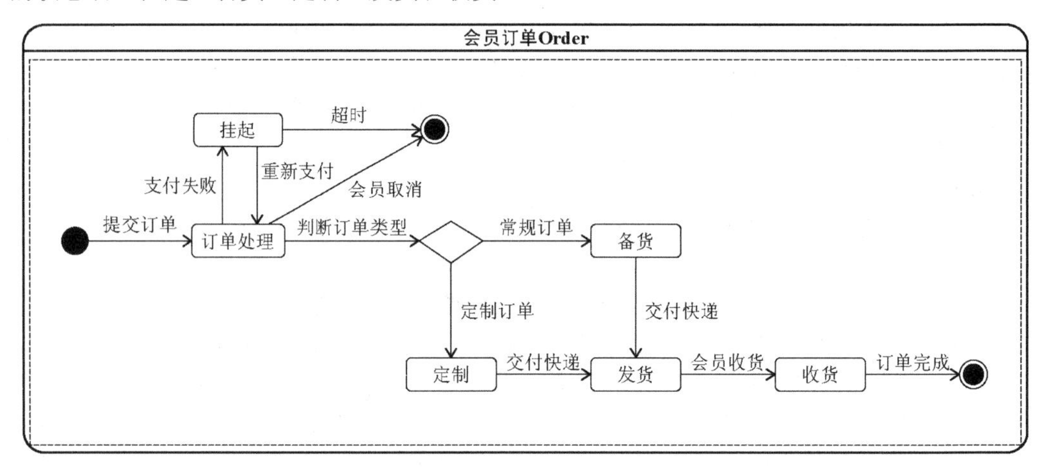

参考答案

【问题 1】

（a）C2、C4、C7、C10、C11

（b）C3、C5、C8

（c）C1、C6、C9、C12

【问题 2】

X1：收货地址

X2：支付方式

X3：邮箱地址

X4：定制属性

【问题 3】

S1：挂起

S2：备货

S3：定制

S4：发货

S5：收货

试题四（共 15 分）

阅读下列说明和 C 代码，回答问题 1 至问题 3，将解答写在答题纸的对应栏内。

【说明】

假币问题：有 *n* 枚硬币，其中有一枚是假币，已知假币的重量较轻。现只有一个天平，要求用尽量少的比较次数找出这枚假币。

【分析问题】

将 n 枚硬币分成相等的两部分：

（1）当 n 为偶数时，将前后两部分，即 $1\cdots n/2$ 和 $n/2+1\cdots n$，放在天平的两端，较轻的一端里有假币，继续在较轻的这部分硬币中用同样的方法找出假币；

（2）当 n 为奇数时，将前后两部分，即 $1\cdots(n-1)/2$ 和$(n+1)/2+1\cdots n$，放在天平的两端，较轻的一端里有假币，继续在较轻的这部分硬币中用同样的方法找出假币；若两端重量相等，则中间的硬币，即第$(n+1)/2$ 枚硬币是假币。

【C 代码】

下面是算法的 C 语言实现，其中：

coins[]：硬币数组

first,last：当前考虑的硬币数组中的第一个和最后一个下标

```
#include<stdio.h>

int getCounterfeitCoin(int coins[], int first, int last)
{
    int firstSum = 0, lastSum = 0;
    int i;
    if(first == last - 1){                    /*只剩两枚硬币*/
        if(coins[first] < coins[last])
            return first;
        return last;
    }

    if((last - first + 1) % 2 == 0){        /*偶数枚硬币*/
        for(i = first;i < __(1)__;i++){
            firstSum += coins[i];
        }
        for(i = first + (last - first) / 2 + 1;i < last + 1;i++){
            lastSum += coins[i];
        }
        if( __(2)__ ){
            return getCounterfeitCoin(coins, first, first + (last - first) / 2);
        }else{
            return getCounterfeitCoin(coins, first + (last - first) / 2 + 1,
            last);
        }
    }
    else{          /*奇数枚硬币*/
        for(i = first;i < first + (last - first) / 2;i++){
            firstSum += coins[i];
        }
        for(i = first + (last - first) / 2 + 1;i < last + 1;i++){
            lastSum += coins[i];
```

```
        }
        if(firstSum < lastSum){
            return getCounterfeitCoin(coins, first, first + (last - first)
            / 2 - 1);
        }else if(firstSum > lastSum){
            return getCounterfeitCoin(coins, first + (last - first) / 2 + 1,
            last);
        }else{
            return ___(3)___;
        }
    }
}
```

【问题 1】（6 分）

根据题干说明，填充 C 代码中的空（1）～（3）。

【问题 2】（6 分）

根据题干说明和 C 代码，算法采用了___(4)___设计策略。

函数 getCounterfeitCoin 的时间复杂度为___(5)___（用 O 表示）。

【问题 3】（3 分）

若输入的硬币数为 30，则最少的比较次数为___(6)___，最多的比较次数为___(7)___。

试题四分析

本题考查算法设计与分析的相关知识。

此类题目要求考生掌握常见的算法设计策略，包括分治法、动态规划、贪心法、回溯法和分支限界法，需掌握这些算法设计策略求解问题的特点，并熟悉一些典型的实例。在做题过程中，认真阅读题目对问题和求解方法的描述。

题干已经描述了假币问题的求解算法的基本思路。这个题目应该比较简单。已经知道假币的重量较轻。

【问题 1】

C 代码中，空（1）所在的代码块是在偶数块硬币的前提下，计算前半部分硬币的重量，因此该空格应填 first + (last – first) / 2 + 1。空（2）是判断前半部分 firstSum 轻还是后半部分 lastSum 轻，从而确定是在前半部分还是后半部分递归调用，因此该空格应填 firstSum < lastSum。空（3）所在的代码块是在奇数块硬币的前提下，判断前半部分和后半部分的重量关系，奇数块硬币还有一枚在中间的硬币，若前半部分和后半部分一样重，那么说明中间这枚硬币是假币，因此空（3）应填入的内容为 first + (last – first) / 2。

【问题 2】

这是一个典型的分治算法，算法时间复杂度为 $T(n) = T(n/2) + O(1) = O(\lg n)$。

【问题 3】

对于 30 枚硬币的情况，首先需要分成两个 15 枚比较轻重（1 次比较）。

最好的情况是，再进行一次比较时，前 7 枚和后 7 枚一样重（1 次比较），此时假币在中间，即第 8 枚。因此，最少经过 2 次比较即可确定假币。

最坏的情况是，前 7 枚和后 7 枚不一样重，假设前 7 枚更轻（1 次比较）。此时取出前 7 枚硬币，继续比较前 3 枚和后 3 枚，还是不一样重，假设前 3 枚更轻（1 次比较）。剩下 3 枚硬币，再经过一次比较即可确定假币（1 次比较）。因此最多经过 4 次比较即可确定假币。

参考答案

【问题 1】

（1）first + (last – first) / 2 + 1 或(last + first) / 2 + 1 或(last + first + 2) / 2 或等价形式

（2）firstSum < lastSum

（3）first + (last – first) / 2 或 (last + first) / 2 或等价形式

【问题 2】

（4）分治

（5）O(lg*n*)

【问题 3】

（6）2

（7）4

注意：从试题五和试题六中，任选一道题解答。

试题五（共 15 分）

阅读下列说明和 C++代码，将应填入＿（n）＿处的字句写在答题纸的对应栏内。

【说明】

某快餐厅主要制作并出售儿童套餐，一般包括主餐（各类披萨）、饮料和玩具，其餐品种类可能不同，但其制作过程相同。前台服务员（Waiter）调度厨师制作套餐。现采用生成器（Builder）模式实现制作过程，得到如图 5-1 所示的类图。

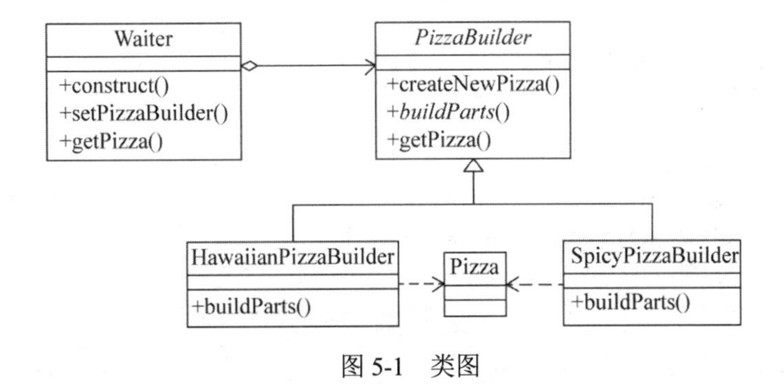

图 5-1　类图

【C++代码】

```
#include<iostream>
#include<string>
using namespace std;

class Pizza {
private: string parts ;
```

```
public:
    void setParts(string parts) {    this->parts = parts;    }
    string getParts() {      return parts;    }
};
class PizzaBuilder {
protected:  Pizza* pizza;
public:
   Pizza* getPizza() {       return pizza;   }
   void createNewPizza() {       pizza = new Pizza();     }
   ___(1)___;
};

class HawaiianPizzaBuilder : public PizzaBuilder {
public:
  void buildParts() { pizza->setParts("cross + mild + ham&pineapple"); }
};

class SpicyPizzaBuilder : public PizzaBuilder {
public:
  void buildParts() { pizza->setParts("pan baked + hot + pepperoni&salami");
}

};

class Waiter {
private:
    PizzaBuilder* pizzaBuilder;
public:
    void setPizzaBuilder(PizzaBuilder* pizzaBuilder) {  /*设置构建器*/
        ___(2)___;
    }
    Pizza* getPizza() {          return pizzaBuilder->getPizza();     }
    void construct() {                                        /*构建*/
        pizzaBuilder->createNewPizza();
        ___(3)___;
    }
};

int main() {
    Waiter* waiter = new Waiter();
    PizzaBuilder* hawaiian_pizzabuilder = new HawaiianPizzaBuilder();

    ___(4)___;
    ___(5)___;

    cout<< "pizza: " << waiter->getPizza()->getParts()<< endl;
```

```
}
```

程序的输出结果为：

```
pizza: cross + mild + ham&pineapple
```

试题五分析

本题考查生成器（Builder）模式的基本概念和应用。

生成器模式是创建型设计模式中的一种。创建型模式抽象了实例化过程，帮助一个系统独立于如何创建、组合和表示它的那些对象。一个类创建型模式使用继承改变被实例化的类，而一个对象创建型模式将实例化委托给另一个对象。

生成器模式是对象创建型模式，其意图是将一个复杂对象的构建与其表示分离，使得同样的构建过程可以创建不同的表示。此模式的结构图如下图所示。

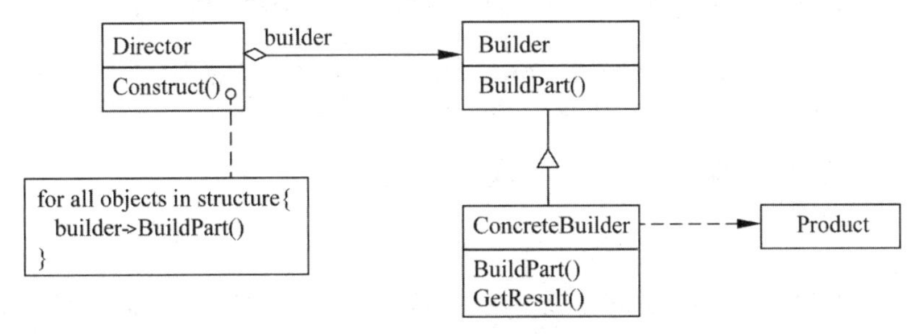

其中：

- Builder 为创建一个 Product 对象的各个部件指定抽象接口。
- ConcreteBuilder 实现 Builder 的接口以构造和装配该产品的各个部件，定义并明确它所创建的表示，提供一个检索产品的接口。
- Director 构造一个使用 Builder 接口的对象。
- Product 表示被构造的复杂对象。ConcreteBuilder 创建该产品的内部表示并定义它的装配过程。包含定义组成组件的类，包括将这些组件装配成最终产品的接口。

客户以及 Builder 和 Director 的交互过程如下图所示。

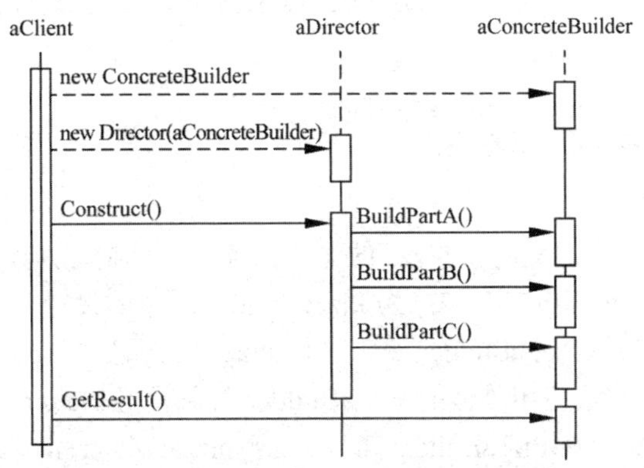

本题中图 5-1 类图中的类与上图中类之间存在着对应关系。Waiter 与 Director 对应；

PizzaBuilder 与 Builder 对应；HawaiianPizzaBuilder 和 SpicyPizzaBuilder 与 ConcreteBuilder 对应，均作为 PizzaBuilder 的子类，并且，由于本题中检索产品的接口简单一致，所以也定义在父类 PizzaBuilder 中，而没有分别定义在 HawaiianPizzaBuilder 和 SpicyPizzaBuilder 中；Pizza 与 Product 对应。其对应的协作为，客户创建 Waiter 对象并用想要的具体 PizzaBuilder 对象配置 Waiter 中定义的 PizzaBuilder 对象。其中，PizzaBuilder 为创建一个 Pizza 对象的各个部件指定抽象接口，由具体的构建器子类实现。然后使 PizzaBuilder 进行 Pizza 对象的构建。

在 PizzaBuilder 中定义创建 Pizza 对象的各个部件制定抽象接口，由于该操作的具体实现在子类 HawaiianPizzaBuilder 和 SpicyPizzaBuilder 中，所以此处定义为纯虚函数，即：

```
virtual void buildParts()=0;
```

客户（main()函数）创建 Waiter 对象，并用 PizzaBuilder 对象进行配置，即在 main()函数中创建一个 PizzaBuilder 的具体子类的对象并进行 Builder 的配置，即：

```
PizzaBuilder* hawaiian_pizzabuilder = new HawaiianPizzaBuilder();
waiter->setPizzaBuilder(hawaiian_pizzabuilder);
```

然后开始 Pizza 的构建，即：

```
waiter->construct();
```

上图协作中最后的获取结果在本题中用输出表示，因为创建了 HawaiianPizzaBuilder 对象，所以输出为 cross + mild + ham&pineapple。

在 Waiter 中，定义函数 setPizzaBuilder()和 construct()。其中，setPizzaBuilder()使用客户提供的具体 PizzaBuilder 对象来设置 PizzaBuilder 对象，其引用名称为 pizzaBuilder，对象中属性的名称和方法参数的名称相同时，采用 this 关键字加以区分，即：

```
void setPizzaBuilder(PizzaBuilder* pizzaBuilder) {  /*设置构建器*/
  this->pizzaBuilder = pizzaBuilder;
}
```

construct()函数使用所设置的 PizzaBuilder 对象创建 Pizza 及其部件，即：

```
void construct() {        /*构建*/
  pizzaBuilder->createNewPizza();
  pizzaBuilder->buildParts();
}
```

综上所述，空（1）为定义创建 Pizza 的对象的各个部件制定抽象接口，即纯虚函数的定义：virtual void buildParts()=0；空（2）为 PizzaBuilder 对象的设置，即：this->pizzaBuilder = pizzaBuilder；空（3）为具体 PizzaBuilder 对象进行 Pizza 的构建，即：pizzaBuilder->buildParts()；空（4）和空（5）为客户程序用具体的 PizzaBuilder 对象设置 Waiter 中的 PizzaBuilder，并通知开始构建，即：waiter->setPizzaBuilder(hawaiian_ pizzabuilder)和 waiter->construct()。

参考答案

（1）virtual void buildParts()=0

（2）this->pizzaBuilder = pizzaBuilder

（3）pizzaBuilder->buildParts()

（4）waiter->setPizzaBuilder(hawaiian_pizzabuilder)

（5）waiter->construct()

试题六（共 15 分）

阅读下列说明和 Java 代码，将应填入__（n）__处的字句写在答题纸的对应栏内。

【说明】

某快餐厅主要制作并出售儿童套餐，一般包括主餐（各类比萨）、饮料和玩具，其餐品种类可能不同，但其制作过程相同。前台服务员（Waiter）调度厨师制作套餐。现采用生成器（Builder）模式实现制作过程，得到如图 6-1 所示的类图。

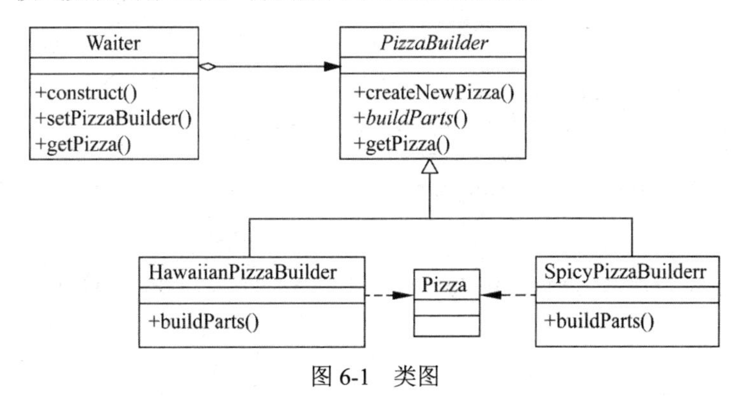

图 6-1　类图

【Java 代码】

```
class Pizza {
   private String parts;
   public void setParts(String parts) { this.parts = parts;      }
   public String toString() {   return this.parts;  }
}

abstract class PizzaBuilder {
   protected Pizza pizza;
   public Pizza getPizza() {         return pizza;   }
   public void createNewPizza() {    pizza = new Pizza();    }
   public ____(1)____;
}

class HawaiianPizzaBuilder extends PizzaBuilder {
    public void buildParts() { pizza.setParts("cross + mild + ham&pineapple"); }
}
```

```
class SpicyPizzaBuilder extends PizzaBuilder {
  public void buildParts() { pizza.setParts("pan baked + hot + pepperoni&salami"); }
}
class Waiter {
    private PizzaBuilder pizzaBuilder;

    public void setPizzaBuilder(PizzaBuilder pizzaBuilder) {/*设置构建器*/
        ___(2)___;
    }
    public Pizza getPizza() { return pizzaBuilder.getPizza(); }

    public void construct() {        /*构建*/
        pizzaBuilder.createNewPizza();
        ___(3)___;
    }
}

class FastFoodOrdering {
   public static void main(String[] args) {
      Waiter waiter = new Waiter();
      PizzaBuilder hawaiian_pizzabuilder = new HawaiianPizzaBuilder();
      ___(4)___;
      ___(5)___;
        System.out.println("pizza: " + waiter.getPizza());
   }
}
```

程序的输出结果为：

```
pizza: cross + mild + ham&pineapple
```

试题六分析

本题考查生成器（Builder）模式的基本概念和应用。

生成器模式是创建型设计模式中的一种。创建型模式抽象了实例化过程，帮助一个系统独立于如何创建、组合和表示它的那些对象。一个类创建型模式使用继承改变被实例化的类，而一个对象创建型模式将实例化委托给另一个对象。

生成器模式是对象创建型模式，其意图是将一个复杂对象的构建与其表示分离，使得同样的构建过程可以创建不同的表示。此模式的结构图如下图所示。

其中：

- Builder 为创建一个 Product 对象的各个部件指定抽象接口。
- ConcreteBuilder 实现 Builder 的接口以构造和装配该产品的各个部件，定义并明确它所创建的表示，提供一个检索产品的接口。
- Director 构造一个使用 Builder 接口的对象。

- Product 表示被构造的复杂对象。ConcreteBuilder 创建该产品的内部表示并定义它的装配过程。包含定义组成组件的类，包括将这些组件装配成最终产品的接口。

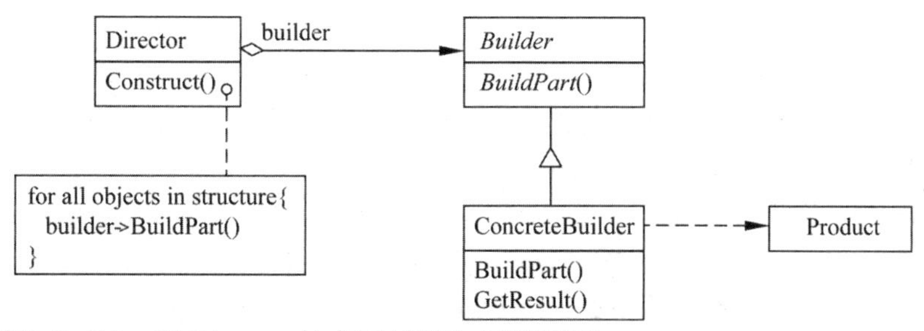

客户以及 Builder 和 Director 的交互过程如下图所示。

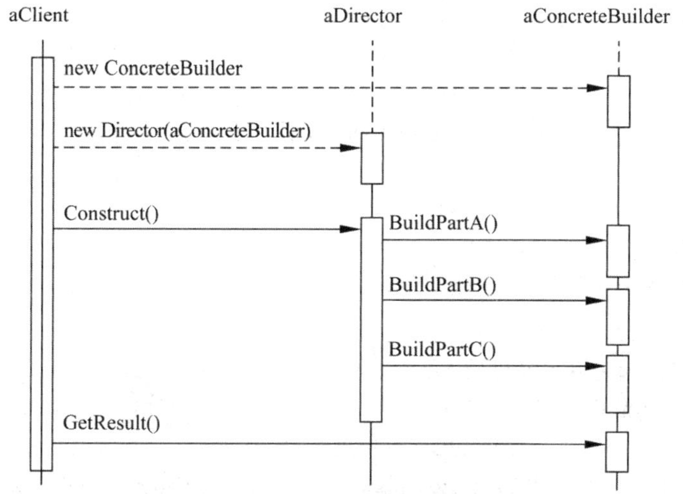

本题中图 6-1 类图中的类与上图中类之间存在着对应关系。Waiter 与 Director 对应；PizzaBuilder 与 Builder 对应；HawaiianPizzaBuilder 和 SpicyPizzaBuilder 与 ConcreteBuilder 对应，均作为 PizzaBuilder 的子类，并且，由于本题中检索产品的接口简单一致，所以也定义在父类 PizzaBuilder 中，而没有分别定义在 HawaiianPizzaBuilder 和 SpicyPizzaBuilder 中；Pizza 与 Product 对应。其对应的协作为，客户创建 Waiter 对象并用想要的具体 PizzaBuilder 对象配置 Waiter 中定义的 PizzaBuilder 对象。其中，PizzaBuilder 为创建一个 Pizza 对象的各个部件指定抽象接口，由具体的构建器子类实现。然后使 PizzaBuilder 进行 Pizza 对象的构建。

在 PizzaBuilder 中定义创建 Pizza 对象的各个部件制定抽象接口，由于该操作的具体实现在子类 HawaiianPizzaBuilder 和 SpicyPizzaBuilder 中，所以此处定义为抽象方法，即：

```
public abstract void buildParts();
```

客户（FastFoodOrdering）创建 Waiter 对象，并用 PizzaBuilder 对象进行配置，即在 main() 方法中创建一个 PizzaBuilder 的具体子类的对象并进行 Builder 的配置，即：

```
PizzaBuilder hawaiian_pizzabuilder = new HawaiianPizzaBuilder();
```

```
waiter.setPizzaBuilder(hawaiian_pizzabuilder);
```

然后开始 Pizza 的构建，即：

```
waiter.construct();
```

上图协作中最后的获取结果在本题中用输出表示，因为创建了 HawaiianPizzaBuilder 对象，所以输出为 cross + mild + ham&pineapple。

在 Waiter 中，定义方法 setPizzaBuilder()和 construct()。其中，setPizzaBuilder()使用客户提供的具体 PizzaBuilder 对象来设置 PizzaBuilder 对象，其引用名称为 pizzaBuilder，对象中属性的名称和方法参数的名称相同时，采用 this 关键字加以区分，即：

```
void setPizzaBuilder(PizzaBuilder* pizzaBuilder) {  /*设置构建器*/
    this.pizzaBuilder = pizzaBuilder;
}
```

construct()方法使用所设置的 PizzaBuilder 对象创建 Pizza 及其部件，即：

```
void construct() {        /*构建*/
    pizzaBuilder.createNewPizza();
    pizzaBuilder.buildParts();
}
```

综上所述，空（1）为定义创建 Pizza 的对象的各个部件制定抽象接口，即抽象方法的定义：abstract void buildParts(); 空（2）为 PizzaBuilder 对象的设置，即：this.pizzaBuilder = pizzaBuilder; 空（3）为具体 PizzaBuilder 对象进行 Pizza 的构建，即：pizzaBuilder.buildParts(); 空（4）为客户程序用具体的 PizzaBuilder 对象设置 Waiter 中的 PizzaBuilder，即：waiter.setPizzaBuilder(hawaiian_pizzabuilder); 空（5）通知开始构建，即：waiter.construct()。

参考答案

（1）abstract void buildParts()

（2）this.pizzaBuilder = pizzaBuilder

（3）pizzaBuilder.buildParts()

（4）waiter.setPizzaBuilder(hawaiian_pizzabuilder)

（5）waiter.construct()

第 7 章　2017 下半年软件设计师上午试题分析与解答

试题（1）

在程序的执行过程中，Cache 与主存的地址映射是由__（1）__完成的。

（1）A．操作系统　　B．程序员调度
　　C．硬件自动　　D．用户软件

试题（1）分析

本题考查计算机系统基础知识。

由于快速存储器非常昂贵，所以将存储器按照层次方式组织，越接近处理器，容量越小、速度越快、每字节的成本也越高。

Cache 是高速缓存，位于处理器与主存之间，一般又分为多级。处理器给出需要访问的内存地址后，首先访问 Cache，若不命中，再访问主存。Cache 与主存之间的地址映射由硬件自动完成，以保证高的处理速度。

参考答案

（1）C

试题（2）

某四级指令流水线分别完成取指、取数、运算、保存结果四步操作。若完成上述操作的时间依次为 8ns、9ns、4ns、8ns，则该流水线的操作周期应至少为__（2）__ns。

（2）A．4　　B．8　　C．9　　D．33

试题（2）分析

本题考查计算机系统基础知识。

指令流水线的操作周期应为“瓶颈”段所需时间，因此至少为 9ns。

参考答案

（2）C

试题（3）

内存按字节编址。若用存储容量为 32K×8bit 的存储器芯片构成地址从 A0000H 到 DFFFFH 的内存，则至少需要__（3）__片芯片。

（3）A．4　　B．8　　C．16　　D．32

试题（3）分析

本题考查计算机系统基础知识。

存储单元数为 DFFFF－A0000＋1＝40000H（即 2^{18}）个，需要的芯片数为 $2^{18}/2^{15}=2^3$，即 8 个。

参考答案

（3）B

试题（4）

计算机系统的主存主要是由__（4）__构成的。

（4）A．DRAM　　B．SRAM　　C．Cache　　D．EEPROM

试题（4）分析

本题考查计算机系统基础知识。

随机访问存储器（RAM）有两类：静态的（SRAM）和动态的（DRAM），SRAM 比 DRAM 速度更快，但也贵得多。SRAM 用来作为高速缓冲存储器（Cache），DRAM 用来作为主存及图形系统的帧缓冲区。SRAM 将每一位存储在一个双稳态的存储器单元中，DRAM 将每一位存储为对一个电容的充电，由于电容非常小，在 10ms～100ms 时间内会失去电荷，所以需要周期性地刷新充电以保持信息。

EEPROM 是电可擦除可编程只读存储器。

参考答案

（4）A

试题（5）

以下关于海明码的叙述中，正确的是__（5）__。

（5）A．海明码利用奇偶性进行检错和纠错

B．海明码的码距为 1

C．海明码可以检错但不能纠错

D．海明码中数据位的长度与校验位的长度必须相同

试题（5）分析

本题考查计算机系统基础知识。

海明码能检测并纠正一位错误。海明码是一个多重校验码，也就是码字中的信息码位同时被多个校验码进行校验，然后通过这些码位对不同校验码的联动影响最终可以找出是哪一位出错了。

海明码的编码方式如下：设数据有 n 位，校验码有 x 位，则校验码一共有 2^x 种取值方式。其中需要一种取值方式表示数据正确，剩下 2^x-1 种取值方式表示有一位数据出错。因为编码后的二进制串有 $n+x$ 位，因此 x 应该满足 $2^x-1 \geqslant n+x$。

校验码在二进制串中的位置为 2 的整数幂，剩下的位置为数据。

参考答案

（5）A

试题（6）

计算机运行过程中，CPU 需要与外设进行数据交换。采用__（6）__控制技术时，CPU 与外设可并行工作。

（6）A．程序查询方式和中断方式　　B．中断方式和 DMA 方式

C．程序查询方式和 DMA 方式　　D．程序查询方式、中断方式和 DMA 方式

试题（6）分析

本题考查计算机系统基础知识。

程序查询和中断方式都需要 CPU 来执行程序指令进行数据的输入和输出，DMA 方式则不同，这是一种不经过CPU而直接从内存存取数据的数据交换模式。

程序查询方式是由 CPU 主动查询外设的状态，在外设准备好时传输数据。

中断方式是在外设准备好时给 CPU 发中断信号，之后再进行数据传输。在外设未发中断信号之前，CPU 可以执行其他任务。

在 DMA 模式下，CPU 只需向 DMA 控制器下达指令，让 DMA 控制器来处理数据的传送，数据传送完毕再把信息反馈给 CPU 即可。

参考答案

（6）B

试题（7）、（8）

与 HTTP 相比，HTTPS 协议对传输的内容进行加密，更加安全。HTTPS 基于__（7）__安全协议，其默认端口是__（8）__。

（7）A．RSA　　B．DES　　C．SSL　　D．SSH

（8）A．1023　　B．443　　C．80　　D．8080

试题（7）、（8）分析

本题考查的是 HTTPS 的基础知识。

HTTPS 协议是使用 SSL 技术将所要传输的数据进行加密之后传输的安全的超文本传输协议，使用 TCP 协议 443 号端口。HTTP 协议使用明文来传输超文本数据，安全性较差。

参考答案

（7）C　（8）B

试题（9）

下列攻击行为中，属于典型被动攻击的是__（9）__。

（9）A．拒绝服务攻击　　B．会话拦截

C．系统干涉　　D．修改数据命令

试题（9）分析

本题考查网络攻击的基础知识。

网络攻击分为主动攻击和被动攻击两种。主动攻击包含攻击者访问他所需信息的故意行为。比如通过远程登录到特定机器的邮件端口以找出企业的邮件服务器的信息；伪造无效 IP 地址去连接服务器，使接收到错误 IP 地址的系统浪费时间去连接那个非法地址。攻击者是在主动地做一些不利于你或你的公司系统的事情。主动攻击包括拒绝服务（DoS）攻击、分布式拒绝服务（DDoS）攻击、信息篡改、资源使用、欺骗、伪装、重放等攻击方法。

被动攻击主要是收集信息而不是进行访问，数据的合法用户对这种活动一点也不会觉察到。被动攻击包括嗅探、信息收集等攻击方法。

参考答案

（9）B

试题（10）

__（10）__不属于入侵检测技术。

（10）A．专家系统　　B．模型检测
C．简单匹配　　D．漏洞扫描

试题（10）分析

本题考查入侵检测技术。

入侵检测技术包括专家系统、模型检测、简单匹配。漏洞扫描不是入侵检测的内容。

参考答案

（10）D

试题（11）

以下关于防火墙功能特性的叙述中，不正确的是__（11）__。

（11）A．控制进出网络的数据包和数据流向
B．提供流量信息的日志和审计
C．隐藏内部 IP 以及网络结构细节
D．提供漏洞扫描功能

试题（11）分析

本题考查防火墙的基础知识。

防火墙最重要的特性就是利用设置的条件，监测通过的包的特征来决定放行或者阻止数据，同时防火墙一般架设在提供某些服务的服务器前，具备网关的能力，用户对服务器或内部网络的访问请求与反馈都需要经过防火墙的转发，相对外部用户而言防火墙隐藏了内部网络结构。防火墙作为一种网络安全设备，安装有网络操作系统，可以对流经防火墙的流量信息进行详细的日志和审计。

参考答案

（11）D

试题（12）

某软件公司项目组的程序员在程序编写完成后均按公司规定撰写文档，并上交公司存档。此情形下，该软件文档著作权应由__（12）__享有。

（12）A．程序员　　B．公司与项目组共同
C．公司　　D．项目组全体人员

试题（12）分析

本题考查知识产权的相关知识。

程序员在所属公司完成文档撰写工作是职务行为，该软件文档著作权应由其所在公司享有。

参考答案

（12）C

试题（13）

我国商标法规定了申请注册的商标不得使用的文字和图形，其中包括县级以上行政区的地名（文字）。以下商标注册申请，经审查，能获准注册的商标是__（13）__。

（13）A．青岛（市）　B．黄山（市）　C．海口（市）　D．长沙（市）

试题（13）分析

本题考查知识产权的相关知识。

青岛、海口和长沙都属于县级以上行政区的地名，而黄山不是。

参考答案

（13）B

试题（14）

李某购买了一张有注册商标的应用软件光盘，则李某享有<u>（14）</u>。

（14）A．注册商标专用权　　B．该光盘的所有权
C．该软件的著作权　　D．该软件的所有权

试题（14）分析

本题考查知识产权的相关知识。

李某购买了一张有注册商标的应用软件光盘，他享有该光盘的所有权。

参考答案

（14）B

试题（15）、（16）

某医院预约系统的部分需求为：患者可以查看医院发布的专家特长介绍及其就诊时间；系统记录患者信息，患者预约特定时间就诊。用 DFD 对其进行功能建模时，患者是<u>（15）</u>；用 ERD 对其进行数据建模时，患者是<u>（16）</u>。

（15）A．外部实体　B．加工　C．数据流　D．数据存储
（16）A．实体　B．属性　C．联系　D．弱实体

试题（15）、（16）分析

本题考查结构化分析方法的基础知识。

数据流图是结构化分析的一个重要模型，描述数据在系统中如何被传送或变换，以及描述如何对数据流进行变换的功能，用于功能建模。

数据流图中有四个要素：①外部实体，也称为数据源或数据汇点，表示要处理的数据的输入来源或处理结果要送往何处，不属于目标系统的一部分，通常为组织、部门、人、相关的软件系统或者硬件设备；②数据流表示数据沿箭头方向的流动；③加工是对数据对象的处理或变换；④数据存储在数据流中起到保存数据的作用，可以是数据库文件或者任何形式的数据组织。根据上述定义和题干说明，患者是外部实体。

实体联系图也是一个常用的数据模型，用于描述数据对象及数据对象之间的关系。实体联系图有三个要素：①实体是目标系统所需要的复合信息的表示，也称为数据对象；②属性定义数据对象的特征；③联系是不同数据对象之间的关系。在该系统中患者是一个数据对象，即实体，具有多种属性。

参考答案

（15）A　（16）A

试题（17）、（18）

某软件项目的活动图如下图所示，其中顶点表示项目里程碑，连接顶点的边表示包含的

活动，边上的数字表示活动的持续时间（天）。完成该项目的最少时间为__(17)__天。由于某种原因，现在需要同一个开发人员完成 BC 和 BD，则完成该项目的最少时间为__(18)__天。

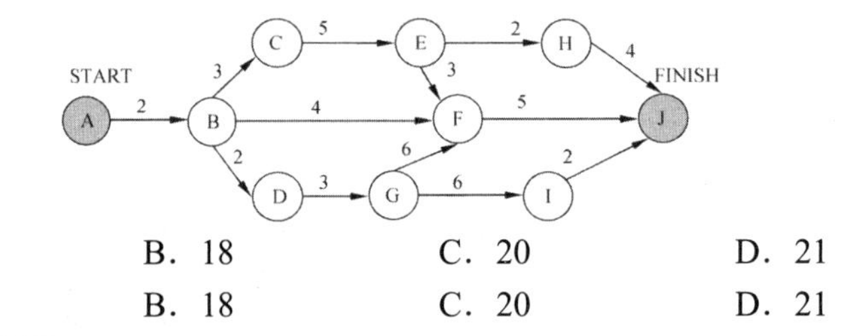

（17）A．11　B．18　C．20　D．21

（18）A．11　B．18　C．20　D．21

试题（17）、（18）分析

本题考查软件项目管理的基础知识。

活动图是描述一个项目中各个工作任务相互依赖关系的一种模型，项目的很多重要特性可以通过分析活动图得到，如估算项目完成时间，计算关键路径和关键活动等。

根据上图计算出关键路径为 A-B-C-E-F-J 和 A-B-D-G-F-J，其长度为 18。

活动 BC 和 BD 由一个工作人员完成，而这两个活动都在关键路径上，松弛时间为 0。若先完成活动 BC，则活动 BD 要晚 3 天才能开始，完成该项目的最少时间是 18 天+3 天=21 天；若先完成活动 BD，则活动 BC 要晚 2 天才能开始，完成该项目的最少时间为 18 天+2 天=20 天。因此选择先完成活动 BD，再完成活动 BC，此时完成项目的最少时间为 20 天。

参考答案

（17）B　（18）C

试题（19）

某企业财务系统的需求中，属于功能需求的是__(19)__。

（19）A．每个月特定的时间发放员工工资

B．系统的响应时间不超过 3 秒

C．系统的计算精度符合财务规则的要求

D．系统可以允许 100 个用户同时查询自己的工资

试题（19）分析

本题考查软件开发中需求的基本概念。

软件需求包括功能需求和非功能需求。功能需求是根据要求的活动来描述需要的行为。选项 A 要求系统在每个月特定的时间发放员工工资是一个功能需求，选项 B 是系统的性能需求，选项 C 是精度要求，而选项 D 是性能需求。

参考答案

（19）A

试题（20）

更适合用来开发操作系统的编程语言是__(20)__。

（20）A．C/C++　B．Java　C．Python　D．JavaScript

试题（20）分析

本题考查程序语言知识。

C/C++是编译型程序设计语言，常用于进行系统级软件的开发。

Java、Python 和 JavaScript 都是解释型程序设计语言，其中 Python 和 JavaScript 是脚本语言。

参考答案

（20）A

试题（21）

以下关于程序设计语言的叙述中，不正确的是__（21）__。

（21）A．脚本语言中不使用变量和函数

B．标记语言常用于描述格式化和链接

C．脚本语言采用解释方式实现

D．编译型语言的执行效率更高

试题（21）分析

本题考查程序语言知识。

用脚本语言编程时也会使用变量以及定义和调用函数。

参考答案

（21）A

试题（22）

将高级语言源程序通过编译或解释方式进行翻译时，可以先生成与源程序等价的某种中间代码。以下关于中间代码的叙述中，正确的是__（22）__。

（22）A．中间代码常采用符号表来表示

B．后缀式和三地址码是常用的中间代码

C．对中间代码进行优化要依据运行程序的机器特性

D．中间代码不能跨平台

试题（22）分析

本题考查程序语言知识。

在对源程序进行编译的过程中，常生成与源程序等价的中间代码，以利于进行优化，常见的中间代码有后缀式、三地址码和树等。

参考答案

（22）B

试题（23）

计算机系统的层次结构如下图所示，基于硬件之上的软件可分为 a、b 和 c 三个层次。图中 a、b 和 c 分别表示__（23）__。

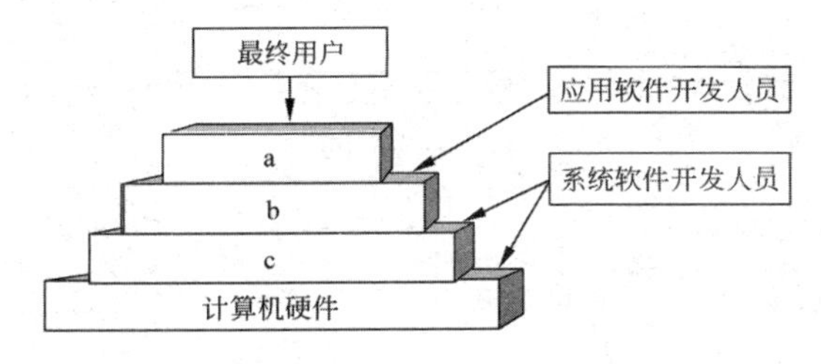

（23）A．操作系统、系统软件和应用软件
B．操作系统、应用软件和系统软件
C．应用软件、系统软件和操作系统
D．应用软件、操作系统和系统软件

试题（23）分析

本题考查操作系统基本概念。

计算机系统由硬件和软件两部分组成。通常把未配置软件的计算机称为裸机。直接使用裸机不仅不方便，而且将严重降低工作效率和机器的利用率。操作系统（Operating System）是为了填补人与机器之间的鸿沟，即建立用户与计算机之间的接口，而为裸机配置的一种系统软件。

操作系统在计算机系统中的地位如下图所示。

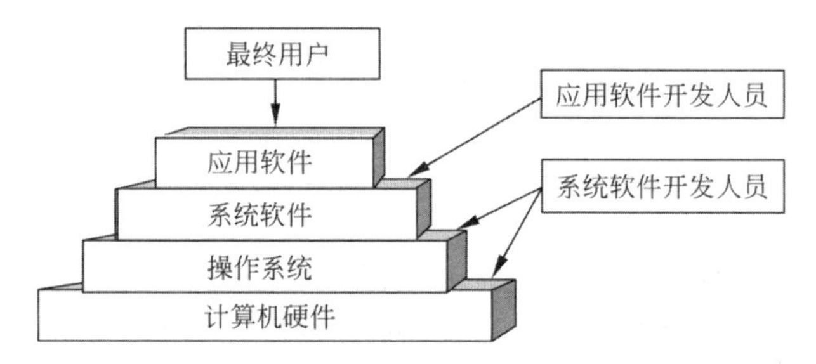

从图中可见，操作系统是裸机上的第一层软件，是对硬件系统功能的首次扩充。它在计算机系统中占据重要而特殊的地位，所有其他软件（如编辑程序、汇编程序、编译程序、数据库管理系统等系统软件以及大量的应用软件）都是建立在操作系统基础上的，并得到它的支持和取得它的服务。从用户角度看，当计算机配置了操作系统后，用户不再直接使用计算机系统硬件，而是利用操作系统所提供的命令和服务去操纵计算机，操作系统已成为现代计算机系统中必不可少的最重要的系统软件，因此把操作系统看作用户与计算机之间的接口。

参考答案

（23）C

试题（24）、（25）

下图所示的 PCB（进程控制块）的组织方式采用__（24）__，图中__（25）__。

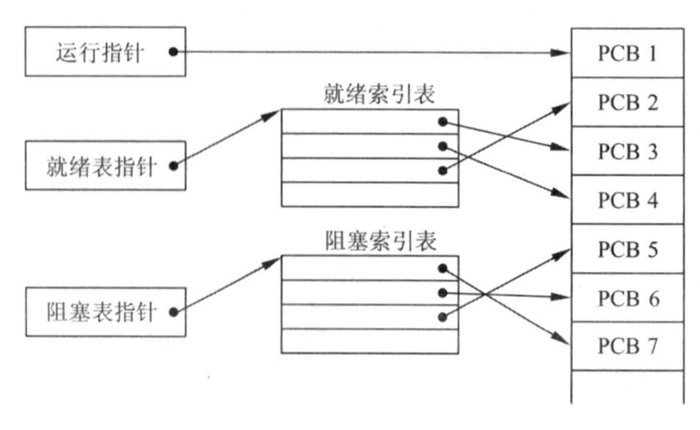

（24）A．链接方式　　B．索引方式　　C．顺序方式　　D．Hash

（25）A．有 1 个运行进程，2 个就绪进程，4 个阻塞进程
　　B．有 2 个运行进程，3 个就绪进程，2 个阻塞进程
　　C．有 1 个运行进程，3 个就绪进程，3 个阻塞进程
　　D．有 1 个运行进程，4 个就绪进程，2 个阻塞进程

试题（24）、（25）分析

本题考查操作系统进程管理方面的基础知识。

常用的进程控制块的组织方式有链接方式和索引方式。

采用链接方式是把具有同一状态的 PCB，用其中的链接字链接成一个队列。这样，可以形成就绪队列、若干个阻塞队列和空白队列等。对其中的就绪队列常按进程优先级的高低排列，把优先级高的进程的 PCB 排在队列前面。此外，也可根据阻塞原因的不同而把处于阻塞状态的进程的 PCB 排成等待 I/O 操作完成的队列和等待分配内存的队列等。

采用索引方式是系统根据所有进程的状态建立若干索引表。例如，就绪索引表、阻塞索引表等，并把各索引表在内存的首地址记录在内存的一些专用单元中。在每个索引表的表目中，记录具有相应状态的某个 PCB 在 PCB 表中的地址。

参考答案

（24）B　（25）C

试题（26）

某文件系统采用多级索引结构，若磁盘块的大小为 1KB，每个块号需占 3B，那么采用二级索引时的文件最大长度为__（26）__KB。

（26）A．1024　　B．2048　　C．116 281　　D．232 562

试题（26）分析

本题考查操作系统中文件管理的基础知识。

根据题意，磁盘块的大小为 1KB，每个块号需占 3B，因此一个磁盘物理块可存放 1024/3=341 个块号（取整）。

采用一级索引时的文件最大长度为：

$$341 \times 1024/1024=341\text{KB}$$

采用二级索引时的文件最大长度为：

$$341 \times 341 \times 1024/1024=116\,281\text{KB}$$

参考答案

（26）C

试题（27）、（28）

某操作系统采用分页存储管理方式，下图给出了进程 A 和进程 B 的页表结构。如果物理页的大小为 1KB，那么进程 A 逻辑地址为 1024（十进制）的变量存放在__（27）__号物理内存页中。假设进程 A 的逻辑页 4 与进程 B 的逻辑页 5 要共享物理页 4，那么应该在进程 A 页表的逻辑页 4 和进程 B 页表的逻辑页 5 对应的物理页处分别填__（28）__。

进程 A 页表

逻辑页	物理页
0	8
1	3
2	5
3	2
4	
5	

进程 B 页表

逻辑页	物理页
0	1
1	6
2	9
3	7
4	0
5	

物理页
0
1
2
3
4
5
6
7
8
9

（27）A．8　　B．3　　C．5　　D．2

（28）A．4、4　　B．4、5　　C．5、4　　D．5、5

试题（27）、（28）分析

本题考查操作系统存储管理方面的基础知识。

逻辑地址是从 0 开始编址的，本题物理页的大小为 1KB，而进程 A 逻辑地址为 1024 的变量的逻辑页号为 1，对应的物理页号为 3，故（27）的正确答案为 B。

根据题意，进程 A 的逻辑页 4 与进程 B 的逻辑页 5 要共享物理页 4，那么应该在进程 A 页表的逻辑页 4 对应的物理页处填 4，进程 B 页表的逻辑页 5 对应的物理页处也填 4。

参考答案

（27）B　（28）A

试题（29）、（30）

用白盒测试方法对如下图所示的流程进行测试。若要满足分支覆盖，则至少需要__（29）__个测试用例，正确的测试用例对是__（30）__（测试用例的格式为(A, B, X; X)）。

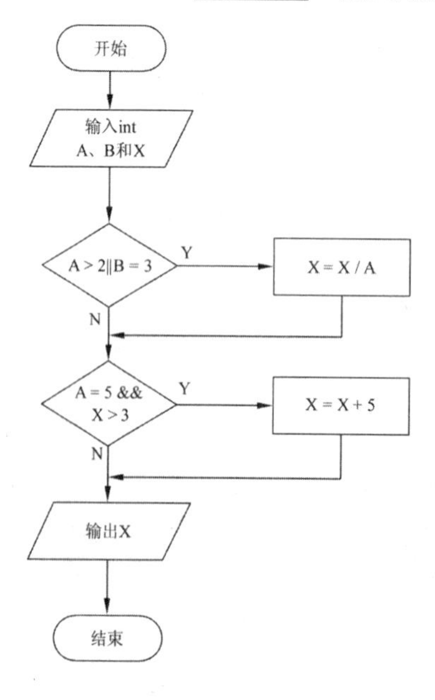

（29）A．1　　B．2　　C．3　　D．4

（30）A．(1,3,3;3)和(5,2,15;3)　　B．(1,1,5;5)和(5,2,20;9)

C．(2,3,10;5)和(5,2,18;3)　　D．(5,2,16;3)和(5,2,21;9)

试题（29）、（30）分析

本题考查软件测试的相关知识。

要求考生能够熟练掌握典型的白盒测试和黑盒测试方法。分支覆盖是一种白盒测试方法，是指设计若干测试用例，使得所有判断框的 Y 和 N 分支至少走一次。该流程图有两个判断框，因此可以设计测试用例走第一个判断框的 Y 或 N 和第二个判断框的 Y 或 N，对这些情况组合，至少需要 2 个测试用例，即 YY 和 NN 或者 YN 和 NY 或者 NY 和 YN，这样可以满足分支覆盖。（30）题中选项 A 走的是 YN 和 YN，选项 B 走的是 NN 和 YY，选项 C 走的是 YN 和 YN，选项 D 走的是 YN 和 YY，因此只有选项 B 是正确的。

参考答案

（29）B　（30）B

试题（31）

配置管理贯穿软件开发的整个过程。以下内容中，不属于配置管理的是__（31）__。

（31）A．版本控制　　B．风险管理　　C．变更管理　　D．配置状态报告

试题（31）分析

配置管理是软件开发过程中的重要内容，贯穿软件开发的整个过程。其内容包括软件配置标识、变更管理、版本控制、系统建立、配置审核和配置状态报告。

参考答案

（31）B

试题（32）

极限编程（XP）的十二个最佳实践不包括__（32）__。

（32）A．小的发布　　B．结对编程　　C．持续集成　　D．精心设计

试题（32）分析

本题考查敏捷开发方法中极限编程（XP）的基础知识。

敏捷开发方法是一个较主流的开发方法，敏捷宣言给出了所有敏捷开发方法的基本理念。XP 是一种主要的敏捷开发方法，其十二个最佳实践包括：计划游戏、小的发布、系统隐喻、简单设计、测试驱动、重构、结对编程、集体所有权、持续集成、每周工作 40 小时、现场客户和编码标准。

参考答案

（32）D

试题（33）

以下关于管道过滤器体系结构的优点的叙述中，不正确的是__（33）__。

（33）A．软件构件具有良好的高内聚、低耦合的特点

B．支持重用

C．支持并行执行

D．提高性能

试题（33）分析

本题考查软件体系结构的基础知识。

管道过滤器体系结构是一种传统的体系结构风格，该体系结构由一组称为过滤器的构件以及连接构件的管道组成，管道将数据从一个过滤器传送到另一个过滤器。

该风格具有以下优点：

① 软件构件具有良好的隐蔽性和高内聚、低耦合的特点；

② 允许设计者将整个系统的输入输出行为看成多个过滤器的行为的简单合成；

③ 支持软件复用；

④ 系统维护和增强系统性能简单；

⑤ 允许对一些如吞吐量、死锁等属性的分析；

⑥ 支持并行执行。

参考答案

（33）D

试题（34）

模块 A 将学生信息，即学生姓名、学号、手机号等放到一个结构体中，传递给模块 B。模块 A 和 B 之间的耦合类型为＿（34）＿耦合。

（34）A．数据　　B．标记　　C．控制　　D．内容

试题（34）分析

本题考查软件设计的相关知识。

耦合和内聚是衡量软件模块独立性的重要指标。其中，耦合是模块之间的相对独立性（互相连接的紧密程度）的度量。耦合取决于各个模块之间接口的复杂程度、调用模块的方式以及通过接口的信息类型等。

① 数据耦合：指两个模块之间有调用关系，传递的是简单的数据值，相当于高级语言中的值传递。

② 标记耦合：指两个模块之间传递的是数据结构。

③ 控制耦合：指一个模块调用另一个模块时，传递的是控制变量，被调用模块通过该控制变量的值有选择地执行模块内的某一功能。因此，被调用模块内应具有多个功能，哪个功能起作用受调用模块控制。

④ 内容耦合：当一个模块直接使用另一个模块的内部数据，或通过非正常入口转入另一个模块内部时，这种模块之间的耦合称为内容耦合。

参考答案

（34）B

试题（35）

某模块内涉及多个功能，这些功能必须以特定的次序执行，则该模块的内聚类型为＿（35）＿内聚。

（35）A．时间　　B．过程　　C．信息　　D．功能

试题（35）分析

本题考查软件设计的相关知识。

耦合和内聚是衡量软件模块独立性的重要指标。其中，内聚是一个模块内部各个元素彼此结合的紧密程度的度量。

① 时间内聚：把需要同时执行的动作组合在一起形成的模块。

② 过程内聚：指一个模块完成多个任务，这些任务必须按指定的过程执行。

③ 信息内聚：指模块内的所有处理元素都在同一个数据结构上操作，或者各处理使用相同的输入数据或产生相同的输出数据。

④ 功能内聚：指模块内的所有元素共同作用完成一个功能，缺一不可。

参考答案

（35）B

试题（36）

系统交付用户使用后，为了改进系统的图形输出而对系统进行修改的维护行为属于＿（36）＿维护。

（36）A．改正性　　B．适应性　　C．改善性　　D．预防性

试题（36）分析

本题考查的是软件维护的基本概念。

软件维护一般分为四种类型。

① 改正性维护：是指改正在系统开发阶段已发生而系统测试阶段尚未发现的错误的修改行为。

② 适应性维护：是指使应用软件适应信息技术变化和管理需求变化而进行的修改。

③ 完善性维护：为扩展功能和改善性能而进行的修改。

④ 预防性维护：改变系统的某些方面，以预防失效的发生的修改行为。

参考答案

（36）C

试题（37）、（38）

在面向对象方法中，将逻辑上相关的数据以及行为绑定在一起，使信息对使用者隐蔽称为＿（37）＿。当类中的属性或方法被设计为 private 时，＿（38）＿可以对其进行访问。

（37）A．抽象　　B．继承　　C．封装　　D．多态

（38）A．应用程序中的所有方法　　B．只有此类中定义的方法

C．只有此类中定义的 public 方法　　D．同一个包中的类中定义的方法

试题（37）、（38）分析

本题考查面向对象的基础知识。

在面向对象方法中，对象是基本的运行时实体，它既包括数据（属性），也包括作用于数据的操作（行为），即一个对象把属性和行为封装为一个整体。这一封装使得对象的使用者和生产者分离，对象的使用者需要使用对象中的属性和方法时，需要通过对象来进行。封装是面向对象的特征之一。对象中的属性和方法的可访问性由访问权限修饰关键字来指定，

C++和 Java 均支持 private、protected 和 public 关键字，分别说明类中属性或行为是私有的、保护的还是公有的。其中 private 表示对内可见，只有类内部所定义的方法才可以访问；protected 对外不可见，对继承子类可见，在使用继承时具有继承关系的子类可以访问；public 对外对内均可见，所有类使用者均可以访问。在 Java 中，缺省的访问权限指定默认访问权限是不采用任何访问权限修饰关键字，指定在同一个 package 中或子类中访问的成员。

参考答案

（37）C　（38）B

试题（39）

采用继承机制创建子类时，子类中＿（39）＿。

（39）A．只能有父类中的属性　　　　B．只能有父类中的行为
　　　C．只能新增行为　　　　　　　D．可以有新的属性和行为

试题（39）分析

本题考查面向对象技术的基础知识。

继承是面向对象技术的一个重要特征，描述父类和子类之间共享数据（属性）和方法（行为）的机制。在定义一个类时，可以在一个已经存在的类的基础上，通过继承关系将这个已经存在的类所定义的内容作为自己的内容加以使用，并可以在无须改变原有父类的情况下扩充添加新的内容。这些内容既包括属性，又包括行为。在使用继承时，需要注意这两个类之间应该是属于关系，如假设有 Person 类，Teacher 是一个人，Student 也是一个人，由此 Teacher 和 Student 均可以继承 Person 类。在 UML 类图中采用实线带空心三角形的箭头来表示继承关系，如下图所示。

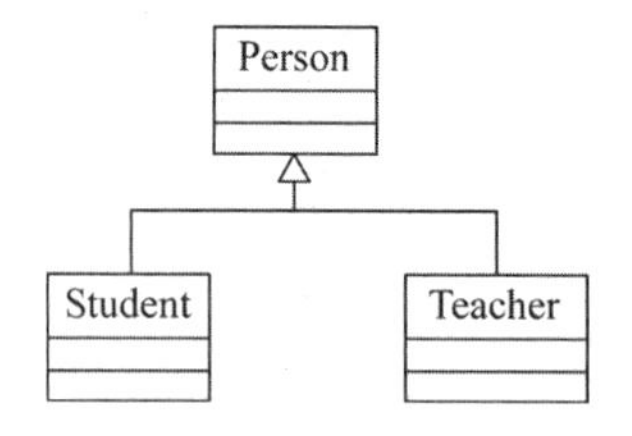

参考答案

（39）D

试题（40）

面向对象分析过程中，从给定需求描述中选择＿（40）＿来识别对象。

（40）A．动词短语　　B．名词短语　　C．形容词　　D．副词

试题（40）分析

本题考查面向对象的基础知识。

采用面向对象方法进行软件开发时，主要分为面向对象分析、面向对象设计、面向对象程序设计和面向对象测试。面向对象分析一般包含认定对象、组织对象、描述对象之间的相互作用、确定对象的操作和定义对象的内部信息 5 个活动。认定对象是在定义域的需求描述中将自然存在的“名词”或“名称短语”作为一个对象。然后分析对象间的关系，将相关对象抽象成类，利用类的继承性建立具有继承层次的类结构，从而组织对象。再将各对象在应

用系统中的通信关系加以描述。之后，确定对象的操作，这些操作有从对象直接标识的简单操作，也有更复杂的操作。最后，再定义对象的内部，对象内部定义包括其内部数据信息、信息存储方法、继承关系以及可能生成的实例数等属性。

参考答案

（40）B

试题（41）～（43）

如下所示的 UML 类图中，Shop 和 Magazine 之间为__（41）__关系，Magazine 和 Page 之间为__（42）__关系。UML 类图通常不用于对__（43）__进行建模。

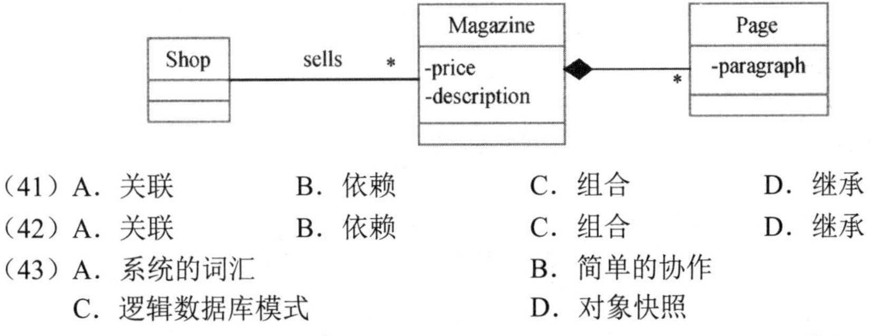

（41）A．关联　　B．依赖　　C．组合　　D．继承

（42）A．关联　　B．依赖　　C．组合　　D．继承

（43）A．系统的词汇　　B．简单的协作

C．逻辑数据库模式　　D．对象快照

试题（41）～（43）分析

本题考查统一建模语言（UML）的基础知识。

UML 类图刻画系统的静态方面，展现了一组对象、接口、协作及其之间的关系。类图中包括的主要内容有类、接口、协作以及依赖、泛化和关联关系，也可以包含注解和约束。其中：

① 依赖（- - - - - ->）是两个事物间的语义关系，其中一个事物发生变化时会影响另一个事物的语义。

② 泛化（———▷）是一种特殊/一般关系，特殊元素（子元素）的对象可以替代一般元素（父元素）的对象，达到子元素可以共享父元素的结构和行为的目的。

③ 关联是一种结构关系，描述一组对象之间连接的链，有单向关联（———>）、双向关联（0..1 employer ——— 0..* employee）和自身关联（只涉及一个类）等。链上可以添加多重度、角色名称说明关联的对象数量以及行为。关联关系又有特殊类型，聚合（———◇）和组合（———◆），用于描述部分和整体之间的结构关系。聚合暗示子类型独立于父类型而存在，比如班级和学生，班级删除之后，学生仍然可以存在。组合暗示没有父类型，子类型无法独立存在，比如题目所示 Magazine 和 Page 之间，Magazine 被删除之后，Page 无法独立存在。

使用类图情况的方式通常有以下三种：

① 对系统的词汇进行建模。决定哪些抽象是考虑中的系统的一部分，哪些抽象处于系统边界之外，并详细描述这些抽象和它们的职责。

② 对简单协作进行建模。协作是一些共同工作的类、接口和其他元素的群体，提供一些合作行为强于所有这些因素的行为之和，要有相互协作的一组类来实现这些协作的语义。

③ 对逻辑数据库模式建模。将模式看作数据库的概念设计的蓝图，类图对这些数据库模式进行建模，有时也称为领域类图。

对象快照采用对象图进行建模。

参考答案

（41）A　（42）C　（43）D

试题（44）～（47）

自动售货机根据库存、存放货币量、找零能力、所选项目等不同，在货币存入并进行选择时具有如下行为：交付产品不找零；交付产品并找零；存入货币不足而不提供任何产品；库存不足而不提供任何产品。这一业务需求适合采用__（44）__模式设计实现，其类图如下图所示，其中__（45）__是客户程序使用的主要接口，可用状态来对其进行配置。此模式为__（46）__，体现的最主要的意图是__（47）__。

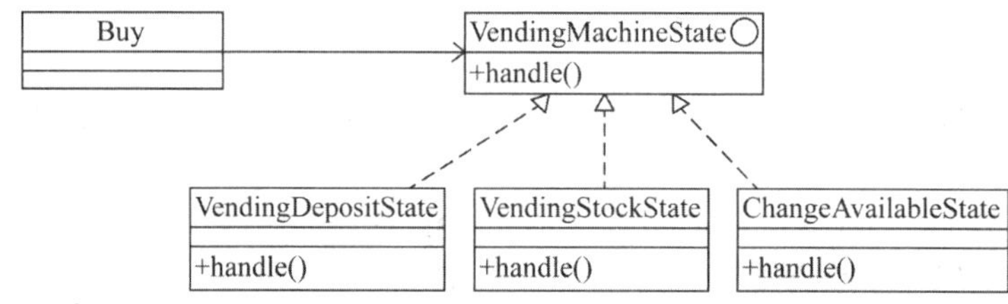

（44）A．观察者（Observer）　　B．状态（State）
　　C．策略（Strategy）　　D．访问者（Visitor）

（45）A．VendingMachineState　　B．Buy
　　C．VendingDepositState　　D．VendingStockState

（46）A．创建型对象模式　　B．结构型对象模式
　　C．行为型类模式　　D．行为型对象模式

（47）A．当一个对象状态改变时所有依赖它的对象得到通知并自动更新
　　B．在不破坏封装性的前提下，捕获对象的内部状态并在对象之外保存
　　C．一个对象在其内部状态改变时改变其行为
　　D．将请求封装为对象从而可以使用不同的请求对客户进行参数化

试题（44）～（47）分析

本题考查设计模式的基本概念。

按照设计模式的目的可以分为创建型模式、结构型模式以及行为型模式三大类。行为模式涉及算法和对象间职责的分配。行为模式不仅描述对象或类的模式，还描述它们之间的通信模式。观察者模式、状态模式、策略模式和访问者模式均为行为设计模式。每种设计模式都有特定的意图和适用情况。

观察者（Observer）模式的主要意图是：定义对象间的一种一对多的依赖关系，当一个对象的状态发生改变时，所有依赖于它的对象都得到通知并被自动更新。此模式的结构图如下所示。

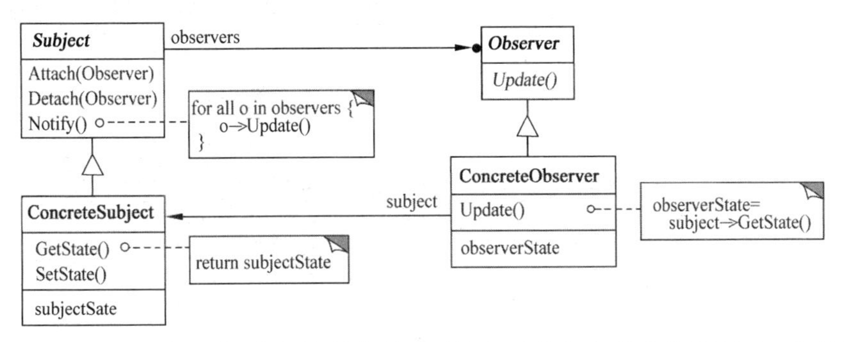

其中，Subject（目标）知道它的观察者，可以有任意多个观察者观察同一个目标；提供注册和删除观察者对象的接口。Observer（观察者）为那些在目标发生改变时需获得通知的对象定义一个更新接口。

状态（State）模式的主要意图是：允许一个对象在其内部状态改变时改变它的行为。对象看起来似乎修改了它的类。其结构图如下所示。

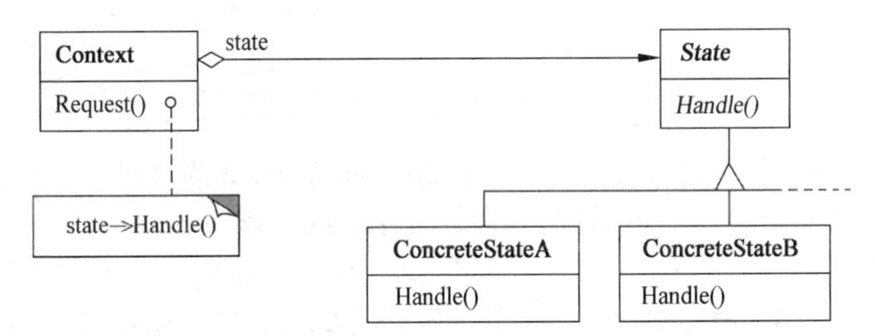

其中，Context（上下文）定义客户感兴趣的接口；State（状态）定义一个接口以封装与 Context 的一个特定状态相关的行为。

策略（Strategy）模式的主要意图是：定义一系列的算法，把它们一个个封装起来，并且使它们可以相互替换。此模式使得算法可以独立于使用它们的客户而变化。其结构图如下所示。

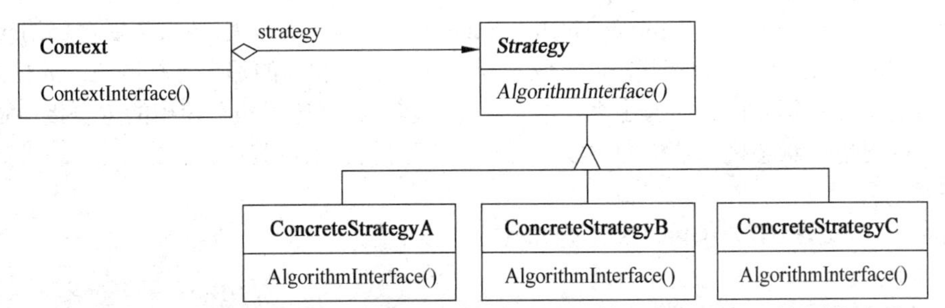

其中，Strategy（策略）定义所有支持的算法的公共接口。Context 使用这个接口来调用某 ConcreteStrategy 定义的算法。

访问者（Visitor）模式的主要意图是：表示一个作用于某对象结构中的各元素的操作。它允许在不改变各元素的类的前提下定义作用于这些元素的新操作。其结构图如下所示。

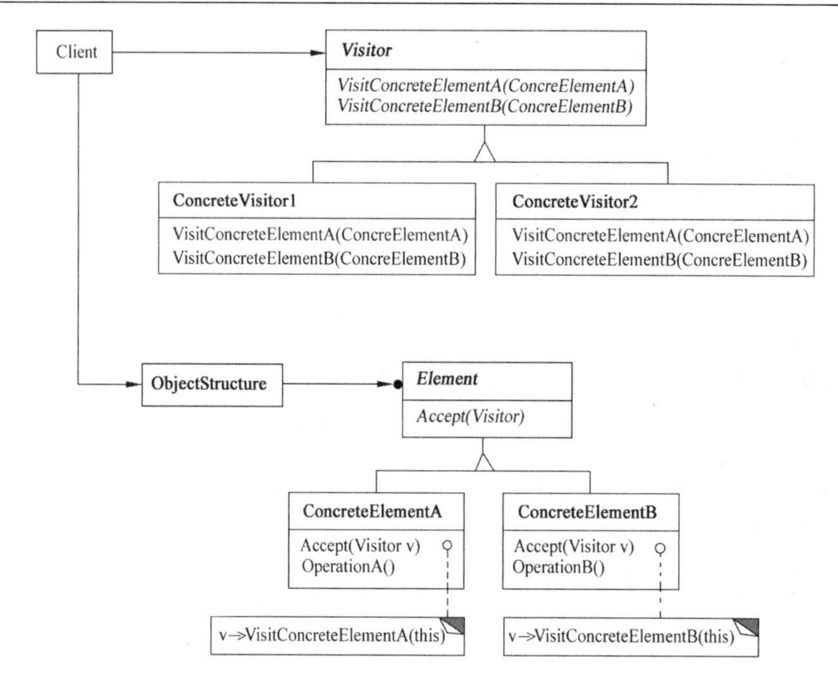

其中，Visitor（访问者）为该对象结构中 ConcreteElement 的每一个类声明一个 Visit 操作。Element（元素）定义以一个访问者为参数的 Accept 操作。

本题描述的自动售货机适合采用状态模式，属于行为型对象模式。自动售货机根据库存、存放货币量、找零能力、所选项目等不同而具有不同状态，这些内部状态的改变会使自动售货机的行为也发生改变。在用户存入货币并选择购买时，自动售货机根据状态的不同会有以下几种不同行为：交付产品不找零；交付产品并找零；存入货币不足而不提供任何产品；库存不足而不提供任何产品。

题图所示的类图中，VendingMachineState 接口定义了所有具体状态的公共接口 handle()，封装与特定状态相关的所有行为。VendingDepositState、VendingStockState 和 ChangeAvailableState 是实现 VendingMachineState 接口的具体状态类，各自实现自己的 handle() 行为。当 Buy 发送请求并改变状态时，这些具体状态类中相关的那个进行响应。此模式中，状态的变化发生在运行时，而非由客户端来决定。客户程序感兴趣和使用的主要接口定义在 Buy 中，即对应于状态模式结构图中的 Context，可用状态来对其进行配置。

参考答案

（44）B （45）B （46）D （47）C

试题（48）

编译过程中进行的语法分析主要是分析 （48） 。

（48）A．源程序中的标识符是否合法 B．程序语句的含义是否合法
C．程序语句的结构是否合法 D．表达式的类型是否合法

试题（48）分析

本题考查程序语言基础知识。

编译过程一般分为词法分析、语法分析、语义分析、中间代码生成、代码优化和目标代码生成，以及出错处理和符号表管理。其中，语法分析是在词法分析的基础上分析短语（表达式）、句子（语句）的结构是否正确。

参考答案

（48）C

试题（49）

某确定的有限自动机（DFA）的状态转换图如下图所示（0 是初态，4 是终态），则该 DFA 能识别__（49）__。

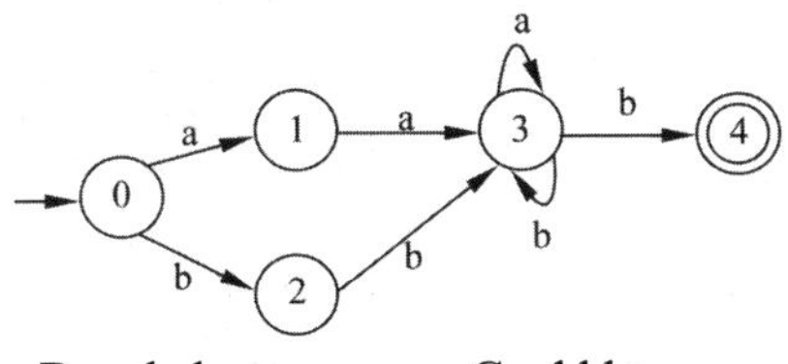

（49）A．aaab　　B．abab　　C．bbba　　D．abba

试题（49）分析

本题考查程序语言基础知识。

有限自动机（确定或非确定的）识别字符串的过程都是从初态出发，找出到达终态的一条路径，使得路径上的字符序列与所识别的字符串相同。

在题中所给的有限自动机上，可以在路径 0->1->3->3->4 上形成字符序列 aaab，所以 aaab 可被该自动机识别。

对于 abab，从状态 0 出发，首先识别出第一个字符 a 到达状态 1，接下来不存在识别第二个字符 b 的状态转移，所以不能识别 abab。

对于 bbba，从状态 0 出发，识别出第一个字符 b 到达状态 2，再识别出第二个字符 b 到达状态 3，随后识别出第三个字符仍然转移到状态 3，之后不存在能识别第四个字符 a 的状态转移，所以该自动机不能识别 bbba。

对于 abba，从状态 0 出发，首先识别出第一个字符 a 到达状态 1，接下来不存在识别第二个字符 b 的状态转移，所以不能识别 abba。

参考答案

（49）A

试题（50）

函数 main()、f()的定义如下所示。调用函数 f()时，第一个参数采用传值（Call by Value）方式，第二个参数采用传引用（Call by Reference）方式，则函数 main()执行后输出的值为__（50）__。

```
main( )
int x = 10;
f(x, x);
print(x);
```

```
f(int x, int &a)
x = 2*x - 1 ;
a = a + x;
return;
```

（50）A．10　　B．19　　C．20　　D．29

试题（50）分析

本题考查程序语言基础知识。

实现函数调用时，形参具有独立的存储空间。在传值方式下，是将实参的值拷贝给形参；在传引用方式下，是将实参的地址传递给形参，或者理解为被调用函数中形参名为实参的别名，因此，对形参的修改实质上就是对实参的修改。

题中 main()函数中的变量 x 为局部变量，调用函数 f()时，f()的第一个形参 x 是函数 f()的局部变量，其初始值为实参传过来的 10，经过运算"x = 2*x - 1"后修改为 19。函数 f()的第二个形参为引用参数，在函数 f()中访问 a 本质上是对 main()函数中 x 的访问，经过运算"a = a + x"后，将 a 修改为 10+19=29，也就是 main()函数的局部变量 x 被改为了 29。

参考答案

（50）D

试题（51）

采用三级结构/两级映像的数据库体系结构，如果对数据库的一张表创建聚簇索引，改变的是数据库的<u>（51）</u>。

（51）A．用户模式　　B．外模式　　C．模式　　D．内模式

试题（51）分析

本题考查数据库设计方面的相关知识。

在数据库系统中，如果对数据库的一张表创建聚簇索引，意味着重新确定表中数据的物理顺序，即需要改变的是数据库的内模式。聚簇索引对于那些经常要搜索范围值的列特别有效。使用聚簇索引找到包含第一个值的行后，便可以确保包含后续索引值的行在物理相邻。例如，如果应用程序执行的一个查询经常检索某一日期范围内的记录，则使用聚簇索引可以迅速找到包含开始日期的行，然后检索表中所有相邻的行，直到到达结束日期。这样有助于提高此类查询的性能。同样，如果对从表中检索的数据进行排序时经常要用到某一列，则可以将该表在该列上聚簇（物理排序），避免每次查询该列时都进行排序，从而节省成本。

参考答案

（51）D

试题（52）、（53）

某企业的培训关系模式 *R*（培训科目，培训师，学生，成绩，时间，教室），*R* 的函数依赖集 *F*＝{培训科目→培训师，(学生，培训科目)→成绩，(时间，教室)→培训科目，(时间，培训师)→教室，(时间，学生)→教室}。关系模式 *R* 的主键为<u>（52）</u>，其规范化程度最高达到<u>（53）</u>。

（52）A．（学生，培训科目）　　B．（时间，教室）
　　　C．（时间，培训师）　　　D．（时间，学生）

（53）A．1NF　　B．2NF　　C．3NF　　D．BCNF

试题（52）、（53）分析

本题主要考查关系模式规范化方面的相关知识。

根据函数依赖集 *F* 可知（时间，学生）可以决定关系 *R* 中的全部属性，故关系模式 *R*

的一个主键是（时间，学生）。

根据函数依赖集 *F* 可知，*R* 中的每个非主属性完全函数依赖于（时间，学生），所以 *R* 是 2NF。

参考答案

（52）D　（53）B

试题（54）、（55）

设关系模式 $R(U, F)$，其中：$U=\{A, B, C, D, E\}$，$F=\{A\rightarrow B, DE\rightarrow B, CB\rightarrow E, E\rightarrow A, B\rightarrow D\}$。__（54）__为关系模式 *R* 的候选关键字。分解__（55）__是无损连接，并保持函数依赖的。

（54）A．*AB*　　B．*DE*　　C．*DB*　　D．*CE*

（55）A．$\rho = \{ R_1(AC), R_2(ED), R_3(B) \}$

B．$\rho = \{ R_1(AC), R_2(E), R_3(DB) \}$

C．$\rho = \{ R_1(AC), R_2(ED), R_3(AB) \}$

D．$\rho = \{ R_1(ABC), R_2(ED), R_3(ACE) \}$

试题（54）、（55）分析

本题考查如何求解候选关键字和对模式分解的相关知识。

给定一个关系模式 $R(U,F)$，$U=\{A_1, A_2, \cdots, A_n\}$，*F* 是 *R* 的函数依赖集，若 $X_F^+=U$，则 *X* 必为 *R* 的唯一候选关键字。对于本题选项 A 求闭包 $(AB)_F^+ = ABD \neq U$，所以 *AB* 非候选关键字；选项 B 求闭包 $(DE)_F^+ = ABDE \neq U$，所以 *DE* 非候选关键字；选项 C 求闭包 $(DB)_F^+ = BD \neq U$，所以 *DB* 非候选关键字；选项 D 求闭包 $(CE)_F^+ = ABCDE = U$，所以 *CE* 为候选关键字。

根据无损连接的判定算法，对选项 C 构造初始的判定表如下：

分解的关系模式	*A*	*B*	*C*	*D*	*E*
$R_1(AC)$	a_1	b_{12}	a_3	b_{14}	b_{15}
$R_2(ED)$	b_{21}	b_{22}	b_{23}	a_4	a_5
$R_3(AB)$	a_1	a_2	b_{33}	b_{34}	b_{35}

由于 $A\rightarrow B$，属性 *A* 的第 1 行和第 3 行相同，可以将属性 *B* 第 1 行 b_{12} 改为 a_2；又由于 $B\rightarrow D$，属性 *B* 的第 1 行和第 3 行相同，可以将属性 *D* 第 1 行 b_{14} 和第 3 行 b_{34}（没有一行为 a_4）改为同一符号，即取行号值最小的 b_{14}，修改后的判定表如下。

分解的关系模式	*A*	*B*	*C*	*D*	*E*
$R_1(AC)$	a_1	a_2	a_3	b_{14}	b_{15}
$R_2(ED)$	b_{21}	b_{22}	b_{23}	a_4	a_5
$R_3(AB)$	a_1	a_2	b_{33}	b_{14}	b_{35}

反复检查函数依赖集 *F*，无法修改上表，所以选项 C 是有损连接的。

对选项 D 构造初始的判定表如下。

分解的关系模式	A	B	C	D	E
$R_1(ABC)$	a_1	a_2	a_3	b_{14}	b_{15}
$R_2(ED)$	b_{21}	b_{22}	b_{23}	a_4	a_5
$R_3(ACE)$	a_1	b_{32}	a_3	b_{34}	a_5

由于 $A\to B$，属性 A 的第 1 行和第 3 行相同，可以将属性 B 第 3 行 b_{32} 改为 a_2；又由于 $E\to A$，属性 E 的第 2 行和第 3 行相同，可以将属性 A 第 2 行 b_{21} 改为 a_1；又由于 $AC\to E$，属性 AC 的第 1 行和第 3 行相同，可以将属性 E 第 1 行 b_{15} 改为 a_5；又由于 $B\to D$，属性 B 的第 1 行和第 3 行相同，可以将属性 D 第 1 行 b_{14} 和第 3 行 b_{34}（没有一行为 a_4）改为同一符号，即取行号值最小的 b_{14}。修改后的判定表如下所示。

分解的关系模式	A	B	C	D	E
$R_1(ABC)$	a_1	a_2	a_3	b_{14}	a_5
$R_2(ED)$	a_1	b_{22}	b_{23}	a_4	a_5
$R_3(ACE)$	a_1	a_2	a_3	b_{34}	a_5

由于 $E\to D$，属性 E 的第 1～3 行相同，可以将属性 D 第 1 行和第 3 行 b_{14} 改为 a_4。修改后的判定表如下所示。

分解的关系模式	A	B	C	D	E
$R_1(ABC)$	a_1	a_2	a_3	a_4	a_5
$R_2(ED)$	a_1	b_{22}	b_{23}	a_4	a_5
$R_3(ACE)$	a_1	a_2	a_3	a_4	a_5

由于上表第一行全为 a，故分解无损。

现在分析该分解是否保持函数依赖。若分解保持函数依赖，那么分解的子模式的函数依赖集 $F^+=\left(\bigcup_{i=1}^{n}\prod_{R_i}(F^+)\right)^+$。$F_{R_1}=A\to B,CB\to A$，$F_{R_2}=E\to D$（根据 Armstrong 公理系统传递依赖，$E\to A, A\to B, B\to D$，所以 $E\to D$），$F_{R_3}=E\to A$。可以求证 F^+ 与 $(F_{R_1}+F_{R_2}+F_{R_3})^+$ 等价，即 $F^+=(F_{R_1}+F_{R_2}+F_{R_3})^+=(A\to B,CB\to A,E\to D,E\to A)^+$，所以该分解保持函数依赖。

参考答案

（54）D　（55）D

试题（56）

在基于 Web 的电子商务应用中，访问存储于数据库中的业务对象的常用方式之一是<u>（56）</u>。

（56）A．JDBC　　B．XML　　C．CGI　　D．COM

试题（56）分析

本题考查基于 Web 的应用的基础知识。

JDBC 是 Java 技术中访问数据库的方式，也是目前用 Java 技术实现的基于 Web 的应用的数据库访问方式。COM 是一种组件技术，CGI 是一种网络应用技术，而 XML 是一种数据格式定义，它们均不是访问数据库的方式。

参考答案

（56）A

试题（57）

设 S 是一个长度为 n 的非空字符串，其中的字符各不相同，则其互异的非平凡子串（非空且不同于 S 本身）个数为 （57） 。

（57）A．$2n-1$　　B．n^2　　C．$n(n+1)/2$　　D．$(n+2)(n-1)/2$

试题（57）分析

本题考查数据结构基础知识。

按照子串长度考虑，长度为 1 的子串为 n 个，长度为 2 的子串为 $n-1$ 个，以此类推，长度为 $n-1$ 的子串为 2 个，合计 $n+n-1+\cdots+3+2=(n+2)(n-1)/2$。

参考答案

（57）D

试题（58）

假设某消息中只包含 7 个字符{a，b，c，d，e，f，g}，这 7 个字符在消息中出现的次数为{5，24，8，17，34，4，13}，利用哈夫曼树（最优二叉树）为该消息中的字符构造符合前缀编码要求的不等长编码。各字符的编码长度分别为 （58） 。

（58）A．a:4, b:2, c:3, d:3, e:2, f:4, g:3　　B．a:6, b:2, c:5, d:3, e:1, f:6, g:4
　　C．a:3, b:3, c:3, d:3, e:3, f:2, g:3　　D．a:2, b:6, c:3, d:5, e:6, f:1, g:4

试题（58）分析

本题考查数据结构基础知识。

根据各字符出现的次数用哈夫曼算法构造的哈夫曼树（不唯一，但各对应叶子结点所在层次相同）如下图所示，从树根到叶子的路径长度即为叶子结点的编码长度。

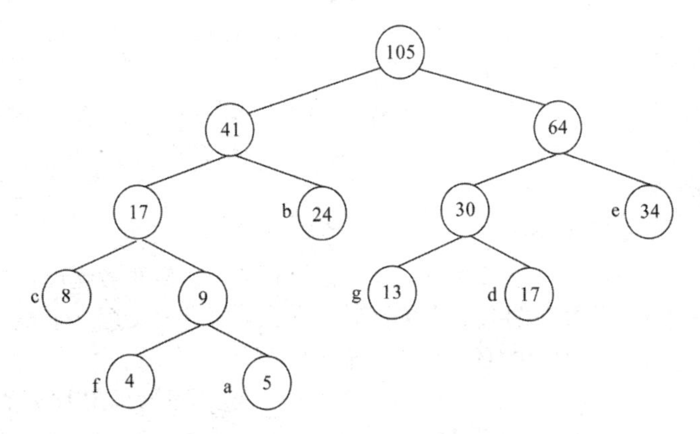

参考答案

（58）A

试题（59）

设某二叉树采用二叉链表表示（即结点的两个指针分别指示左、右孩子）。当该二叉树包含 k 个结点时，其二叉链表结点中必有__(59)__个空的孩子指针。

（59）A．k-1　　B．k　　C．k+1　　D．2k

试题（59）分析

本题考查数据结构基础知识。

当二叉树包含 k 个结点时，链表中每个结点有两个孩子指针，共 2k 个，每个指针表示一个父子关系。非空二叉树中除了根结点外，每个结点都有唯一的父结点，因此 2k 个孩子指针中用 k-1 个表示结点的父子关系，其余的 k+1 个孩子指针都为空指针。

参考答案

（59）C

试题（60）

以下关于无向连通图 G 的叙述中，不正确的是__(60)__。

（60）A．G 中任意两个顶点之间均有边存在

B．G 中任意两个顶点之间存在路径

C．从 G 中任意顶点出发可遍历图中所有顶点

D．G 的邻接矩阵是对称矩阵

试题（60）分析

本题考查数据结构基础知识。

错误的说法是 G 中任意两个顶点之间均有边存在，无向连通图只保证每对结点间都有路径。

参考答案

（60）A

试题（61）

两个递增序列 A 和 B 的长度分别为 m 和 n（$m < n$ 且 m 与 n 接近），将二者归并为一个长度为 $m+n$ 的递增序列。当元素关系为__(61)__时，归并过程中元素的比较次数最少。

（61）A．$a_1 < a_2 < \ldots < a_{m-1} < a_m < b_1 < b_2 < \ldots < b_{n-1} < b_n$

B．$b_1 < b_2 < \ldots < b_{n-1} < b_n < a_1 < a_2 < \ldots < a_{m-1} < a_m$

C．$a_1 < b_1 < a_2 < b_2 < \ldots < a_{m-1} < b_{m-1} < a_m < b_m < b_{m+1} < \ldots < b_{n-1} < b_n$

D．$b_1 < b_2 < \ldots < b_{m-1} < b_m < a_1 < a_2 < \ldots < a_{m-1} < a_m < b_{m+1} < \ldots < b_{n-1} < b_n$

试题（61）分析

本题考查数据结构基础知识。

归并过程是从序列 A 和 B 各自取一个元素进行比较，较小者输出，同时由较小者所在序列递补下一个元素，继续进行比较、输出较小元素以及递补处理，重复至其中一个序列结束为止，最后将未结束序列的所有剩余元素输出即可。

若元素关系为 $a_1 < a_2 < \cdots < a_{m-1} < a_m < b_1 < b_2 < \cdots < b_{n-1} < b_n$（即 B 序列的元素都大于 A 序列的元素），则归并过程中需要使得 B 序列的 b_1 与 A 序列的全部 m 个元素都比较 1 次，因此共比较 m 次。

若元素关系为 $b_1 < b_2 < \cdots < b_{n-1} < b_n < a_1 < a_2 < \cdots < a_{m-1} < a_m$（即 B 序列的元素都小于 A 序列的元素），则归并过程中需要使得 B 序列的所有 n 个元素与 A 序列的 a_1 都比较 1 次，因此共比较 n 次。

若元素关系为 $a_1 < b_1 < a_2 < b_2 < \cdots < a_{m-1} < b_{m-1} < a_m < b_m < b_{m+1} < \cdots < b_{n-1} < b_n$，则 a_1 与 b_1 比较，a_1 输出，然后 b_1 与 a_2 比较，b_1 输出，以此类推，比较总次数为 $m+m-1$，如下图所示，其中横线表示的比较操作后输出 A 的元素，斜线表示的比较操作后输出 B 的元素。

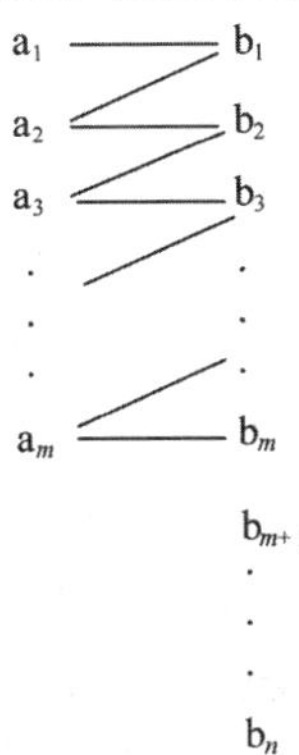

若元素关系为 $b_1 < b_2 < \cdots < b_{m-1} < b_m < a_1 < a_2 < \cdots < a_{m-1} < a_m < b_{m+1} < \cdots < b_{n-1} < b_n$，则 a_1 与 B 序列的前 m 个元素都比较 1 次，共 m 次，然后 b_{m+1} 与 A 序列的 m 个元素都比较 1 次，共 m 次，A 序列结束，所以不再比较，该归并过程中共进行 $2m$ 次比较。

参考答案

（61）A

试题（62）、（63）

求解两个长度为 n 的序列 X 和 Y 的一个最长公共子序列（如序列 ABCBDAB 和 BDCABA 的一个最长公共子序列为 BCBA）可以采用多种计算方法。如可以采用蛮力法，对 X 的每一个子序列，判断其是否也是 Y 的子序列，最后求出最长的即可，该方法的时间复杂度为<u>（62）</u>。经分析发现该问题具有最优子结构，可以定义序列长度分别为 i 和 j 的两个序列 X 和 Y 的最长公共子序列的长度为 c[i,j]，如下式所示。

$$c[i,j]=\begin{cases}0 & 若 i=0 或 j=0\\ c[i-1,j-1]+1 & 若 i,j>0 且 x_i=y_j\\ \max(c[i-1,j],c[i,j-1]) & 其他\end{cases}$$

采用自底向上的方法实现该算法，则时间复杂度为<u>（63）</u>。

（62）A．$O(n^2)$　　B．$O(n^2\lg n)$　　C．$O(n^3)$　　D．$O(n2^n)$

（63）A．$O(n^2)$　　B．$O(n^2\lg n)$　　C．$O(n^3)$　　D．$O(n2^n)$

试题（62）、（63）分析

本题考查算法设计与分析的基础知识。

要求考生熟悉典型的算法设计技术及其典型的问题的求解。

应用蛮力法求解最长公共子序列时，其思路在题干中已经给出。对 X 的每一个子序列，判断其是否也是 Y 的子序列，那么长度为 n 的序列 X 的子序列数是 2^n，而判断一个子序列是否也是 Y 的子序列的时间是 n，因此时间复杂度为 $O(n2^n)$。

而采用动态规划自底向上的方法求解时，题干也给出了最优子结构和递归式的定义，因此很容易看出算法的时间复杂度，实际上就是 i 和 j 的两重循环，时间复杂度为 $O(n^2)$。

参考答案

（62）D　（63）A

试题（64）、（65）

现需要对一个基本有序的数组进行排序。此时最适宜采用的算法为＿（64）＿排序算法，时间复杂度为＿（65）＿。

（64）A．插入　　B．快速　　C．归并　　D．堆

（65）A．$O(n)$　　B．$O(n\lg n)$　　C．$O(n^2)$　　D．$O(n^2\lg n)$

试题（64）、（65）分析

本题考查基本算法的时间复杂度分析，要求考生对典型的算法能熟练掌握。

插入排序在输入数据基本有序的情况下，是其计算时间的最好情况，复杂度为 $O(n)$，其他情况下时间复杂度为 $O(n^2)$。快速排序在输入数据有序或者逆序的情况下，是其计算时间的最坏情况，复杂度为 $O(n^2)$，其他情况下时间复杂度为 $O(n\lg n)$。而归并排序和堆排序算法在所有情况下的时间复杂度均为 $O(n\lg n)$。

参考答案

（64）A　（65）A

试题（66）

相比于 TCP，UDP 的优势为＿（66）＿。

（66）A．可靠传输　　B．开销较小　　C．拥塞控制　　D．流量控制

试题（66）分析

本题考查传输层协议的基本原理。

主要的传输层协议为 TCP 和 UDP。TCP 协议的实现较为复杂，采用 3 次握手建立连接，传输过程中能实现可靠传输、流量控制以及拥塞控制，因而也带来了较大开销。UDP 协议主要通过端口号实现传输层级的寻址，开销也小。

参考答案

（66）B

试题（67）

若一台服务器只开放了 25 和 110 两个端口，那么这台服务器可以提供＿（67）＿服务。

（67）A．E-mail　　B．Web　　C．DNS　　D．FTP

试题（67）分析

本题考查的是传输层的基础知识。

传输层协议 TCP 和 UDP，对应不同的端口就可以标识不同应用层协议。应用层协议代表着服务器上的服务，服务器上的服务如果对客户端提供服务，必须在 TCP 或 UDP 端口侦

听客户端的请求。

邮件服务使用两个协议，SMTP（简单邮件传送协议）和 POP3（邮局协议），SMTP 用于发送邮件，使用 25 号端口，POP3 用于接收邮件，使用 110 号端口，这两种协议均是基于 TCP 协议的应用层协议。

参考答案

（67）A

试题（68）

SNMP 是一种异步请求/响应协议，采用__（68）__协议进行封装。

（68）A．IP　　B．ICMP　　C．TCP　　D．UDP

试题（68）分析

本题考查的是 SNMP 协议的功能。

SNMP 采用 UDP 协议进行封装。

参考答案

（68）D

试题（69）

在一台安装好 TCP/IP 协议的计算机上，当网络连接不可用时，为了测试编写好的网络程序，通常使用的目的主机 IP 地址为__（69）__。

（69）A．0.0.0.0　　B．127.0.0.1　　C．10.0.0.1　　D．210.225.21.255/24

试题（69）分析

本题考查本地回送地址。

127.0.0.1 是本地回送地址，当网络连接不可用时，为了测试编写好的网络程序，通常使用的目的主机 IP 地址为 127.0.0.1。

参考答案

（69）B

试题（70）

测试网络连通性通常采用的命令是__（70）__。

（70）A．Netstat　　B．Ping　　C．Msconfig　　D．Cmd

试题（70）分析

本题考查网络检测的基础知识。

备选项命令的作用分别是：Netstat 用于显示网络相关信息；Ping 用于检查网络是否连通；Msconfig 用于 Windows 配置的应用程序；Cmd 称为命令提示符，是在操作系统中进行命令输入的工作提示符。

参考答案

（70）B

试题（71）～（75）

The development of the Semantic Web proceeds in steps, each step building a layer on top of another. The pragmatic justification for this approach is that it is easier to achieve __（71）__ on small steps, whereas it is much harder to get everyone on board if too much is attempted. Usually there are several research groups moving in different directions; this （72） of ideas is a major driving force for scientific progress. However, from an engineering perspective there is a need to standardize. So, if most researchers agree on certain issues and disagree on others, it makes sense to fix the points of agreement. This way, even if the more ambitious research efforts should fail, there will be at least （73） positive outcomes.

Once a （74） has been established, many more groups and companies will adopt it, instead of waiting to see which of the alternative research lines will be successful in the end. The nature of the Semantic Web is such that companies and single users must build tools, add content, and use that content. We cannot wait until the full Semantic Web vision materializes—it may take another ten years for it to be realized to its full （75） (as envisioned today, of course).

（71）A. conflicts　B. consensus　C. success　D. disagreement

（72）A. competition　B. agreement　C. cooperation　D. collaboration

（73）A. total　B. complete　C. partial　D. entire

（74）A. technology　B. standard　C. pattern　D. model

（75）A. area　B. goal　C. object　D. extent

参考译文

语义网（Semantic Web）的发展需要逐步推进，每一步都在前一层之上建立一层。这样做的务实理由是，小步骤达成共识比较容易，而如果尝试过多，要让所有人都达成共识则要困难得多。通常，会有多个研究团队沿着不同方向研究同一问题，由此产生的不同想法之间的竞争是科学进步的主要驱动力。然而，从工程化的角度而言，标准是必要的。如果大多数研究者在某些方面达成一致而在另一些方面不一致，将有助于确立哪些是共同点。这样的话，即使更宏伟的研究目标失败了，至少也能得到部分积极成果。

标准一旦建立，更多的团体和公司就会采纳这个标准，而不是继续观望哪个研究方案将最终胜出。语义网的本质促使公司和个人用户必须构建工具，添加内容并使用该内容。我们不能坐等语义网愿景全部实现——那可能还需要十年的时间（当然这是现在的设想）。

参考答案

（71）B　（72）A　（73）C　（74）B　（75）D

第 8 章　2017 下半年软件设计师下午试题分析与解答

试题一（共 15 分）

阅读下列说明和图，回答问题 1 至问题 4，将解答填入答题纸的对应栏内。

【说明】

某公司拟开发一个共享单车系统，采用北斗定位系统进行单车定位，提供针对用户的 APP 以及微信小程序、基于 Web 的管理与监控系统。该共享单车系统的主要功能如下。

（1）用户注册登录。用户在 APP 端输入手机号并获取验证码后进行注册，将用户信息进行存储。用户登录后显示用户所在位置周围的单车。

（2）使用单车。

① 扫码/手动开锁。通过扫描二维码或手动输入编码获取开锁密码，系统发送开锁指令进行开锁，系统修改单车状态，新建单车行程。

② 骑行单车。单车定时上传位置，更新行程。

③ 锁车结账。用户停止使用或手动锁车并结束行程后，系统根据已设置好的计费规则及使用时间自动结算，更新本次骑行的费用并显示给用户，用户确认支付后，记录行程的支付状态。系统还将重置单车的开锁密码和单车状态。

（3）辅助管理。

① 查询。用户可以查看行程列表和行程详细信息。

② 报修。用户上报所在位置或单车位置以及单车故障信息并进行记录。

（4）管理与监控。

① 单车管理及计费规则设置。商家对单车基础信息、状态等进行管理，对计费规则进行设置并存储。

② 单车监控。对单车、故障、行程等进行查询统计。

③ 用户管理。管理用户信用与状态信息，对用户进行查询统计。

现采用结构化方法对共享单车系统进行分析与设计，获得如图 1-1 所示的上下文数据流图和图 1-2 所示的 0 层数据流图。

【问题 1】（3 分）

使用说明中的词语，给出图 1-1 中的实体 E1～E3 的名称。

【问题 2】（5 分）

使用说明中的词语，给出图 1-2 中的数据存储 D1～D5 的名称。

【问题 3】（5 分）

根据说明和图中术语及符号，补充图 1-2 中缺失的数据流及其起点和终点。

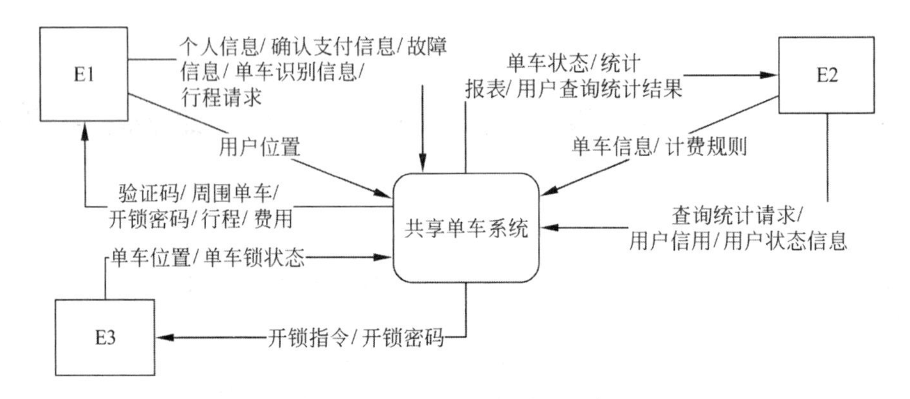

图 1-1　上下文数据流图

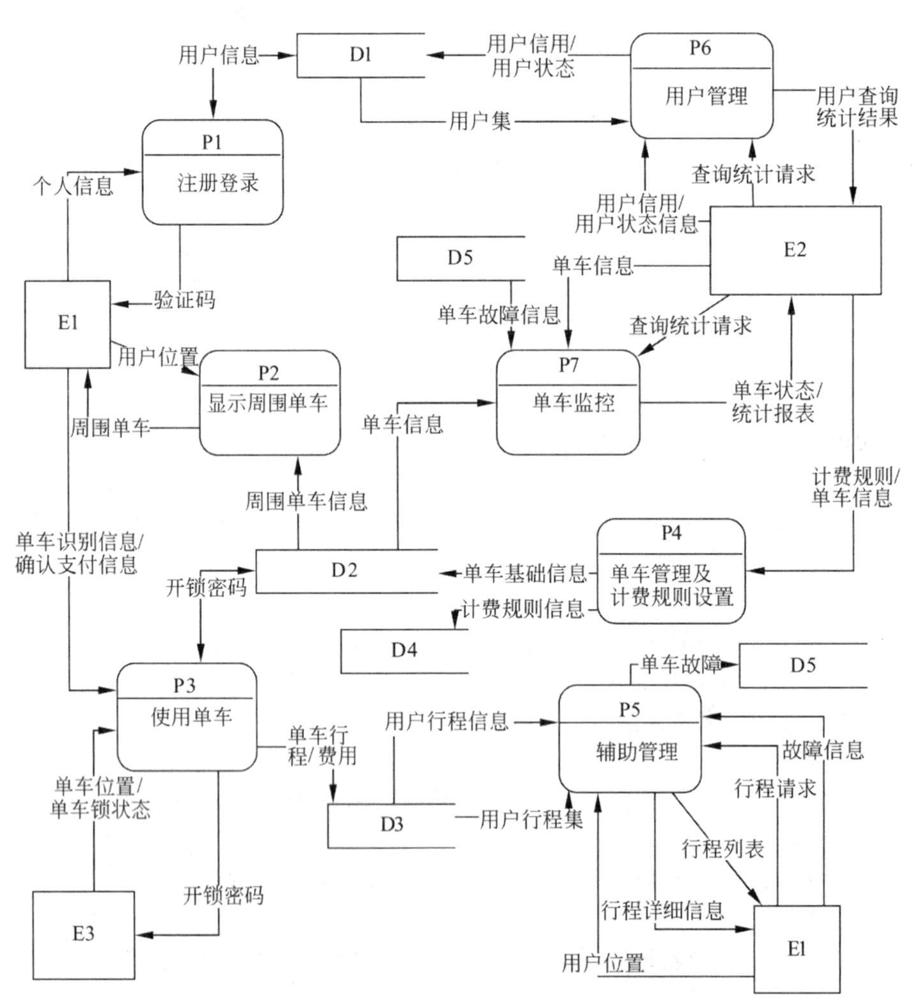

图 1-2　0 层数据流图

【问题 4】（2 分）

根据说明中的术语，说明“使用单车”可以分解为哪些子加工？

试题一分析

本题考查采用结构化方法进行软件系统的分析与设计，主要考查数据流图（DFD）的应用，考点与往年类似。DFD 是结构化分析与设计方法中面向数据流建模的工具，它将系统建模成输入、加工（处理）、输出的模型，即流入软件的数据对象、经由加工的转换、最后以结果数据对象的形式流出软件，并采用自顶向下分层且逐层细化的方式，建模不同详细程度的数据流图模型。

首先需要建模上下文数据流图（顶层 DFD）来确定系统边界。在上下文 DFD 中，待开发软件系统被看作一个加工，为系统提供输入数据以及接收系统输出数据的是外部实体，外部实体和加工之间的输入输出即为数据流。

在上下文 DFD 中确定的外部实体以及与外部实体的输入输出数据流的基础上，将上下文 DFD 中的加工分解成多个加工，分别识别这些加工的输入数据流以及经过加工变换后的输出数据流，建模 0 层 DFD。根据 0 层 DFD 中加工的复杂程度进一步建模加工的内容。

在建模分层 DFD 时，根据需求情况可以将数据存储建模在不同层次的 DFD 中。建模时，需要注意加工和数据流的正确使用，一个加工必须既有输入又有输出；数据流需和加工相关，即数据流至少有一头为加工。注意在绘制下层数据流图时要保持父图与子图平衡，即父图中某加工的输入输出数据流必须与其子图的输入输出数据流在数量和名字上相同，或者父图中的一个输入（或输出）数据流对应于子图中几个输入（或输出）数据流并集。

本题题干描述清晰，易于分析，要求考生细心分析题目中所描述的内容。

【问题 1】

本问题考查的是上下文 DFD，要求确定外部实体。在上下文 DFD 中，待开发系统名称“共享单车系统”作为唯一加工的名称，外部实体为这一加工提供输入数据流或者接收其输出数据流。通过考查系统的主要功能发现，系统中涉及用户、单车、商家。根据描述（1）中“用户在 APP 端输入手机号并获取验证码后进行注册”、描述（2）②中“单车定时上传位置”、描述（4）①中“商家对单车基础信息、状态等进行管理”等信息，对照图 1-1，即可确定 E1 为“用户”实体，E2 为“商家”实体，E3 为“单车”实体。

【问题 2】

本问题要求确定图 1-2 0 层数据流图中的数据存储。重点分析说明中与数据存储有关的描述。根据说明（1）中“将用户信息进行存储”以及“用户登录后……”，可知加工“注册登录”需要将新注册用户信息存储在 D1，并从 D1 中读取用户信息进行登录验证，由此可知 D1 为“用户”。根据说明（1）中“显示用户所在位置周围的单车”，可知加工“显示周围单车”需要从 D2 中获取用户周围单车信息，根据说明（2）中 “获取开锁密码”和“系统还将重置单车的开锁密码和单车状态”，可知加工“使用单车”从 D2 中获取对应单车的密码和向对应单车信息中更新重置的密码，由此可知 D2 为“单车”。根据说明（2）中骑行单车时会“更新行程”、说明（3）中“用户可以查看行程列表和行程详细信息”，可知 D3 为“行程”。根据说明（4）中“商家对单车基础信息、状态等进行管理，对计费规则进行设置并存储”，可知 D4 为“计费规则”。根据说明（3）中“用户上报所在位置或单车位置以及单车故障信息并进行记录”，可知 D5 为“单车故障”。

【问题 3】

本问题要求补充缺失的数据流及其起点和终点。对照图 1-1 和图 1-2 的输入、输出数据流，缺少了从加工到外部实体 E1（用户）的数据流——“费用”和“开锁密码”，从加工到外部实体 E3（单车）的数据流——“开锁指令”。

再考查题干中的说明判定是否缺失内部的数据流，不难发现缺失的数据流。根据使用单车描述“系统修改单车状态”“系统根据已设置好的计费规则及使用时间自动结算，更新本次骑行的费用并显示给用户”，可知缺少加工使用单车（P3）发给 D2（单车）的“单车状态”，还缺少从存储 D4（计费规则）获取“计费规则”。根据说明（4）②中单车监控“对单车、故障、行程等进行查询统计”，可知图 1-2 中缺少了从 D3（行程）至加工单车监控（P7）的用于查询统计的行程集信息。

【问题 4】

在自顶向下建模分层 DFD 时，根据功能的粒度，可以进一步进行分解。在图 1-2 所示的 0 层数据流中，“使用单车”对应于说明（2），其中分为 3 个主要子功能——扫码/手动开锁、骑行单车和锁车结账，涉及输入输出数据流数量多，将其根据建模所需粒度进行分解可以分解为扫码/手动开锁、更新行程（骑行单车的主要功能）、锁车结账，或者可以进行更细粒度的分解，可以分解为扫码/手动开锁、更新行程、锁车、计算费用、重置开锁密码、用户确认支付。

参考答案

【问题 1】

E1：用户

E2：商家

E3：单车

【问题 2】

D1：用户

D2：单车

D3：行程或行程及费用

D4：计费规则

D5：单车故障

（注：名称后面可以带有“文件”或“表”）

【问题 3】

数据流	起点	终点
单车状态	P3 或使用单车	D2 或单车
开锁指令	P3 或使用单车	E3 或单车
计费规则	D4 或计费规则	P3 或使用单车
费用	P3 或使用单车	E1 或用户

续表

数据流	起点	终点
开锁密码	P3 或使用单车	E1 或用户
行程集信息	D3 或行程或行程及费用	P7 或单车监控

（注：数据流没有顺序要求）

【问题 4】

扫码/手动开锁、更新行程、锁车结账

或

扫码/手动开锁、更新行程、锁车、计算费用、重置开锁密码、用户确认支付

试题二（共 15 分）

阅读下列说明，回答问题 1 至问题 4，将解答填入答题纸的对应栏内。

【说明】

M 公司为了便于开展和管理各项业务活动，提高公司的知名度和影响力，拟构建一个基于网络的会议策划系统。

【需求分析结果】

该系统的部分功能及初步需求分析的结果如下：

（1）M 公司旗下有业务部、策划部和其他部门。部门信息包括部门号、部门名、主管、联系电话和邮箱号。每个部门只有一名主管，只负责管理本部门的工作，且主管参照员工关系的员工号；一个部门有多名员工，每名员工属于且仅属于一个部门。

（2）员工信息包括员工号、姓名、职位、联系方式和薪资。职位包括主管、业务员、策划员等。业务员负责受理用户申请，设置受理标志。一名业务员可以受理多个用户申请，但一个用户申请只能由一名业务员受理。

（3）用户信息包括用户号、用户名、银行账号、电话、联系地址。用户号唯一标识用户信息中的每一个元组。

（4）用户申请信息包括申请号、用户号、会议日期、天数、参会人数、地点、预算费用和受理标志。申请号唯一标识用户申请信息中的每一个元组，且一个用户可以提交多个申请，但一个用户申请只对应一个用户号。

（5）策划部主管为已受理的用户申请制定会议策划任务。策划任务包括申请号、任务明细和要求完成时间。申请号唯一标识策划任务的每一个元组。一个策划任务只对应一个已受理的用户申请，但一个策划任务可由多名策划员参与执行，且一名策划员可以参与执行多项策划任务。

【概念模型设计】

根据需求阶段收集的信息，设计的实体联系图（不完整）如图 2-1 所示。

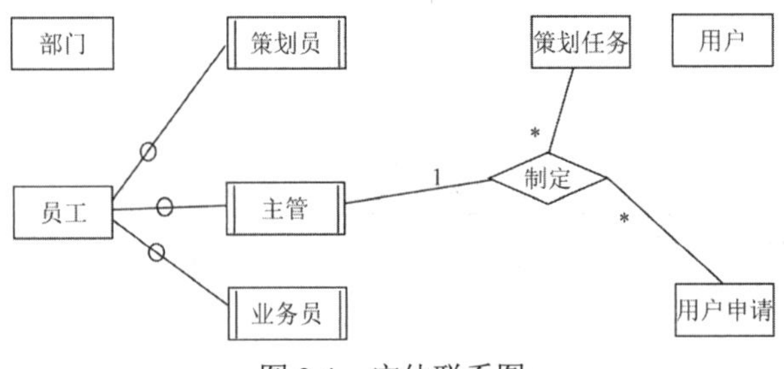

图2-1　实体联系图

【关系模式设计】

部门(部门号,部门名,部门主管,联系电话,邮箱号)
员工(员工号,姓名,__(a)__,联系方式,薪资)
用户(用户名,__(b)__,电话,联系地址)
用户申请(申请号,用户号,会议日期,天数,参会人数,地点,受理标志,__(c)__)
策划任务(申请号,任务明细,__(d)__)
执行(申请号,策划员,实际完成时间,用户评价)

【问题1】(5分)

根据问题描述，补充五个联系，完善图2-1的实体联系图。联系名可用联系1、联系2、联系3、联系4和联系5表示，联系的类型为1∶1、1∶n和m∶n（或1∶1、1∶*和*∶*)。

【问题2】(4分)

根据题意，将关系模式中的空（a）～（d）补充完整，并填入答题纸对应的位置上。

【问题3】(4分)

给出“用户申请”和“策划任务”关系模式的主键和外键。

【问题4】(2分)

请问“执行”关系模式的主键为全码的说法正确吗？为什么？

试题二分析

本题考查数据库系统中实体联系模型（E-R模型）和关系模式设计的知识及应用。

【问题1】

可分析如下：

根据描述“每个部门只有一名主管，只负责管理本部门的工作”，所以部门和主管之间有一个“管理”联系，联系类型为1∶1。

根据描述“一个部门有多名员工，每名员工属于且仅属于一个部门”，所以部门和员工之间有一个“所属”联系，联系类型为1∶*。

根据描述“一个用户可以提交多个申请，但一个用户申请只对应一个用户号”，所以用户和用户申请之间有一个“提交”联系，联系类型为1∶*。

根据描述“一名业务员可以受理多个用户申请，但一个用户申请只能由一名业务员受理”，所以业务员与用户申请之间有一个“受理”联系，联系类型为1∶*。

根据描述“一个策划任务可由多名策划员参与执行，且一名策划员可以参与执行多项策划任务”，所以策划员与策划任务之间有一个“执行”联系，联系类型为*∶*。

根据上述分析，完善的实体联系图可参见参考答案。

【问题 2】

根据题意，员工信息包括员工号、姓名、职位、联系方式和薪资，故员工关系模式中需要添加“职位”；又因为部门和员工之间有一个 1∶*的“所属”联系，需要将一端的码“部门号”并入多端，故员工关系模式中需要添加“部门号”。根据分析，空（a）应填写部门号，职位。

根据题目描述，用户信息包括用户号、用户名、银行账号、电话、联系地址，给定的用户关系模式中，不含用户号、银行账号，故空（b）应填写用户号，银行账号。

由于用户申请包括申请号、用户号、会议日期、天数、参会人数、地点、预算费用、受理标志和业务员，故空（c）应填写预算费用，业务员。

根据题目描述，策划任务包括申请号、任务明细、要求完成时间、主管，所以空（d）应填写要求完成时间，主管。

【问题 3】

根据描述，“申请号唯一标识用户申请信息中的每一个元组，且一个用户可以提交多个申请，但一个用户申请只对应一个用户号”，所以用户申请关系模式的主键为申请号。用户申请关系模式的外键为用户号、业务员，因为用户号是用户关系的主键，根据外键定义可知，用户号是用户申请关系的外键；又因为业务员参照员工关系的员工号，所以根据外键定义，业务员是用户申请关系的外键。

策划任务关系模式的主键为申请号、外键为主管。根据题意，“申请号唯一标识策划任务的每一个元组”，所以策划任务关系模式的主键为申请号；又因为主管参照员工关系的员工号，所以根据外键定义，主管是策划任务关系的外键。

【问题 4】

“执行”关系的主键为全码的说法不正确。因为全码是指关系模式的所有属性组是这个关系模式的候选码，而“执行”关系的主键为申请号，策划员。

参考答案

【问题 1】

完善后的实体联系图如下所示（所补充的联系和类型如虚线所示）。

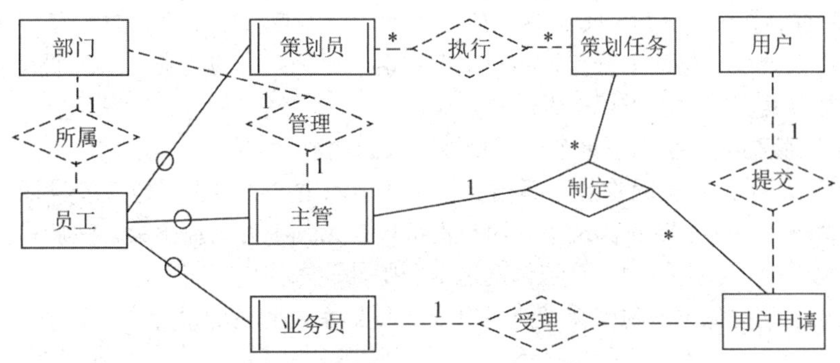

（注：*可以用 m、n 等进行表示）

【问题2】

（a）部门号，职位

（b）用户号，银行账号

（c）预算费用，业务员号/员工号

（d）要求完成时间，主管号/员工号

【问题3】

“用户申请”关系模式：主键为申请号

外键为用户号，业务员号/员工号

“策划任务”关系模式：主键为申请号

外键为主管号/员工号

【问题4】

不正确。

因为全码是指关系模式的所有属性组是这个关系模式的候选码，而“执行”关系模式的主键为申请号、策划员。

试题三（共15分）

阅读下列说明，回答问题1至问题3，将解答填入答题纸的对应栏内。

【说明】

某大学拟开发一个用于管理学术出版物（Publication）的数字图书馆系统，用户可以从该系统查询或下载已发表的学术出版物。系统的主要功能如下：

1．登录系统。系统的用户（User）仅限于该大学的学生（Student）、教师（Faculty）和其他工作人员（Staff）。在访问系统之前，用户必须使用其校园账户和密码登录系统。

2．查询某位作者（Author）的所有出版物。系统中保存了会议文章（ConfPaper）、期刊文章（JournalArticle）和校内技术报告（TechReport）等学术出版物的信息，如题目、作者以及出版年份等。除此之外，系统还存储了不同类型出版物的一些特有信息：

（1）对于会议文章，系统还记录了会议名称、召开时间以及召开地点；

（2）对于期刊文章，系统还记录了期刊名称、出版月份、期号以及主办单位；

（3）对于校内技术报告，系统记录了由学校分配的唯一ID。

3．查询指定会议集（Proceedings）或某个期刊特定期（Edition）的所有文章。会议集包含了发表在该会议（在某个特定时间段、特定地点召开）上的所有文章。期刊的每一期在特定时间发行，其中包含若干篇文章。

4．下载出版物。系统记录每个出版物被下载的次数。

5．查询引用了某篇出版物的所有出版物。在学术出版物中引用他人或早期的文献作为相关工作或背景资料是很常见的现象。用户也可以在系统中为某篇出版物注册引用通知，若有新的出版物引用了该出版物，系统将发送电子邮件通知该用户。

现在采用面向对象方法对该系统进行开发，得到系统的初始设计类图如图3-1所示。

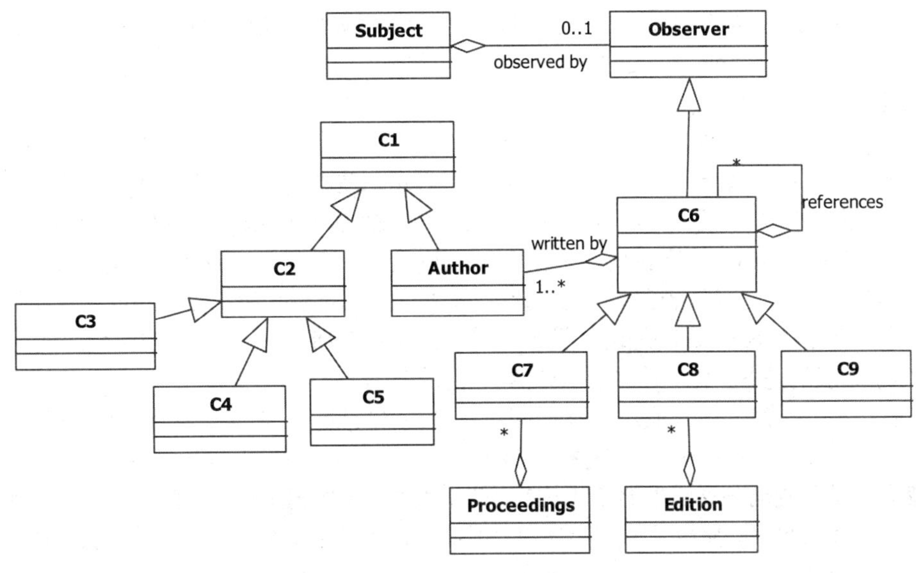

图 3-1　初始设计类图

【问题 1】（9 分）

根据说明中的描述，给出图 3-1 中 C1～C9 所对应的类名。

【问题 2】（4 分）

根据说明中的描述，给出图 3-1 中类 C6～C9 的属性。

【问题 3】（2 分）

图 3-1 中包含了哪种设计模式？实现的是该系统的哪个功能？

试题三分析

本题属于经典的考题，主要考查面向对象分析与设计的基本概念。在建模方面，本题只涉及类图，并结合了设计模式的概念在其中。

【问题 1】

在解答补充类图的问题时，应首先对所给出的类图的结构进行分析。由图 3-1 可知，该系统的类图由两个继承结构构成：一个以 C1 为基类，一个以 C6 为基类。根据图中已经给出的类可知，以 C1 为基类的继承结构应该是对数字图书馆系统的使用者进行建模。由说明可知，使用者有两类：一类是大学的用户，一类是图中已经给出的 Author。User 与 Student、Faculty 和 Staff 之间是“一般/特殊”关系，可以构成一个继承结构。这个结构刚好与图 3-1 中的 C2～C5 吻合。由此可知，C2～C5 分别对应 User、Faculty、Student 和 Staff。User 和 Author 可以继续进行“一般/特殊”的抽象，扩展这个继承结构的层次。因此，C1 对应的是更高层的基类——人。这个术语在说明中并没有直接给出来，但是可以很容易地根据继承关系推断出来。

以 C6 为基类的继承结构是对数字图书馆中的学术出版物进行建模。由说明可知，学术出版物（Publication）分为会议文章（ConfPaper）、期刊文章（JournalArticle）和校内技术报告（TechReport）。这 4 个类之间也是“一般/特殊”关系，与 C6～C9 的继承结构吻合。再结合类 Proceedings 与 C7、Edition 与 C8 之间的聚集关系，可知 C6～C9 分别对应着类 Publication、ConfPaper、JournalArticle 和 TechReport。

【问题 2】

本问题仍然是在考查继承结构。在识别各个类的属性时，对于继承结构要区分共性属性和差异属性。共性属性应该由基类定义，派生类继承；差异属性则由各个派生类定义。对于 C6～C9 属性的描述，说明中已经列举得比较明确了。如“系统中保存了会议文章（ConfPaper）、期刊文章（JournalArticle）和校内技术报告（TechReport）等学术出版物的信息，如题目、作者以及出版年份等”。这里已经暗示了题目、作者、出版年份是所有出版物的共性属性，所以应该定义在基类 Publication 中。“除此之外，系统还存储了不同类型出版物的一些特有信息”，这里暗示的是各个派生类的差异属性，根据说明对应到不同的派生类中即可。即 C7：会议名称、召开时间、召开地点；C8：期刊名称、出版月份、期号、主办单位；C9：ID/校内 ID。

但是不能忽视的是说明中的第 4 条“下载出版物。系统记录每个出版物被下载的次数”，这里的“下载次数”显然也是与出版物相关的属性，而且是每个出版物都应该具有的属性，因此“下载次数”也是基类 Publication 的属性之一。这样的话，C6 的属性应该包括题目、作者、出版年份、下载次数。

【问题 3】

这个问题考查对设计模式概念的理解。由图 3-1 可以看到，图中定义了“Subject”和“Observer”类，很容易让人联想到观察者模式。观察者模式的类图如图 3-2 所示。

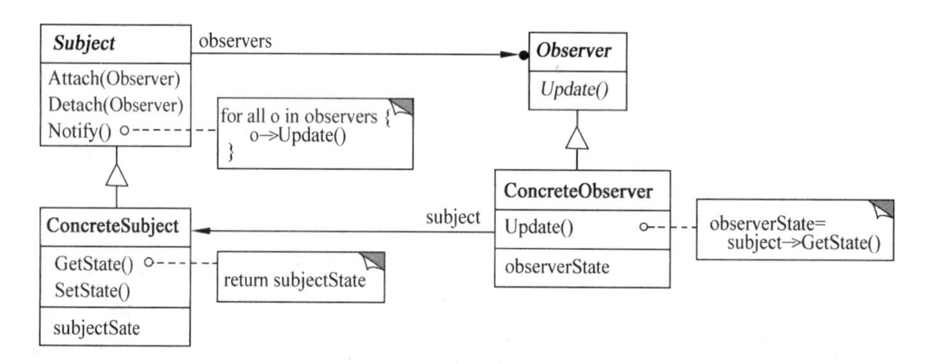

图 3-2　观察者模式结构图

观察者模式的设计意图是定义对象间的一种一对多的依赖关系，当一个对象的状态发生改变时，所有依赖于它的对象都得到通知并被自动更新。这个设计意图与说明中的第 5 个功能点非常吻合。所以在设计这个类图时运用了观察者模式，实现的功能就是：若有新的出版物引用了该出版物，系统将发送电子邮件通知该用户。

参考答案

【问题 1】

C1：Person（或 人）

C2：User

C3：Faculty

C4：Student

C5：Staff（C3～C5 次序可交换）

C6：Publication

C7：ConfPaper

C8：JournalArticle

C9：TechReport

【问题 2】

C6：题目、作者、出版年份、下载次数

C7：会议名称、召开时间、召开地点

C8：期刊名称、出版月份、期号、主办单位

C9：ID/校内 ID

说明：只要给出上述属性即可得分，多写不扣分，少写不得分。

【问题 3】

图 3-1 包含的是观察者模式（Observer Pattern）。

该设计模式所实现的功能是：若有新的出版物引用了该出版物，系统将发送电子邮件通知该用户。

试题四（共 15 分）

阅读下列说明和 C 代码，回答问题 1 至问题 2，将解答写在答题纸的对应栏内。

【说明】

一个无向连通图 G 上的哈密尔顿（Hamilton）回路是指从图 G 上的某个顶点出发，经过图上所有其他顶点一次且仅一次，最后回到该顶点的路径。一种求解无向图上的哈密尔顿回路算法的基本思想如下：

假设图 G 存在一个从顶点 v_0 出发的哈密尔顿回路 v_0—v_1—v_2—v_3—…—v_{n-1}—v_0。算法从顶点 v_0 出发，访问该顶点的一个未被访问的邻接顶点 v_1，接着从顶点 v_1 出发，访问 v_1 的一个未被访问的邻接顶点 v_2，对顶点 v_i，重复进行以下操作：访问 v_i 的一个未被访问的邻接顶点 v_{i+1}；若 v_i 的所有邻接顶点均已被访问，则返回到顶点 v_{i-1}，考虑 v_{i-1} 的下一个未被访问的邻接顶点，仍记为 v_i；直到找到一条哈密尔顿回路或者找不到哈密尔顿回路，算法结束。

【C 代码】

下面是算法的 C 语言实现。

（1）常量和变量说明

n：图 G 中的顶点数

c[][]：图 G 的邻接矩阵

k：统计变量，当前已经访问的顶点数为 k+1

x[k]：第 k 个访问的顶点编号，从 0 开始

visited[x[k]]：第 k 个顶点的访问标志，0 表示未访问，1 表示已访问

（2）C程序

```
#include<stdio.h>
#include<stdlib.h>
#define MAX 100

 void Hamilton(int n, int x[MAX], int c[MAX][MAX]){
    int i;
    int visited[MAX];
    int k;
    /* 初始化x数组和visited数组 */
    for(i = 0; i < n; i++){
        x[i] = 0;
        visited[i] = 0;
    }
    /* 访问起始顶点 */
    k = 0;
    __(1)__;
    x[0] = 0;
    k = k + 1;
    /*访问其他顶点*/
    while(k >= 0){
        x[k] = x[k] + 1;
        while(x[k] < n){
            if( __(2)__ && c[x[k - 1]][x[k]] == 1){ /*邻接顶点x[k]未被
                                                    访问过*/
                break;
            } else {
                x[k] = x[k] + 1;
            }
        }
        if(x[k] < n && k == n - 1 && __(3)__ ){ /*找到一条哈密尔顿回路*/
            for(k = 0; k < n; k++){
                 printf("%d--", x[k]);   /* 输出哈密尔顿回路 */
            }
            printf("%d\n", x[0]);
            return;
        } else if(x[k] < n && k < n - 1){  /*设置当前顶点的访问标志，继续下
                                           一个顶点*/
            __(4)__;
            k = k + 1;
        } else { /*没有未被访问过的邻接顶点，回退到上一个顶点*/
            x[k] = 0;
            visited[x[k]] = 0;
            __(5)__;
        }
```

```
        }
    }
```

【问题 1】（10 分）

根据题干说明，填充 C 代码中的空（1）～（5）。

【问题 2】（5 分）

根据题干说明和 C 代码，算法采用的设计策略为__（6）__，该方法在遍历图的顶点时，采用的是__（7）__方法（深度优先或广度优先）。

试题四分析

本题考查算法设计与分析的基础知识。

解答该类题目，首先需要理解问题和求解问题的算法思想，一般在题干中已经清晰地叙述了算法的基本思想。

【问题 1】

求图的哈密尔顿回路是一个典型的计算问题。根据题干说明、代码注释和代码上下文，空（1）处应该填 visited[0] = 1，设置起始顶点为已访问标志。空（2）处后面有注释，邻接顶点没有被访问，而第二个判断条件是是否为邻接顶点，因此第一个判断条件应该是没有被访问，因此应该填 visited[x[k]] == 0。空（3）处后面有注释，找到一条哈密尔顿回路，第一个判断条件是第 k 个访问的顶点编号是 0 到 n−1，第二个判断条件是目前已经访问了 n 个顶点，因此第三个判断条件应该是最后访问的点和起始顶点有边连接，即 c[x[k]][0] == 1。空（4）处所在的程序块有注释，还没有找到哈密尔顿回路，需要继续找，那么应该先标记当前顶点为已访问，即 visited[x[k]] = 1，然后继续找。空（5）处所在的程序块有注释，没有不被访问过的邻居顶点，往回找，把当前标记已访问的顶点标记为未访问，并返回上一个顶点，即 k=k−1。

【问题 2】

根据题干和说明，可以比较明显地看出，在寻找哈密尔顿回路的过程中，首先是一直往后找顶点，找不到时再往回退，然后继续往前……这是典型的回溯算法的求解过程。在遍历时，其采用的是深度优先方法。

参考答案

【问题 1】

（1）visited[0] = 1

（2）visited[x[k]] == 0 或等价形式

（3）c[x[k]][0] == 1 或 c[x[n-1]][0] == 1 或等价形式

（4）visited[x[k]] = 1

（5）k = k − 1 或 等价形式

【问题 2】

（6）回溯法

（7）深度优先

注意：从试题五和试题六中，任选一道题解答。

试题五（共 15 分）

阅读下列说明和 C 函数代码，将应填入 __(n)__ 处的字句写在答题纸的对应栏内。

【说明】

某图像预览程序要求能够查看 BMP、JPEG 和 GIF 三种格式的文件，且能够在 Windows 和 Linux 两种操作系统上运行。程序需具有较好的扩展性以支持新的文件格式和操作系统。为满足上述需求并减少所需生成的子类数目，现采用桥接（Bridge）模式进行设计，得到如图 5-1 所示的类图。

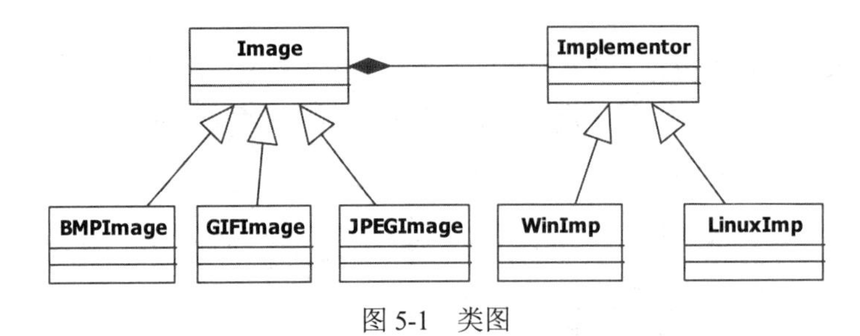

图 5-1 类图

【C++代码】

```
#include<iostream>
#include<string>
using namespace std;

class Matrix{   //各种格式的文件最终都被转化为像素矩阵
    //此处代码省略
};
class Implementor{
public:
    ____(1)____;  //显示像素矩阵 m
};
class WinImp : public Implementor{
public:
    void doPaint(Matrix m) { /*调用 Windows 系统的绘制函数绘制像素矩阵*/ }
};
class LinuxImp : public Implementor{
public:
    void doPaint(Matrix m) { /*调用 Linux 系统的绘制函数绘制像素矩阵*/}
};
class Image {
public:
    void setImp(Implementor *imp)  {this->imp = imp;}
    virtual void parseFile(string fileName) = 0;
protected:
     Implementor *imp;
};
```

```
class BMPImage : public Image{
    //此处代码省略
};
class GIFImage : public Image{
public:
    void parseFile(string fileName){
      //此处解析 GIF 文件并获得一个像素矩阵对象 m
    ___(2)___;  //显示像素矩阵 m
    }
};
class JPEGImage : public Image{
//此处代码省略
};

int main(){
    //在 Linux 操作系统上查看 demo.gif 图像文件
    Image *image = ___(3)___;
    Implementor *imageImp = ___(4)___;
    ___(5)___;
    image->parseFile("demo.gif");
    return 0;
}
```

试题五分析

本题考查设计模式的概念及其应用。

桥接（Bridge）模式是典型的结构型设计模式。结构型设计模式涉及如何组合类和对象以获得更大的结构。结构型模式采用继承机制来组合接口或实现。

桥接模式的设计意图是将抽象部分与其实现部分分离，使它们都可以独立地变化。桥接模式的结构如图 5-2 所示。

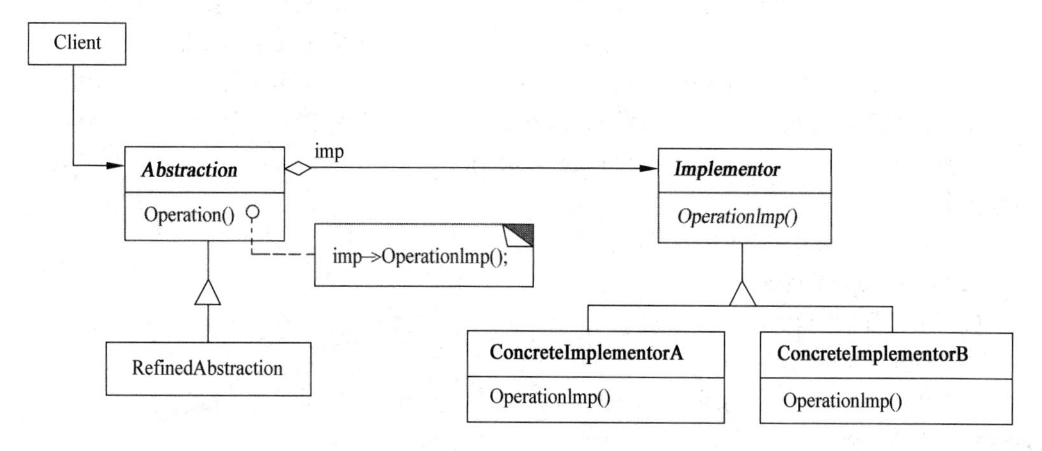

图 5-2　桥接模式结构图

其中：

- Abstraction 定义抽象类的接口，维护一个指向 Implementor 类型对象的指针。
- RefinedAbstraction 扩充由 Abstraction 定义的接口。
- Implementor 定义实现类的接口，该接口不一定要与 Abstraction 的接口完全一致；事实上这两个接口可以完全不同。一般来说，Implementor 接口仅提供基本操作，而 Abstraction 定义了基于这些基本操作的较高层次的操作。
- ConcreteImplementor 实现 Implementor 接口并定义它的具体实现。

Bridge 模式适用于：

- 不希望在抽象和它的实现部分之间有一个固定的绑定关系。例如，这种情况可能是因为，在程序运行时刻实现部分应可以被选择或者切换。
- 类的抽象以及它的实现都应该可以通过生成子类的方法加以扩充。这是 Bridge 模式使得开发者可以对不同的抽象接口和实现部分进行组合，并分别对它们进行扩充。
- 对一个抽象的实现部分的修改应对客户不产生影响，即客户代码不必重新编译。
- （C++）想对客户完全隐藏抽象的实现部分。
- 有许多类要生成的类层次结构。
- 想在多个对象间共享实现（可能使用引用计数），但同时要求客户并不知道这一点。

对比图 5-1 可知，以类 Image 为基类的继承结构对应的是桥接模式中的 Abstraction 继承结构。题目所给的 C++源代码已经将桥接模式的基本框架给出了，所需填写的空主要考查的是如何在实际问题中应用桥接模式。

第（1）空考查的是桥接模式中实现类的接口，这个接口在基类 Implementor 中定义，由其派生类进行重置。在 C++中通常采用虚拟函数来进行实现。由 main()函数可知，在程序中并没有创建 Implementor 类的实例，使用的是指向 Implementor 的指针。所以类 Implementor 实际上是抽象类，那么在这个类中应至少定义一个纯虚拟函数。结合派生类 WinImp 和 LinuxImp 的代码，可知空（1）处应填写的纯虚拟函数为 virtual void doPaint(Matrix m) = 0。

第(2)空考查的是 Image 这个继承结构的实现。在这个继承结构中，需要调用 Implementor 中定义的接口，即 Implementor：：doPaint。所以空（2）处应填写 imp->doPaint(m)。

（3）～（5）空考查的是桥接模式的使用。空（3）、空（4）处分别创建指向两个虚基类的指针，分别应填写 new GIFImage()、new LinuxImp()。第（5）空实现这两个继承结构之间的聚集关系，因此应填写 image->setImp(imageImp)。

参考答案

（1）virtual void doPaint(Matrix m) = 0

（2）imp->doPaint(m)

（3）new GIFImage()

（4）new LinuxImp()

（5）image->setImp(imageImp)

试题六（共 15 分）

阅读下列说明和 Java 代码，将应填入<u>（n）</u>处的字句写在答题纸的对应栏内。

【说明】

某图像预览程序要求能够查看 BMP、JPEG 和 GIF 三种格式的文件，且能够在 Windows 和 Linux 两种操作系统上运行。程序需具有较好的扩展性以支持新的文件格式和操作系统。为满足上述需求并减少所需生成的子类数目，现采用桥接（Bridge）模式进行设计，得到如图 6-1 所示的类图。

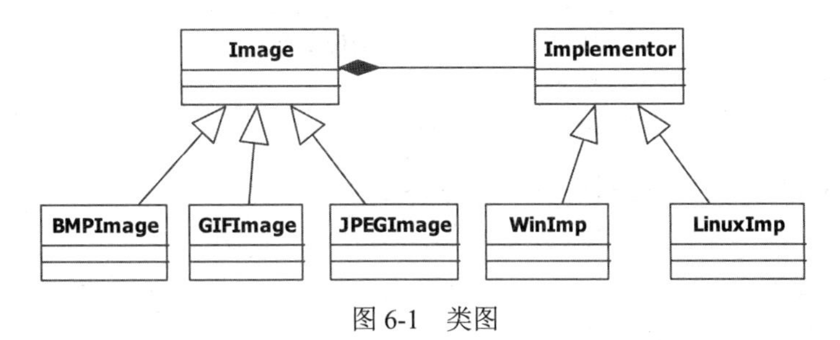

图 6-1　类图

【Java 代码】

```
import java.util.*;

class Matrix{    //各种格式的文件最终都被转化为像素矩阵
    //此处代码省略
};
abstract class Implementor{
   public ___(1)___;  //显示像素矩阵 m
};
class WinImp extends Implementor{
   public void doPaint(Matrix m){   //调用 Windows 系统的绘制函数绘制像素矩阵
    }
};
class LinuxImp extends Implementor{
   public void doPaint(Matrix m){  //调用 Linux 系统的绘制函数绘制像素矩阵
    }
};
abstract class Image {
   public void setImp(Implementor imp){ this.imp = imp; }
   public abstract void parseFile(String fileName);
   protected Implementor imp;
};
class BMPImage extends Image{
   //此处代码省略
};
class GIFImage extends Image{
   public void parseFile(String fileName){
      //此处解析 BMP 文件并获得一个像素矩阵对象 m
      ___(2)___;  //显示像素矩阵 m
```

```
    }
};
class JPEGImage extends Image{
    //此处代码省略
};
class Main{
    public static void main(String[] args){
        //在 Linux 操作系统上查看 demo.gif 图像文件
        Image image = __(3)__;
        Implementor imageImp = __(4)__;
        __(5)__;
        image.parseFile("demo.gif");
    }
}
```

试题六分析

本题考查设计模式的概念及其应用。

桥接（Bridge）模式是典型的结构型设计模式。结构型设计模式涉及如何组合类和对象以获得更大的结构。结构型模式采用继承机制来组合接口或实现。

桥接模式的设计意图是将抽象部分与其实现部分分离，使它们都可以独立地变化。桥接模式的结构如图 6-2 所示。

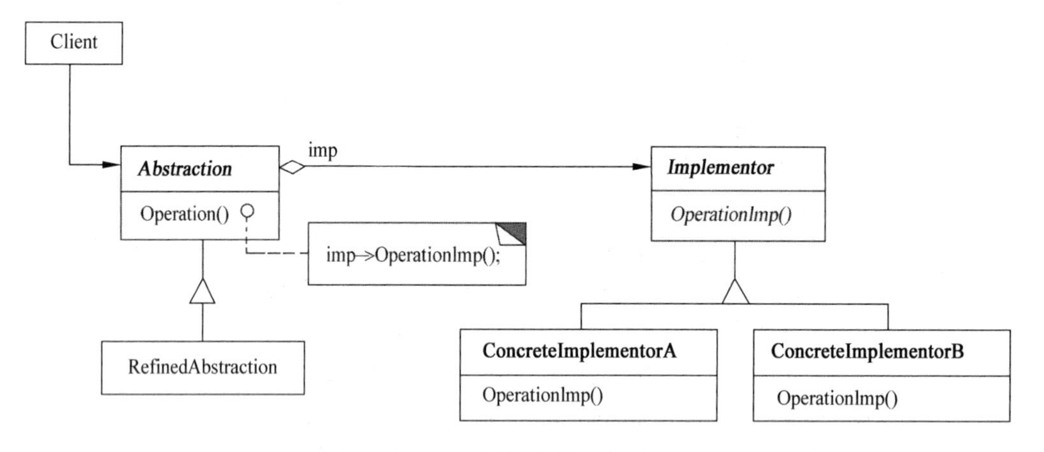

图 6-2 桥接模式结构图

其中：

- Abstraction 定义抽象类的接口，维护一个指向 Implementor 类型对象的指针。
- RefinedAbstraction 扩充由 Abstraction 定义的接口。
- Implementor 定义实现类的接口，该接口不一定要与 Abstraction 的接口完全一致；事实上这两个接口可以完全不同。一般来说，Implementor 接口仅提供基本操作，而 Abstraction 定义了基于这些基本操作的较高层次的操作。
- ConcreteImplementor 实现 Implementor 接口并定义它的具体实现。

Bridge 模式适用于：

- 不希望在抽象和它的实现部分之间有一个固定的绑定关系。例如，这种情况可能是因为，在程序运行时刻实现部分应可以被选择或者切换。
- 类的抽象以及它的实现都应该可以通过生成子类的方法加以扩充。这是 Bridge 模式使得开发者可以对不同的抽象接口和实现部分进行组合，并分别对它们进行扩充。
- 对一个抽象的实现部分的修改应对客户不产生影响，即客户代码不必重新编译。
- （C++）想对客户完全隐藏抽象的实现部分。
- 有许多类要生成的类层次结构。
- 想在多个对象间共享实现（可能使用引用计数），但同时要求客户并不知道这一点。

对比图 6-1 可知，以类 Image 为基类的继承结构对应的是桥接模式中的 Abstraction 继承结构。题目所给的 Java 源代码已经将桥接模式的基本框架给出了，所需填写的空主要考查的是如何在实际问题中应用桥接模式。

第（1）空考查的是桥接模式中实现类的接口，这个接口在基类 Implementor 中定义，由其派生类进行重置。在 Java 中可以采用抽象类和抽象方法来进行实现。结合派生类 WinImp 和 LinuxImp 的代码，可知空（1）处应填写抽象方法 abstract void doPaint(Matrix m)。

第(2)空考查的是 Image 这个继承结构的实现。在这个继承结构中，需要调用 Implementor 中定义的接口，即 Implementor：：doPaint。所以空（2）处应填写 imp.doPaint(m)。

（3）～（5）空考查的是桥接模式的使用。空（3）、空（4）处分别创建两个抽象类的引用，分别应填写 new GIFImage()、new LinuxImp()。第（5）空实现这两个继承结构之间的聚集关系，因此应填写 image.setImp(imageImp)。

参考答案

（1）abstract void doPaint(Matrix m)

（2）imp.doPaint(m)

（3）new GIFImage()

（4）new LinuxImp()

（5）image.setImp(imageImp)

第 9 章　2018 上半年软件设计师上午试题分析与解答

试题（1）

浮点数的表示分为阶和尾数两部分。两个浮点数相加时，需要先对阶，即__（1）__（*n* 为阶差的绝对值）。

（1）A．将大阶向小阶对齐，同时将尾数左移 *n* 位
B．将大阶向小阶对齐，同时将尾数右移 *n* 位
C．将小阶向大阶对齐，同时将尾数左移 *n* 位
D．将小阶向大阶对齐，同时将尾数右移 *n* 位

试题（1）分析

本题考查数据表示和运算知识。

浮点数的尾数和阶在表示时都规定了位数，而且尾数为纯小数，阶为纯整数。例如，若尾数为 8 位，阶为 4 位，设 x 的尾数为 0.11010110、阶为 0011，则表示数值 0.11010110×2^3，也就是 110.10110；设 y 的尾数为 0.10101011，阶为 0110，则表示 0.10101011×2^6，即 101010.11，那么 $x+y$=110001.01110=0.11000101×2^6。

两个浮点数进行相加或相减运算时，需要先对阶，也就是小数点对齐后进行运算。

如果大阶向小阶对齐，以上面的 y 为例，则需要将其表示为 101.01011×2^3，在尾数为纯小数的情况下，整数部分（权值高）的 101 会被丢弃，这在 y 的表示上造成较大的表示误差，相加运算后的结果误差也大。

若是小阶向大阶对齐，则需将上例中的 x 表示为 0.00011010110×2^6，则其中权值较低的末尾 3 位 110 会丢弃，相加运算后结果的误差也较小，所以对阶时令阶小的数向阶大的数对齐，方式为尾数向右移，也就是丢弃权值较低的位，在高位补 0。

参考答案

（1）D

试题（2）、（3）

计算机运行过程中，遇到突发事件，要求 CPU 暂时停止正在运行的程序，转去为突发事件服务，服务完毕，再自动返回原程序继续执行，这个过程称为__（2）__，其处理过程中保存现场的目的是__（3）__。

（2）A．阻塞　　B．中断　　C．动态绑定　　D．静态绑定

（3）A．防止丢失数据　　B．防止对其他部件造成影响
C．返回去继续执行原程序　　D．为中断处理程序提供数据

试题（2）、（3）分析

本题考查计算机系统基础知识。

中断是指处理机处理程序运行中出现的紧急事件的整个过程。程序运行过程中，系统外

部、系统内部或者现行程序本身若出现紧急事件，处理机立即中止现行程序的运行，自动转入相应的处理程序（中断服务程序），待处理完后，再返回原来的程序运行，这整个过程称为程序中断。

参考答案

（2）B　（3）C

试题（4）、（5）

海明码是一种纠错码，其方法是为需要校验的数据位增加若干校验位，使得校验位的值决定于某些被校位的数据，当被校数据出错时，可根据校验位的值的变化找到出错位，从而纠正错误。对于 32 位的数据，至少需要增加__（4）__个校验位才能构成海明码。

以 10 位数据为例，其海明码表示为 $D_9D_8D_7D_6D_5D_4P_4D_3D_2D_1P_3D_0P_2P_1$，其中 D_i ($0 \leqslant i \leqslant 9$) 表示数据位，$P_j$ ($1 \leqslant j \leqslant 4$)表示校验位，数据位 D_9 由 P_4、P_3 和 P_2 进行校验（从右至左 D_9 的位序为 14，即等于 8+4+2，因此用第 8 位的 P_4、第 4 位的 P_3 和第 2 位的 P_2 校验），数据位 D_5 由__（5）__进行校验。

（4）A．3　　B．4　　C．5　　D．6

（5）A．P_4、P_1　　B．P_4、P_2　　C．P_4、P_3、P_1　　D．P_3、P_2、P_1

试题（4）、（5）分析

本题考查计算机系统基础知识。

海明码的构成方法是在数据位之间的特定位置上插入 k 个校验位，通过扩大码距来实现检错和纠错。设数据位是 n 位，校验位是 k 位，则 n 和 k 必须满足以下关系：

$$2^k - 1 \geqslant n + k$$

题中数据为 32 位，则 k 至少取 6，才满足上述关系。

海明码的编码规则如下：

设 k 个校验位为 $P_k, P_{k-1}, \cdots, P_1$，$n$ 个数据位为 $D_{n-1}, D_{n-2}, \cdots, D_1, D_0$，对应的海明码为 $H_{n+k}, H_{n+k-1}, \cdots, H_1$，那么：

① P_i 在海明码的第 2^{i-1} 位置，即 $H_j=P_i$，且 $j=2^{i-1}$，数据位则依序从低到高占据海明码中剩下的位置。

② 海明码中的任何一位都是由若干个校验位来校验的。其对应关系如下：被校验的海明位的下标等于所有参与校验该位的校验位的下标之和，而校验位由自身校验。

题目中数据位 D_5 由 P_4、P_2 进行校验，因为 D_5 自右至左数是第 10 位（10=8+2），P_4、P_2 分别位于自右至左数的第 8 位和第 2 位。

参考答案

（4）D　（5）B

试题（6）

流水线的吞吐率是指单位时间流水线处理的任务数，如果各段流水的操作时间不同，则流水线的吞吐率是__（6）__的倒数。

（6）A．最短流水段操作时间　　B．各段流水的操作时间总和

C．最长流水段操作时间　　D．流水段数乘以最长流水段操作时间

试题（6）分析

本题考查计算机系统基础知识。

吞吐率是指单位时间内流水线处理机流出的结果数。对指令而言，就是单位时间内执行的指令数。如果流水线的子过程所用时间不一样，则吞吐率 p 应为最长子过程所用时间的倒数，即

$$p=1/\max\{\Delta t_1, \Delta t_2,\cdots, \Delta t_m\}$$

参考答案

（6）C

试题（7）

网络管理员通过命令行方式对路由器进行管理，需要确保 ID、口令和会话内容的保密性，应采取的访问方式是 （7） 。

（7）A．控制台　　B．AUX　　C．Telnet　　D．SSH

试题（7）分析

本题考查网络管理时对路由器的基础操作。

SSH 是建立在应用层和传输层基础上的安全协议，SSH（Secure Shell）服务使用 TCP 的 22 号端口，客户端软件发起连接请求后从服务器接受公钥，协商加密方法，成功后所有的通信都经过加密。其他远程登录方式都不能保证远程管理过程中的信息泄露问题。

参考答案

（7）D

试题（8）、（9）

在安全通信中，S 将所发送的信息使用 （8） 进行数字签名，T 收到该消息后可利用 （9） 验证该消息的真实性。

（8）A．S 的公钥　　B．S 的私钥　　C．T 的公钥　　D．T 的私钥

（9）A．S 的公钥　　B．S 的私钥　　C．T 的公钥　　D．T 的私钥

试题（8）、（9）分析

本题考查数字签名方面的基础知识。

数字签名与人们手写签名的作用一样，为通信的 S、T 双方提供服务，使得 S 向 T 发送签名消息 P，以达到以下几个目的：

① T 可以验证消息 P 确实来源于 S。

② S 以后不能否认发送过 P。

③ T 不能编造或者改变消息 P。

基于公钥的数字签名技术，是通信的 S、T 双方，发送方 S 使用自己的私钥，对将所要发送的信息生成签名，接收方 T 使用 S 的公钥对信息进行解密验证，以确认消息确实是来源于发送方 S。

参考答案

（8）B　（9）A

试题（10）

在网络安全管理中，加强内防内控可采取的策略有 （10） 。

① 控制终端接入数量

② 终端访问授权，防止合法终端越权访问

③ 加强终端的安全检查与策略管理

④ 加强员工上网行为管理与违规审计

（10）A. ②③　　B. ②④　　C. ①②③④　　D. ②③④

试题（10）分析

本题考查网络安全方面的基础知识。

加强完善内部网络的安全要通过访问授权、安全策略、安全检查与行为审计等多种安全手段的综合应用来实现。终端接入数量与网络的规模、数据交换性能、出口带宽的相关性较大，不是内防内控关注的重点。

参考答案

（10）D

试题（11）

攻击者通过发送一个目的主机已经接收过的报文来达到攻击目的，这种攻击方式属于__（11）__攻击。

（11）A. 重放　　B. 拒绝服务　　C. 数据截获　　D. 数据流分析

试题（11）分析

本题考查网络攻击的基础知识。

重放攻击（Replay Attacks）又称重播攻击、回放攻击，是指攻击者发送一个目的主机已接收过的包，来达到欺骗系统的目的，主要用于身份认证过程，破坏认证的正确性。重放攻击可以由发起者也可以由拦截并重发该数据的敌方进行。攻击者利用网络监听或者其他方式盗取认证凭据，之后再把它重新发给认证服务器。重放攻击在任何网络通信过程中都可能发生，是黑客常用的攻击方式之一。

拒绝服务攻击即是攻击者想办法让目标机器停止提供服务，是黑客常用的攻击手段之一。其实对网络带宽进行的消耗性攻击只是拒绝服务攻击的一小部分，只要能够对目标造成麻烦，使某些服务被暂停甚至主机死机，都属于拒绝服务攻击。攻击者进行拒绝服务攻击，实际上是让服务器实现两种效果：一是迫使服务器的缓冲区满，不接受新的请求；二是使用 IP 欺骗，迫使服务器把非法用户的连接复位，影响合法用户的连接。

数据截获攻击也叫数据包截获攻击，是通过使用网络抓包技术，在局域网或者无线网络中，截获经过网络中的数据包，对其加以分析，以获取有价值信息的一种攻击方式。

数据流分析攻击是一种被动攻击方式，攻击者通过对流经网络传输介质的数据流量的长期观察和分析，得出网络流量变化的规律，并综合外部的信息进行分析，以获取与之相关的情报信息。

参考答案

（11）A

试题（12）

以下有关计算机软件著作权的叙述中，正确的是__（12）__。

（12）A．非法进行拷贝、发布或更改软件的人被称为软件盗版者
B．《计算机软件保护条例》是国家知识产权局颁布的，用来保护软件著作权人的权益
C．软件著作权属于软件开发者，软件著作权自软件开发完成之日起产生
D．用户购买了具有版权的软件，则具有对该软件的使用权和复制权

试题（12）分析

《计算机软件保护条例》第九条明确规定“软件著作权属于软件开发者”，即以软件开发的事实来确定著作权的归属，谁完成了计算机软件的开发工作，软件的著作权就归谁享有。根据《中华人民共和国著作权法》和《计算机软件保护条例》的规定，计算机软件著作权的权利自软件开发完成之日起产生，保护期为 50 年。保护期满，除开发者身份权以外，其他权利终止。一旦计算机软件著作权超出保护期，软件就进入公有领域。

参考答案

（12）C

试题（13）

王某是某公司的软件设计师，完成某项软件开发后按公司规定进行软件归档，以下有关该软件的著作权的叙述中，正确的是__（13）__。

（13）A．著作权应由公司和王某共同享有
B．著作权应由公司享有
C．著作权应由王某享有
D．除署名权以外，著作权的其他权利由王某享有

试题（13）分析

根据题干所述，王某开发的软件属于职务软件作品，即在公司任职期间为执行本公司工作任务所开发的计算机软件作品。《计算机软件保护条例》第十三条对此做出了明确的规定，即公民在单位任职期间所开发的软件，如果是执行本职工作的结果，即针对本职工作中明确指定的开发目标所开发的，或者是从事本职工作活动所预见的结果或自然的结果，则该软件的著作权属于该单位。

参考答案

（13）B

试题（14）

著作权中，__（14）__的保护期不受限制。

（14）A．发表权　　B．发行权　　C．署名权　　D．展览权

试题（14）分析

根据《中华人民共和国著作权法》和《计算机软件保护条例》的规定，计算机软件著作权的权利自软件开发完成之日起产生，保护期为50年。保护期满，除开发者身份权以外，其他权利终止。开发者身份权也称为署名权，是指作者为表明身份在软件作品中署自己名字的权利。署名可有多种形式，既可以署作者的姓名，也可以署作者的笔名，或者作者自愿不署名。对一部作品来说，通过署名即可对作者的身份给予确认。《中华人民共和国著作权法》规定，如无相反证明，在作品上署名的公民、法人或非法人单位为作者。因此，作

品的署名对确认著作权的主体具有重要意义。开发者的身份权不随软件开发者的消亡而丧失，且无时间限制。

参考答案

（14）C

试题（15）

数据字典是结构化分析的一个重要输出。数据字典的条目不包括__（15）__。

（15）A．外部实体　　B．数据流　　C．数据项　　D．基本加工

试题（15）分析

本题考查结构化分析与设计的相关知识。

结构化分析的输出包括数据流图、数据字典和加工逻辑。其中数据字典用来描述 DFD 中的每个数据流、文件以及组成数据流或文件的数据项，包括四类条目：数据流、数据项、数据存储和基本加工。

参考答案

（15）A

试题（16）

某商店业务处理系统中，基本加工“检查订货单”的描述为：若订货单金额大于 5000 元，且欠款时间超过 60 天，则不予批准；若订货单金额大于 5000 元，且欠款时间不超过 60 天，则发出批准书和发货单；若订货单金额小于或等于 5000 元，则发出批准书和发货单，若欠款时间超过 60 天，则还要发催款通知书。现采用决策表表示该基本加工，则条件取值的组合数最少是__（16）__。

（16）A．2　　B．3　　C．4　　D．5

试题（16）分析

本题考查结构化分析与设计的相关知识。

数据流图是结构化分析中的重要模型，数据流图模型本身没有对加工过程的描述，需要用结构化语言、判定表和判定树等方法描述。对具有多个条件和动作的加工，判定表和判定树是一种很好的描述方法。构造判定表的步骤主要包括：

（1）列出与一个具体过程（或模块）有关的所有处理；

（2）列出过程执行期间的所有条件（或所有判断）；

（3）将特定条件取值组合与特定的处理相匹配，消去不可能发生的条件取值组合；

（4）将右部每一纵列规定为一个处理规则，即对于某一条件取值组合将有什么动作。

对于本题，根据上述步骤，可以构造如下的判定表。

		条件组合 1	**条件组合 2**	**条件组合 3**
条件	订货单金额	大于 5000 元	-	小于等于 5000 元
	偿还欠款情况	大于 60 天	小于等于 60 天	大于 60 天
操作	在还款前不予批准	是		
	发出批准书		是	是
	发出发货单		是	是
	发催款通知书			是

参考答案

（16）B

试题（17）、（18）

某软件项目的活动图如下图所示，其中顶点表示项目里程碑，连接顶点的边表示包含的活动，边上的数字表示活动的持续天数，则完成该项目的最少时间为＿（17）＿天。活动 EH 和 IJ 的松弛时间分别为＿（18）＿天。

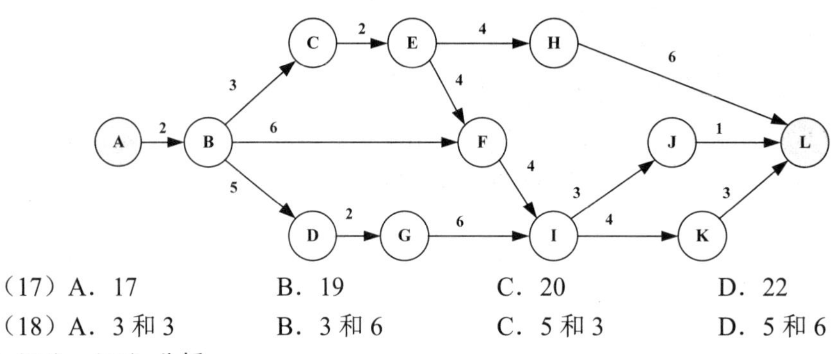

（17）A．17　　B．19　　C．20　　D．22

（18）A．3 和 3　　B．3 和 6　　C．5 和 3　　D．5 和 6

试题（17）、（18）分析

本题考查软件项目管理的基础知识。

活动图是描述一个项目中各个工作任务相互依赖关系的一种模型，项目的很多重要特性可以通过分析活动图得到，如估算项目完成时间，计算关键路径和关键活动等。

根据上图计算出关键路径为 A-B-C-E-F-I-K-L 和 A-B-D-G-I-K-L，其长度为 22 天。

假设活动 AB 的最早开始时间是从第 1 天开始，则活动 EH 的最早开始时间是从第 8 天开始，最晚开始时间为第 13 天，因此松弛时间为 5 天。活动 IJ 的最早开始时间从第 16 天开始，最晚开始时间为第 19 天，因此松弛时间为 3 天。

参考答案

（17）D　（18）C

试题（19）

工作量估算模型 COCOMO Ⅱ的层次结构中，估算选择不包括＿（19）＿。

（19）A．对象点　　B．功能点　　C．用例数　　D．源代码行

试题（19）分析

本题考查项目管理中工作量估算的相关知识。

COCOMO Ⅱ模型是一种重要的工作量估算模型，根据项目的阶段估算工作量。在应用组成分析阶段，采用原型化方法解决高风险用户界面相关问题，估算基于对象点进行；在早期设计阶段，探索可用的体系结构和概念，估算基于功能点进行；在后期体系结构阶段，开发工作已经开始，此时基于代码行进行估算。

参考答案

（19）C

试题（20）

　（20）　是一种函数式编程语言。

（20）A．Lisp　　B．Prolog　　C．Python　　D．Java/C++

试题（20）分析

本题考查程序语言分类知识。

采用不同类型的程序语言进行程序开发涉及不同的程序思维和开发方法。题目中所列举的程序语言中，Lisp 是函数式编程语言，Prolog 是逻辑式程序语言，Python 支持过程式编程也支持面向对象编程，Java/C++是面向对象的编程语言。

参考答案

（20）A

试题（21）

将高级语言源程序翻译为可在计算机上执行的形式有多种不同的方式，其中，　（21）　。

（21）A．编译方式和解释方式都生成逻辑上与源程序等价的目标程序

B．编译方式和解释方式都不生成逻辑上与源程序等价的目标程序

C．编译方式生成逻辑上与源程序等价的目标程序，解释方式不生成

D．解释方式生成逻辑上与源程序等价的目标程序，编译方式不生成

试题（21）分析

本题考查程序语言基础知识。

在编译方式下，机器上运行的是与源程序等价的目标程序，源程序和编译程序都不再参与目标程序的执行过程；而在解释方式下，解释程序和源程序（或其某种等价表示）要参与到程序的运行过程中，运行程序的控制权在解释程序。简单来说，在解释方式下，翻译源程序时不生成独立的目标程序，而编译器则将源程序翻译成独立保存的目标程序。

参考答案

（21）C

试题（22）

对于后缀表达式 a b c − + d *（其中，–、+、*表示二元算术运算减、加、乘），与该后缀式等价的语法树为　（22）　。

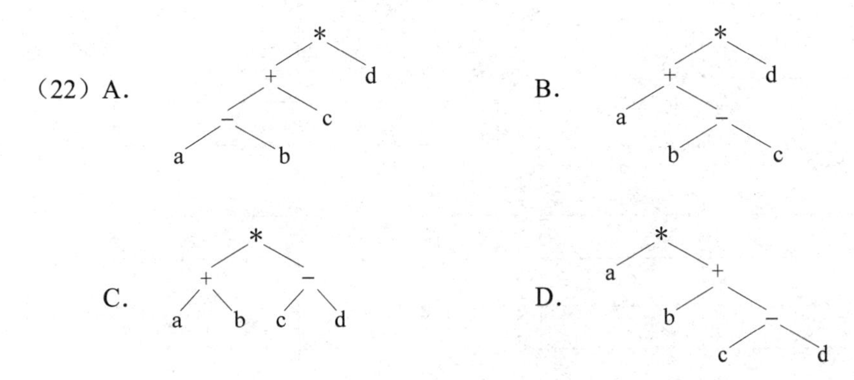

试题（22）分析

本题考查程序语言基础知识。

后缀表达式的求值方式如下：从左向右扫描，若读到运算数，则压栈，若读到运算符，则从栈顶弹出运算数进行运算，结果再压栈，重复上述过程，直到表达式结束，运算结果就暂存在栈顶。

对于题目中的后缀表达式，第一步运算是 b–c，第二步是相加，即 a+(b–c)，第三步是相乘，即(a+(b–c))*d。

选项 A 的二叉树表示运算((a–b)+c)*d。

选项 B 的二叉树表示运算(a+(b–c))*d。

选项 C 的二叉树表示运算(a+b)*(c–d)。

选项 D 的二叉树表示运算 a*(b+(c–d))。

参考答案

（22）B

试题（23）、（24）

假设铁路自动售票系统有 n 个售票终端，该系统为每个售票终端创建一个进程 $P_i(i=1,2,\cdots,n)$ 管理车票销售过程。假设 $T_j(j=1,2,\cdots,m)$ 单元存放某日某趟车的车票剩余票数，Temp 为 P_i 进程的临时工作单元，x 为某用户的购票张数。P_i 进程的工作流程如下图所示，用 P 操作和 V 操作实现进程间的同步与互斥。初始化时系统应将信号量 S 赋值为<u>（23）</u>。图中（a）、（b）和（c）处应分别填入<u>（24）</u>。

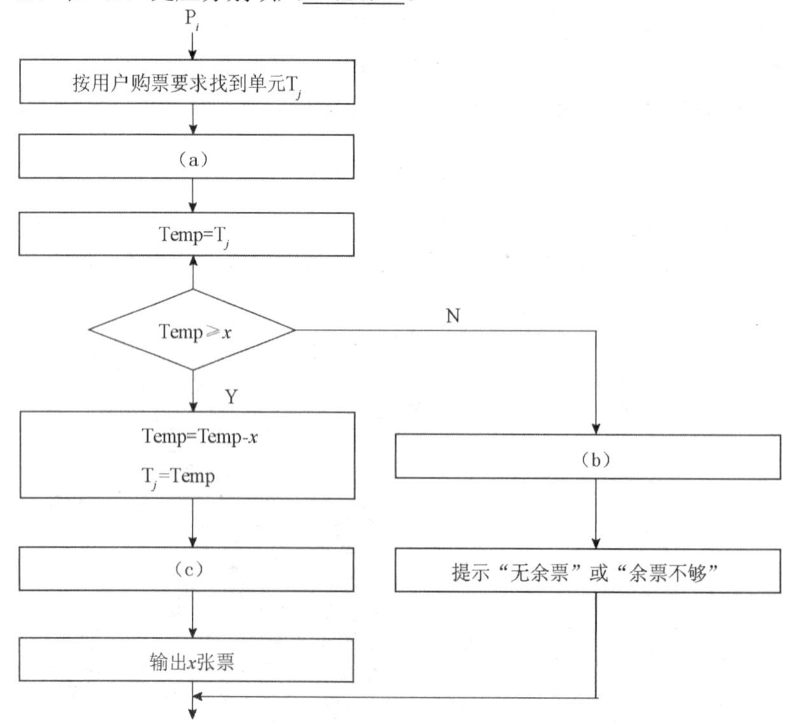

（23）A．n-1　　B．0　　C．1　　D．2

（24）A．V(S)、P(S) 和 P(S)　　B．P(S)、P(S) 和 V(S)

　　C．V(S)、V(S) 和 P(S)　　D．P(S)、V(S) 和 V(S)

试题（23）、（24）分析

本题考查 PV 操作方面的基础知识。

试题（23）的正确答案是 C，因为公共数据单元 T_j 是一个临界资源，最多允许 1 个终端进程使用，因此需要设置一个互斥信号量 S，初值等于 1。

试题（24）的正确答案是 D，因为进入临界区时执行 P 操作，退出临界区时执行 V 操作。

参考答案

（23）C　（24）D

试题（25）

若系统在将＿（25）＿文件修改的结果写回磁盘时发生崩溃，则对系统的影响相对较大。

（25）A．目录　　B．空闲块　　C．用户程序　　D．用户数据

试题（25）分析

本题考查操作系统文件管理可靠性方面的基础知识。

影响文件系统可靠性的因素之一是文件系统的一致性问题。很多文件系统是先读取磁盘块到主存，在主存进行修改，修改完毕再写回磁盘。如果读取某磁盘块进行修改后再将信息写回磁盘前系统崩溃，则文件系统就可能会出现不一致状态。如果这些未被写回的磁盘块是索引节点块、目录块或空闲块，特别是系统目录文件，那么对系统的影响相对较大，且后果也是不堪设想的。通常解决方案是采用文件系统的一致性检查，一致性检查包括块的一致性检查和文件的一致性检查。

参考答案

（25）A

试题（26）

I/O 设备管理一般分为四个层次，如下图所示。图中①②③分别对应＿（26）＿。

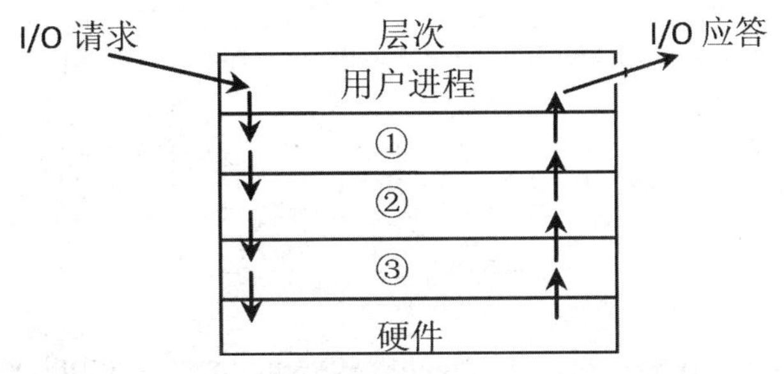

（26）A．设备驱动程序、虚设备管理、与设备无关的系统软件

　　B．设备驱动程序、与设备无关的系统软件、虚设备管理

　　C．与设备无关的系统软件、中断处理程序、设备驱动程序

　　D．与设备无关的系统软件、设备驱动程序、中断处理程序

试题（26）分析

I/O 设备管理软件一般分为四层：中断处理程序、设备驱动程序、与设备无关的系统软件和用户级软件。I/O 软件的所有层次及每一层的主要功能如下图所示。

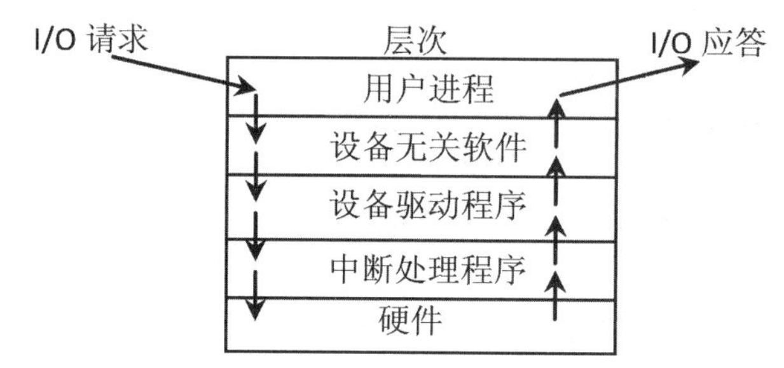

I/O 系统具体分层时细节上的处理，是依赖于系统的，没有严格的划分，只要有利于设备独立这一目标，可以为了提高效率而设计不同的层次结构。上图中的箭头给出了 I/O 部分的控制流。这里举一个读硬盘文件的例子。当用户程序试图读一个硬盘文件时，需要通过操作系统实现这一操作。与设备无关软件检查高速缓存中有无要读的数据块。若没有，则调用设备驱动程序，向 I/O 硬件发出一个请求。然后，用户进程阻塞并等待磁盘操作的完成。当磁盘操作完成时，硬件产生一个中断，转入中断处理程序。中断处理程序检查中断的原因，认识到这时磁盘读取操作已经完成，于是唤醒用户进程取回从磁盘读取的信息，从而结束此次 I/O 请求。用户进程在得到了所需的硬盘文件内容之后继续运行。

参考答案

（26）D

试题（27）、（28）

若某文件系统的目录结构如下图所示，假设用户要访问文件 rw.dll，且当前工作目录为 swtools，则该文件的全文件名为＿（27）＿，相对路径和绝对路径分别为＿（28）＿。

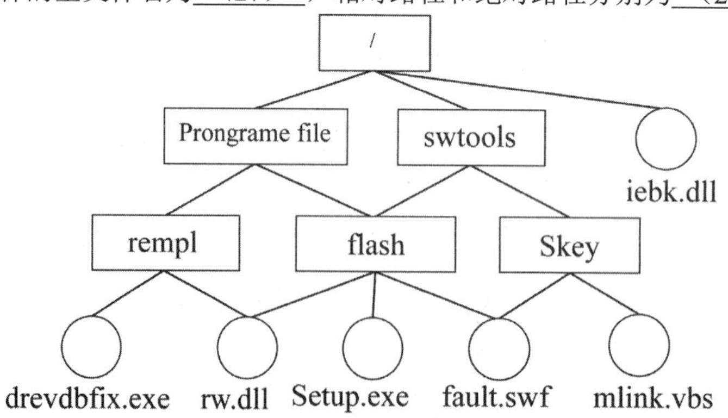

（27）A．rw.dll　　B．flash/rw.dll
C．/swtools/flash/rw.dll　　D．/Programe file/Skey/rw.dll

（28）A．/swtools/flash/和/flash/　　B．flash/和/swtools/flash/
C．/swtools/flash/和 flash/　　D．/flash/和 swtools/flash/

试题（27）、（28）分析

本题考查对操作系统文件管理方面的基础知识。

路径名是由操作系统查找文件所经过的目录名以及目录名之间的分隔符构成的。通常，操作系统中全文件名是指路径名+文件名。

按查找文件的起点不同可以将路径分为：绝对路径和相对路径。从根目录开始的路径称为绝对路径；从用户当前工作目录开始的路径称为相对路径，相对路径是随着当前工作目录的变化而改变的。

参考答案

（27）C　（28）B

试题（29）

以下关于增量模型的叙述中，不正确的是__（29）__。

（29）A．容易理解，管理成本低

B．核心的产品往往首先开发，因此经历最充分的“测试”

C．第一个可交付版本所需要的成本低，时间少

D．即使一开始用户需求不清晰，对开发进度和质量也没有影响

试题（29）分析

本题考查软件过程模型的相关知识。

瀑布模型、原型化模型、增量或迭代的阶段化开发、螺旋模型等都是典型的软件过程模型，要求考生掌握这些模型的优缺点以及适用的场合。增量模型融合了瀑布模型的基本成分和原型实现的迭代特征，它假设可以将需求划分为一系列增量产品，每一增量可以分别地开发。增量模型具有一些很好的特点，该过程将需求分为增量产品，每个增量相对整个系统而言容易理解，管理成本低。另外，在开发过程中，核心产品的优先级高，往往在前面的增量中首先开发，因此很早就被用户使用，其中的问题也可以尽早暴露和修改。而且，增量开发模型中，第一个可交付版本可以很快交付，符合现在软件尽快投入市场的需求。但是增量开发模型本身并没有专门策略处理需求不清晰的问题。

参考答案

（29）D

试题（30）

能力成熟度模型集成（CMMI）是若干过程模型的综合和改进。连续式模型和阶段式模型是CMMI提供的两种表示方法。连续式模型包括6个过程域能力等级（Capability Level，CL），其中__（30）__的共性目标是过程将可标识的输入工作产品转换成可标识的输出工作产品，以实现支持过程域的特定目标。

（30）A．CL1（已执行的）　　B．CL2（已管理的）

C．CL3（已定义的）　　D．CL4（定量管理的）

试题（30）分析

本题考查软件过程改进的相关知识。CMMI的连续式模型如下所述：

CL0（未完成的）：过程域未执行或未得到CL1中定义的所有目标。

CL1（已执行的）：其共性目标是过程将可标识的输入工作产品转换成可标识的输出工作产品，以实现支持过程域的特定目标。

CL2（已管理的）：其共性目标集中于已管理的过程的制度化。根据组织级政策规定过程的运作将使用哪个过程，项目遵循已文档化的计划和过程描述，所有正在工作的人都有权使用足够的资源，所有工作任务和工作产品都被监控、控制和评审。

CL3（已定义级的）：其共性目标集中于已定义的过程的制度化。过程是按照组织的剪裁指南从组织的标准过程集中剪裁得到的，还必须收集过程资产和过程的度量，并用于将来对过程的改进上。

CL4（定量管理的）：其共性目标集中于可定量管理的过程的制度化。使用测量和质量保证来控制和改进过程域，建立和使用关于质量和过程执行的定量目标作为管理准则。

CL5（优化的）：使用量化（统计学）手段改变和优化过程域，以对付客户要求的改变和持续改进计划中的过程域的功效。

参考答案

（30）A

试题（31）

软件维护工具不包括＿（31）＿工具。

（31）A．版本控制　　B．配置管理　　C．文档分析　　D．逆向工程

试题（31）分析

本题考查软件开发和维护的基础知识。

软件开发和维护过程中涉及种类繁多的工具，可以分为软件开发工具、软件维护工具、软件管理和支持工具等。其中软件维护工具包括版本控制工具、文档分析工具、开发信息库工具、逆向工程工具和再工程工具。

参考答案

（31）B

试题（32）

概要设计文档的内容不包括＿（32）＿。

（32）A．体系结构设计　　B．数据库设计
C．模块内算法设计　　D．逻辑数据结构设计

试题（32）分析

本题考查软件设计的相关知识。

软件设计一般包括两个阶段，即概要设计和详细设计。概要设计主要进行软件体系结构设计、逻辑数据结构设计、数据库设计和模块之间的接口设计。而详细设计主要进行模块内部的数据结构和算法的设计。

参考答案

（32）C

试题（33）

耦合是模块之间的相对独立性（互相连接的紧密程度）的度量。耦合程度不取决于＿（33）＿。

（33）A．调用模块的方式　　B．各个模块之间接口的复杂程度
C．通过接口的信息类型　　D．模块提供的功能数

试题（33）分析

本题考查软件设计的相关知识。

耦合和内聚是衡量模块独立性的重要方法，其中耦合是模块之间的相对独立性（互相连接的紧密程度）的度量。耦合取决于各个模块之间接口的复杂程度、调用模块的方式以及通过接口的信息类型等。而模块的内聚类型则与模块内各部分功能之间的关系有关。

参考答案

（33）D

试题（34）、（35）

对下图所示的程序流程图进行判定覆盖测试，则至少需要<u>(34)</u>个测试用例。采用 McCabe 度量法计算其环路复杂度为<u>（35）</u>。

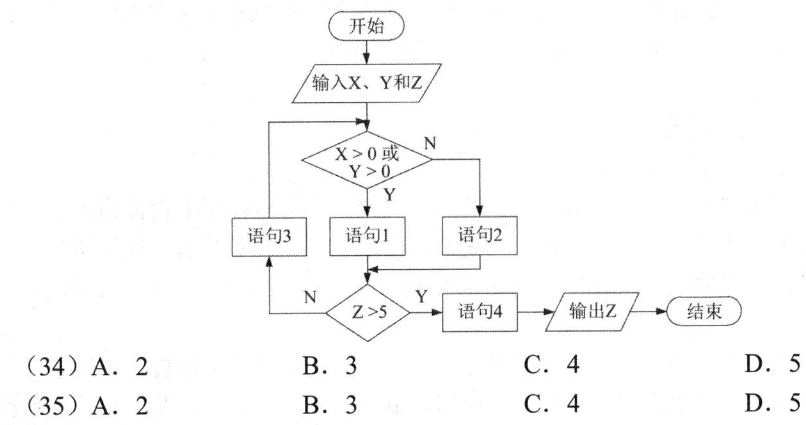

（34）A．2　　B．3　　C．4　　D．5
（35）A．2　　B．3　　C．4　　D．5

试题（34）、（35）分析

本题考查软件测试的相关知识，要求考生能够熟练掌握典型的白盒测试和黑盒测试方法。

判定覆盖就是设计若干个测试用例，运行被测程序，使得程序中每个判断的取真分支和取假分支至少运行一次。

该流程图中：

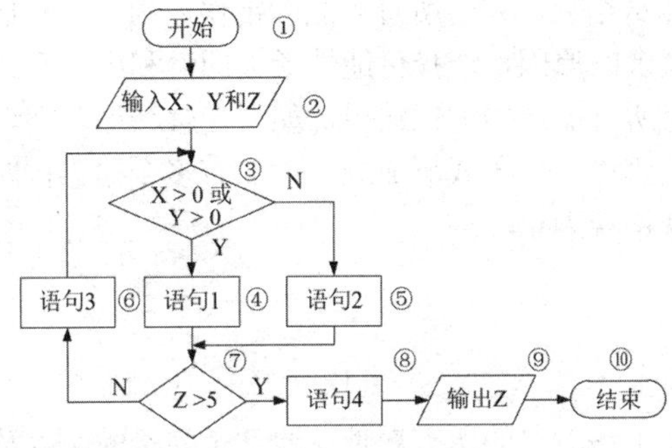

设计 2 个测试用例执行路径：

①②③④⑦⑧⑨⑩；①②③⑤⑦⑥③

或者

①②③④⑦⑥③；①②③⑤⑦⑧⑨⑩

即可满足判定覆盖。

因此至少 2 个测试用例就可以满足判定覆盖。

McCabe 度量法是一种基于程序控制流的复杂性度量方法，环路复杂性为 $V(G)=m-n+2$，图中 $m=11$，$n=10$，$V(G)=11-10+2=3$。

参考答案

（34）A （35）B

试题（36）

软件调试的任务就是根据测试时所发现的错误，找出原因和具体的位置，进行改正。其常用的方法中， (36) 是指从测试所暴露的问题出发，收集所有正确或不正确的数据，分析它们之间的关系，提出假想的错误原因，用这些数据来证明或反驳，从而查出错误所在。

（36）A．试探法 B．回溯法 C．归纳法 D．演绎法

试题（36）分析

本题考查软件调试的相关知识。

目前常用的调试方法有如下几种：

（1）试探法。根据错误的特点，猜测问题的所在位置，利用在程序中设置输出语句，分析寄存器、存储器的内容等手段来获得错误的线索，一步步地试探和分析出错误所在。

（2）回溯法。从发现错误症状的位置开始，人工沿着程序的控制流程往回跟踪代码，直到找出错误根源为止。

（3）对分查找法。在该方法中，如果已经知道程序中的变量在若干位置的正确取值，可以在这些位置上给这些变量以正确值，观察程序运行输出结果，如果没有发现问题，则说明从赋予变量一个正确值到输出结果之间的程序没有错误，问题可能在除此之外的程序中。否则，错误就在所考察的这部分程序中，对含有错误的程序段再使用这种方法，直到把故障范围缩小到比较容易诊断为止。

（4）归纳法。从测试所暴露的问题出发，收集所有正确或不正确的数据，分析它们之间的关系，提出假想的错误原因，用这些数据来证明或反驳，从而查出错误所在。

（5）演绎法。根据测试结果，列出所有可能的错误原因。分析已有的数据，排除不可能和彼此矛盾的原因。对其余的原因，选择可能性最大的，利用已有的数据完善该假设，使假设更具体。用假设来解释所有的原始测试结果，如果能解释这一切，则假设得以证实，也就找出错误；否则，要么是假设不完备或不成立，要么有多个错误同时存在，需要重新分析，提出新的假设，直到发现错误为止。

参考答案

（36）C

试题（37）

对象的 (37) 标识了该对象的所有属性（通常是静态的）以及每个属性的当前值（通

常是动态的)。

（37）A．状态　　B．唯一 ID　　C．行为　　D．语义

试题（37）分析

本题考查面向对象的基础知识。

在面向对象方法中，对象是基本的运行时实体，它既包括数据（属性），也包括作用于数据的操作（行为），即一个对象把属性和行为封装为一个整体。这一封装使得对象的使用者和生产者分离，对象的使用者需要使用对象中的属性和方法时，需要通过对象来进行。一个对象通常可由对象名、属性和方法 3 个部分组成。所有属性以及属性的当前值表示了对象所处的状态，而这些属性只能通过对象提供的方法来改变。

参考答案

（37）A

试题（38）、（39）

在下列机制中，（38）是指过程调用和响应调用所需执行的代码在运行时加以结合；而（39）是过程调用和响应调用所需执行的代码在编译时加以结合。

（38）A．消息传递　　B．类型检查　　C．静态绑定　　D．动态绑定

（39）A．消息传递　　B．类型检查　　C．静态绑定　　D．动态绑定

试题（38）、（39）分析

本题考查面向对象的基础知识。

消息是对象之间进行通信的一种构造。消息传递是对象之间的通信机制，即当一个消息发送给某个对象时，包含要求接收对象去执行某些活动的信息。接收到信息的对象经过解释，然后予以响应。类型检查指验证操作接收的是否为合适的类型数据以及赋值是否合乎类型要求。

把过程调用和响应调用所需执行的代码加以结合的过程称为绑定。在一般的程序设计语言中，绑定是在编译时进行的，叫作静态绑定。在运行时进行绑定的则称为动态绑定，即一个给定的过程调用和响应调用所需执行的代码直到运行时才加以结合。

参考答案

（38）D　（39）C

试题（40）

同一消息可以调用多种不同类的对象的方法，这些类有某个相同的超类，这种现象是（40）。

（40）A．类型转换　　B．映射　　C．单态　　D．多态

试题（40）分析

本题考查面向对象的基础知识。

在面向对象系统中，对象之间通过消息进行通信。在收到消息时，对象要予以响应。利用类继承的层次关系，把具有通用功能的消息存放在高层次，而这些放在较低层次的不同类来具体实现这一功能的行为。这样，用户可以发送同一通用的消息调用这些不同类的对象的方法，这些不同类的对象收到同一消息就可以产生完全不同的结果，这一现象称为多态

（Polymorphism）。

映射是计算机领域中经常使用的概念，如电子电路中对电平的 01 映射，键值之间的映射，对象关系之间的映射。类型转换是当参与运算的操作数类型不同时，需要将操作数转换为所需要的类型。

参考答案

（40）D

试题（41）～（43）

如下所示的图为 UML 的__（41）__，用于展示某汽车导航系统中__（42）__。Mapping 对象获取汽车当前位置（GPS Location）的消息为__（43）__。

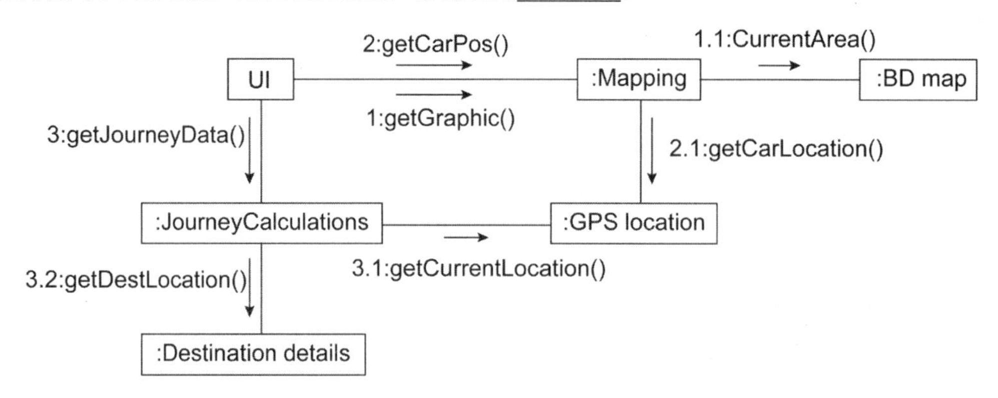

（41）A．类图　　B．组件图　　C．通信图　　D．部署图

（42）A．对象之间的消息流及其顺序　　B．完成任务所进行的活动流
　　C．对象的状态转换及其事件顺序　　D．对象之间消息的时间顺序

（43）A．1:getGraphic()　　B．2:getCarPos()
　　C．1.1:CurrentArea()　　D．2.1:getCarLocation()

试题（41）～（43）分析

本题考查统一建模语言（UML）的基础知识。

UML 类图、组件图和部署图刻画系统的静态方面。类图展现了一组对象、接口、协作及其之间的关系。组件图展现了一组构件之间的组织和依赖。部署图（Deployment Diagram）是用来对面向对象系统的物理方面建模的方法，展现了运行时处理结点以及其中构件（制品）的配置。

UML 通信图是交互图的一种，刻画系统的动态交互方面，强调参与交互（收发消息）的对象的结构组织。通信图中，参加交互的对象作为图的顶点，连接这些对象的链表示为图的弧，用对象发送和接收的消息来修饰这些链。通信图有路径，能够体现出控制流的清晰的可视化轨迹。通信图还有顺序号，顺序号是为表示一个消息的时间顺序而给消息加的一个前缀。控制流中每个新消息的顺序号单调增加，如 1、2、3 等，嵌套消息采用带点的序号标号，如表示嵌套在消息 1 中的第一个消息 1.1，第二个消息 1.2 等。如下图所示即为通信图的应用实例。

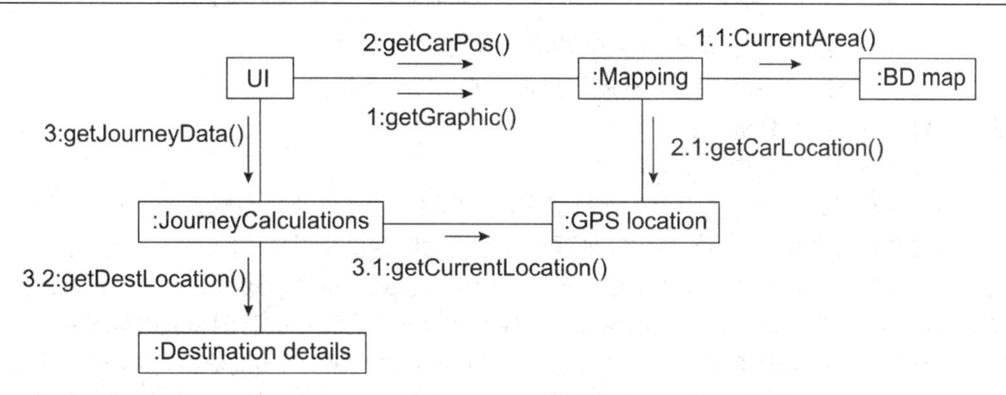

所有顶点表示导航系统中参与交互的对象，连接这些对象之间的链表示对象之间的组织关系，以及对象之间交互的消息流及其顺序关系。消息采用带箭头的连线加上消息本身及其表示时间顺序的序号来表示，附着在链旁，如 2:getCarPos() 表示由 UI 对象发送给 Mapping 对象的第 2 条消息 getCarPos()，用以获取汽车位置，而 Mapping 对象获取汽车当前位置（GPS Location）的嵌套消息 getCarLocation()加上嵌套消息序号标识为 2.1:getCarLocation()。沿同一个链可以显示多条消息，并且每个消息都有唯一的一个顺序号，如 UI 和 Mapping 对象之间 1:getGraphic()和 2:getCarPos()。

参考答案

（41）C　（42）A　（43）D

试题（44）～（47）

假设现在要创建一个 Web 应用框架，基于此框架能够创建不同的具体 Web 应用，比如博客、新闻网站和网上商店等；并可以为每个 Web 应用创建不同的主题样式，如浅色或深色等。这一业务需求的类图设计适合采用__（44）__模式（如下图所示）。其中__（45）__是客户程序使用的主要接口，维护对主题类型的引用。此模式为__（46）__，体现的最主要的意图是__（47）__。

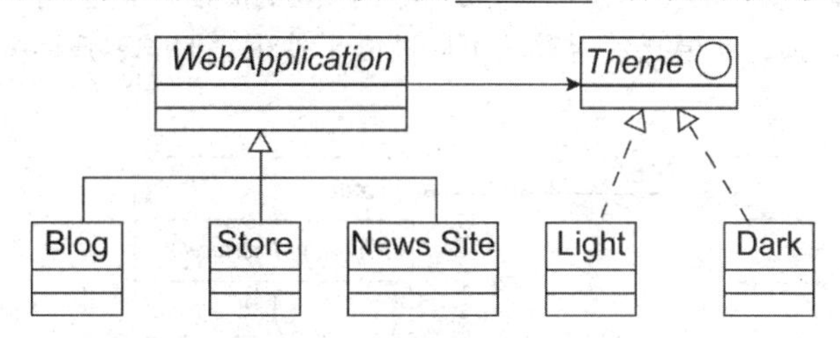

（44）A．观察者（Observer）　　B．访问者（Visitor）
　　　C．策略（Strategy）　　D．桥接（Bridge）

（45）A．WebApplication　　B．Blog　　C．Theme　　D．Light

（46）A．创建型对象模式　　B．结构型对象模式
　　　C．行为型类模式　　D．行为型对象模式

（47）A．将抽象部分与其实现部分分离，使它们都可以独立地变化
　　　B．动态地给一个对象添加一些额外的职责

C．为其他对象提供一种代理以控制对这个对象的访问

D．将一个类的接口转换成客户希望的另外一个接口

试题（44）～（47）分析

本题考查设计模式的基础知识。

按照设计模式的目的可以分为创建型模式、结构型模式以及行为型模式三大类。创建型模式与对象的创建有关；结构型模式处理类或对象的组合以获得更大的结构；行为型模式对类或对象怎样交互和怎样分配职责进行描述。观察者模式、策略模式和访问者模式均为行为设计模式。桥接模式是结构型对象模式。每种设计模式都有特定的意图和适用情况。

观察者（Observer）模式的主要意图是：定义对象间的一种一对多的依赖关系，当一个对象的状态发生改变时，所有依赖于它的对象都得到通知并被自动更新。此模式的结构图如下所示。

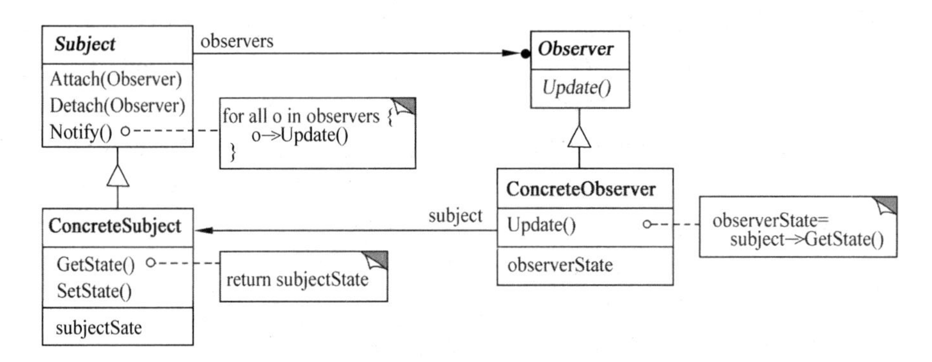

其中，Subject（目标）知道它的观察者，可以有任意多个观察者观察同一个目标；提供注册和删除观察者对象的接口。Observer（观察者）为那些在目标发生改变时需获得通知的对象定义一个更新接口。

策略（Strategy）模式的主要意图是：定义一系列的算法，把它们一个个封装起来，并且使它们可以相互替换。此模式使得算法可以独立于使用它们的客户而变化。其结构如下图所示。

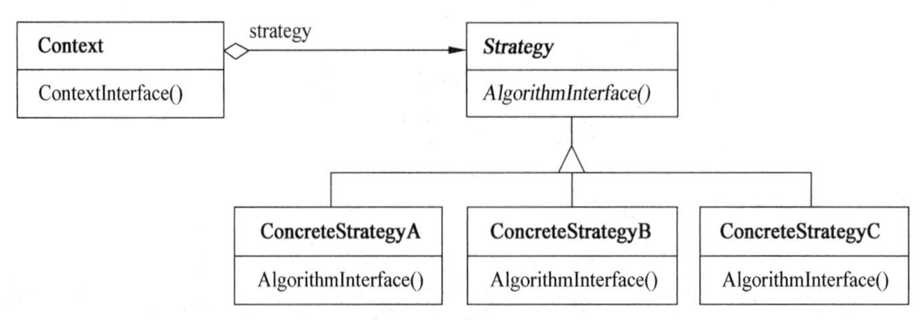

其中，Strategy（策略）定义所有支持的算法的公共接口。Context 使用这个接口来调用某 ConcreteStrategy 定义的算法。

访问者（Visitor）模式的主要意图是：表示一个作用于某对象结构中的各元素的操作。它允许在不改变各元素的类的前提下定义作用于这些元素的新操作。其结构图如下所示。

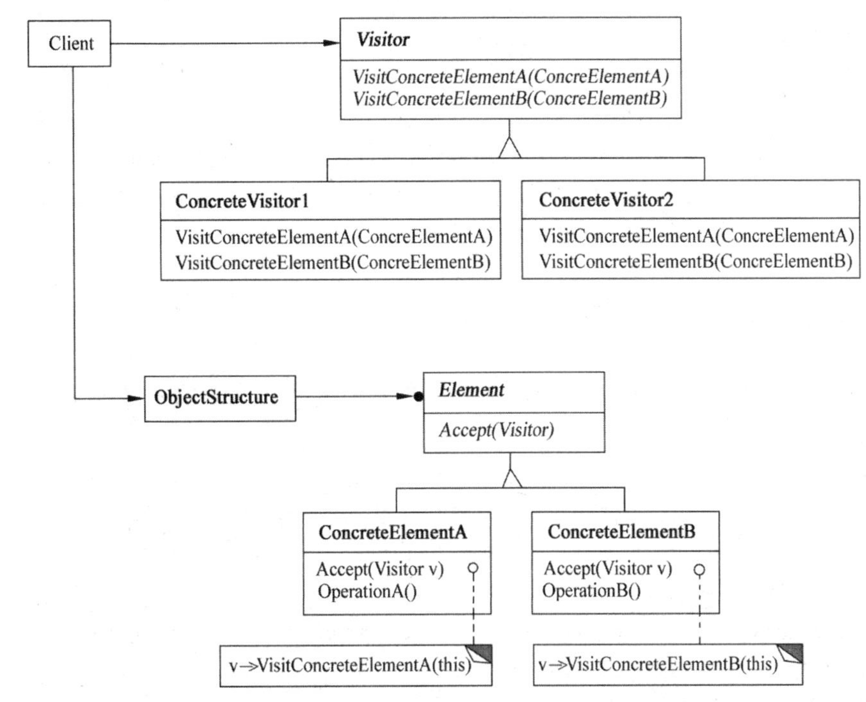

其中，Visitor（访问者）为该对象结构中 ConcreteElement 的每一个类声明一个 Visit 操作。Element（元素）定义以一个访问者为参数的 Accept 操作。

Bridge（桥接）模式的主要意图是：将抽象部分与其实现部分分离，使它们都可以独立地变化，其结构图如下所示。

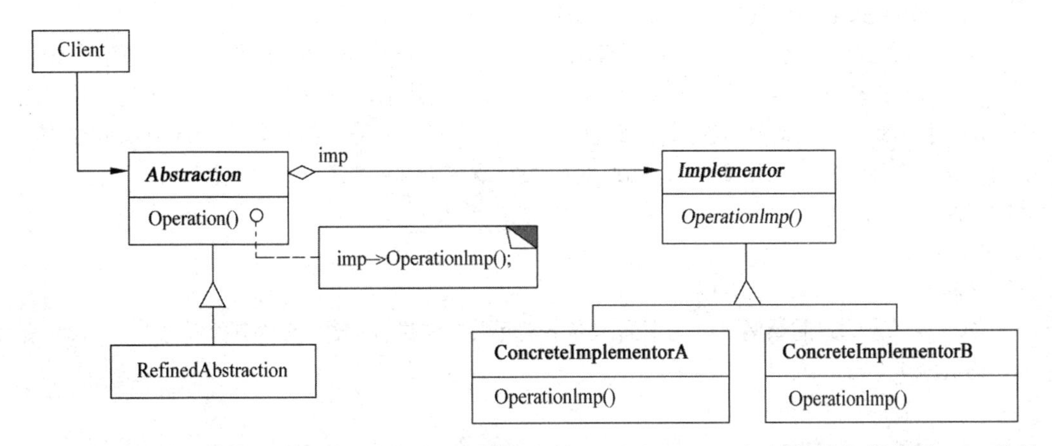

其中，客户程序（Client）使用的主要接口是 Abstraction，它定义抽象类的接口，维护一个指向 Implementor 类型对象的指针（引用）；RefinedAbstraction 扩充由 Abstraction 定义的接口；Implementor 定义实现类的接口，该接口不一定要与 Abstraction 的接口完全一致；事实上这两个接口可以完全不同。一般来说，Implementor 接口仅提供基本操作，而 Abstraction 定义了基于这些基本操作的较高层次的操作；ConcreteImplementor 实现 Implementor 接口并

定义它的具体实现。

本题描述创建一个 Web 应用框架并可以为每个 Web 应用创建不同的主题样式，适合采用桥接模式，属于结构型对象模式。题图中，Web 应用框架（WebApplication）对应 Abstraction 抽象类接口，是客户程序使用的主要接口，并维护对 Theme（对应 Implementor）定义主题实现类的接口，由 Light 和 Dark 具体实现类实现。Blog、Store 和 NewsSite 对应 RefinedAbstraction，扩充由 Abstraction 定义的接口。

参考答案

（44）D （45）A （46）B （47）A

试题（48）

下图所示为一个不确定有限自动机（NFA）的状态转换图。该 NFA 识别的字符串集合可用正规式<u>（48）</u>描述。

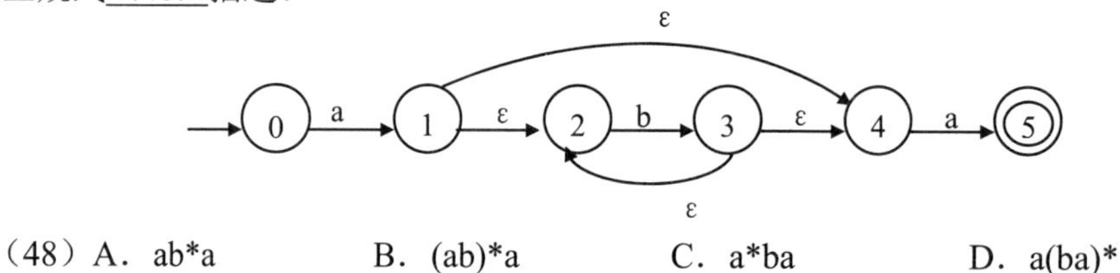

（48）A．ab*a B．(ab)*a C．a*ba D．a(ba)*

试题（48）分析

本题考查程序语言基础知识。

对于Σ中的任何字符串 ω，若存在一条从初态到某一终止状态的路径，且这条路径上所有弧的标记符连接成的字符串等于 ω，则称 ω 可由 NFA *M* 识别（接受或读出）。若一个 NFA *M* 的初态结点同时又是终态结点，则空字 ε 可由该 NFA 识别（或接受）。

题中 NFA 弧上标记的字符为 a、b 以及 ε，该 NFA 的Σ={a,b}。

从初态 0 到达终态 5 的路径主要有两条：一条是 0→1→4→5，所标识的字符串为 aa；另一条是 0→1→2→3→4→5，所标识的字符串为 aba。其中，2→3 可重复，每重复 1 次就多 1 个 b。综合来看，从初态 0 到终态 5 的所有路径的表示字符串都是以一个 a 开头和结尾、中间含有若干个 b（可以是 0 个），因此对应的正规式为“ab*a”。

参考答案

（48）A

试题（49）

简单算术表达式的结构可以用下面的上下文无关文法进行描述（E 为开始符号），<u>（49）</u>是符合该文法的句子。

E → T| E+T
T → F | T*F
F → –F | N
N → 0 | 1 | 2 | 3 | 4 | 5 | 6 | 7 | 8 | 9

（49）A．2--3*4 B．2+-3*4 C．(2+3)*4 D．2*4-3

试题（49）分析

本题考查程序语言基础知识。

可以文法起始符号推导出的句子就是符合该文法的。

推导是从文法的开始符号出发，用产生式右部的文法符号进行替换的过程。用最左推导方式推出 2+–3*4 的过程如下：

E=>E+T=>T+T=>F+T=>2+T=>2+T*F=>2+F*F=>2+–F*F=>2+–3*F=>2+–3*4

由于文法中没有二元的“–”运算，所以推导不出 2––3*4、2*4–3，文法中也没有括号，所以推导不出(2+3)*4。

参考答案

（49）B

试题（50）

语法制导翻译是一种__（50）__方法。

（50）A．动态语义分析　　B．中间代码优化

C．静态语义分析　　D．目标代码优化

试题（50）分析

本题考查程序语言基础知识。

程序语言翻译过程中，词法分析和语法分析都是对程序的结构进行分析，有相应的算法，而语义分析比较复杂。语法分析分为自上而下和自下而上两类分析方法，递归下降分析法和预测分析法属于自上而下的分析方法，算符优先分析法和 LR 分析法属于自下而上的语法分析方法。有多种语义分析方法，语法制导翻译是一种静态语义分析方法（编译过程中的语义分析都是静态语义，运行时才有动态语义）。

参考答案

（50）C

试题（51）

给定关系模式 $R<U, F>$，其中 U 为属性集，F 是 U 上的一组函数依赖，那么 Armstrong 公理系统的伪传递律是指__（51）__。

（51）A．若 $X\rightarrow Y$，$X\rightarrow Z$，则 $X\rightarrow YZ$ 为 F 所蕴涵

B．若 $X\rightarrow Y$，$WY\rightarrow Z$，则 $XW\rightarrow Z$ 为 F 所蕴涵

C．若 $X\rightarrow Y$，$Y\rightarrow Z$ 为 F 所蕴涵，则 $X\rightarrow Z$ 为 F 所蕴涵

D．若 $X\rightarrow Y$ 为 F 所蕴涵，且 $Z\subseteq U$，则 $XZ\rightarrow YZ$ 为 F 所蕴涵

试题（51）分析

本题考查的是关系数据库方面的基础知识。

选项 A“若 $X\rightarrow Y$，$X\rightarrow Z$，则 $X\rightarrow YZ$，为 F 所蕴涵”是 Armstrong 公理系统的合并规则；

选项 B“若 $X\rightarrow Y$，$WY\rightarrow Z$，则 $XW\rightarrow Z$ 为 F 所蕴涵”是 Armstrong 公理系统的伪传递律；

选项 C“若 $X\rightarrow Y$，$Y\rightarrow Z$ 为 F 所蕴涵，则 $X\rightarrow Z$ 为 F 所蕴涵”是 Armstrong 公理系统的传递律；

选项 D“若 $X \to Y$ 为 F 所蕴涵，且 $Z \subseteq U$，则 $XZ \to YZ$ 为 F 所蕴涵”是 Armstrong 公理系统的增广律。

参考答案

（51）B

试题（52）、（53）

给定关系 $R(A,B,C,D,E)$ 与 $S(B,C,F,G)$，那么与表达式 $\pi_{2,4,6,7}(\sigma_{2<7}(R \bowtie S))$ 等价的 SQL 语句如下：

```
SELECT  (52)  FROM R,S WHERE  (53) ;
```

（52）A. R.B,D,F,G　　　　B. R.B,E,S.C , F,G
　　　C. R.B,R.D,S.C , F　　D. R.B,R.C,S.C , F

（53）A　R.B=S.B OR R.C=S.C OR R.B<S.G
　　　B. R.B=S.B OR R.C=S.C OR R.B<S.C
　　　C. R.B=S.B AND R.C=S.C AND R.B<S.G
　　　D. R.B=S.B AND R.C=S.C AND R.B<S.C

试题（52）、（53）分析

本题考查关系代数运算与 SQL 查询方面的基础知识。

在 $\pi_{1,3,6,7}(\sigma_{3<6}(R \bowtie S))$ 中，自然联结 $R \bowtie S$ 运算后去掉右边重复的属性列名 $S.B$ 和 $S.C$ 后为：$R.A,R.B,R.C,R.D,R.E,S.F,S.G$，表达式 $\pi_{2,4,6,7}(\sigma_{2<7}(R \bowtie S))$ 的含义是从 $R \bowtie S$ 结果集中选取 $R.B<S.G$ 的元组，再进行 $R.B,R.D,S.F,S.G$ 投影，因此，空（52）的正确答案为选项 A。

空（53）的正确答案为选项 C。$R \bowtie S$ 需要用“ WHERE R.B=S.B AND R.C=S.C ”来限定，选取运算 $\sigma_{2<7}$ 需要用“ WHERE R.B<S.G ”来限定。

参考答案

（52）A　（53）C

试题（54）、（55）

给定教师关系 Teacher（T_no，T_name，Dept_name，Tel），其中属性 T_no、T_name、Dept_name 和 Tel 的含义分别为教师号、教师姓名、学院名和电话号码。用 SQL 创建一个“给定学院名，求该学院的教师数”的函数如下：

```
Create function Dept_count(Dept_name varchar(20))
  (54)
    begin
  (55)
       select count(*) into d_count
       from Teacher
       where Teacher. Dept_name= Dept_name
return d_count
```

```
end
```

（54）A．returns integer　　B．returns d_count integer
　　C．declare integer　　D．declare d_count integer

（55）A．returns integer　　B．returns d_count integer
　　C．declare integer　　D．declare d_count integer

试题（54）、（55）分析

本题考查 SQL 函数定义的基础知识。

SQL 函数定义语法结构如下：

```
CREATE FUNCTION 函数名(参数名参数类型)
RETURN 返回值的数据类型
[WITH ENCRYPTION] --如果指定了 encryption 则函数被加密
[AS]
BEGIN
 function_body --函数体
 RETURN 表达式;
END
```

根据 SQL 函数定义语法结构不难得出空（54）和空（55）的正确选项分别为 A、D。完整的 SQL 语句如下：

```
Create function Dept_count(Dept_name varchar(20))
   returns integer
   begin
   declare d_count integer
      select count(*) into d_count
      from Teacher
      where Teacher.Dept_name=Dept_name
   return d_count
end
```

参考答案

（54）A　（55）D

试题（56）

某集团公司下属有多个超市，每个超市的所有销售数据最终要存入公司的数据仓库中。假设该公司高管需要从时间、地区和商品种类三个维度来分析某家电商品的销售数据，那么最适合采用＿（56）＿来完成。

（56）A．Data Extraction　　B．OLAP　　C．OLTP　　D．ETL

试题（56）分析

本题考查数据仓库的基础知识。

ETL（Extract-Transform-Load）用来描述将数据从来源端经过抽取（Extract）、转换（Transform）、加载（Load）至目的端的过程。ETL 是构建数据仓库的重要一环，用户从数据源抽取出所需的数据，经过数据清洗，最终按照预先定义好的数据仓库模型，将数据加载到数据仓库中去。

联机事务处理过程（On-Line Transaction Processing，OLTP）也称为面向交易的处理过程，其基本特征是前台接收的用户数据可以立即传送到计算中心进行处理，并在很短的时间内给出处理结果，是对用户操作快速响应的方式之一。

数据挖掘（Data Mining，DM）和联机分析处理（On-Line Analytical Processing，OLAP）同为分析工具，其差别在于 OLAP 提供用户一个便利的多维度观点和方法，以有效率地对数据进行复杂的查询动作，其预设查询条件由用户预先设定，而数据挖掘则能由资讯系统主动发掘资料来源中未曾被察觉的隐藏资讯，透过用户的认知以产生信息。

参考答案

（56）B

试题（57）

队列的特点是先进先出，若用循环单链表表示队列，则__（57）__。

（57）A．入队列和出队列操作都不需要遍历链表

B．入队列和出队列操作都需要遍历链表

C．入队列操作需要遍历链表而出队列操作不需要

D．入队列操作不需要遍历链表而出队列操作需要

试题（57）分析

本题考查数据结构基础知识。

设某队列包含 4 个元素 e1、e2、e3、e4，e1 为队头元素、e4 为队尾元素，用循环单链表表示如下。

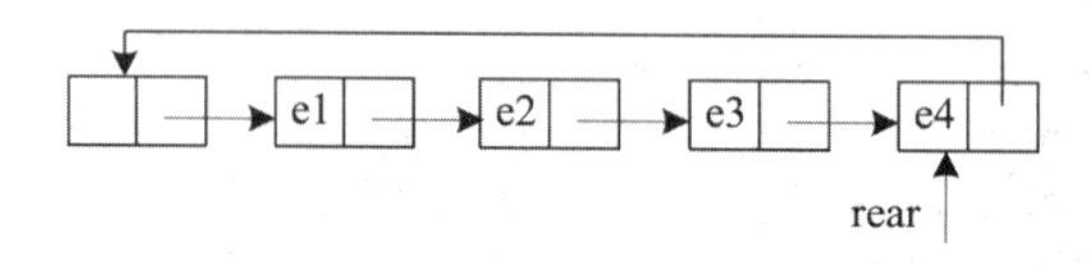

（a）含有头结点

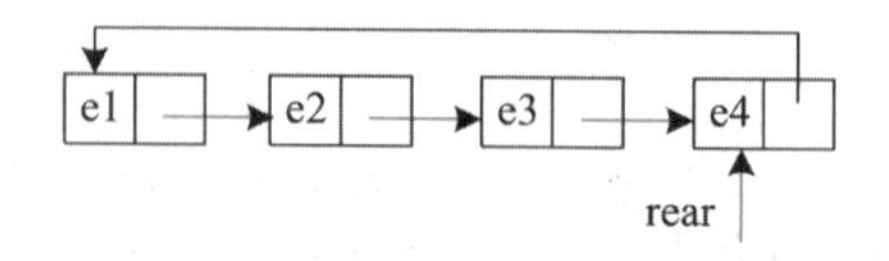

（b）不含有头结点

入队列是在表尾插入元素、出队列是在表头删除元素，将队列尾指针设置在表尾，可以快速得到表头信息，所以入队列和出队列都不需要遍历链表。

参考答案

（57）A

试题（58）

设有 n 阶三对角矩阵 $\boldsymbol{A}$，即非零元素都位于主对角线以及与主对角线平行且紧邻的两条对角线上，现对该矩阵进行按行压缩存储，若其压储空间用数组 B 表示，$\boldsymbol{A}$ 的元素下标从 0 开始，B 的元素下标从 1 开始。已知 A[0,0]存储在 B[1]，A[n–1,n–1]存储在 B[3n–2]，那么非零元素 A[i,j]（$0 \leqslant i<n$，$0 \leqslant j<n$，$|i-j| \leqslant 1$）存储在 B[__（58）__]。

（58）A．$2i+j-1$　　B．$2i+j$　　C．$2i+j+1$　　D．$3i-j+1$

试题（58）分析

本题考查数据结构基础知识。

n 阶三对角矩阵如下图所示。

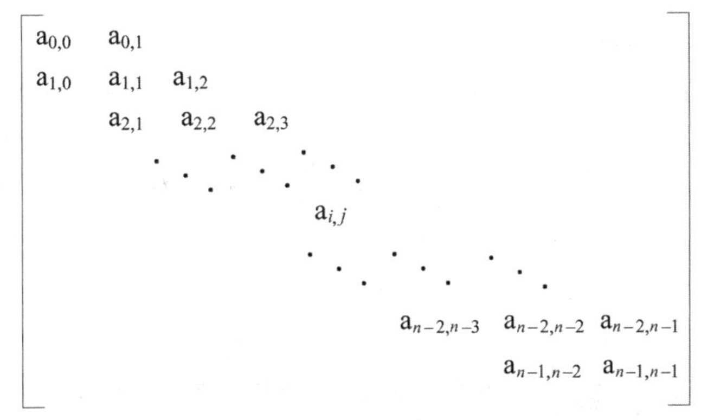

在元素 $a_{i,j}$ 之前共有 i 行（行号从 0 到 $i-1$），除了第一行外，其余每行都是 3 个元素，因此这 i 行上的元素个数为$(3\times i-1)$；在行号为 i 时，排列在 $a_{i,j}$ 之前的元素个数为 $j-i+1$，合计 $2i+j$ 个元素，因此元素 $a_{i,j}$ 存储在 B[]中的下标为 $2i+j+1$（因数组 B 是从下标 1 开始存放元素的）。

参考答案

（58）C

试题（59）

对下面的二叉树进行顺序存储（用数组 MEM 表示），已知结点 A、B、C 在 MEM 中对应元素的下标分别为 1、2、3，那么结点 D、E、F 对应的数组元素下标为__（59）__。

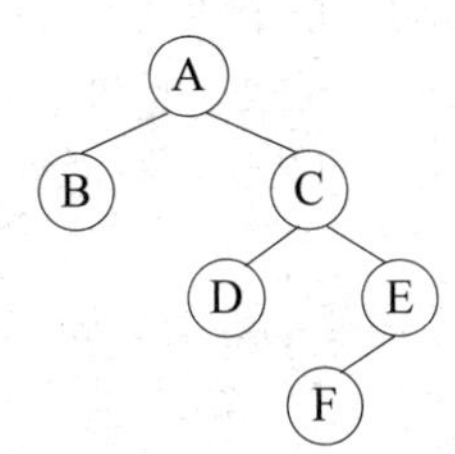

（59）A．4、5、6　　B．4、7、10　　C．6、7、8　　D．6、7、14

试题（59）分析

本题考查数据结构基础知识。

对二叉树进行顺序存储时，若某结点的编号为 i，其左孩子结点存在时，则左孩子结点的编号为 $2i$，其右孩子结点存在时，右孩子结点的编号为 $2i+1$。由于结点 C 的编号为 3，因此 D 和 E 的编号分别为 6 和 7，E 的编号为 14。

参考答案

（59）D

试题（60）

用哈希表存储元素时，需要进行冲突（碰撞）处理，冲突是指＿（60）＿。

（60）A．关键字被依次映射到地址编号连续的存储位置

B．关键字不同的元素被映射到相同的存储位置

C．关键字相同的元素被映射到不同的存储位置

D．关键字被映射到哈希表之外的位置

试题（60）分析

本题考查数据结构基础知识。

构造哈希表时，关键字序列中两个不同的元素被哈希函数映射到同一个哈希单元时，称为冲突。

参考答案

（60）B

试题（61）

对有 n 个结点、e 条边且采用数组表示法（即邻接矩阵存储）的无向图进行深度优先遍历，时间复杂度为＿（61）＿。

（61）A．$O(n^2)$　　B．$O(e^2)$　　C．$O(n+e)$　　D．$O(n*e)$

试题（61）分析

本题考查数据结构基础知识。

采用邻接矩阵存储时，对于每个顶点，都要扫描矩阵的一个行向量，以确定其邻接顶点有哪些，因此时间复杂度为 $O(n^2)$。

参考答案

（61）A

试题（62）～（65）

现需要申请一些场地举办一批活动，每个活动有开始时间和结束时间。在同一个场地，如果一个活动结束之前，另一个活动不能开始，即两个活动冲突。若活动 A 从 1 时间开始，5 时间结束，活动 B 从 5 时间开始，8 时间结束，则活动 A 和 B 不冲突。现要计算 n 个活动需要的最少场地数。

求解该问题的基本思路如下（假设需要场地数为 m，活动数为 n，场地集合为 $p_1,p_2,\cdots,p_m$），初始条件 p_i 均无活动安排：

（1）采用快速排序算法对 n 个活动的开始时间从小到大排序，得到活动 $a_1,a_2,\cdots,a_n$。对每个活动 a_i，i 从 1 到 n，重复步骤（2）、（3）和（4）。

（2）从 p_1 开始，判断 a_i 与 p_1 的最后一个活动是否冲突，若冲突，考虑下一个场地 p_2，…。

（3）一旦发现 a_i 与某个 p_j 的最后一个活动不冲突，则将 a_i 安排到 p_j，考虑下一个活动。

（4）若 a_i 与所有已安排活动的 p_j 的最后一个活动均冲突，则将 a_i 安排到一个新的场地，考虑下一个活动。

（5）将 n 减去没有安排活动的场地数即可得到所用的最少场地数。

算法首先采用了快速排序算法进行排序，其算法设计策略是＿（62）＿；后面步骤采用的算法设计策略是＿（63）＿。整个算法的时间复杂度是＿（64）＿。下表给出了 n=11 的活动集合，根据上述算法，得到最少的场地数为＿（65）＿。

i	1	2	3	4	5	6	7	8	9	10	11
开始时间 s_i	0	1	2	3	3	5	5	6	8	8	12
结束时间 f_i	6	4	13	5	8	7	9	10	11	12	14

（62）A．分治　B．动态规划　C．贪心　D．回溯

（63）A．分治　B．动态规划　C．贪心　D．回溯

（64）A．$\Theta(\lg n)$　B．$\Theta(n)$　C．$\Theta(n\lg n)$　D．$\Theta(n^2)$

（65）A．4　B．5　C．6　D．7

试题（62）～（65）分析

本题考查算法设计与分析技术的相关知识。

要求考生掌握几个基本的算法设计技术，包括分治法、动态规划、贪心法、回溯法和分支限界法等，并熟悉几个典型的应用实例。能根据求解问题的方法来推测采用的算法设计技术以及分析算法的时间复杂度和空间复杂度等。

快速排序算法是一个常用的排序算法，要求考生熟悉常用的排序、查找等算法的设计方法、基本思路和时空复杂度。快速排序算法是一种分治算法。故（62）题选择 A。对活动排序之后，根据上述步骤将活动安排到场地，每次取出最先开始的活动将其安排到现在可用的场地中，若没有可用的场地，则申请一个新的场地，这是一种贪心策略，（63）题选择 C。在上述几个步骤中，第一步快速排序算法的时间复杂度为 $O(n^2)$，后面的步骤需要遍历活动序列和场地序列，时间复杂度为 $O(n^2)$，整个算法的时间复杂度为 $O(n^2)$，（64）题选择 D。

对于该实例，由于活动已经根据其开始时间从小到大排序，现在只需要根据贪心策略安排活动即可：活动 a_1 安排到场地 p_1，活动 a_2 不能安排到场地 p_1，申请一个新场地 p_2 并安排活动 a_2……对于活动 a_6，不能安排到场地 p_1，继续考虑下一个场地 p_2，可以安排活动 a_6，因此将其安排到 p_2……依此循环，一直到所有的活动安排完成，得到如下表所示的安排。因此可以看到最少需要 5 个场地。

p_1	p_2	p_3	p_4	p_5
a_1 (0,6)	a_2 (1,4)	a_3 (2,13)	a_4 (3,5)	a_5 (3,8)
a_8 (6,10)	a_6 (5,7)		a_7 (5,9)	a_{10} (8,12)
a_{11} (12,14)	a_9 (8,11)			

参考答案

（62）A　（63）C　（64）D　（65）B

试题（66）

下列网络互连设备中，属于物理层的是__（66）__。

（66）A．交换机　B．中继器　C．路由器　D．网桥

试题（66）分析

本题考查网络连接设备知识。

网络设备属于哪一层主要看其处理的PDU是哪一层。交换机依据帧中的目的地址进行交换，属于链路层设备；中继器对物理层传输的信号进行放大或再生，属于物理层设备；路由器依据分组中的目的IP地址进行分组的转发，属于网络层设备；网桥依据帧中目的地址进行交换，属于链路层设备。

参考答案

（66）B

试题（67）、（68）

在地址http://www.dailynews.com.cn/channel/welcome.htm中，www.dailynews.com.cn表示__（67）__，welcome.htm表示__（68）__。

（67）A．协议类型　B．主机　C．网页文件名　D．路径

（68）A．协议类型　B．主机域名　C．网页文件名　D．路径

试题（67）、（68）分析

本题考查URL的基础知识。

URL（Uniform Resource Locator），统一资源定位符是对可以从互联网上得到的资源的位置和访问方法的一种简洁的表示，是互联网上标准资源的地址。互联网上的每个文件都有一个唯一的URL，它包含的信息指出文件的位置以及浏览器应该怎么处理它。

基本URL包含模式（或称协议）、服务器名称（或IP地址）、路径和文件名。

参考答案

（67）B　（68）C

试题（69）

在Linux中，要更改一个文件的权限设置可使用__（69）__命令。

（69）A．attrib　B．modify　C．chmod　D．change

试题（69）分析

本题测试Linux操作系统中有关文件访问权限管理命令的概念和知识。

Linux对文件的访问设定了3级权限：文件所有者、同组用户和其他用户。对文件的访问设定了3种处理操作：读取、写入和执行。chmod命令用于改变文件或目录的访问权限，这是Linux系统管理员最常用到的命令之一。默认情况下，系统将新创建的普通文件的权限设置为-rw-r-r--，将每一个用户所有者目录的权限都设置为drwx------。根据需要可以通过命令修改文件和目录的默认存取权限。只有文件所有者或超级用户root才有权用chmod改变文件或目录的访问权限。

参考答案

（69）C

试题（70）

主域名服务器在接收到域名请求后，首先查询的是＿（70）＿。

（70）A．本地 hosts 文件　　B．转发域名服务器
　　　C．本地缓存　　D．授权域名服务器

试题（70）分析

本题考查域名解析相关知识。

主域名服务器在接收到域名请求后，查询顺序是本地缓存、本地 hosts 文件、本地数据库、转发域名服务器。

参考答案

（70）C

试题（71）～（75）

Creating a clear map of where the project is going is an important first step. It lets you identify risks, clarify objectives, and determine if the project even makes sense. The only thing more important than the Release Plan is not to take it too seriously.

Release planning is creating a game plan for your Web project ＿（71）＿ what you think you want your Web site to be. The plan is a guide for the content, design elements, and functionality of a Web site to be released to the public, to partners, or internally. It also ＿（72）＿ how long the project will take and how much it will cost. What the plan is not is a functional ＿（73）＿ that defines the project in detail or that produces a budget you can take to the bank.

Basically you use a Release Plan to do an initial sanity check of the project' s ＿（74）＿ and worthiness. Release Plans are useful road maps, but don' t think of them as guides to the interstate road system. Instead, think of them as the ＿（75）＿ used by early explorers—half rumor and guess and half hope and expectation.

It's always a good idea to have a map of where a project is headed.

（71）A．constructing　B．designing　C．implementing　D．outlining
（72）A．defines　B．calculates　C．estimates　D．knows
（73）A．specification　B．structure　C．requirement　D．implementation
（74）A．correctness　B．modifiability　C．feasibility　D．traceability
（75）A．navigators　B．maps　C．guidances　D．goals

参考译文

创建一个清晰的项目进展地图是重要的第一步。它可以让您识别风险，明确目标，并确定项目是否有意义。唯一比发布计划更重要的是不要太认真。

发布计划是为您的 Web 项目创建一个游戏计划，概述您认为和希望您的 Web 站点是什么。该计划是向公众、合作伙伴或内部发布的网站的内容、设计元素和功能的指南。它还估计了项目需要多长时间以及需要多少费用。计划不是一个详细定义项目或预算产生多少收益的功能规范。

本质上，您使用发布计划对项目的可行性和价值进行初步的健全性检查。发布计划是有

用的路线图，但不要将它们视为洲际公路系统的导航。相反，将它们视为早期探险家使用的地图——一半谣言和猜测加一半希望和期待。

拥有一个项目前进方向的地图总是一个好主意。

参考答案

（71）D （72）C （73）A （74）C （75）B

第 10 章　2018 上半年软件设计师下午试题分析与解答

试题一（共 15 分）

阅读下列说明，回答问题 1 至问题 4，将解答填入答题纸的对应栏内。

【说明】

某医疗护理机构为老年人或有护理需求者提供专业护理，现欲开发一基于 Web 的医疗管理系统，以改善医疗护理效率。该系统的主要功能如下：

（1）通用信息查询。客户提交通用信息查询请求，查询通用信息表，返回查询结果。

（2）医生聘用。医生提出应聘/辞职申请，交由主管进行聘用/解聘审批，更新医生表，并给医生反馈聘用/解聘结果；删除解聘医生的出诊安排。

（3）预约处理。医生安排出诊时间，存入医生出诊时间表；根据客户提交的预约查询请求，查询在职医生及其出诊时间等预约所需数据并返回；创建预约，提交预约请求，在预约表中新增预约记录，更新所约医生出诊时间并给医生发送预约通知；给客户反馈预约结果。

（4）药品管理。医生提交处方，根据药品名称从药品数据中查询相关药品库存信息，开出药品，更新对应药品的库存以及预约表中的治疗信息；给医生发送“药品已开出”反馈。

（5）报表创建。根据主管提交的报表查询请求（报表类型和时间段），从预约数据、通用信息、药品库存数据、医生以及医生出诊时间中进行查询，生成报表返回给主管。

现采用结构化方法对医疗管理系统进行分析与设计，获得如图 1-1 所示的上下文数据流图和图 1-2 所示的 0 层数据流图。

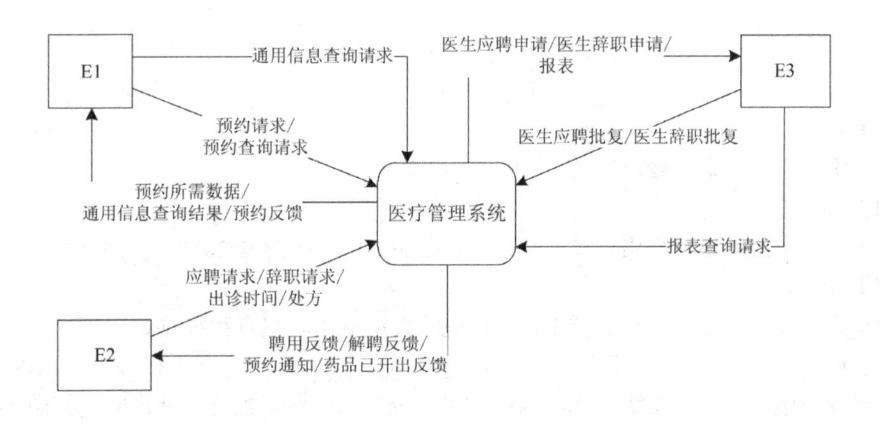

图 1-1　上下文数据流图

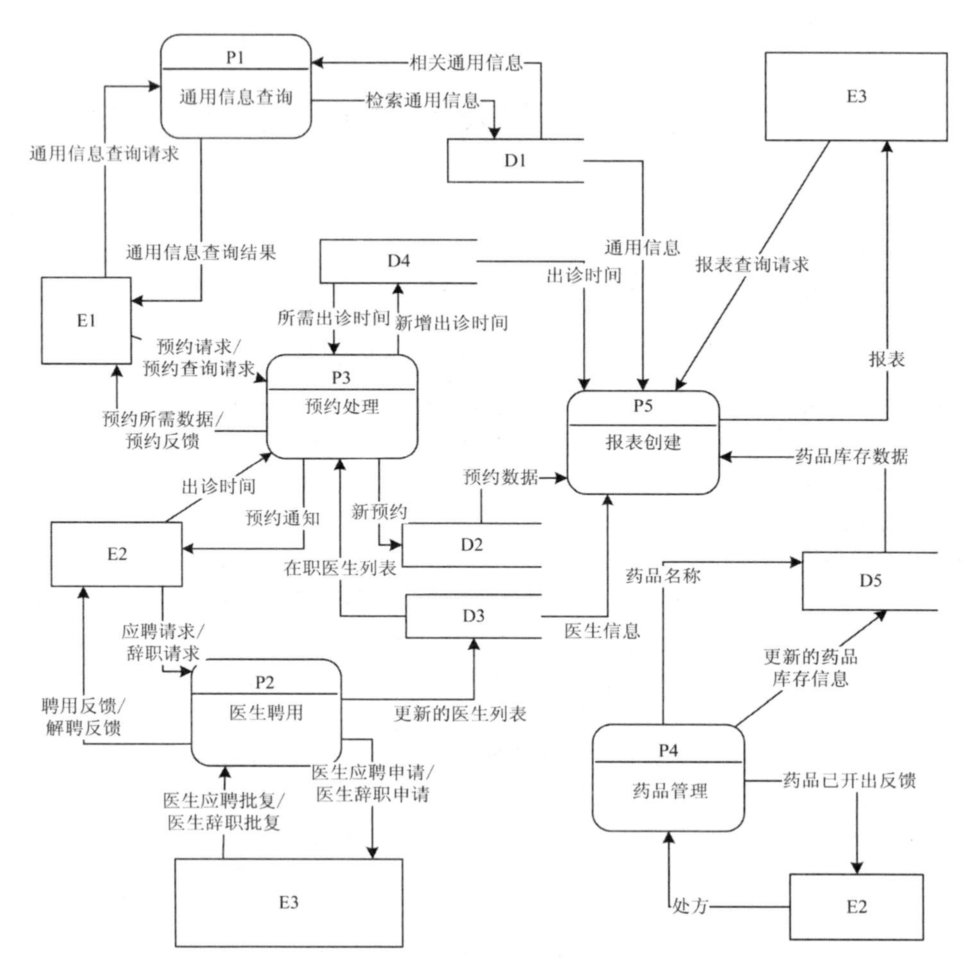

图 1-2　0 层数据流图

【问题 1】（3 分）

使用说明中的词语，给出图 1-1 中的实体 E1～E3 的名称。

【问题 2】（5 分）

使用说明中的词语，给出图 1-2 中的数据存储 D1～D5 的名称。

【问题 3】（4 分）

使用说明和图中术语，补充图 1-2 中缺失的数据流及其起点和终点。

【问题 4】（3 分）

使用说明中的词语，说明“预约处理”可以分解为哪些子加工，并说明建模图 1-1 和图 1-2 时如何保持数据流图平衡。

试题一分析

本题考查采用结构化方法进行软件系统的分析与设计，主要考查数据流图（DFD）的应用，考点与往年类似。DFD 是结构化分析与设计方法中面向数据流建模的工具，它将系统建模成输入、加工（处理）、输出的模型，并采用自顶向下分层且逐层细化的方式，建模不同详细程度的数据流图模型。

首先需要建模上下文数据流图（顶层 DFD）来确定系统边界。在上下文 DFD 中，待开发软件系统被看作一个加工，为系统提供输入数据以及接收系统输出数据的外部实体，外部实体和加工之间的输入输出即为流入和流出系统的数据流。

在上下文 DFD 中确定的外部实体以及与外部实体的输入输出数据流的基础上，将上下文 DFD 中的加工分解成多个加工，分别识别这些加工的输入数据流以及经过加工变换后的输出数据流，建模 0 层 DFD。根据 0 层 DFD 中加工的复杂程度进一步建模加工的内容。

在建模分层 DFD 时，根据需求情况可以将数据存储建模在不同层次的 DFD 中。建模时，需要注意加工和数据流的使用原则，一个加工必须既有输入又有输出；数据流须和加工相关，即数据流至少有一头为加工。注意要在绘制下层数据流图时保持父图与子图之间的平衡，即：父图中某加工的输入输出数据流必须与其子图的输入输出数据流在数量和名字上相同，或者父图中的一个输入（或输出）数据流对应于子图中几个输入（或输出）数据流并集。

本题题干描述清晰，易于分析，分析题目中所描述的内容，完成对应题目。

【问题 1】

本问题考查上下文 DFD，要求确定外部实体。在上下文 DFD 中，待开发系统名称“医疗管理系统”作为唯一加工的名称，外部实体为这一加工提供输入数据流或者接收其输出数据流。通过考查系统的主要功能发现，系统中涉及客户、医生、主管。根据描述（1）中“客户提交通用信息查询请求”、描述（2）中“医生提出应聘/辞职申请，交由主管进行聘用/解聘审批”、描述（3）中“医生安排出诊时间”、描述（5）中“根据主管提交的报表查询请求”“生成报表返回给主管”等信息，对照图 1-1 中 E1、E2 和 E3 相关的数据流，即可确定 E1 为“客户”实体，E2 为“医生”实体，E3 为“主管”实体。

【问题 2】

本问题要求确定图 1-2 0 层数据流图中的数据存储。重点分析说明中与数据存储有关的描述。根据说明（1）中“查询通用信息表”，可知加工“通用信息查询”需要从存储 D1 中根据相关检索条件查询相关通用信息，由此可知 D1 为“通用信息”。根据说明（2）中“更新医生表……删除解聘医生的出诊安排”，可知加工“医生聘用”需要向 D3 更新医生列表，由此可知 D3 为“医生”。根据说明（3）中“存入医生出诊时间表”“查询在职医生及其出诊时间等预约所需数据并返回”“在预约表中新增预约记录”，可知加工“预约处理”向存储“医生出诊时间”新增出诊时间，向“预约数据”中新增预约，从“医生”表中查询在职医生相关信息。再对应图 1-2 中这几个数据存储所关联的数据流名称，可知 D2 为“预约数据”，D4 为“医生出诊时间”。根据说明（4）中“根据药品名称从药品数据中查询相关药品库存信息，开出药品，更新对应药品的库存……”，可知 D5 为“药品”。

【问题 3】

本问题要求补充缺失的数据流及其起点和终点。对照图 1-1 和图 1-2 的输入、输出数据流，并未缺少外部实体和加工之间的数据流。再考查题干中的说明判定图 1-2 中是否缺失内部的数据流，不难发现图中缺失的数据流，具体分析如下。

根据说明（3）中“更新所约医生出诊时间并给医生发送预约通知”，可知加工预约处理（P3）发给 D4（医生出诊时间）“更新的出诊时间”；根据说明（2）中“删除解聘医生的出诊安排”，可知医生聘用（P2）向存储 D4 提交“删除的医生出诊安排”；根据说明（4）中“根据药品名称从药品数据中查询相关药品库存信息”，可知药品管理（P4）从 D5（药品）获取“药品库存信息”，再根据“更新对应药品的库存以及预约表中的治疗信息”，可知从 P4 向 D2（预约数据）中更新“治疗信息”。

【问题 4】

在自顶向下建模分层 DFD 时，根据功能的粒度，可以进一步进行分解。在图 1-2 所示的 0 层数据流中，“预约处理”对应于说明（3），从中分析出需要执行的加工，进行分解，可以分为 4 个主要子加工——安排出诊时间、预约查询、创建预约、预约反馈。自顶向下进行建模时，需要保持数据流平衡，具体为父图中某加工的输入输出数据流必须与其子图的输入输出数据流在数量和名字上相同，或者父图中的一个输入（或输出）数据流对应于子图中几个输入（或输出）数据流并集。

参考答案

【问题 1】

E1：客户

E2：医生

E3：主管

【问题 2】

D1：通用信息

D2：预约数据

D3：医生

D4：医生出诊时间

D5：药品

（注：名称后面可以带有“文件”或“表”）

【问题 3】

数据流	起点	终点
更新的出诊时间	P3 或预约处理	D4 或医生出诊时间
删除的医生出诊安排	P2 或医生聘用	D4 或医生出诊时间
药品库存信息	D5 或药品	P4 或药品管理
治疗信息	P4 或药品管理	D2 或预约数据

（注：数据流没有顺序要求）

【问题 4】

预约处理分解为：安排出诊时间、预约查询、创建预约、预约反馈。

图 1-1（或父图）中某加工的输入输出数据流必须与图 1-2（或子图）的输入输出数据流在数量和名字上相同；图 1-1（或父图）中的一个输入（或输出）数据流对应于图 1-2（或子

图）中几个输入（或输出）数据流，而图 1-2（或子图）中组成这些数据流的数据项全体正好是父图中的这一条数据流。

试题二（共 15 分）

阅读下列说明，回答问题 1 至问题 3，将解答填入答题纸的对应栏内。

【说明】

某海外代购公司为扩展公司业务，需要开发一个信息化管理系统。请根据公司现有业务及需求完成该系统的数据库设计。

【需求描述】

（1）记录公司员工信息。员工信息包括工号、身份证号、姓名、性别和一个手机号，工号唯一标识每位员工，员工分为代购员和配送员。

（2）记录采购的商品信息。商品信息包括商品名称、所在超市名称、采购价格、销售价格和商品介绍，系统内部用商品条码唯一标识每种商品。一种商品只在一家超市代购。

（3）记录顾客信息。顾客信息包括顾客真实姓名、身份证号（清关缴税用）、一个手机号和一个收货地址，系统自动生成唯一的顾客编号。

（4）记录托运公司信息。托运公司信息包括托运公司名称、电话和地址，系统自动生成唯一的托运公司编号。

（5）顾客登录系统之后，可以下订单购买商品。订单支付成功后，系统记录唯一的支付凭证编号，顾客需要在订单里指定运送方式：空运或海运。

（6）代购员根据顾客的订单在超市采购对应商品，一份订单所含的多个商品可能由多名代购员从不同超市采购。

（7）采购完的商品交由配送员根据顾客订单组合装箱，然后交给托运公司运送。托运公司按顾客订单核对商品名称和数量，然后按顾客的地址进行运送。

【概念模型设计】

根据需求阶段收集的信息，设计的实体联系图（不完整）如图 2-1 所示。

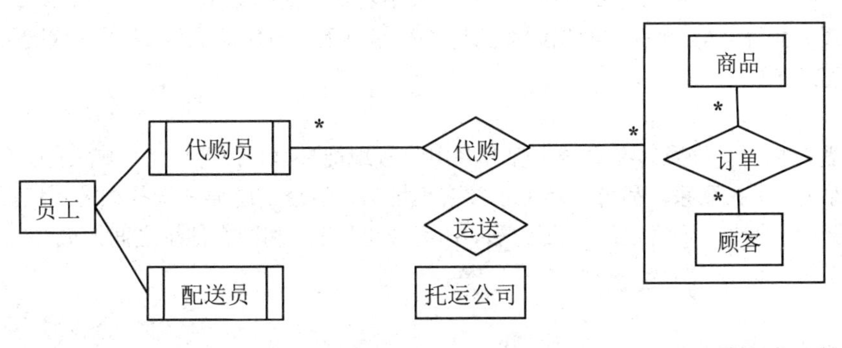

图 2-1 实体联系图

【逻辑结构设计】

根据概念模型设计阶段完成的实体联系图，得出如下关系模式（不完整）：

员工（<u>工号</u>，身份证号，姓名，性别，手机号）

商品 (条码,商品名称,所在超市名称,采购价格,销售价格,商品介绍)
顾客 (编号,姓名,身份证号,手机号,收货地址)
托运公司 (托运公司编号,托运公司名称,电话,地址)
订单 (订单 ID, __(a)__,商品数量,运送方式,支付凭证编号)
代购 (代购 ID,代购员工号, __(b)__)
运送 (运送 ID,配送员工号,托运公司编号,订单 ID,发运时间)

【问题 1】(3 分)

根据问题描述，补充图 2-1 的实体联系图。

【问题 2】(6 分)

补充逻辑结构设计结果中的（a)、(b）两处空缺。

【问题 3】(6 分)

为方便顾客，允许顾客在系统中保存多组收货地址。请根据此需求，增加“顾客地址”弱实体，对图 2-1 进行补充，并修改“运送”关系模式。

试题二分析

本题考查数据库概念模型设计及向逻辑结构转换的应用。

此类题目要求考生认真阅读题目，根据题目的需求描述，给出实体间的联系。

【问题 1】

根据题意，由“采购完的商品交由配送员根据顾客订单组合装箱，然后交给托运公司运送。托运公司按顾客订单核对商品名称和数量，然后按顾客的地址进行运送”可知配送员、托运公司和订单三方参与运送联系，三方之间为*:*:*联系。

【问题 2】

根据需求描述（3）可知顾客信息包含收货地址，所以在顾客关系里应该包括“收货地址”。

根据需求描述（2）和（6）可知顾客关系和商品关系是*:*联系，订单应该包含顾客所购商品的条码和数量，所以需要在订单关系模式中包含“商品数量”。

根据需求描述（6）可知“根据顾客的订单在超市采购对应商品”，所以在代购关系里应该包括“商品条码”。

【问题 3】

根据题意由“允许顾客在系统中保存多组收货地址”，可知增加的“顾客地址”弱实体与顾客关系构成*:1 联系。另外，增加了顾客地址后，运送的时候要选择顾客地址，所以运送关系模式中应增加“顾客地址”。配送员、托运公司、订单和顾客地址之间构成*:*:*:*联系。

参考答案

【问题 1】

补充内容如图中虚线所示。

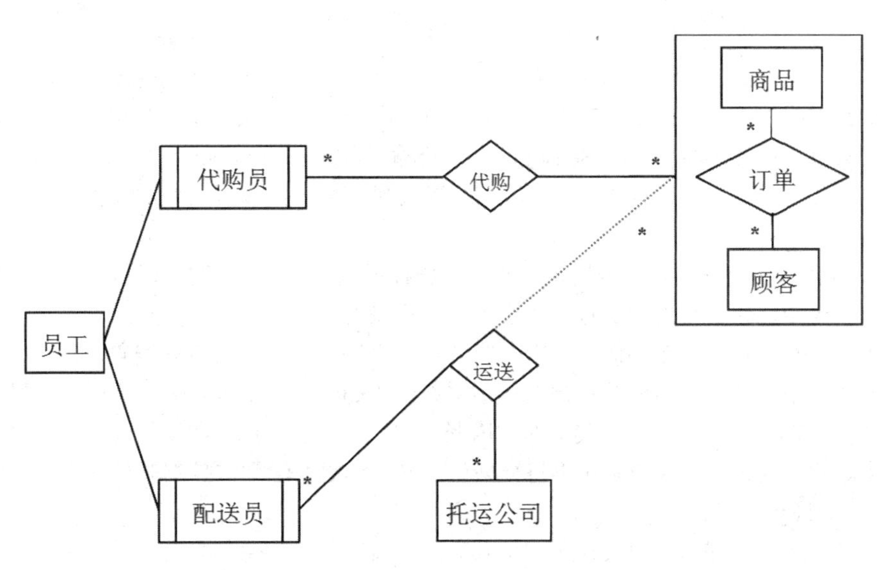

【问题 2】

（a）顾客编号，商品条码

（b）订单 ID，商品条码

【问题 3】

补充内容如图中虚线所示。

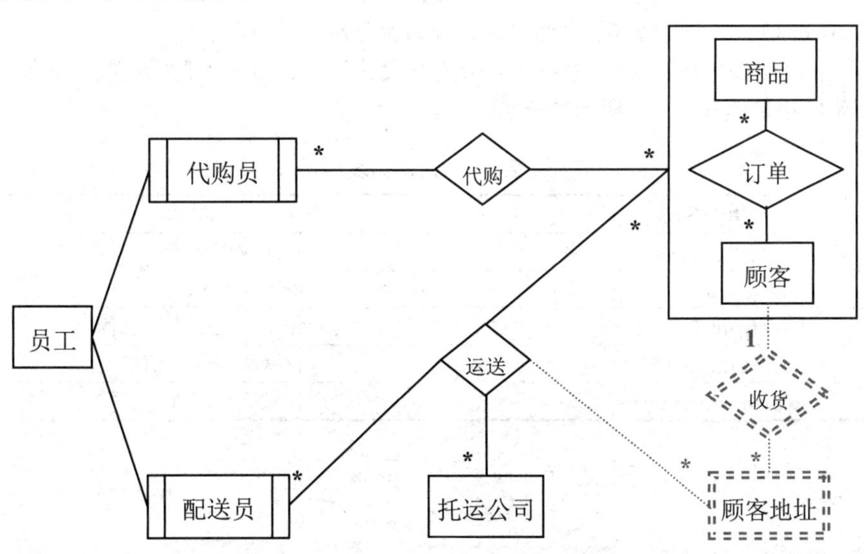

关系模式：运送（运送 ID，配送员工号，托运公司编号，订单 ID，顾客地址，发运时间）或者说明：增加属性“顾客地址”

试题三（共 15 分）

阅读下列说明，回答问题 1 至问题 3，将解答填入答题纸的对应栏内。

【说明】

某 ETC（Electronic Toll Collection，不停车收费）系统在高速公路沿线的特定位置上设置一个横跨道路上空的龙门架（Toll Gantry），龙门架下包括 6 条车道（Traffic Lanes），每条车道上安装有雷达传感器（Radar Sensor）、无线传输器（Radio Transceiver）和数码相机（Digital Camera）等用于不停车收费的设备，以完成正常行驶速度下的收费工作。该系统的基本工作过程如下：

（1）每辆汽车上安装有车载器，驾驶员（Driver）将一张具有唯一识别码的磁卡插入车载器中。磁卡中还包含有驾驶员账户的当前信用记录。

（2）当汽车通过某条车道时，不停车收费设备识别车载器内的特有编码，判断车型，将收集到的相关信息发送到该路段所属的区域系统（Regional Center）中，计算通行费用，创建收费交易（Transaction），从驾驶员的专用账户中扣除通行费用。如果驾驶员账户透支，则记录透支账户交易信息。区域系统再将交易后的账户信息发送到维护驾驶员账户信息的中心系统（Central System）。

（3）车载器中的磁卡可以使用邮局的付款机进行充值。充值信息会传送至中心系统，以更新驾驶员账户的余额。

（4）当没有安装车载器或者车载器发生故障的车辆通过车道时，车道上的数码相机将对车辆进行拍照，并将车辆照片及拍摄时间发送到区域系统，记录失败的交易信息，并将该交易信息发送到中心系统。

（5）区域系统会获取不停车收费设备所记录的交通事件（Traffic Events）；交通广播电台（Traffic Advice Center）根据这些交通事件进行路况分析并播报路况。

现采用面向对象方法对上述系统进行分析与设计，得到如表 3-1 所示的用例列表以及如图 3-1 所示的用例图和图 3-2 所示的分析类图。

表 3-1　用例列表

用例名称	说明
Create Transaction	记录收费交易
Charge Card	磁卡充值
Underpaid Transaction	记录透支账户交易信息
Record Illegal Use	记录失败交易信息
Record Traffic Event	记录交通事件

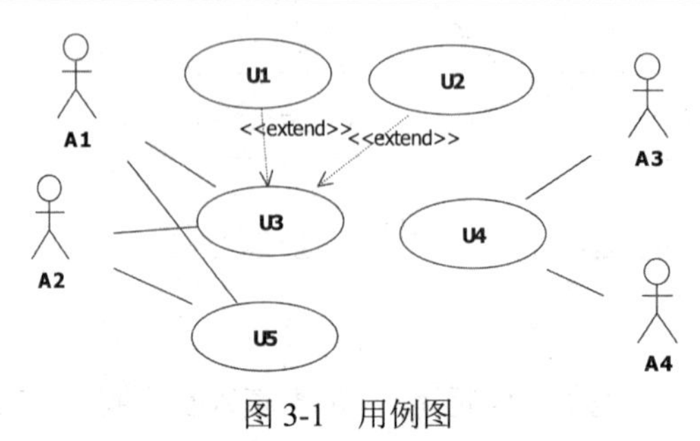

图 3-1　用例图

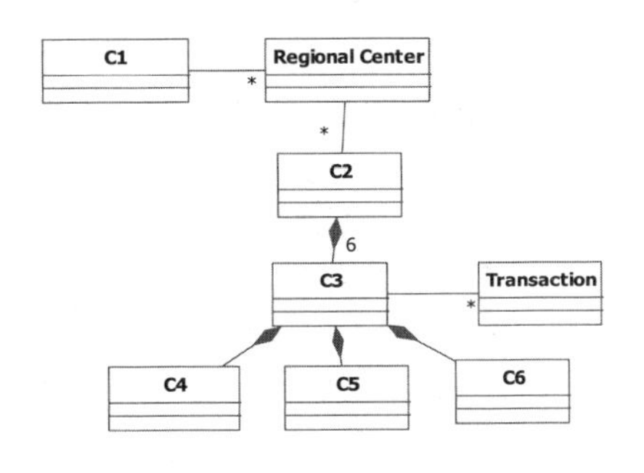

图 3-2　分析类图

【问题 1】（4 分）

根据说明中的描述，给出图 3-1 中 A1～A4 所对应的参与者名称。

【问题 2】（5 分）

根据说明中的描述及表 3-1，给出图 3-1 中 U1～U5 所对应的用例名称。

【问题 3】（6 分）

根据说明中的描述，给出图 3-2 中 C1～C6 所对应的类名。

试题三分析

本题主要考查面向对象分析与设计的基本概念及应用。在建模方面，本题涉及了 UML 的用例图和类图，考查的模式是根据需求说明将模型补充完整。题目难度不大，属于经典考题。

【问题 1】、【问题 2】

这两个问题都是针对图 3-1 所示的用例图，分别补充图中缺失的参与者和用例。

在 UML 用例图中，参与者（Actor）表示要与本系统发生交互的一个角色单元（人或其他系统）。用例（Usecase）表示由本系统提供的一个业务功能单元。题目中已经给出了用例列表，可以根据这些用例在需求描述中寻找相关的参与者。

表 3-1 中给出了 5 个用例。经过简单的分析，可以把这 5 个用例分成三类：①Create Transaction、Underpaid Transaction、Record Illegal Use。这三个用例都跟通行收费相关，这也暗示着这三个用例之间必定是有关联关系的；②Charge Card，这个用例与通行收费有着间接关联，因为磁卡中记录了驾驶员账户的信用记录；③Record Traffic Event，这是个独立于收费的用例。所以可以把用例“记录交通事件”作为解题的突破点。

对于“Record Traffic Event”用例，说明中的第（5）条：“区域系统会获取不停车收费设备所记录的交通事件（Traffic Events）；交通广播电台（Traffic Advice Center）根据这些交通事件进行路况分析并播报路况。”由此可以看出，在这个用例中，区域系统做的是写操作——记录交通事件；交通广播电台（Traffic Advice Center）做的是读操作——路况分析。所以区域系统、交通广播电台是这个用例的两个参与者。同时，也可以跟图 3-1 所示的用例图对号入座了。从图中可以看出 A3、A4 和 U4 组成了一个相对独立的子用例图。根据前文的分析，可以确定 U4 对应的就是用例“Record Traffic Event”，A3 和 A4 分别对应着参与者“区域系统”和“交通广播电台”。

对于“Charge Card”用例，说明中的第（3）条：“车载器中的磁卡可以使用邮局的付款机进行充值。”虽然这里没有明确地说明充值的主语，但是磁卡的拥有者是驾驶员，因此可以推断出，用例“磁卡充值”的参与者就是驾驶员。现在可以与用例图进行对应，根据前文分析可以看出，U5 对应着“Charge Card”。另外充值信息会传送至中心系统，所以“Charge Card”用例还有另外一个参与者，就是中心系统。

现在 4 个参与者已经全部识别出来：驾驶员、中心系统、区域系统和交通广播电台。区域系统和交通广播电台已经对应于 A3 和 A4。目前需要确定的是 A1 和 A2 以及 U1-U3 的对应关系。

从图 3-1 中可以看出，U3 和 U1、U2 之间是 Extend（扩展关系）。扩展关系是对基础用例的扩展，基础用例是一个完整的用例，即使没有扩展用例的参与，也可以完成一个完整的功能。基础用例提供了一组扩展点，在这些新的扩展点中可以添加新的行为，而扩展用例提供了一组片段，这些片段能够被插入到基本用例的扩展点上。一般情况下，基础用例的执行不会涉及扩展用例，只有扩展点被激活时，扩展用例才会执行。因此扩展关系通常用来描述事件流的异常或者可选事件。用例“Create Transaction”“Underpaid Transaction”“Record Illegal Use”中，“Underpaid Transaction”和“Record Illegal Use”是正常事件流中的特殊情况，可以作为扩展用例。这样就可以确定出，U3 对应着用例“Create Transaction”，U1 和 U2 分别对应着用例“Underpaid Transaction”和“Record Illegal Use”。A1 和 A2 分别对应着参与者驾驶员和中心系统。

【问题 3】

本问题要求补充图 3-2 中的类名。解答此类题目时应先观察和分析类图，特别要注意类图中出现的一些特殊关系，如继承、聚集、组装等，以及关系的多重度。在图 3-2 中出现了多个组装关系。组装表达的是一种“部分-整体”关系，在使用组装关系时，区分清楚哪个类代表整体，哪个类代表部分。由图 3-2 可见，C2 和 C3 的聚集关系的多重度为“6”。在说明中“龙门架下包括 6 条车道（Traffic Lanes）”，也就是说这 6 条车道是龙门架的一个组成部分，所以可以初步推断 C2 对应着龙门架（Toll Gantry）、C3 对应着车道（Traffic Lanes）。再看说明中“每条车道上安装有雷达传感器（Radar Sensor）、无线传输器（Radio Transceiver）和数码相机（Digital Camera）等用于不停车收费的设备”，即雷达传感器（Radar Sensor）、无线传输器（Radio Transceiver）和数码相机（Digital Camera）与车道之间构成了“部分-整体”关系，符合图中 C3 与 C4、C5、C6 之间的关系。由此可以完全确定 C3 为车道（Traffic Lanes）。C4、C5、C6 分别对应着雷达传感器（Radar Sensor）、无线传输器（Radio Transceiver）和数码相机（Digital Camera）。

最后来确定 C1。由与 C1 有关联关系的类“Regional Center”可以得出，C1 应该对应着 Central System。根据在补充用例图时对需求的深入分析，也可以确定这一点：Central System 和 Regional Center 共同完成通行收费的行为。

参考答案

【问题 1】

A1：Driver

A2：Central System

A3：Traffic Advice Center

A4：Regional Center

【问题 2】

U1：Underpaid Transaction

U2：Record Illegal Use

U3：Create Transaction

U4：Record Traffic Event

U5：Charge Card

【问题 3】

C1：Central System

C2：Toll Gantry

C3：Traffic Lanes

C4：Radar Sensor

C5：Radio Transceiver

C6：Digital Camera

试题四（共 15 分）

阅读下列说明和 C 代码，回答问题 1 和问题 2，将解答填入答题纸的对应栏内。

【说明】

某公司购买长钢条，将其切割后进行出售。切割钢条的成本可以忽略不计，钢条的长度为整英寸。已知价格表 p，其中 $p_i(i = 1, 2, \cdots, m)$表示长度为 i 英寸的钢条的价格。现要求解使销售收益最大的切割方案。

求解此切割方案的算法基本思想如下：

假设长钢条的长度为 n 英寸，最佳切割方案的最左边切割段长度为 i 英寸，则继续求解剩余长度为 $n-i$ 英寸钢条的最佳切割方案。考虑所有可能的 i，得到的最大收益 r_n 对应的切割方案即为最佳切割方案。r_n 的递归定义如下：

$$r_n=\max_{1\leqslant i\leqslant n}(p_i+r_{n-i})$$

对此递归式，给出自顶向下和自底向上两种实现方式。

【C 代码】

```
/* 常量和变量说明
n：长钢条的长度
p[]：价格数组
*/
#define LEN 100

int Top_Down_Cut_Rod(int p[], int n){  /*自顶向下*/
int r = 0;
int i;
if (n == 0){
```

```
return 0;
}
for(i = 1; (1)  ;i++){
int tmp = p[i] + Top_Down_Cut_Rod(p, n - i);
r = (r >=tmp) ? r: tmp;
}
return r;
}

int Bottom_Up_Cut_Rod(int p[], int n){  /*自底向上*/
int r[LEN] = {0};
int temp = 0;
int i,j;
for(j = 1;j <= n;j++){
    temp = 0;
for(i = 1;__(2)__;i++){
temp =__(3)__;
}
__(4)__;
}
return r[n];
}
```

【问题1】（8分）

根据说明，填充C代码中的空（1）～（4）。

【问题2】（7分）

根据说明和C代码，算法采用的设计策略为__（5）__。

求解 r_n 时，自顶向下方法的时间复杂度为__（6）__；自底向上方法的时间复杂度为__（7）__（用O表示）。

试题四分析

本题考查算法设计与分析技术的基础知识和应用能力。

解答该类题目，首先需要理解问题和求解问题的算法思想，一般在题干中已经清晰地描述了算法的基本思想。

钢条切割问题是一个最优化问题。求解的思路非常简单，考虑最优方案中最左边的切割，此时将一个大问题转化为一个小问题。题干已经给出了最关键的递归式。C程序根据递归式，给出自顶向下和自底向上两种实现方法。

【问题1】

在自顶向下的实现中，直接用递归方法实现递归式，因此空（1）填“i <= n”。

在自底向上的实现中，采用迭代方法实现递归式，这里采用了两重循环。外重循环j表示问题的规模，内重循环计算规模为j的钢条切割的最优解的值，因此空（2）填“i <= j”。空（3）其实就是算法的核心，判断当前的最优解对应的价值temp大，还是当前的i对应的最优解的价值p[i] + r[j – i]更大，如果temp小，则更换当前最优解对应的价值。因此，空（3）填入

```
if(temp <p[i] + r[j - i]) {
    temp = p[i] + r[j - i]
}
```

也可以参考自顶向下的实现方法中的语句“r = (r >=tmp) ? r: tmp”，答案为 temp >= p[i] + r[j - i]?temp:p[i] + r[j - i]。

对某个 j 计算得到其最优解之后，将其存到 r[j]中，即空（4）填“r[j] = temp”。

【问题 2】

根据题干说明和 C 程序，应该能比较清晰地看出算法是基于动态规划策略设计的。在自顶向下的实现中，因为是递归实现，可以列出递归式如下：$T(n)=1+\sum_{i=0}^{n-1}T(i)$。

求解该式子，得到时间复杂度为 $O(2^n)$。那么高的时间复杂度主要是因为相同的子问题会多次重复地被调用。另外，若不会求解该式子，可以画出递归树求解。

而在自底向上的实现方法中，采用了两重循环，因此算法的时间复杂度为 $O(n^2)$。

参考答案

【问题 1】

（1）i <= n 或其等效形式

（2）i <= j 或其等效形式

（3）temp >= p[i] + r[j – i]?temp:p[i] + r[j – i]或其等效形式

（4）r[j] = temp

【问题 2】

（5）动态规划

（6）$O(2^n)$

（7）$O(n^2)$

注意：从试题五至试题六中，任选一道题解答。

试题五（共 15 分）

阅读下列说明和 C++代码，将应填入<u>（n）</u>处的字句写在答题纸的对应栏内。

【说明】

生成器（Builder）模式的意图是将一个复杂对象的构建与它的表示分离，使得同样的构建过程可以创建不同的表示。图 5-1 所示为其类图。

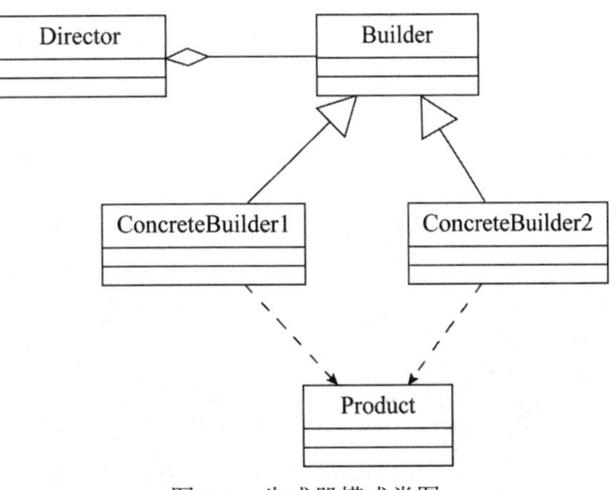

图 5-1　生成器模式类图

【C++代码】

```
#include<iostream>
#include<string>
using namespace std;

class Product {
private:
string partA, partB;
public:
Product() {  }
void setPartA(const string& s) {partA = s;}
void setPartB(const string& s) {partB = s;}
//其余代码省略
};
class Builder {
public:
  (1)  ;
virtual void buildPartB() = 0;
  (2)  ;
};
class ConcreteBuilder1 : public Builder {
private:
Product*  product;
public:
ConcreteBuilder1() {product = new Product();   }
void buildPartA() {  (3)  ("Component A"); }
void buildPartB() {  (4)  ("Component B"); }
Product* getResult() { return product; }
// 其余代码省略
};
class ConcreteBuilder2 : public Builder {

/*  代码省略  */

};
class Director {
private:
Builder* builder;
public:
Director(Builder* pBuilder) {builder = pBuilder;}
void construct() {
  (5)  ;
//其余代码省略
}
//其余代码省略
```

```
};
int main() {
Director* director1 = new Director(new ConcreteBuilder1());
director1->construct();
delete director1;
return 0;
}
```

试题五分析

本题考查设计模式中生成器（Builder）模式的基本概念和实现。

生成器模式是一种典型的创建型模式。创建型模式抽象了实例化过程，它们帮助一个系统独立于如何创建、组合和表示它的那些对象。一个类创建型模式使用继承改变被实例化的类，而一个对象创建型模式将实例化委托给另一个对象。

在这些模式中有两个不断出现的主旋律：第一，它们都将关于该系统使用哪些具体的类的信息封装起来；第二，它们隐藏了这些类的实例是如何被创建和放在一起的。对于整个系统来说，这些对象是由抽象类所定义的接口。因此，创建型模式在什么被创建、谁创建它、它是怎样被创建的以及何时创建这些方面给予了很大的灵活性。它们允许用结构和功能差别很大的“产品”对象配置一个系统。配置可以是静态的（即在编译时指定），也可以是动态的（在运行时）。

生成器模式的意图是，将一个复杂对象的构建与它的表示分离，使得同样的构建过程可以创建不同的标识。生成器模式的结构如图 5-2 所示。

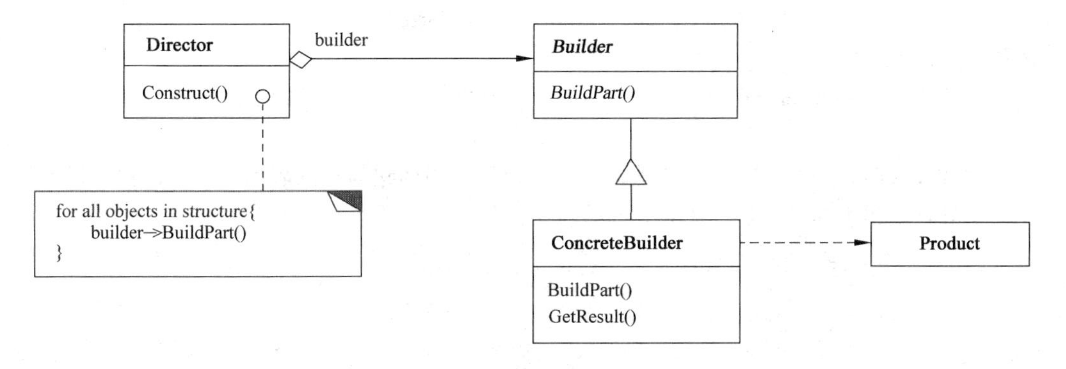

图 5-2　生成器模式结构图

其中：

- Builder 为创建一个 Product 对象的各个部件指定抽象接口。
- ConcreteBuilder 实现 Builder 的接口以构造和装配该产品的各个部件，定义并明确它所创建的表示，提供一个检索产品的接口。
- Director 构造一个使用 Builder 接口的对象。
- Product 表示被构造的复杂对象。ConcreteBuilder 创建该产品的内部表示并定义它的装配过程。包含定义组成组件的类，包括将这些组件装配成最终产品的接口。

生成器模式适用于：当创建复杂对象的算法应该独立于该对象的组成部分以及它们的装配方式时；当构造过程必须允许被构造的对象有不同的表示时。

图 5-1 中的类 Product 包含两个组成部分：partA 和 partB。因此在类 Builder 中需要为这两个组成部分创建抽象接口。在 C++中，抽象接口通常采用纯虚拟函数来实现。纯虚拟函数是没有实现体的虚拟函数，它在基类中定义，在派生类中重置。构造 partB 的接口在代码中已经给出，因此第（1）空应填写“virtual void buildPartA() = 0”。

第（2）空的内容可以从 Builder 的派生类 ConcreteBuilder1 来进行推断。在 ConcreteBuilder1 中出现了方法 getResult。根据上下文，可以判定该方法可能继承自其基类 Builder，并在派生类中重置。因此第（2）空应填写“virtual Product* getResult() = 0”。

第（3）、（4）空用于创建产品的内部表示。Product 包含两部分：partA 和 partB，分别调用类 Product 中提供的方法 setPartA 和 setPartB 来实现。因此（3）、（4）空应分别填入“product->setPartA”和“product->setPartB”。

第（5）空是对 Bulider 中接口的使用，这里应填入“builder->buildPartA()”或“builder->buildPartB()”。

参考答案

（1）virtual void buildPartA() = 0

（2）virtual Product* getResult() = 0

（3）product->setPartA

（4）product->setPartB

（5）builder->buildPartA()　　或　builder->buildPartB()

试题六（共 15 分）

阅读下列说明和 Java 代码，将应填入__（n）__处的字句写在答题纸的对应栏内。

【说明】

生成器（Builder）模式的意图是将一个复杂对象的构建与它的表示分离，使得同样的构建过程可以创建不同的表示。图 6-1 所示为其类图。

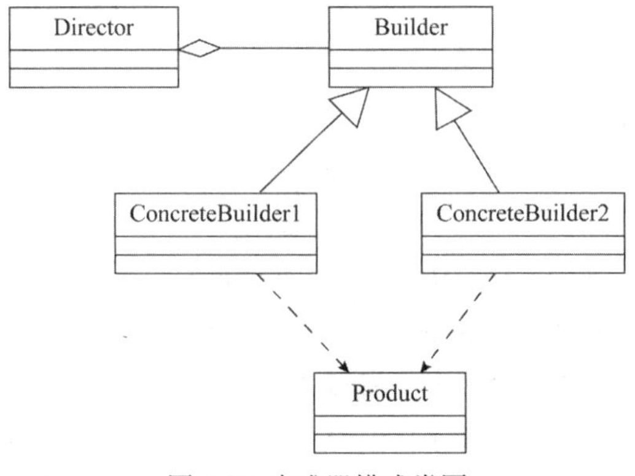

图 6-1　生成器模式类图

【Java 代码】

```
import java. util.*;

class Product {
   private String partA;
private String partB;
public Product() {}
public void setPartA(String s) { partA = s; }
public void setPartB(String s) { partB = s; }
}
interface Builder {
public ___(1)___;
public void buildPartB();
public ___(2)___;
}
class ConcreteBuilder1 implements Builder {
private Product product;
public ConcreteBuilder1() { product = new Product();}
public void buildPartA() { ___(3)___("Component A");}
public void buildPartB() {___(4)___("Component B");}
public Product getResult() { return product;}
}
class ConcreteBuilder2 implements Builder {

//代码省略

}

class Director {
private Builder builder;
public Director(Builder builder) { this.builder = builder; }
public void construct() {
___(5)___;
//代码省略
}
}

class Test {
public static void main(String[] args) {
Director director1 = new Director(new ConcreteBuilder1());
director1.construct();
}
}
```

试题六分析

本题考查设计模式中生成器（Builder）模式的基本概念和实现。

生成器模式是一种典型的创建型模式。创建型模式抽象了实例化过程，它们帮助一个系统独立于如何创建、组合和表示它的那些对象。一个类创建型模式使用继承改变被实例化的类，而一个对象创建型模式将实例化委托给另一个对象。

在这些模式中有两个不断出现的主旋律：第一，它们都将关于该系统使用哪些具体的类的信息封装起来；第二，它们隐藏了这些类的实例是如何被创建和放在一起的。对于整个系统来说，这些对象是由抽象类所定义的接口。因此，创建型模式在什么被创建、谁创建它、它是怎样被创建的以及何时创建这些方面给予了很大的灵活性。它们允许用结构和功能差别很大的“产品”对象配置一个系统。配置可以是静态的（即在编译时指定），也可以是动态的（在运行时）。

生成器模式的意图是，将一个复杂对象的构建与它的表示分离，使得同样的构建过程可以创建不同的标识。生成器模式的结构如图 6-2 所示。

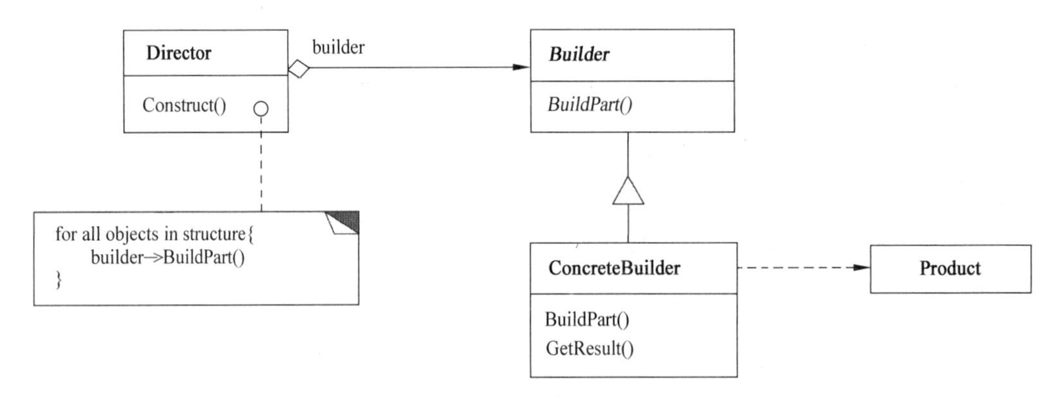

图 6-2　生成器模式结构图

其中：

- Builder 为创建一个 Product 对象的各个部件指定抽象接口。
- ConcreteBuilder 实现 Builder 的接口以构造和装配该产品的各个部件，定义并明确它所创建的表示，提供一个检索产品的接口。
- Director 构造一个使用 Builder 接口的对象。
- Product 表示被构造的复杂对象。ConcreteBuilder 创建该产品的内部表示并定义它的装配过程。包含定义组成组件的类，包括将这些组件装配成最终产品的接口。

生成器模式适用于：当创建复杂对象的算法应该独立于该对象的组成部分以及它们的装配方式时；当构造过程必须允许被构造的对象有不同的表示时。

图 6-1 中的类 Product 包含两个组成部分：partA 和 partB。因此在类 Builder 中需要为这两个组成部分创建抽象接口。这里使用了 Java 中的 Interface 来实现。构造 partB 的接口在代码中已经给出，因此第（1）空应填写“void buildPartA()”。

第（2）空的内容可以从类 ConcreteBuilder1 来进行推断。在 ConcreteBuilder1 中出现了方法 getResult，该类实现了 Builder 中定义的接口。根据上下文，可以判定该方法也应该是 Builder 中定义的接口。因此第（2）空应填写“Product getResult()”。

第（3）、（4）空用于创建产品的内部表示。Product 包含两部分：partA 和 partB，分别调用类 Product 中提供的方法 setPartA 和 setPartB 来实现。因此（3）、（4）空应分别填入“product.setPartA”和“product.setPartB”。

第（5）空是对 Bulider 中接口的使用，这里应填入“builder.buildPartA()”或“builder.buildPartB()”。

参考答案

（1）void buildPartA()

（2）Product getResult()

（3）product.setPartA

（4）product.setPartB

（5）builder.buildPartA() 或　builder.buildPartB()

第 11 章　2018 下半年软件设计师上午试题分析与解答

试题（1）

CPU 在执行指令的过程中，会自动修改 __(1)__ 的内容，以便使其保持的总是将要执行的下一条指令的地址。

（1）A．指令寄存器　　B．程序计数器　　C．地址寄存器　　D．指令译码器

试题（1）分析

本题考查计算机系统硬件基础知识。

当 CPU 执行一条指令时，先把它从内存储器取到缓冲寄存器中，再送入指令寄存器（IR）暂存，指令译码器根据 IR 的内容产生各种微操作指令，控制其他的组成部件工作，完成所需的功能。

程序计数器（PC）具有寄存信息和计数两种功能，又称为指令计数器。程序的执行分两种情况：一是顺序执行，二是转移执行。在程序开始执行前，将程序的起始地址送入 PC，该地址在程序加载到内存时确定，因此 PC 的内容即是程序第一条指令的地址。执行指令时，CPU 自动修改 PC 的内容，以便使其保持的总是将要执行的下一条指令的地址。由于大多数指令都是按顺序来执行的，所以修改的过程通常只是简单地对 PC 加“1”。当遇到转移指令时，后继指令的地址根据当前指令的地址加上一个向前或向后转移的位移量得到，或者根据转移指令给出的直接转移的地址得到。

参考答案

（1）B

试题（2）

在微机系统中，BIOS（基本输入输出系统）保存在 __(2)__ 中。

（2）A．主板上的 ROM　　B．CPU 的寄存器

C．主板上的 RAM　　D．虚拟存储器

试题（2）分析

本题考查计算机系统硬件知识。

BIOS（基本输入输出系统）是装在计算机硬件系统中最基本的软件代码，为计算机提供最底层最直接的硬件设置和控制，即使关机或掉电，其内容也不会丢失，它保存在主板上的 ROM（只读存储芯片）中。

参考答案

（2）A

试题（3）

采用 n 位补码（包含一个符号位）表示数据，__(3)__。

（3）A．可以直接表示数值 2^n　　B．可以直接表示数值 -2^n

C．可以直接表示数值 2^{n-1}　　　D．可以直接表示数值 -2^{n-1}

试题（3）分析

本题考查计算机系统硬件知识。

采用 n 位补码（包含一个符号位）表示数据时，用 1 位（最高位）表示数的符号（0 正 1 负），其余 $n-1$ 位表示数值部分。若表示整数，可表示的最大整数的二进制形式为 $n-1$ 个 1（即 $2^{n-1}-1$）；可表示的最小整数为 -2^{n-1}，即二进制形式为 1 之后跟 $n-1$ 个 0，此时最高位的 1 既表示符号也表示数值。

参考答案

（3）D

试题（4）

某系统由下图所示的部件构成，每个部件的千小时可靠度都为 R，该系统的千小时可靠度为 __（4）__。

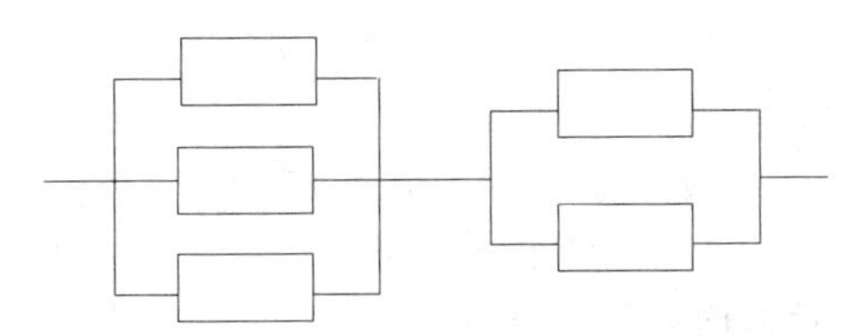

（4）A．3R/2+2R/3　　　B．R/3+R/2

C．$(1-(1-R)^3)(1-(1-R)^2)$　　　D．$(1-(1-R)^3-(1-R)^2)$

试题（4）分析

本题考查计算机系统可靠性知识。

并联系统中，设每个子系统的可靠性分别以 $R_1, R_2, \cdots, R_N$ 表示，则整个系统的可靠性 R 可由下式求得：

$$R = 1-(1-R_1)(1-R_2)\cdots(1-R_N)$$

假设一个系统由 N 个子系统组成，当且仅当所有的子系统都能正常工作时系统才能正常工作，这种系统称为串联系统。

若串联系统中各个子系统的可靠性分别用 $R_1, R_2, \cdots, R_N$ 来表示，则系统的可靠性 R 可由下式求得：

$$R = R_1 R_2 \cdots R_N$$

题中图示的系统由两个子系统串联得到，第一个子系统是由三个子系统构成的并联系统，第二个子系统是由两个子系统构成的并联系统，综合上面的并联和串联系统可靠性计算方式，整个系统的可靠性为 $(1-(1-R)^3)(1-(1-R)^2)$。

参考答案

（4）C

试题（5）

以下关于采用一位奇校验方法的叙述中，正确的是 __（5）__。

（5）A．若所有奇数位出错，则可以检测出该错误但无法纠正错误

B．若所有偶数位出错，则可以检测出该错误并加以纠正

C．若有奇数个数据位出错，则可以检测出该错误但无法纠正错误

D．若有偶数个数据位出错，则可以检测出该错误并加以纠正

试题（5）分析

本题考查计算机系统中数据表示的基础知识。

奇偶校验（Parity Codes）是一种简单有效的校验方法。这种方法通过在编码中增加一位校验位来使编码中 1 的个数为奇数（奇校验）或者为偶数（偶校验），从而使码距变为 2。对于奇校验或偶校验方法，它可以检测代码中奇数位出错的编码，但不能发现偶数位出错的情况，即当合法编码中的奇数位发生错误时，编码中的 1 变成 0，或 0 变成 1，则该编码中 1 的个数的奇偶性就发生了变化，从而可以发现错误，但是不能确定出错的数据位置，从而无法纠正错误。

参考答案

（5）C

试题（6）

下列关于流水线方式执行指令的叙述中，不正确的是＿（6）＿。

（6）A．流水线方式可提高单条指令的执行速度

B．流水线方式下可同时执行多条指令

C．流水线方式提高了各部件的利用率

D．流水线方式提高了指令的吞吐率

试题（6）分析

本题考查计算机系统硬件基础知识。

流水（Pipelining）技术是把并行性或并发性嵌入计算机系统的一种形式，它把重复的顺序处理过程分解为若干子过程，每个子过程能在专用的独立模块上有效地并发工作。显然，对于单条指令而言，其执行过程中的任何一步都不能省却且需按顺序执行，所以“流水线方式可提高单条指令的执行速度”的说法是错误的。

参考答案

（6）A

试题（7）

DES 是＿（7）＿算法。

（7）A．公开密钥加密　　B．共享密钥加密　　C．数字签名　　D．认证

试题（7）分析

本题考查加密算法的基础知识。

DES 全称为 Data Encryption Standard，即数据加密标准，是一种使用密钥加密的块算法，1977 年被美国联邦政府的国家标准局确定为联邦资料处理标准（FIPS），并授权在非密级政府通信中使用，随后该算法在国际上广泛流传开来。

DES 是对称的，也就是说它使用同一个密钥来加密和解密数据。

DES 还是一种分组加密算法，该算法每次处理固定长度的数据段，称之为分组。DES

分组的大小是 64 位，如果加密的数据长度不是 64 位的倍数，可以按照某种具体的规则来填充位。

从本质上来说，DES 的安全性依赖于虚假表象，从密码学的术语来讲就是依赖于“混乱和扩散”的原则。混乱的目的是隐藏任何明文同密文或者密钥之间的关系，而扩散的目的是使明文中的有效位和密钥一起组成尽可能多的密文。两者结合到一起就使得安全性变得相对较高。

三重 DES 也叫 3DES（即 Triple DES），是向 AES 过渡的加密算法，它使用 3 条 56 位的密钥对数据进行三次加密，是 DES 的一个更安全的变形。它以 DES 为基本模块，通过组合分组方法设计出分组加密算法。比起最初的 DES，3DES 更为安全。DES 是使用 DES 加密算法对明文进行三次加密/解密的算法，密钥长度增加，提高了加密的强度。

参考答案

（7）B

试题（8）

计算机病毒的特征不包括__（8）__。

（8）A．传染性　　B．触发性　　C．隐蔽性　　D．自毁性

试题（8）分析

本题考查电脑病毒的相关知识。

计算机病毒是编制者在计算机程序中插入的破坏计算机功能或者数据的代码，能影响计算机使用，能自我复制的一组计算机指令或者程序代码。计算机病毒具有传播性、隐蔽性、感染性、潜伏性、触发性、破坏性等特性。

参考答案

（8）D

试题（9）、（10）

MD5 是__（9）__算法，对任意长度的输入计算得到的结果长度为__（10）__位。

（9）A．路由选择　　B．摘要　　C．共享密钥　　D．公开密钥

（10）A．56　　B．128　　C．140　　D．160

试题（9）、（10）分析

本题考查摘要算法的基础知识。

消息摘要算法的主要特征是加密过程不需要密钥，并且经过加密的数据无法被解密，目前可以解密逆向的只有 CRC32 算法，只有输入相同的明文数据经过相同的消息摘要算法才能得到相同的密文。消息摘要算法不存在密钥的管理与分发问题，适合于分布式网络上使用。

消息摘要算法主要应用在“数字签名”领域，作为对明文的摘要算法。著名的摘要算法有 RSA 公司的 MD5 算法和 SHA-1 算法及其大量的变体。

消息摘要算法存在以下特点：

① 消息摘要算法是将任意长度的输入，产生固定长度的伪随机输出的算法，例如应用 MD5 算法摘要的消息长度为 128 位，SHA-1 算法摘要的消息长度为 160 位，SHA-1 的变体可以产生 192 位和 256 位的消息摘要。

② 消息摘要算法针对不同的输入会产生不同的输出，用相同的算法对相同的消息求两次摘要，其结果是相同的。因此消息摘要算法是一种“伪随机”算法。

③ 输入不同，其摘要消息也必不相同；但相同的输入必会产生相同的输出。即使两条相似的消息的摘要也会大相径庭。

④ 消息摘要函数是无陷门的单向函数，即只能进行正向的信息摘要，而无法从摘要中恢复出任何的消息。

参考答案

（9）B （10）B

试题（11）

使用Web方式收发电子邮件时，以下描述错误的是<u>（11）</u>。

（11）A．无须设置简单邮件传输协议

B．可以不设置账号密码登录

C．邮件可以插入多个附件

D．未发送邮件可以保存到草稿箱

试题（11）分析

使用Web方式收发电子邮件时，必须输入账号密码才能登录。Web方式无须设置简单邮件传输协议。电子邮件可以插入多个附件，未发送的邮件也可以保存到草稿箱。

参考答案

（11）B

试题（12）

有可能无限期拥有的知识产权是<u>（12）</u>。

（12）A．著作权　　B．专利权

C．商标权　　D．集成电路布图设计权

试题（12）分析

本题考查知识产权。

我国著作权法采用自动保护原则。作品一经产生，不论整体还是局部，只要具备了作品的属性即产生著作权，既不要求登记，也不要求发表，也无须在复制物上加注著作权标记。著作权含有人身权和财产权两类。人身权中的署名权、修改权、保护作品完整权无期限；作品发表权及财产权有保护期限。作品的作者是公民的，保护期限至作者死亡之后第50年的12月31日；作品的作者是法人、其他组织的，保护期限到作者首次发表后第50年的12月31日；但作品自创作完成后50年未发表的，不再受著作权法保护。

专利权（Patent Right），简称“专利”，是发明创造人或其权利受让人对特定的发明创造在一定期限内依法享有的独占实施权，是知识产权的一种。专利权具有时间性、地域性及排他性。此外，专利权还具有如下法律特征：（1）专利权是两权一体的权利，既有人身权，又有财产权。（2）专利权的取得须经专利局授予。（3）专利权的发生以公开发明成果为前提。（4）专利权具有利用性，专利权人如不实施或不许可他人实施其专利，有关部门将采取强制许可措施，使专利得到充分利用。

商标权是指商标所有人对其商标所享有的独占的、排他的权利。在我国由于商标权的取得实行注册原则，因此，商标权实际上是因商标所有人申请、经国家商标局确认的专有权利，即因商标注册而产生的专有权。根据商标法规定，商标权有效期 10 年，自核准注册之日起计算，期满前 12 个月内申请续展，在此期间内未能申请的，可再给予 6 个月的宽展期。续展可无限重复进行，每次续展注册的有效期为 10 年。自该商标上一届有效期满次日起计算。期满未办理续展手续的，注销其注册商标。

集成电路布图设计权是一项独立的知识产权，是权利持有人对其布图设计进行复制和商业利用的专有权利。布图设计权的主体是指依法能够取得布图设计专有权的人，通常称为专有权人或权利持有人。集成电路布图设计权保护期为 10 年，自登记申请或首次投入商业利用之日起计算，以较前日期为准；创作完成 15 年后，不受条例保护。

参考答案

（12）C

试题（13）

＿（13）＿是构成我国保护计算机软件著作权的两个基本法律文件。

（13）A．《软件法》和《计算机软件保护条例》

B．《中华人民共和国著作权法》和《计算机软件保护条例》

C．《软件法》和《中华人民共和国著作权法》

D．《中华人民共和国版权法》和《计算机软件保护条例》

试题（13）分析

本题考查知识产权。

由国家版权局颁布的《中华人民共和国著作权法》和中华人民共和国国务院令公布的《计算机软件保护条例》是构成我国保护计算机软件著作权的两个基本法律文件。

参考答案

（13）B

试题（14）

某软件程序员接受一个公司（软件著作权人）委托开发完成一个软件，三个月后又接受另一公司委托开发功能类似的软件，此程序员仅将受第一个公司委托开发的软件略作修改即提交给第二家公司，此种行为＿（14）＿。

（14）A．属于开发者的特权　　B．属于正常使用著作权

C．不构成侵权　　D．构成侵权

试题（14）分析

本题考查知识产权。

软件著作权人享有发表权、署名权、修改权、复制权、发行权、出租权、信息网络传播权、翻译权和应当由软件著作权人享有的其他权利。题中的软件程序员虽然是该软件的开发者，但不是软件著作权人，其行为构成侵犯软件著作权人的权利。

参考答案

（14）D

试题（15）

结构化分析的输出不包括__（15）__。

（15）A．数据流图　　B．数据字典　　C．加工逻辑　　D．结构图

试题（15）分析

本题考查结构化分析与设计的基础知识。

结构化分析方法是一种建模技术，其建立的分析模型的核心是数据字典，描述了所有在目标系统中使用的和生成的数据对象。围绕这个核心有三个图：数据流图，描述数据在系统中如何被传送或变换以及描述如何对数据流进行变换的功能（子功能），用于功能建模；实体联系图，描述数据对象及数据对象之间的关系，用于数据建模；状态迁移图，描述系统对外部事件如何响应，如何动作，用于行为建模。而结构图是结构化设计的输出。

参考答案

（15）D

试题（16）

某航空公司拟开发一个机票预订系统，旅客预订机票时使用信用卡付款。付款通过信用卡公司的信用卡管理系统提供的接口实现。若采用数据流图建立需求模型，则信用卡管理系统是__（16）__。

（16）A．外部实体　　B．加工　　C．数据流　　D．数据存储

试题（16）分析

本题考查结构化分析的基础知识。

数据流图是结构化分析的重要模型，需要考生熟练掌握数据流图建模的内容、组成要素以及如何对实际问题建立数据流图。外部实体、数据存储、加工和数据流是数据流图的四要素。其中外部实体是指存在于软件系统之外的人员、组织或其他系统。对于该系统而言，信用卡管理系统是一个外部实体。

参考答案

（16）A

试题（17）、（18）

某软件项目的活动图如下图所示，其中顶点表示项目里程碑，连接顶点的边表示包含的活动，边上的数字表示活动的持续时间（天），则完成该项目的最少时间为__（17）__天。活动FG的松弛时间为__（18）__天。

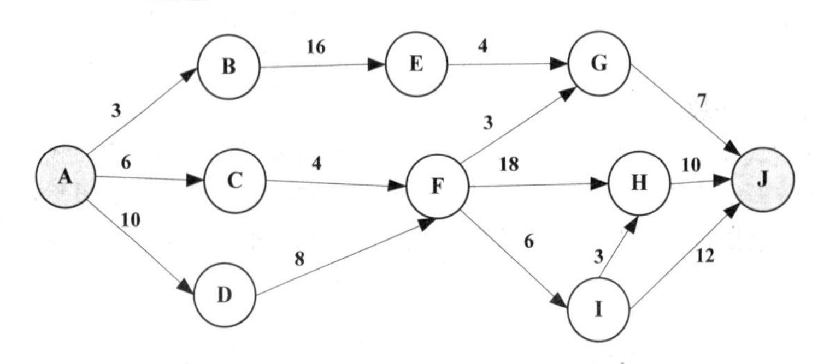

（17）A．20　　B．37　　C．38　　D．46

（18）A．9　　B．10　　C．18　　D．26

试题（17）、（18）分析

本题考查软件项目管理的基础知识。

活动图是描述一个项目中各个工作任务相互依赖关系的一种模型，项目的很多重要特性可以通过分析活动图得到，如估算项目完成时间，计算关键路径和关键活动等。

根据上图计算出关键路径为 A-D-F-H-J，其长度为 46。

活动 FG 最早从第 19 天开始，最晚第 37 天开始，因此其松弛时间为 18 天。或者计算出活动 FG 所在的最长路径的长度为 28 天，即路径 A-D-F-G-J，而前面计算的关键路径长度为 46 天，因此该活动的松弛时间为 46−28=18 天。

参考答案

（17）D　（18）C

试题（19）

以下叙述中，__（19）__不是一个风险。

（19）A．由另一个小组开发的子系统可能推迟交付，导致系统不能按时交付客户

B．客户不清楚想要开发什么样的软件，因此开发小组开发原型帮助其确定需求

C．开发团队可能没有正确理解客户的需求

D．开发团队核心成员可能在系统开发过程中离职

试题（19）分析

本题考查软件项目管理中风险的基本概念。

风险是一种具有负面后果的、可能会发生、人们不希望发生的事件。风险具有多种类型，包括技术风险、管理风险、人员风险等。

参考答案

（19）B

试题（20）

对布尔表达式进行短路求值是指：无须对表达式中所有操作数或运算符进行计算就可确定表达式的值。对于表达式“a or ((c < d) and b)”，__（20）__时可进行短路计算。

（20）A．d 为 true　　B．a 为 true　　C．b 为 true　　D．c 为 true

试题（20）分析

本题考查程序语言基础知识。

a 为真时，无论 b、c、d 的值如何，表达式“a or ((c < d) and b)”的值都为真，因此可进行短路计算，即不需要再求解 b、c 和 d 及表达式中其他子表达式的值。

参考答案

（20）B

试题（21）

下面二叉树表示的简单算术表达式为__（21）__。

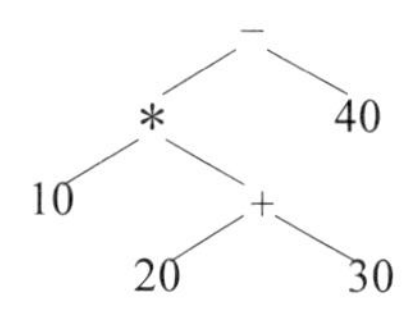

（21）A．10*20+30−40　　B．10*(20+30−40)
C．10*(20+30)−40　　D．10*20+(30−40)

试题（21）分析

本题考查程序语言基础知识。

用二叉树表示由二元运算构造的算术表达式时，父结点表示运算符，左孩子表示第一个操作数，右孩子表示第二个操作数。

对于题图中的二叉树，根结点表示减运算，其被减数由乘运算给出，其减数为 40；而对于乘运算，其被乘数为 10，其乘数由加运算的结果提供，因此表达式为 10*(20+30)–40。

参考答案

（21）C

试题（22）

在程序运行过程中，<u>（22）</u>时涉及整型数据转换为浮点型数据的操作。

（22）A．将浮点型变量赋值给整型变量
B．将整型常量赋值给整型变量
C．将整型变量与浮点型变量相加
D．将浮点型常量与浮点型变量相加

试题（22）分析

本题考查程序语言基础知识。

由于整数和实数在机器层面采用不同的方式表示，因此进行运算或赋值时，若数据类型不同则需要进行转换。一般规则是将低精度或占用位数少的数值转换为高精度或占用位数多的数值形式。

参考答案

（22）C

试题（23）

某计算机系统中互斥资源 R 的可用数为 8，系统中有 3 个进程 P1、P2 和 P3 竞争 R，且每个进程都需要 i 个 R，该系统可能会发生死锁的最小 i 值为<u>（23）</u>。

（23）A．1　　B．2　　C．3　　D．4

试题（23）分析

本题考查操作系统进程管理信号量方面的基础知识。

选项 A 是错误的。因为每个进程都需要 1 个资源 R，系统为 P1、P2 和 P3 进程各分配 1 个，系统中资源 R 的可用数为 5，P1、P2 和 P3 进程都能得到所需资源而运行结束，故不发生死锁。

选项 B 是错误的。因为 P1、P2 和 P3 进程都需要 2 个资源 R，系统为这 3 个进程各分配 2 个，系统中资源 R 的可用数为 2，P1、P2 和 P3 进程都能得到所需资源而运行结束，故也不发生死锁。

选项 C 是错误的。因为 P1、P2 和 P3 进程都需要 3 个资源 R，假设系统可为 P1、P2 进程各分配 3 个资源 R，为 P3 进程分配 2 个资源 R，那么系统中资源 R 的可用数为 0。尽管系统中资源 R 的可用数为 0，但 P1、P2 进程能得到所需资源而运行结束，并释放资源。此时，系统可将释放的资源分配给 P3 进程，故 P3 也能运行结束。可见系统也不发生死锁。

选项 D 是正确的。因为每个进程都需要 4 个资源 R，假设系统可为 P1、P2 进程各分配 3 个资源 R，为 P3 进程分配 2 个资源 R，那么系统中资源 R 的可用数为 0。此时，P1 和 P2 各需 1 个资源、P3 需要 2 个资源，它们申请资源 R 都得不到满足，故发生死锁。

参考答案

（23）D

试题（24）～（26）

进程 P1、P2、P3、P4 和 P5 的前趋图如下所示：

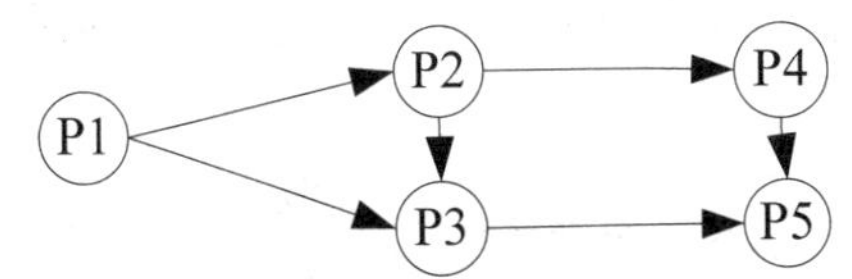

若用 PV 操作控制这 5 个进程的同步与互斥的程序如下，那么程序中的空①和空②处应分别为 __（24）__；空③和空④处应分别为 __（25）__；空⑤和空⑥处应分别为 __（26）__。

```
begin
  S1,S2,S3,S4,S5,S6: semaphore;    //定义信号量
  S1:=0; S2:=0; S3:=0; S4:=0; S5:=0; S6:=0;
  Cobegin
    process P1 process P2  process P3  process P4  process P5
      Begin      Begin       Begin       Begin       Begin
        P1 执行;   [②];       P(S2);      P(S4);      [⑥];
        V(S1)      P2 执行;    [③];       P4 执行;     P5 执行;
        [①];       V(S3);     P3 执行;     [⑤];       end;
      end;         V(S4);     [④];        end;
  Coend;         end;        end;
end.
```

（24）A. V（S1）和 P（S2）　　B. P（S1）和 V（S2）
　　　C. V（S1）和 V（S2）　　D. V（S2）和 P（S1）

（25）A. V（S3）和 V（S5）　　B. P（S3）和 V（S5）
　　　C. V（S3）和 P（S5）　　D. P（S3）和 P（S5）

（26）A. P（S6）和P（S5）V（S6）　　B. V（S5）和V（S5）V（S6）
　　C. V（S6）和P（S5）P（S6）　　D. P（S6）和P（S5）P（S6）

试题（24）～（26）分析

试题（24）的正确答案为D。根据前驱图，P1进程运行完需要利用V操作V（S1）、V（S2）分别通知P2、P3进程，所以空①应填V（S2）。P2进程需要等待P1进程的通知，故需要利用P（S1）操作测试P1进程是否运行完，由于P3进程执行前已经用P（S2），所以空②应填P（S1）。

试题（25）的正确答案为B。根据前驱图，P3进程需要等待P1和P2进程的通知，需要执行2个P操作，即P（S2）、P（S3）。由于P3进程的程序中执行前有1个P操作P（S2），故空③应为填写P（S3）。P3进程运行结束需要利用1个V操作通知P5进程，故空④应为1个V操作V（S5）。

试题（26）的正确答案为C。根据前驱图，P4进程执行完需要通知P5进程，故P4进程应该执行1个V操作，即空⑤应填V（S6）。P5进程运行前需要等待P3和P4进程的通知，需要执行2个P操作，故空⑥应填写P（S5）和P（S6）。

根据上述分析，用PV操作控制这6个进程的同步与互斥的程序如下：

```
begin
  S1,S2,S3,S4,S5,S6: semaphore;    //定义信号量
  S1:=0; S2:=0; S3:=0; S4:=0; S5:=0; S6:=0;
  Cobegin
    process P1 process P2  process P3  process P4  process P5
      Begin      Begin       Begin       Begin       Begin
       P1执行;    P(S1);      P(S2);      P(S4);      P(S5);
      V(S1)       P2执行;     P(S3);      P4执行;     P(S6);
      V(S2)       V(S3);      P3执行;     V(S6);      P5执行;
      end;        V(S4);      V(S5);      end;        end;
  Coend;         end;        end;
end.
```

参考答案

（24）D　（25）B　（26）C

试题（27）

某文件管理系统在磁盘上建立了位示图（Bitmap），记录磁盘的使用情况。若磁盘上物理块的编号依次为：0，1，2，…；系统中的字长为32位，位示图中字的编号依次为：0，1，2，…，每个字中的一个二进制位对应文件存储器上的一个物理块，取值0和1分别表示物理块是空闲或占用。假设操作系统将2053号物理块分配给某文件，那么该物理块的使用情况在位示图中编号为__（27）__的字中描述。

（27）A. 32　　B. 33　　C. 64　　D. 65

试题（27）分析

本题考查操作系统内存管理方面的基础知识。

由于系统中字长为 32 位，所以每个字可以表示 32 个物理块的使用情况。又因为文件存储器上的物理块依次编号为：0，1，2，…，因此 2053 号物理块应该在位示图的第 64 个字中描述。

参考答案

（27）C

试题（28）

某操作系统文件管理采用索引节点法。每个文件的索引节点有 8 个地址项，每个地址项大小为 4 字节，其中 5 个地址项为直接地址索引，2 个地址项是一级间接地址索引，1 个地址项是二级间接地址索引，磁盘索引块和磁盘数据块大小均为 1KB。若要访问文件的逻辑块号分别为 1 和 518，则系统应分别采用＿（28）＿。

（28）A．直接地址索引和一级间接地址索引

B．直接地址索引和二级间接地址索引

C．一级间接地址索引和一级间接地址索引

D．一级间接地址索引和二级间接地址索引

试题（28）分析

本题考查操作系统文件管理方面的基础知识。

根据题意，磁盘索引块为 1KB，每个地址项大小为 4B，故每个磁盘索引块可存放 1024/4=256 个物理块地址。又因为文件索引节点中有 8 个地址项，分直接地址索引、一级间接地址索引和二级间接地址索引。

① 直接地址索引。

文件索引节点中有 5 个地址项为直接地址索引，这意味着文件逻辑块号为 0～4 的为直接地址索引。

② 一级间接地址索引。

文件索引节点中有 2 个地址项为一级间接地址索引，地址项指出的两个物理块分别存放两张一级间接地址索引表。其中一张间接地址索引表指出文件逻辑块号为 5～260 对应的物理块号，另一张间接地址索引表指出文件逻辑块号为 261～516 对应的物理块号。

③ 二级间接地址索引。

文件索引节点中有 1 个地址项为二级间接地址索引，该地址项指出的物理块存放了 256 个间接索引表的地址，这 256 个间接索引表存放逻辑块号为 517～66 052 的物理块号。

综上分析不难得出，若要访问文件的逻辑块号分别为 5 和 518，则系统应分别采用直接地址索引和二级间接地址索引。

参考答案

（28）B

试题（29）

某企业拟开发一个企业信息管理系统，系统功能与多个部门的业务相关。现希望该

系统能够尽快投入使用，系统功能可以在使用过程中不断改善。则最适宜采用的软件过程模型为__（29）__。

（29）A．瀑布模型　　B．原型模型
　　C．演化（迭代）模型　　D．螺旋模型

试题（29）分析

本题考查软件开发过程模型的基础知识。

瀑布模型将开发阶段描述为从一个阶段瀑布般地转换到另一个阶段。

原型模型中，开发人员快速地构造整个系统或者系统的一部分以理解或澄清问题。

演化（迭代）模型主要针对事先不能完整定义需求的软件开发，是在快速开发一个原型的基础上，根据用户在使用原型的过程中提出的意见和建议对原型进行改进，获得原型的新版本。重复这一过程，最终可得到令用户满意的软件产品。

螺旋模型将开发活动和风险管理结合起来，以减小风险。

在这几种开发过程模型中，演化模型可以快速地提交一个可以使用的软件版本，并同时不断地改善系统的功能和性能。

参考答案

（29）C

试题（30）

能力成熟度模型集成（CMMI）是若干过程模型的综合和改进。连续式模型和阶段式模型是 CMMI 提供的两种表示方法，而连续式模型包括 6 个过程域能力等级，其中__（30）__使用量化（统计学）手段改变和优化过程域，以应对客户要求的改变和持续改进计划中的过程域的功效。

（30）A．CL_2（已管理的）　　B．CL_3（已定义级的）
　　C．CL_4（定量管理的）　　D．CL_5（优化的）

试题（30）分析

本题考查软件过程和过程改进的基础知识。

CMMI 的连续式模型包括 6 个过程域能力等级 CL_0～CL_5，具体定义如下。

CL_0（未完成的）：过程域未执行或未得到 CL_1 中定义的所有目标。

CL_1（已执行的）：其共性目标是过程将可标识的输入工作产品转换成可标识的输出工作产品，以实现支持过程域的特定目标。

CL_2（已管理的）：其共性目标集中于已管理的过程的制度化。根据组织级政策规定过程的运作将使用哪个过程，项目遵循已文档化的计划和过程描述，所有正在工作的人都有权使用足够的资源，所有工作任务和工作产品都被监控、控制和评审。

CL_3（已定义级的）：其共性目标集中于已定义的过程的制度化。过程是按照组织的剪裁指南从组织的标准过程集中剪裁得到的，还必须收集过程资产和过程的度量，并用于将来对过程的改进上。

CL_4（定量管理的）：其共性目标集中于可定量管理的过程的制度化。使用测量和质量保证来控制和改进过程域，建立和使用关于质量和过程执行的定量目标作为管理准则。

CL_5（优化的）：使用量化（统计学）手段改变和优化过程域，以对付客户要求的改变和持续改进计划中的过程域的功效。

参考答案

（30）D

试题（31）

在 ISO/IEC 9126 软件质量模型中，可靠性质量特性是指与在规定的一段时间内和规定的条件下，软件维持在其性能水平有关的能力，其质量子特性不包括__（31）__。

（31）A．安全性　　　　B．成熟性

　　　C．容错性　　　　D．易恢复性

试题（31）分析

本题考查软件质量的基础知识。

ISO/IEC 9126 软件质量模型由三个层次组成：第一层是质量特性，第二层是质量子特性，第三层是度量指标。

其中可靠性（Reliability）质量特性是指与在规定的一段时间内和规定的条件下，软件维持在其性能水平有关的能力。可靠性质量特性包括三个子特性。

成熟性（Maturity）：与由软件故障引起失效的频度有关的软件属性。

容错性（Fault Tolerance）：与在软件错误或违反指定接口的情况下，维持指定的性能水平的能力有关的软件属性。

易恢复性（Recoverability）：与在故障发生后，重新建立其性能水平并恢复直接受影响数据的能力，以及为达到此目的所需的时间和努力有关的软件属性。

参考答案

（31）A

试题（32）

以下关于模块化设计的叙述中，不正确的是__（32）__。

（32）A．尽量考虑高内聚、低耦合，保持模块的相对独立性

　　　B．模块的控制范围在其作用范围内

　　　C．模块的规模适中

　　　D．模块的宽度、深度、扇入和扇出适中

试题（32）分析

本题考查软件设计的基础知识。

模块化是指解决一个复杂问题时自顶向下逐层把软件系统划分成若干模块的过程。每个模块完成一个特定的子功能，所有的模块按某种方法组装起来，成为一个整体，完成整个系统所要求的功能。将一个待开发的软件系统划分成多个模块，有一些指导原则，如：

① 划分模块时，尽量做到高内聚、低耦合，保持模块的相对独立性，并以此原则优化初始的软件结构。

② 一个模块的作用范围应在其控制范围之内，且判定所在的模块应与受其影响的模块在层次上尽量靠近。

③ 软件结构的深度、宽度、扇入和扇出应适当。

④ 模块的大小要适中。

参考答案

（32）B

试题（33）

某企业管理信息系统中，采购子系统根据材料价格、数量等信息计算采购的金额，并给财务子系统传递采购金额、收款方和采购日期等信息，则这两个子系统之间的耦合类型为__（33）__耦合。

（33）A．数据　　B．标记　　C．控制　　D．外部

试题（33）分析

本题考查软件设计基础知识。

模块独立是指每个模块完成一个相对独立的特定子功能，并且与其他模块之间的联系简单。衡量模块独立程度的标准有两个：耦合性和内聚性。耦合是模块之间的相对独立性（互相连接的紧密程度）的度量。耦合取决于各个模块之间接口的复杂程度、调用模块的方式以及通过接口的信息类型等。选项中的四种耦合是指：

数据耦合：指两个模块之间有调用关系，传递的是简单的数据值，相当于高级语言中的值传递。

标记耦合：指两个模块之间传递的是数据结构。

控制耦合：指一个模块调用另一个模块时，传递的是控制变量，被调用模块通过该控制变量的值有选择地执行模块内的某一功能。因此，被调用模块内应具有多个功能，哪一个功能起作用受调用模块控制。

外部耦合：模块间通过软件之外的环境联结（如 I/O 将模块耦合到特定的设备、格式、通信协议上）时称为外部耦合。

根据题干描述，采购子系统传递给财务子系统采购金额、收款方和采购日期等信息时，应将这些信息包装在数据结构中，因此两个子系统传递的是数据结构。

参考答案

（33）B

试题（34）、（35）

对以下的程序伪代码（用缩进表示程序块）进行路径覆盖测试，至少需要__（34）__个测试用例。采用 McCabe 度量法计算其环路复杂度为__（35）__。

（34）A．2　　B．4　　C．6　　D．8

（35）A．2　　B．3　　C．4　　D．5

```
输入 x,y,z
语句 1
If x > 0
语句 2
    If y > 0
```

```
语句 3
    Else
语句 4
Else
语句 5
    If z > 0
语句 6
    Else
语句 7
输出语句
```

试题（34）、（35）分析

本题考查软件测试的相关知识，要求考生能够熟练掌握典型的白盒测试和黑盒测试方法。路径覆盖就是设计若干个测试用例，运行被测程序，使得程序中每条路径至少运行一次。

画出上述伪代码的流程图如下：

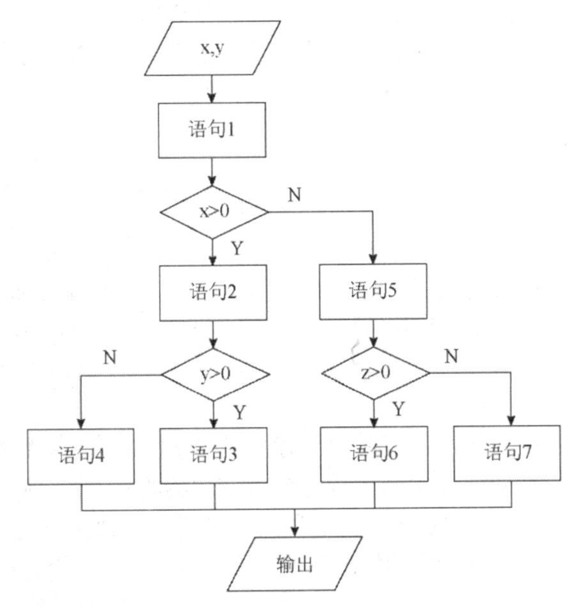

从图中很容易看出有四条路径：

路径 1：输入 x,y→语句 1→判断 x>0→语句 2→判断 y>0→语句 3→输出；

路径 2：输入 x,y→语句 1→判断 x>0→语句 2→判断 y>0→语句 4→输出；

路径 3：输入 x,y→语句 1→判断 x>0→语句 5→判断 z>0→语句 6→输出；

路径 4：输入 x,y→语句 1→判断 x>0→语句 5→判断 z>0→语句 7→输出。

因此设计 4 个测试用例分别运行上述四个路径即可满足路径覆盖。

McCabe 度量法是一种基于程序控制流的复杂性度量方法，环路复杂度为 $V(G) = m - n + 2$，图中 m=14，n=12，$V(G) = 14-12+2=4$。

参考答案

（34）B　（35）C

试题（36）

某商场的销售系统所使用的信用卡公司信息系统的数据格式发生了更改，因此对该销售系统进行的修改属于__（36）__维护。

（36）A．改正性　　B．适应性　　C．改善性　　D．预防性

试题（36）分析

本题考查软件维护的基础知识。

软件维护是指软件交付给用户使用之后对软件所做的所谓修改行为。软件维护主要包括以下四类。

正确性维护（改正性维护）：是指改正在系统开发阶段已产生而系统测试阶段尚未发现的错误。

适应性维护：是指使应用软件适应信息技术变化和管理需求变化而进行的修改。

完善性维护：为扩展功能和改善性能而进行的修改。

预防性维护：改变系统的某些方面，以预防失效的发生。

本题中，由于信用卡公司信息系统的数据格式发生变化，需要对销售系统做相应的修改，该行为属于适应性维护。

参考答案

（36）B

试题（37）

在面向对象方法中，继承用于__（37）__。

（37）A．在已存在的类的基础上创建新类　　B．在已存在的类中添加新的方法

C．在已存在的类中添加新的属性　　D．在已存在的状态中添加新的状态

试题（37）分析

本题考查面向对象的基础知识。

继承是面向对象技术的一个重要特征，描述父类和子类之间共享数据（属性）和方法（行为）的机制。在定义一个类时，可以在一个已经存在的类的基础上，通过继承关系将这个已经存在的类所定义的内容作为自己的内容加以使用（所创建的新类是一种已存在的类的子类），并可以在不需要改变原有父类的情况下扩充添加新的内容（即更具体）。添加的这些内容既包括属性，也包括行为。

参考答案

（37）A

试题（38）

__（38）__多态是指操作（方法）具有相同的名称，且在不同的上下文中所代表的含义不同。

（38）A．参数　　B．包含　　C．过载　　D．强制

试题（38）分析

本题考查面向对象技术的基础知识。

多态分为参数多态、包含多态、过载多态和强制多态四种不同形式。参数多态采用参数

化模板，通过给出不同的类型参数，使得一个结构有多种类型；包含多态是指同样的操作可用于一个类型及其子类型，即子类型化；过载多态是指同一个名字在不同上下文中可代表不同的含义，在继承关系的支持下，可以实现把具有通用功能的消息存放在高层次，而实现这一功能的不同行为放在较低层次，在这些低层次上生成的对象能够给通用消息以不同的响应；强制多态是指通过语义操作把一个变量的类型加以变换。

参考答案

（38）C

试题（39）、（40）

在某销售系统中，客户采用扫描二维码进行支付。若采用面向对象方法开发该销售系统，则客户类属于__（39）__类，二维码类属于__（40）__类。

（39）A．接口　　B．实体　　C．控制　　D．状态

（40）A．接口　　B．实体　　C．控制　　D．状态

试题（39）、（40）分析

本题考查面向对象技术的基础知识。

类定义了一组大体上相似的对象，一个类所包含的方法和数据描述一组对象的共同行为和属性。类可以分为实体类、接口类（边界类）和控制类三类。实体类的对象表示现实世界中真实的实体，如人、物等，销售系统中的客户类即属于实体类。接口类（边界类）的对象为用户提供一种与系统合作交互的方式，分为人和系统两大类，其中人的接口可以是显示屏、窗口、Web 窗体、对话框、菜单、列表框、其他显示控制、条形码、二维码或者用户与系统交互的其他方法，销售系统中客户通过二维码进行支付，二维码类即属于接口类。系统接口涉及把数据发送到其他系统，或者从其他系统接收数据。控制类的对象用来控制活动流，充当协调者。

参考答案

（39）B　（40）A

试题（41）～（43）

下图所示 UML 图为__（41）__，用于展示__（42）__。①和②分别表示__（43）__。

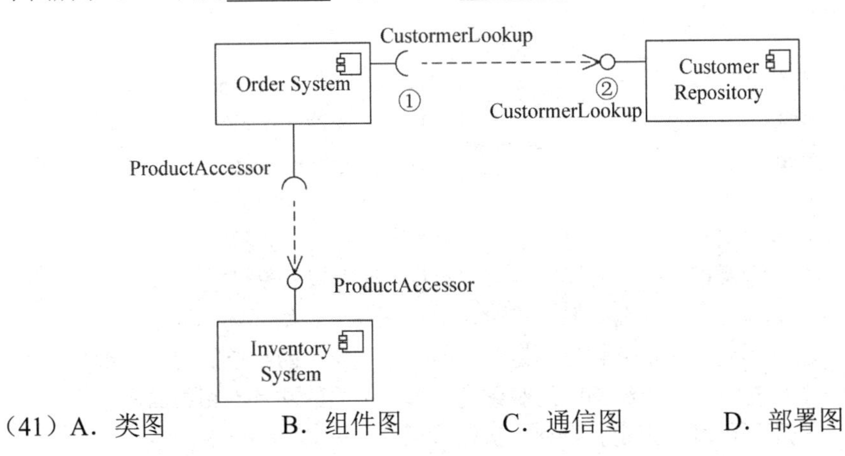

（41）A．类图　　B．组件图　　C．通信图　　D．部署图

（42）A．一组对象、接口、协作和它们之间的关系
B．收发消息的对象的结构组织
C．组件之间的组织和依赖
D．面向对象系统的物理模型

（43）A．供接口和供接口　　B．需接口和需接口
C．供接口和需接口　　D．需接口和供接口

试题（41）～（43）分析

本题考查统一建模语言（UML）的基础知识。

UML 类图、组件图、通信图和部署图各自刻画系统的不同方面。其中，类图展现了一组对象、接口、协作及其之间的关系；组件图展示一组组件之间的组织和依赖，它与类图相关，通常可以把组件映射为一个或多个类、接口或协作；通信图强调收发消息的对象的结构组织；部署图展现了运行时处理结点以及其中构件（制品）的配置。

题图所示即为 UML 组件图，其中：□表示组件，组件 Order System 所接—(处 CustomerLookup 表示 Order System 对 CustomerLoopup 接口的依赖，Customer Repository 处○—表示 Customer Repository 提供的 CustomerLookup 接口。接口之间------>表示依赖关系。

参考答案

（41）B　（42）C　（43）D

试题（44）～（47）

假设现在要创建一个简单的超市销售系统，顾客将毛巾、饼干、酸奶等物品（Item）加入购物车（Shopping_Cart），在收银台（Checkout）人工（Manual）或自动（Auto）地将购物车中每个物品的价格汇总到总价格后结账。这一业务需求的类图（方法略）设计如下图所示，采用了＿（44）＿模式。其中＿（45）＿定义以一个 Checkout 对象为参数的 accept 操作，由子类实现此 accept 操作。此模式为＿（46）＿，适用于＿（47）＿。

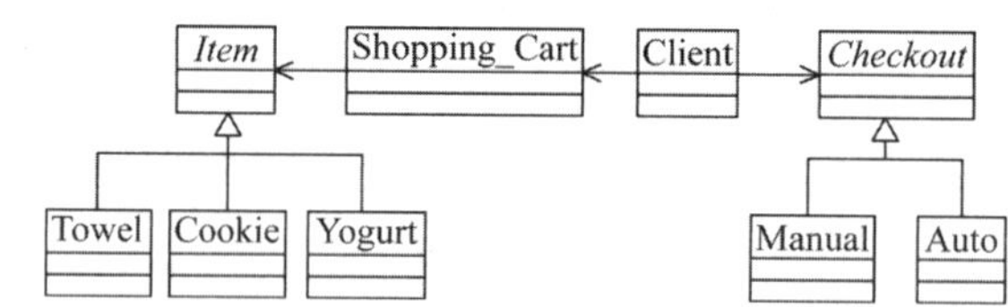

（44）A．观察者（Observer）　　B．访问者（Visitor）
C．策略（Strategy）　　D．桥接器（Bridge）

（45）A．Item　　B．Shopping_Cart
C．Checkout　　D．Manual 和 Auto

（46）A．创建型对象模式　　B．结构型对象模式
C．行为型类模式　　D．行为型对象模式

（47）A．必须保存一个对象在某一个时刻的（部分）状态
B．想在不明确指定接收者的情况下向多个对象中的一个提交一个请求
C．需要对一个对象结构中的对象进行很多不同的并且不相关的操作
D．在不同的时刻指定、排列和执行请求

试题（44）～（47）分析

本题考查设计模式的基本概念。

按照设计模式的目的可以分为创建型模式、结构型模式以及行为型模式三大类。结构型模式涉及如何组合类和对象以获得更大的结构，行为模式涉及算法和对象间职责的分配。桥接器模式属于结构型设计模式，观察者模式、访问者模式和策略模式均为行为型模式。每种设计模式都有特定的意图和适用情况。

观察者（Observer）模式的主要意图是：定义对象间的一种一对多的依赖关系，当一个对象的状态发生改变时，所有依赖于它的对象都得到通知并被自动更新。此模式的结构图如下所示。

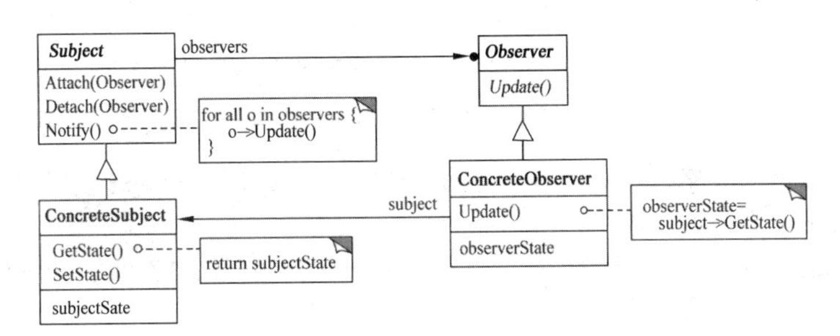

其中，Subject（目标）知道它的观察者，可以有任意多个观察者观察同一个目标；提供注册和删除观察者对象的接口。Observer（观察者）为那些在目标发生改变时需获得通知的对象定义一个更新接口。

访问者（Visitor）模式的主要意图是：表示一个作用于某对象结构中的各元素的操作。它允许在不改变各元素的类的前提下定义作用于这些元素的新操作。其结构图如下所示。

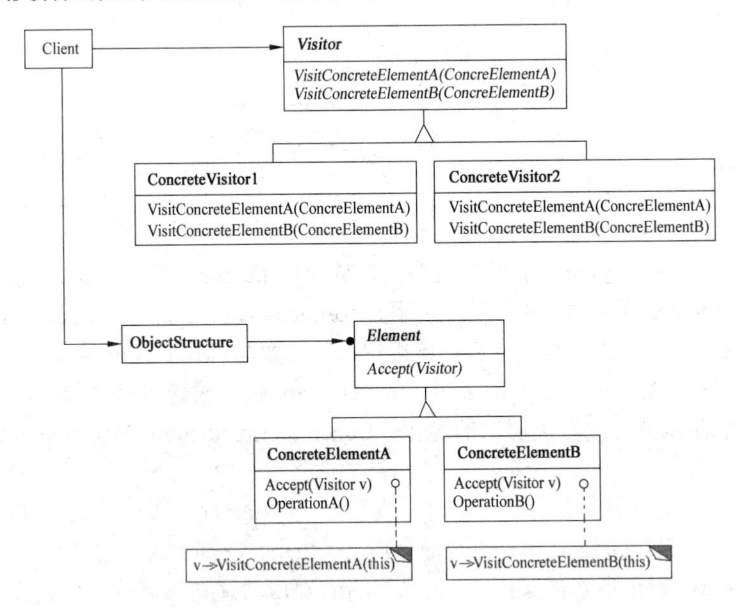

其中，Visitor（访问者）为该对象结构中 ConcreteElement 的每一个类声明一个 Visit 操作。Element（元素）定义以一个访问者为参数的 Accept 操作。

策略（Strategy）模式的主要意图是：定义一系列的算法，把它们一个个封装起来，并且使它们可以相互替换。此模式使得算法可以独立于使用它们的客户而变化。其结构图如下所示。

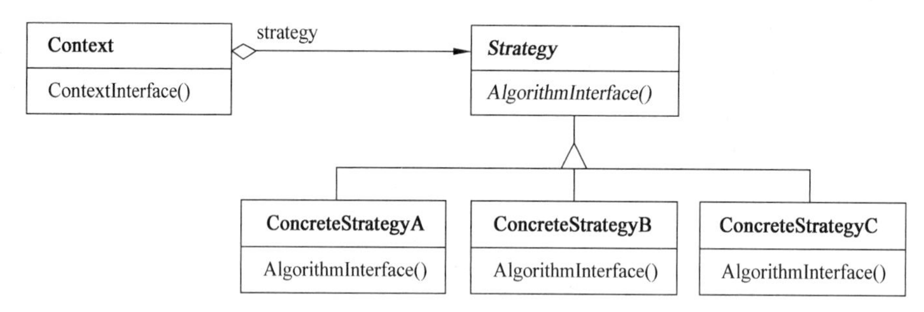

其中，Strategy（策略）定义所有支持的算法的公共接口。Context 使用这个接口来调用某 ConcreteStrategy 定义的算法。

桥接（Bridge）模式的主要意图是：将抽象部分与其实现部分分离，使它们都可以独立地变化。其结构图如下所示。

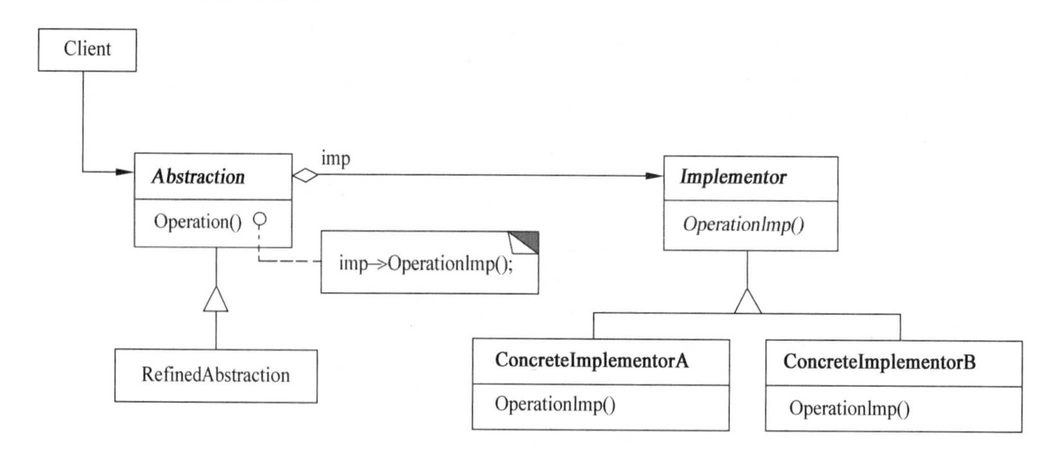

其中，客户程序（Client）使用的主要接口是 Abstraction，它定义抽象类的接口，维护一个指向 Implementor 类型对象的指针（引用）；RefinedAbstraction 扩充由 Abstraction 定义的接口；Implementor 定义实现类的接口，该接口不一定要与 Abstraction 的接口完全一致；事实上这两个接口可以完全不同。一般来说，Implementor 接口仅提供基本操作，而 Abstraction 定义了基于这些基本操作的较高层次的操作；ConcreteImplementor 实现 Implementor 接口并定义它的具体实现。

本题描述简单超市销售系统在结账时在收银台（Checkout）采用人工（Manual）或自动（Auto）对购物车（Shopping_Cart）中的每个物品（Item）进行访问汇总价格后结账，所以适合采用访问者模式。题图所示的类图中，物品（Item）对应前述访问者模式结构图中的 Element

（元素），Checkout 对应 Visitor（访问者），所以 Item 定义以一个访问者为参数的 accept 操作，由子类实现此 accept 操作。访问者模式属于行为型对象模式，适用于：①一个对象结构包含很多类对象，它们有不同的接口，而用户想对这些对象实施一些依赖于其具体类的操作；②需要对一个对象结构中的对象进行很多不同的并且不相关的操作，而又想要避免这些操作"污染"这些对象的类；③定义对象结构的类很少改变，但经常需要在此结构上定义新的操作。

参考答案

（44）B　（45）A　（46）D　（47）C

试题（48）

在以阶段划分的编译器中，__（48）__阶段的主要作用是分析程序中的句子结构是否正确。

（48）A. 词法分析　　B. 语法分析
C. 语义分析　　D. 代码生成

试题（48）分析

本题考查程序语言基础知识。

在以阶段划分的编译器中，包括词法分析、语法分析、语义分析、中间代码生成、代码优化、目标代码生成 6 个阶段，还涉及出错处理和符号表管理。

其中，语法分析的任务是在词法分析的基础上，根据语言的语法规则将单词符号序列分解成各类语法单位，如"表达式""语句""程序"等。语法规则就是各类语法单位的构成规则。通过语法分析确定整个输入串是否构成一个语法上正确的程序，对于语句而言，也就是分析语句的结构是否正确。

参考答案

（48）B

试题（49）

下图所示为一个不确定有限自动机（NFA）的状态转换图。该 NFA 可识别字符串__（49）__。

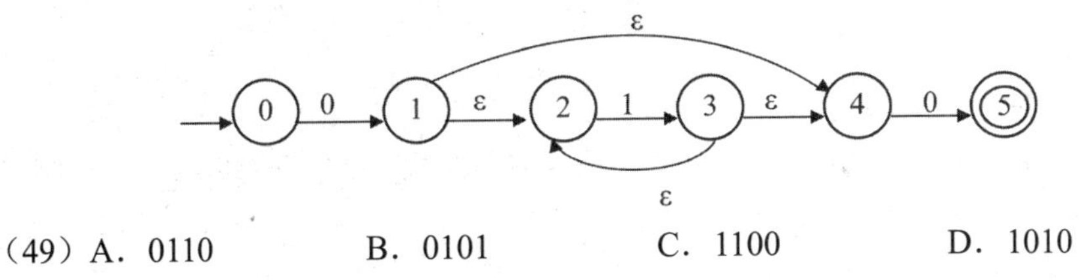

（49）A. 0110　　B. 0101　　C. 1100　　D. 1010

试题（49）分析

本题考查程序语言基础知识。

有限自动机识别字符串 s 的过程存在是从开始状态到接受状态的路径。

对于 0110，其识别路径为 0→1→2→3→2→3→4→5，其中状态 0 到状态 1 的转移可识别出字符 0，状态 1 转移到状态 2 识别空字符（即无须识别任何字符），接下来从状态 2 到状态 3 转移可识别出字符 1，从状态 3 到状态 2 的转移无须识别任何字符，再从状态 2 到状态 3 转移又识别出字符 1，从状态 3 到状态 4 的转移无须识别任何字符，最后从状态 4 到状态 5（接受状态）的转移识别出字符 0，该过程中所识别的字符连接起来就是字符串 0110。

对于0101、1100、1010，则构造不出从状态0到状态5的识别路径。

参考答案

（49）A

试题（50）

函数f和g的定义如下图所示。执行函数f时若采用引用（Call by Reference）方式调用函数g(a)，则函数f的返回值为__（50）__。

```
f( )
int a = 5, c;
c = g(a);
return a+c;
```

```
g(形式参数 x)
int m = 2;
m = x * m ;  x = m - 1;
return x+m;
```

（50）A．14　　B．18　　C．24　　D．28

试题（50）分析

本题考查程序语言基础知识。

在函数f中调用g时，其实参为a，引用调用方式下，g的形参x在函数g中可看作f中a的别名，因此g执行时，其表达式“m=x*m”对应的计算为5*2赋值给m，m的值改为10，表达式“x=m–1”对应的计算为10–1赋值给x，x的值改为9（也就是f中a的值改为9），g结束时返回x+m（即9+10）的值19。回到函数f后，c的值被改为调用函数g的结果19，f结束时a+c（即9+19）的结果28被返回。

参考答案

（50）D

试题（51）

数据库系统中的视图、存储文件和基本表分别对应数据库系统结构中的__（51）__。

（51）A．模式、内模式和外模式　　B．外模式、模式和内模式
C．模式、外模式和内模式　　D．外模式、内模式和模式

试题（51）分析

本题考查数据库的基本概念。

数据库通常采用三级模式结构，其中：视图对应外模式、基本表对应模式、存储文件对应内模式。

参考答案

（51）D

试题（52）

在分布式数据库中，__（52）__是指用户或应用程序不需要知道逻辑上访问的表具体如何分块存储。

（52）A．逻辑透明　　B．位置透明　　C．分片透明　　D．复制透明

试题（52）分析

本题考查对分布式数据库基本概念的理解。

逻辑透明（局部数据模型透明），是指用户或应用程序无须知道局部场地使用的是哪种

数据模型。位置透明是指用户无须知道数据存放的物理位置。分片透明是指用户或应用程序无须知道逻辑上访问的表具体是怎么分块存储的。复制透明是指采用复制技术的分布方法，用户无须知道数据是复制到哪些节点，如何复制的。

参考答案

（52）C

试题（53）、（54）

设有关系模式 $R(A_1, A_2, A_3, A_4, A_5, A_6)$，函数依赖集 $F=\{A_1 \to A_3, A_1A_2 \to A_4, A_5A_6 \to A_1, A_3A_5 \to A_6, A_2A_5 \to A_6\}$。关系模式 R 的一个主键是__（53）__，从函数依赖集 F 可以推出关系模式 R__（54）__。

（53）A. A_1A_4　　B. A_2A_5　　C. A_3A_4　　D. A_4A_5

（54）A. 不存在传递依赖，故 R 为 1NF

B. 不存在传递依赖，故 R 为 2NF

C. 存在传递依赖，故 R 为 3NF

D. 每个非主属性完全函数依赖于主键，故 R 为 2NF

试题（53）、（54）分析

本题主要考查关系模式规范化方面的相关知识。

根据函数依赖集 F 可知，属性 A_2 和 A_5 只出现在函数依赖的左部，故必为候选关键字属性，又因为 A_2A_5 可以决定关系 R 中的全部属性，故关系模式 R 的一个主键是 A_2A_5。

根据函数依赖集 F 可知，R 中的每个非主属性完全函数依赖于 A_2A_5，且该函数依赖集中存在传递依赖，所以 R 是 2NF。

参考答案

（53）B　（54）D

试题（55）、（56）

给定关系 $R(A,B,C,D)$ 和 $S(C,D,E)$，若关系 R 与 S 进行自然连接运算，则运算后的元组属性列数为__（55）__；关系代数表达式 $\pi_{1,4}(\sigma_{2=5}(R \bowtie S))$ 与__（56）__等价。

（55）A. 4　　B. 5　　C. 6　　D. 7

（56）A. $\pi_{A,D}(\sigma_{C=D}(R \times S))$　　B. $\pi_{R.A,R.D}(\sigma_{R.B=S.C}(R \times S))$

C. $\pi_{A,R.D}(\sigma_{R.C=S.D}(R \times S))$　　D. $\pi_{R.A,R.D}(\sigma_{R.B=S.E}(R \times S))$

试题（55）、（56）分析

本题考查关系运算方面的基础知识。

根据自然连接要求，两个关系中进行比较的分量必须是相同的属性组，并且在结果中将重复属性列 $S.C$ 和 $S.D$ 去掉，故 $R \bowtie S$ 后的属性列为 $R.A$、$R.B$、$R.C$、$R.D$ 和 $S.E$，即属性列数 5。

关系代数表达式 $\pi_{1,4}(\sigma_{2=5}(R \bowtie S))$ 的含义为：$R \bowtie S$ 后选取第 2 个属性列等于第 5 个属性列的元组，即选取 $R.B$ 等于 $S.E$ 的元组；然后再投影第 1 个属性列和第 4 个属性列，即投影 $R.A$ 和 $R.D$ 属性列，因此试题（56）的正确答案是 D。

参考答案

（55）B （56）D

试题（57）

栈的特点是后进先出，若用单链表作栈的存储结构，并用头指针作为栈顶指针，则 （57） 。

（57）A．入栈和出栈操作都不需要遍历链表

B．入栈和出栈操作都需要遍历链表

C．入栈操作需要遍历链表而出栈操作不需要

D．入栈操作不需要遍历链表而出栈操作需要

试题（57）分析

本题考查数据结构基础知识。

线性表采用单链表存储的一般形式如下图所示，其中 Head 为头指针。

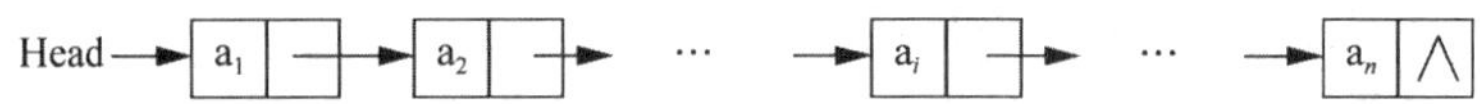

栈被定义为只能在表尾（即栈顶）插入和删除运算的线性表。用单链表表示栈时，用 top 作为栈顶指针，如下图所示。入栈时令新元素所在结点的指针域取 top 的值，然后将 top 更新为指向新结点即可。

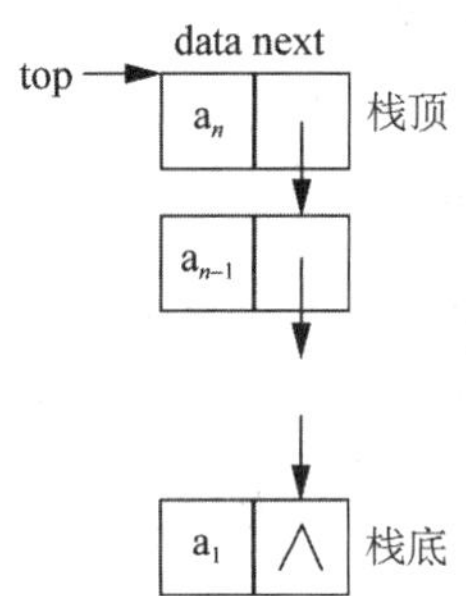

出栈时，将 top 设置为指向其所指结点的后继结点（取其所指结点的指针域赋值给 top 即可）。这两种操作都在头指针所在的端点进行，无须遍历整个链表。

参考答案

（57）A

试题（58）

已知某二叉树的先序遍历序列为 ABCDEF、中序遍历序列为 BADCFE，则可以确定该二叉树 （58） 。

（58）A．是单支树（即非叶子结点都只有一个孩子）

B．高度为 4（即结点分布在 4 层上）

C．根结点的左子树为空

D．根结点的右子树为空

试题（58）分析

本题考查数据结构基础知识。

二叉树进行先序遍历的过程是首先访问根结点，接下来先序遍历左子树，最后再先序遍

历右子树。显然，在先序遍历序列中，第一个元素表示根结点。

二叉树进行中序遍历的过程是首先中序遍历左子树，然后访问根结点，最后再中序遍历右子树。

一旦确定根结点，就可以在中序遍历序列中搜索到根结点，从而以根结点为界，划分出左子树上的结点和右子树上的结点。之后再确定左子树的先序序列和右子树的先序序列。

对于左子树和右子树同理处理，就可以确定每个子树的根结点，反复应用该方法，就可以确定每个结点在二叉树中的位置。

题图中的二叉树如下图所示，题中的 4 个选项中，只有“高度为 4（即结点分布在 4 层上）”的说法是正确的。

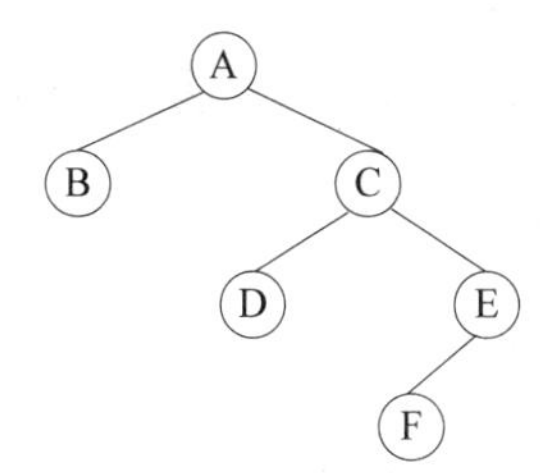

参考答案

（58）B

试题（59）

可以构造出下图所示二叉排序树（二叉检索树、二叉查找树）的关键码序列是<u>（59）</u>。

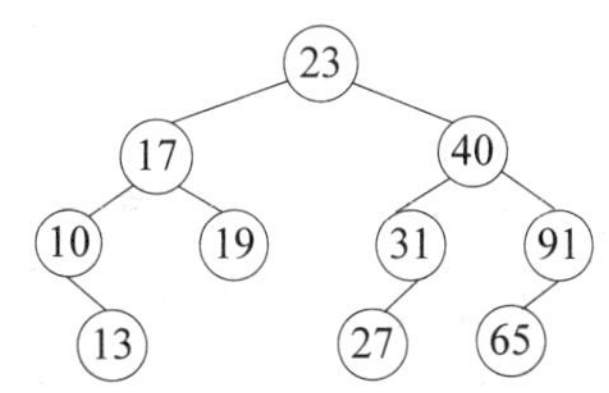

（59）A．10 13 17 19 23 27 31 40 65 91　　B．23 40 91 17 19 10 31 65 27 13
　　C．23 19 40 27 17 13 10 91 65 31　　D．27 31 40 65 91 13 10 17 23 19

试题（59）分析

本题考查数据结构基础知识。

二叉排序树是通过依次输入数据元素并把它们插入二叉树的适当位置构造起来的，具体的过程是：每读入一个元素，建立一个新结点。若二叉排序树非空，则将新结点的值与根结点的值相比较，如果小于根结点的值，则插入左子树中，否则插入右子树中；若二叉排序树为空，则新结点作为二叉排序树的根结点。

按照二叉排序树的构造方式，具有父子关系的两个结点，在输入数据的序列中，一定是父结点的关键字在前，孩子结点的关键字在后。

根据题图的二叉排序树，从根结点到每一个叶子结点形成输入数据需要满足的先后顺序关系序列为：

23 17 10 13

23 17 19

23 40 31 27

23 40 91 65

符合上述条件的选项为 B。

根结点 23 在输入序列中一定是第一个元素，因此选项 A 和 D 是错误的。

对于选项 C，19 出现在 17 之前是错误的。

参考答案

（59）B

试题（60）、（61）

图 G 的邻接矩阵如下图所示（顶点依次表示为 $v0$、$v1$、$v2$、$v3$、$v4$、$v5$），G 是<u>（60）</u>。对 G 进行广度优先遍历（从 $v0$ 开始），可能的遍历序列为<u>（61）</u>。

$$\begin{bmatrix} \infty & 18 & 17 & \infty & \infty & \infty \\ \infty & \infty & \infty & 20 & 16 & \infty \\ \infty & 19 & \infty & 23 & \infty & \infty \\ \infty & \infty & \infty & \infty & \infty & 15 \\ \infty & \infty & \infty & \infty & \infty & 12 \\ \infty & \infty & \infty & \infty & \infty & \infty \end{bmatrix}$$

（60）A. 无向图　　B. 有向图　　C. 完全图　　D. 强连通图

（61）A. $v0$、$v1$、$v2$、$v3$、$v4$、$v5$　　B. $v0$、$v2$、$v4$、$v5$、$v1$、$v3$

C. $v0$、$v1$、$v3$、$v5$、$v2$、$v4$　　D. $v0$、$v2$、$v4$、$v3$、$v5$、$v1$

试题（60）、（61）分析

本题考查数据结构基础知识。

图的邻接矩阵表示法是指用一个矩阵来表示图中顶点之间的关系。对于具有 n 个顶点的图 $G=(V, E)$，其邻接矩阵是一个 n 阶方阵，且满足：

$$\boldsymbol{A}[i][j]=\begin{cases}1 & 若(v_i,v_j)或<v_i,v_j>是 E 中的边 \\ 0 & 若(v_i,v_j)或<v_i,v_j>不是 E 中的边\end{cases}$$

由邻接矩阵的定义可知，无向图的邻接矩阵是对称的，有向图的邻接矩阵则不一定对称。题图中的矩阵并不对称，因此选项 A 和 C 可排除。

根据题图中的邻接矩阵，可得如下所示的图。

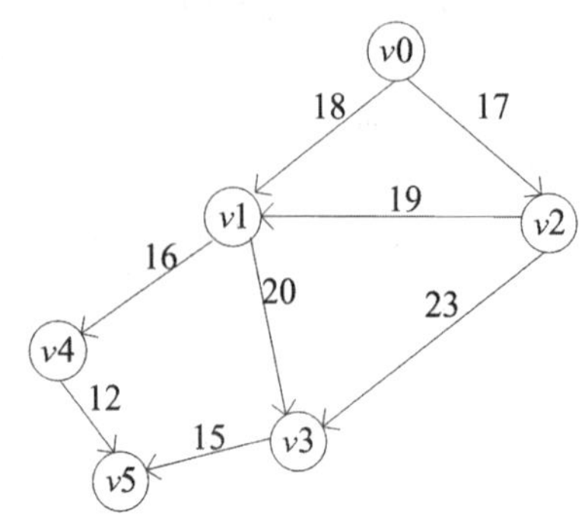

强连通图是指图中任意两个顶点之间都存在路径的有向图，以顶点 $v4$、$v5$ 为例，存在从 $v4$ 到 $v5$ 的路径，但是不存在从 $v5$ 到 $v4$ 的路径，因此该图不是强连通图。

从 $v0$ 出发采用广度优先遍历的方式访问各顶点，过程如下：访问 $v0$ 之后，接下来需访问 $v1$ 和 $v2$，这两者的访问顺序可交换。若先访问 $v1$，则接下来需访问完 $v2$，然后再访问 $v3$ 和 $v4$（这两者顺序可交换）。若先访问 $v2$，则接下来需访问 $v1$，然后访问 $v3$，之后访问 $v4$。最后访问的顶点是 $v5$。

因此，只有选项 A 符合遍历要求。

参考答案

（60）B　（61）A

试题（62）～（65）

在一条笔直公路的一边有许多房子，现要安装消防栓，每个消防栓的覆盖范围远大于房子的面积，如下图所示。现求解能覆盖所有房子的最少消防栓数和安装方案（问题求解过程中，可将房子和消防栓均视为直线上的点）。

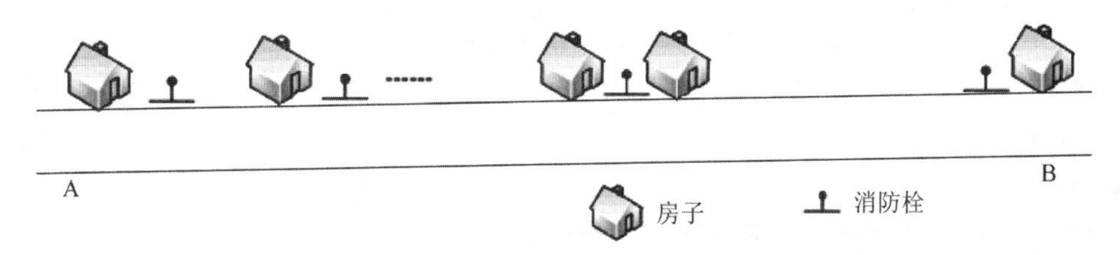

该问题求解算法的基本思路为：从左端的第一栋房子开始，在其右侧 m 米处安装一个消防栓，去掉被该消防栓覆盖的所有房子。在剩余的房子中重复上述操作，直到所有房子被覆盖。算法采用的设计策略为__（62）__；对应的时间复杂度为__（63）__。

假设公路起点 A 的坐标为 0，消防栓的覆盖范围（半径）为 20 米，10 栋房子的坐标为（10,20,30,35,60,80,160,210,260,300），单位为米。根据上述算法，共需要安装__（64）__个消防栓。以下关于该求解算法的叙述中，正确的是__（65）__。

（62）A．分治　B．动态规划　C．贪心　D．回溯

（63）A．$\Theta(\lg n)$　B．$\Theta(n)$　C．$\Theta(n\lg n)$　D．$\Theta(n^2)$

（64）A．4　B．5　C．6　D．7

（65）A．肯定可以求得问题的一个最优解　B．可以求得问题的所有最优解
C．对有些实例，可能得不到最优解　D．只能得到近似最优解

试题（62）～（65）分析

本题考查算法设计与分析的基础知识。

根据题干描述，每次在未被覆盖的房子中选择最左端的房子，在其右侧 20 米处（覆盖范围）安装消防栓。这是典型的贪心策略求解问题的思路。因此算法设计采用的是贪心策略。

在求解过程中，只需要遍历一次房子即可，因此算法的时间复杂度为 $O(n)$。

题干中的案例可以按如下图方式安装消防栓，黑点表示房子，圆圈表示消防栓的覆盖范围。

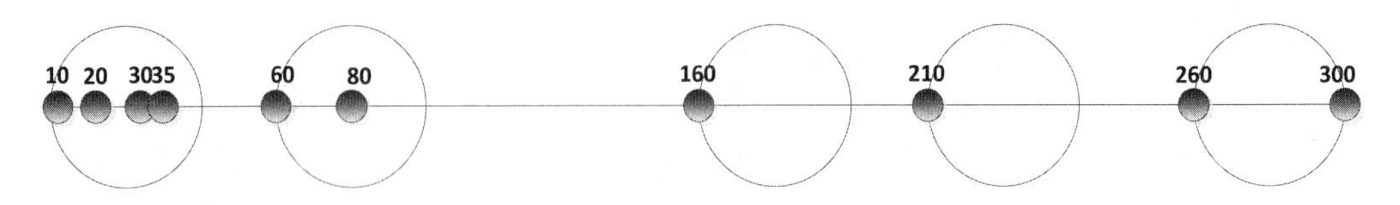

由上图可见，安装 5 个消防栓就可以覆盖这 10 栋房子。

该问题具有最优子结构，且具有贪心性质，因此用贪心算法求解可以得到一个最优解。问题可能存在多个不同的最优解，但是用贪心算法求解只能得到其中的一个最优解。

参考答案

（62）C （63）B （64）B （65）A

试题（66）

使用 ADSL 接入 Internet，用户端需要安装__（66）__协议。

（66）A．PPP B．SLIP C．PPTP D．PPPoE

试题（66）分析

本题考查 ADSL 基础知识。

使用 ADSL 接入 Internet，用户端需要安装 PPPoE 协议。

参考答案

（66）D

试题（67）

下列命令中，不能用于诊断 DNS 故障的是__（67）__。

（67）A．netstat B．nslookup C．ping D．tracert

试题（67）分析

本题考查网络命令的基础知识。

netstat 命令的功能是显示网络连接、路由表和网络接口信息，可以让用户得知有哪些网络连接正在运作。使用时如果不带参数，netstat 显示活动的 TCP 连接。

nslookup（name server lookup，域名查询）是一个用于查询 Internet 域名信息或诊断 DNS 服务器问题的工具。

ping 是 Windows、UNIX 和 Linux 系统下的一个命令。ping 也属于一个通信协议，是 TCP/IP 协议的一部分。利用“ping”命令可以检查网络是否连通，可以很好地帮助我们分析和判定网络故障。

tracert 是路由跟踪实用程序，用于确定 IP 数据包访问目标所采取的路径。tracert 命令用 IP 生存时间（TTL）字段和 ICMP 错误消息来确定从一个主机到网络上其他主机的路由。

根据以上分析，nslookup 命令可用于诊断 DNS 的故障；ping 命令可直接使用域名作为参数；tracert 在跟踪数据包路径的过程中，亦可查看到对应地址的主机名，以上三个命令均可查看 DNS 的工作是否正常。

参考答案

（67）A

试题（68）

以下关于 TCP/IP 协议和层次对应关系的表示中，正确的是__（68）__。

（68）A.

HTTP	SNMP
TCP	UDP
IP	

B.

FTP	Telnet
UDP	TCP
ARP	

C.

HTTP	SMTP
TCP	UDP
IP	

D.

SMTP	FTP
UDP	TCP
ARP	

试题（68）分析

本题考查 TCP/IP 协议簇和各协议的层次对应关系。

选项 A 正确；选项 B 错误，UDP、TCP 协议下应为 IP 协议；选项 C 错误，SMTP 协议应封装在 TCP 协议中；选项 D 错误，SMTP 协议应封装在 TCP 协议中，UDP、TCP 协议下应为 IP 协议。

参考答案

（68）A

试题（69）

把 CSS 样式表与 HTML 网页关联，不正确的方法是__（69）__。

（69）A．在 HTML 文档的<head>标签内定义 CSS 样式

B．用@import 引入样式表文件

C．在 HTML 文档的<!--　-->标签内定义 CSS 样式

D．用<link>标签链接网上可访问的 CSS 样式表文件

试题（69）分析

本题考查 CSS 样式表的基础知识。

CSS（Cascading Style Sheets）层叠样式表，是一种用来表现 HTML（标准通用标记语言的一个应用）或 XML（标准通用标记语言的一个子集）等文件样式的计算机语言。CSS 不仅可以静态地修饰网页，还可以配合各种脚本语言动态地对网页各元素进行格式化。

在 HTML 中使用 CSS 对文档元素进行格式化，有以下几种方式：

① 直接在 DIV 中使用 CSS 样式制作 DIV+CSS 网页。

② HTML 中使用 style 自带。

③ 使用@import 引用外部 CSS 文件。

④ 使用 link 引用外部 CSS 文件推荐此方法。

参考答案

（69）C

试题（70）

使用__（70）__命令可以释放当前主机自动获取的 IP 地址。

（70）A．ipconfig/all　　　　B．ipconfig/reload

C. ipconfig/release D. ipconfig/reset

试题（70）分析

本题考查网管命令。

使用 ipconfig/all 命令显示当前主机自动获取的 IP 地址；使用 ipconfig/release 命令释放当前主机自动获取的 IP 地址；使用 ipconfig/renew 命令重新申请 IP 地址。

参考答案

（70）C

试题（71）～（75）

The project workbook is not so much a separate document as it is a structure imposed on the documents that the project will be producing anyway.

All the documents of the project need to be part of this __(71)__. This includes objectives, external specifications, interface specifications, technical standards, internal specifications, and administrative memoranda (备忘录).

Technical prose is almost immortal. If one examines the genealogy(手册) of a customer manual for a piece of hardware or software, one can trace not only the ideas, but also many of the very sentences and paragraphs back to the first __(72)__ proposing the product or explaining the first design. For the technical writer, the paste-pot is as mighty as the pen.

Since this is so, and since tomorrow's product-quality manuals will grow from today's memos, it is very important to get the structure of the documentation right. The early design of the project __(73)__ ensures that the documentation structure itself is crafted, not haphazard. Moreover, the establishment of a structure molds later writing into segments that fit into that structure.

The second reason for the project workbook is control of the distribution of __(74)__. The problem is not to restrict information, but to ensure that relevant information gets to all the people who need it.

The first step is to number all memoranda, so that ordered lists of titles are available and each worker can see if he has what he wants. The organization of the workbook goes well beyond this to establish a tree-structure of memoranda. The __(75)__ allows distribution lists to be maintained by subtree, if that is desirable.

（71）A. structure B. specification C. standard D. objective

（72）A. objective B. memoranda C. standard D. specification

（73）A. title B. list C. workbook D. quality

（74）A. product B. manual C. document D. information

（75）A. list B. document C. tree-structure D. number

参考译文

项目工作手册不是独立的一篇文档，它是对项目必须产出的一系列文档进行组织的一种结构。项目所有的文档都必须是该结构的一部分。这包括目的、外部规格说明、接口说明、技术标准、内部说明和管理备忘录。

技术说明几乎是必不可少的。如果某人就硬件和软件的某部分去查看一系列相关的用户手册，他发现的不仅仅是思路，而且还有能追溯到最早备忘录的许多文字和章节，这些备忘录对产品提出建议或者解释设计。对于技术作者而言，文章的剪裁粘贴与钢笔一样有用。

基于上述理由，再加上“未来产品”的质量手册将诞生于“今天产品”的备忘录，所以正确的文档结构非常重要。事先将项目工作手册设计好，能保证文档的结构本身是规范的，而不是杂乱无章的。另外，有了文档结构，后来书写的文字就可以放置在合适的章节中。

使用项目工作手册的第二个原因是控制信息发布。控制信息发布并不是为了限制信息，而是确保信息能到达所有需要它的人的手中。

项目工作手册的第一步是对所有的备忘录编号，从而使每个工作人员可以通过标题列表来检索是否有他所需要的信息。还有一种更好的组织方法，就是使用树状的索引结构。而且如果需要的话，可以使用树结构中的子树来维护发布列表。

参考答案

（71）A　（72）B　（73）C　（74）D　（75）C

第 12 章　2018 下半年软件设计师下午试题分析与解答

试题一（共 15 分）

阅读下列说明和图，回答问题 1 至问题 4，将解答填入答题纸的对应栏内。

【说明】

某房产中介连锁企业欲开发一个基于 Web 的房屋中介信息系统，以有效管理房源和客户，提高成交率。该系统的主要功能是：

1. 房源采集与管理。系统自动采集外部网站的潜在房源信息，保存为潜在房源。由经纪人联系确认的潜在房源变为房源，并添加出售/出租房源的客户。由经纪人或客户登记的出售/出租房源，系统将其保存为房源。房源信息包括基本情况、配套设施、交易类型、委托方式、业主等。经纪人可以对房源进行更新等管理操作。

2. 客户管理。求租/求购客户进行注册、更新，推送客户需求给经纪人，或由经纪人对求租/求购客户进行登记、更新。客户信息包括身份证号、姓名、手机号、需求情况、委托方式等。

3. 房源推荐。根据客户的需求情况（求购/求租需求情况以及出售/出租房源信息），向已登录的客户推荐房源。

4. 交易管理。经纪人对租售客户双方进行交易信息管理，包括订单提交和取消，设置收取中介费比例。财务人员收取中介费之后，表示该订单已完成，系统更新订单状态和房源状态，向客户和经纪人发送交易反馈。

5. 信息查询。客户根据自身查询需求查询房屋供需信息。

现采用结构化方法对房屋中介信息系统进行分析与设计，获得如图 1-1 所示的上下文数据流图和图 1-2 所示的 0 层数据流图。

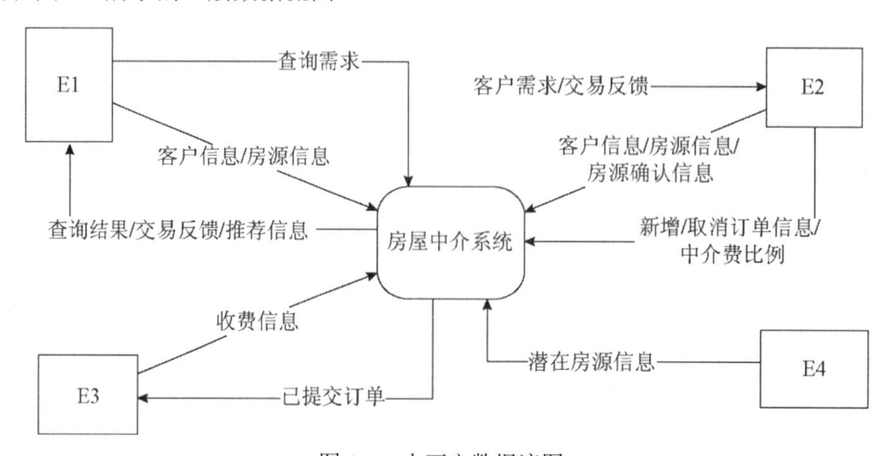

图 1-1　上下文数据流图

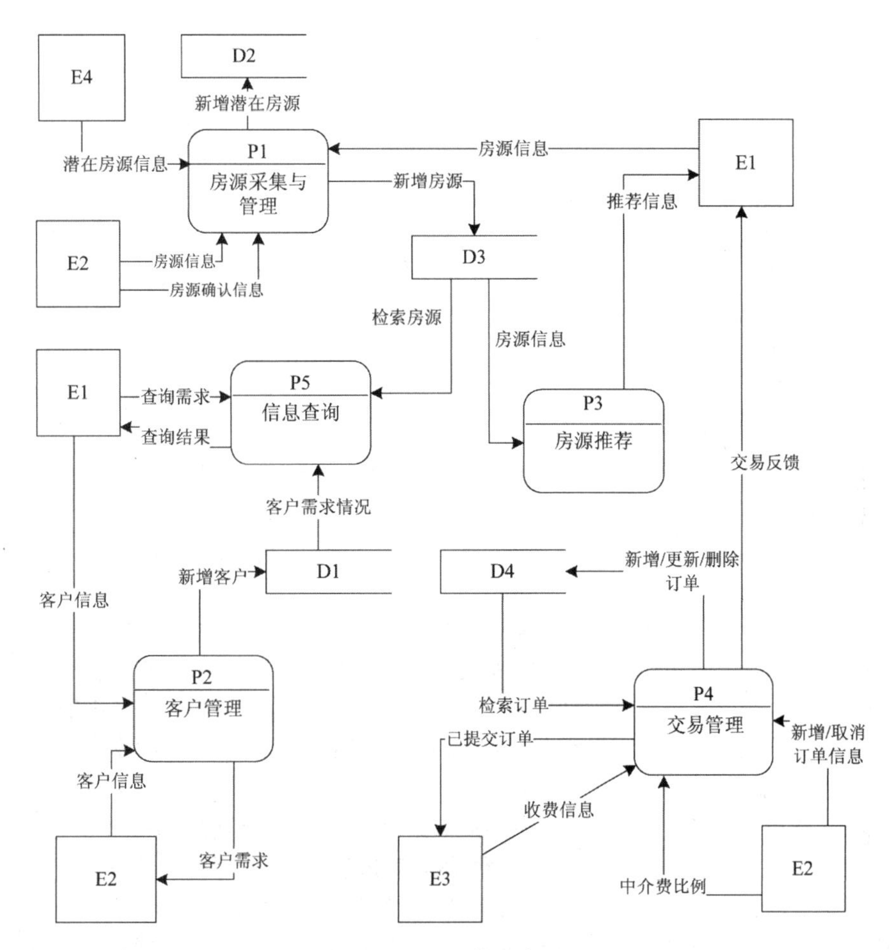

图 1-2　0 层数据流图

【问题 1】（4 分）

使用说明中的词语，给出图 1-1 中的实体 E1～E4 的名称。

【问题 2】（4 分）

使用说明中的词语，给出图 1-2 中的数据存储 D1～D4 的名称。

【问题 3】（3 分）

根据说明和图中术语，补充图 1-2 中缺失的数据流及其起点和终点。

【问题 4】（4 分）

根据说明中术语，给出图 1-1 中数据流“客户信息”“房源信息”的组成。

试题一分析

本题考查采用结构化方法进行软件系统的分析与设计，主要考查利用数据流图（DFD）进行需求分析和建模。DFD 是面向数据流建模的工具，它将系统建模成输入、加工（处理）、输出的模型，即流入软件的数据对象、经由加工的转换、最后以结果数据对象的形式流出软件，并采用自顶向下分层建模进行逐层细化。

顶层DFD（上下文数据流图）建模用于确定系统边界以及系统的输入输出数据，待开发软件系统被看作一个加工，为系统提供输入数据以及接收系统输出数据的是外部实体，外部实体和加工之间的输入输出即为数据流。数据流或者由具体的数据属性（也称为数据结构）构成，或者由其他数据流构成，即组合数据流，用于在高层数据流图中组合相似的数据流。将上下文DFD中的加工分解成多个加工，分别识别这些加工的输入数据流以及经过加工变换后的输出数据流，建模0层DFD。根据0层DFD中加工的复杂程度进一步建模加工的内容。根据需求情况可以将数据存储建模在不同层次的DFD中。

在建模分层DFD时，需要注意加工和数据流的正确使用，一个加工必须既有输入又有输出；数据流须和加工相关，即数据流至少有一头为加工。注意要在绘制下层数据流图时保持父图与子图平衡，即父图中某加工的输入输出数据流必须与其子图的输入输出数据流在数量和名字上相同，或者父图中的一个输入（或输出）数据流对应于子图中几个输入（或输出）数据流的组合数据流。

题目题干描述清晰，易于分析，要求考生细心分析题目中所描述的内容。

【问题1】

本问题考查的是上下文DFD，要求确定外部实体。在上下文DFD中，待开发系统名称“房屋中介系统”作为唯一加工的名称，为这一加工提供输入数据流或者接收其输出数据流的外部实体，涉及外部网站、经纪人、客户和财务人员，再根据描述相关信息进行对应，对照图1-1，即可确定E1为“客户”实体，E2为“经纪人”实体，E3为“财务人员”实体，E4为“外部网站”。

【问题2】

本问题要求确定图1-2 0层数据流图中的数据存储。重点分析说明中与数据存储有关的描述。根据说明1中“系统自动采集外部网站的潜在房源信息，保存为潜在房源”，可知加工“房源采集与管理”向存储中写入新的潜在房源信息，由此可知D2为“潜在房源”；再由说明1中“由经纪人联系确认的潜在房源变为房源”等信息，可知此加工需要向存储中写入新房源信息，由此可知D3为“房源”。根据说明2中“求租/求购客户进行注册”和“或由经纪人对求租/求购客户进行登记”，可知加工“客户管理”向D1中添加新客户信息，由此可知D1为“客户”。根据说明4中交易管理“经纪人对租售客户双方进行交易信息管理，包括订单提交和取消”“系统更新订单状态”等，可知D4为“订单”。

【问题3】

本问题要求补充缺失的数据流及其起点和终点。对照图1-1和图1-2的输入、输出数据流，缺少了从加工到外部实体E2（经纪人）的数据流——“交易反馈”，根据说明4中，交易管理需“向客户和经纪人发送交易反馈”，可知此数据流起点为P4（交易管理），终点为E2。

再考查题干中的说明判定是否缺失内部的数据流，不难发现图1-2中缺失的数据流。根据说明1的描述“系统自动采集外部网站的潜在房源信息，保存为潜在房源。由经纪人联系确认的潜在房源变为房源”，可知加工房源采集与管理（P1）从潜在房源（D2）读取数据进行确认；根据说明3“根据客户的需求情况……向已登录的客户推荐房源”，可知加工房源推荐（P3）从存储客户（D1）获取“需求情况”；根据说明4中“系统更新订单状态和房源状态”，可知交易管理（P4）需更新房源（D3）的状态。

【问题 4】

数据流由具体的数据属性构成，采用符号加以表示，“=”表示组成（被定义为），“+”表示有多个属性（与），“{}”表示其中属性出现多次，“()”表示其中属性可选等。图 1-1 中的“客户信息”和“房源信息”来自于 E1（客户）或 E2（经纪人）。在说明 1 中给出“房源信息包括基本情况、配套设施、交易类型、委托方式、业主等”，说明 2 中给出“客户信息包括身份证号、姓名、手机号、需求情况、委托方式等”，即采用“=”和“+”将数据流及其属性表示出来。

参考答案

【问题 1】

E1：客户

E2：经纪人

E3：财务人员

E4：外部网站

【问题 2】

D1：客户

D2：潜在房源

D3：房源

D4：订单

（注：名称后面可以带有“文件”或“表”）。

【问题 3】

数据流	起点	终点
检索潜在房源或潜在房源	D2 或潜在房源	P1 或房源采集与管理
客户需求情况	D1 或客户	P3 或房源推荐
交易反馈	P4 或交易管理	E2 或经纪人
房源状态	P4 或交易管理	D3 或房源

（注：数据流没有顺序要求）

【问题 4】

客户信息=身份证号+姓名+手机号+需求情况+委托方式

房源信息=基本情况+配套设施+交易类型+委托方式+业主

试题二（共 15 分）

阅读下列说明，回答问题 1 至问题 4，将解答填入答题纸的对应栏内。

【说明】

某集团公司拥有多个分公司，为了方便集团公司对分公司各项业务活动进行有效管理，集团公司决定构建一个信息系统以满足公司的业务管理需求。

【需求分析】

1. 分公司关系需要记录的信息包括分公司编号、名称、经理、联系地址和电话。分公司编号唯一标识分公司信息中的每一个元组。每个分公司只有一名经理，负责该分公司的管理工作。每个分公司设立仅为本分公司服务的多个业务部门，如研发部、财务部、采购部、销售部等。

2. 部门关系需要记录的信息包括部门号、部门名称、主管号、电话和分公司编号。部门号唯一标识部门信息中的每一个元组。每个部门只有一名主管，负责部门的管理工作。每个部门有多名员工，每名员工只能隶属于一个部门。

3. 员工关系需要记录的信息包括员工号、姓名、隶属部门、岗位、电话和基本工资。其中，员工号唯一标识员工信息中的每一个元组。岗位包括：经理、主管、研发员、业务员等。

【概念模型设计】

根据需求阶段收集的信息，设计的实体联系图和关系模式（不完整）如图 2-1 所示。

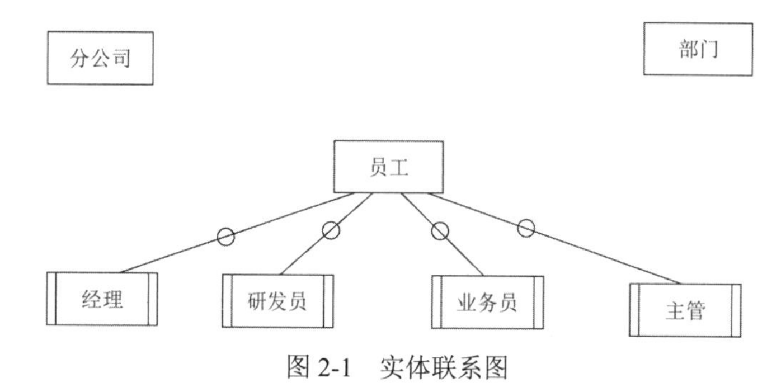

图 2-1 实体联系图

【关系模式设计】

分公司 (分公司编号, 名称, ___(a)___, 联系地址, 电话)
部门 (部门号, 部门名称, ___(b)___, 电话)
员工 (员工号, 姓名, ___(c)___, 电话, 基本工资)

【问题 1】（4 分）

根据问题描述，补充 4 个联系，完善图 2-1 的实体联系图。联系名可用联系 1、联系 2、联系 3 和联系 4 代替，联系的类型为 1∶1、1∶n 和 m∶n（或 1∶1、1∶*和*∶*）。

【问题 2】（5 分）

根据题意，将关系模式中的空（a）～（c）补充完整。

【问题 3】（4 分）

给出“部门”和“员工”关系模式的主键和外键。

【问题 4】（2 分）

假设集团公司要求系统能记录部门历任主管的任职时间和任职年限，那么是否需要在数据库设计时增设一个实体？为什么？

试题二分析

本题考查数据库系统中实体联系模型（E-R 模型）和关系模式设计方面的基础知识。

【问题 1】

可分析如下：

① 根据题意，每个分公司包含不同的部门，但一个部门只对应一个分公司，所以分公司和部门之间有一个“组成”联系，联系类型为 1∶*。

② 根据题意，“每个分公司只有一名经理，负责该分公司的管理工作”，所以分公司和经理之间有一个“管理 1”联系，联系类型为 1∶1。

③ 根据题意，“每个部门只有一名主管，负责部门的管理工作”，所以部门和主管之间有一个“管理 2”联系，联系类型为 1∶1。

④ 根据题意，“每个部门有多名员工，每名员工只能隶属于一个部门”，所以部门和员工之间有一个“隶属”联系，联系类型为 1∶*。

根据上述分析，完善的实体联系图可参见参考答案。

【问题 2】

根据【需求分析】“1. 分公司关系需要记录的信息包括分公司编号、名称、经理（应参照员工关系的员工号）、联系地址和电话”，所以空（a）应填写“经理”。

根据【需求分析】“2. 部门关系需要记录的信息包括部门号、部门名称、主管号（应参照员工关系的员工号）、电话和分公司编号”，所以空（b）应填写“主管号，分公司编号”。

根据【需求分析】“3. 员工关系需要记录的信息包括员工号、姓名、隶属部门、岗位、电话和基本工资”，所以空（c）应填写“隶属部门，岗位”。

【问题 3】

根据题干所述“部门号唯一标识部门信息中的每一个元组”，部门关系的主键为部门号。由于部门关系中的“主管号”必须参照员工关系的员工号，“分公司编号”必须参照分公司关系的分公司编号，故部门关系的外键为主管号、分公司编号。

根据题干所述“员工号唯一标识员工信息中的每一个元组”，故员工关系的主键为员工号；又由于隶属部门必须参照部门关系的部门号，故员工关系的外键为部门号。

【问题 4】

如果需要系统能记录部门历任主管的任职时间，那么需要在数据库设计时增设一个实体。因为部门与历任主管之间的联系类型是*∶*的，必须建立一个独立的关系模式，该模式为（部门号，历任主管，任职时间）。

参考答案

【问题 1】

完善后的实体联系图如下所示（所补充的联系和类型如虚线所示）。

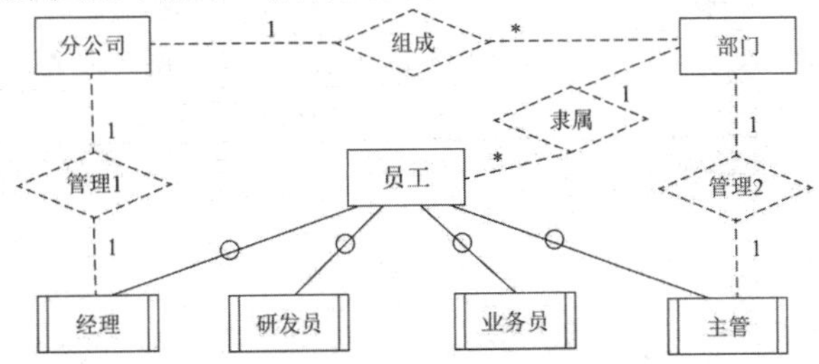

（注：*可以用 m、n 等进行表示。）

【问题 2】

（a）经理 （或员工号）；

（b）主管号 （或员工号），分公司编号；

（c）隶属部门 （或部门号），岗位。

【问题 3】

“部门”关系模式的主键为：部门号；

外键为：主管号、分公司编号。

“员工”关系模式的主键为：员工号；

外键为：部门号。

【问题 4】

“是”或“需要”。

部门与历任主管之间的联系类型是*：*的，必须建立一个独立的关系模式，该模式的属性由两端的码加上联系的属性构成。

试题三（共 15 分）

阅读下列说明，回答问题 1 至问题 3，将解答填入答题纸的对应栏内。

【说明】

社交网络平台（SNS）的主要功能之一是建立在线群组，群组中的成员之间可以互相分享或挖掘兴趣和活动。每个群组包含标题、管理员以及成员列表等信息。

社交网络平台的用户可以自行选择加入某个群组。每个群组拥有一个主页，群组内的所有成员都可以查看主页上的内容。如果在群组的主页上发布或更新了信息，群组中的成员会自动接收到发布或更新后的信息。

用户可以加入一个群组也可以退出这个群组。用户退出群组后，不会再接收到该群组发布或更新的任何信息。

现采用面向对象方法对上述需求进行分析与设计，得到如表 3-1 所示的类列表和如图 3-1 所示的类图。

表 3-1 类列表

类 名	描 述
SNSSubject	群组主页的内容
SNSGroup	社交网络平台中的群组（在主页上发布信息）
SNSObserver	群组主页内容的关注者
SNSUser	社交网络平台用户/群组成员
SNSAdmin	群组的管理员

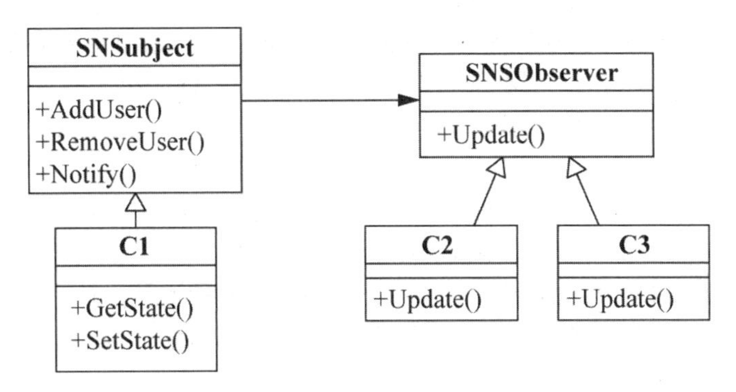

图 3-1 类图

【问题 1】（6 分）

根据说明中的描述，给出图 3-1 中 C1～C3 所对应的类名。

【问题 2】（6 分）

图 3-1 中采用了哪一种设计模式？说明该模式的意图及其适用场合。

【问题 3】（3 分）

现在对上述社交网络平台提出了新的需求：一个群体可以作为另外一个群体中的成员，例如群体 A 加入群体 B。那么，群体 A 中的所有成员就自动成为群体 B 中的成员。若要实现这个新需求，需要对图 3-1 进行哪些修改？（以文字方式描述）

试题三分析

本题主要考查面向对象分析与设计应用。在建模方面，本题仅涉及 UML 的类图，要求根据需求说明将模型补充完整。题目较为简单，属于经典考题。

【问题 1】

本题给出的应用场景是社交网络平台中的在线群组。根据题干说明和表 3-1 给出的类列表，类之间的关系比较明确。

在图 3-1 所示的类图中，有一个继承结构：SNSObserver、C2 和 C3。表 3-1 中给出了 5 个类，图 3-1 中标识出了 2 个。根据说明，在剩下的 3 个类中，能够与这个继承结构相匹配的类只有 SNSUser 和 SNSAdmin 了。那么 C1 对应的就是类 SNSGroup。

【问题 2】

图 3-1 中采用的是观察者（Observer）模式。观察者模式的意图是，定义对象间的一种一对多的依赖关系，当一个对象的状态发生改变时，所有依赖于它的对象都得到通知并被自动更新。

观察者模式的结构图如图 3-2 所示，其中：

- Subject（目标）知道它的观察者，可以有任意多个观察者观察同一个目标；提供注册和删除观察者对象的接口。
- Observer（观察者）为那些在目标发生改变时需获得通知的对象定义一个更新接口。
- ConcreteSubject（具体目标）将有关状态存入各 ConcreteObserver 对象；当它的状态发生改变时，向它的各个观察者发出通知。

- ConcreteObserver（具体观察者）维护一个指向 ConcreteSubject 对象的引用；存储有关状态，这些状态应与目标的状态保持一致；实现 Observer 的更新接口，以使自身状态与目标的状态保持一致。

观察者模式的适用场合：

（1）当一个抽象模型有两个方面，其中一个方面依赖于另一个方面，将这两者封装在独立的对象中以使它们可以各自独立地改变和复用。

（2）当对一个对象的改变需要同时改变其他对象，而不知道具体有多少对象有待改变时。

（3）当一个对象必须通知其他对象，而它又不能假定其他对象是谁，即不希望这些对象是紧耦合的。

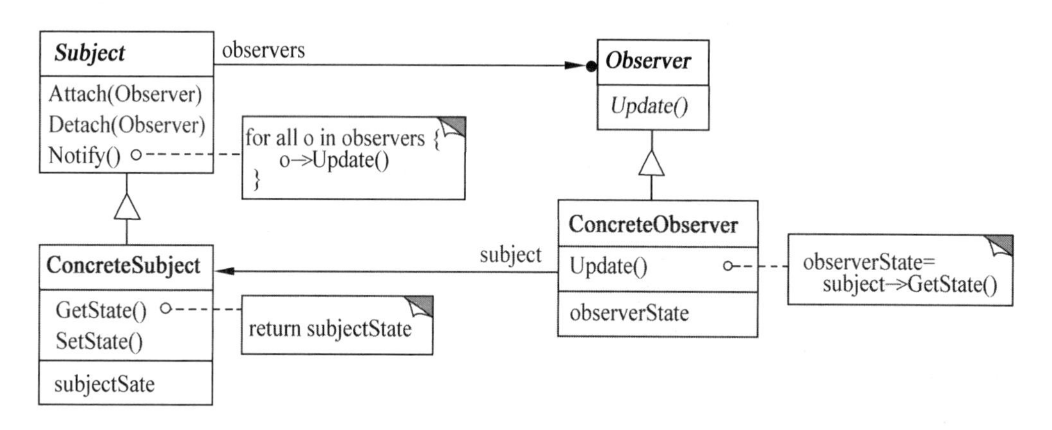

图 3-2 观察者模式结构图

【问题 3】

对于新需求：一个群体可以作为另外一个群体中的成员，也就是说群体是可以嵌套的。针对这个新需求，需要对图 3-1 所示的类图进行如下修改：

（1）在 SNSSubject 和 SNSObserver 之间增加继承关系；SNSObserver 为基类，SNSSubject 为派生类。

（2）为类 SNSGroup 增加自关联（自己到自己的关联关系）。

参考答案

【问题 1】

C1：SNSGroup

C2：SNSUser

C3：SNSAdmin

（C2 和 C3 可以互换。）

【问题 2】

观察者（Observer）模式。

意图：定义对象间的一种一对多的依赖关系，当一个对象的状态发生改变时，所有依赖于它的对象都得到通知并被自动更新。

观察者模式的适用场合：

（1）当一个抽象模型有两个方面，其中一个方面依赖于另一个方面，将这两者封装在独立的对象中以使它们可以各自独立地改变和复用。

（2）当对一个对象的改变需要同时改变其他对象，而不知道具体有多少对象有待改变时。

（3）当一个对象必须通知其他对象，而它又不能假定其他对象是谁，即不希望这些对象是紧耦合的。

【问题 3】

（1）在 SNSSubject 和 SNSObserver 之间增加继承关系；SNSObserver 为基类，SNSSubject 为派生类。

（2）为类 SNSGroup 增加自关联（自己到自己的关联关系）。

试题四（共 15 分）

阅读下列说明和 C 代码，回答问题 1 至问题 3，将解答写在答题纸的对应栏内。

【说明】

给定一个字符序列 B=$b_1b_2\cdots b_n$，其中 $b_i \in \{A, C, G, U\}$。B 上的二级结构是一组字符对集合 S=$\{(b_i,b_j)\}$，其中 $i, j \in \{1, 2, \cdots, n\}$，并满足以下四个条件：

（1）S 中的每对字符是(A,U),(U,A),(C,G)和(G,C)四种组合之一；

（2）S 中的每对字符之间至少有四个字符将其隔开，即 $i < j - 4$；

（3）S 中每一个字符（记为 b_k）的配对存在两种情况：b_k 不参与任何配对；b_k 和字符 b_t 配对，其中 $t < k - 4$；

（4）不交叉原则：若(b_i,b_j)和(b_k,b_l)是 S 中的两个字符对，且 $i < k$，则 $i < k < j < l$ 不成立。

B 的具有最大可能字符对数的二级结构 S 被称为最优配对方案，求解最优配对方案中的字符对数的方法如下：

假设用 $C(i,j)$表示字符序列 $b_ib_{i+1}\cdots b_j$ 的最优配对方案（即二级结构 S）中的字符对数，则 $C(i,j)$可以递归定义为：

$$C(i, j) = \begin{cases} \max\Big(C(i, j-1), \max\big(C(i, t-1) + 1 + C(t+1, j-1)\big)\Big) & 若b_t和b_j匹配且i<j-4 \\ 0 & 否则 \end{cases}$$

下面代码是算法的 C 语言实现，其中：

n：字符序列长度；

B[]：字符序列；

C[][]：最优配对数量数组。

【C 代码】

```
#include<stdio.h>
#include<stdlib.h>
#define LEN 100

/*判断两个字符是否配对*/
int isMatch(char a,char b){
```

```
    if((a == 'A' && b == 'U') || (a == 'U' && b == 'A'))
        return 1;
    if((a == 'C' && b == 'G') || (a == 'G' && b == 'C'))
        return 1;
    return 0;
}
/*求最大配对数*/
int RNA_2(char B[LEN], int n){
int i, j, k, t;
int max;
int C[LEN][LEN] = {0};

    for(k = 5; k <= n - 1; k++){
        for(i = 1; i <= n - k; i++){
            j = i + k;
            __(1)__;
            for(__(2)__; t <= j - 4; t++){
                if(__(3)__&& max < C[i][t - 1] + 1 + C[t + 1][j - 1])
                max = C[i][t - 1] + 1 + C[t + 1][j - 1];
            }
            C[i][j] = max;
            printf("c[%d][%d] = %d--", i, j, C[i][j]);
        }
}
return__(4)__;
}
```

【问题1】（8分）

根据题干说明，填充C代码中的空（1）～（4）。

【问题2】（4分）

根据题干说明和C代码，算法采用的设计策略为__（5）__。

算法的时间复杂度为__（6）__（用O表示）。

【问题3】（3分）

给定字符序列ACCGGUAGU，根据上述算法求得最大字符对数为__（7）__。

试题四分析

本题考查算法设计与分析以及用C程序设计语言实现算法的能力。要求考生熟练掌握几种常用的算法设计策略的基本概念、解题思路、实现方法和时间复杂度分析方法。本题采用动态规划方法求解RNA序列的二级结构。

【问题1】

在C函数isMatch中，判断两个字符是否匹配。

在C函数RNA_2中，求解最大的匹配数。代码涉及三重for循环。最外for循环中的循环变量k表示字符间隔长度，中间for循环的循环变量i表示待考虑的子问题的起始字符下标，根据 i 和 k 可以确定 j，即待考虑的子问题。每次先假设该子问题的值为 C[i][j–1]，也就是题干中递归式第一部分中的前一部分，因此空（1）填写“max = C[i][j–1]”。最内层 for 循环中的循环变量 t 是求解问题 $b_ib_{i+1}\cdots b_j$ 的子问题的最优匹配数，也就是题干中递归式第一部分中的后一部分，t 从 i 开始，因此空（2）处填“t=i”。判断 if 中其实是实现递归式第一部分的条件，也就是 B[t]和 B[j]是否匹配，因此空（3）处填写“isMatch(B[t],B[j])”，注意条件 $i<j-1$ 已经在循环中约束。空（4）处要填返回值，即“C[1][n]”。

【问题 2】

根据题干说明和 C 代码，问题的最优解是根据该问题的子问题最优解来求得的，且采用了自底向上的求解方法，因此该算法的设计策略为动态规划。算法实现中采用了三重 for 循环，因此时间复杂度为 $O(n^3)$。

【问题 3】

运行上述 C 程序，得到：

c[1][6] = 1, c[2][7] = 0, c[3][8] = 1, c[4][9] = 0

c[1][7] = 1, c[2][8] = 1, c[3][9] = 1

c[1][8] = 1, c[2][9] = 1

c[1][9] = 2

参考答案

【问题 1】

（1）max = C[i][j – 1]

（2）t = i

（3）isMatch(B[t],B[j]) 或其等价形式

（4）C[1][n]

【问题 2】

（5）动态规划

（6）$O(n^3)$

【问题 3】

（7）2

注意：从试题五和试题六中，任选一道解答。

试题五（共 15 分）

阅读下列说明和 C++代码，将应填入__（n）__处的字句写在答题纸的对应栏内。

【说明】

某航空公司的会员积分系统将其会员划分为：普卡（Basic）、银卡（Silver）和金卡（Gold）三个等级。非会员（NonMember）可以申请成为普卡会员。会员的等级根据其一年内累积的里程数进行调整。描述会员等级调整的状态图如图 5-1 所示。现采用状态（State）模式实现上述场景，得到如图 5-2 所示的类图。

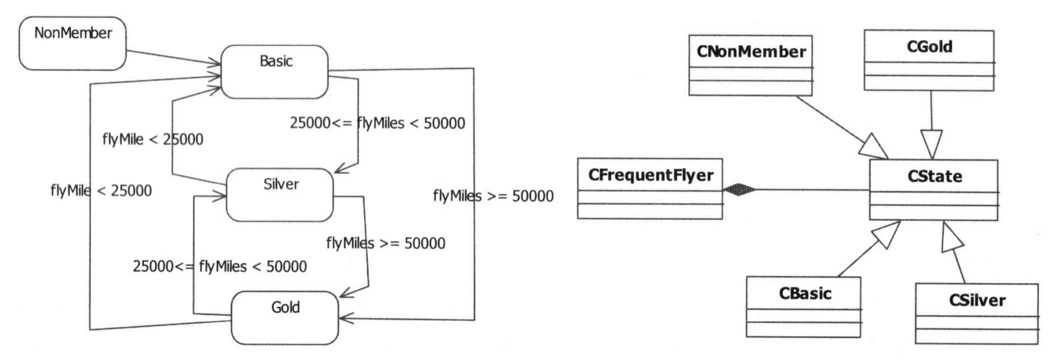

图 5-1 会员等级调整状态图　　　　图 5-2 状态模式类图

【C++代码】

```
#include<iostream>
using namespace std;
class CFrequentFlyer; class CBasic; class CSilver; class CGold; class CNoCustomer;
//提前引用
class CState {
private:    int flyMiles;//里程数
public:
  (1)  ;//根据累积里程数调整会员等级
};
class CFrequentFlyer {-
friend class CBasic;  friend class CSilver;   friend class CGold;
private:
    CState *state; CState *nocustomer;  CState  *basic;CState  *silver;
CState *gold;
    double flyMiles;
public:
    CFrequentFlyer(){   flyMiles = 0;   setState(nocustomer);   }
    void setState(CState *state){   this->state = state;    }
    void travel(int miles) {
        double bonusMiles = state->travel(miles, this);
        flyMiles = flyMiles + bonusMiles;
    }
};
class CNoCustomer : public CState {   //非会员
public:
    double travel(int miles, CFrequentFlyer* context) {   //不累积里程数
        cout << "Your travel will not account for points\n"; returnmiles;
    }
};
class CBasic : public CState {   //普卡会员
public:
    double travel(int miles, CFrequentFlyer* context) {
```

```
        if(context->flyMiles >= 25000 && context->flyMiles < 50000)
            __(2)__;
        if(context->flyMiles >= 50000)  __(3)__;
        return miles + 0.5*miles;//累积里程数
    }
};
class CGold : public CState {   //金卡会员
public:
    double travel(int miles, CFrequentFlyer* context) {
        if(context-> flyMiles>= 25000 && context-> flyMiles < 50000)
            __(4)__;
        if(context-> flyMiles < 25000)  __(5)__;
        return miles + 0.5*miles;//累积里程数
    }
};
class CSilver : public CState {  //银卡会员
public:
    double travel(int miles, CFrequentFlyer* context) {
        if(context-> flyMiles < 25000)
context->setState(context->basic);
        if(context-> flyMiles >= 50000)
context->setState(context->gold);
        return (miles + 0.25*miles);
    }
};
```

试题五分析

本题考查设计模式中状态（State）模式的基本概念和实现。

状态模式的意图是：允许一个对象在其内部状态改变时改变它的行为。对象看起来似乎修改了它的类。状态模式的结构图如图 5-3 所示。

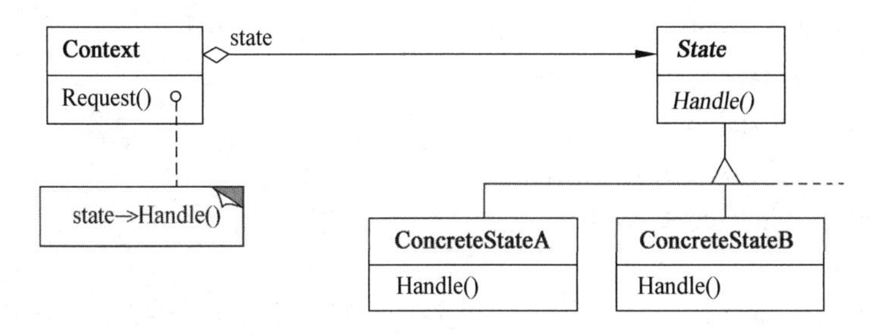

图 5-3　状态模式结构图

其中：

- Context（上下文）定义客户感兴趣的接口；维护一个 ConcreteState 子类的实例，这个实例定义当前状态。
- State（状态）定义一个接口以封装与 Context 的一个特定状态相关的行为。

- ConcreteState（具体状态子类）的每个子类实现与 Context 的一个状态相关的行为。

状态模式适用于以下情形：

- 一个对象的行为决定于它的状态，并且它必须在运行时刻根据状态改变它的行为。
- 一个操作中含有庞大的多分支的条件语句，且这些分支依赖于该对象的状态。这个状态常用一个或多个枚举常量表示。通常，有多个操作包含这一相同的条件结构。State 模式将每一个条件分支放入一个独立的类中。这使得开发者可以根据对象自身的情况将对象的状态作为一个对象，这一对象可以不依赖于其他对象独立变化。

本题中的类 CState 对应于图 5-3 中的 State，类 CNonMember、CBasic、CSilver 和 CGold 则是具体的状态子类，每个子类实现与 CFrequentFlyer（对应图 5-3 中的 Context）的一个状态相关的行为。

第（1）空需要填写 CState 中的核心方法，这个方法将在 CFrequentFlyer 中被调用，该空的答案可以从 CState 的子类中得出。这里采用了 C++中的纯虚拟函数机制，使 CState 成为了抽象基类，为其子类提供统一操作接口，具体实现则由子类来实现。因此第（1）空应填入“virtual double travel(int miles, CFrequentFlyer* context) = 0”。

第（2）～（5）空体现的是 4 个具体状态——普卡（Basic）、银卡（Silver）、金卡（Gold）以及非会员（NonMember）——之间的转换，如图 5-1 所示。对于普卡会员，当累积的里程数大于等于 25 000 并且小于 50 000 时，可升级为银卡会员，即类 CFrequentFlyer 所维护的状态应被设置为银卡（也就是 CSilver 的实例）。状态的设置需要调用类 CFrequentFlyer 中的方法 setState，这个方法的形参类型是 CState*，可以接受 CState 以及其子类类型的实参。这种类型转换是由面向对象程序设计中的继承机制保证的。因此第（2）空应填入“context->setState(context->silver)”。同理，根据图 5-1，第（3）空应填入“context->setState(context->gold)”。

第（4）、（5）空在类 CGold 中，根据图 5-1 可知，第（4）空应填入“context->setState(context->silver)”；第（5）空应填入“context->setState(context->basic)”。

参考答案

（1）virtual double travel(int miles, CFrequentFlyer* context) = 0

（2）context->setState(context->silver)

（3）context->setState(context->gold)

（4）context->setState(context->silver)

（5）context->setState(context->basic)

试题六（共 15 分）

阅读下列说明和 Java 代码，将应填入____(n)____处的字句写在答题纸的对应栏内。

【说明】

某航空公司的会员积分系统将其会员划分为：普卡（Basic）、银卡（Silver）和金卡（Gold）三个等级。非会员（NonMember）可以申请成为普卡会员。会员的等级根据其一年内累积的里程数进行调整。描述会员等级调整的状态图如图 6-1 所示。现采用状态（State）模式实现上述场景，得到如图 6-2 所示的类图。

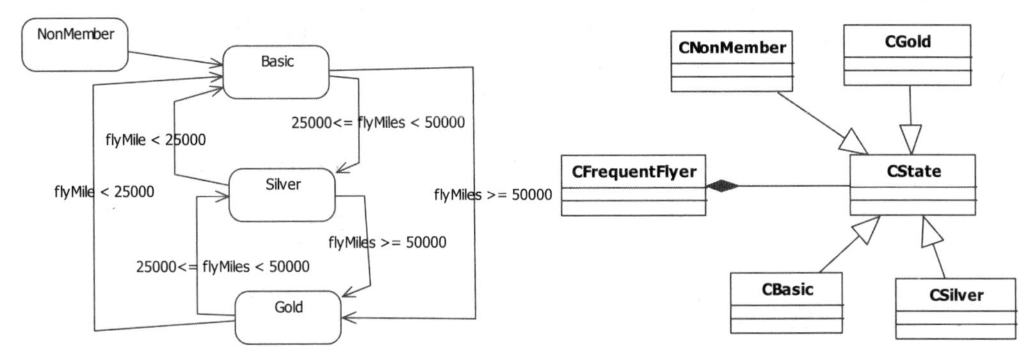

图 6-1　会员等级调整状态图　　　　图 6-2　状态模式类图

【Java 代码】

```
import java. util.*;
abstract class CState {
    public int flyMiles;   //里程数
    public ___(1)___; //根据累积里程数调整会员等级
}
class CNoCustomer extends CState {    //非会员
    public double travel(int miles, CFrequentFlyer context) {
        System.out.println("Your travel will not account for points");
        return miles;         //不累积里程数
    }
}
class CBasic extends CState {     //普卡会员
    public double travel(int miles, CFrequentFlyer context) {
        if(context.flyMiles >= 25000 && context.flyMiles < 50000)
            ___(2)___;
        if(context.flyMiles >= 50000)
            ___(3)___;
        return miles;
    }
}

class CGold extends CState {          //金卡会员
    public double travel(int miles, CFrequentFlyer context) {
        if(context.flyMiles >= 25000 && context.flyMiles < 50000)
            ___(4)___;
        if(context.flyMiles < 25000)
            ___(5)___;
        return miles + 0.5*miles;      //累积里程数
    }
}
class CSilver extends CState {      //银卡会员
    public double travel(int miles, CFrequentFlyer context) {
```

```
        if(context.flyMiles <= 25000)
            context.setState(new CBasic());
        if(context.flyMiles >= 50000)
            context.setState(new CGold());
        return (miles + 0.25*miles);    //累积里程数
    }
}

class CFrequentFlyer {
    CState state;
    double flyMiles;
    public CFrequentFlyer(){
    state = new CNoCustomer();
    flyMiles = 0;
    setState(state);
    }
    public void setState(CState state){ this.state = state; }
    public void travel(int miles) {
    double bonusMiles = state.travel(miles, this);
    flyMiles = flyMiles + bonusMiles;
    }
}
```

试题六分析

本题考查设计模式中状态（State）模式的基本概念和实现。

状态模式的意图是：允许一个对象在其内部状态改变时改变它的行为。对象看起来似乎修改了它的类。状态模式的结构图如图 6-3 所示。

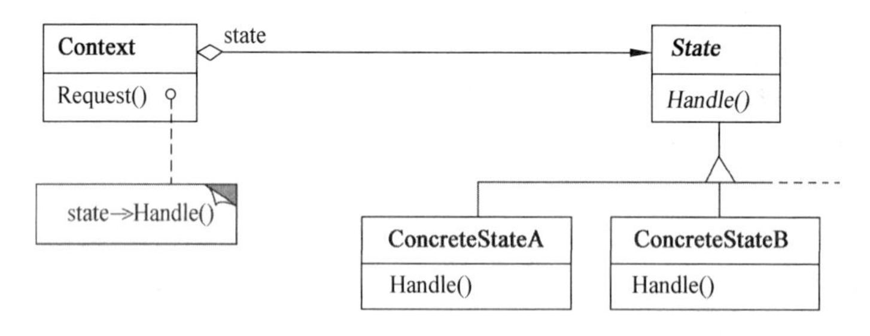

图 6-3　状态模式结构图

其中：

- Context（上下文）定义客户感兴趣的接口；维护一个 ConcreteState 子类的实例，这个实例定义当前状态。
- State（状态）定义一个接口以封装与 Context 的一个特定状态相关的行为。
- ConcreteState（具体状态子类）每个子类实现与 Context 的一个状态相关的行为。

状态模式适用于如下情形：

- 一个对象的行为决定于它的状态，并且它必须在运行时刻根据状态改变它的行为。
- 一个操作中含有庞大的多分支的条件语句，且这些分支依赖于该对象的状态。这个状态常用一个或多个枚举常量表示。通常，有多个操作包含这一相同的条件结构。State 模式将每一个条件分支放入一个独立的类中。这使得开发者可以根据对象自身的情况将对象的状态作为一个对象，这一对象可以不依赖于其他对象独立变化。

本题中的类 CState 对应于图 6-3 中的 State，类 CNonMember、CBasic、CSilver 和 CGold 则是具体的状态子类，每个子类实现与 CFrequentFlyer（对应图 6-3 中的 Context）的一个状态相关的行为。

第（1）空需要填写 CState 中的核心方法，这个方法将在 CFrequentFlyer 中被调用，该空的答案可以从 CState 的子类中得出。这里采用了 Java 中的抽象类和抽象方法。因此第（1）空应填入“abstract double travel(int miles, CFrequentFlyer context)”。

第（2）～（5）空体现的是 4 个具体状态——普卡（Basic）、银卡（Silver）、金卡（Gold）以及非会员（NonMember）——之间的转换，如图 6-1 所示。对于普卡会员，当累积的里程数大于等于 25 000 并且小于 50 000 时，可升级为银卡会员，即类 CFrequentFlyer 所维护的状态应被设置为银卡（也就是 CSilver 的实例）。状态的设置需要调用类 CFrequentFlyer 中的方法 setState，这个方法的形参类型是 CState*，可以接受 CState 以及其子类类型的实参。这种类型转换是由面向对象程序设计中的继承机制保证的。因此第（2）空应填入“context.setState(new CSilver())”。同理，根据图 6-1，第（3）空应填入“context.setState(new CGold())”。

第（4）、（5）空在类 CGold 中，根据图 6-1 可知，第（4）空应填入“context.setState(new CSilver())”；第（5）空应填入“context.setState(new CBasic())”。

参考答案

（1）abstract double travel(int miles, CFrequentFlyer context)

（2）context.setState(new CSilver())

（3）context.setState(new CGold())

（4）context.setState(new CSilver())

（5）context.setState(new CBasic())

第 13 章　2019 上半年软件设计师上午试题分析与解答

试题（1）

计算机执行指令的过程中，需要由__（1）__产生每条指令的操作信号并将信号送往相应的部件进行处理，以完成指定的操作。

（1）A．CPU 的控制器　　B．CPU 的运算器
　　C．DMA 控制器　　D．Cache 控制器

试题（1）分析

本题考查计算机系统基础知识。

中央处理单元（CPU）是计算机系统的核心部件，它负责获取程序指令、对指令进行译码并加以执行。CPU 主要由运算器、控制器、寄存器组和内部总线等部件组成，控制器用于控制整个 CPU 的工作，它决定了计算机运行过程的自动化。它不仅要保证程序的正确执行，而且要能够处理异常事件。控制器一般包括指令控制逻辑、时序控制逻辑、总线控制逻辑和中断控制逻辑等几个部分。

参考答案

（1）A

试题（2）

DMA 控制方式是在__（2）__之间直接建立数据通路进行数据的交换处理。

（2）A．CPU 与主存　　B．CPU 与外设
　　C．主存与外设　　D．外设与外设

试题（2）分析

本题考查计算机系统基础知识。

DMA 控制方式，即直接内存存取，是指数据在内存与 I/O 设备间的直接成块传送，即在内存与 I/O 设备间传送一个数据块的过程中，不需要 CPU 的任何干涉，只需要 CPU 在过程开始启动（即向设备发出“传送一块数据”的命令）与过程结束（CPU 通过轮询或中断得知过程是否结束和下次操作是否准备就绪）时的处理，实际操作由 DMA 硬件直接执行完成，CPU 在数据传送过程中可执行别的任务。

参考答案

（2）C

试题（3）

CPU 访问存储器时，被访问数据一般聚集在一个较小的连续存储区域中。若一个存储单元已被访问，则其邻近的存储单元有可能还要被访问，该特性被称为__（3）__。

（3）A．数据局部性　　B．指令局部性
　　C．空间局部性　　D．时间局部性

试题（3）分析

本题考查计算机系统基础知识。

程序的局部性原理是指程序在执行时呈现出局部性规律，即在一段时间内，整个程序的执行仅限于程序中的某一部分。相应地，所访问的存储空间也局限于某个内存区域。

局部性原理又表现为：时间局部性和空间局部性。

时间局部性是指如果程序中的某条指令一旦执行，则不久之后该指令可能再次被执行；如果某数据被访问，则不久之后该数据可能再次被访问。

空间局部性是指一旦程序访问了某个存储单元，则不久之后，其附近的存储单元也将被访问。

参考答案

（3）C

试题（4）

某系统由 3 个部件构成，每个部件的千小时可靠度都为 R，该系统的千小时可靠度为 $(1-(1-R)^2)R$，则该系统的构成方式是__（4）__。

（4）A．3个部件串联

B．3个部件并联

C．前两个部件并联后与第三个部件串联

D．第一个部件与后两个部件并联构成的子系统串联

试题（4）分析

本题考查计算机系统基础知识。

3 个部件串联时系统的可靠度为 R^3；3 个部件并联时系统的可靠度为 $(1-(1-R)^3)$；前两个部件并联后与第三个部件串联时系统的可靠度为 $(1-(1-R)^2)R$；第一个部件与后两个部件并联构成的子系统串联时系统的可靠度为 $R(1-(1-R)^2)$。

参考答案

（4）C

试题（5）

在__（5）__校验方法中，采用模 2 运算来构造校验位。

（5）A．水平奇偶　　B．垂直奇偶

C．海明码　　D．循环冗余

试题（5）分析

本题考查计算机系统基础知识。

循环冗余校验码（Cyclic Redundancy Check，CRC）广泛应用于数据通信领域和磁介质存储系统中。它利用生成多项式为 k 个数据位产生 r 个校验位来进行编码，在求 CRC 编码时，采用的是模 2 运算。

参考答案

（5）D

试题（6）

以下关于RISC（精简指令系统计算机）技术的叙述中，错误的是__（6）__。

（6）A．指令长度固定、指令种类尽量少

B．指令功能强大、寻址方式复杂多样

C．增加寄存器数目以减少访存次数

D．用硬布线电路实现指令解码，快速完成指令译码

试题（6）分析

本题考查计算机系统基础知识。

“指令功能强大、寻址方式复杂多样”是CISC的技术特点，不是RISC的。

参考答案

（6）B

试题（7）

__（7）__防火墙是内部网和外部网的隔离点，它可对应用层的通信数据流进行监控和过滤。

（7）A．包过滤　　B．应用级网关　　C．数据库　　D．Web

试题（7）分析

本题考查防火墙的基础知识。

防火墙一般分为包过滤型、应用级网关和复合型防火墙（集合包过滤与应用级网关技术），而Web防火墙是一种针对于网站安全的入侵防御系统，一般部署在Web服务器上或者Web服务器的前端。

参考答案

（7）B

试题（8）

下述协议中与安全电子邮箱服务无关的是__（8）__。

（8）A．SSL　　B．HTTPS　　C．MIME　　D．PGP

试题（8）分析

本题考查安全电子邮箱服务方面的基础知识。

SSL协议位于TCP/IP协议与各种应用层协议之间，为数据通信提供安全支持。使用SSL的方式发送邮件，会对发送的信息进行加密，增加被截取信息的破解难度。

HTTPS（Hyper Text Transfer Protocol over Secure Socket Layer 或 Hypertext Transfer Protocol Secure，超文本传输安全协议），是以安全为目标的HTTP通道，即HTTP下加入SSL层。

MIME（Multipurpose Internet Mail Extensions，多用途互联网邮件扩展类型）是一个互联网标准，扩展了电子邮件标准，使其能够支持：非ASCII字符文本，非文本格式附件（二进制、声音、图像等），由多部分（Multiple Parts）组成的消息体，包含非ASCII码字符的头信息（Header Information）。

PGP（Pretty Good Privacy，优良保密协议）是一个基于RSA公钥加密体系的邮件加密软件。可以用它对邮件保密以防止非授权者阅读，还能对邮件加上数字签名从而使收信人可以确认邮件的发送方。

基于上述分析，只有 MIME 与安全电子邮箱服务无关。

参考答案

（8）C

试题（9）、（10）

用户 A 和 B 要进行安全通信，通信过程需确认双方身份和消息不可否认。A 和 B 通信时可使用__（9）__来对用户的身份进行认证；使用__（10）__确保消息不可否认。

（9）A．数字证书　B．消息加密　C．用户私钥　D．数字签名

（10）A．数字证书　B．消息加密　C．用户私钥　D．数字签名

试题（9）、（10）分析

本题考查数字签名方面的基础知识。

数字证书是指通过 CA 机构发行的一张电子文档，用来提供在计算机网络上对网络用户进行身份认证的一串数字标识。一般可使用非对称密钥进行加密和解密，其中私钥仅用户自己拥有，不能公开，主要用于对消息进行签名和解密；公钥用于对签名信息进行验证和加密，可以在互联网上公开公钥信息。

由于私钥只有用户自己拥有，因此使用私钥对信息进行加密计算后，相当于对信息进行了签名，带有签名的作用。可以确保消息不可否认。

参考答案

（9）A　（10）D

试题（11）

震网（Stuxnet）病毒是一种破坏工业基础设施的恶意代码，利用系统漏洞攻击工业控制系统，是一种危害性极大的__（11）__。

（11）A．引导区病毒　B．宏病毒　C．木马病毒　D．蠕虫病毒

试题（11）分析

本题考查病毒知识。

震网是一种蠕虫病毒。

参考答案

（11）D

试题（12）

刘某完全利用任职单位的实验材料、实验室和不对外公开的技术资料完成了一项发明。以下关于该发明的权利归属的叙述中，正确的是__（12）__。

（12）A．无论刘某与单位有无特别约定，该项成果都属于单位

B．原则上应归单位所有，但若单位与刘某对成果的归属有特别约定时遵从约定

C．取决于该发明是否是单位分派给刘某的

D．无论刘某与单位有无特别约定，该项成果都属于刘某

试题（12）分析

本题考查知识产权相关知识。

《中华人民共和国专利法》第六条规定：“执行本单位的任务或者主要利用本单位的物质

技术条件所完成的发明创造为职务发明创造。职务发明创造申请专利的权利属于该单位，申请被批准后，该单位为专利权人。非职务发明创造，申请专利的权利属于发明人或者设计人；申请被批准后，该发明人或者设计人为专利权人。利用本单位的物质技术条件所完成的发明创造，单位与发明人或者设计人订有合同的，对申请专利的权利和专利权的归属做出约定的，从其约定。”

参考答案

（12）B

试题（13）、（14）

甲公司购买了一工具软件，并使用该工具软件开发了新的名为“恒友”的软件。甲公司在销售新软件的同时，向客户提供工具软件的复制品，则该行为＿（13）＿。甲公司未对“恒友”软件注册商标就开始推向市场，并获得用户的好评。三个月后，乙公司也推出名为“恒友”的类似软件，并对之进行了商标注册，则其行为＿（14）＿。

（13）A．侵犯了著作权　　B．不构成侵权行为
C．侵犯了专利权　　D．属于不正当竞争

（14）A．侵犯了著作权　　B．不构成侵权行为
C．侵犯了商标权　　D．属于不正当竞争

试题（13）、（14）分析

本题考查知识产权相关知识。

购买了正版的计算机软件后可以根据使用的需要将软件进行安装，并为了防止复制品损坏而制作备份复制品。但这些备份复制品不得通过任何方式提供给他人使用，并且一旦转让了正版软件，应将其复制品销毁。甲公司将其提供给客户，是侵犯了工具软件的著作权。

我国对商标的保护，首先要求申请商标注册，对于没注册过的商标，或者保护期过后没有及时去办续展的商标，原则上是不保护的。根据商标法和著作权法，未经注册不予保护。

参考答案

（13）A　（14）B

试题（15）

数据流图建模应遵循＿（15）＿的原则。

（15）A．自顶向下、从具体到抽象　　B．自顶向下、从抽象到具体
C．自底向上、从具体到抽象　　D．自底向上、从抽象到具体

试题（15）分析

本题考查结构化分析与设计的基础知识。

数据流图是核心的分析模型，用来描述数据流从输入到输出的变换流程。建立数据流图的过程其实就是理解需求的过程，因此建模时应遵循自顶向下、从抽象到具体的原则，构建一组分层的数据流图。

参考答案

（15）B

试题（16）

结构化设计方法中使用结构图来描述构成软件系统的模块以及这些模块之间的调用关

系。结构图的基本成分不包括__（16）__。

（16）A．模块　　B．调用　　C．数据　　D．控制

试题（16）分析

本题考查结构化分析与设计的基础知识。

结构化设计方法中使用结构图来描述软件系统的体系结构，指出一个软件系统由哪些模块组成，以及模块之间的调用关系。结构图的基本成分包括模块、调用和数据。模块是指具有一定功能并可以用模块名调用的一组程序语句，如函数、子程序等，它们是组成程序的基本单元。调用表示模块之间的关系，用从一个模块指向另一个模块的箭头来表示，其含义是前者调用了后者。数据是指模块调用过程中来回传递的信息，用带注释的短箭头表示。

参考答案

（16）D

试题（17）

10 个成员组成的开发小组，若任意两人之间都有沟通路径，则一共有__（17）__条沟通路径。

（17）A．100　　B．90　　C．50　　D．45

试题（17）分析

本题考查软件项目管理的基础知识。要求考生掌握软件项目管理中的进度管理、人员管理、成本管理、风险管理等的基本概念。

本题考查人员管理，n 个成员组成的开发小组，若任意两人之间都有沟通路径，那么相当于一个全连通的无向图，边数为 $n(n-1)/2$。当 $n=10$ 时，求得一共有 45 条边。

参考答案

（17）D

试题（18）

某项目的活动持续时间及其依赖关系如下表所示，则完成该项目的最少时间为__（18）__天。

活动	持续时间/天	依赖关系
A1	8	-
A2	15	-
A3	15	A1
A4	10	-
A5	10	A2,A4
A6	5	A1,A2
A7	20	A1
A8	25	A4
A9	15	A3,A6
A10	15	A5,A7
A11	7	A9
A12	10	A8,A10,A11

（18）A．43　　B．45　　C．50　　D．55

试题（18）分析

本题考查软件项目管理中的进度管理知识，要求考生能够根据表中给出的活动相关信息构造活动图，然后计算关键路径。

根据上表，构造出活动图如下。其中，图中顶点表示活动，里面的文字表示活动编号，上面的数字表示活动持续时间。有向边表示活动之间的依赖关系。根据关键路径求解方法，可以求得关键路径为 A1-A3-A9-A11-A12，路径长度为 55。

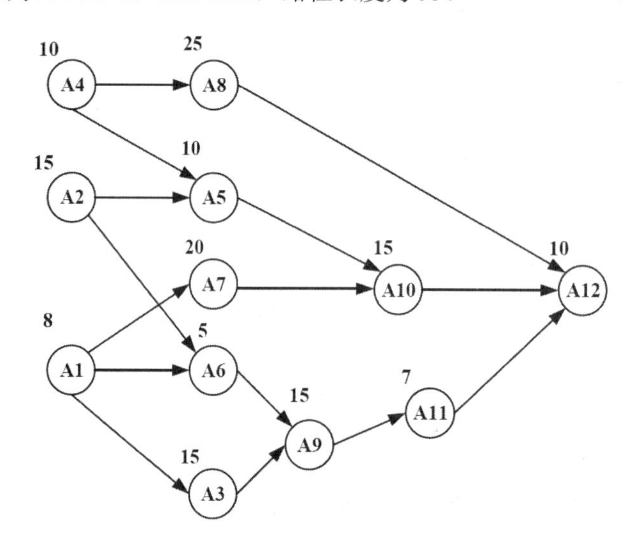

参考答案

（18）D

试题（19）

以下不属于软件项目风险的是＿（19）＿。

（19）A．团队成员可以进行良好沟通

B．团队成员离职

C．团队成员缺乏某方面培训

D．招不到符合项目技术要求的团队成员

试题（19）分析

本题考查软件项目管理中风险管理的基础知识。

风险是项目进行过程中带来负面后果的不确定性。题目给出的四个选项中，很容易确定选项 A 不是带来负面后果的事件。

参考答案

（19）A

试题（20）

通用的高级程序设计语言一般都会提供描述数据、运算、控制和数据传输的语言成分，其中，控制包括顺序、＿（20）＿和循环结构。

（20）A．选择　　B．递归　　C．递推　　D．函数

试题（20）分析

本题考查程序语言基础知识。

程序（算法）的基本控制有顺序、分支（选择）和循环结构。

参考答案

（20）A

试题（21）

以编译方式翻译 C/C++源程序的过程中，__(21)__阶段的主要任务是对各条语句的结构进行合法性分析。

（21）A．词法分析　B．语义分析　C．语法分析　D．目标代码生成

试题（21）分析

本题考查程序语言基础知识。

词法分析阶段是编译过程的第一个阶段，这个阶段的任务是对源程序从前到后（从左到右）逐个字符地扫描，从中识别出一个个“单词”符号。

语法分析的任务是在词法分析的基础上，根据语言的语法规则将单词符号序列分解成各类语法单位，如“表达式”“语句”等。语法规则就是各类语法单位的构成规则。通过语法分析确定整个输入串是否构成一个语法上正确的程序。

语义分析阶段分析各语法结构的含义，检查源程序是否包含静态语义错误，并收集类型信息供后面的代码生成阶段使用。只有语法和语义都正确的源程序才能翻译成正确的目标代码。

参考答案

（21）C

试题（22）

在对高级语言源程序进行编译或解释处理的过程中，需要不断收集、记录和使用源程序中一些相关符号的类型和特征等信息，并将其存入__(22)__中。

（22）A．哈希表　B．符号表　C．堆栈　D．队列

试题（22）分析

本题考查程序语言基础知识。

符号表的作用是记录源程序中各个符号的必要信息，以辅助语义的正确性检查和代码生成，在编译过程中需要对符号表进行快速有效地查找、插入、修改和删除等操作。符号表的建立可以始于词法分析阶段，也可以放到语法分析和语义分析阶段，但符号表的使用有时会延续到目标代码的运行阶段。

参考答案

（22）B

试题（23）、（24）

在单处理机系统中，采用先来先服务调度算法。系统中有 4 个进程 P1、P2、P3、P4（假设进程按此顺序到达），其中 P1 为运行状态，P2 为就绪状态，P3 和 P4 为等待状态，且 P3 等待打印机，P4 等待扫描仪。若 P1__(23)__，则 P1、P2、P3 和 P4 的状态应分别为__(24)__。

（23）A．时间片到　B．释放了扫描仪　C．释放了打印机　D．已完成

（24）A．等待、就绪、等待和等待　　　　B．运行、就绪、运行和等待
　　C．就绪、运行、等待和等待　　　　D．就绪、就绪、等待和运行

试题（23）、（24）分析

本题考查操作系统进程通信方面的基础知识。

试题（24）选项 A 是错误的。根据题意，选取试题（23）的 4 个选项中的任意一个，处理机为空闲，进程调度程序应从就绪队列选一个进程投入运行，而选项 A 没有一个进程处于运行状态。

试题（24）选项 B 是错误的。在单处理机系统中同一时间只能有一个进程运行，而选项 B 有两个进程处于运行状态。

试题（24）选项 C 是正确的。选取试题（23）的选项 A，意味着 P1 时间片到了，进程调度程序将 P1 进程的状态改为就绪，并从就绪队列选一个进程 P2 投入运行，P3、P4 进程等待。

试题（24）选项 D 是错误的。系统采用先来先服务调度算法，当 P1 释放了扫描仪时，系统应唤醒 P4 进程，即将其的状态改为就绪，P1 继续运行。

参考答案

（23）A　（24）C

试题（25）

某文件系统采用位示图（Bitmap）记录磁盘的使用情况。若计算机系统的字长为 64 位，磁盘的容量为 1024GB，物理块的大小为 4MB，那么位示图的大小需要＿（25）＿个字。

（25）A．1200　　B．2400　　C．4096　　D．9600

试题（25）分析

本题考查操作系统文件管理方面的基础知识。

根据题意，计算机系统中的字长为 64 位，每位可以表示一个物理块的“使用”还是“未用”，一个字可记录 64 个物理块的使用情况。又因为磁盘的容量为 1024GB，物理块的大小为 4MB，那么该磁盘有 1024×1024/4=262 144 个物理块，位示图的大小为 262 144/64=4096 个字。

参考答案

（25）C

试题（26）

若某文件系统的目录结构如下图所示，假设用户要访问文件 book2.doc，且当前工作目录为 MyDrivers，则该文件的绝对路径和相对路径分别为＿（26）＿。

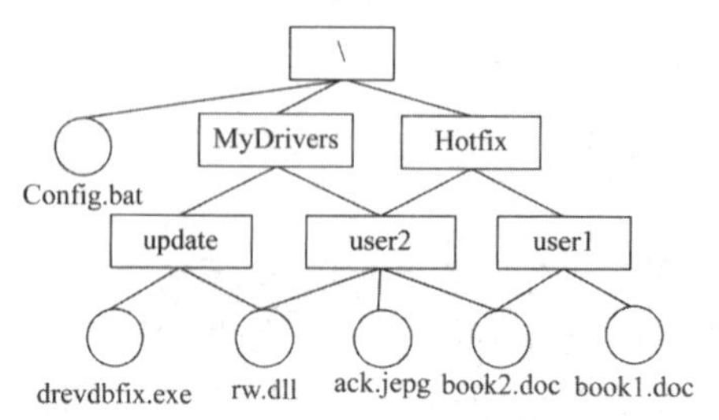

（26）A．MyDrivers\user2\和\user2\　　　　B．\MyDrivers\user2\和\user2\

C．\MyDrivers\user2\和 user2\　　　　D．MyDrivers\user2\和 user2\

试题（26）分析

本题考查对操作系统文件管理方面的基础知识。

按查找文件的起点不同可以将路径分为绝对路径和相对路径。从根目录开始的路径称为绝对路径；从用户当前工作目录开始的路径称为相对路径，相对路径是随着当前工作目录的变化而改变的。

参考答案

（26）C

试题（27）

PV 操作是操作系统提供的具有特定功能的原语。利用 PV 操作可以__（27）__。

（27）A．保证系统不发生死锁　　　　B．实现资源的互斥使用
　　　C．提高资源利用率　　　　　　D．推迟进程使用共享资源的时间

试题（27）分析

本题考查操作系统进程管理的基本概念。

在系统中一些需要相互合作、协同工作的进程，这样的相互联系称为进程的同步；多个进程因争用临界资源而互斥执行，叫作进程的互斥。利用 PV 操作可以实现进程的同步与互斥，但 PV 操作使用不当可能会导致系统发生死锁。

参考答案

（27）B

试题（28）

从减少成本和缩短研发周期考虑，要求嵌入式操作系统能运行在不同的微处理器平台上，能针对硬件变化进行结构与功能上的配置。该要求体现了嵌入式操作系统的__（28）__。

（28）A．可定制性　　B．实时性　　C．可靠性　　D．易移植性

试题（28）分析

本题考查嵌入式操作系统的基本概念。

嵌入式操作系统的主要特点包括微型化、可定制、实时性、可靠性和易移植性。其中，可定制是指从减少成本和缩短研发周期考虑，要求嵌入式操作系统能运行在不同的微处理器平台上，能针对硬件变化进行结构与功能上的配置，以满足不同应用需要。

参考答案

（28）A

试题（29）

以下关于系统原型的叙述中，不正确的是__（29）__。

（29）A．可以帮助导出系统需求并验证需求的有效性
　　　B．可以用来探索特殊的软件解决方案
　　　C．可以用来指导代码优化
　　　D．可以用来支持用户界面设计

试题（29）分析

本题考查软件开发过程模型的基础知识。要求考生熟悉典型的软件过程模型。

原型在演化模型、螺旋模型、增量模型等都起着重要的作用。系统原型可以帮助开发人员和客户导出系统的需求并验证需求的有效性，可以帮助探索特殊的软件解决方案，可以用于讨论用户界面等。

参考答案

（29）C

试题（30）

以下关于极限编程（XP）的最佳实践的叙述中，不正确的是＿（30）＿。

（30）A．只处理当前的需求，使设计保持简单

B．编写完程序之后编写测试代码

C．可以按日甚至按小时为客户提供可运行的版本

D．系统最终用户代表应该全程配合 XP 团队

试题（30）分析

本题考查软件开发方法的基础知识。

敏捷方法是重要的一类软件开发方法。要求考生掌握极限编程（XP）和 Scrum 的基本概念和特点。XP 的十二个最佳实践是 XP 的重要特点，包括简单设计、测试优先、持续集成、集体所有权和现场客户等。

参考答案

（30）B

试题（31）

在 ISO/IEC 9126 软件质量模型中，软件质量特性＿（31）＿包含质量子特性安全性。

（31）A．功能性　　B．可靠性　　C．效率　　D．可维护性

试题（31）分析

本题考查软件质量的基础知识。

软件质量是软件的重要属性，随着软件开发过程越来越规范，软件质量特性也越来越受到重视。

ISO/IEC 9126 软件质量模型由三个层次组成：第一层是质量特性，第二层是质量子特性，第三层是度量指标。要求考生能够了解质量特性及其对应的质量子特性。

参考答案

（31）A

试题（32）

已知模块 A 给模块 B 传递数据结构 X，则这两个模块的耦合类型为＿（32）＿。

（32）A．数据耦合　　B．公共耦合　　C．外部耦合　　D．标记耦合

试题（32）分析

本题考查软件设计的基础知识。

模块化是软件设计的基本原则，而独立性是软件模块的重要属性，衡量模块独立性的标

准是耦合度和内聚度。内聚度是衡量同一个模块内部的各个元素彼此结合的紧密程度；耦合度是衡量不同模块间相互依赖的紧密程度。

存在多种模块耦合类型，其中数据耦合指两个模块之间有调用关系，传递的是简单的数据值，相当于高级语言中的值传递。标记耦合指两个模块之间传递的是数据结构。控制耦合指一个模块调用另一个模块时，传递的是控制变量，被调用模块通过该控制变量的值有选择地执行模块内某一功能。因此，被调用模块内应具有多个功能，哪个功能起作用受调用模块控制。而外部耦合是指模块间通过软件之外的环境联结（如 I/O 将模块耦合到特定的设备、格式、通信协议上）。根据上述定义，应选 D。

参考答案

（32）D

试题（33）

Theo Mandel 在其关于界面设计所提出的三条“黄金准则”中，不包括__（33）__。

（33）A．用户操纵控制　　　　B．界面美观整洁

　　C．减轻用户的记忆负担　　D．保持界面一致

试题（33）分析

本题考查软件设计的基础知识。

界面设计是软件设计的重要内容，Theo Mandel 博士提出了关于界面设计的三条“黄金准则”：用户操纵控制，即软件的最终使用者是用户，用户希望能控制计算机，而不是计算机控制用户；减轻用户的记忆负担，如果用户需要记忆的东西越多，和系统交互时出错的可能性也就越大，因此设计良好的用户界面不会增加用户的记忆负担，应该保存有关的信息，通过帮助用户回忆交互场景来辅助用户操作系统；保持界面一致，用户应该以一致的方式展示和获取信息，统一的风格可以让用户对系统存在亲切感，也使得系统更易于使用。

参考答案

（33）B

试题（34）

以下关于测试的叙述中，正确的是__（34）__。

（34）A．实际上，可以采用穷举测试来发现软件中的所有错误

　　B．错误很多的程序段在修改后错误一般会非常少

　　C．测试可以用来证明软件没有错误

　　D．白盒测试技术中，路径覆盖法往往能比语句覆盖法发现更多的错误

试题（34）分析

本题考查软件测试的基本内容。

软件测试是软件开发过程的重要阶段，在软件需求分析阶段就开始了，一直到软件废弃之前，都有测试活动。软件测试的目的是发现软件中存在的错误，而不是为了证明软件是正确的。另外，由于穷举测试是不可能的，因此即使对软件进行充分的测试，软件中的错误仍然存在。而且据统计，在软件测试过程中，错误很多的程序段在修改之后往往会引入新的错误，因此通常还是错误非常多的程序段。白盒测试是一类常用的测试技术，包含许多具体的

方法，如语句覆盖、判定覆盖、路径覆盖等，其中路径覆盖是最强的覆盖，而语句覆盖是最弱的覆盖，路径覆盖往往比语句覆盖能发现程序中更多的问题。

参考答案

（34）D

试题（35）

招聘系统要求求职的人年龄在 20 岁到 60 岁之间（含），学历为本科、硕士或者博士，专业为计算机科学与技术、通信工程或者电子工程。其中__（35）__不是好的测试用例。

（35）A.（20，本科，电子工程） B.（18，本科，通信工程）
C.（18，大专，电子工程） D.（25，硕士，生物学）

试题（35）分析

本题考查软件测试的基础知识。

测试用例是软件测试的重要概念，是指为某个特殊目标而编制的一组测试输入、执行条件以及预期结果，以便测试某个程序路径或核实是否满足某个特定需求。好的测试用例应该是能够定位软件错误的测试用例。在本题的四个选项中，选项 A 为符合规格说明的测试用例，选项 B 和 D 是一个条件不符合规格说明的测试用例，而选项 C 是两个条件不符合规格说明的测试用例，不是好的测试用例。

参考答案

（35）C

试题（36）

系统交付用户使用了一段时间后发现，系统的某个功能响应非常慢。修改了某模块的一个算法使其运行速度得到了提升，则该行为属于__（36）__维护。

（36）A. 改正性 B. 适应性 C. 改善性 D. 预防性

试题（36）分析

本题考查软件维护的基础知识。

软件在开发结束后交付给用户使用就进入了维护阶段。要求考生掌握四类维护活动的概念以及典型的例子。四类维护为：改正性维护指改正在系统开发阶段已发生而系统测试阶段尚未发现的错误。适应性维护指使应用软件适应信息技术变化和管理需求变化而进行的修改。改善性维护指为扩充功能和改善性能而进行的修改，主要是指对已有的软件系统增加一些在系统分析和设计阶段没有规定的功能与性能特征。预防性维护指为了改进应用软件的可靠性和可维护性，为了适应未来的软硬件环境的变化，应主动增加预防性的新功能，以使应用系统适应各类变化而不被淘汰。根据这四类维护的概念可以判断本题所属情形为改善性维护。

参考答案

（36）C

试题（37）

一个类中可以拥有多个名称相同而参数表（参数类型或参数个数或参数类型顺序）不同的方法，称为__（37）__。

（37）A. 方法标记 B. 方法调用 C. 方法重载 D. 方法覆盖

试题（37）分析

本题考查面向对象的基础知识。

面向对象方法中，数据和行为封装在一个对象中。一组大体上相似的对象定义为一个类，一个类所包含的方法和数据描述这组对象的共同行为和属性。行为也经常被称为方法。方法由方法名称、参数表和返回类型唯一标识，方法调用构成对象之间的通信消息。一个类中名称相同而参数表不同的多个方法则为方法重载；而方法覆盖或重置则是在子类中重新定义父类中已定义的方法，其基本思想是通过动态绑定机制的支持，使得子类中继承父类接口定义的前提下用适合自己要求的实现去置换父类中的相应实现。

参考答案

（37）C

试题（38）

采用面向对象方法进行软件开发时，将汽车作为一个系统。以下<u>（38）</u>之间不属于组成（Composition）关系。

（38）A．汽车和座位　　B．汽车和车窗
　　C．汽车和发动机　　D．汽车和音乐系统

试题（38）分析

本题考查面向对象技术的基础知识。

在分析对象间的关系时，将相关对象抽象成类，抽象类时可从对象间的操作或一个对象是另一个对象的一部分来考虑，如房子是由门和窗构成的。本题中汽车作为一个系统，随着汽车对象的消亡而消亡，则表达了对象之间的组成（Composition）关系，座位、车窗和发动机作为汽车的组成部分，而音乐系统为独立系统，与汽车系统进行关联。

参考答案

（38）D

试题（39）

进行面向对象设计时，就一个类而言，应该仅有一个引起它变化的原因，这属于<u>（39）</u>设计原则。

（39）A．单一责任　　B．开放-封闭
　　C．接口分离　　D．里氏替换

试题（39）分析

本题考查面向对象技术的基础知识。

进行面向对象设计时，有一系列设计原则，本题中涉及对象设计五大原则中的如下四种。

单一责任原则。就一个类而言，应该仅有一个引起它变化的原因。即当需要修改某个类的时候，原因有且只有一个，让一个类只做一种类型责任。

开放-封闭原则。软件实体（类、模块、函数等）应该是可以扩展的，即开放的，但是不可修改的，即封闭的。

接口分离原则。不应该强迫客户依赖于它们不用的方法。接口属于客户，不属于它所在的类层次结构。即依赖于抽象，不要依赖于具体，同时在抽象级别不应该有对于具体细节的

依赖。这样做的好处在于可以最大限度地应对可能的变化。

里氏替换原则。子类型必须能够替换掉它们的基类型。即在任何父类可以出现的地方，都可以用子类型的实例来赋值给父类型的引用。当一个子类型的实例应该能够替换任何其超类的实例时，它们之间才具有一个（is-a）关系。

参考答案

（39）A

试题（40）

聚合对象是指一个对象__（40）__。

（40）A．只有静态方法

B．只有基本类型的属性

C．包含其他对象

D．只包含基本类型的属性和实例方法

试题（40）分析

本题考查面向对象技术的基础知识。

对象是基本的运行时实体，它既包括数据（属性），也包括作用于数据的操作（行为）。一个对象通常可由对象名、属性和方法三个部分组成。如电视机有颜色、音量等属性，可以有换台、调节音量等操作，属性值表示了电视机所处的状态。组织对象时，可以从对象间的关系，将一个对象考虑为另一个对象的一部分，如电视机除了基本属性和方法外，还有机箱中的各组成部分，由不同的部件聚合而成，即聚合对象是一个对象还包含其他类型的对象。

参考答案

（40）C

试题（41）

在 UML 图中，__（41）__图用于展示所交付系统中软件组件和硬件之间的物理关系。

（41）A．类　　B．组件　　C．通信　　D．部署

试题（41）分析

本题考查 UML（统一建模语言）的基础知识。

UML 类图、组件图、通信图和部署图各自刻画系统的不同方面。其中，类图展现了一组对象、接口、协作及其之间的关系；组件图展示一组组件之间的组织和依赖，它与类图相关，通常可以把组件映射为一个或多个类、接口或协作；通信图强调收发消息的对象的结构组织；部署图展现了运行时处理结点以及其中软件构件（制品）的配置，一个处理结点是运行时存在并代表一项计算资源的物理元素，具有处理能力，其上包含一个或多个软件构件（制品）。

参考答案

（41）D

试题（42）、（43）

下图所示 UML 图为__（42）__，用于展示系统中__（43）__。

（42）A．用例图　　B．活动图　　C．序列图　　D．交互图

（43）A．一个用例和一个对象的行为
　　B．一个用例和多个对象的行为
　　C．多个用例和一个对象的行为
　　D．多个用例和多个对象的行为

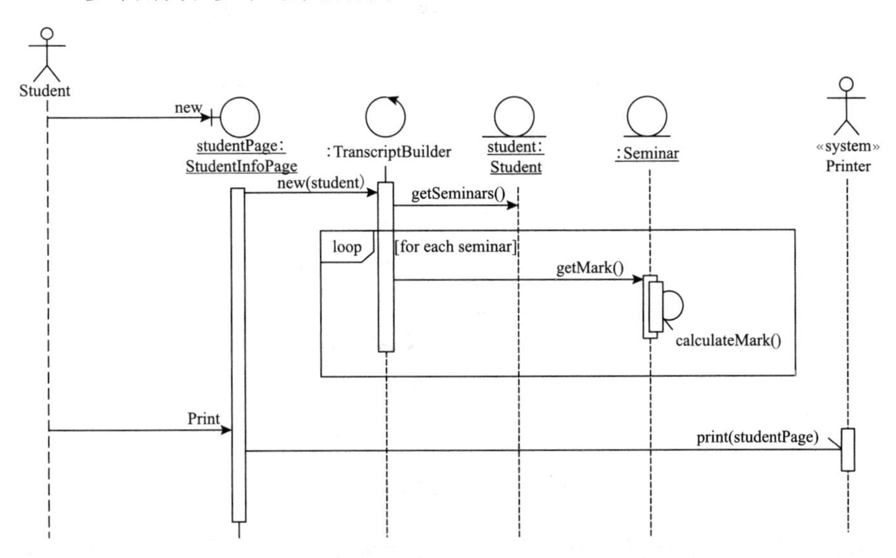

试题（42）、（43）分析

本题考查 UML 的基础知识。

UML 用例图、活动图、序列图和交互图各自刻画系统的不同方面。其中，用例图展现了一组用例、参与者（Actor）以及它们之间的关系，即该系统在它的周边环境的语境中所提供的外部可见服务。用例图用于对系统的静态用例视图进行建模，主要支持系统的行为，如下图示例所示。

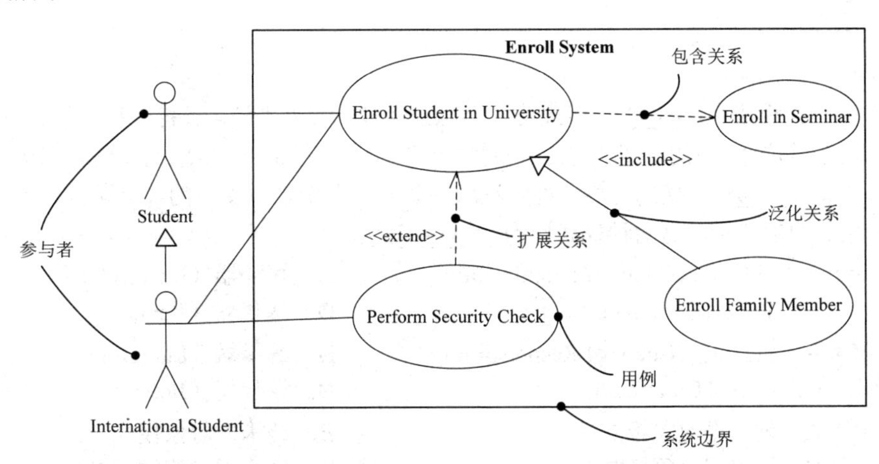

活动图展现了在系统内从一个活动到另一个活动的流程，专注于系统的动态视图，强调对象间的控制流程，如下图示例所示。

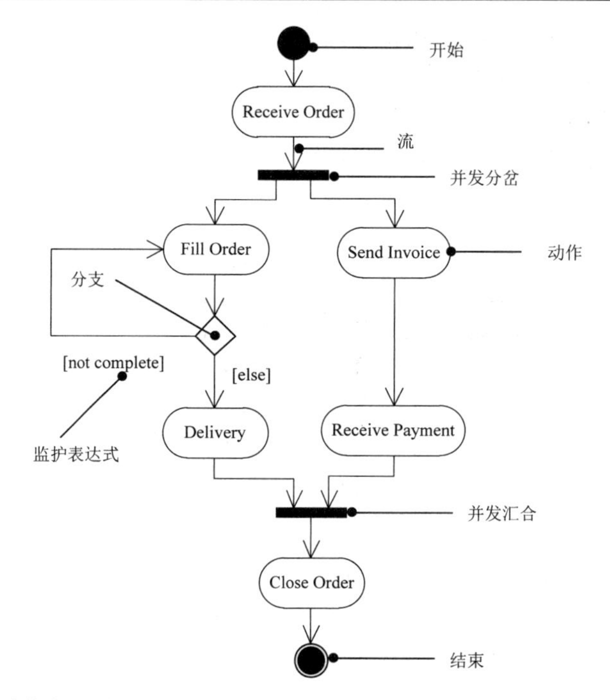

交互图用于对系统的动态方面进行建模，由一组对象及其之间的关系组成，包含它们之间可能传递的消息。交互图表现为序列图、通信图、交互概览图和定时图。

序列图是场景的图形化表示，描述了以时间顺序组织的对象之间的交互活动，如题图所示。参加交互的对象放在图的上方，沿水平方向排列，通常放在左边的是发起交互的对象，下级对象依次放在右边，然后将这些对象发送和接收的消息沿垂直方向按时间顺序从上到下放置，就可以清晰表示控制流随时间推移的轨迹。

参考答案

（42）C （43）B

试题（44）～（46）

以下设计模式中，__（44）__模式使多个对象都有机会处理请求，将这些对象连成一条链，并沿着这条链传递该请求，直到有一个对象处理为止，从而避免请求的发送者和接收者之间的耦合关系；__（45）__模式提供一种方法顺序访问一个聚合对象中的各个元素，且不需要暴露该对象的内部表示。这两种模式均为__（46）__。

（44）A．责任链（Chain of Responsibility） B．解释器（Interpreter）
C．命令（Command） D．迭代器（Iterator）

（45）A．责任链（Chain of Responsibility） B．解释器（Interpreter）
C．命令（Command） D．迭代器（Iterator）

（46）A．创建型对象模式 B．结构型对象模式
C．行为型对象模式 D．行为型类模式

试题（44）～（46）分析

本题考查设计模式的基本概念。

按照设计模式的目的可以分为创建型模式、结构型模式以及行为型模式三大类。结构型模式涉及如何组合类和对象以获得更大的结构，行为型模式涉及算法和对象间职责的分配。每种设计模式都有特定的意图和适用情况。

责任链的主要意图是使多个对象都有机会处理请求，从而避免请求的发送者和接收者之间的耦合关系。将这些对象连成一条链，并沿着这条链传递该请求，直到有一个对象处理它为止，其结构图如下图所示。

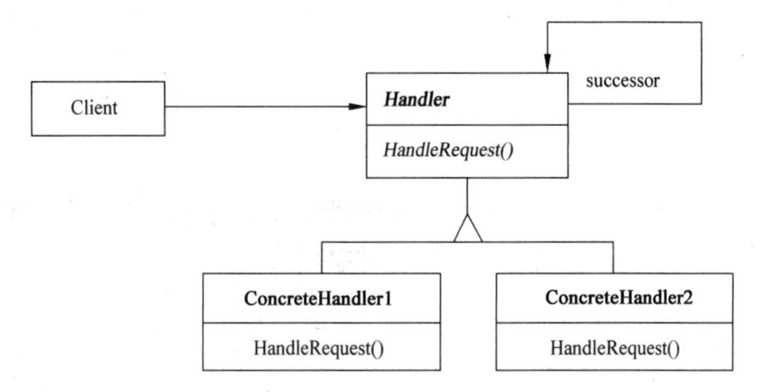

解释器模式的主要意图是给定一个语言，定义其文法的一种表示，并定义一个使用该表示来解释语言中句子的解释器。其结构图如下图所示。

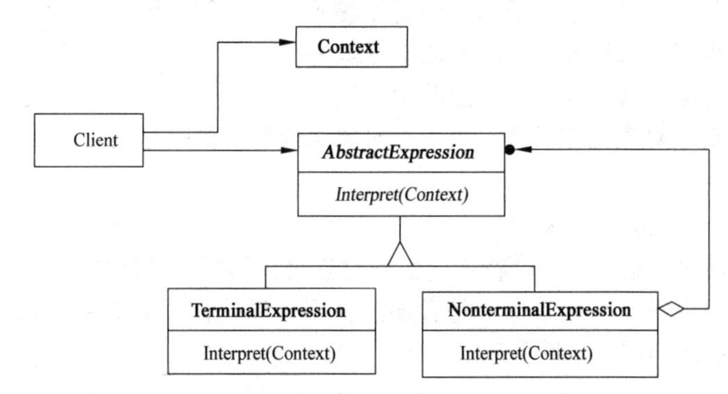

命令模式的主要意图是将一个请求封装为一个对象，从而使得可以用不同的请求对客户进行参数化；对请求排队或记录请求日志，以及支持可撤销的操作。其结构图如下图所示。

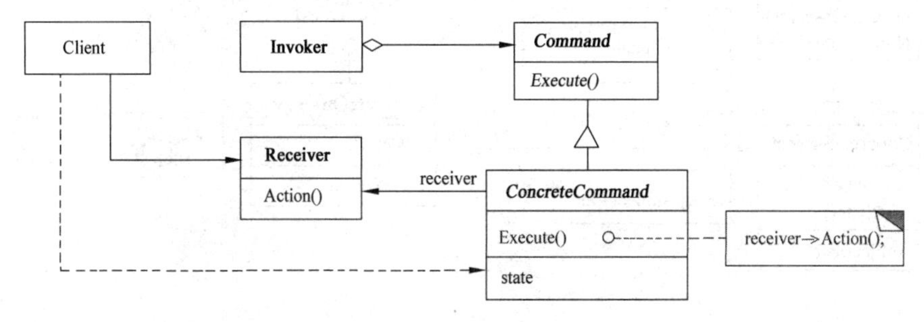

迭代器模式的主要意图是提供一种方法顺序访问一个聚合对象中的各个元素，且不需要暴露该对象的内部表示，其结构图如下图所示。

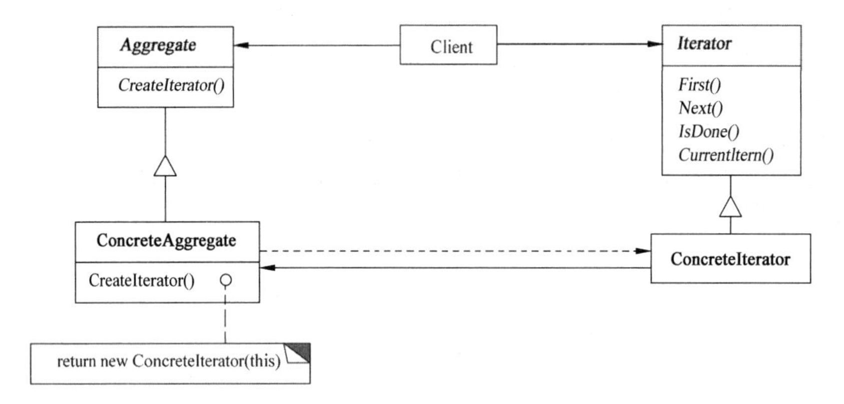

责任链模式、解释器模式、命令模式和迭代器模式均为行为型设计模式，其中解释器模式为行为型类模式，其他三种模式均为行为型对象模式。

参考答案

（44）A　（45）D　（46）C

试题（47）

观察者（Observer）模式适用于__（47）__。

（47）A．访问一个聚合对象的内容而无须暴露它的内部表示

B．减少多个对象或类之间的通信复杂性

C．将对象的状态恢复到先前的状态

D．一对多对象依赖关系，当一个对象修改后，依赖它的对象都自动得到通知

试题（47）分析

本题考查设计模式的基本概念。

每一种设计模式都集中于一个特定的面向对象设计问题或设计要点，描述了什么时候适合使用它，在另一些设计约束条件下是否还能使用，以及使用的效果和如何取舍。观察者（Observer）模式的结构图如下图所示。

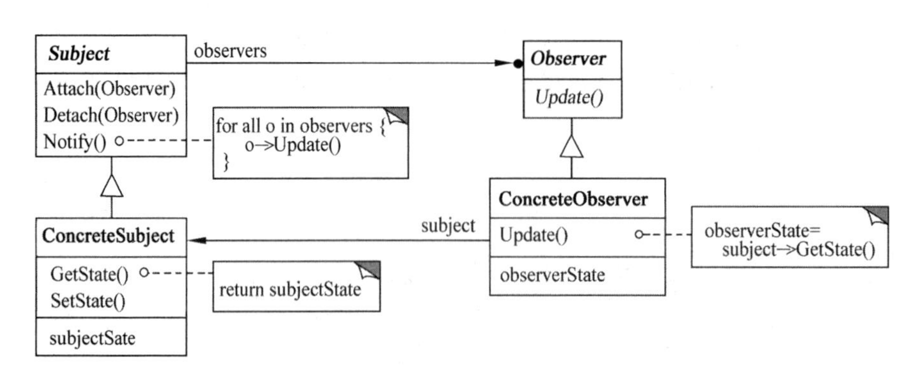

观察者模式适用于在以下几种情况时定义对象间的一种一对多的依赖关系，当一个对象的状态发生改变时，所有依赖于它的对象都得到通知并被自动更新：①当一个抽象模型有两个方面，其中一个方面依赖于另一个方面，将这两者封装在独立的对象中以使它们可以各自独立地改变和复用；②当对一个对象的改变需要同时改变其他对象，而不知道具体有多少对象有待改变时；③当一个对象必须通知其他对象，而它又不能假定其他对象是谁，即不希望这些对象是紧耦合时。

参考答案

（47）D

试题（48）

在以阶段划分的编译器中，__（48）__阶段的主要作用是分析构成程序的字符及由字符按照构造规则构成的符号是否符合程序语言的规定。

（48）A．词法分析　　B．语法分析　　C．语义分析　　D．代码生成

试题（48）分析

本题考查程序语言基础知识。

编译过程中词法分析阶段的主要作用是分析构成程序的字符及由字符按照构造规则构成的符号是否符合程序语言的规定。

参考答案

（48）A

试题（49）

下图所示为一个不确定有限自动机（NFA）的状态转换图，与该 NFA 等价的 DFA 是__（49）__。

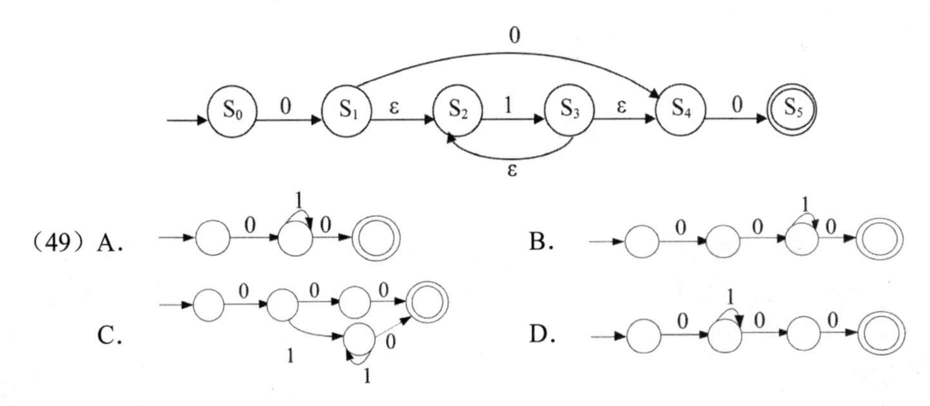

试题（49）分析

本题考查程序语言基础知识。

题中 NFA 所识别的正规集为 0(0|11*)0。

选项 A 所识别的正规集为 01*0；选项 B 所识别的正规集为 001*0；选项 C 所识别的正规集为 0(0|11*) 0；选项 D 所识别的正规集为 01*00。

参考答案

（49）C

试题（50）

函数 f、g 的定义如下，执行表达式“y=f(2)”的运算时，函数调用 g(la)分别采用引用调用（Call by Reference）方式和值调用（Call by Value）方式，则该表达式求值结束后 y 的值分别为__（50）__。

```
f(int x)
int la = x+1;
g(la);
return la*x;
```

```
g(int x)
x=x*x+1;
return;
```

（50）A．9、6　　B．20、6　　C．20、9　　D．30、9

试题（50）分析

本题考查程序语言基础知识。

实现 f(2)调用时，传给函数 f 的参数 x 的值为 2，la 的值为 3。以引用调用方式调用 g(la)时，执行函数 g 时，对 g 的参数 x 的修改等同于对 la 的修改，因此通过 x=x*x+1 将 la 改为 10，因此表达式 la*x 的值为 10*2=20；以传值方式调用 g(la)时，f 中 la 的值不改变，表达式 la*x 的值为 3*2=6。

参考答案

（50）B

试题（51）

给定关系 $R(A,B,C,D,E)$ 和关系 $S(A,C,E,F,G)$，对其进行自然连接运算 $R \bowtie S$ 后其结果集的属性列为__（51）__。

（51）A．$R.A,R.C,R.E,S.A,S.C,S.E$

B．$R.A,R.B,R.C,R.D,R.E,S.F,S.G$

C．$R.A,R.B,R.C,R.D,R.E,S.A,S.C,S.E$

D．$R.A,R.B,R.C,R.D,R.E,S.A,S.C,S.E,S.F,S.G$

试题（51）分析

本题考查关系数据库的基础知识。

自然连接是一种特殊的等值连接，它要求两个关系中进行比较的分量必须是相同的属性组，并且在结果集中将重复属性列去掉。对关系 $R(A,B,C,D,E)$ 和关系 $S(A,C,E,F,G)$ 进行自然连接运算后的属性列应为 7 个，即为 $R.A,R.B,R.C,R.D,R.E,S.F,S.G$。

参考答案

（51）B

试题（52）、（53）

假设关系 $R<U,F>$，$U=\{A_1,A_2,A_3,A_4\}$，$F=\{A_1A_3 \to A_2, A_1A_2 \to A_3, A_2 \to A_4\}$，那么在关系 R 中__（52）__，各候选关键字中必定含有属性__（53）__。

（52）A．有 1 个候选关键字 A_2A_3　　B．有 1 个候选关键字 A_2A_4

C．有 2 个候选关键字 A_1A_2 和 A_1A_3　　D．有 2 个候选关键字 A_1A_2 和 A_2A_3

（53）A．A_1，其中 $A_1A_2A_3$ 为主属性，A_4 为非主属性

B. A_2，其中 $A_2A_3A_4$ 为主属性，A_1 为非主属性

C. A_2A_3，其中 A_2A_3 为主属性，A_1A_4 为非主属性

D. A_2A_4，其中 A_2A_4 为主属性，A_1A_3 为非主属性

试题（52）、（53）分析

本题考查关系数据库中候选关键字方面的基础知识。

在关系数据库中，候选关键字可以决定全属性。由于属性 A_1 只出现在函数依赖的左部，所以必为候选关键字的成员。本题 $(A_1A_3)_F^+=U$，$(A_1A_2)_F^+=U$，所以 A_1A_3 和 A_1A_2 均为候选关键字，并含有属性 A_1。而 $(A_2A_3)_F^+\neq U$，$(A_2A_4)_F^+\neq U$，故 A_2A_3、A_2A_4 不是候选关键字。

根据主属性的定义“包含在任何一个候选码中的属性叫作主属性（Prime attribute），否则叫作非主属性（Nonprime attribute）”，故 $A_1A_2A_3$ 为主属性，A_4 为非主属性。

参考答案

（52）C　（53）A

试题（54）

要将部门表 Dept 中 name 列的修改权限赋予用户 Ming，并允许 Ming 将该权限授予他人。实现该要求的 SQL 语句如下：

```
GRANT UPDATE(name) ON TABLE Dept TO Ming （54） ;
```

（54）A. FOR ALL　　B. CASCADE

C. WITH GRANT OPTION　　D. WITH CHECK OPTION

试题（54）分析

本题考查对标准 SQL 授权语句的掌握。

标准 SQL 中授权的语句格式如下：

```
GRANT <权限>[,<权限>]…[ON<对象类型><对象名>]TO <用户>[,<用户]>]…
 [WITH GRANT OPTION];
```

若在授权时指定了 WITH GRANT OPTION，那么获得了权限的用户还可以将权限赋给其他用户。

参考答案

（54）C

试题（55）

若事务 T_1 对数据 D_1 加了共享锁，事务 T_2T_3 分别对数据 D_2 和数据 D_3 加了排它锁，则事务＿（55）＿。

（55）A. T_1 对数据 D_2D_3 加排它锁都成功，T_2T_3 对数据 D_1 加共享锁成功

B. T_1 对数据 D_2D_3 加排它锁都失败，T_2T_3 对数据 D_1 加排它锁成功

C. T_1 对数据 D_2D_3 加共享锁都成功，T_2T_3 对数据 D_1 加共享锁成功

D. T_1 对数据 D_2D_3 加共享锁都失败，T_2T_3 对数据 D_1 加共享锁成功

试题（55）分析

本题考查数据库并发控制方面的基础知识。

在多用户共享的系统中，许多用户可能同时对同一数据进行操作，带来的问题是数据的不一致性。为了解决这一问题，数据库系统必须控制事务的并发执行，保证数据库处于一致的状态，在并发控制中引入两种锁：排它锁（Exclusive Locks，简称X锁）和共享锁（Share Locks，简称S锁）。

根据题干"事务 T_1 对数据 D_1 加了共享锁"，那么事务 T_2 T_3 不能对数据 D_1 加排它锁。故选项B是错误的。根据题干"事务 T_2 T_3 分别对数据 D_2 和数据 D_3 加了排它锁"，那么其他事务对数据 D_2D_3 不能再加共享锁或排它锁，即不能读取或修改数据 D_2D_3。故选项A、选项C都是错误的。采用排除法，试题（55）选项D是正确的。

参考答案

（55）D

试题（56）

当某一场地故障时，系统可以使用其他场地上的副本而不至于使整个系统瘫痪。这称为分布式数据库的__（56）__。

（56）A．共享性　　B．自治性　　C．可用性　　D．分布性

试题（56）分析

本题考查对分布式数据库基本概念的理解。

在分布式数据库系统中，共享性是指数据存储在不同的结点数据共享；自治性指每结点对本地数据都能独立管理；可用性是指当某一场地故障时，系统可以使用其他场地上的副本而不至于使整个系统瘫痪；分布性是指数据在不同场地上的存储。

参考答案

（56）C

试题（57）

某 n 阶的三对角矩阵 $\boldsymbol{A}$ 如下图所示，按行将元素存储在一维数组 M 中，设 $a_{1,1}$ 存储在 $M[1]$，那么 $a_{i,j}$（$1<=i,j<=n$ 且 $a_{i,j}$ 位于三条对角线中）存储在 M[__（57）__]。

$$
\boldsymbol{A}_{n\times n}=\begin{bmatrix}
a_{1,1} & a_{1,2} & & & & & \\
a_{2,1} & a_{2,2} & a_{2,3} & & & 0 & \\
 & a_{3,2} & a_{3,3} & a_{3,4} & & & \\
 & & \cdots & \cdots & \cdots & & \\
 & & & a_{i,i-1} & a_{i,i} & a_{i,i+1} & \\
 & 0 & & & \cdots & \cdots & \cdots \\
 & & & & & a_{n,n-1} & a_{n,n}
\end{bmatrix}
$$

（57）A．$i+2j$　　B．$2i+j$　　C．$i+2j-2$　　D．$2i+j-2$

试题（57）分析

本题考查数据结构基础知识。

按行存储时，$a_{i,j}$ 之前有 $i-1$ 行，除了第一行外，每行有3个元素，在第 i 行上，其之前

有 $j-i+1$ 个元素，因此 $a_{i,j}$ 之前共有$(i-1)\times3-1+j-i+1=2i+j-3$ 个元素，由于 $a_{1,1}$ 存储在 $M[1]$，所以 $a_{i,j}$ 存储在 $M[2i+j-3+1]$。

参考答案

（57）D

试题（58）

具有 3 个结点的二叉树有 5 种，可推测出具有 4 个结点的二叉树有__（58）__种。

（58）A．10　　B．11　　C．14　　D．15

试题（58）分析

本题考查数据结构基础知识。

具有 3 个结点的二叉树如下所示，共 5 种。

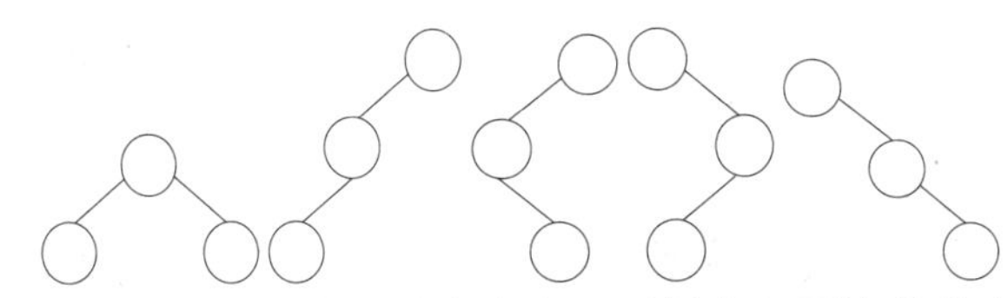

如果二叉树共有 4 个结点，则按照结点在各二叉树中各层次的分布情况，第一层为唯一的树根结点，第二层有 2 个结点时，第三层的 1 个结点可以有 4 个不同的位置，如下所示。

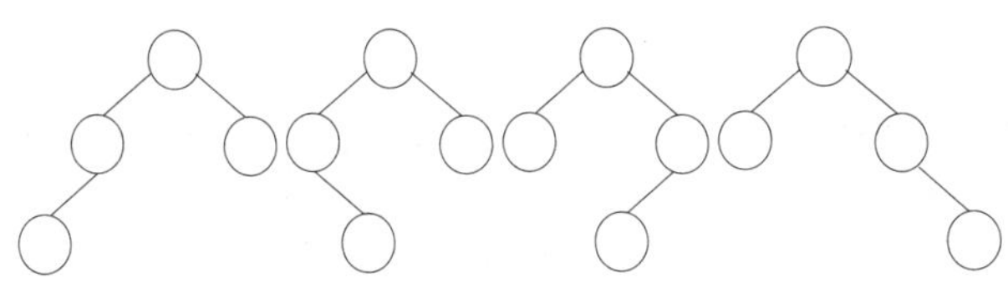

若第二层只有 1 个结点，第三层有 2 个结点，则具有 4 个结点的二叉树如下所示。

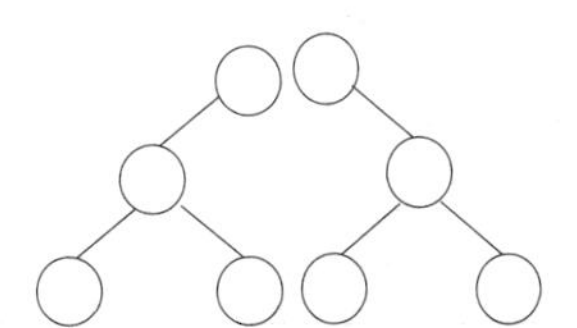

若第二层只有 1 个结点，第三层有 1 个结点，第四层有 1 个结点，则具有 4 个结点的二叉树共 8 种，如下所示。

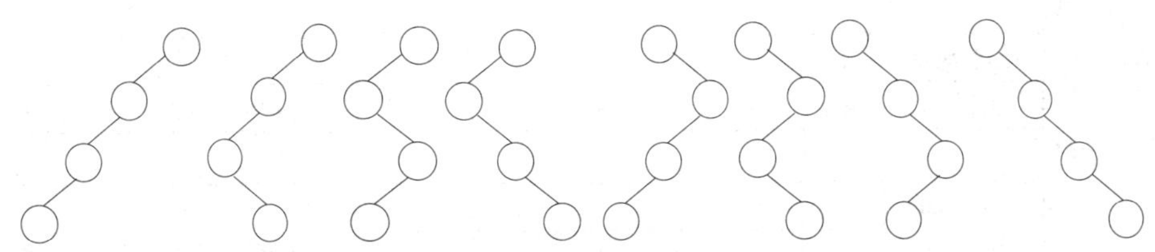

综上，具有 4 个结点的二叉树有 4+2+8=14 种。

参考答案

（58）C

试题（59）

双端队列是指在队列的两个端口都可以加入和删除元素，如下图所示。现在要求元素进队列和出队列必须在同一端口，即从 A 端进队的元素必须从 A 端出、从 B 端进队的元素必须从 B 端出，则对于 4 个元素的序列 a、b、c、d，若要求前 2 个元素（a、b）从 A 端口按次序全部进入队列，后两个元素（c、d）从 B 端口按次序全部进入队列，则不可能得到的出队序列是<u>（59）</u>。

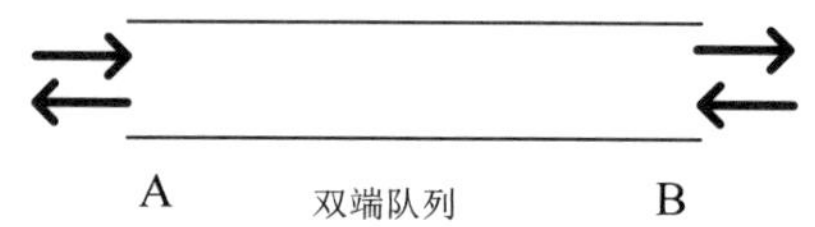

（59）A．d、a、b、c　　B．d、c、b、a

C．b、a、d、c　　D．b、d、c、a

试题（59）分析

本题考查数据结构基础知识。

按照题干叙述，这四个元素入队列的顺序一定是 a、b、c、d。前 2 个元素（a、b）从 A 端口按次序全部进入队列，且（c、d）从 B 端口按次序全部进入队列，则队列状态如下：

b　a　　　　　c　d

A　　　　　　　　B

此时，如果进行出队列运算，按照必须从入口端出队列的要求，则可以得到 b d a c，b d c a，b a d c，d c b a，d b a c，d b c a，而 d a b c 是无法得到的排列。

参考答案

（59）A

试题（60）

设散列函数为 H(key)=key%11，对于关键码序列（23, 40, 91, 17, 19, 10, 31, 65, 26），用线性探查法解决冲突构造的哈希表为<u>（60）</u>。

（60）A.

哈希地址	0	1	2	3	4	5	6	7	8	9	10
关键码	10	23		91	26		17	40	19	31	65

B.

哈希地址	0	1	2	3	4	5	6	7	8	9	10
关键码	65	23		91	26		17	40	19	31	10

C.

哈希地址	0	1	2	3	4	5	6	7	8	9	10
关键码		23	10	91	26		17	40	19	31	65

D.

哈希地址	0	1	2	3	4	5	6	7	8	9	10
关键码		23	65	91	26		17	40	19	31	10

试题（60）分析

本题考查数据结构基础知识。

用哈希函数计算各关键码的哈希地址如下：

H(23)=23%11=1　　H(40)=40%11=7　　H(91)=91%11=3　　H(17)=17%11=6

H(19)=19%11=8　　H(10)=10%11=10　　H(31)=31%11=9

由于这些哈希地址空闲，所以各关键码可以存入对应的哈希单元，如下表所示。

哈希地址	0	1	2	3	4	5	6	7	8	9	10
关键码		23		91			17	40	19	31	10

对于 65，H(65)=65%11=10，由于哈希地址为 10 的单元存在冲突，按照线性探查法，探查下一个哈希单元，H_1(65)=(10+1)%11=0，由于 0 号单元空闲，所以将 65 存入其中，如下表所示。

哈希地址	0	1	2	3	4	5	6	7	8	9	10
关键码	65	23		91			17	40	19	31	10

对于 26，H(26)=26%11=4，由于哈希地址为 4 的单元不存在冲突，所以将 26 存入其中，如下表所示。

哈希地址	0	1	2	3	4	5	6	7	8	9	10
关键码	65	23		91	26		17	40	19	31	10

参考答案

（60）B

试题（61）

对于有序表（8, 15, 19, 23, 26, 31, 40, 65, 91），用二分法进行查找时，可能的关键字比较顺序为＿（61）＿。

（61）A．26, 23, 19　　B．26, 8, 19　　C．26, 40, 65　　D．26, 31, 40

试题（61）分析

本题考查数据结构基础知识。

用二分法在该有序表中进行查找可用下面的判定树表示，其中结点中的数字是表中元素的序号，对应的元素标在结点旁边。

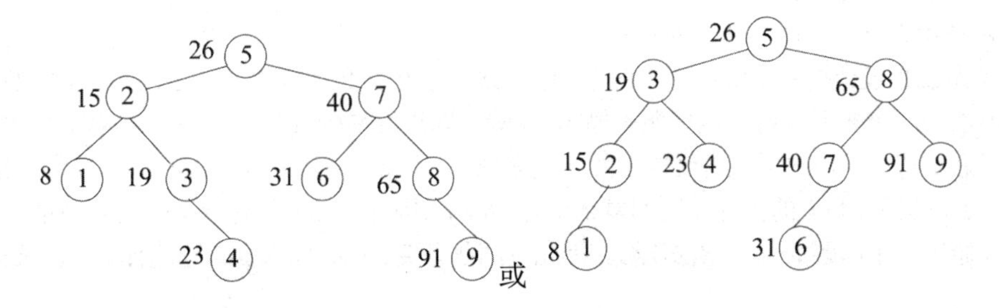

可能的查找顺序是指从根结点到叶子结点所形成路径中所包含的结点序列，如下：

26,15,8

26,15,19,23

26,40,31

26,40,65,91

或者：

26,19,15,8

26,19,23

26,65,40,31

26,65,91

参考答案

（61）C

试题（62）～（65）

已知矩阵 $\boldsymbol{A}_{m*n}$ 和 $\boldsymbol{B}_{n*p}$ 相乘的时间复杂度为 $O(mnp)$。矩阵相乘满足结合律，如三个矩阵 $\boldsymbol{A}$、$\boldsymbol{B}$、$\boldsymbol{C}$ 相乘的顺序可以是$(\boldsymbol{A}*\boldsymbol{B})*\boldsymbol{C}$ 也可以是 $\boldsymbol{A}*(\boldsymbol{B}*\boldsymbol{C})$。不同的相乘顺序所需进行的乘法次数可能有很大的差别。因此确定 n 个矩阵相乘的最优计算顺序是一个非常重要的问题。已知确定 n 个矩阵 $\boldsymbol{A}_1\boldsymbol{A}_2\cdots\boldsymbol{A}_n$ 相乘的计算顺序具有最优子结构，即 $\boldsymbol{A}_1\boldsymbol{A}_2\cdots\boldsymbol{A}_n$ 的最优计算顺序包含其子问题 $\boldsymbol{A}_1\boldsymbol{A}_2\cdots\boldsymbol{A}_k$ 和 $\boldsymbol{A}_{k+1}\boldsymbol{A}_{k+2}\cdots\boldsymbol{A}_n$（$1 \leqslant k<n$）的最优计算顺序。可以列出其递归式为：

$$m[i,j]=\begin{cases}0 & i=j\\ \min_{i\leqslant k<j}\{m[i,k]+m[k+1,j]+p_{i-1}p_kp_j\} & i<j\end{cases}$$

其中，$\boldsymbol{A}_i$ 的维度为 $p_{i-1}*p_i$，$m[i,j]$表示 $\boldsymbol{A}_i\boldsymbol{A}_{i+1}\cdots\boldsymbol{A}_j$ 最优计算顺序的相乘次数。

先采用自底向上的方法求 n 个矩阵相乘的最优计算顺序，则求解该问题的算法设计策略为＿（62）＿。算法的时间复杂度为＿（63）＿，空间复杂度为＿（64）＿。

给定一个实例，$(p_0p_1\ldots\ldots p_5)$=(20,15,4,10,20,25)，最优计算顺序为＿（65）＿。

（62）A．分治法　　B．动态规划法　　C．贪心法　　D．回溯法

（63）A．$O(n^2)$　　B．$O(n^2\lg n)$　　C．$O(n^3)$　　D．$O(2^n)$

（64）A．$O(n^2)$　　B．$O(n^2\lg n)$　　C．$O(n^3)$　　D．$O(2^n)$

（65）A．$(((\boldsymbol{A}_1*\boldsymbol{A}_2)*\boldsymbol{A}_3)*\boldsymbol{A}_4)*\boldsymbol{A}_5$　　B．$\boldsymbol{A}_1*(\boldsymbol{A}_2*(\boldsymbol{A}_3*(\boldsymbol{A}_4*\boldsymbol{A}_5)))$

C．$((\boldsymbol{A}_1*\boldsymbol{A}_2)*\boldsymbol{A}_3)*(\boldsymbol{A}_4*\boldsymbol{A}_5)$　　D．$(\boldsymbol{A}_1*\boldsymbol{A}_2)*((\boldsymbol{A}_3*\boldsymbol{A}_4)*\boldsymbol{A}_5)$

试题（62）～（65）分析

本题考查算法设计与分析的基础知识。

动态规划设计技术求解问题有两个特征：最优子结构和重叠子问题。矩阵连乘问题是动态规划方法的一个典型应用。根据题干描述，（62）题很容易确定为选择 B。在题干描述中已经给出了递归式，并告知采用自底向上的方法来求解，因此在程序中应该是三重循环，问题规模的循环、i 的循环和 k 的循环，时间复杂度是 $O(n^3)$，因此（63）题选择 C。需要申请二维数组 m 来存储每个子问题的标量乘法次数，因此空间复杂度为 $O(n^2)$，（64）题选择 B。在求解 $m[i,j]$

的过程中，可以另外设计 $c[i,j]$来记录子问题 $A_{i..j}$ 的最优分割位置 k，这样可以构造最优解。本题案例最优解，根据递归式自底向上计算，可以得到最优加括号方式为$(A_1*A_2)*((A_3*A_4)*A_5)$。

参考答案

（62）B　（63）C　（64）A　（65）D

试题（66）

浏览器开启了无痕浏览模式后，__（66）__依然会被保存下来。

（66）A．浏览历史　　B．搜索历史
　　　C．下载文件　　D．临时文件

试题（66）分析

本题考查浏览器无痕浏览方面的基础知识。

无痕浏览是指不留下上网浏览记录的互联网浏览方式。在隐私浏览过程中，浏览器不会保存任何浏览历史、搜索历史、下载历史、表单历史、Cookie 或者 Internet 临时文件。但是，用户下载的文件和建立的收藏夹或书签会保存下来。

参考答案

（66）C

试题（67）

下面是 HTTP 的一次请求过程，正确的顺序是__（67）__。

① 浏览器向 DNS 服务器发出域名解析请求并获得结果
② 在浏览器中输入 URL，并按下回车键
③ 服务器将网页数据发送给浏览器
④ 根据目的 IP 地址和端口号，与服务器建立 TCP 连接
⑤ 浏览器向服务器发送数据请求
⑥ 浏览器解析收到的数据并显示
⑦ 通信完成，断开 TCP 连接

（67）A．②①④⑤③⑦⑥　　B．②①⑤④③⑦⑥
　　　C．②①④⑤③⑥⑦　　D．②①④③⑤⑦⑥

试题（67）分析

本题考查 HTTP 的基础知识。

当在 Web 浏览器的地址栏中输入某 URL 并按下回车，则处理过程如下：

（1）对 URL 进行 DNS 域名解析，得到对应的 IP 地址；
（2）根据这个 IP，找到对应的服务器，发起 TCP 连接，进行三次握手；
（3）建立 TCP 连接后发起 HTTP 请求；
（4）服务器响应 HTTP 请求，浏览器得到 HTML 代码；
（5）浏览器解析 HTML 代码，并请求 HTML 代码中的资源（如 JavaScript、CSS 图片等）；
（6）浏览器将页面呈现给用户；
（7）通信完成，断开 TCP 连接。

参考答案

（67）A

试题（68）

TCP 和 UDP 协议均提供了＿（68）＿能力。

（68）A．连接管理　　B．差错校验和重传
　　C．流量控制　　D．端口寻址

试题（68）

本题考查 TCP 和 UDP 的工作原理。

TCP 和 UDP 协议均提供了端口寻址功能，连接管理、差错校验和重传以及流量控制均为 TCP 的功能。

参考答案

（68）D

试题（69）

在 Windows 命令行窗口中使用＿（69）＿命令可以查看本机 DHCP 服务是否已启用。

（69）A．ipconfig　　B．ipconfig /all
　　C．ipconfig /renew　　D．ipconfig /release

试题（69）分析

本题考查 Windows 上 ipconfig 命令方面的基础知识。

ipconfig 是调试计算机网络的常用命令，通常用来显示计算机中网络适配器的 IP 地址、子网掩码及默认网关等信息。

- ipconfig：显示所有网络适配器的 IP 地址、子网掩码和缺省网关值；
- ipconfig /all：显示所有网络适配器的完整 TCP/IP 配置信息，包括 DHCP 服务是否已启用；
- ipconfig /renew：DHCP 客户端手工向服务器刷新请求；
- ipconfig /release：DHCP 客户端手工释放 IP 地址。

因此，在 Windows 命令行窗口中使用 ipconfig /all 命令可以查看本机各个接口的 DHCP 服务是否已启用。

参考答案

（69）B

试题（70）

下列无线网络技术中，覆盖范围最小的是＿（70）＿。

（70）A．802.15.1 蓝牙　　B．802.11n 无线局域网
　　C．802.15.4 ZigBee　　D．802.16m 无线城域网

试题（70）分析

本题考查扩频技术及相关知识。

802.15.1 蓝牙是覆盖范围最小的无线网络技术。

参考答案

（70）A

试题（71）～（75）

A project is a [temporary] ___（71）___ of unique, complex, and connected activities having one goal or purpose and that must be completed by a specific time, within budget, and according to ___（72）___.

Project management is the process of scoping, planning, staffing, organizing, directing, and controlling the development of a(n) ___（73）___ system at a minimum cost within a specified time frame.

For any systems development project, effective project management is necessary to ensure that the project meets the ___（74）___, is developed within an acceptable budget, and fulfills customer expectations and specifications. Project management is a process that starts at the beginning of a project, extends through a project, and doesn' t culminate until the project is completed.

The prerequisite for good project management is a well-defined system development process. Process management is an ongoing activity that documents, manages the use of, and improves an organization' s chosen methodology (the "process") for system development. Process management is concerned with the activities, deliverables, and quality standards to be applied to ___（75）___ project(s).

（71）A．task　B．work　C．sequence　D．activity

（72）A．specifications　B．rules　C．estimates　D．designs

（73）A．perfect　B．acceptable　C．controlled　D．completed

（74）A．deadline　B．specification　C．expectation　D．requirement

（75）A．a single　B．a particular　C．some　D．all

参考译文

项目是一个（临时的）唯一的、复杂的和关联的具有同一目标或目的，并且在特定时间里、在预算内、按照规格说明要求完成的活动的序列。

项目管理是在指定时间内用最少的费用开发可接受的系统的管理过程，内容包括范围商定、任务规划、人员安排、组织、指挥和控制。

对于任何系统开发项目而言，为了确保项目满足最后期限，在一个可接受的预算内开发，并实现客户的预期和规格要求，有效的项目管理是必需的。

良好的项目管理的前提条件是一个定义良好的系统开发过程。过程管理是一项不间断的活动，这项活动记录、管理组织所选择的系统开发方法（过程）的使用并改进该方法。过程管理关心应用于所有项目的活动、交付和质量标准。

参考答案

（71）C　（72）A　（73）B　（74）A　（75）D

第 14 章　2019 上半年软件设计师下午试题分析与解答

试题一（共 15 分）

阅读下列说明和图，回答问题 1 至问题 4，将解答填入答题纸的对应栏内。

【说明】

某学校欲开发一学生跟踪系统，以便更自动化、更全面地对学生在校情况（到课情况和健康状态等）进行管理和追踪，使家长能及时了解子女的到课情况和健康状态，并在有健康问题时及时与医护机构对接。该系统的主要功能是：

（1）采集学生状态。通过学生卡传感器，采集学生心率、体温（摄氏度）等健康指标及其所在位置等信息并记录。每张学生卡有唯一的标识（ID）与一个学生对应。

（2）健康状态告警。在学生健康状态出问题时，系统向班主任、家长和医护机构健康服务系统发出健康状态警告，由医护机构健康服务系统通知相关医生进行处理。

（3）到课检查。综合比对学生状态、课表以及所处校园场所之间的信息对学生到课情况进行判定。对旷课学生，向其家长和班主任发送旷课警告。

（4）汇总在校情况。定期汇总在校情况，并将报告发送给家长和班主任。

（5）家长注册。家长注册使用该系统，指定自己子女，存入家长信息，待审核。

（6）基础信息管理。学校管理人员对学生及其所用学生卡和班主任、课表（班级、上课时间及场所等）、校园场所（名称和所在位置区域）等基础信息进行管理；对家长注册申请进行审核，更新家长状态，将家长 ID 加入学生信息记录中使家长与其子女进行关联，向家长发送注册结果。一个学生至少有一个家长，可以有多个家长。课表信息包括班级、班主任、时间和位置等。

现采用结构化方法对学生跟踪系统进行分析与设计，获得如图 1-1 所示的上下文数据流图和图 1-2 所示的 0 层数据流图。

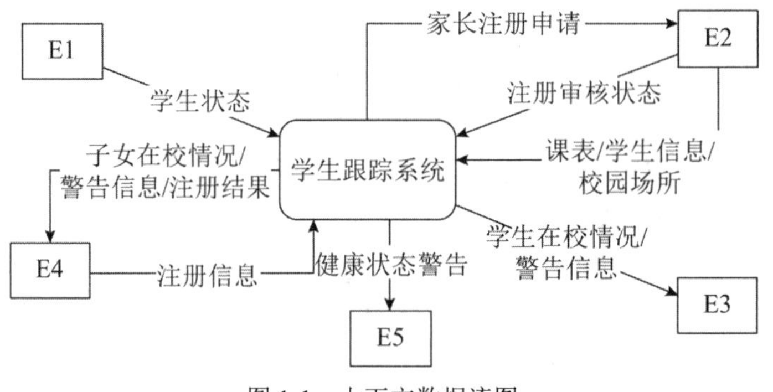

图 1-1　上下文数据流图

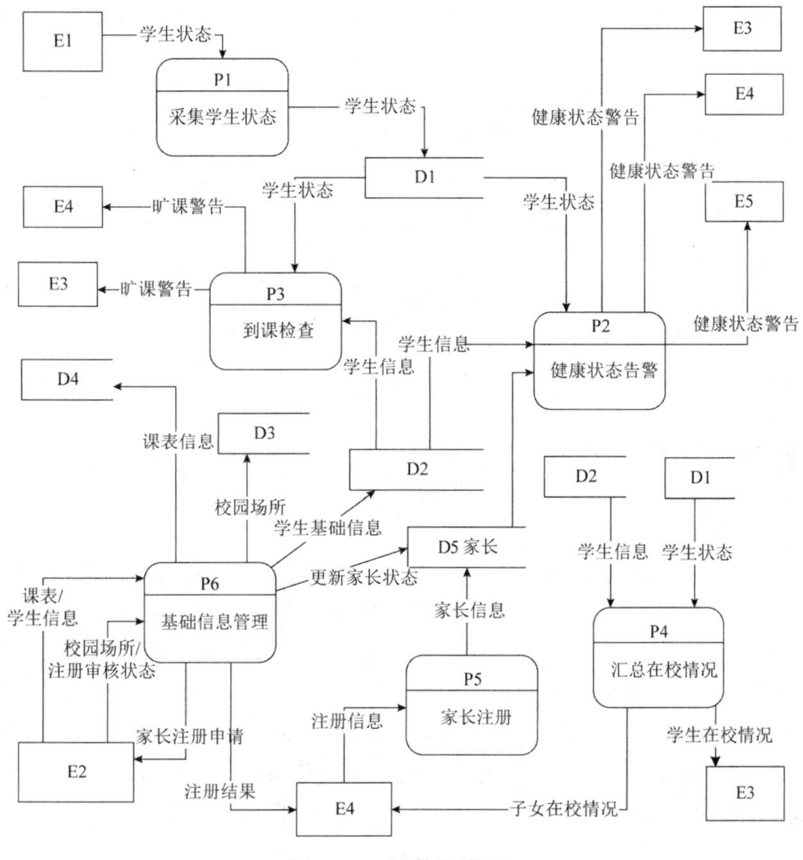

图 1-2　0 层数据流图

【问题 1】（5 分）

使用说明中的词语，给出图 1-1 中的实体 E1～E5 的名称。

【问题 2】（4 分）

使用说明中的词语，给出图 1-2 中的数据存储 D1～D4 的名称。

【问题 3】（3 分）

根据说明和图中术语，补充图 1-2 中缺失的数据流及其起点和终点（三条即可）。

【问题 4】（3 分）

根据说明中的术语，说明图 1-1 中数据流“学生状态”和“学生信息”的组成。

试题一分析

本题考查采用结构化方法进行软件系统的分析与设计，主要考查利用数据流图（DFD）进行分析和建模。

DFD 是面向数据流建模的工具，它将系统建模成输入、加工（处理）、输出的模型，即流入软件的数据对象、经由加工的转换、最后以结果数据对象的形式流出软件，并采用自顶向下分层建模进行逐层细化。顶层 DFD（上下文数据流图）建模用于确定系统边界以及系统的输入输出数据，待开发软件系统被看作一个加工，为系统提供输入数据以及接收系统输出数据的是外部实体，外部实体和加工之间的输入输出即为数据流。数据流或者由具体的数据属性（也称为数据结构）构成，或者由其他数据流构成，即组合数据流，用于在高层数据流图中组合相似的数据流。将上下文 DFD 中的加工分解成多个加工，分别识别这些加工的输入数据流以及经过加工变换后的输出数据流，建模 0 层 DFD。根据 0 层 DFD 中加工的复杂程度进一步建模加工的内容。根据需求情况可以将数据存储建模在不同层次的 DFD 中。

在建模分层 DFD 时，需要注意加工和数据流的正确使用，一个加工必须既有输入又有输出；数据流须和加工相关，即数据流至少有一头为加工；要注意在绘制下层数据流图时保持父图与子图平衡，即父图中某加工的输入输出数据流必须与其子图的输入输出数据流在数量和名字上相同，或者父图中的一个输入（或输出）数据流对应于子图中几个输入（或输出）数据流的组合数据流。

题目题干描述清晰，易于分析，要求考生细心分析题目说明中所描述的内容。

【问题 1】

本问题考查的是上下文 DFD，要求确定外部实体。在上下文 DFD 中，待开发系统名称“学生跟踪系统”作为唯一加工的名称，为这一加工提供输入数据流或者接收其输出数据流的外部实体，涉及学生卡、班主任、家长、医护机构健康服务系统和管理人员。需要注意的是，医生并不直接接收学生跟踪系统的信息，说明（2）中“由医护机构健康服务系统通知相关医生”是本系统的外部实体医护机构健康服务系统在本系统之外与医生之间进行的交互，所以在给定的业务背景的情况下，医生不属于本系统的外部实体。再根据描述相关信息进行对应，对照图 1-1，即可确定 E1 为“学生卡”实体，E2 为“管理人员”实体，E3 为“班主任”实体，E4 为“家长”实体，E5 为“医护机构健康服务系统”实体。

【问题 2】

本问题要求确定图 1-2 中 0 层数据流图中的数据存储。重点分析说明中与数据存储有关的描述。根据说明（1）中“采集学生状态”“并记录”，图 1-2 中从加工“采集学生状态”流入 D1 的数据流明确了“学生状态”，可知 D1 为“学生状态”；再由说明（6）中“基础信息管理”的描述信息，结合图 1-2 中 P6 流入 D2 的“学生基础信息”、流入 D3 的“校园场所”、流入 D4 的“课表信息”和从 D2 流出的“学生信息”等，可知 D2 为“学生”、D3 为“校园场所”、D4 为“课表”。

【问题 3】

本问题要求补充缺失的数据流及其起点和终点。对照图 1-1 和图 1-2 的输入、输出数据流，没有缺少与外部实体之间的数据流。

再考查题干中的说明，判定是否缺失内部的数据流，不难发现图 1-2 中缺失的数据流。加工 P3（到课检查）需要综合课表信息、校园场所，所以，缺少从 D4（课表）流向 P3（到课检查）的数据流“课表信息”、从 D3（校园场所）流向 P3（到课检查）的“场所信息”以及从 D5（家长）流向 P3（到课检查）的“家长信息”。加工 P4（汇总在校情况）需要综合学生信息、课表信息、场所信息和学生状态信息，需要从学生信息中获取家长 ID，根据家长 ID 获取家长信息，并将报告发送给家长和班主任，所以，流向 P4（汇总在校情况）的数据流缺少从 D4（课表）流入的“课表信息”、从 D3（校园场所）流入的“场所信息”和从 D5（家长）流入的“家长信息”。再由说明（6）中“对家长注册申请进行审核”“将家长 ID 加入学生信息记录中使家长与其子女进行关联”不难发现，缺少从 P6（基础信息管理）流入 D2（学生）的数据流“家长 ID”以及从 P5（家长注册）流入 P6（基础信息管理）的“家长注册申请”。

【问题 4】

数据流由具体的数据属性构成，采用符号加以表示，“=”表示组成（被定义为），“+”表示有多个属性（与），“{}”表示其中属性出现多次，“()”表示其中属性可选等。图 1-1 中的“学生状态”来自于 E1（学生卡），“学生信息”从 D2 数据存储流出。在说明（1）中给出“采集学生心率、体温（摄氏度）等健康指标及其所在位置等”以及“每张学生卡有唯一的标识（ID）与一个学生对应”；在说明（6）中给出 “对学生及其所用学生卡和班主任”“将家长 ID 加入学生信息记录中”等信息。然后采用“=”和“+”将数据流及其属性表示出来。需要注意的是，“一个学生至少有一个家长，可以有多个家长”说明一条学生信息中可以有一到多个家长信息，在数据流表示中需要使用“{}”，即“1{家长 ID}*”。

参考答案

【问题 1】

E1：学生卡

E2：管理人员

E3：班主任

E4：家长

E5：医护机构健康服务系统

【问题 2】

D1：学生状态

D2：学生

D3：校园场所

D4：课表

（注：名称后面可以带有“信息”或“文件”或“表”）

【问题 3】

数据流	起点	终点
课表信息	D4 或课表	P3 或到课检查
场所信息	D3 或校园场所	P3 或到课检查
家长信息	D5 或家长	P3 或到课检查
课表信息	D4 或课表	P4 或汇总在校情况
场所信息	D3 或校园场所	P4 或汇总在校情况
家长信息	D5 或家长	P4 或汇总在校情况
家长 ID	P6 或基础信息管理	D2 或学生
家长注册申请	P5 或家长注册	P6 或基础信息管理

（注：数据流没有顺序要求，按题目要求写出其中三条）

【问题 4】

学生状态=学生卡 ID +心率+体温+位置+时间

学生信息=学生 ID +学生卡 ID+1{家长 ID}* +班主任 ID +班级

试题二（共 15 分）

阅读下列说明，回答问题 1 至问题 3，将解答填入答题纸的对应栏内。

【说明】

某创业孵化基地管理若干孵化公司和创业公司，为规范管理创业项目投资业务，需要开发一个信息系统。请根据下述需求描述完成该系统的数据库设计。

【需求描述】

（1）记录孵化公司和创业公司的信息。孵化公司信息包括公司代码、公司名称、法人代表名称、注册地址和一个电话；创业公司信息包括公司代码、公司名称和一个电话。孵化公司和创业公司的公司代码编码不同。

（2）统一管理孵化公司和创业公司的员工。员工信息包括工号、身份证号、姓名、性别、所属公司代码和一个手机号，工号唯一标识每位员工。

（3）记录投资方信息，投资方信息包括投资方编号、投资方名称和一个电话。

（4）投资方和创业公司之间依靠孵化公司牵线建立创业项目合作关系，具体实施由孵化公司的一位员工负责协调投资方和创业公司的一个创业项目。一个创业项目只属于一个创业公司，但可以接受若干投资方的投资。创业项目信息包括项目编号、创业公司代码、投资方编号和孵化公司员工工号。

【概念模型设计】

根据需求阶段收集的信息，设计的实体联系图（不完整）如图 2-1 所示。

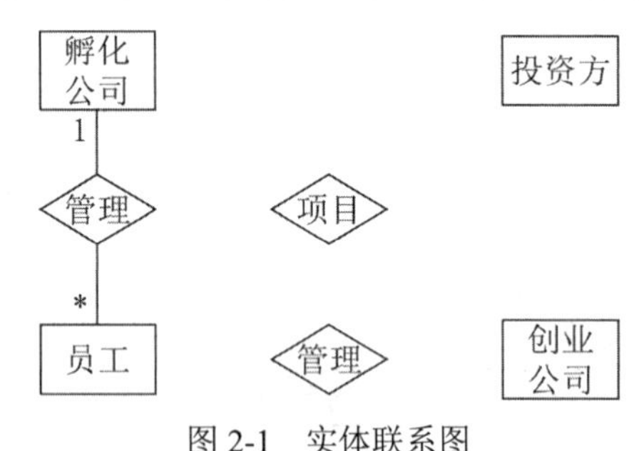

图 2-1　实体联系图

【逻辑结构设计】

根据概念模型设计阶段完成的实体联系图，得出如下关系模式（不完整）：

孵化公司 (公司代码, 公司名称, 法人代表名称, 注册地址, 电话)

创业公司 (公司代码, 公司名称, 电话)

员工 (工号, 身份证号, 姓名, 性别, __(a)__, 手机号)

投资方 (投资方编号, 投资方名称, 电话)

项目 (项目编号, 创业公司代码, __(b)__, 孵化公司员工工号)

【问题 1】（5 分）

根据问题描述，补充图 2-1 的实体联系图。

【问题 2】（4 分）

补充逻辑结构设计结果中的（a）、（b）两处空缺及完整性约束关系。

【问题 3】（6 分）

若创业项目的信息还需要包括投资额和投资时间，那么：

（1）是否需要增加新的实体来存储投资额和投资时间？

（2）如果增加新的实体，请给出新实体的关系模式，并对图 2-1 进行补充。如果不需要增加新的实体，请将“投资额”和“投资时间”两个属性补充并连线到图 2-1 合适的对象上，并对变化的关系模式进行修改。

试题二分析

本题考查对数据库概念模型设计及逻辑结构转换的掌握。此类题目要求考生认真阅读题目，根据题目的需求描述，给出实体间的联系。

【问题 1】

根据题意，由“投资方和创业公司之间依靠孵化公司牵线建立创业项目合作关系，具体实施由孵化公司的一位员工负责协调投资方和创业公司的一个创业项目”，可知投资方、创业公司和员工三方参与项目联系，三方之间为 1∶*∶1 联系。根据题意，由“统一管理孵化公司和创业公司的员工”，可知创业公司和员工之间为 1∶*联系。

【问题 2】

根据需求描述（2）可知员工信息包括工号、身份证号、姓名、性别、所属公司代码和一个手机号。所以在员工关系里应该包括“公司代码”，且以外键标识。

根据需求描述（4）可知投资方、创业公司和员工三方之间为 1∶*∶1 联系，所以需要在项目关系模式中包含“投资方编号”，且以外键标识。

【问题 3】

根据题意，由“创业项目的信息还需要包括投资额和投资时间”，可知不需要增加新的实体来存储投资额和投资时间，只需要在项目关系模式中增加“投资额”和“投资时间”两个属性。

参考答案

【问题 1】

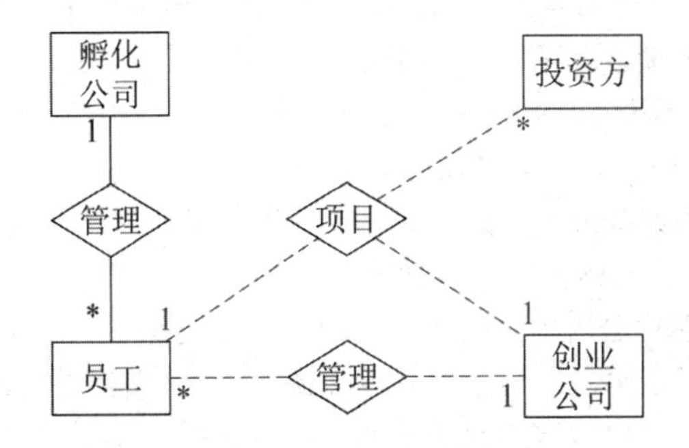

【问题2】

（a）公司代码

（b）投资方编号

【问题3】

（1）不需要。

（2）补充内容如图中虚线所示。

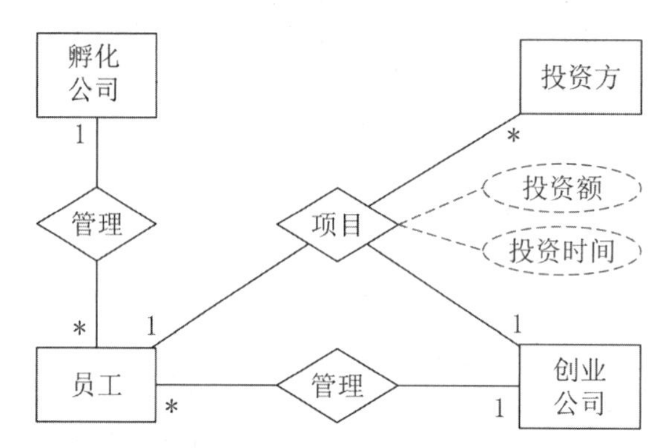

关系模式：项目（项目编号，创业公司代码，投资方编号，孵化公司员工工号，*投资额，投资时间*）

试题三（共15分）

阅读下列说明，回答问题1至问题3，将解答填入答题纸的对应栏内。

【说明】

某图书公司欲开发一个基于Web的书籍销售系统，为顾客（Customer）提供在线购买书籍（Books）的功能，同时对公司书籍的库存及销售情况进行管理。系统的主要功能描述如下：

（1）首次使用系统时，顾客需要在系统中注册（Register detail）。顾客填写注册信息表要求的信息，包括姓名（name）、收货地址（address）、电子邮箱（email）等，系统将为其生成一个注册码。

（2）注册成功的顾客可以登录系统在线购买书籍（Buy books）。购买时可以浏览书籍信息，包括书名（title）、作者（author）、内容简介（introduction）等。如果某种书籍的库存量为0，那么顾客无法查询到该书籍的信息。顾客选择所需购买的书籍及购买数量（quantities），若购买数量超过库存量，提示库存不足；若购买数量小于库存量，系统将显示验证界面，要求顾客输入注册码。注册码验证正确后，自动生成订单（Order），否则，提示验证码错误。如果顾客需要，可以选择打印订单（Print order）。

（3）派送人员（Dispatcher）每天早晨从系统中获取当日的派送列表信息（Produce picklist），按照收货地址派送顾客订购的书籍。

（4）用于销售的书籍由公司的采购人员（Buyer）进行采购（Reorder books）。采购人员每天从系统中获取库存量低于再次订购量的书籍信息，对这些书籍进行再次购买，以保证充足的库存量。新书籍到货时，采购人员向在线销售目录（Catalog）中添加新的书籍信息（Add books）。

（5）采购人员根据书籍的销售情况，对销量较低的书籍设置折扣或促销活动（Promote books）。

（6）当新书籍到货时，仓库管理员（Warehouseman）接收书籍，更新库存（Update stock）。

现采用面向对象方法开发书籍销售系统，得到如图 3-1 所示的用例图和图 3-2 所示的初始类图（部分）。

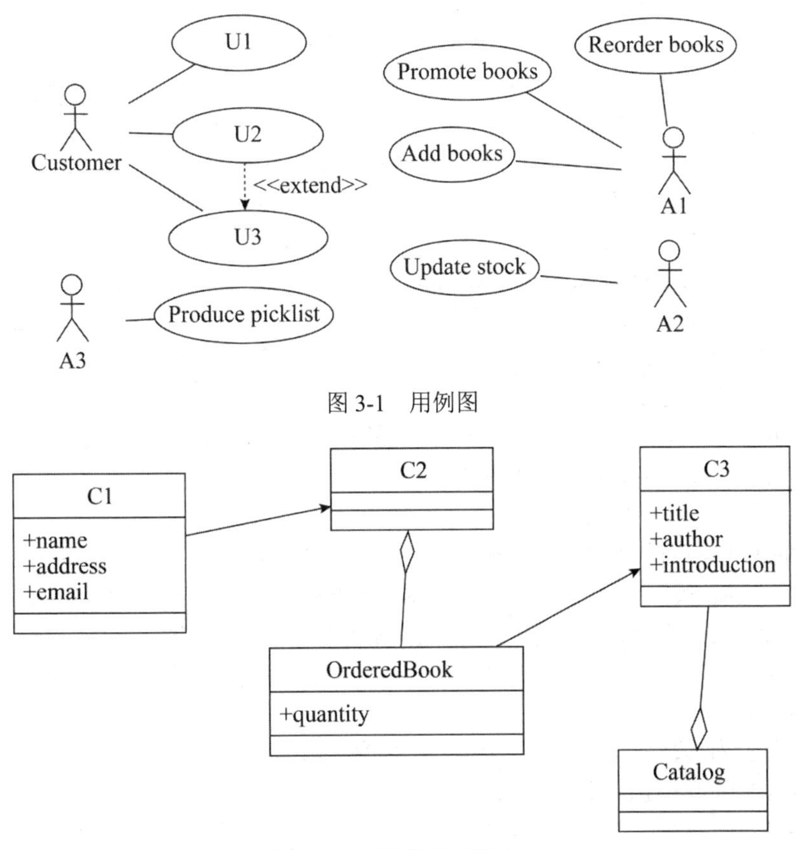

图 3-1　用例图

图 3-2　初始类图（部分）

【问题 1】（6 分）

根据说明中的描述，给出图 3-1 中 A1～A3 所对应的参与者名称和 U1～U3 所对应的用例名称。

【问题 2】（6 分）

根据说明中的描述，给出图 3-1 中用例 U3 的用例描述（用例描述中必须包括基本事件流和所有的备选事件流）。

【问题 3】（3 分）

根据说明中的描述，给出图 3-2 中 C1～C3 所对应的类名。

试题三分析

本题主要考查面向对象分析与设计的基本概念。在建模方面，本题仅涉及了 UML 的用例图和类图，考查的模式是根据需求说明将模型补充完整。题目较为简单，属于经典考题。

【问题 1】

本题给出的应用场景是一个基于Web 的书籍销售系统。本问题要求补充的是用例图。用例图展现了一组用例、参与者以及它们之间的关系。用例建模是按照业务事件、谁发起事件，以及系统如何响应事件建模系统功能的过程。

参与者表示需要与系统交互以交换信息的任何事物。参与者可以是一个用户，可以是外部系统的一个角色，也可以是一个人。从题目的说明中很容易发现，该系统中有 4 类与系统交互的角色：顾客、派送人员、采购人员以及仓库管理员。根据说明所描述的每个角色所参与的功能，可以判断出：A1 对应的参与者是采购人员（Buyer）、A2 对应的参与者是仓库管理员（Warehouseman）、A3 对应的参与者是派送人员（Dispatcher）。

用例是一组相关行为的自动的和手动的步骤序列，其目的是完成单个业务任务。下面需要确定与参与者“顾客（Customer）”相关联的用例。根据说明可知，顾客参与或激发的用例包括：注册（Register detail）、在线购买书籍（Buy books）和打印订单（Print order）。由图 3-1 可知，用例 U2 和 U3 之间具有扩展关系。为了简化用例使其更容易理解，通常会提取出复杂的步骤，使其成为独立的用例，这类用例被称为扩展用例。而“打印订单”是“在线购买书籍”中的一部分操作，可以作为独立步骤提取，所以图 3-1 中 U2 对应的用例为“打印订单”，U3 为“在线购买书籍”，U1 为“注册”。

【问题 2】

UML 的用例图以图形化的方式描述了系统与外部系统和用户的交互。用例描述也用于以文本化的方式描述每个交互步骤的顺序。本题考查的就是用例的文本描述方式。

需要进行描述的用例是 U3，即“在线购买书籍”。根据说明中的（2），可以很容易得到该用例的交互步骤，这里需要注意的是要区分基本事件流和备选事件流，并且要给出所有的备选事件流。

基本事件流为：顾客登录系统，浏览书籍信息，选择所需购买的书籍及其数量，进入验证界面，输入注册码，生成订单。

备选事件流一共有 3 个场景：购买数量超过库存量、验证码错误以及是否需要打印。

【问题 3】

本问题要求将图 3-2 所示的类图补充完整。首先观察该类图，发现在图中有两个聚集关系（整体-部分）——Catalog 与 C3、C2 与 OrderedBook。

从说明可知，“采购人员向在线销售目录（Catalog）中添加新的书籍信息”，所以 Catalog 中包含的应该是书籍的信息，因此 C3 应该对应类 Books。同时由类图 3-2 也可以看出，C3 中的属性与“Books”的属性也是一致的。

同理，可以推断出 C2 对应的是类“Order”， C1 对应的是类“Customer”。

参考答案

【问题 1】

A1：Buyer 或采购人员

A2：Warehouseman 或仓库管理员

A3：Dispatcher 或派送人员

U1：Register details 或注册

U2：Print order 或打印订单

U3：Buy books 或在线购买书籍

【问题 2】

基本事件流：

顾客登录系统，浏览书籍信息，选择所需购买的书籍及其数量，进入验证界面，输入注册码，生成订单。

备选事件流：

（1）书籍的购买数量大于其库存量，提示库存不足。

（2）注册码不正确，提示验证码错误。

（3）顾客要求打印订单信息。

【问题 3】

C1：Customer

C2：Order

C3：Books

试题四（共 15 分）

阅读下列说明和 C 代码，回答问题 1 至问题 3，将解答写在答题纸的对应栏内。

【说明】

n 皇后问题描述为：在一个 $n \times n$ 的棋盘上摆放 n 个皇后，要求任意两个皇后不能冲突，即任意两个皇后不在同一行、同一列或者同一斜线上。

算法的基本思想如下：

将第 i 个皇后摆放在第 i 行，i 从 1 开始，每个皇后都从第 1 列开始尝试。尝试时判断在该列摆放皇后是否与前面的皇后有冲突，如果没有冲突，则在该列摆放皇后，并考虑摆放下一个皇后；如果有冲突，则考虑下一列。如果该行没有合适的位置，回溯到上一个皇后，考虑在原来位置的下一个位置上继续尝试摆放皇后……直到找到所有合理摆放方案。

【C 代码】

下面是算法的 C 语言实现。

（1）常量和变量说明

```
n：皇后数，棋盘规模为 n×n
queen[]：皇后的摆放位置数组，queen[i]表示第 i 个皇后的位置，1≤queen[i]≤n
```

（2）C 程序

```
#include <stdio.h>
#define n 4
int queen[n+1];

void Show(){      /* 输出所有皇后摆放方案 */
```

```
        int i;
        printf("(");
        for(i = 1; i <=n; i++){
            printf(" %d", queen[i]);
        }
        printf(")\n");
    }
    int Place(int j){    /* 检查当前列能否放置皇后，不能放返回 0，能放返回 1 */
        int i;
        for(i = 1; i < j; i++){    /* 检查与已摆放的皇后是否在同一列或者同一斜线上 */
            if(__(1)__ || abs(queen[i] - queen[j]) == (j - i)) {
                return 0;
            }
        }
        Return __(2)__;
    }
    void Nqueen(int j){
        int i;
        for(i = 1; i <=n; i++){
            queen[j] = i;
            if(__(3)__){
                if(j == n) {  /* 如果所有皇后都摆放好，则输出当前摆放方案 */
    Show();
                } else {     /* 否则继续摆放下一个皇后 */
    __(4)__;
                }
            }
        }
    }

    int main(){
        Nqueen (1);
    return 0;
    }
```

【问题1】（8分）

根据题干说明，填充C代码中的空（1）～（4）。

【问题2】（3分）

根据题干说明和C代码，算法采用的设计策略为__（5）__。

【问题3】（4分）

当n=4时，有__（6）__种摆放方式，分别为__（7）__。

试题四分析

本题考查算法设计策略与分析方法。

此类题目要求考生认真阅读题目对问题的描述，以及用算法求解该问题的思路，能够理解如何将典型的算法设计策略应用到实际问题的求解中，并用某种程序设计语言来实现。

【问题 1】

函数 Place 用于检查当前行 j 的 queen[j]位置能否放置皇后，不能放则返回 0，能放则返回 1。能放的前提是前 j–1 行已经放置了互相不冲突的皇后，此时判断第 j 行的皇后 queen[j]是否与前面的皇后有冲突，因此判断 if 中的两个条件为是否在同一列或同一对斜线。其中，abs(queen[i]–queen[j]) == (j–i)表示两个皇后在同一斜线上，因此空（1）中应填同一列，即 queen[i] == queen[j]。在定义函数 Place 的时候已经注释说明，如果不能放返回 0，能放返回 1，因此空（2）填 1。

在函数 Nqueen()中放置皇后。从第一行第一列开始，每次放置皇后时判断是否可以放置的位置，因此空（3）填 Place(j)。如果能放且 j 是最后一行，则得到一个放置方案；如果能放且 j 不是最后一行，则需要放下一个皇后，因此空（4）填写 Nqueen(j + 1)。这里用到了递归调用，因此没有显式回溯的语句。

【问题 2】

这是一个典型的回溯算法求解问题的过程。分治法、动态规划、贪心算法、回溯法和分支限界法是要求考生掌握的算法设计策略，考生需要理解算法求解问题的基本步骤以及应用该算法策略求解的典型例子。

【问题 3】

根据对问题的描述和 C 语言实现，可以摆放皇后获得问题的解。当 n=4 时，有两种摆放方案，如下图所示，其中◇表示皇后。因此空（6）中填 2，空（7）中填（2,4,1,3）和（3,1,4,2）。

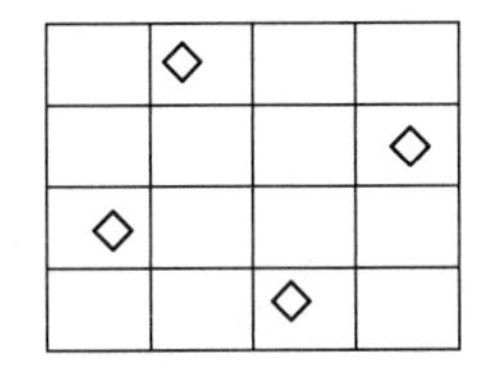

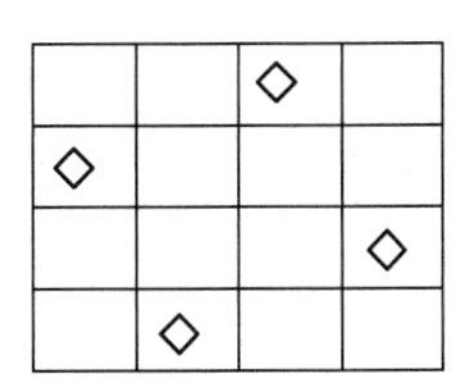

参考答案

【问题 1】

（1）queen[i] == queen[j]或等价形式

（2）1

（3）Place(j)

（4）Nqueen(j + 1)

【问题 2】

（5）回溯法

【问题 3】

（6）2

（7）（2,4,1,3）或（2 4 1 3）

（3,1,4,2）或（3 1 4 2）

注意：从试题五或试题六中，任选一道题解答。

试题五（共 15 分）

阅读下列说明和 Java 代码，将应填入__（n）__处的字句写在答题纸的对应栏内。

【说明】

某软件公司欲开发一款汽车竞速类游戏，需要模拟长轮胎和短轮胎急刹车时在路面上留下的不同痕迹，并考虑后续能模拟更多种轮胎急刹车时的痕迹。现采用策略（Strategy）设计模式来实现该需求，所设计的类图如图 5-1 所示。

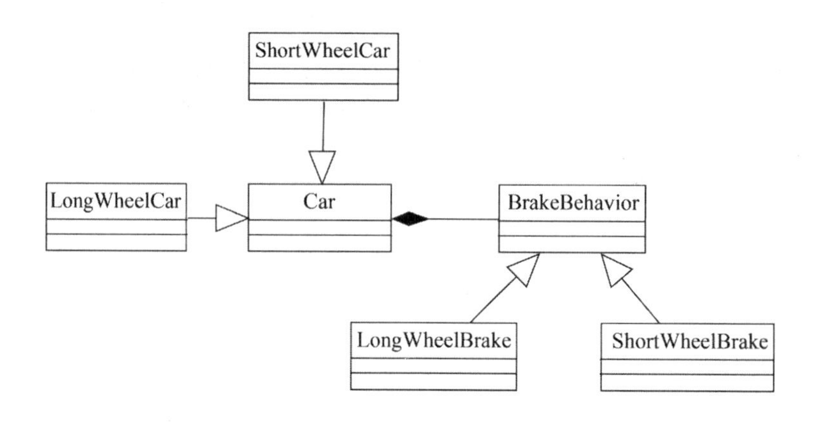

图 5-1　类图

【Java 代码】

```
import java.util.*;
interface BrakeBehavior {
public __(1)__;
    /* 其余代码省略 */
};
class LongWheelBrake implements BrakeBehavior {
public void stop() { System.out.println("模拟长轮胎刹车痕迹！"); }
    /* 其余代码省略 */
};
class ShortWheelBrake implements BrakeBehavior {
public void stop() { System.out.println("模拟短轮胎刹车痕迹！"); }
/* 其余代码省略 */
};
abstract class Car {
protected __(2)__wheel;
public void brake() { __(3)__; }
/* 其余代码省略 */
};
class ShortWheelCar extends Car {
public ShortWheelCar(BrakeBehavior behavior) {
__(4)__;
```

```
}
    /* 其余代码省略 */
};
class StrategyTest{
  public static void main(String[] args) {
    BrakeBehavior brake = new ShortWheelBrake();
    ShortWheelCar car1 = new ShortWheelCar(brake);
    car1.  (5)  ;
  }
}
```

试题五分析

本题考查设计模式中策略（Strategy）模式的基本概念和应用。

策略模式的意图是：定义一系列的算法，把它们一个个封装起来，并且使它们可以相互替换。此模式使得算法可以独立于使用它们的客户而变化。策略模式的结构图如图 5-2 所示。

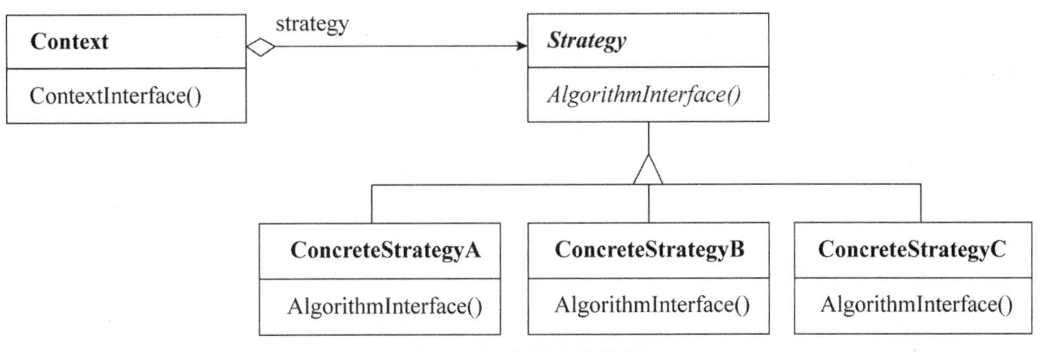

图 5-2　策略模式结构图

其中：

- Strategy（策略）定义所有支持的算法的公共接口。Context 使用这个接口来调用某 ConcreteStrategy 定义的算法。
- ConcreteStrategy（具体策略）以 Strategy 接口实现某具体算法。
- Context（上下文）用一个 ConcreteStrategy 对象来配置；维护一个对 Strategy 对象的引用；可定义一个接口来让 Strategy 访问它的数据。

策略模式适用于：

- 许多相关的类仅仅是行为有异。“策略”提供了一种用多个行为中的一个行为来配置一个类的方法。
- 需要使用一个算法的不同变体。例如，定义一些反映不同空间的空间/时间权衡的算法。当这些变体实现为一个算法的类层次时，可以使用策略模式。
- 算法使用客户不应该知道的数据。可使用策略模式以避免暴露复杂的、与算法相关的数据结构。

- 一个类定义了多种行为，并且这些行为在这个类的操作中以多个条件语句的形式出现，将相关的条件分支移入它们各自的 Strategy 类中，以代替这些条件语句。

本题中的类 BrakeBehavior 对应于图 5-2 中的 Strategy，类 LongWheelBrake 和 ShortWheelBrake 则是具体的策略子类，每个子类以 Strategy 提供的接口实现某具体算法。

第（1）空需要填写的就是类 BrakeBehavior 中所定义的方法，这一空的答案可以从 BrakeBehavior 的子类中得出。因此第（1）空应填入 void stop()。

第（2）～（3）空在类 Car 中。类 Car 对应于图 5-2 中的类 Context，其作用是：用一个 ConcreteStrategy 对象来配置，维护一个对 Strategy 对象的引用，定义一个接口来让 Strategy 访问它的数据。第（2）空用于定义和维护对 Strategy 对象的引用，这里需要给出其类型，因此第（2）空应填入 BrakeBehavior。第（3）空要求给出方法 brake 的实现，这里需要调用策略类所提供的策略，因此第（3）空应填入 wheel.stop()。

第（4）空是在为 Car 的子类设置 ConcreteStrategy 对象，因此第（4）空应填入 wheel = behavior。

第（5）空考查的是对策略模式的使用，这里需要调用 Car 中所定义的接口 brake，因此第（5）空应填入 brake()。

参考答案

（1）void stop()

（2）BrakeBehavior

（3）wheel.stop()

（4）wheel = behavior

（5）brake()

试题六（共 15 分）

阅读下列说明和 C++代码，将应填入__（n）__处的字句写在答题纸的对应栏内。

【说明】

某软件公司欲开发一款汽车竞速类游戏，需要模拟长轮胎和短轮胎急刹车时在路面上留下的不同痕迹，并考虑后续能模拟更多种轮胎急刹车时的痕迹。现采用策略（Strategy）设计模式来实现该需求，所设计的类图如图 6-1 所示。

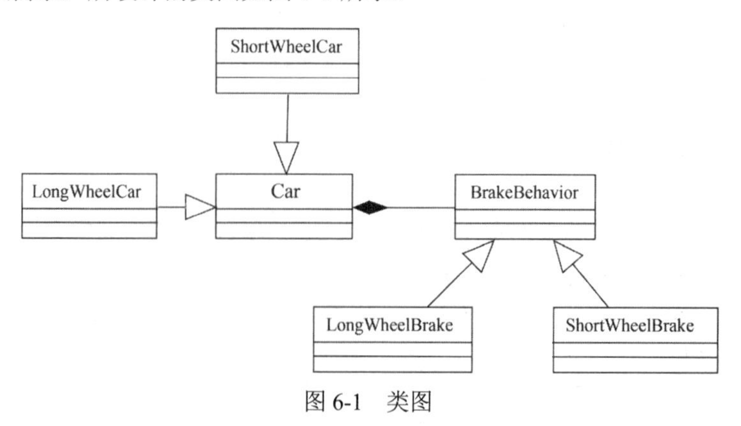

图 6-1 类图

【C++代码】

```
#include<iostream>
using namespace std;
class BrakeBehavior {
public:
  (1)  ;
    /* 其余代码省略 */
};
class LongWheelBrake : public BrakeBehavior {
public:
void stop() { cout << "模拟长轮胎刹车痕迹！" << endl; }
    /* 其余代码省略 */
};
class ShortWheelBrake : public BrakeBehavior {
public:
void stop() { cout << "模拟短轮胎刹车痕迹！" << endl; }
    /* 其余代码省略 */
};
class Car {
protected:
  (2)   wheel;
public:
   void brake() {  (3)  ; }
    /* 其余代码省略 */
};
class ShortWheelCar : public Car {
public:
   ShortWheelCar(BrakeBehavior* behavior) {
  (4)  ;
   }
    /* 其余代码省略 */
};
int main() {
    BrakeBehavior* brake = new ShortWheelBrake();
    ShortWheelCar car1(brake);
    car1.  (5)  ;
    return 0;
}
```

试题六分析

本题考查设计模式中策略（Strategy）模式的基本概念和应用。

策略模式的意图是：定义一系列的算法，把它们一个个封装起来，并且使它们可以相互替换。此模式使得算法可以独立于使用它们的客户而变化。策略模式的结构图如图 6-2 所示。

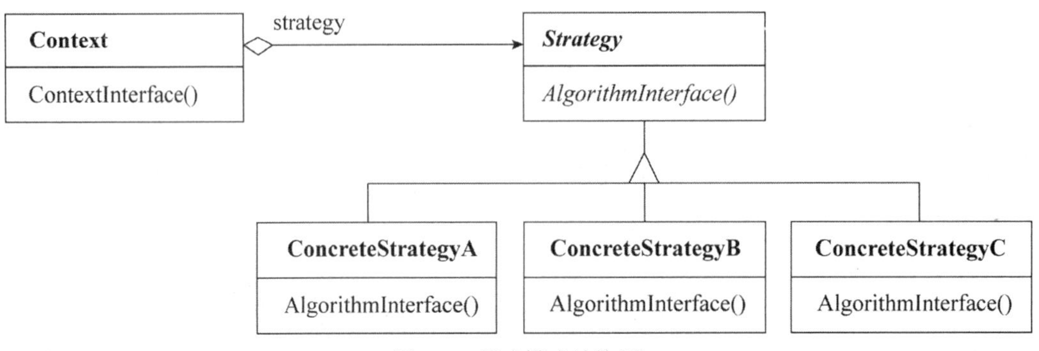

图 6-2 策略模式结构图

其中：

- 策略（Strategy）定义所有支持的算法的公共接口。Context 使用这个接口来调用某 ConcreteStrategy 定义的算法。
- 具体策略（ConcreteStrategy）以 Strategy 接口实现某具体算法。
- 上下文（Context）用一个 ConcreteStrategy 对象来配置；维护一个对 Strategy 对象的引用；可定义一个接口来让 Strategy 访问它的数据。

策略模式适用于：

- 许多相关的类仅仅是行为有异。“策略”提供了一种用多个行为中的一个行为来配置一个类的方法。
- 需要使用一个算法的不同变体。例如，定义一些反映不同空间的空间/时间权衡的算法。当这些变体实现为一个算法的类层次时，可以使用策略模式。
- 算法使用客户不应该知道的数据。可使用策略模式以避免暴露复杂的、与算法相关的数据结构。
- 一个类定义了多种行为，并且这些行为在这个类的操作中以多个条件语句的形式出现，将相关的条件分支移入它们各自的 Strategy 类中，以代替这些条件语句。

本题中的类 BrakeBehavior 对应于图 6-2 中的 Strategy，类 LongWheelBrake 和 ShortWheelBrake 则是具体的策略子类，每个子类以 Strategy 提供的接口实现某具体算法。

第（1）空需要填写的就是类 BrakeBehavior 中所定义的接口，这一空的答案可以从 BrakeBehavior 的子类中得出。这里采用了 C++中的纯虚拟函数机制，使 BrakeBehavior 成为了抽象基类，为其子类提供统一操作接口，具体实现则由子类来实现。因此第（1）空应填入 virtual void stop() = 0。

第（2）～（3）空在类 Car 中。类 Car 对应于图 6-2 中的类 Context，其作用是：用一个 ConcreteStrategy 对象来配置，维护一个对 Strategy 对象的引用，定义一个接口来让 Strategy 访问它的数据。第（2）空用于定义和维护对 Strategy 对象的引用，这里需要给出其类型，因此第（2）空应填入 BrakeBehavior*。第（3）空要求给出方法 brake 的实现，这里需要调用策略类所提供的策略，因此第（3）空应填入 wheel->stop()。

第（4）空是在为 Car 的子类设置 ConcreteStrategy 对象，因此第（4）空应填入 wheel = behavior。

第（5）空考查的是对策略模式的使用，这里需要调用 Car 中所定义的接口 brake，因此第（5）空应填入 brake()。

参考答案

（1）virtual void stop() = 0

（2）BrakeBehavior*

（3）wheel->stop()

（4）wheel = behavior

（5）brake()

第 15 章　2019 下半年软件设计师上午试题分析与解答

试题（1）

在 CPU 内外常设置多级高速缓存（Cache），其主要目的是＿（1）＿。

（1）A．扩大主存的存储容量

B．提高 CPU 访问主存数据或指令的效率

C．扩大存储系统的容量

D．提高 CPU 访问外存储器的速度

试题（1）分析

本题考查计算机系统基础知识。

高速缓存（Cache）是现代计算机系统中不可或缺的存储器子系统，用来临时存放一些经常被使用的程序片段或数据。Cache 存储了频繁访问的 RAM 位置的内容及这些数据项的存储地址。当 CPU 引用存储器中的某地址时，高速缓冲存储器便检查是否存有该地址。若有，则将数据返回处理器；否则进行常规的存储器访问。

Intel 的 CPU 一般都具有 32KB 的一级缓存，AMD 或 Via 会使用更多的一级缓存。如果在一级缓存中没有找到所需要的指令或数据，处理器会查看容量更大的二级缓存。二级缓存既可以被集成到 CPU 芯片内部，也可以作为外部缓存。例如，Pentium Ⅱ处理器具有 512KB 的二级缓存，工作速度相当于 CPU 速度的一半。

参考答案

（1）B

试题（2）

某系统的可靠性结构框图如下图所示。假设部件 1、2、3 的可靠度分别为 0.90、0.80、0.80（部件 2、3 为冗余系统）。若要求该系统的可靠度不小于 0.85，则进行系统设计时，部件 4 的可靠度至少应为＿（2）＿。

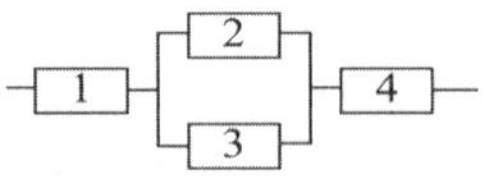

1 — [2 ∥ 3] — 4

（2）A．$\dfrac{0.85}{0.9\times(1-(1-0.8)^2)}$　　B．$\dfrac{0.85}{0.9\times(1-0.8)^2}$

C．$\dfrac{0.85}{0.9\times(0.8+0.8)}$　　D．$\dfrac{0.85}{0.9\times2\times(1-0.8)}$

试题（2）分析

本题考查计算机系统可靠性知识。

并联系统中，设每个子系统的可靠性分别以 $R_1,R_2,\cdots,R_N$ 表示，则整个系统的可靠性 R

可由下式求得：

$$R = 1-(1-R_1)(1-R_2)\cdots(1-R_N)$$

假设一个系统由 N 个子系统组成，当且仅当所有的子系统都能正常工作时系统才能正常工作，这种系统称为串联系统。

若串联系统中各个子系统的可靠性分别用 $R_1, R_2, \cdots, R_N$ 来表示，则系统的可靠性 R 可由下式求得：

$$R = R_1 R_2 \cdots R_N$$

题图中部件 2、3 构成并联子系统，其可靠性为 1–(1–0.8)(1–0.8)。

设部件 4 的可靠度为 R，由于部件 1、部件 2 和 3 构成的并联子系统、部件 4 为串联结构，所以系统的可靠度为 0.9×(1–(1–0.8) (1–0.8)) R，要求：

$$0.9\times(1-(1-0.8)(1-0.8))R \geqslant 0.85$$

即 $R \geqslant 0.85/(0.9\times(1-(1-0.8)(1-0.8)))$。

参考答案

（2）A

试题（3）

计算机运行过程中，进行中断处理时需保存现场，其目的是＿（3）＿。

（3）A．防止丢失中断处理程序的数据

B．防止对其他程序的数据造成破坏

C．能正确返回被中断的程序继续执行

D．能为中断处理程序提供所需的数据

试题（3）分析

本题考查计算机系统基础知识。

中断是指处理机处理程序运行中出现的紧急事件的整个过程。程序运行过程中，系统外部、系统内部或者现行程序本身若出现紧急事件，处理机立即中止现行程序的运行，自动转入相应的处理程序（中断服务程序），待处理完后，再返回原来的程序运行，这整个过程称为程序中断。为了返回原来被中断的程序能继续正确运行，中断处理时需保存现场。

参考答案

（3）C

试题（4）、（5）

内存按字节编址。地址从 A0000H 到 CFFFFH 的内存，共有＿（4）＿字节。若用存储容量为 64K×8bit 的存储器芯片构成该内存空间，至少需要＿（5）＿片。

（4）A．80KB　　B．96KB　　C．160KB　　D．192KB

（5）A．2　　B．3　　C．5　　D．8

试题（4）、（5）分析

本题考查计算机系统基础知识。

CFFFFH–A0000H = 2FFFF，起始地址 A0000H 到终止地址 CFFFFH 共有 30000H(2FFFF+1)个单元，按字节编址时，就是 30000H 个字节（即 $2^{17}+2^{16}$），以 K(2^{10})为单位表示，就是 192 (即

2^7+2^6)KB，若用容量为 64K×8bit（即 64KB）的存储芯片构造，需要 3 片（192/64）。

参考答案

（4）D　（5）B

试题（6）

执行指令时，将每一条指令都分解为取指、分析和执行三步。已知取指时间 $t_{取指}=5\Delta t$，分析时间 $t_{分析}=2\Delta t$，执行时间 $t_{执行}=3\Delta t$。如果按照［执行］$_k$、［分析］$_{k+1}$、［取指］$_{k+2}$ 重叠的流水线方式执行指令，从头到尾执行完 500 条指令需__（6）__Δt。

（6）A．2500　　B．2505　　C．2510　　D．2515

试题（6）分析

本题考查计算机系统基础知识。

每一条指令的取指、分析和执行三个步骤是按顺序地串行处理。在重叠的流水线方式下，第一条指令开始分析时，第二条指令的取指令操作可以进行，第一条指令执行结束时，第二条指令就开始分析，同时开始读取第三条指令，第三条指令开始分析时第二条指令执行结束，同时开始读取第四条指令，以此类推。因此，第一条指令执行结束后，每 5 个 $5\Delta t$ 就可以完成一条指令，因此执行完 500 条指令所需时间为 $5+2+3+5\times499=2505\Delta t$。

参考答案

（6）B

试题（7）

下列协议中，与电子邮箱服务的安全性无关的是__（7）__。

（7）A．SSL　　B．HTTPS　　C．MIME　　D．PGP

试题（7）分析

本题考查电子邮件安全方面的基础知识。

SSL（Secure Sockets Layer，安全套接层）及其继任者 TLS（Transport Layer Security，传输层安全）是为网络通信提供安全及数据完整性的一种安全协议，在传输层对网络连接进行加密。在设置电子邮箱时使用 SSL 协议，会保障邮箱更安全。

HTTPS 协议是由 HTTP 加上 TLS/SSL 协议构建的可进行加密传输、身份认证的网络协议，主要通过数字证书、加密算法、非对称密钥等技术完成互联网数据传输加密，实现互联网传输安全保护。

MIME 是设定某种扩展名的文件用一种应用程序来打开的方式类型，当该扩展名文件被访问的时候，浏览器会自动使用指定应用程序来打开。它是一个互联网标准，扩展了电子邮件标准，使其能够支持：非 ASCII 字符文本；非文本格式附件（二进制、声音、图像等）；由多部分（Multiple Parts）组成的消息体；包含非 ASCII 字符的头信息（Header Information）。

PGP 是一套用于消息加密、验证的应用程序，采用 IDEA 的散列算法作为加密与验证之用。PGP 加密由一系列散列、数据压缩、对称密钥加密，以及公钥加密的算法组合而成。每个公钥均绑定唯一的用户名和/或者 E-mail 地址。

因此，上述选项中 MIME 是扩展了电子邮件标准，不能用于保障电子邮件安全。

参考答案

（7）C

试题（8）

下列算法中，不属于公开密钥加密算法的是＿（8）＿。

（8）A．ECC　　B．DSA　　C．RSA　　D．DES

试题（8）分析

本题考查数据加密算法相关基础知识。

ECC、DSA 和 RSA 均属于公开密钥加密算法，DES 是共享密钥加密算法。

参考答案

（8）D

试题（9）

Kerberos 系统中可通过在报文中加入＿（9）＿来防止重放攻击。

（9）A．会话密钥　　B．时间戳　　C．用户 ID　　D．私有密钥

试题（9）分析

本题考查 Kerberos 安全协议相关基础知识。

时间戳是防止重放攻击的主要技术。

参考答案

（9）B

试题（10）、（11）

某电子商务网站向 CA 申请了数字证书，用户可以通过使用＿（10）＿验证＿（11）＿的真伪来确定该网站的合法性。

（10）A．CA 的公钥　　B．CA 的签名　　C．网站的公钥　　D．网站的私钥

（11）A．CA 的公钥　　B．CA 的签名　　C．网站的公钥　　D．网站的私钥

试题（10）、（11）分析

本题考查 CA 数字证书相关基础知识。

数字证书中包含用户的公钥；甲、乙用户如需要互信，可相互交换数字证书。

参考答案

（10）A　（11）B

试题（12）

李某受非任职单位委托，利用该单位实验室、实验材料和技术资料开发了一项软件产品。对该软件的权利归属，表达正确的是＿（12）＿。

（12）A．该软件属于委托单位

B．若该单位与李某对软件的归属有特别约定，则遵从约定；无约定的，原则上归属于李某

C．取决于该软件是否属于该单位分派给李某的

D．无论李某与该单位有无特别约定，该软件都属于李某

试题（12）分析

本题考查知识产权知识。

委托开发的计算机软件著作权归属规定如下：

（1）属于软件开发者，即属于实际组织开发、直接进行开发，并对开发完成的软件承担责任的法人或者其他组织；或者依靠自己具有的条件独立完成软件开发，并对软件承担责任的自然人。

（2）合作开发的软件，其著作权的归属由合作开发者签订书面合同约定。无书面合同或者合同未作明确约定，合作开发的软件可以分割使用的，开发者对各自开发的部分可以单独享有著作权；合作开发的软件不能分割使用的，其著作权由各合作开发者共同享有。

（3）接受他人委托开发的软件，其著作权的归属由委托人与受托人签订书面合同约定；无书面合同或者合同未作明确约定的，其著作权由受托人享有。

（4）由国家机关下达任务开发的软件，著作权的归属与行使由项目任务书或者合同规定；项目任务书或者合同中未作明确规定的，软件著作权由接受任务的法人或者其他组织享有。

（5）自然人在法人或者其他组织中任职期间所开发的软件有下列情形之一的，该软件著作权由该法人或者其他组织享有：①针对本职工作中明确指定的开发目标所开发的软件；②开发的软件是从事本职工作活动所预见的结果或者自然的结果；③主要使用了法人或者其他组织的资金、专用设备、未公开的专门信息等物质技术条件所开发并由法人或者其他组织承担责任的软件。

本题中李某所开发软件不是任职单位指派的职务作品，其软件作品为接受非任职单位的委托而开发，符合（3）规定的情形。

参考答案

（12）B

试题（13）

李工是某软件公司的软件设计师，每当软件开发完成均按公司规定申请软件著作权，该软件的著作权__（13）__。

（13）A．应由李工享有

B．应由公司和李工共同享有

C．应由公司享有

D．除署名权以外，著作权的其他权利由李工享有

试题（13）分析

本题考查知识产权相关知识。

李某（自然人）在法人或者其他组织中任职期间所开发的软件有下列情形之一的，该软件著作权由该法人或者其他组织享有：

（1）针对本职工作中明确指定的开发目标所开发的软件；

（2）开发的软件是从事本职工作活动所预见的结果或者自然的结果；

（3）主要使用了法人或者其他组织的资金、专用设备、未公开的专门信息等物质技术条件所开发并由法人或者其他组织承担责任的软件。

参考答案

（13）C

试题（14）

某考试系统的部分功能描述如下：审核考生报名表；通过审核的考生登录系统，系统自动为其生成一套试题；考试中心提供标准答案；阅卷老师阅卷，提交考生成绩；考生查看自己的成绩。若用数据流图对该系统进行建模，则__（14）__不是外部实体。

（14）A．考生　　B．考试中心　　C．阅卷老师　　D．试题

试题（14）分析

本题考查结构化分析与设计的基础知识。

数据流图是结构化分析的重要模型，描述数据在系统中如何被传送或变换以及描述如何对数据流进行变换的功能（子功能），用于功能建模。数据流图包括外部实体、数据流、加工和数据存储。其中，外部实体是指存在于软件系统之外的人员、组织或其他系统；数据流是由一组固定成分的数据组成，表示数据的流向；加工描述输入数据流到输出数据流之间的变换；数据存储用来表示存储数据。

参考答案

（14）D

试题（15）

以下关于软件设计原则的叙述中，不正确的是__（15）__。

（15）A．系统需要划分为多个模块，模块的规模越小越好

B．考虑信息隐藏，模块内部的数据不能让其他模块直接访问

C．模块独立性要好，尽可能高内聚和低耦合

D．采用过程抽象和数据抽象设计

试题（15）分析

本题考查软件设计的基础知识。

要求考生熟悉基本的软件设计原则，如系统模块化、信息隐藏、模块独立性、抽象等。本题中选项A所述不正确，软件系统需要划分为多个模块，但是模块的规模应该适中，而不是越小越好。

参考答案

（15）A

试题（16）

某模块中各个处理元素都密切相关于同一功能且必须顺序执行，前一处理元素的输出就是下一处理元素的输入，则该模块的内聚类型为__（16）__内聚。

（16）A．过程　　B．时间　　C．顺序　　D．逻辑

试题（16）分析

本题考查软件设计的基础知识。

模块独立是指每个模块完成一个相对独立的特定子功能，并且与其他模块之间的联系简单。衡量模块独立程度的标准有两个：耦合性和内聚性。其中内聚是一个模块内部各个元素彼

此结合的紧密程度的度量。有多种内聚类型：

过程内聚：指一个模块完成多个任务，这些任务必须按指定的过程执行。

时间内聚：把需要同时执行的动作组合在一起形成的模块。

顺序内聚：指一个模块中的各个处理元素都密切相关于同一个功能且必须顺序执行，前一个功能元素的输出就是下一功能元素的输入。

逻辑内聚：指模块内执行若干个逻辑上相似的功能，通过参数确定该模块完成哪一个功能。

参考答案

（16）C

试题（17）、（18）

下图是一个软件项目的活动图，其中顶点表示项目里程碑，连接顶点的边表示包含的活动，边上的权重表示活动的持续时间（天），则里程碑__（17）__不在关键路径上。在其他活动都按时完成的情况下，活动 BE 最多可以晚__（18）__天开始而不影响工期。

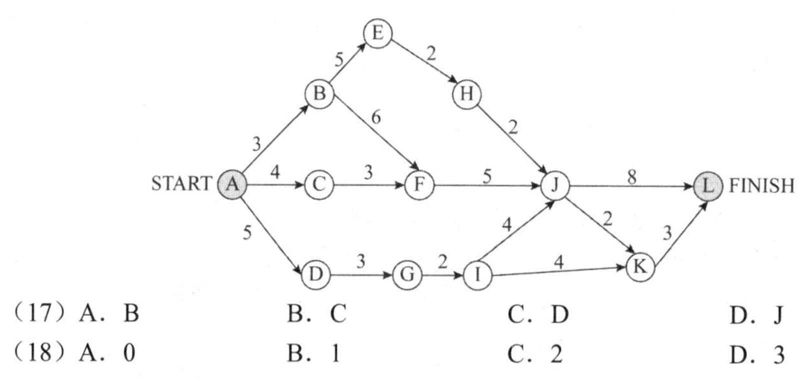

（17）A．B　　B．C　　C．D　　D．J

（18）A．0　　B．1　　C．2　　D．3

试题（17）、（18）分析

本题考查软件项目管理的基础知识。

活动图是描述一个项目中各个工作任务相互依赖关系的一种模型，项目的很多重要特性可以通过分析活动图得到，如估算项目完成时间，计算关键路径和关键活动等。

根据上图计算出关键路径为 A-B-F-J-L 和 A-D-G-I-J-L，其长度为 22 天。里程碑 C 不在关键路径上。活动 BE 不在关键路径上，最早开始时间为第 4 天，最晚开始时间为第 6 天，因此该活动的松弛时间为 6–4=2 天。

参考答案

（17）B　（18）C

试题（19）

以下关于软件风险的叙述中，不正确的是__（19）__。

（19）A．风险是可能发生的事件

B．如果发生风险，风险的本质、范围和时间可能会影响风险所产生的后果

C．如果风险可以预测，可以避免其发生

D．可以对风险进行控制

试题（19）分析

本题考查软件项目管理中风险管理的基础知识。

要求考生理解风险管理的基本概念。风险是可能发生的事件，风险发生时，其本质、范围和时间可能会影响风险所产生的后果。风险可以预测，但是不能避免所有风险的发生。风险是可以控制的。

参考答案

（19）C

试题（20）、（21）

将编译器的工作过程划分为词法分析、语法分析、语义分析、中间代码生成、代码优化和目标代码生成时，语法分析阶段的输入是__（20）__。若程序中的括号不配对，则会在__（21）__阶段检查出该错误。

（20）A．记号流　B．字符流　C．源程序　D．分析树

（21）A．词法分析　B．语法分析

C．语义分析　D．目标代码生成

试题（20）、（21）分析

本题考查程序语言基础知识。

编译程序的功能是把某高级语言书写的源程序翻译成与之等价的目标程序（汇编语言或机器语言）。编译程序的工作过程可以分为 6 个阶段，如下图所示，在实际的编译器中可能会将其中的某些阶段结合在一起进行处理。

源程序可以简单地被看成一个多行的字符串。词法分析阶段的任务是对源程序从前到后（从左到右）逐个字符地扫描，从中识别出一个个“单词”符号，称为记号。

在词法分析的基础上，语法分析的任务是根据语言的语法规则将记号（单词符号）序列分解成各类语法单位，如“表达式”“语句”和“程序”等。

语义分析阶段分析各语法结构的含义，检查源程序是否包含静态语义错误，并收集类型信息供后面的代码生成阶段使用。只有语法和语义都正确的源程序才能翻译成正确的目标代码。

括号不匹配属于语法错误，在语法分析阶段可以发现该错误。

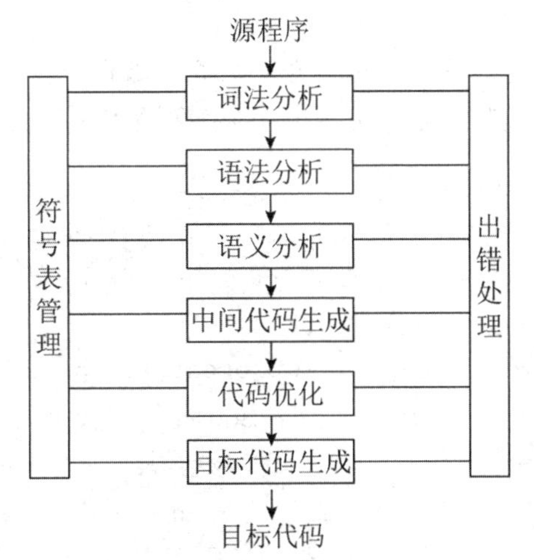

编译器的工作阶段示意图

参考答案

（20）A　（21）B

试题（22）

表达式(a–b)*(c+d)的后缀式（逆波兰式）是__（22）__。

（22）A．a b c d – + *　B．a b – c + d *

C. a b c – d *　　　　D. a b – c d + *

试题（22）分析

本题考查程序语言基础知识。

表达式(a–b)*(c+d)的含义可用下面的二叉树表示（称为表达式语法树），求值时先进行“a–b”运算，然后进行“c+d”运算，最后进行“*”运算。

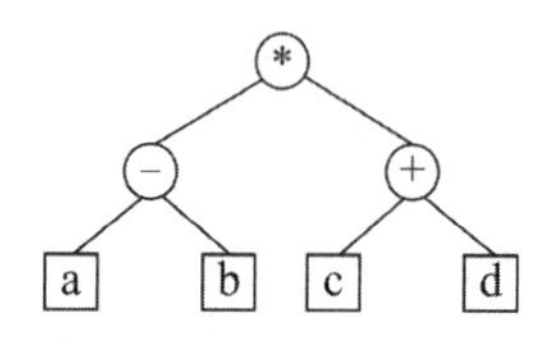

后缀式要求运算符紧跟在运算对象的后面，(a–b)*(c+d)的后缀式（逆波兰式）为“a b – cd + *”，对上面的语法树进行后序遍历也可得到表达式的后缀式。

参考答案

（22）D

试题（23）～（25）

进程 P1、P2、P3、P4 和 P5 的前趋图如下所示：

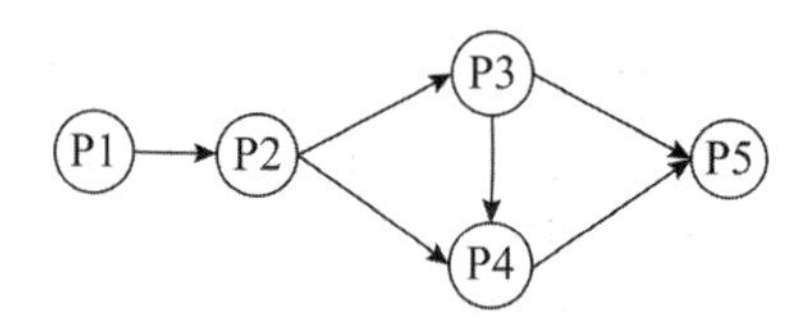

用 PV 操作控制这 5 个进程的同步与互斥的程序如下，程序中的空①和空②处应分别为__（23）__，空③和空④处应分别为__（24）__，空⑤和空⑥处应分别为__（25）__。

```
begin
  S1, S2, S3, S4, S5, S6: semaphore;    //定义信号量
  S1 := 0; S2 := 0; S3 := 0; S4 := 0; S5 := 0; S6 := 0;
  Cobegin
    process P1 process P2  process P3  process P4  process P5
     Begin      Begin       Begin       Begin       Begin
      P1 执行;   P(S1);      P(S2);      [ ④ ];      [ ⑥ ];
      [ ① ];    P2 执行;     P3 执行;     P(S4);      P5 执行;
     end;       [ ② ];      [ ③ ];      P4 执行;     end;
                end;        end;        [ ⑤ ];
                                        end;
  Coend;
end.
```

（23）A. V（S1）和 P（S2）P（S3）　　B. P（S1）和 V（S1）V（S2）
　　　C. V（S1）和 V（S2）V（S3）　　D. P（S1）和 V（S1）P（S2）

（24）A. V（S4）V（S5）和 P（S3）　　B. V（S3）V（S4）和 V（S5）

C．P（S4）P（S5）和 V（S5）　　D．P（S4）P（S5）和 V（S4）

（25）A．P（S6）和 P（S5）V（S6）　　B．V（S5）和 V（S5）V（S6）

C．P（S6）和 P（S5）P（S6）　　D．V（S6）和 P（S5）P（S6）

试题（23）～（25）分析

根据前驱图，P1 进程运行完需要利用 V 操作 V(S1)通知 P2 进程，所以空①应填 V(S1)。P2 进程运行完需要利用 V 操作 V（S2）、V（S3）分别通知 P3、P4 进程，所以空②应填 V（S2）V（S3）。

根据前驱图，P3 进程运行完需要利用 V 操作 V（S4）、V（S5）分别通知 P4、P5 进程，故空③应填写 V（S4）V（S5）。P4 需要等待 P2 和 P5 进程的通知，需要执行 2 个 P 操作，由于 P4 进程的程序中执行前有 1 个 P 操作 P（S4），故空④应填写 P（S3）。

根据前驱图，P4 进程执行完需要通知 P5 进程，故 P4 进程应该执行 1 个 V 操作，即空⑤应填 V（S6）。P5 进程运行前需要等待 P3 和 P4 进程的通知，需要执行 2 个 P 操作，故空⑥应填写 P（S5）和 P（S6）。

根据上述分析，用 PV 操作控制这 6 个进程的同步与互斥的程序如下：

```
begin
  S1,S2,S3, S4, S5, S6: semaphore;    //定义信号量
  S1:=0; S2:=0; S3:=0; S4:=0; S5:=0; S6:=0;
  Cobegin
    process P1 process P2  process P3  process P4  process P5
      Begin      Begin       Begin       Begin       Begin
                  P(S1);      P(S2);      P(S3);      P(S5);
       P1 执行;   P2 执行;    P3 执行;    P(S4);      P(S6);
       V(S1)       V(S2);     V(S4);      P4 执行;    P5 执行;
      end;        V(S3);      V(S5);      V(S6);      end;
                 end;        end;        end;
  Coend;
end.
```

参考答案

（23）C　（24）A　（25）D

试题（26）

以下关于 I/O 软件的叙述中，正确的是__（26）__。

（26）A．I/O 软件开放了 I/O 操作实现的细节，方便用户使用 I/O 设备

B．I/O 软件隐藏了 I/O 操作实现的细节，向用户提供的是物理接口

C．I/O 软件隐藏了 I/O 操作实现的细节，方便用户使用 I/O 设备

D．I/O 软件开放了 I/O 操作实现的细节，用户可以使用逻辑地址访问 I/O 设备

试题（26）分析

本题考查操作系统设备管理方面的基础知识。

对于一个完全无软件的计算机系统（即裸机），它向用户提供的是实际硬件接口（物理接口），用户必须对物理接口的实现细节有充分的了解，并利用机器指令进行编程，因此该物理机器必定是难以使用的。为了方便用户使用I/O设备，人们在裸机上增设一层I/O设备管理软件，简称I/O软件，由它来实现对I/O设备操作的细节，并向上提供一组I/O操作命令，如Read和Write命令，用户可利用它来进行数据输入或输出，而无须关心I/O是如何实现的。此时用户所看到的机器将是一台比裸机功能更强、使用更方便的机器。这就是说，在裸机上铺设的I/O软件隐藏了对I/O设备操作的具体细节，向上提供了一组抽象的I/O设备。

参考答案

（26）C

试题（27）

在磁盘调度管理中，通常__（27）__。

（27）A．先进行旋转调度，再进行移臂调度

B．在访问不同柱面的信息时，只需要进行旋转调度

C．先进行移臂调度，再进行旋转调度

D．在访问同一磁道的信息时，只需要进行移臂调度

试题（27）分析

本题考查的是操作系统存储管理方面的基础知识。

在磁盘调度管理中，通常应先进行移臂调度，再进行旋转调度。在访问不同柱面的信息时，需要先进行移臂调度，之后进行旋转调度。在访问同一磁道的信息时，只需要进行旋转调度。

参考答案

（27）C

试题（28）

假设磁盘臂位于15号柱面上，进程的请求序列如下表所示。如果采用最短移臂调度算法，那么系统的响应序列应为__（28）__。

请求序列	柱面号	磁头号	扇区号
①	12	8	9
②	19	6	5
③	23	9	6
④	19	10	5
⑤	12	8	4
⑥	28	3	10

（28）A．①②③④⑤⑥　　B．⑤①②④③⑥

C．②③④⑤①⑥　　D．④②③⑤①⑥

试题（28）分析

当进程请求读磁盘时，操作系统先进行移臂调度，再进行旋转调度。由于移动臂位于15号柱面上，按照最短寻道时间优先的响应柱面序列为12→19→23→28。按照旋转调度的原则分析如下：

进程在12号柱面上的响应序列为⑤→①，因为进程访问的是不同磁道上的不同编号的扇区，旋转调度总是让首先到达读写磁头位置下的扇区先进行传送操作。

进程在19号柱面上的响应序列为②→④，或④→②。对于②和④可以任选一个进行读写，因为进程访问的是不同磁道上具有相同编号的扇区，旋转调度可以任选一个读写磁头位置下的扇区进行传送操作。

由于③在 23 号柱面上，⑥在 28 号柱面上，故响应序列为③→⑥。

综上分析可以得出按照最短寻道时间优先的响应序列为⑤①②④③⑥或⑤①④②③⑥。

参考答案

（28）B

试题（29）

敏捷开发方法 Scrum 的步骤不包括__（29）__。

（29）A．Product Backlog　　B．Refactoring
　　C．Sprint Backlog　　D．Sprint

试题（29）分析

本题考查敏捷方法的基础知识。

要求考生了解敏捷方法的基本思想、敏捷宣言和典型的敏捷开发方法，包括极限编程（XP）、水晶法（Crystal）、并列争球法（Scrum）和自适应软件开发（ASD）等。本题考查 Scrum 方法。

Scrum 使用迭代的方法，其中把每 30 天一次的迭代称为一个冲刺，并按需求的优先级实现产品。多个自组织和自治小组并行地递增实现产品，协调是通过简短的日常情况会议进行的。Scrum 开发模型如下图所示，包括下列步骤。

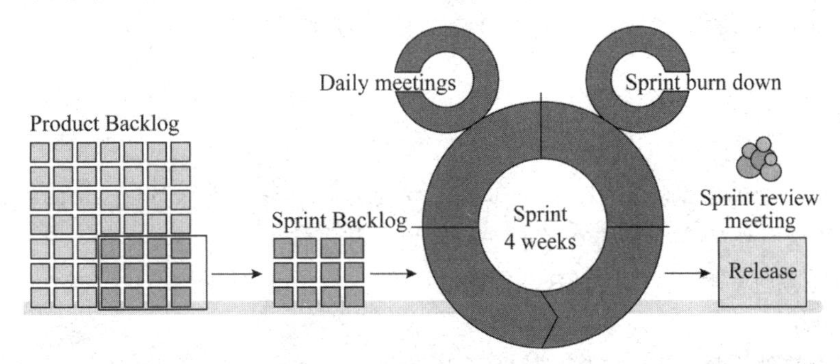

（1）首先需要确定一个 Product Backlog，即按优先顺序排列的一个产品需求列表；

（2）Scrum Team 根据 Product Backlog 列表，做工作量的预估和安排；

（3）有了 Product Backlog 列表，通过 Sprint Planning Meeting（Sprint 计划会议）来从中挑选出一个 Story 作为本次迭代完成的目标，这个目标的时间周期是 1～4 个星期，然后把这个 Story 进行细化，形成一个 Sprint Backlog；

（4）Sprint Backlog 是由 Scrum Team 去完成的，每个成员根据 Sprint Backlog 再细化成更小的任务（细到每个任务的工作量在 2 天内能完成）；

（5）在 Scrum Team 完成计划会议上选出的 Sprint Backlog 过程中，需要进行 Daily Scrum

Meeting，每次会议控制在15分钟左右，每个人都必须发言，向所有成员当面汇报前一天的工作，承诺当天要完成的任务，可以提出遇到不能解决的问题，并更新自己的Sprint Burn Down；

（6）做到每日集成，也就是每天都要有一个可以成功编译并且可以演示的版本；

（7）当一个Story完成，即Sprint Backlog完成，也就表示一次Sprint完成，此时要进行Sprint Review Meeting（演示会议），即评审会议，产品负责人和客户都要参加，每一个Scrum Team的成员都要向他们演示自己完成的软件产品；

（8）Sprint Retrospective Meeting（回顾会议），也称为总结会议，以轮流发言方式进行，每个人都要发言，总结并讨论改进的地方，放入下一轮Sprint的产品需求中。

参考答案

（29）B

试题（30）

以下关于CMM的叙述中，不正确的是__（30）__。

（30）A．CMM是指软件过程能力成熟度模型

B．CMM根据软件过程的不同成熟度划分了5个等级，其中1级被认为成熟度最高，5级被认为成熟度最低

C．CMMI的任务是将已有的几个CMM模型结合在一起，使之构造成为“集成模型”

D．采用更成熟的CMM模型，一般来说可以提高最终产品的质量

试题（30）分析

本题考查过程模型改进的基础知识。

要求考生了解软件过程能力成熟度模型（CMM）和CMMI的基本概念。CMM将软件过程改进分为5个成熟度级别，1级到5级成熟度不断提高。

参考答案

（30）B

试题（31）

在ISO/IEC软件质量模型中，易使用性是指与为使用所需的努力和由一组规定或隐含的用户对这样使用所作的个别评价有关的一组属性，其子特性不包括__（31）__。

（31）A．易理解性　　B．易学性　　C．易分析性　　D．易操作性

试题（31）分析

本题考查软件质量的基础知识。

ISO/IEC 9126软件质量模型由三个层次组成：第一层是质量特性，第二层是质量子特性，第三层是度量指标。其中易使用性是指与为使用所需的努力和由一组规定或隐含的用户对这样使用所作的个别评价有关的一组属性，其子特性包括易理解性、易学性和易操作性。

参考答案

（31）C

试题（32）

__（32）__不是采用MVC（模型-视图-控制器）体系结构进行软件系统开发的优点。

（32）A．有利于代码重用　　B．提高系统的运行效率
　　C．提高系统的开发效率　　D．提高系统的可维护性

试题（32）分析

本题考查软件设计的相关知识。

MVC 体系结构是使用模型-视图-控制器（Model View Controller）设计创建 Web 应用程序的模式。其中模型是应用程序中用于处理应用程序数据逻辑的部分，通常模型对象负责在数据库中存取数据；视图是应用程序中处理数据显示的部分，通常视图是依据模型数据创建的；控制器是应用程序中处理用户交互的部分，通常控制器负责从视图读取数据，控制用户输入，并向模型发送数据。采用 MVC，有利于提高系统的开发效率、提高系统的可维护性和有利于代码重用，但不能提高系统的运行效率。

参考答案

（32）B

试题（33）

以下关于各类文档撰写阶段的叙述中，不正确的是＿（33）＿。

（33）A．软件需求规格说明书在需求分析阶段撰写
　　B．概要设计规格说明书在设计阶段撰写
　　C．测试计划必须在测试阶段撰写
　　D．测试分析报告在测试阶段撰写

试题（33）分析

本题考查软件文档的相关知识。

软件开发的每个阶段都有相应的输出，如需求分析阶段有需求规格说明书，设计阶段有设计文档，测试阶段有测试分析报告，要求考生了解每个阶段的输出要求。需要注意的是，测试计划并不是在测试阶段才撰写的，而是在需求分析阶段就撰写。

参考答案

（33）C

试题（34）、（35）

右图用白盒测试方法进行测试，图中有＿（34）＿条路径。采用 McCabe 度量法计算该程序图的环路复杂性为＿（35）＿。

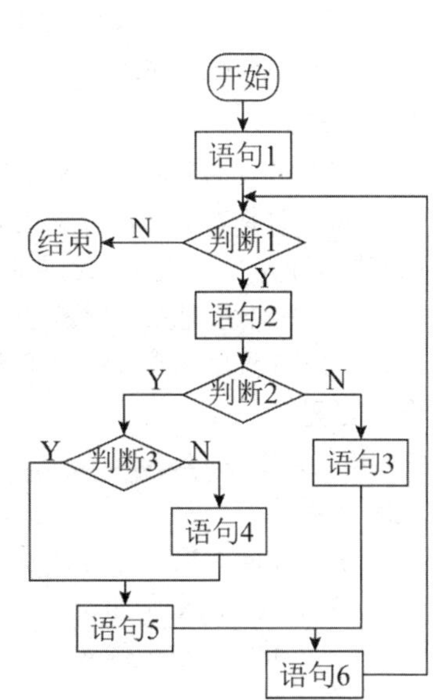

（34）A．3　　B．4
　　C．5　　D．6

（35）A．3　　B．4
　　C．5　　D．6

试题（34）、（35）分析

本题考查软件测试的基础知识。

要求考生熟悉常用的白盒测试和黑盒测试方法，能读懂程序流程图，会判断满足各种覆盖的测试用例数，会计算程序流程图的环路复杂性。本题考查路径数。

题干所给流程图的路径数有4条：

（1）开始—语句1—判断1—语句2—判断2—判断3—语句5—语句6—判断1。

（2）开始—语句1—判断1—语句2—判断2—判断3—语句4—语句5—语句6—判断1。

（3）开始—语句1—判断1—语句2—判断2—语句3—语句6—判断1。

（4）开始—语句1—判断1—结束。

环路复杂度为12–10+2=4。

参考答案

（34）B （35）B

试题（36）

以下关于软件维护的叙述中，不正确的是＿（36）＿。

（36）A．软件维护解决软件产品交付用户之后运行中发生的各种问题

B．软件维护期通常比开发期长得多，投入也大得多

C．软件的可维护性是软件开发阶段各个时期的关键目标

D．相对于软件开发任务而言，软件维护工作要简单得多

试题（36）分析

本题考查软件维护的基础知识。

软件从交付给用户使用到软件报废的整个过程称为软件维护过程。解决软件产品交付用户之后运行中发生的各种问题都属于软件维护行为，软件维护期通常比开发期长得多，投入也大得多。软件可维护性是软件开发阶段各个时期的关键目标。由于各种因素，软件维护工作并不比开发工作简单。

参考答案

（36）D

试题（37）

一个类中，成员变量和成员函数有时也可以分别被称为＿（37）＿。

（37）A．属性和活动 B．值和方法 C．数据和活动 D．属性和方法

试题（37）分析

本题考查面向对象的基础知识。

面向对象方法中，对象是运行时实体，封装了数据（也称为属性）和作用域数据的操作（也称为行为），一组对象的共同特征加以抽象并存储在一个类中。而在面向对象程序设计时，首先接触的不是对象，而是定义类及类层次结构。定义类时，成员变量用来定义一组对象的属性，成员函数（或方法）用来定义作用于属性上的操作。

参考答案

（37）D

试题（38）

采用面向对象方法进行系统开发时，需要对两者之间关系创建新类的是＿（38）＿。

（38）A．汽车和座位 B．主人和宠物

C．医生和病人 D．部门和员工

试题（38）分析

本题考查面向对象技术的基础知识。

把一组对象的共同特征加以抽象并存储在一个类中，不同个数的类之间可能有不同的关系。关联关系是类之间的一种结构关系，描述了对象之间连接的一组链。一辆汽车中有多个座位，一个座位隶属于一辆汽车。一个主人可以养多只宠物，一只宠物有一个主人（或同一家庭的多个主人）。医生可以为多个病人看病，病人也可以去找多位医生看病，而且，同一个病人可以在不同时间多次找同一个医生看病，这一过程只通过关联关系难以建模出两者之间的关系，需要在关联关系上创建新的类。一个部门有多名员工，一个员工隶属于一个部门。

参考答案

（38）C

试题（39）

进行面向对象系统设计时，软件实体（类、模块、函数等）应该是可以扩展但不可修改的，这属于__（39）__设计原则。

（39）A．共同重用　　B．开放-封闭　　C．接口分离　　D．共同封闭

试题（39）分析

本题考查面向对象技术的基础知识。

进行面向对象设计时，有一系列设计原则，本题中涉及对象设计五大原则中的如下四种。

共同重用原则。一个包中的所有类应该是共同重用的。如果重用了包中的一个类，那么就要重用包中的所有类。

开放-封闭原则。软件实体（类、模块、函数等）应该是可以扩展的，即开放的，但是不可修改的，即封闭的。

接口分离原则。不应该强迫客户依赖于他们不用的方法。接口属于客户，不属于它所在的类层次结构。即依赖于抽象，不要依赖于具体，同时在抽象级别不应该有对于具体细节的依赖。这样做的好处在于可以最大限度地应对可能的变化。

共同封闭原则。包中的所有类对于同一类性质的变化应该是共同封闭的。一个变化若对一个包产生影响，则将对该包中的所有类产生影响，而对于其他的包不造成任何影响。

参考答案

（39）B

试题（40）

__（40）__绑定是指在运行时把过程调用和响应调用所需要执行的代码加以结合。

（40）A．动态　　B．过载　　C．静态　　D．参数

试题（40）分析

本题考查面向对象技术的基础知识。

在面向对象方法中，绑定是一个把过程调用和响应调用所需要执行的代码加以结合的过程。在一般的程序设计语言中，绑定是在编译时进行的，叫作静态绑定。动态绑定则是在运行时进行的，因此，一个给定的过程调用和代码的结合直到调用发生时才进行。动态绑定和类的继承以及多态相联系。

参考答案

（40）A

试题（41）

以下关于 UML 状态图的叙述中，不正确的是__（41）__。

（41）A．活动可以在状态内执行也可以在迁移时执行

B．若事件触发一个没有特定监护条件的迁移，则对象离开当前状态

C．迁移可以包含事件触发器、监护条件和状态

D．事件触发迁移

试题（41）分析

本题考查统一建模语言（UML）的基础知识。

UML 状态图（State Diagram）展现了一个状态机，它由状态、转换（迁移）、事件和活动组成。状态图关注系统的动态视图，强调对象行为的事件顺序。状态图通常包括简单状态和组合状态、转换（事件和动作）。当某个事件发生后，对象的状态将发生变化。转换是两个状态之间的一种关系，表示对象将在源状态中执行一定的事件或动作，并在某个特定事件发生而且某个特定的监护条件满足时离开当前状态而进入目标状态。由于状态可以嵌套，所以活动可以在状态内执行，也可以在状态迁移时执行。

参考答案

（41）C

试题（42）、（43）

下图所示 UML 图为__（42）__。有关该图的叙述中，不正确的是__（43）__。

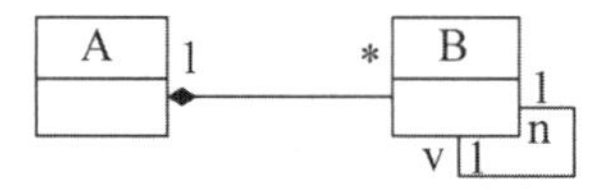

（42）A．对象图　　B．类图　　C．组件图　　D．部署图

（43）A．如果 B 的一个实例被删除，所有包含 A 的实例都被删除

B．A 的一个实例可以与 B 的一个实例关联

C．B 的一个实例被唯一的一个 A 的实例所包含

D．B 的一个实例可与 B 的另外两个实例关联

试题（42）、（43）分析

本题考查统一建模语言（UML）的基础知识。

UML 对象图、类图、组件图和部署图各自刻画系统的不同方面。其中，类图展现了一组对象、接口、协作及其之间的关系；对象图展现了某一时刻一组对象以及它们之间的关系，描述了在类图中所建立的事物的实例的静态快照；组件图展示一组组件之间的组织和依赖，它与类图相关，通常可以把组件映射为一个或多个类、接口或协作；部署图展现了运行时处理结点以及其中构件的配置。

题图所示为在面向对象系统的建模中所建立的最常见的图，即 UML 类图。图中 A 和 B 分别表示两个类。类 A 和类 B 之间◆——表示聚集关系，是一种特殊类型的关联，描述了

整体和部分间的结构关系，聚集上的多重度表示关联的实例的个数，即类 A 的一个实例为整体，由不同个数类 B 的实例聚集而成。A 的一个实例可以与 B 的一个或多个实例关联；而 B 的一个实例仅与 A 的一个实例关联，只作为 A 的一个实例的部分；如果 A 的一个实例被删除，则所包含的 B 的实例都被删除。图中类 B 上存在一元关联，其上多重度表示 B 的一个实例可与 B 的其他一个或多个实例关联。

参考答案

（42）B　（43）A

试题（44）～（47）

欲开发一个绘图软件，要求使用不同的绘图程序绘制不同的图形。该绘图软件的扩展性要求将不断扩充新的图形和新的绘图程序。以绘制直线和圆形为例，得到如下图所示的类图。该设计采用＿（44）＿模式将抽象部分与其实现部分分离，使它们都可以独立地变化。其中，＿（45）＿定义了实现类的接口。该模式适用于＿（46）＿的情况，该模式属于＿（47）＿模式。

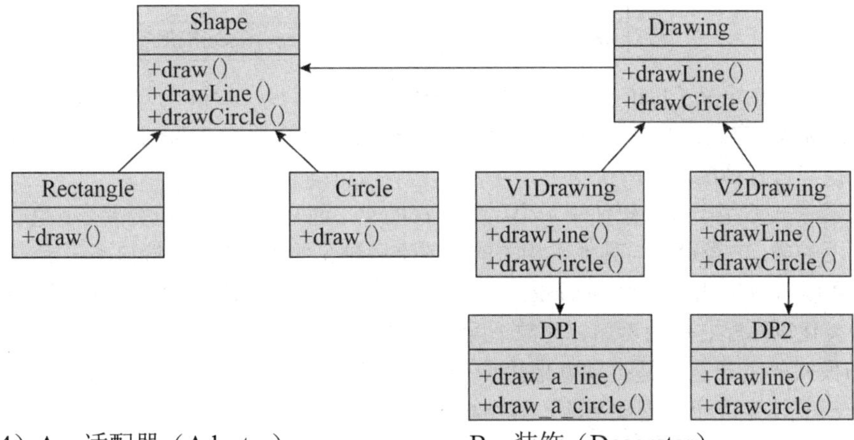

（44）A．适配器（Adapter）　　B．装饰（Decorator）
　　　C．桥接（Bridge）　　D．组合（Composite）

（45）A．Shape　　B．Circle 和 Rectangle
　　　C．V1Drawing 和 V2Drawing　　D．Drawing

（46）A．不希望在抽象和它的实现部分之间有一个固定的绑定关系
　　　B．想表示对象的部分—整体层次结构
　　　C．想使用一个已经存在的类，而它的接口不符合要求
　　　D．在不影响其他对象的情况下，以动态、透明的方式给单个对象添加职责

（47）A．创建型对象　　B．结构型对象
　　　C．行为型对象　　D．结构型类

试题（44）～（47）分析

本题考查设计模式的基本概念。

按照设计模式的目的可以分为创建型模式、结构型模式以及行为型模式三大类。结构型模式涉及如何组合类和对象以获得更大的结构，行为型模式涉及算法和对象间职责的分配。

适配器（Adapter）模式、装饰（Decorator）模式、桥接（Bridge）模式和组合（Composite）模式均为结构型设计模式，其中适配器模式有适配器类模式和对象模式，其他三个均为结构型对象模式。每种设计模式都有特定的意图和适用情况。

适配器模式的主要意图是：将一个类的接口转换成客户希望的另外一个接口。Adapter 模式使得原本由于接口不兼容而不能一起工作的那些类可以一起工作。类适配器使用多重继承对一个接口与另一个接口进行匹配，对象适配器依赖于对象组合，对象适配器结构图如下所示。

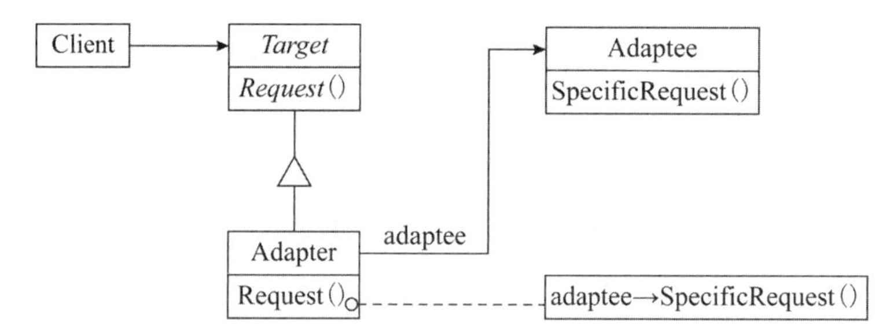

其中，Target 定义 Client 使用的与特定领域相关的接口；Client 与符合 Target 接口的对象协同；Adaptee 定义一个已经存在的接口，这个接口需要适配；Adapter 对 Adaptee 的接口与 Target 接口进行适配。

适配器模式适用于：①想使用一个已经存在的类，而它的接口不符合要求；②想创建一个可以复用的类，该类可以与其他不相关的类或不可预见的类（即那些接口不一定兼容的类）协同工作；③（仅适用于对象 Adapter）想使用一个已经存在的子类，但是不可能对每一个都进行子类化以匹配它们的接口，对象适配器可以适配它的父类接口。

装饰模式的主要意图是：动态地给一个对象添加一些额外的职责。就增加功能而言，Decorator 模式比生成子类更加灵活。其结构图如下所示。

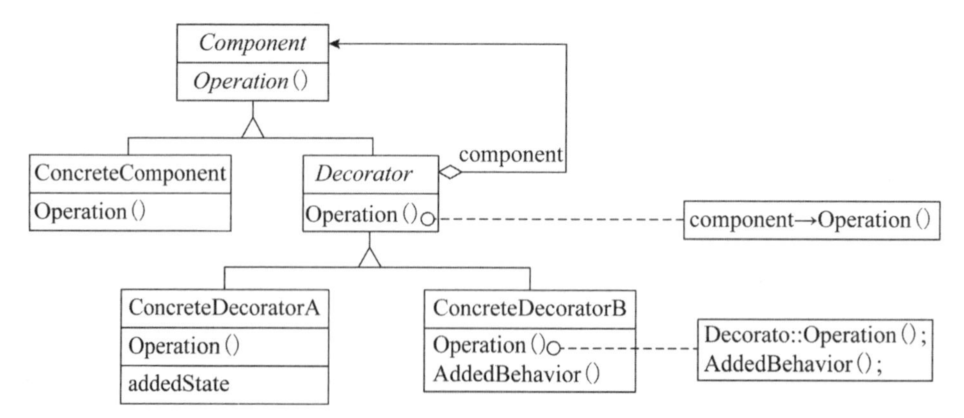

其中，Component 定义一个对象接口，可以给这些对象动态地添加职责；ConcreteComponent 定义一个对象，可以给这个对象添加一些职责；Decorator 维持一个指向 Component 对象的指针，并定义一个与 Component 接口一致的接口；ConcreteDecorator 向

组件添加职责。

装饰模式适用于：①在不影响其他对象的情况下，以动态、透明的方式给单个对象添加职责；②处理那些可以撤销的职责；③当不能采用生成子类的方式进行扩充时。

桥接模式的主要意图是：将抽象部分与其实现部分分离，使它们都可以独立地变化。其结构图如下所示。

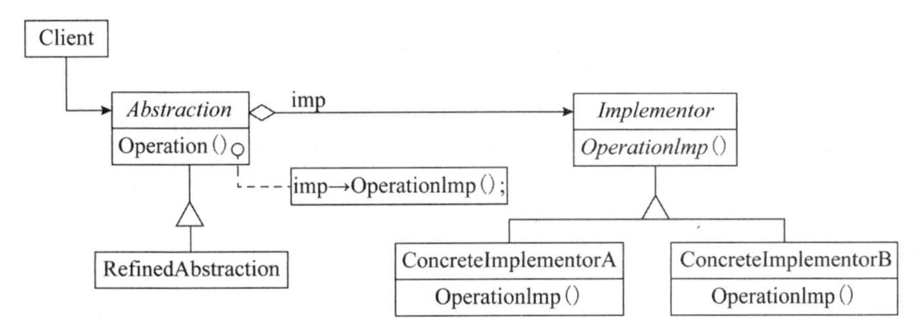

其中，客户程序（Client）使用的主要接口是 Abstraction，它定义抽象类的接口，维护一个指向 Implementor 类型对象的指针（引用），这一关系是组成关系，此实现遵循“优先选用组合而不是继承”这一原则；RefinedAbstraction 扩充由 Abstraction 定义的接口；Implementor 定义实现类的接口，该接口不一定要与 Abstraction 的接口完全一致；事实上这两个接口可以完全不同。一般来说，Implementor 接口仅提供基本操作，而 Abstraction 定义了基于这些基本操作的较高层次的操作；ConcreteImplementor 实现 Implementor 接口并定义它的具体实现。

桥接模式适用于：①不希望在抽象和它的实现部分之间有一个固定的绑定关系；②类的抽象以及它的实现都应该可以通过生成子类的方法加以扩充；③对一个抽象的实现部分的修改应对客户不产生影响，即客户代码不必重新编译；④想对客户完全隐藏抽象的实现部分；⑤有许多类要生成的类层次结构。

组合模式的主要意图是：将对象组合成树型结构以表示“部分—整体”的层次结构。Composite 使得用户对单个对象和组合对象的使用具有一致性。其结构图如下所示。

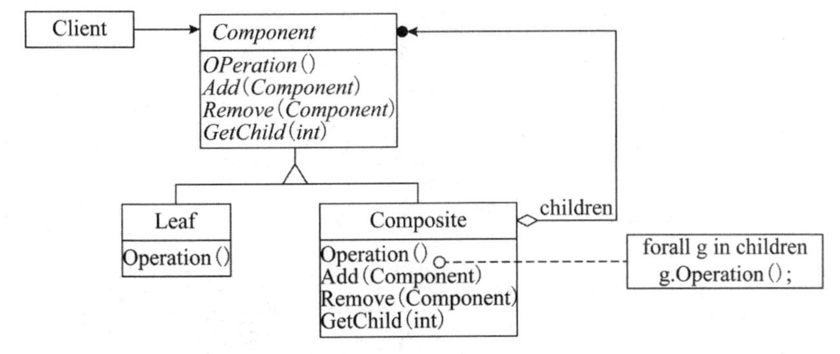

其中，Component 为组合中的对象声明接口，提供给 Client 操纵组合组件的对象；在适当情况下实现所有类共有接口的默认行为；声明一个接口用于访问和管理 Component 的子组件。Leaf 在组合中表示叶结点对象，叶结点没有子结点；在组合中定义图元对象的行为。

Composite 定义有子组件的那些组件的行为，存储子组件，在 Component 接口中实现与子组件有关的操作。

组合模式适用于：①欲表示对象的部分—整体层次结构；②希望用户忽略组合对象与单个对象的不同，用户将统一地使用组合结构中的所有对象。

本题描述绘图软件要求使用不同的绘图程序绘制不同的图形，其扩展性要求将不断扩充新的图形和新的绘图程序。题图所示的类图中，设计采用了桥接模式，将抽象图形部分与绘制实现部分分离。Shape 对应桥接模式中的 Abstraction，定义图形抽象类接口，维护一个指向 Drawing 的指针（引用），其子类 Rectangle 和 Circle 等为具体形状；Drawing 对应 Implementor，定义绘图实现的接口；V1Drawing 和 V2Drawing 则为实现 Drawing 接口的具体绘图实现。

参考答案

（44）C　（45）D　（46）A　（47）B

试题（48）、（49）

计算机执行程序时，内存分为静态数据区、代码区、栈区和堆区。其中＿（48）＿一般在进行函数调用和返回时由系统进行控制和管理，＿（49）＿由用户在程序中根据需要申请和释放。

（48）A．静态数据区　　B．代码区　　C．栈区　　D．堆区

（49）A．静态数据区　　B．代码区　　C．栈区　　D．堆区

试题（48）、（49）分析

本题考查程序语言基础知识。

程序在不同的系统中运行时，虽然对其代码和数据所占用的内存空间会有不同的布局和安排，但是一般都包括正文段（包含代码和只读数据）、数据区、堆和栈等。例如，在 Linux 系统中进程的内存布局示意图如下图所示。

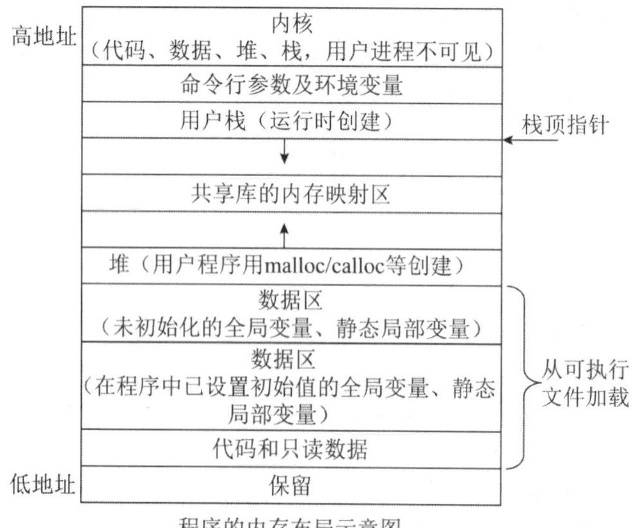

程序的内存布局示意图

栈是局部变量以及每次函数调用时所需保存的信息的存储区域，其空间的分配和释放由

操作系统进行管理。每次函数调用时，其返回地址以及调用者的环境信息（例如某些寄存器）都存放在栈中。然后，在栈中为新被调用的函数的自动和临时变量分配存储空间。栈空间向低地址方向增长。

堆是一块动态存储区域，由程序员在程序中进行分配和释放，若程序语句没有释放，则程序结束时由操作系统回收。堆空间地址的增长方向是从低地址向高地址。在 C 程序中，通过调用标准库函数 malloc/calloc/realloc 等向系统动态地申请堆存储空间来存储相应规模的数据，之后用 free 函数释放所申请到的存储空间。

参考答案

（48）C　（49）D

试题（50）

某有限自动机的状态转换图如下图所示，与该自动机等价的正规式是__（50）__。

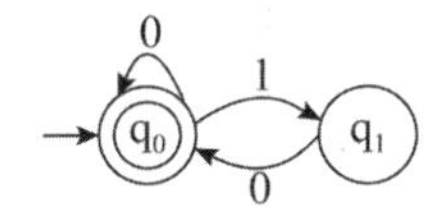

（50）A．(0|1)*　　B．(0|10)*　　C．0*(10)*　　D．0*(1|0)*

试题（50）分析

本题考查程序语言基础知识。

从题中的自动机可分析出，初态 q_0 时是终态，从 q_0 到 q_0 的弧（标记 0）表明该自动机识别零个或多个 0 构成的串，路径 $q_0 \rightarrow q_1 \rightarrow q_0$ 的循环表明“10”的多次重复，因此该自动机识别的字符串是“0|10”的无穷多次，表示为 (0|10)*。

参考答案

（50）B

试题（51）

以下关于数据库两级映像的叙述中，正确的是__（51）__。

（51）A．模式/内模式映像实现了外模式到内模式之间的相互转换

B．模式/内模式映像实现了概念模式到内模式之间的相互转换

C．外模式/模式的映像实现了概念模式到内模式之间的相互转换

D．外模式/内模式的映像实现了外模式到内模式之间的相互转换

试题（51）分析

本题考查数据库的基本概念。

数据库系统在三级模式之间提供了两级映像：模式/内模式映像、外模式/模式映像。正因为这两级映像保证了数据库中的数据具有较高的逻辑独立性和物理独立性。

（1）模式/内模式的映像。存在于概念级和内部级之间，实现了概念模式到内模式之间的相互转换。

（2）外模式/模式的映像。存在于外部级和概念级之间，实现了外模式到概念模式之间的相互转换。

参考答案

（51）B

试题（52）、（53）

给定关系$R(U,Fr)$，其中，属性集$U=\{A,B,C,D\}$，函数依赖集$Fr=\{A \to BC, B \to D\}$；关系$S(U,Fs)$，其中，属性集$U=\{A,C,E\}$，函数依赖集$Fs=\{A \to C, C \to E\}$。R 和 S 的主键分别为＿（52）＿。关于 Fr 和 Fs 的叙述，正确的是＿（53）＿。

（52）A. A、A　　B. AB、A
　　C. A、AC　　D. AB、AC

（53）A. Fr 蕴涵 $A \to B$、$A \to C$，但 Fr 不存在传递依赖
　　B. Fs 蕴涵 $A \to E$，Fs 存在传递依赖，但 Fr 不存在传递依赖
　　C. Fr、Fs 分别蕴涵 $A \to D$、$A \to E$，故 Fr、Fs 都存在传递依赖
　　D. Fr 蕴涵 $A \to D$，Fr 存在传递依赖，但是 Fs 不存在传递依赖

试题（52）、（53）分析

本题考查关系数据库和关系代数运算方面的基础知识。

对关系 R 和 S 分别求属性 A 的闭包都能决定全属性，即 $A^+ \to U$。

对于 Fr：根据已知条件"$Fr=\{A \to BC, B \to D\}$"和 Armstrong 公理系统的引理"$X \to A_1A_2 \cdots A_k$ 成立的充分必要条件是 $X \to A_i$ 成立（i=1, 2, 3…, k）"，可以由"$A \to BC$"得出"$A \to B, A \to C$"。又根据 Armstrong 公理系统的传递律规则"若 $X \to Y$，$Y \to Z$ 为 F 所蕴涵，则 $X \to Z$ 为 F 所蕴涵"可知，函数依赖"$A \to D$"为 F 所蕴涵。

对于 Fs：根据已知条件"$Fs=\{A \to C, C \to E\}$"和 Armstrong 公理系统的传递律规则可知，函数依赖"$A \to E$"为 F 所蕴涵。

参考答案

（52）A　（53）C

试题（54）、（55）

给定关系$R(A,B,C,D)$和$S(B,C,E,F)$，与关系代数表达式$\pi_{1,5,7}(\sigma_{2=5}(R \times S))$等价的 SQL 语句如下：

```
SELECT  （54）
   FROMR,S  （55）  ;
```

（54）A. $R.A, R.B, S.F$　　B. $R.A, S.B, S.E$
　　C. $R.A, S.E, S.F$　　D. $R.A, S.B, S.F$

（55）A. WHERE $R.B=S.B$　　B. HAVING $R.B=S.B$
　　C. WHERE $R.B=S.E$　　D. HAVING $R.B=S.E$

试题（54）、（55）分析

本题考查关系运算方面的基础知识。

R、S 两个关系进行笛卡儿积运算后结果集属性列为 R 属性列并 S 属性列的集合，故 $R \times S$ 后的属性列为 $R.A$、$R.B$、$R.C$、$R.D$、$S.B$、$S.C$、$S.E$ 和 $S.F$。

关系代数表达式 $\pi_{1,5,7}(\sigma_{2=5}(R\times S))$ 的含义为：从 $R\times S$ 的结果集中选取属性列 $R.B=S.B$ 的元组，再对 $\sigma_{2=5}(R\times S)$ 结果集进行 $R.A$，$S.B$，$S.E$ 投影。

参考答案

（54）B （55）A

试题（56）

事务的__（56）__是指，当某个事务提交（COMMIT）后，对数据库的更新操作可能还停留在服务器的磁盘缓冲区而未写入磁盘时，即使系统发生故障，事务的执行结果仍不会丢失。

（56）A．原子性 B．一致性 C．隔离性 D．持久性

试题（56）分析

本题考查对事务处理相关知识的理解和掌握。

事务的持久性是指事务一旦提交，其对数据库的影响是永久的，即使系统发生故障也不受影响。提交可以看作系统对用户的承诺，即当执行 COMMIT 之后，用户可认为事务已完成，故障问题由 DBMS 负责。如更新内容尚未写入磁盘，则因故障系统重启后更新会丢失，系统会根据更新操作执行前已写入的日志内容，重新执行事务，即 REDO 操作，将已提交的数据写入数据库。

参考答案

（56）D

试题（57）

对于一个 n 阶的对称矩阵 ***A***，将其下三角区域（含主对角线）的元素按行存储在一维数组 S 中，设元素 A[i][j]存放在 S[k]中，且 S[1]=A[0][0]，则 k 与 i、j（$i\leqslant j$）的对应关系是__（57）__。

（57）A．$k=\frac{i(i+1)}{2}+j-1$ B．$k=\frac{j(j+1)}{2}+i+1$

C．$k=\frac{i(i+1)}{2}+j+1$ D．$k=\frac{j(j+1)}{2}+i-1$

试题（57）分析

本题考查数据结构基础知识。

n 阶矩阵 ***A*** 如下所示，为对称矩阵时，A[i][j]=A[j][i]。

A[0][0]	A[0][1]	...	A[0][j]	...	A[0][n–2]	A[0][n–1]
A[1][0]	A[1][1]	...	A[1][j]	...	A[1][n–2]	A[1][n–1]
...	...	...	...	...	...	...
A[i–1][0]	A[i–1][1]	...	A[i–1][j]	...	A[i–1][n–2]	A[i–1][n–1]
A[i][0]	A[i][1]	...	A[i][j]	...	A[i][n–2]	A[i][n–1]
...	...	...	...	...	...	...
A[n–1][0]	A[n–1][1]	...	A[n–1][j]	...	A[n–1][n–2]	A[n–1][n–1]

A 的下三角区域的元素 A[i][j]的所有元素满足 $i\geqslant j$，按行存储该区域元素时，A[i][j]之前的元素有：行号为 0,1,⋯,i–1 的所有元素+行号为 i 的元素，个数分别为 1+2+⋯+i 和 j，合计为 i(i+1)/2+j，对应存储至 S[1+i(i+1)/2+j]。

对于 $i \leqslant j$ 的元素 A[i][j]，其对称元素为 A[j][i]，其存储位置对应的元素为 S[$1+j(j+1)/2+i$]。

参考答案

（57）B

试题（58）

某二叉树的中序、先序遍历序列分别为{20, 30, 10, 50, 40}、{10, 20, 30, 40, 50}，则该二叉树的后序遍历序列为___（58）___。

（58）A．50, 40, 30, 20, 10　　B．30, 20, 10, 50, 40

C．30, 20, 50, 40, 10　　D．20, 30, 10, 40, 50

试题（58）分析

本题考查数据结构基础知识。

对于任意一个二叉树，由其先序和中序（后序和中序、层序和中序）遍历序列可恢复其树形构造。对于二叉树及其子树，应先确定其根结点，然后再确定左子树和右子树的根结点，以此类推。

二叉树的先序遍历次序为根、左子树、右子树，其子树的先序遍历遵循同样的次序约定，因此其先序遍历序列的第一个元素是根结点，题中所述二叉树的根结点为 10。

二叉树的中序遍历次序为左子树、根、右子树，其子树的中序遍历遵循同样的次序约定，因此在确定根结点的情况下，在其中序遍历序列中，根结点之前为左子树的结点、之后为右子树的结点。题中所述二叉树的根结点为 10 已确定的情况下，20、30 是左子树的中序遍历序列，50、40 是右子树的中序遍历序列。

反复运用“由先序遍历序列确定根、由中序遍历序列划分左右子树”的原则，可知该二叉树如下图所示。

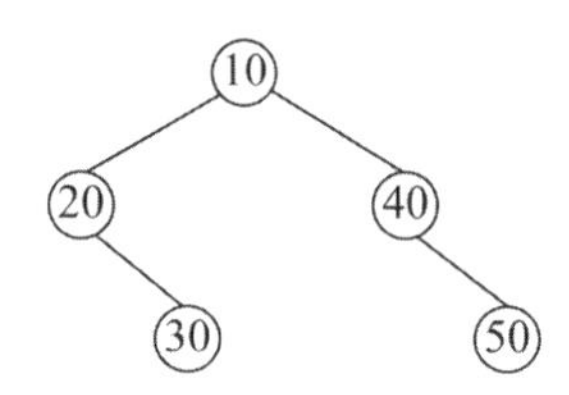

因此，该二叉树的后序遍历（左子树、右子树、根）序列为 30，20，50，40，10。

参考答案

（58）C

试题（59）

某树共有 n 个结点，其中所有分支结点的度为 k（即每个非叶子结点的子树数目），则该树中叶子结点的个数为___（59）___。

（59）A．$\dfrac{n(k+1)-1}{k}$　　B．$\dfrac{n(k+1)+1}{k}$

C．$\dfrac{n(k-1)+1}{k}$　　D．$\dfrac{n(k-1)-1}{k}$

试题（59）分析

本题考查数据结构基础知识。

树是一种图，其特点为每个结点（树根结点除外）有唯一的父结点，即每个结点与父结点之间有唯一连接线。在树中，每个结点的孩子结点（父子结点间的连线）个数为其度数。

题中所述树中结点只有两种类型，即叶子结点（度为 0）和有 k 个孩子的结点（度为 k），其数目分别用 n_0 和 n_k 表示，有 $n_0+n_k=n$、$k\times n_k+1=n$，因此 $n_0=(n(k-1)+1)/k$。

参考答案

（59）C

试题（60）、（61）

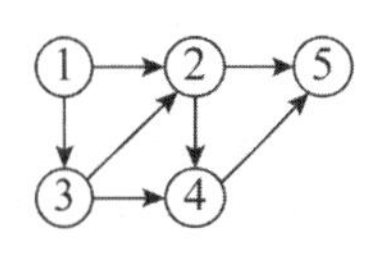

对于如右图所示的有向图，其邻接矩阵是一个＿（60）＿的矩阵。采用邻接链表存储时，顶点 1 的表结点个数为 2，顶点 5 的表结点个数为 0，顶点 2 和 3 的表结点个数分别为＿（61）＿。

（60）A．5×5　　B．5×7　　C．7×5　　D．7×7

（61）A．2、1　　B．2、2　　C．3、4　　D．4、3

试题（60）、（61）分析

本题考查数据结构基础知识。

若图中有 n 个顶点，则邻接矩阵（或数组）表示法是构造一个 n 阶方阵，每行对应一个顶点、每列对应一个顶点，这样图中任意两个顶点之间的边可用行号和列号所对应的矩阵元素表示，为 1/0 表示边存在/不存在。题图中有 5 个顶点，所以其邻接矩阵为 5×5 方阵，如下图所示。

顶点＼顶点	**1**	**2**	**3**	**4**	**5**
1	0	1	1	0	0
2	0	0	0	1	1
3	0	1	0	1	0
4	0	0	0	0	1
5	0	0	0	0	0

邻接表表示是将每个顶点的邻接顶点（即边）通过单链表表示出来，如下图所示。顶点 1 的表结点个数为 2，表示顶点 1 出发的弧为两条，分别是<1,2>、<1,3>，其余类推。可知顶点 2 和 3 的表结点个数都为 2。

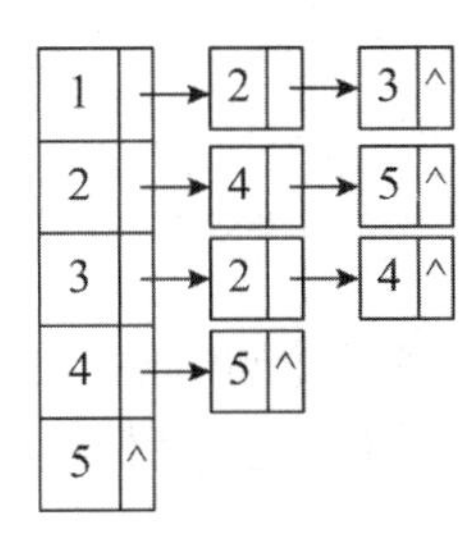

参考答案

（60）A （61）B

试题（62）

对 n 个数排序，最坏情况下时间复杂度最低的算法是__（62）__排序算法。

（62）A．插入 B．冒泡 C．归并 D．快速

试题（62）分析

本题考查算法设计与分析的基础知识。

本题考查排序算法，要求考生掌握常用的排序算法基本思想、时间复杂度、空间复杂度和稳定性等。以下是几个常用的排序算法的特性。

排序算法	时间复杂度			空间复杂度	稳定性
	最好情况	最坏情况	平均情况		
插入排序	$O(n)$	$O(n^2)$	$O(n^2)$	$O(1)$	是
冒泡排序	$O(n)$	$O(n^2)$	$O(n^2)$	$O(1)$	是
归并排序	$O(n \lg n)$	$O(n \lg n)$	$O(n \lg n)$	$O(n)$	是
快速排序	$O(n \lg n)$	$O(n^2)$	$O(n \lg n)$	$O(1)$	否
堆排序	$O(n \lg n)$	$O(n \lg n)$	$O(n \lg n)$	$O(1)$	否

因此在最坏情况下时间复杂度最低的是归并排序算法 $O(n \lg n)$，本题选择C。

参考答案

（62）C

试题（63）

采用贪心算法保证能求得最优解的问题是__（63）__。

（63）A．0-1背包 B．矩阵连乘

C．最长公共子序列 D．部分（分数）背包

试题（63）分析

本题考查算法设计与分析的基础知识。

要求考生掌握常用的算法设计策略，包括分治法、动态规划、贪心算法等的基本思想和用其求解的典型问题。

本题考查贪心算法的基础知识，贪心算法用于求解最优化问题，可以快速地求得问题的最优解，但是对于很多问题来说，用贪心算法不一定能求得最优解，如0-1背包问题、旅行商问题等。

参考答案

（63）D

试题（64）、（65）

已知某文档包含5个字符，每个字符出现的频率如下表所示。采用霍夫曼编码对该文档压缩存储，则单词“cade”的编码为__（64）__，文档的压缩比为__（65）__。

字符	a	b	c	d	e
频率（%）	40	10	20	16	14

（64）A．1110110101　B．1100111101　C．1110110100　D．1100111100

（65）A．20%　B．25%　C．27%　D．30%

试题（64）、（65）分析

本题考查算法设计与分析的基础知识。

本题考查霍夫曼编码，其在数据结构、算法设计和分析以及计算机网络、数据压缩等方面都是一个很重要的问题，要求考生能熟练掌握如何构建霍夫曼编码树、对字符编码和解码。本题给的实例的编码树如下。

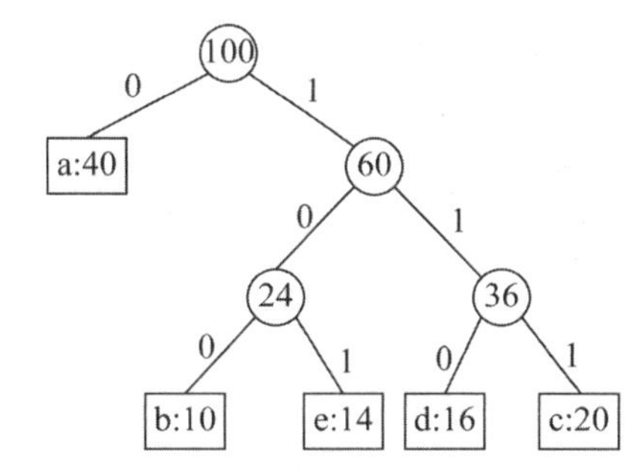

因此各字符的编码为：

a	b	c	d	e
0	100	111	110	101

cade 的编码为：1110110101

压缩比为：

3×(40+10+20+16+14)–[40×1+(10+20+16+14)×3]/[3×(40+10+20+16+14)]=0.27

参考答案

（64）A　（65）C

试题（66）、（67）

在 TCP/IP 网络中，建立连接进行可靠通信是在__（66）__完成的，此功能在 OSI/RM 中是在__（67）__层来实现的。

（66）A．网络层　B．数据链路层　C．应用层　D．传输层

（67）A．应用层　B．会话层　C．表示层　D．网络层

试题（66）、（67）分析

在 TCP/IP 网络中，网络层只把分组发送到目的主机，但是真正通信的并不是主机而是主机中的进程。传输层提供了进程间的逻辑通信，传输层向高层用户屏蔽了下面网络层的核心细节，使应用程序看起来像是在两个传输层实体之间有一条端到端的逻辑通信信道。传输控制协议 TCP（Transmission Control Protocol）是面向连接的可靠的流协议，实行“顺序控制”“重发控制”，还具备“流量控制”“拥塞控制” 等提高网络利用率的功能。

OSI/RM 分为 7 层，从底层到高层分别是物理层、数据链路层、网络层、传输层、会话层、表示层和应用层。其中，网络层为传输层的数据传输提供建立、维护和终止网络连接的手段，把上层来的数据组织成数据包（Packet）在节点之间进行交换传送，并且负责路由控制和拥塞控制，会话层为表示层提供建立、维护和结束会话连接的功能，并提供会话管理服务。

参考答案

（66）D　（67）B

试题（68）

IPv6 的地址空间是 IPv4 的__（68）__倍。

（68）A．4　　B．96　　C．128　　D．2^{96}

试题（68）分析

本题考查 IPv6 地址空间的相关知识。

IPv6 的地址为 128 位，地址空间为 2^{128}；IPv4 的地址为 32 位，地址空间为 2^{32}；故 IPv6 地址空间是 IPv4 地址空间的 2^{96} 倍。

参考答案

（68）D

试题（69）

下列无线通信技术中，通信距离最短的是__（69）__。

（69）A．蓝牙　　B．窄带微波　　C．CDMA　　D．蜂窝通信

试题（69）分析

本题考查无线通信技术的相关知识。

蓝牙民用实现中通信距离 30 米以内，是通信距离最短的。

参考答案

（69）A

试题（70）

在发送电子邮件附加多媒体数据时需采用__（70）__协议来支持邮件传输。

（70）A．MIME　　B．SMTP　　C．POP3　　D．IMAP4

试题（70）分析

本题考查电子邮件方面的基础知识。

常用的电子邮件协议有 SMTP、POP3、IMAP4，它们都隶属于 TCP/IP 协议簇，默认状态下，分别通过 TCP 端口 25、110 和 143 建立连接。

MIME（Multipurpose Internet Mail Extensions，多用途互联网邮件扩展类型）是设定某种扩展名的文件用一种应用程序来打开的方式类型，当该扩展名文件被访问的时候，浏览器会自动使用指定应用程序来打开。它是一个互联网标准，扩展了电子邮件标准，使其能够支持：非 ASCII 字符文本；非文本格式附件（二进制、声音、图像等）；由多部分（Multiple Parts）组成的消息体；包含非 ASCII 字符的头信息（Header Information）。

因此，电子邮件发送多媒体文件附件时采用 MIME 协议来支持邮件传输。

参考答案

（70）A

试题（71）～（75）

You are developing a server-side enterprise application. It must support a variety of different clients including desktop browsers, mobile browsers and native mobile applications. The application might also expose an API for 3rd parties to consume. It might also __（71）__ with other applications via either web services or a message broker. The application handles requests (HTTP requests and messages) by executing business logic; accessing a database; exchanging messages with other systems; and returning a HTML/JSON/XML __（72）__. There are logical components corresponding to different functional areas of the application.

What' s the application' s deployment architecture?

Define an architecture that structures the application as a set of __（73）__, collaborating services. This approach corresponds to the Y-axis of the Scale Cube. Each service is:

- Highly maintainable and testable — enables rapid and frequent development and deployment
- Loosely coupled with other services — enables a team to work independently the majority of time on their service(s) without being impacted by changes to other services and without affecting other services
- __（74）__ deployable — enables a team to deploy their service without having to coordinate with other teams
- Capable of being developed by a small team — essential for high productivity by avoiding the high communication head of large teams

Services __（75）__ using either synchronous protocols such as HTTP/REST or asynchronous protocols such as AMQP. Services can be developed and deployed independently of one another. Each service has its own database in order to be decoupled from other services. Data consistency between services is maintained using some particular pattern.

（71）A．integrate　　B．coordinate
　　　C．cooperate　　D．communicate

（72）A．request　　B．response
　　　C．text　　D．file

（73）A．loosely coupled　　B．loosely cohesion
　　　C．highly coupled　　D．highly cohesion

（74）A．Dependently　　B．Independently
　　　C．Coordinately　　D．Integratedly

（75）A．interoperate　　B．coordinate
　　　C．communicate　　D．depend

参考译文

假设你在开发一个服务端应用。该应用必须支持各种各样的客户端，包括桌面浏览器、手机浏览器和本地手机应用。应用可能也需要公开部分 API 供第三方使用，还可能与其他应用通过 Web Service 或消息代理（message broker）相集成。应用执行业务逻辑来处理请求（HTTP 请求或者消息），访问数据库，与其他系统交换消息，并返回 HTML/JSON/XML 类型的响应。有一些逻辑组件对应于应用的不同功能模块。

应用的部署架构是什么？

通过采用 y 轴方向上伸缩立方（Scale Cube）来设计应用的架构，将应用按功能分解为一组松耦合且相互协作的服务的集合。每个服务具有如下特征：

- 高可维护性和可测试性——支持快速、频繁的开发和部署；
- 与其他服务松散耦合——使团队能够在大部分时间独立地工作于其服务上，而不受对其他服务的更改的影响，也不影响其他服务；
- 可独立部署——团队能够不与其他团队协调而部署他们的服务；
- 能够由一个小团队开发——通过避免大型团队的高沟通主管，对高生产力至关重要。

服务间通过 HTTP/REST 等同步协议或 AMQP 等异步协议进行通信。服务可以独立开发和部署。每个服务有其自己的数据库，以便与其他服务解耦。服务之间的数据一致性通过其他特定的模式来维护。

参考答案

（71）A （72）B （73）A （74）B （75）C

第 16 章　2019 下半年软件设计师下午试题分析与解答

试题一（共 15 分）

阅读下列说明和图，回答问题 1 至问题 4，将解答填入答题纸的对应栏内。

【说明】

某公司欲开发一款二手车物流系统，以有效提升物流成交效率。该系统的主要功能是：

（1）订单管理：系统抓取线索，将车辆交易系统的交易信息抓取为线索。帮买顾问看到有买车线索后，会打电话询问买家是否需要物流，若需要，帮买顾问就将这个线索发起为订单并在系统中存储，然后系统帮助买家寻找物流商进行承运。

（2）路线管理：帮买顾问对物流商的路线进行管理，存储的路线信息包括路线类型、物流商、起止地点。路线分为三种，即固定路线、包车路线、竞拍体系，其中固定路线和包车路线是合约制。包车路线的发车时间由公司自行管理，是订单的首选途径。

（3）合约管理：帮买顾问根据公司与物流商确定的合约，对合约内容进行设置，合约信息包括物流商信息、路线起止城市、价格、有效期等。

（4）寻找物流商：系统根据订单的类型（保卖车、全国购和普通二手车）、起止城市、需要的服务模式（买家接、送到买家等）进行自动派发或以竞拍体系方式选择合适的物流商。即：有新订单时，若为保卖车或全国购，则直接分配到竞拍体系中；否则，若符合固定路线和/或包车路线，系统自动分配给合约物流商，若不符合固定路线和包车路线，系统将订单信息分配到竞拍体系中。竞拍体系接收到订单后，将订单信息推送给有相关路线的物流商，物流商对订单进行竞拍出价，最优报价的物流商中标。最后，给承运的物流商发送物流消息，更新订单的物流信息，给车辆交易系统发送物流信息。

（5）物流商注册：物流商账号的注册开通。

现采用结构化方法对二手车物流系统进行分析与设计，获得如图 1-1 所示的上下文数据流图和图 1-2 所示的 0 层数据流图。

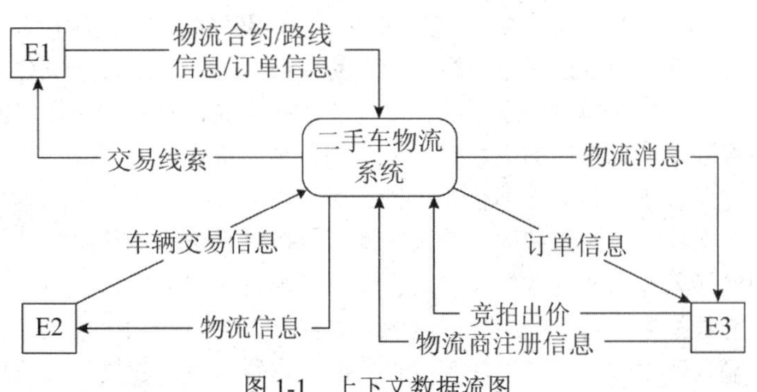

图 1-1　上下文数据流图

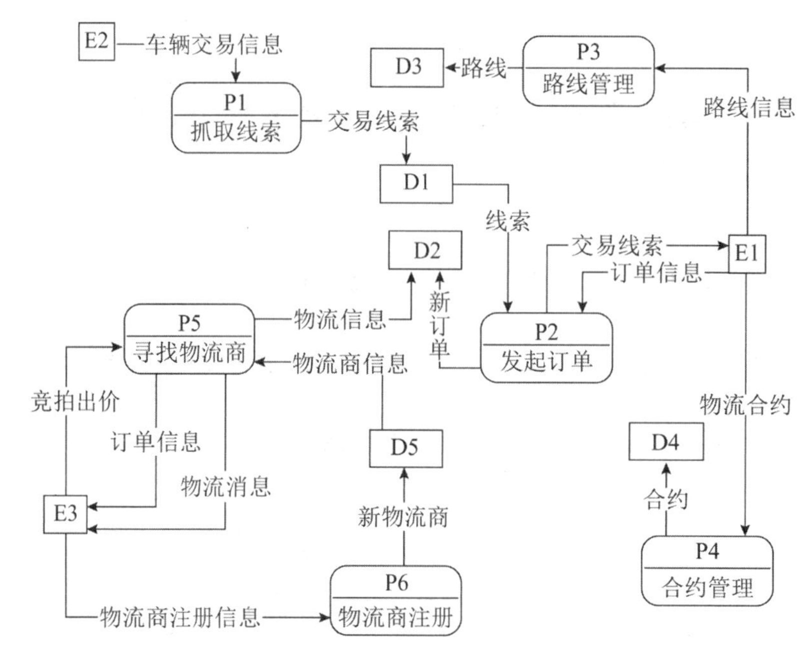

图 1-2　0 层数据流图

【问题 1】（3 分）

使用说明中的词语，给出图 1-1 中的实体 E1～E3 的名称。

【问题 2】（5 分）

使用说明中的词语，给出图 1-2 中的数据存储 D1～D5 的名称。

【问题 3】（4 分）

根据说明和图中术语，补充图 1-2 中缺失的数据流及其起点和终点。

【问题 4】（3 分）

根据说明，采用结构化语言对“P5：寻找物流商”的加工逻辑进行描述。

试题一分析

本题考查采用结构化方法进行软件系统的分析与设计，主要考查利用数据流图（DFD）进行需求分析和建模。DFD 是面向数据流建模的工具，它将系统建模成输入、加工（处理）、输出的模型，即流入软件的数据对象，经由加工的转换，最后以结果数据对象的形式流出软件，并采用自顶向下分层建模进行逐层细化。建立数据字典，对数据流图中的每条数据流、存储、加工和组成数据流或存储的数据项、加工的逻辑再进一步说明。

顶层 DFD（上下文数据流图）建模用于确定系统边界以及系统的输入输出数据，待开发软件系统被看作一个加工，为系统提供输入数据以及接收系统输出数据的是外部实体，外部实体和加工之间的输入输出即为数据流。数据流或者由具体的数据属性构成，或者是由其他数据流构成的组合数据流，用于高层数据流图中。将上下文 DFD 中的加工分解成多个加工，识别每个加工的输入数据流以及经过加工变换后的输出数据流，建模 0 层 DFD。根据 0 层 DFD 中加工的复杂程度进一步建模加工的内容。根据需求情况可以将数据存储建模在不同层次的 DFD 中。

在建模分层 DFD 时，需要注意加工和数据流的正确使用，一个加工必须既有输入又有输出；数据流须和加工相关，即数据流至少有一头为加工。注意要在绘制下层数据流图时保持父图与子图平衡，即父图中某加工的输入输出数据流必须与其子图的输入输出数据流在数量和名字上相同，或者父图中的一个输入（或输出）数据流对应于子图中几个输入（或输出）数据流的组合数据流。

题目题干描述清晰，易于分析，要求考生细心分析题目中所描述的内容。

【问题 1】

本问题考查的是上下文 DFD，要求确定外部实体。

在上下文 DFD 中，待开发系统“二手车物流系统”作为唯一加工，为这一加工提供输入数据流或者接收其输出数据流的外部实体，涉及车辆交易系统、帮买顾问和物流商，再根据描述相关信息进行对应，对照图 1-1，即可确定 E1 为“帮买顾问”实体，E2 为“车辆交易系统”实体，E3 为“物流商”实体。

【问题 2】

本问题要求确定图 1-2 0 层数据流图中的数据存储。

对照图 1-2 中已经给出的信息，重点分析说明中与数据存储有关的描述。根据说明（1）中“将车辆交易系统的交易信息抓取为线索”，可知加工“抓取线索”向存储中写入新线索信息，由此可知 D1 为“线索”；再由说明（1）中“帮买顾问就将这个线索发起为订单并在系统中存储”等信息，可知此加工需要向存储中写入新订单信息，由此可知 D2 为“订单”。根据说明（2）中“帮买顾问对物流商的路线进行管理，存储的路线信息”可知加工“路线管理”向 D3 中写入路线信息，由此可知 D3 为“路线”。根据说明（3）中合约管理“对合约内容进行设置”等，可知 D4 为“合约”。根据说明（4）中“选择合适的物流商”和说明（5）中“物流商账号的注册开通”，可知 D5 为“物流商”。

【问题 3】

本问题要求补充缺失的数据流及其起点和终点。

对照图 1-1 和图 1-2 的输入、输出数据流，缺少了从加工到外部实体 E2 的数据流——“物流信息”，根据说明（4）中“最后，给承运的物流商发送物流消息”，可知此数据流起点为 P5（寻找物流商），终点为 E2（车辆交易系统）。

再考查题干中的说明判定是否缺失内部的数据流，不难发现图 1-2 中没有完整给出说明（4）加工“寻找物流商”相关的输入数据流。根据描述“根据订单的类型”可知需要从存储 D2（订单）中获取数据；根据“若符合固定路线和/或包车路线，系统自动分配给合约物流商”，说明需要获取存储 D3（路线）和 D4（合约）的信息进行判定，然后进行分配。

【问题 4】

本问题要求采用结构化语言描述“P5：寻找物流商”的加工逻辑。结构化语言（如结构化英语）是一种介于自然语言和形式化语言之间的半形式化语言，是自然语言的一个受限子集。

结构化语言没有严格的语法，它的结构通常可分为内层和外层。外层有严格的语法，内层的语法比较灵活，可以接近于自然语言的描述。

（1）外层。用来描述控制结构，采用顺序、选择和重复 3 种基本结构。

① 顺序结构。一组祈使语句、选择语句、重复语句的顺序排列。祈使语句是指至少包含一个动词及一个名词，指出要执行的动作及接受动作的对象。

② 选择结构。一般用 IF-THEN-ELSE-ENDIF、CASE-OF-ENDCASE 等关键词。

③ 重复结构。一般用 DO-WHILE-ENDDO、REPEAT-UNTIL 等关键词。

（2）内层。一般采用祈使语句的自然语言短语，使用数据字典中的名词和有限的自定义词，其动词含义要具体，尽量不用形容词和副词来修饰，还可使用一些简单的算法运算和逻辑运算符号。

寻找物流商相关描述中，在有新订单时，明确在不同情况下执行不同行为，最后发送物流消息和更新订单内容。所以，首先是接收新订单；然后根据订单类型采用选择结构；再根据非保卖车或全国购的情况下，根据路线情况不同需执行不同行为，再嵌套一层选择结构；最后顺序发送物流消息和更新订单内容。选择结构可选择 IF-THEN-ELSE-ENDIF，也可以抽象出 CASE 情况，使用 CASE-OF-ENDCASE。

参考答案

【问题 1】

E1：帮买顾问

E2：车辆交易系统

E3：物流商

【问题 2】

D1：线索

D2：订单

D3：路线

D4：合约

D5：物流商

【问题 3】

数据流名称	起点	终点
订单信息	D2 或订单	P5 或寻找物流商
合约信息	D4 或合约	P5 或寻找物流商
路线信息	D3 或路线	P5 或寻找物流商
物流信息	P5 或寻找物流商	E2 或车辆交易系统

【问题 4】

接收新订单

```
IF 是保卖车或全国购
THEN 执行竞拍体系,最优报价物流商中标
ELSE
   IF 订单路线有固定路线和/或包车路线
   THEN 自动派发给物流商
```

```
    ELSE 执行竞拍体系，最优报价物流商中标
    ENDIF
  ENDIF
  给物流商发送物流消息
  更新订单的物流信息
  给车辆交易系统发送物流信息
```

试题二（共 15 分）

阅读下列说明，回答问题 1 至问题 4，将解答填入答题纸的对应栏内。

【说明】

某公司拟开发一套新入职员工的技能培训管理系统，以便使新员工快速胜任新岗位。该系统的部分功能及初步需求分析的结果如下所述：

1. 部门信息包括部门号、名称、部门负责人、电话等，其中部门号唯一标识部门关系中的每一个元组。一个部门有多名员工，但一名员工只属于一个部门；每个部门只有一名负责人，负责部门工作。

2. 员工信息包括员工号、姓名、部门号、岗位、基本工资、电话、家庭住址等，其中员工号唯一标识员工关系中的每一个元组；岗位有新入职员工、培训师、部门负责人等；不同的岗位设置不同的基本工资。新入职员工要选择多门课程进行培训，并通过考试取得课程的成绩。一名培训师可以讲授多门课程，一门课程可以由多名培训师讲授。

3. 课程信息包括课程号、课程名称、学时等，其中课程号唯一标识课程关系的每一个元组。

【概念模型设计】

根据需求阶段收集的信息，设计的实体联系图如图 2-1 所示。

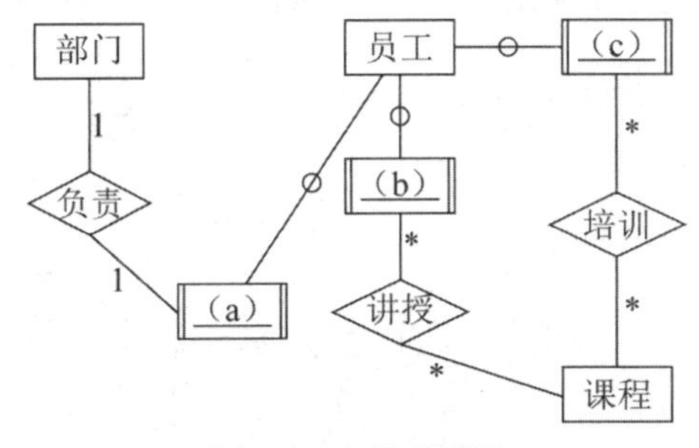

图 2-1　实体联系图

【关系模式设计】

部门(部门号，部门名，部门负责人，电话)
员工(员工号，姓名，部门号，___(d)___，电话，家庭住址)
课程(___(e)___，课程名称，学时)
讲授(课程号，培训师，培训地点)
培训(课程号，___(f)___)

【问题 1】（5 分）

（1）补充图 2-1 中的空（a）～（c）。

（2）图 2-1 中是否存在缺失的联系？若存在，则说明所缺失的联系和联系类型。

【问题 2】（3 分）

根据题意，将关系模式中的空（d）～（f）补充完整。

【问题 3】（5 分）

（1）员工关系模式的主键为__（g）__，外键为__（h）__；

（2）讲授关系模式的主键为__（i）__，外键为__（j）__。

【问题 4】（2 分）

员工关系是否存在传递依赖？用 100 字以内文字说明理由。

试题二分析

本题考查数据库系统中实体联系模型（E-R 模型）和关系模式设计方面的基础知识。

【问题 1】

根据题意，“每个部门只有一名负责人，负责部门工作”，那么“负责”联系的两端实体为部门和部门负责人，故空（a）应填写“部门负责人”。

根据题意，“一名培训师可以讲授多门课程，一门课程可以由多个培训师讲授”，那么“讲授”联系的两端实体为培训师和课程，故空（b）应填写“培训师”。

根据题意，“新入职员工要选择多门课程进行培训，并通过考试取得课程的成绩”，那么“培训”联系的两端实体为新入职员工和课程，故空（c）应填写“新入职员工”。

由于一个部门有多名员工，但一名员工只对应一个部门。故部门与员工之间的“所属”联系类型为 1∶n（或 1∶*）。

根据上述分析，完善图 2-1 所示的实体联系图，如图 2-2 所示。

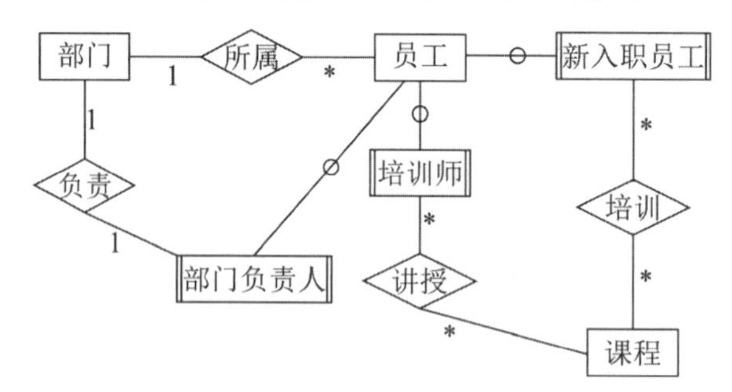

图 2-2 完善的实体联系图

【问题 2】

根据题意，员工信息包括：员工号、姓名、部门号、岗位、基本工资、电话、家庭住址。故员工关系中的空（d）应填写岗位，基本工资。

根据题意，课程信息包括：课程号、课程名称、学时，故课程关系中的空（e）应填写课程号。

根据题意，“新入职员工要选择多门课程进行培训，并通过考试取得课程的成绩”，故培训关系中的空（f）应填写新入职员工，成绩。

【问题 3】

（1）空（g）（h）分析：员工号唯一标识员工关系中的每一个元组，员工关系的主键为员工号。又因为部门号应参照部门关系的部门号，而部门号是部门关系的主键，故员工关系的外键为部门号。

（2）空（i）（j）分析：因为（课程号，培训师）唯一确定讲授关系的每一个元组，所以讲授关系的主键为（课程号，培训师）。又因为课程号应参照课程关系的课程号，培训师应参照员工关系的员工号，故讲授关系存在两个外键，分别为课程号和培训师。

【问题 4】

员工关系存在传递依赖。因为，员工号→岗位，岗位→基本工资，根据 Armstrong 公理系统的传递律规则，员工号→基本工资。

参考答案

【问题 1】

（1）（a）部门负责人

（b）培训师

（c）新入职员工

（2）存在。（1 分）

图 2-1 中缺失一个部门和员工之间的“所属”联系，联系类型为 1∶*n*。（1 分）

【问题 2】

（d）岗位，基本工资

（e）课程号

（f）新入职员工，成绩

【问题 3】

（1）（g）员工号

（h）部门号

（2）（i）（课程号，培训师）

（j）课程号　培训师

【问题 4】

存在。（1 分）

因为员工号→岗位、岗位→基本工资，故存在传递依赖“员工号→基本工资”（根据 Armstrong 公理系统的传递律规则）。（1 分）

试题三（共 15 分）

阅读下列说明和图，回答问题 1 至问题 3，将解答填入答题纸的对应栏内。

【说明】

某牙科诊所拟开发一套信息系统，用于管理病人的基本信息和就诊信息。诊所工作人员包括：医护人员（DentalStaff）、接待员（Receptionist）和办公人员（OfficeStaff）等。系统主要功能需求描述如下：

1. 记录病人基本信息（Maintain patient info）。初次就诊的病人，由接待员将病人基本信息录入系统。病人基本信息包括病人姓名、身份证号、出生日期、性别、首次就诊时间和最后一次就诊时间等。每位病人与其医保信息（MedicalInsurance）关联。

2. 记录就诊信息（Record office visit info）。病人在诊所的每一次就诊，由接待员将就诊信息（OfficeVisit）录入系统。就诊信息包括就诊时间、就诊费用、支付代码、病人支付费用和医保支付费用等。

3. 记录治疗信息（Record dental procedure）。病人在就诊时，可能需要接受多项治疗，每项治疗（Procedure）可能由多位医护人员为其服务。治疗信息包括：治疗项目名称、治疗项目描述、治疗的牙齿和费用等。治疗信息由每位参与治疗的医护人员分别向系统中录入。

4. 打印发票（Print invoices）。发票（Invoice）由办公人员打印。发票分为两种：给医保机构的发票（InsuranceInvoice）和给病人的发票（PatientInvoice）。两种发票内容相同，只是支付的费用不同。当收到治疗费用后，办公人员在系统中更新支付状态（Enter payment）。

5. 记录医护人员信息（Maintain dental staff info）。办公人员将医护人员信息录入系统。医护人员信息包括姓名、职位、身份证号、家庭住址和联系电话等。

6. 医护人员可以查询并打印其参与的治疗项目相关信息（Search and print procedure info）。

现采用面向对象方法开发该系统，得到如图 3-1 所示的用例图和 3-2 所示的初始类图。

【问题 1】（6 分）

根据说明中的描述，给出图 3-1 中 A1～A3 所对应的参与者名称和 U1～U3 所对应的用例名称。

【问题 2】（5 分）

根据说明中的描述，给出图 3-2 中 C1～C5 所对应的类名。

【问题 3】（4 分）

根据说明中的描述，给出图 3-2 中类 C4、C5、Patient 和 DentalStaff 的必要属性。

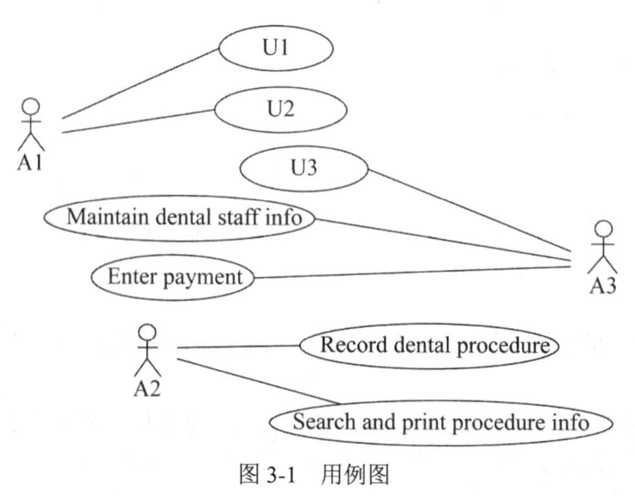

图 3-1 用例图

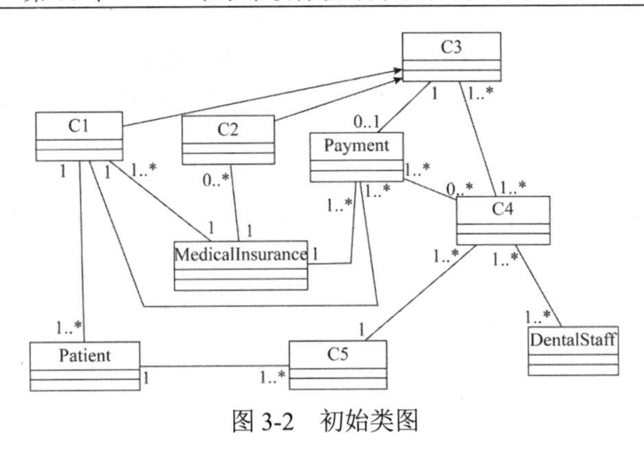

图 3-2　初始类图

试题三分析

本题主要考查面向对象分析与设计的基本概念。在建模方面，本题仅涉及了 UML 的用例图和类图，根据需求说明将模型补充完整。题目较为简单，属于经典考题。

【问题 1】

本问题给出的应用场景是一个用于管理病人基本信息和就诊信息的牙科诊所信息系统。

本问题要求补充用例图。用例图展现了一组用例、参与者以及它们之间的关系。用例建模是按照业务事件、谁发起事件，以及系统如何响应事件建模系统功能的过程。

参与者表示需要与系统交互以交换信息的任何事物。参与者可以是一个用户，可以是外部系统的一个角色，也可以是一个人。从题目的说明中可以很容易地发现，该系统中有 3 类与系统交互的角色：医护人员、接待员和办公人员。根据说明所描述的每个角色所参与的功能，可以判断出：A1 对应的参与者是接待员、A2 对应的参与者是医护人员、A3 对应的参与者是办公人员。

用例是一组相关行为的自动的和手动的步骤序列，其目的是完成单个业务任务。下面需要确定与参与者 A1（接待员）相关联的用例。根据说明可知，A1 参与或激发的用例包括：记录病人基本信息和记录就诊记录，所以用例 U1 和 U2 分别对应“记录病人基本信息”和“记录就诊信息”，U1 和 U2 可互换。U3 是与参与者 A3（办公人员）相关联的用例。根据说明可知，A3 参与或激发的用例包括：打印发票、更新支付状态和记录医护人员信息。显而易见，U3 应该对应用例“打印发票”。

【问题 2】

本问题要求将图 3-2 所示的类图补充完整。

首先观察该类图，发现在图中存在一个继承结构：C3 为基类，C1 和 C2 为派生类。而这 3 个类又分别与类 Payment、MedicalInsurance 相关联，这两个类实现的都是与支付相关的功能。从说明中关于支付相关功能的描述可知，“发票分为两种：给医保机构的发票（InsuranceInvoice）和给病人的发票（PatientInvoice）”，这是一种明显的“一般——特殊”关系，这种关系在面向对象中通常采用继承机制来描述。表达一般概念的实体作为基类，特殊概念的实体作为派生类。由此可以确定 C3 对应类 Invoice。C1 关联着类 Patient，所以 C1 对应类 PatientInvoice，C2 对应类 InsuranceInvoice。

C4、C5 及其相关联的类，对应的是该系统维护就诊信息和治疗信息的功能。由说明可知，病人可以多次就诊；病人的每次就诊，可能包含多项治疗。这个需求由类 Patient、C5 及 C4 构成的关联结构表达。由此推断出，C5 对应着类 OfficeVisit，C4 对应着类 Procedure。

【问题 3】

类的属性可以从说明的相关描述中寻找。本题中只需找出类的关键属性即可，实现阶段所需添加的属性不需要考虑。

C4（Procedure）的属性描述在说明的第 3 条，包括：治疗项目名称、治疗项目描述、治疗的牙齿和费用。

C5（OfficeVisit）的属性描述在说明的第 2 条，包括：就诊时间、就诊费用、支付代码、病人支付费用和医保支付费用。

Patient 的属性描述在说明的第 1 条，包括：病人姓名、身份证号、出生日期、性别、首次就诊时间和最后一次就诊时间。

DentalStaff 的属性描述在说明的第 5 条，包括：姓名、职位、身份证号、家庭住址和联系电话。

参考答案

【问题 1】

A1：Receptionist 或接待员

A2：DentalStaff 或医护人员

A3：OfficeStaff 或办公人员

U1：Record office visit info 或记录就诊信息

U2：Maintain patient info 或记录病人基本信息

U3：Print invoices 或打印发票

（注：U1 和 U2 内容可互换）

【问题 2】

C1：PatientInvoice

C2：InsuranceInvoice

C3：Invoice

C4：Procedure

C5：OfficeVisit

【问题 3】

C4 的属性：治疗项目名称、治疗项目描述、治疗的牙齿、费用。

C5 的属性：就诊时间、就诊费用、支付代码、病人支付费用、医保支付费用。

Patient 的属性：病人姓名、身份证号、出生日期、性别、首次就诊时间、最后一次就诊时间。

DentalStaff 的属性：姓名、职位、身份证号、家庭住址、联系电话。

试题四（共 15 分）

阅读下列说明和 C 代码，回答问题 1 至问题 3，将解答写在答题纸的对应栏内。

【说明】

0-1 背包问题定义为：给定 i 个物品的价值 $v[1\cdots i]$、重量 $w[1\cdots i]$和背包容量 T，每个物品装到背包里或者不装到背包里。求最优的装包方案，使得所得到的价值最大。

0-1 背包问题具有最优子结构性质。定义 $c[i][T]$为最优装包方案所获得的最大价值，则可得到如下所示的递归式。

$$c[i][T]=\begin{cases}0 & 若i=0或T=0\\ c[i-1][T] & 若T<w[i]\\ \max(c[i-1][T-w[i]]+v[i],c[i-1][T]) & 若i>0且T\geqslant w[i]\end{cases}$$

【C 代码】

下面是算法的 C 语言实现。

（1）常量和变量说明

T：背包容量

$v[]$：价值数组

$w[]$：重量数组

$c[][]$：$c[i][j]$表示前 i 个物品在背包容量为 j 的情况下最优装包方案所能获得的最大价值

（2）C 程序

```
#include<stdio.h>
#include<math.h>
#define N 6
#define maxT 1000
int c[N][maxT]={0};

intMemoized_Knapsack(int v[N], int w[N], intT){
    inti;
    int j;
    for(i = 0;i< N;i++){
        for(j = 0;j <= T;j++){
            c[i][j] = -1;
        }
    }
    returnCalculate_Max_Value(v,w,N-1, T);
}

intCalculate_Max_Value(int v[N], int w[N],inti,int j){
    int temp = 0;
    if(c[i][j] != -1){
        return __(1)__;
    }
    if(i == 0 || j == 0){
        c[i][j] = 0;
```

```
    }else{
        c[i][j] = Calculate_Max_Value(v,w,i-1,j);
        if(  (2)  ){
            temp =  (3)  ;
            if(c[i][j] < temp){
                 (4)  ;
            }
        }
    }
    return c[i][j];
}
```

【问题 1】（8 分）

根据说明和 C 代码，填充 C 代码中的空（1）～（4）。

【问题 2】（4 分）

根据说明和 C 代码，算法采用了__（5）__设计策略。在求解过程中，采用了__（6）__（自底向上或者自顶向下）的方式。

【问题 3】（3 分）

若 5 项物品的价值数组和重量数组分别为 *v*[]={0,1,6,18,22,28}和 *w*[]={0,1,2,5,6,7}，背包容量为 *T*=11，则获得的最大价值为__（7）__。

试题四分析

本题考查算法设计策略和算法分析技术。

此类题目要求考生认真阅读题目，理解题干中描述的问题和求解问题的算法思想。本题考查 0-1 背包问题，这是一个非常经典的计算问题，可以用动态规划法或者回溯法求解。这里考查考生对动态规划策略求解 0-1 背包问题的理解，题干已经给出最优子结构及其递归式。

【问题 1】

一般情况下，采用动态规划法求解最优化问题是构建递归式，然后自底向上迭代地求解。这里采用了自顶向下的递归求解方法，但是和传统的递归又不同。在求解问题的过程中，对第一次遇到的问题采用递归方法求解，把解存放到数组中，后面再次遇到该问题时，直接到数组中查询。

C 程序中已经说明 *c*[*i*][*j*]表示前 *i* 个物品在背包容量为 *j* 的情况下最优装包方案所能获得的最大价值。开始时 *c*[*i*][*j*]初始化为–1。Calculate_Max_Value 函数用来计算 *c*[*i*][*j*]的值。进入函数后，先判断 *c*[*i*][*j*]的值是否为–1，如果不是，说明已经计算过，直接返回该值即可，因此空（1）填“c[i][j]”；如果是–1，那么需要递归计算。空（2）上面的语句计算了在前 *i*–1 项，容量为 *j* 的背包问题值的最大价值，因此空（2）填入“w[i] <= j”，考虑在前 *i*–1 项，容量为 *j*–*w*[*i*]的背包问题值的最大价值，比较两者的大小关系，因此空（3）和空（4）分别填入“Calculate_Max_Value(v,w,i–1,j–w[i]) + v[i]”和“c[i][j] = temp”。

【问题 2】

从题干分析和 C 代码来看，很容易知道这是一个动态规划算法，算法实现采用的是自顶向下的方法。

【问题 3】

根据题干和 C 代码，得到下列 c[i][j]的值。

表 c[i][j]

	0	1	2	3	4	5	6	7	8	9	10	11
0	–1	0	0	0	0	0	0	–1	0	0	0	0
1	–1	–1	1	1	1	1	1	–1	–1	1	–1	1
2	0	–1	–1	–1	7	7	7	–1	–1	–1	–1	7
3	–1	–1	–1	–1	7	18	–1	–1	–1	–1	–1	25
4	–1	–1	–1	–1	7	–1	–1	–1	–1	–1	–1	40
5	–1	–1	–1	–1	–1	–1	–1	–1	–1	–1	–1	40

从表中可知 c[5][11]=40。

参考答案

【问题 1】

（1）c[i][j]

（2）w[i] <= j

（3）Calculate_Max_Value(v,w,i–1,j–w[i]) + v[i]

（4）c[i][j] = temp

【问题 2】

（5）动态规划

（6）自顶向下

【问题 3】

（7）40

注意：从试题五和试题六中，任选一道题解答。

试题五（共 15 分）

阅读下列说明和 C++代码，将应填入__（n）__处的字句写在答题纸的对应栏内。

【说明】

某文件管理系统中定义了类 OfficeDoc 和 DocExplorer。当类 OfficeDoc 发生变化时，类 DocExplorer 的所有对象都要更新其自身的状态。现采用观察者（Observer）设计模式来实现该需求，所设计的类图如图 5-1 所示。

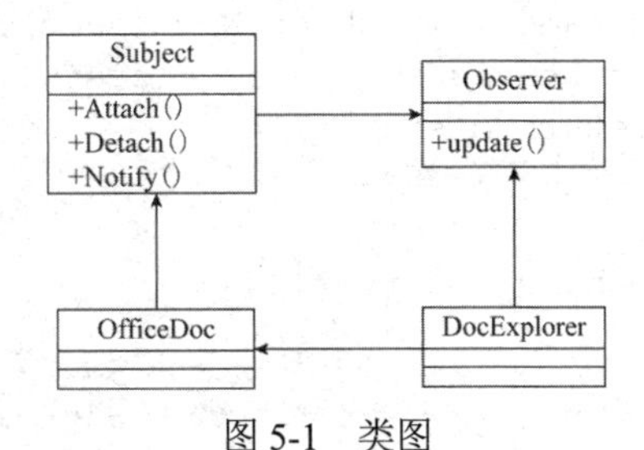

图 5-1　类图

【C++代码】

```
#include<iostream>
#include<vector>
#include<string>
using namespace std;

class Observer{
public:
    ___(1)___;
};

class Subject{
protected:
    vector<___(2)___>myObs;
public:
    virtual void Attach(Observer *obs) {myObs.push_back(obs);}
    virtual void Detach(Observer *obs) {
    for (vector<Observer*>::iterator iter = myObs.begin(); iter !=
myObs.end(); iter++){
    if(*iter == obs){myObs.erase(iter);return;}
    }
    }
    virtual void Notify(){
    for (vector<Observer*>::iterator iter = myObs.begin(); iter !=
myObs.end(); iter++) {
    ___(3)___;}
}
virtualintgetStatus() = 0;
virtual void setStatus(int status) = 0;
};

classOfficeDoc : public Subject{
private:
    stringmySubjectName;
    intm_status;
public:
    OfficeDoc(string name): mySubjectName(name), m_status(0){}
    voidsetStatus(int status){m_status = status;}
    intgetStatus(){return m_status;}
};

classDocExplorer : public Observer{
private:
    stringmyObsName;
public:
```

```
DocExplorer(string name, ___(4)___ sub): myObsName(name){sub->___(5)___;}
    void update(){cout<< "update observer:" <<myObsName<<endl;}
};
int main(){
    Subject *subjectA = new OfficeDoc("subject A");
    Observer *observerA = new DocExplorer("observerA", subjectA);
    subjectA->setStatus(1); subjectA->Notify();
    return 0;
}
```

试题五分析

本题考查设计模式中的观察者（Observer）模式的基本概念和应用。

观察者模式的意图是：定义对象间的一种一对多的依赖关系，当一个对象的状态发生改变时，所有依赖于它的对象都得到通知并被自动更新。观察者模式的结构图如图 5-2 所示。

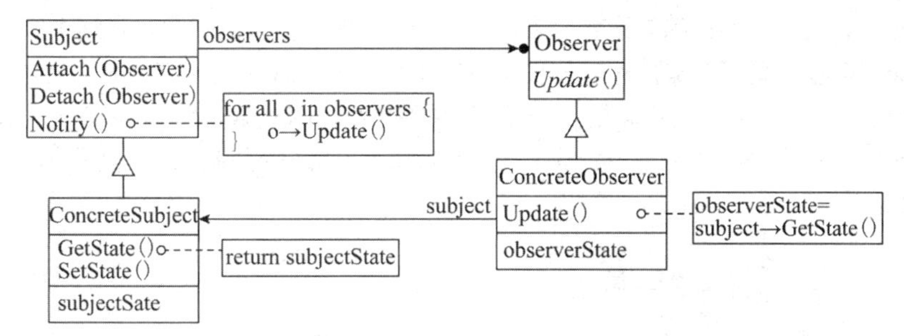

图 5-2　观察者模式结构图

其中：

- Subject（目标）知道它的观察者，可以有任意多个观察者观察同一个目标；提供注册和删除观察者对象的接口。
- Observer（观察者）为那些在目标发生改变时需获得通知的对象定义一个更新接口。
- ConcreteSubject（具体目标）将有关状态存入各 ConcreteObserver 对象；当它的状态发生改变时，向它的各个观察者发出通知。
- ConcreteObserver（具体观察者）维护一个指向 ConcreteSubject 对象的引用；存储有关状态，这些状态应与目标的状态保持一致；实现 Observer 的更新接口，以使自身状态与目标的状态保持一致。

观察者模式适用于：

- 当一个抽象模型有两个方面，其中一个方面依赖于另一个方面，将这两者封装在独立的对象中以使它们可以各自独立地改变和复用。
- 当对一个对象的改变需要同时改变其他对象，而不知道具体有多少对象有待改变时。
- 当一个对象必须通知其他对象，而它又不能假定其他对象是谁，即不希望这些对象是紧耦合的。

本题中的类 Subject 对应于图 5-2 中的 Subject，类 OfficeDoc 对应 ConcreteSubject，类

Observer 对应图 5-2 中的 Observer，类 DocExplore 对应 ConcreteObserver。DocExplore 维护一个指向 OfficeDoc 对象的引用，当 OfficeDoc 的状态发生改变时，向 DocExplore 发出通知。

第（1）空需要填写 Observer 中的核心方法，即在目标发生改变时通知观察者的更新接口。这个方法的原型可以在 Obsever 的子类 DocExplore 中找到：void update()。update 方法需要在子类中进行重置，这里采用了 C++中的动态多态机制——纯虚拟函数。所以第（1）空应填入 virtual void update() = 0。

一个 Subject 可以有多个观察者，在 Subject 中需要提供增加和删除观察者的接口，即类中的 Attach、Detach 方法。这两个方法的主要操作对象就是类中的属性 myObs。根据程序上下文推断，myObs 表示的应该是观察者的集合，所以第（2）空应填入 Observer*。

第（3）空出现在 Subject 的方法 Notify 中，这个方法的功能是当目标发生变化时，通知所有与该目标关联的观察者，即调用每个观察者定义的 update 方法，所以第（3）空应填入（*iter）->update()。

DocExplore 是一个具体的观察者，它需要维护一个指向目标的对象，在这里实际上就是指向 OfficeDoc 的对象。观察者与目标的关联关系是通过 DocExplore 的构造函数实现的。在面向对象的继承机制中，通常倾向于用基类指针代替派生类指针，因此第（4）空应填入 Subject*。

观察者与目标的关联关系的建立需要调用 Subject 中的方法 Attach，因此第（5）空应填入 Attach(this)。

参考答案

（1）virtual void update() = 0

（2）Observer *

（3）(*iter)->update()

（4）Subject*

（5）Attach(this)

试题六（共 15 分）

阅读下列说明和 Java 代码，将应填入__（n）__处的字句写在答题纸的对应栏内。

【说明】

某文件管理系统中定义了类 OfficeDoc 和 DocExplorer。当类 OfficeDoc 发生变化时，类 DocExplorer 的所有对象都要更新其自身的状态。现采用观察者（Observer）设计模式来实现该需求，所设计的类图如图 6-1 所示。

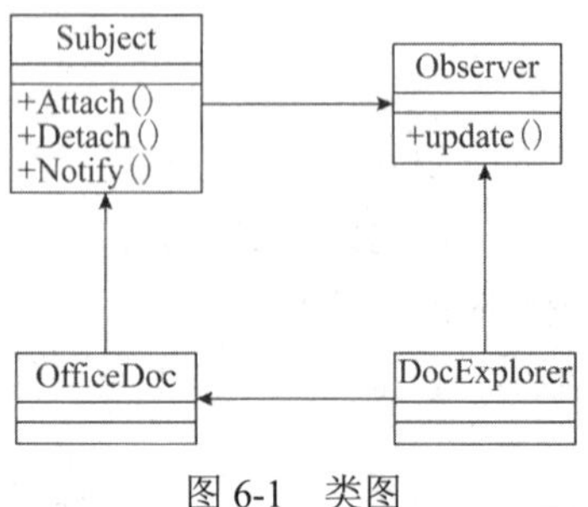

图 6-1　类图

【Java 代码】

```
importjava.util.*;

interface Observer{
   public  (1)  ;
};

interface Subject{
public void Attach(Observer obs);
public void Detach(Observer obs);
public void Notify();
public void setStatus(int status);
publicintgetStatus();
};

classOfficeDoc implements Subject{
private List< (2) >myObs;
private String mySubjectName;
privateintm_status;
publicOfficeDoc(String name){
    mySubjectName = name;
    this.myObs = new ArrayList<Observer>();
        m_status = 0;
  }
public void Attach(Observer obs){ this.myObs.add(obs); }
public void Detach(Observer obs){ this.myObs.remove(obs); }
public void Notify(){
   for(Observer obs: this.myObs){  (3)  ;   }
}
public void setStatus(int status){
        m_status = status;
        System.out.println("SetStatus subject[" + mySubjectName + "]status:"
+ status);
    }
publicintgetStatus(){return m_status;}
};

classDocExplorer implements Observer{
    private String myObsName;
    public DocExplorer(String name,  (4)  sub){
        myObsName = name;
        sub. (5) ;
    }
public void update() {
    System.out.println("update observer[" + myObsName + "]");
```

```
        }
    };

    classObserverTest{
    public static void main(String[] args){
    Subject subjectA = new OfficeDoc("subject A");
        Observer oberverA = new DocExplorer("observer A", subjectA);
        subjectA.setStatus(1);
        subjectA.Notify();
      }
    }
```

试题六分析

本题考查设计模式中的观察者（Observer）模式的基本概念和应用。

观察者模式的意图是：定义对象间的一种一对多的依赖关系，当一个对象的状态发生改变时，所有依赖于它的对象都得到通知并被自动更新。观察者模式的结构图如图 6-2 所示。

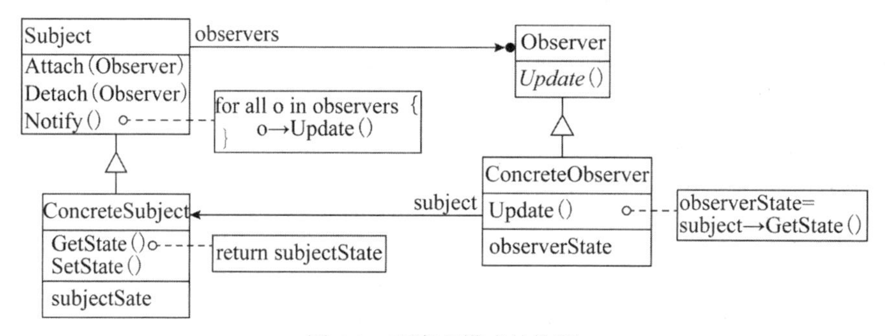

图 6-2　观察者模式结构图

其中：

- Subject（目标）知道它的观察者，可以有任意多个观察者观察同一个目标；提供注册和删除观察者对象的接口。
- Observer（观察者）为那些在目标发生改变时需获得通知的对象定义一个更新接口。
- ConcreteSubject（具体目标）将有关状态存入各 ConcreteObserver 对象；当它的状态发生改变时，向它的各个观察者发出通知。
- ConcreteObserver（具体观察者）维护一个指向 ConcreteSubject 对象的引用；存储有关状态，这些状态应与目标的状态保持一致；实现 Observer 的更新接口，以使自身状态与目标的状态保持一致。

观察者模式适用于：

- 当一个抽象模型有两个方面，其中一个方面依赖于另一个方面，将这两者封装在独立的对象中以使它们可以各自独立地改变和复用。
- 当对一个对象的改变需要同时改变其他对象，而不知道具体有多少对象有待改变时。

- 当一个对象必须通知其他对象，而它又不能假定其他对象是谁，即不希望这些对象是紧耦合的。

本题中的类 Subject 对应于图 6-2 中的 Subject，类 OfficeDoc 对应 ConcreteSubject，类 Observer 对应图 6-2 中的 Observer，类 DocExplore 对应 ConcreteObserver。DocExplore 维护一个指向 OfficeDoc 对象的引用，当 OfficeDoc 的状态发生改变时，向 DocExplore 发出通知。

第（1）空需要填写 Observer 中的核心方法，即在目标发生改变时通知观察者的更新接口。这个方法的原型可以在 Obsever 的子类 DocExplore 中找到：void update()。这里 Observer 被定义为了接口，update 方法需要在其子类中进行实现，所以第（1）空应填入 void update()。

一个 Subject 可以有多个观察者，在 Subject 中需要提供增加和删除观察者的接口，即类中的 Attach、Detach 方法。这两个方法的主要操作对象就是类中的属性 myObs。根据程序上下文推断，myObs 表示的应该是观察者的集合，所以第（2）空应填入 Observer。

第（3）空出现在 Subject 的方法 Notify 中，这个方法的功能是当目标发生变化时，通知所有与该目标关联的观察者，即调用每个观察者定义的 update 方法，所以第（3）空应填入 obs.update()。

DocExplore 是一个具体的观察者，它需要维护一个指向目标的对象，在这里实际上就是指向 OfficeDoc 的对象。观察者与目标的关联关系是通过 DocExplore 的构造函数实现的。因此第（4）空应填入 Subject。

观察者与目标的关联关系的建立需要调用 Subject 中的方法 Attach，因此第（5）空应填入 Attach(this)。

参考答案

（1）void update()

（2）Observer

（3）obs.update()

（4）Subject

（5）Attach(this)

第17章　2020下半年软件设计师上午试题分析与解答

试题（1）

在程序执行过程中，高速缓存（Cache）与主存间的地址映射由__（1）__。

（1）A．操作系统进行管理　　B．存储管理软件进行管理

C．程序员自行安排　　D．硬件自动完成

试题（1）分析

本题考查计算机系统的基础知识。

高速缓冲存储器是存在于主存与 CPU 之间的一级存储器，由静态存储芯片（SRAM）组成，容量比较小但速度比主存高得多，接近于 CPU 的工作速度。高速缓冲存储器通常由高速存储器、联想存储器、替换逻辑电路和相应的控制线路组成，地址转换通过硬件实现。

参考答案

（1）D

试题（2）

计算机中提供指令地址的程序计数器 PC 在__（2）__中。

（2）A．控制器　　B．运算器　　C．存储器　　D．I/O 设备

试题（2）分析

本题考查计算机系统的基础知识。

CPU 主要由运算器、控制器（Control Unit，CU）、寄存器组和内部总线组成。其中，运算器（ALU）主要完成算术运算和逻辑运算，实现对数据的加工与处理。不同的计算机的运算器结构不同，但基本都包括算术和逻辑运算单元、累加器（AC）、状态字寄存器（PSW）、寄存器组及多路转换器等逻辑部件。

控制器的主要功能是从内存中取出指令，并指出下一条指令在内存中的位置，将取出的指令送入指令寄存器，启动指令译码器对指令进行分析，最后发出相应的控制信号和定时信息，控制和协调计算机的各个部件有条不紊地工作，以完成指令所规定的操作。

控制器由程序计数器（PC）、指令寄存器（IR）、指令译码器、状态字寄存器（PSW）、时序产生器和微操作信号发生器等组成。

参考答案

（2）A

试题（3）

以下关于两个浮点数相加运算的叙述中，正确的是__（3）__。

（3）A．首先进行对阶，阶码大的向阶码小的对齐

B．首先进行对阶，阶码小的向阶码大的对齐

C．不需要对阶，直接将尾数相加

D．不需要对阶，直接将阶码相加

试题（3）分析

本题考查计算机系统的基础知识。

浮点数进行加减运算需要以下步骤：

① 对阶。即比较两个浮点数的阶码，求其差值。若差值不为 0，则将阶码小者的尾数右移差值的绝对值位，其阶码值加上差值的绝对值，使两者的阶码相同。

② 尾数相加（减）。对两个完成对阶后的浮点数执行求和（差）操作。

③ 规格化处理。若得到的结果不满足规格化规则，就必须把它变成规格化的数。

④ 舍入操作。在执行对阶或规格化操作时，会使尾数低位上的一位或多位的数值被移掉，使数值的精度受到影响，可以把移掉的几个高位的值保存起来供舍入使用。

⑤ 判结果的正确性，即检查阶码是否溢出。

参考答案

（3）B

试题（4）、（5）

某计算机系统的 CPU 主频为 2.8GHz。某应用程序包括 3 类指令，各类指令的 CPI（执行每条指令所需要的时钟周期数）及指令比例如下表所示。执行该应用程序时的平均 CPI 为__（4）__；运算速度用 MIPS 表示，约为__（5）__。

	指令 A	指令 B	指令 C
比例	35%	45%	20%
CPI	4	2	6

（4）A．2.5　　B．3　　C．3.5　　D．4

（5）A．700　　B．800　　C．930　　D．1100

试题（4）、（5）分析

本题考查计算机系统的基础知识。

平均 CPI=0.35×4+0.45×2+0.2×6=3.5。

主频倒数为时钟周期，即 1/2.8×10^12≈0. 357×10^12。

MIPS=每秒执行百万条指令数=1/(CPI×时钟周期)=主频/CPI

$2.8\times10^9/3.5\approx0.8\times10^9\approx800\times10^6$

参考答案

（4）C　（5）B

试题（6）

中断向量提供__（6）__。

（6）A．函数调用结束后的返回地址　　B．I/O 设备的接口地址

C．主程序的入口地址　　D．中断服务程序入口地址

试题（6）分析

本题考查计算机系统的基础知识。

中断向量是指早期的微机系统中由硬件产生的中断标识码（中断源的识别标志，可用来形成相应的中断服务程序的入口地址或存放中断服务程序的首地址）。中断是指在计算机执行程序的过程中，当出现异常情况或者特殊请求时，计算机停止现行程序的运行，转而对这些异常处理或者特殊请求的处理，处理结束后再返回现行程序的中断处，继续执行原程序。

参考答案

（6）D

试题（7）

以下关于认证和加密的叙述中，错误的是__（7）__。

（7）A．加密用以确保数据的保密性

B．认证用以确保报文发送者和接收者的真实性

C．认证和加密都可以阻止对手进行被动攻击

D．身份认证的目的在于识别用户的合法性，阻止非法用户访问系统

试题（7）分析

本题考查信息安全基础知识。

加密技术是最常用的安全保密手段，数据加密技术的关键在于加密/解密算法和密钥管理。数据加密的基本过程就是对原来为明文的文件或数据按某种加密算法进行处理，使其成为不可读的一段代码，通常称为“密文”。“密文”只能在输入相应的密钥之后才能显示出原来的内容，通过这样的途径使数据不被窃取。在安全保密中，可通过适当的密钥加密技术和管理机制来保证网络信息的通信安全。

认证技术主要解决网络通信过程中通信双方的身份认可。认证的过程涉及加密和密钥交换。通常，加密可使用对称加密、不对称加密及两种加密方法的混合方法。认证方一般有账户名/口令认证、使用摘要算法认证和基于 PKI 的认证。

参考答案

（7）C

试题（8）

访问控制是对信息系统资源进行保护的重要措施，适当的访问控制能够阻止未经授权的用户有意或者无意地获取资源。计算机系统中，访问控制的任务不包括__（8）__。

（8）A．审计　　B．授权　　C．确定存取权限　　D．实施存取权限

试题（8）分析

本题考查计算机系统安全基础知识。

访问控制的主要功能包括：保证合法用户访问受权保护的网络资源，防止非法的主体进入受保护的网络资源，或防止合法用户对受保护的网络资源进行非授权的访问。访问控制首先需要对用户身份的合法性进行验证，同时利用控制策略进行选用和管理工作。当用户身份和访问权限验证之后，还需要对越权操作进行监控。

参考答案

（8）A

试题（9）

由于 Internet 规模太大，常把它划分成许多小的自治系统，通常把自治系统内部的路由协议称为内部网关协议，自治系统之间的协议称为外部网关协议。以下属于外部网关协议的是＿（9）＿。

（9）A．RIP　　B．OSPF　　C．BGP　　D．UDP

试题（9）分析

本题考查计算机网络协议基础知识。

RIP 是一种内部网关协议（IGP），是一种动态路由选择协议，用于自治系统（AS）内的路由信息的传递。

OSPF 路由协议是用于网际协议（IP）网络的链路状态路由协议。该协议使用链路状态路由算法的内部网关协议（IGP），在单一自治系统（AS）内部工作。

BGP（边界网关协议）是运行于 TCP 上的一种自治系统的路由协议。BGP 是唯一一个用来处理像因特网大小的网络的协议，也是唯一能够妥善处理好不相关路由域间的多路连接的协议。

UDP（用户数据报协议）是无连接的传输层协议，提供面向事务的简单不可靠信息传送服务。

参考答案

（9）C

试题（10）

所有资源只能由授权方或以授权的方式进行修改，即信息未经授权不能进行改变的特性是指信息的＿（10）＿。

（10）A．完整性　　B．可用性　　C．保密性　　D．不可抵赖性

试题（10）分析

本题考查计算机系统安全性基础知识。

信息的完整性是指信息在传输、交换、存储和处理过程中，保持信息不被破坏或修改、不丢失和信息未经授权不能改变的特性，也是最基本的安全特征。

信息的可用性也称有效性，指信息资源可被授权实体按要求访问、正常使用或在非正常情况下能恢复使用的特性（系统面向用户服务的安全特性）。在系统运行时正确存取所需信息，当系统遭受意外攻击或破坏时，可以迅速恢复并能投入使用。是衡量网络信息系统面向用户的一种安全性能，以保障为用户提供服务。

信息的保密性也称机密性，是不将有用信息泄露给非授权用户的特性。可以通过信息加密、身份认证、访问控制、安全通信协议等技术实现，信息加密是防止信息非法泄露的最基本手段，主要强调有用信息只被授权对象使用的特征。

信息的不可抵赖性又称为拒绝否认性、抗抵赖性，指网络通信双方在信息交互过程中，确信参与者本身和所提供的信息真实同一性，即所有参与者不可否认或抵赖本人的真实身份，以及提供信息的原样性和完成的操作与承诺。

参考答案

（10）A

试题（11）

在 Windows 操作系统下，要获取某个网络开放端口所对应的应用程序信息，可以使用命令__（11）__。

（11）A．ipconfig　　B．traceroute　　C．netstat　　D．nslookup

试题（11）分析

本题考查计算机网络的基础知识。

ipconfig 命令显示所有当前的 TCP/IP 网络配置值、刷新动态主机配置协议（DHCP）和域名系统（DNS）设置。

traceroute 命令用来显示网络数据包传输到指定主机的路径信息，追踪数据传输路由状况。

netstat 命令的功能是显示网络连接、路由表和网络接口信息，可以让用户得知有哪些网络连接正在运作。

nslookup 命令是一个监测网络中 DNS 服务器是否能正确实现域名解析的命令行工具。

参考答案

（11）C

试题（12）

甲、乙两个申请人分别就相同内容的计算机软件发明创造，向国务院专利行政部门提出专利申请，甲先于乙一日提出，则__（12）__。

（12）A．甲获得该项专利申请权　　B．乙获得该项专利申请权
　　C．甲和乙都获得该项专利申请权　　D．甲和乙都不能获得该项专利申请权

试题（12）分析

本题考查知识产权相关知识。

专利权指的是申请的发明创造符合专利法授权的条件，被国家知识产权局授予的对某一技术的专有独占权，被授予专利权的技术可以被许可、转让、质押融资等，同时还拥有禁止他人实施、对侵权者发起诉讼提请赔偿的权利。

专利申请权指的是发明创造在向国家知识产权局提出申请之后，该发明创造的申请人（这里的申请人可以是自然人也可以是法人）享有是否继续进行专利申请程序、是否转让专利申请的权利。

若两个申请人分别就相同内容的计算机程序的发明创造，先后向专利行政部门提出申请，先申请人可以获得专利申请权。

参考答案

（12）A

试题（13）

小王是某高校的非全日制在读研究生，目前在甲公司实习，负责了该公司某软件项目的开发工作并撰写相关的软件文档。以下叙述中，正确的是__（13）__。

（13）A．该软件文档属于职务作品，但小王享有该软件著作权的全部权利

B. 该软件文档属于职务作品，甲公司享有该软件著作权的全部权利

C. 该软件文档不属于职务作品，小王享有该软件著作权的全部权利

D. 该软件文档不属于职务作品，甲公司和小王共同享有该著作权的全部权利

试题（13）分析

本题考查知识产权相关知识。

根据我国《计算机软件保护条例》第十四条规定，公民在单位任职期间所开发的软件，如是执行本职工作的结果，即针对本职工作中明确指定的开发目标所开发的，或者是从事本职工作活动所预见的结果或者自然的结果，则该软件的著作权属于该单位。公民所开发的软件如不是执行本职工作的结果，并与开发者在单位中从事的工作内容无直接联系，同时又未使用单位的物质技术条件，则该软件的著作权属于开发者自己。

本题中的软件及其文档都属于职务作品，著作权属于甲公司。

参考答案

（13）B

试题（14）

按照我国著作权法的权利保护期，以下权利中，__（14）__受到永久保护。

（14）A. 发表权　　B. 修改权　　C. 复制权　　D. 发行权

试题（14）分析

本题考查知识产权相关知识。

著作权保护期限是指著作权受法律保护的时间界限。在著作权的期限内，作品受著作权法保护；著作权期限届满，著作权丧失，作品进入公有领域。这也是著作权作为知识产权具有时间性这一法律特征的体现。

计算著作权的保护期限，应先区分权利及作者的类型：对于著作人身权，也就是作者的署名权、修改权、保护作品完整权等权力，《中华人民共和国著作权法》规定上述权利的保护期不受限制。

对于著作财产权，也就是复制权、发行权、展览权、改编权、信息网络传播权等权利，如果作者是公民的，《中华人民共和国著作权法》规定上述权利的保护期自创作完成时起算，截止于公民死亡后第 50 年的 12 月 31 日；如果是法人作品和职务作品，《中华人民共和国著作权法》规定保护期截止于作品首次发表后第 50 年的 12 月 31 日，但作品自创作完成后 50 年内未发表的，则《中华人民共和国著作权法》不再保护。

参考答案

（14）B

试题（15）

结构化分析方法中，数据流图中的元素在__（15）__中进行定义。

（15）A. 加工逻辑　　B. 实体联系图　　C. 流程图　　D. 数据字典

试题（15）分析

本题考查结构化分析的基础知识。

结构化分析方法是一种建模技术，其建立的分析模型的核心是数据字典，描述了所有的

在目标系统中使用的和生成的数据对象。围绕这个核心有三个模型：数据流图，描述数据在系统中如何被传送或变换以及描述如何对数据流进行变换的功能（子功能），用于功能建模；实体联系图，描述数据对象及数据对象之间的关系，用于数据建模；状态迁移图，描述系统对外部事件如何响应，如何动作，用于行为建模。数据字典对数据流图中的元素进行定义。

参考答案

（15）D

试题（16）

良好的启发式设计原则上不包括＿（16）＿。

（16）A．提高模块独立性　　B．模块规模越小越好
　　　C．模块作用域在其控制域之内　　D．降低模块接口复杂性

试题（16）分析

本题考查软件设计的基础知识。

要求考生了解一些良好的启发式软件设计原则，包括将软件划分为模块，提高软件模块的独立性，模块的规模适中，模块的作用域在其控制域之内以及降低模块接口的复杂性等。而软件模块的规模并不是越小越好，需要同时考虑模块的独立性等其他因素。

参考答案

（16）B

试题（17）、（18）

如下所示的软件项目活动图中，顶点表示项目里程碑，连接顶点的边表示包含的活动，边上的权重表示活动的持续时间（天），则完成该项目的最短时间为＿（17）＿天。在该活动图中，共有＿（18）＿条关键路径。

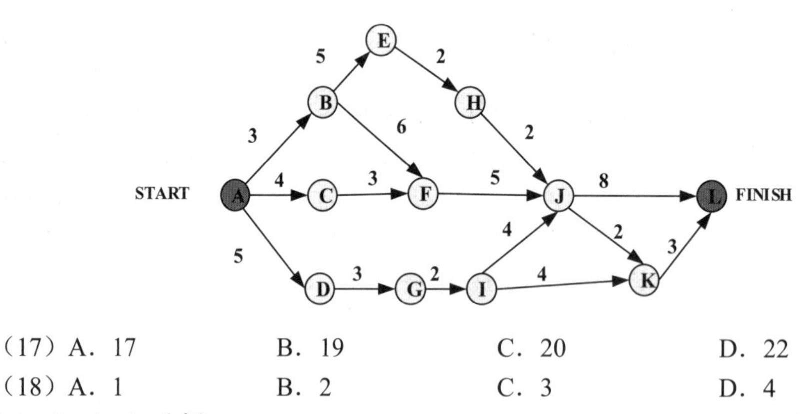

（17）A．17　　B．19　　C．20　　D．22

（18）A．1　　B．2　　C．3　　D．4

试题（17）、（18）分析

本题考查软件项目管理的基础知识。

活动图是描述一个项目中各个工作任务相互依赖关系的一种模型，项目的很多重要特性可以通过分析活动图得到，如估算项目完成时间、计算关键路径、关键活动等。

根据上图计算出关键路径为 A-B-F-J-L 和 A-D-G-I-J-L，有 2 条关键路径，其长度为 22 天。

参考答案

（17）D　（18）B

试题（19）

软件项目成本估算模型 COCOMO Ⅱ中，体系结构阶段模型基于__（19）__进行估算。

（19）A．应用程序点数量　　B．功能点数量
　　C．复用或生成的代码行数　　D．源代码的行数

试题（19）分析

本题考查软件项目管理中成本估算的相关知识。

COCOMO Ⅱ模型考虑到软件开发的三个阶段：应用组成阶段，该阶段主要考虑高风险人机界面的相关问题，估计大的对象规模，例如界面数、报表数等；早期设计阶段，考虑寻找候选的软件架构和概念设计的工作量，对功能点进行估算；后系统架构阶段，即系统架构设计完成后，此时开发已经开始，估算主要是基于代码行进行。

参考答案

（19）D

试题（20）

某表达式的语法树如下图所示，其后缀式（逆波兰式）是__（20）__。

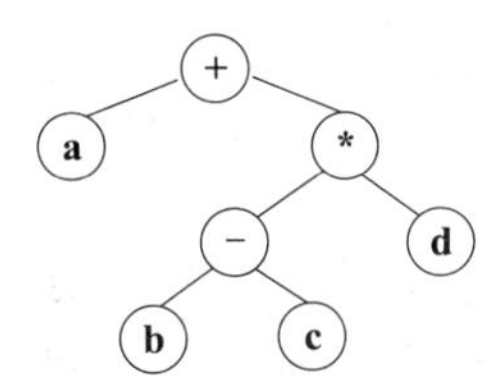

（20）A．a b c d–+ *　　B．a b–c + d *
　　C．a b c–d * +　　D．a b–c d + *

试题（20）分析

本题考查程序语言基础知识。

对表达式语法树进行后续遍历，可得到对应的后缀式。题中二叉树的后缀遍历序列为 a b c – d * +。

参考答案

（20）C

试题（21）

用 C/C++语言为某个应用编写的程序，经过__（21）__后形成可执行程序。

（21）A．预处理、编译、汇编、链接　　B．编译、预处理、汇编、链接
　　C．汇编、预处理、链接、编译　　D．链接、预处理、编译、汇编

试题（21）分析

本题考查程序语言基础知识。

C/C++语言程序采用编译方式进行翻译，源程序中通常有预处理指令#include、#define 等，需要先进行预处理，然后进行编译，形成汇编语言源程序（可选），再将多个目标代码

链接后形成可执行程序。

参考答案

（21）A

试题（22）

在程序的执行过程中，系统用__（22）__实现嵌套调用（递归调用）函数的正确返回。

（22）A．队列　　B．优先队列　　C．栈　　D．散列表

试题（22）分析

本题考查程序语言基础知识。

在程序执行过程中进行函数的嵌套调用，例如 A 调用 B，B 又调用 C，C 执行结束后应返回到 B，B 执行结束后再返回到 A，这种情况下后调用的先返回，符合栈的后进先出原则。

参考答案

（22）C

试题（23）

假设系统中有三个进程 P1、P2 和 P3，两种资源 R1、R2。如果进程资源图如图①和图②所示，那么，__（23）__。

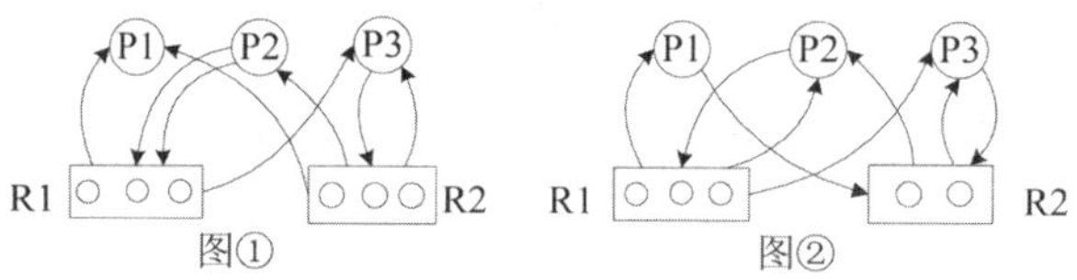

（23）A．图①和图②都可化简　　B．图①和图②都不可化简
C．图①可化简，图②不可化简　　D．图①不可化简，图②可化简

试题（23）分析

在图①中，R1 的可用资源数=1，R2 的可用资源数=0，进程 P1 是非阻塞节点，可以运行完毕；P1 释放其占用的资源后，R1 的可用资源数=2，R2 的可用资源数=1，P2、P3 都是非阻塞节点，因为 P2 申请 2 个 R1 资源、P1 申请 1 个 R2 资源的请求均可以满足而运行完毕。可见进程资源图①是可化简的。图②中，R1 和 R2 的可用资源数都为 0，P1、P2 和 P3 都是阻塞节点，所以图②是不可化简的。

参考答案

（23）C

试题（24）

假设计算机系统的页面大小为 4KB，进程 P 的页面变换表如下表所示。若 P 要访问的逻辑地址为十六进制 3C20H，那么该逻辑地址经过地址变换后，其物理地址应为__（24）__。

页号	物理块号
0	2
1	3
2	5
3	6

（24）A．2048H　　B．3C20H　　C．5C20H　　D．6C20H

试题（24）分析

根据题意，页面大小为 4KB，逻辑地址为十六进制 3C20H，其页号为 3，页内地址为 C20H，查页表后可知物理块号为 6，该地址经过变换后，其物理地址应为物理块号 6 拼接页内地址 C20H，即为十六进制 6C20H。

参考答案

（24）D

试题（25）、（26）

某文件系统采用索引节点管理，其磁盘索引块和磁盘数据块大小均为 1KB 字节，且每个文件索引节点有 8 个地址项 iaddr[0]～iaddr[7]，每个地址项大小为 4 字节，其中 iaddr[0]～iaddr[4]采用直接地址索引，iaddr[5]和 iaddr[6]采用一级间接地址索引，iaddr[7]采用二级间接地址索引。若用户要访问文件 user A 中逻辑块号为 4 和 5 的信息，则系统应分别采用＿（25）＿。该文件系统可表示的单个文件最大长度是＿（26）＿KB。

（25）A．直接地址访问和直接地址访问
　　　B．直接地址访问和一级间接地址访问
　　　C．一级间接地址访问和一级间接地址访问
　　　D．一级间接地址访问和二级间接地址访问

（26）A．517　　B．1029　　C．65 797　　D．66 053

试题（25）、（26）分析

本题考查操作系统文件管理方面的基础知识。

根据题意，磁盘索引块为 1KB 字节，每个地址项大小为 4 字节，故每个磁盘索引块可存放 1024/4=256 个物理块地址。又因为文件索引节点中有 8 个地址项，其中 iaddr[0]～iaddr[4]采用直接地址索引，这意味着逻辑块号为 0 的物理地址存放在 iaddr[0]中，逻辑块号为 1 的物理地址存放在 iaddr[1] 中，逻辑块号为 2 的物理地址存放在 iaddr[2] 中，逻辑块号为 3 的物理地址存放在 iaddr[3] 中，逻辑块号为 4 的物理地址存放在 iaddr[4] 中；iaddr[5]和 iaddr[6]是一级间接地址索引，其中第一个地址项指出的物理块中是一张一级间接地址索引表，存放逻辑块号为 5～260 对应的物理块号，第二个地址项指出的物理块中是另一张一级间接地址索引表，存放逻辑块号为 261～516 对应的物理块号。经上分析，访问逻辑块号为 4 的信息应该采用直接地址访问，逻辑块号为 5 的信息应该一级间接地址访问。故用户要访问文件 user A 中逻辑块号为 4 和 5 的信息，则系统应分别采用直接地址访问和一级间接地址访问。

又因为 iaddr[7]是二级间接地址索引，该地址项指出的物理块存放了 256 个间接索引表的地址，这 256 个间接索引表存放 256×256=65 536 个物理块号。可见每个文件索引节点表可以存放 5+（256+256）+65 536=66 053 个文件的物理块号，即单个文件的逻辑块号可以从 0～66 052。由于磁盘数据块大小为 1KB，所以单个文件最大长度是 66 053KB。

参考答案

（25）B　（26）D

试题（27）

假设系统有 n（$n \geq 5$）个进程共享资源R，且资源R的可用数为5。若采用PV操作，则相应的信号量S的取值范围应为__（27）__。

（27）A．$-1 \sim n-1$　　B．$-5 \sim 5$　　C．$-(n-1) \sim 1$　　D．$-(n-5) \sim 5$

试题（27）分析

本题考查操作系统进程管理中信号量基础知识。

本题中已知有 n 个进程共享R资源，且R资源的可用数为5，故信号量S的初值应设为5。当第1个进程申请资源时，信号量S减1，即S=4；当第2个进程申请资源时，信号量S减1，即S=3；当第3个进程申请资源时，信号量S减1，即S=2；当第4个进程申请资源时，信号量S减1，即S=1；当第5个进程申请资源时，信号量S减1，即S=0；当第6个进程申请资源时，信号量S减1，即S=-1……当第 n 个进程申请资源时，信号量S减1，即S=$-(n-5)$。

经上分析，信号量的取值范围应在$-(n-5) \sim 5$。

参考答案

（27）D

试题（28）

在支持多线程的操作系统中，假设进程P创建了线程T1、T2和T3，那么以下叙述中错误的是__（28）__。

（28）A．线程T1、T2和T3可以共享进程P的代码段

B．线程T1、T2可以共享P进程中T3的栈指针

C．线程T1、T2和T3可以共享进程P打开的文件

D．线程T1、T2和T3可以共享进程P的全局变量

试题（28）分析

在同一进程中的各个线程都可以共享该进程所拥有的资源，如访问进程地址空间中的每一个虚地址；访问进程所拥有的已打开文件、定时器、信号量机构等，但是不能共享进程中某线程的栈指针。

参考答案

（28）B

试题（29）、（30）

喷泉模型是一种适合于面向__（29）__开发方法的软件过程模型。该过程模型的特点不包括__（30）__。

（29）A．对象　　B．数据　　C．数据流　　D．事件

（30）A．以用户需求为动力　　B．支持软件重用

C．具有迭代性　　D．开发活动之间存在明显的界限

试题（29）、（30）分析

本题考查软件过程模型的基础知识。

要求考生掌握典型的软件开发过程模型，包括瀑布模型、原型模型、迭代开发模型、螺旋模型、喷泉模型等。

喷泉开发过程模型以用户需求为动力，以对象为驱动，适合于面向对象的开发方法。基于喷泉开发过程模型进行软件开发时，开发活动之间并不存在明显的界限。

参考答案

（29）A　（30）D

试题（31）

若某模块内所有处理元素都在同一个数据结构上操作，则该模块的内聚类型为__（31）__内聚。

（31）A．逻辑　　B．过程　　C．通信　　D．功能

试题（31）分析

本题考查软件设计相关的基础知识。

模块独立是指每个模块完成一个相对独立的特定子功能，并且与其他模块之间的联系简单。衡量模块独立程度的标准有两个：耦合性和内聚性。

内聚是一个模块内部各个元素彼此结合的紧密程度的度量，存在多种模块内聚类型，其中，逻辑内聚是指模块内执行若干个逻辑上相似的功能，通过参数确定该模块完成哪一个功能；过程内聚是指一个模块完成多个任务，这些任务必须按指定的过程执行；通信内聚是指模块内的所有处理元素都在同一个数据结构上操作，或者各处理使用相同的输入数据或产生相同的输出数据；功能内聚是指模块内的所有元素共同作用完成一个功能，缺一不可。

参考答案

（31）C

试题（32）

软件质量属性中，__（32）__是指软件每分钟可以处理多少个请求。

（32）A．响应时间　　B．吞吐量　　C．负载　　D．容量

试题（32）分析

本题考查软件质量属性的基础知识。

选项中响应时间是指对请求作出响应所需要的时间；吞吐量指单位时间内系统处理用户的请求数。

参考答案

（32）B

试题（33）

提高程序执行效率的方法一般不包括__（33）__。

（33）A．设计更好的算法　　B．采用不同的数据结构

C．采用不同的程序设计语言　　D．改写代码使其更紧凑

试题（33）分析

本题考查软件构建/程序设计的基础知识。

提高程序执行效率是现代大多数软件系统的一个重要的需求。要求考生了解提高软件效率的典型方法，如采用更高效的算法、更有效的数据结构、更高效的程序设计语言、分布式计算等，但是改写代码使其更紧凑并不能提高程序的执行效率。

参考答案

（33）D

试题（34）

软件可靠性是指系统在给定的时间间隔内、在给定条件下无失效运行的概率。若 MTTF 和 MTTR 分别表示平均无故障时间和平均修复时间，则公式＿（34）＿可用于计算软件可靠性。

（34）A．MTTF/(1+MTTF)　　B．1/(1+MTTF)
　　　C．MTTR/(1+MTTR)　　D．1/(1+MTTR)

试题（34）分析

本题考查软件质量属性的相关概念。

要求考生了解软件可靠性、可用性和可维护性的定义及计算公式。若 MTTF 和 MTTR 分别表示平均无故障时间和平均修复时间，则可靠性是指系统在给定的时间间隔内、在给定条件下无失效运行的概率，计算公式为 R=MTTF/(1+MTTF)；可用性是指系统在特定的时刻可用的概率，计算公式为 A=MTBF/(1+MTBF)；可维护性是指在给定的时间间隔内，系统可以执行维护活动的概率，计算公式为 M=1/(1+MTTR)。

参考答案

（34）A

试题（35）、（36）

用白盒测试技术对下面流程图进行测试，设计的测试用例如下表所示。至少采用测试用例＿（35）＿才可以实现语句覆盖；至少采用测试用例＿（36）＿才可以实现路径覆盖。

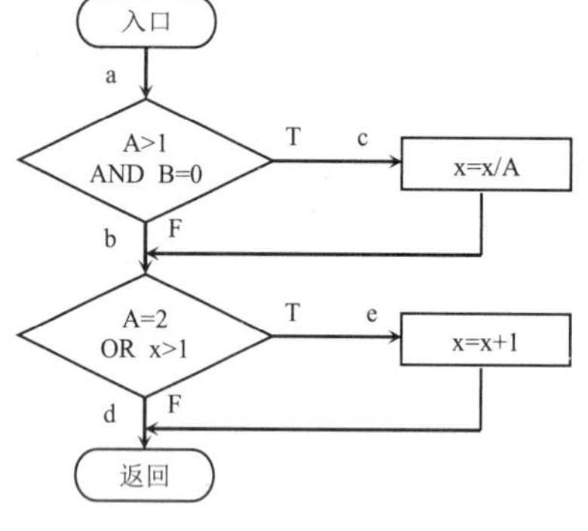

测试用例表

编号	A	B	x
①	2	0	4
②	1	1	1
③	2	1	1
④	4	0	2

（35）A．①　　B．②　　C．③　　D．④

（36）A．①　　B．①②　　C．③④　　D．①②③④

试题（35）、（36）分析

本题考查软件测试的基础知识。

考生需要掌握软件测试阶段和软件测试技术，包括白盒测试方法和黑盒测试方法等。

语句覆盖和路径覆盖都是具体的白盒测试方法。语句覆盖是指设计足够的测试用例，使得所有的语句至少执行一次。本题中，只有两个判断均为 T 的时候执行所有的语句。分析测试用例①，第一个判断和第二个判断均为 T；测试用例②，第一个判断和第二个判断均为 F；

测试用例③，第一个判断和第二个判断分别为 F 和 T；测试用例④，第一个判断和第二个判断分别为 T 和 F。因此，正确选项为 A。

路径覆盖是指设计足够的测试用例，使得所有的路径至少执行一次。根据题干给出的流程图，一共有四个路径，对应两个判断的 TT、TF、FT 和 FF，又根据上面分析，得到只有完全执行①②③④四个测试用例才能覆盖所有路径，因此正确选项为 D。

参考答案

（35）A　（36）D

试题（37）

面向对象程序设计语言 C++、Java 中，关键字__（37）__可以用于区分同名的对象属性和局部变量名。

（37）A．private　　B．protected　　C．public　　D．this

试题（37）分析

本题考查面向对象程序语言基础知识。

面向对象程序设计语言中，通过使用不同关键字进行访问控制。关键字 private 表示所修饰的方法或者属性，只能在本对象中访问；关键字 protected 所修饰的方法或属性，可以在本类中使用，以及具有继承关系的子类中访问；关键字 public 所修饰的方法和属性，在所有对象中都可以使用。关键字 this 在 C++、Java 语言中用于表示当前对象实现对象自身引用（self-reference）。对象自身引用的值和类型分别扮演了两种意义的角色：对象自身引用的值使得方法体中引用的成员名与特定的对象相关，对象自身引用的类型则决定了方法体被实际共享的范围。可用于区分当前对象属性和局部变量名，是 OOPL 中的一种特有结构。这种结构在不同的 OOPL 中有不同的名称，在 C++和 Java 中称为 this。

参考答案

（37）D

试题（38）

采用面向对象方法进行系统开发时，以下与新型冠状病毒有关的对象中，存在“一般-特殊”关系的是__（38）__。

（38）A．确诊病人和治愈病人　　B．确诊病人和疑似病人
　　C．医生和病人　　D．发热病人和确诊病人

试题（38）分析

本题考查面向对象技术基础知识。

把一组对象的共同特征加以抽象并存储在一个类中，不同个数的类之间可能有不同的关系。“一般-特殊”关系表示一些类是某个类的特殊情况，某个类是一些类的一般情况，即特殊类是一般类的子类，一般类是特殊类的父类。例如，“汽车”类、“火车”类、“轮船”类、“飞机”类都是一种“交通工具”类。同样，“汽车”类还可以有更特殊的子类，如“轿车”类、“卡车”类等。与新型冠状病毒有关的对象类中，“医生”不属于“病人”类，“确诊病人”可以直接确诊，不先成为“疑似病人”，“疑似病人”也有部分消除疑似不转为“确认病人”，“发热病人”可能只是普通发热；“确诊病人”治愈后即为“治愈病人”，因此，这两者

之间的关系形成一种一般和特殊的关系。

参考答案

（38）A

试题（39）

进行面向对象系统设计时，针对包中的所有类对于同一类性质的变化：一个变化若对一个包产生影响，则将对该包中的所有类产生影响，而对于其他的包不造成任何影响。这属于＿（39）＿设计原则。

（39）A．共同重用　　B．开放-封闭
　　C．接口分离　　D．共同封闭

试题（39）分析

本题考查面向对象技术基础知识。

进行面向对象设计时，有一系列设计原则，本题中涉及对象设计的四大原则。

共同重用原则：一个包中的所有类应该是共同重用的，即如果重用了包中的一个类，那么就要重用包中的所有类。

开放-封闭原则：软件实体（类、模块、函数等）应该是可以扩展的，即开放的，但是不可修改的，即封闭的。

接口分离原则：不应该强迫客户类依赖于它们不用的方法。接口属于客户，不属于它所在的类层次结构：即：依赖于抽象，不要依赖于具体，同时在抽象级别不应该有对于具体细节的依赖。这样做的好处在于可以最大限度地应对可能的变化。

共同封闭原则：包中的所有类对于同一类性质的变化应该是共同封闭的。一个变化若对一个包产生影响，则将对该包中的所有类产生影响，而对于其他的包不造成任何影响。

参考答案

（39）D

试题（40）

多态有不同的形式，＿（40）＿的多态是指同一个名字在不同上下文中所代表的含义不同。

（40）A．参数　　B．包含
　　C．过载　　D．强制

试题（40）分析

本题考查面向对象技术基础知识。

在面向对象方法中，多态有不同的形式，分为参数多态、包含多态、过载多态和强制多态四种。参数多态采用参数化模板，通过给出不同的类型参数，使得一个结构有多种类型；包含多态是指同样的操作可用于一个类型及其子类型，即子类型化；过载多态是指同一个名字在不同上下文中可代表不同的含义，在继承关系的支持下，可以实现把具有通用功能的消息存放在高层次，而实现这一功能的不同行为放在较低层次，在这些低层次上生成的对象能够给通用消息以不同的响应；强制多态是指通过语义操作把一个变量的类型加以变换。

参考答案

（40）C

试题（41）

关于以下 UML 类图的叙述中，错误的是___（41）___。

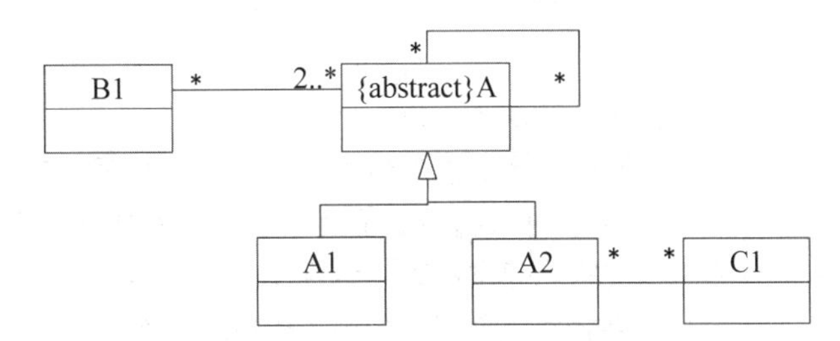

（41）A. 一个 A1 的对象可能与一个 A2 的对象关联

B. 一个 A 的非直接对象可能与一个 A1 的对象关联

C. 类 B1 的对象可能通过 A2 与 C1 的对象关联

D. 有可能 A 的直接对象与 B1 的对象关联

试题（41）分析

本题考查统一建模语言（UML）基础知识。

UML 类图展现了一组对象、接口、协作及其之间的关系，给出系统的静态设计视图。类图中包含类之外，还包含接口、协作，以及依赖、泛化和关联关系。关系上还带有多重度来表示一个类的对象能够与另一个类的多少个对象相关联。

本题图中 B1 与 A 类的继承层次关系有关联关系，1 个 A 的对象可以与多个 B1 的对象关联，1 个 B1 对象可以与 2 到多个 A 的对象关联；1 个 A 的对象可以与多个 A 的对象关联；1 个 A2 的对象与多个 C1 类的对象关联，1 个 C1 的对象与多个 A2 的对象关联；那么 1 个 B1 对象可以通过 A2 与 C1 的对象关联。因为 A 标识为{abstract}，即抽象类，抽象类不能直接进行实例化，即没有直接对象，只能有非直接对象，即子类的对象，因此，所有 A 的对象都是其子类的对象。

参考答案

（41）D

试题（42）、（43）

UML 图中，对象图展现了___（42）___。___（43）___所示对象图与下图所示类图不一致。

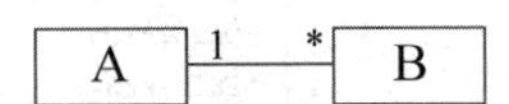

（42）A. 一组对象、接口、协作和它们之间的关系

B. 一组用例、参与者以及它们之间的关系

C. 某一时刻一组对象以及它们之间的关系

D. 以时间顺序组织的对象之间的交互活动

（43）

试题（42）、（43）分析

本题考查统一建模语言（UML）的基础知识。

UML 对象图、类图、组件图和部署图各自刻画系统的不同方面。其中，类图展现了一组对象、接口、协作及其之间的关系；对象图展现了某一时刻一组对象以及它们之间的关系，描述了在类图中所建立的事物的实例的静态快照；组件图展示一组组件之间的组织和依赖，它与类图相关，通常可以把组件映射为一个或多个类、接口或协作；部署图展现了运行时处理结点以及其中构件的配置。

题图所示为在面向对象系统的建模中所建立的最常见的图，即 UML 类图。图中 A 和 B 分别表示两个类。类 A 和类 B 之间——表示关联关系，是一种结构关系，它描述了一组链，链是对象之间的连接。关联上的多重度表示关联的对象的个数，即类 A 的 1 个对象可以与多少个类 B 的对象关联，类 B 的 1 个对象可以与多少个 A 的对象关联。图中，关联在类 A 的一侧多重度为 1，类 B 的一侧为*，表示 1 个类 B 的对象仅与 1 个类 A 的对象关联，1 个 A 的对象与多个 B 的对象关联。题目所示的对象图中，选项 D 所示为 1 个类 B 的对象 b1 与类 A 的 2 个对象 a1 和 a2 关联，这与题目中所示类图所表示的 1 个类 B 的对象仅与 1 个类 A 的对象关联不一致。

参考答案

（42）C　（43）D

试题（44）～（47）

某快餐厅主要制作并出售儿童套餐，一般包括主餐（各类披萨）、饮料和玩具，其餐品种类可能不同，但制作过程相同。前台服务员（Waiter）调度厨师制作套餐。欲开发一软件，实现该制作过程，设计如下所示类图。该设计采用＿（44）＿模式将一个复杂对象的构建与它的表示分离，使得同样的构建过程可以创建不同的表示。其中，＿（45）＿构造一个使用 Builder 接口的对象。该模式属于＿（46）＿模式，该模式适用于＿（47）＿的情况。

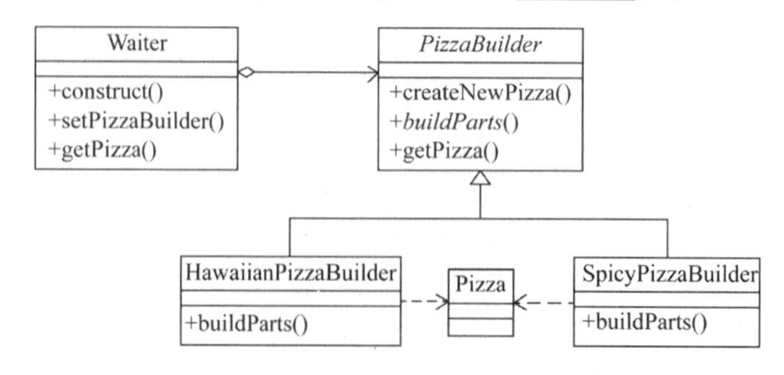

（44）A．生成器（Builder）　　B．抽象工厂（Abstract Factory）
　　　C．原型（Prototype）　　D．工厂方法（Factory Method）

（45）A．PizzaBuilder　　B．SpicyPizzaBuilder

C．Waiter　　D．Pizza

（46）A．创建型对象　　B．结构型对象
C．行为型对象　　D．结构型类

（47）A．当一个系统应该独立于它的产品创建、构成和表示时
B．当一个类希望由它的子类来指定它所创建的对象的时候
C．当要强调一系列相关的产品对象的设计以便进行联合使用时
D．当构造过程必须允许被构造的对象有不同的表示时

试题（44）～（47）分析

本题考查设计模式基础知识。

按照设计模式的目的可以分为创建型模式、结构型模式以及行为型模式三大类。创建型模式与对象的创建有关，抽象了实例化过程，帮助一个系统独立于如何创建、组合和表示它的那些对象；结构型模式涉及如何组合类和对象以获得更大的结构；行为模式涉及算法和对象间职责的分配。生成器（Builder）模式、抽象工厂（Abstract Factory）模式、原型（Prototype）和工厂方法（Factory Method）模式均为创建型设计模式。每种设计模式都有特定的意图和适用情况。

生成器模式的主要意图是：将一个复杂对象的构建与它的表示分离，使得同样的构建过程可以创建不同的表示。生成器模式结构图如下所示。

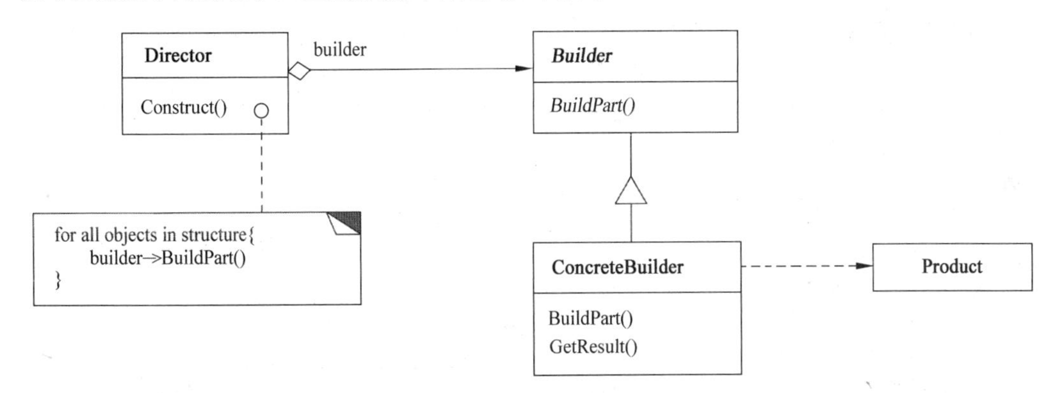

其中：Builder 为创建一个 Product 对象的各个部件指定抽象接口；ConcreteBuilder 实现 Builder 的接口以构造和装配该产品的各个部件，定义并明确它所创建的表示，提供一个检索产品的接口；Director 构造一个使用 Builder 接口的对象；Product 表示被构造的复杂对象；ConcreteBuilder 创建该产品的内部表示并定义它的装配过程，包含定义组成组件的类，包括将这些组件装配成最终产品的接口。

生成器模式适用于：①当创建复杂对象的算法应该独立于该对象的组成部分以及它们的装配方式时；②当构造过程必须允许被构造的对象有不同的表示时。

抽象工厂的主要意图是：提供一个创建一系列相关或相互依赖对象的接口，而无须指定它们具体的类。其结构图如下所示。

其中，AbstractFactory 声明一个创建抽象产品对象的操作接口；ConcreteFactory 实现创

建具体产品对象的操作；AbstractProduct 为一类产品对象声明一个接口；ConcreteProduct 定义一个将被相应的具体工厂创建的产品对象，实现 AbstractProduct 接口；Client 仅使用由 AbstractFactory 和 AbstractProduct 类声明的接口。

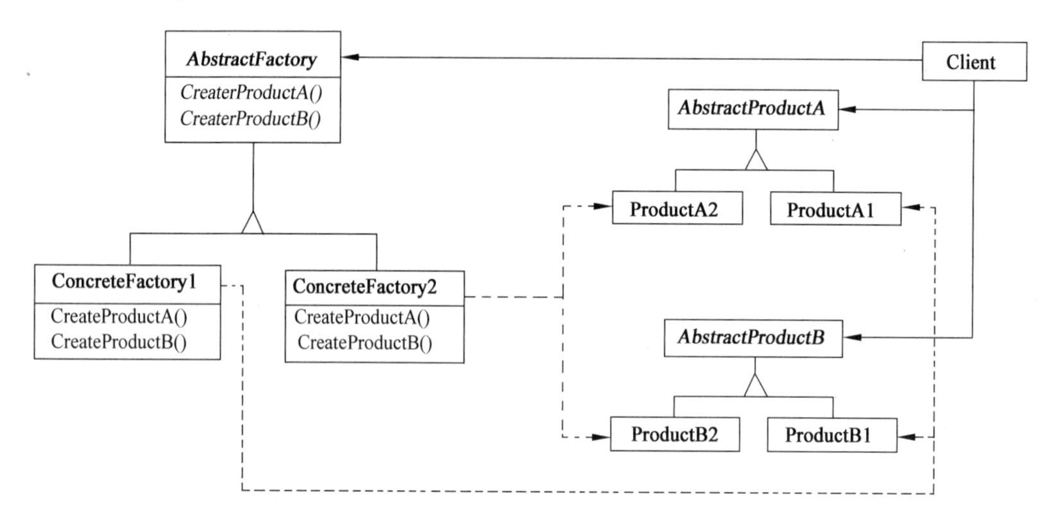

抽象工厂模式适用于：①一个系统要独立于它的产品的创建、组合和表示时；②一个系统要由多个产品系列中的一个来配置时；③当要强调一系列相关的产品对象的设计以便进行联合使用时；④当提供一个产品类库，只想显示它们的接口而不是实现时。

原型模式的主要意图是：用原型实例指定创建对象的种类，并且通过复制这些原型创建新的对象。其结构图如下所示。

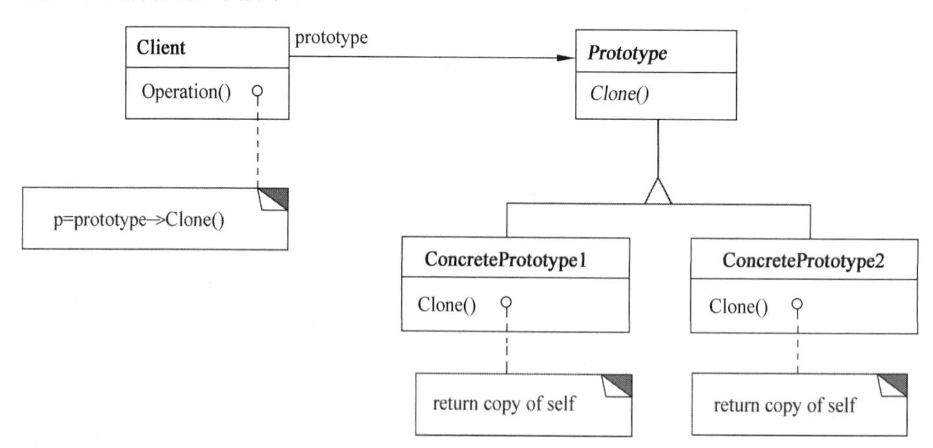

其中：Prototype 声明一个复制自身的接口；ConcretePrototype 实现一个复制自身的操作；Client 让一个原型复制自身从而创建一个新的对象。

原型模式适用于：①当一个系统应该独立于它的产品创建、构成和表示时；②当要实例化的类是在运行时刻指定时，例如，通过动态装载；③为了避免创建一个与产品类层次平行的工厂类层次时；④当一个类的实例只能有几个不同状态组合中的一种时，建立相应数目的原型并克隆它们可能比每次用合适的状态手工实例化该类更方便一些。

工厂方法模式的主要意图是：定义一个用于创建对象的接口，让子类决定实例化哪一个类，使一个类的实例化延迟到其子类。其结构图如下所示。

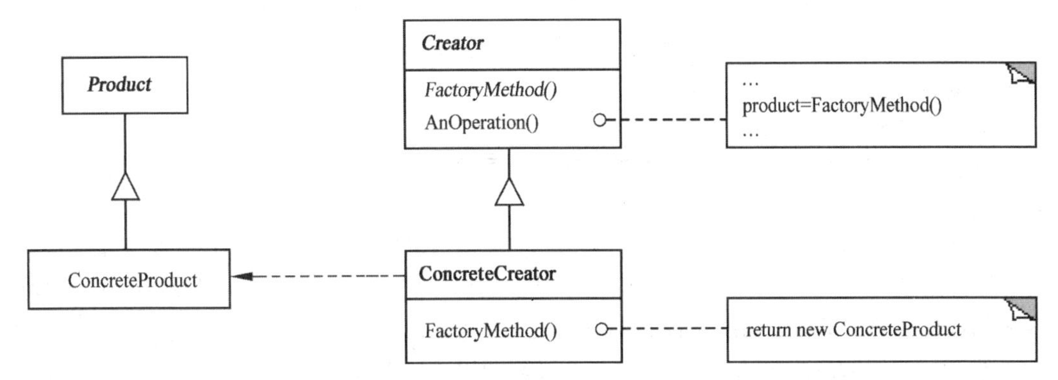

其中：Product 定义工厂方法所创建的对象的接口；ConcreteProduct 实现 Product 接口；Creator 声明工厂方法，该方法返回一个 Product 类型的对象。Creator 也可以定义一个工厂方法的默认实现，它返回一个默认的 ConcreteProduct 对象，可以调用工厂方法以创建一个 Product 对象；ConcreteCreator 重定义工厂方法以返回一个 ConcreteProduct 实例。

工厂方法模式适用于：①当一个类不知道它所必须创建的对象的类的时候；②当一个类希望由它的子类来指定它所创建的对象的时候；③当类将创建对象的职责委托给多个帮助子类中的某一个，并且希望将哪一个帮助子类是代理者这一信息局部化的时候。

本题描述快餐厅套餐制作过程的软件实现相同的制作过程，制作不同种类的儿童套餐的餐品。题图所示的类图中，设计采用了生成器模式，将一个复杂套餐对象的构建与它的表示分离，使得相同的构建过程可以创建不同的套餐。PizzaBuilder 对应生成器模式中的 Builder，为创建一个 Pizza 对象的各个部件指定抽象接口，维护一个指向 Pizza 的指针（引用），其子类 HawaiianPizzaBuilder 和 SpicyPizzaBuilder 对应 ConcreteBuilder，实现 PizzaBuilder 的接口以构造和装配该 Pizza 产品的各个部件，定义并明确它所创建的表示，提供一个检索产品的接口；Pizza 对应该模式中的 Product，表示被构造的复杂对象，HawaiianPizzaBuilder 和 SpicyPizzaBuilder 创建该产品的内部表示并定义它的装配过程，该产品包含定义组成组件的类，以及将这些组件装配成最终产品的接口；Waiter 对应生成器模式中的 Director，构造一个使用 PizzaBuilder 接口的对象。

参考答案

（44）A　（45）C　（46）A　（47）D

试题（48）

函数 foo()、hoo()定义如下。调用函数 hoo()时，第一个参数采用传值（call by value）方式，第二个参数采用传引用（call by reference）方式。设有函数调用 foo(5)，那么“print(x)”执行后输出的值为<u>（48）</u>。

```
foo(int args)            hoo(int x, int& a)
int x = 6;               x = x - 1 ;
hoo(args, x);            a = a * x;
print(x);                return;
```

（48）A．24　　B．25　　C．30　　D．36

试题（48）分析

本题考查程序语言基础知识。

传值方式下，是将实参的值（右值）赋值给形参变量，对被调用函数中的变量进行的操作与实参无关。

引用方式下，将形参看作是实参的别名，在被调用函数中对形参的操作即是对实参的操作，因此结束调用后对实参进行修改的结果得以保留。在具体实现中，引用参数的实现是将实参的地址传递给形参，借助指针实现对实参变量的访问。

根据题目中的函数定义和调用说明，在函数 hoo()中，形参 x 得到实参 args 的值（即 5），执行“x=x–1”后，形参 x 的值改为 4。hoo()的形参 a 为 foo()的局部变量 x（初值为 6）的别名，在 hoo()中执行“a=a*x”即 6*4 后得到值 24（即 foo()的局部变量 x 得到 24），返回 foo()之后执行“print(x)”将输出 24。

参考答案

（48）A

试题（49）

程序设计语言的大多数语法现象可以用 CFG（上下文无关文法）表示。下面的 CFG 产生式集用于描述简单算术表达式，其中+、–、*表示加、减、乘运算，id 表示单个字母表示的变量，那么符合该文法的表达式为（49）。

P:

$$E \rightarrow E + T \mid E - T \mid T$$
$$T \rightarrow T * F \mid F$$
$$F \rightarrow -F \mid id$$

（49）A．a+–b-c　　B．a*(b+c)　　C．a*–b+2　　D．–a/b+c

试题（49）分析

本题考查程序设计语言基础知识。

CFG 是一个四元组 G =（N，T，P，S），其中：

① N 是非终结符（Nonterminals）的有限集合；

② T 是终结符（Terminals）的有限集合，且 $N \cap T = \Phi$；

③ P 是产生式（Productions）的有限集合，$A \rightarrow \alpha$，其中 $A \in N$（左部），$\alpha \in (N \cup T)^*$（右部），若 $\alpha=\varepsilon$，则称 $A \rightarrow \varepsilon$ 为空产生式（也可以记为 $A \rightarrow$）；

④ S 是非终结符，称为文法的开始符号（Start symbol）。

题中所给文法的终结符集合为{+ – * id}（减运算符与一元取负运算共用同一个符号），不包含除运算“/”和“(”　“)”符号，因此“–a/b+c”　“a*(b+c)”不是符合该文法的表达式。另外，文法中 id 表示单个字母变量，没有数值常量，因此“a*–b+2”不是符合该文法的表达式。

若一个句子（终结符号序列）属于给定的 CFG，则可以从文法的起始符号出发，推导出该句子。推导是将产生式左部的非终结符替换为右部的文法符号序列（展开产生式，用标记=>表示），直到得到一个终结符序列。

从 E 出发推导出“a+–b–c”的分析树如右图所示。

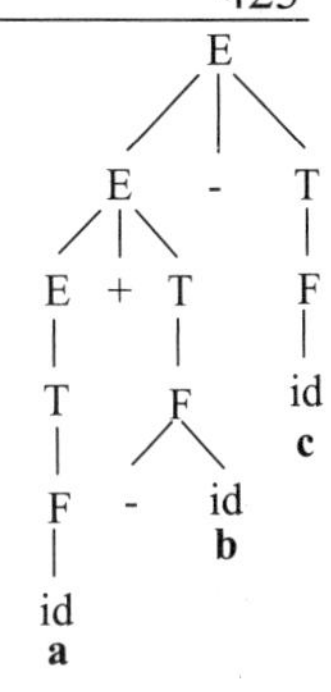

参考答案

（49）A

试题（50）

某有限自动机的状态转换图如下图所示，该自动机可识别＿（50）＿。

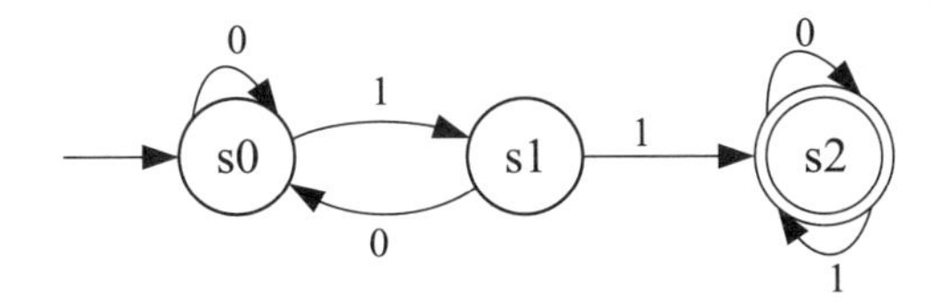

（50）A．1001　　B．1100　　C．1010　　D．0101

试题（50）分析

本题考查程序设计语言基础知识。

对于字符串 s，若能被有限自动机所识别，则应存在从初态到终态的一条路径，路径中弧上标识的字符链接起来形成 s。

对于 1001，其识别路径为 s0→s1→s0→s0→s1，字符串结束后 s1 不是终态（未到达终态），因此该自动机不能识别 1001。

对于 1100，其识别路径为 s0→s1→s2→s2→s2，字符串结束后并到达终态，因此该自动机能识别 1100。

对于 1010，其识别路径为 s0→s1→s0→s1，到达状态 s1 之后，不存在字符 0 的转出弧，因此该自动机不能识别 1010。

对于 0101，其识别路径为 s0→s0→s1→s0→s1，字符串结束后而 s1 不是终态，不存在字符 0 的转出弧，因此该自动机不能识别 0101。

参考答案

（50）B

试题（51）、（52）

某高校信息系统设计的分 E-R 图中，人力部门定义的职工实体具有属性：职工号、姓名、性别和出生日期；教学部门定义的教师实体具有属性：教师号、姓名和职称。这种情况属于＿（51）＿。在合并 E-R 图时，＿（52）＿解决这一冲突。

（51）A．属性冲突　　B．命名冲突
　　C．结构冲突　　D．实体冲突

（52）A．职工和教师实体保持各自属性不变
　　B．职工实体中加入职称属性，删除教师实体

C．教师也是学校的职工，故直接将教师实体删除

D．将教师实体所有属性并入职工实体，删除教师实体

试题（51）、（52）分析

本题考查数据库设计基础知识。

面向不同的应用设计 E-R 图，在构建实体时只需要考虑应用中所需要的属性。结构冲突是指同一实体在不同的分 E-R 图中有不同的属性，同一对象在某一分 E-R 图中被抽象为实体而在另一分 E-R 图中又被抽象为属性，需要统一。

本题试题中，人力部门将职工抽象为 “职工号”属性，教学部门将教师抽象为“教师”实体，从而产生了结构冲突。因此，为了解决结构冲突的问题，应该在合并 E-R 图时，在职工实体中加入“职称”属性，删除教师实体。

参考答案

（51）C （52）B

试题（53）

假设关系 $R<U,F>$，$U=\{A,B,C,D,E\}$，$F=\{A\to BC,AC\to D,B\to D\}$，那么在关系 R 中__（53）__。

（53）A．不存在传递依赖，候选关键字 A

B．不存在传递依赖，候选关键字 AC

C．存在传递依赖 $A\to D$，候选关键字 A

D．存在传递依赖 $B\to D$，候选关键字 C

试题（53）分析

本题考查关系数据库中候选关键字有关概念。

根据 Armstrong 公理系统的分解规则，对于函数依赖 $A\to BC$，意味着 $A\to B$，$A\to C$ 为 F 所蕴涵。又已知 $B\to D$，根据 Armstrong 公理系统的传递率：若 $A\to B$，$B\to D$ 为 F 所蕴涵，则 $A\to D$ 为 F 所蕴涵，故存在传递依赖 $A\to D$。又由于 $(A)_F^+=U$，故 A 为候选关键字。

参考答案

（53）C

试题（54）、（55）

关系 R、S 如下表所示，$R\bowtie S$ 的结果集为__（54）__，R、S 的左外连接、右外连接和完全外连接的元组个数分别为__（55）__。

R

A1	A2	A3
1	2	3
2	1	4
3	4	4
4	6	7

S

A1	A2	A4
1	9	1
2	1	8
3	4	4
4	8	3

（54）A．{ (2,1,4),(3,4,4) }

B．{ (2,1,4,8),(3,4,4,4) }

C．{ (2,1,4,2,1,8),(3,4,4, 3,4,4) }

D．{ (1,2,3,1,9,1),(2,1,4,2,1,8),(3,4,4, 3,4,4),(4,6,7,4,8,3) }

（55）A．2，2，4　　B．2，2，6　　C．4，4，4　　D．4，4，6

试题（54）、（55）分析

本题考查关系代数运算方面的知识。

两个关系 *R* 和 *S* 进行自然连接时，选择两个关系 *R* 和 *S* 公共属性上相等的元组，去掉重复的属性列构成新关系。由于本题 *R* 和 *S* 公共属性上相等的元组只有 *R* 和 *S* 上的元组 2 和元组 3 中的 $R.A1 = S.A1$，$R.A2 = S.A2$，故去掉重复属性列 $S.A1, S.A2$，结果集应为：{ (2,1,4,8),(3,4,4,4)}。

两个关系 *R* 和 *S* 进行自然连接时，关系 *R* 中的某些元组有可能在关系 *S* 中不存在公共属性值上相等的元组，造成关系 *R* 中这些元组的值在运算时舍弃了；同样关系 *S* 中的某些元组也可能舍弃。为此，扩充了关系运算左外连接、右外连接和完全外连接。

左外连接是指 *R* 与 *S* 进行自然连接时，只把 *R* 中舍弃的元组放到新关系中。

右外连接是指 *R* 与 *S* 进行自然连接时，只把 *S* 中舍弃的元组放到新关系中。

完全外连接是指 *R* 与 *S* 进行自然连接时，把 *R* 和 *S* 中舍弃的元组都放到新关系中。

试题（55）*R* 与 *S* 的左外连接、右外连接和完全外连接的结果如下表所示。

R 与 *S* 的左外连接

*A*1	*A*2	*A*3	*A*4
1		3	null
2		4	8
3		4	4
4		7	null

R 与 *S* 的完全外连接

*A*1	*A*2	*A*3	*A*4
1	2	3	null
2	1	4	8
3	4	4	4
4	6	7	null
1	9	null	1
4	8	null	3

R 与 *S* 的右外连接

*A*1	*A*2	*A*3	*A*4
1	9	null	1
2	1	4	8
3	4	4	4
4	8	null	3

从运算的结果可以看出 *R* 与 *S* 的左外连接、右外连接和完全外连接的元组个数分别为 4、4、6。

参考答案

（54）B　（55）D

试题（56）

某企业信息系统采用分布式数据库系统。“当某一场地故障时，系统可以使用其他场地上的副本而不至于使整个系统瘫痪”称为分布式数据库的__（56）__。

（56）A．共享性　　B．自治性　　C．可用性　　D．分布性

试题（56）分析

本题考查对分布式数据库基本概念的理解。

在分布式数据库系统中，共享性是指数据存储在不同的结点数据共享；自治性指每结点对本地数据都能独立管理；可用性是指当某一场地故障时，系统可以使用其他场地上的复本而不至于使整个系统瘫痪；分布性是指数据在不同场地上的存储。

参考答案

（56）C

试题（57）

以下关于 Huffman（哈夫曼）树的叙述中，错误的是__（57）__。

（57）A．权值越大的叶子离根结点越近

B．Huffman（哈夫曼）树中不存在只有一个子树的结点

C．Huffman（哈夫曼）树中的结点总数一定为奇数

D．权值相同的结点到树根的路径长度一定相同

试题（57）分析

本题考查数据结构基础知识。

假设有 n 个权值，则构造出的哈夫曼树有 n 个叶子结点。n 个权值分别设为 w_1、w_2、…、w_n，则哈夫曼树的构造规则为：

① 将 w_1、w_2、…、w_n 看成是有 n 棵树的森林（每棵树仅有一个结点）；

② 在森林中选出两个根结点的权值最小的树合并，作为一棵新树的左、右子树，且新树的根结点权值为其左、右子树根结点权值之和；

③ 从森林中删除选取的两棵树，并将新树加入森林；

④ 重复②、③，直到森林中只剩一棵树为止，该树即为所求得的哈夫曼树。

根据以上的构造过程可知，由于总是先选择权值小的结点，因此权值越大的结点越晚加入，权值越大的叶子离根结点越近；由于每次都选择两个结点进行合并，相当于每次都是去掉两个结点、再加入一个结点，因此哈夫曼树中的结点总数为 $n+n-1$ 即 $2\times n-1$，所以哈夫曼树中的非叶子必然有两个子树，结点总数也一定为奇数。

在合并过程中，若存在权值相同的两个结点，且只能选择其中的一个进行合并时，另一个则更晚被合并，这样就使得权值相同的结点到树根的路径长度不一定相同。

参考答案

（57）D

试题（58）

通过元素在存储空间中的相对位置来表示数据元素之间的逻辑关系，是__（58）__的特点。

（58）A．顺序存储　　B．链表存储

C．索引存储　　D．哈希存储

试题（58）分析

本题考查数据结构基础知识。

顺序存储时，对于线性表，相邻数据元素的存放地址也相邻（逻辑与物理统一），对于

非线性表，元素之间的逻辑关系可映射为存储位置之间的直接计算关系；要求内存中可用存储单元的地址必须是连续的。

链式存储时，相邻数据元素可随意存放，但所占存储空间分两部分，一部分存放结点值，另一部分存放表示结点间关系的指针，即元素之间的关系通过指针（存储地址）来表示。

散列存储是直接将关键字的值做一个映射到存储地址。

索引存储则是另外使用关键字来构建一个索引表（可以是单级，也可以是多级的），需要访问元素时，先在索引表中找到存储位置后，再访问内容。

参考答案

（58）A

试题（59）

在线性表 L 中进行二分查找，要求 L__（59）__。

（59）A．顺序存储，元素随机排列　　B．双向链表存储，元素随机排列
C．顺序存储，元素有序排列　　D．双向链表存储，元素有序排列

试题（59）分析

本题考查数据结构基础知识。

设查找表的元素存储在一维数组 r[1..n]中，在表中的元素已经按关键字递增方式排序的情况下，进行二分查找（折半查找）的方法是：首先将待查元素的关键字（key）值与表 r 中间位置上（下标为 mid）记录的关键字进行比较，若相等，则查找成功；若 key>r[mid].key，则说明待查记录只可能在后半个子表 r[mid+1..n]中，下一步应在后半个子表中进行查找；若 key<r[mid].key，说明待查记录只可能在前半个子表 r[1..mid–1]中，下一步应在 r 的前半个子表中进行查找，这样逐步缩小范围，直到查找成功或子表为空时失败为止。

根据二分查找的过程可知，查找表中的元素应有序排列，同时需要能直接访问 r[mid]，需要能支持随机访问的存储结构，即顺序存储。

参考答案

（59）C

试题（60）、（61）

某有向图如下所示，从顶点 v1 出发对其进行深度优先遍历，可能得到的遍历序列是__（60）__；从顶点 v1 出发对其进行广度优先遍历，可能得到的遍历序列是__（61）__。

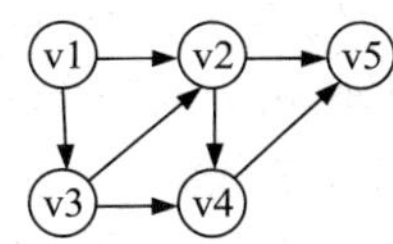

① v1 v2 v3 v4 v5　②v1 v3 v4 v5 v2　③v1 v3 v2 v4 v5　④v1 v2 v4 v5 v3

（60）A．①②③　　B．①③④　　C．①②④　　D．②③④

（61）A．①②　　B．①③　　C．②③　　D．③④

试题（60）、（61）分析

本题考查数据结构基础知识。

深度优先遍历的主要思路是从图中一个未访问的顶点 V 开始，沿着一条路一直走到底，

然后从这条路尽头的节点回退到上一个节点，再从另一条路开始走到底……不断递归重复此过程，直到所有的顶点都遍历完成。

对于题中的图，从顶点 v1 出发进行深度优先遍历，先访问 v1，接下来可访问顶点 v2（一条路）或 v3（另一条路），若选择访问 v2，则接下来可访问顶点 v4、然后访问 v5，最后退回到 v1 后选择另一条路去访问 v3，因此遍历序列为 v1 v2 v4 v5 v3。若访问 v1、v2 后，接下来选择访问 v5，然后退回到 v2，再选择另一条路访问 v4，之后退回到 v1，选择另一条路访问 v3，因此遍历序列为 v1 v2 v5 v4 v3。若访问 v1 之后，接下来访问 v3，之后按照 v2、v4、v5 的顺序访问，或者按照 v2、v5、v4 的顺序访问，或者按照 v4、v5、v2 的顺序访问都是可行的，即遍历序列 v1 v3 v2 v4 v5、v1 v3 v2 v5 v4、v1 v3 v4 v5 v2。

广度优先遍历指的是从图的一个未遍历的顶点出发，先遍历这个顶点的相邻顶点，再依次遍历每个相邻顶点的相邻顶点。

对于题中的图，从顶点 v1 出发进行广度优先遍历，先访问 v1，接下来访问顶点 v2、v3 或者 v3、v2，若先访问 v2 再访问 v3，则接下来先访问 v2 的邻接顶点 v4 和 v5（或 v5、v4），因此可得广度优先遍历序列 v1 v2 v3 v4 v5 或 v1 v2 v3 v5 v4。若先访问 v3 再访问 v2，则接下来先访问 v3 的邻接顶点 v4，然后访问 v2 的邻接顶点 v5，因此可得广度优先遍历序列 v1 v3 v2 v4 v5。

参考答案

（60）D　（61）B

试题（62）、（63）

对数组 A=(2,8,7,1,3,5,6,4)用快速排序算法的划分方法进行一趟划分后得到的数组 A 为<u>（62）</u>（非递减排序，以最后一个元素为基准元素）。进行一趟划分的计算时间为<u>（63）</u>。

（62）A．(1,2,8,7,3,5,6,4)　　B．(1,2, 3, 4, 8,7,5,6)
　　C．(2,3,1,4,7,5,6,8)　　D．(2,1,3,4, 8,7,5,6)

（63）A．O(1)　　B．O(lg*n*)　　C．O(*n*)　　D．O(*n*lg*n*)

试题（62）、（63）分析

本题考查常用的排序算法，其中快速排序算法具有广泛的应用，考生应该熟练掌握。

题干中明确说明以最后一个元素 4 作为基准元素。在第一趟划分的过程中，4 首先和第一个元素 2 比较，因为 2<4，因此，2 和 4 不交换；4 继续和第二个元素 8 比较，此时 8>4，8 和 4 交换，8 需要放到数组的最后一个位置，这样可以直接排除选项 A、B 和 D，得到（62）题的正确答案 C。继续分析下去，接下来 4 分别和 6、5 比较，因为 4<6，4<5，不交换；4 和 3 比较，因为 4>3，交换 4 和 3 的位置，3 放到数组的第二个位置；4 和 7 比较，因为 7>4，交换 4 和 7 的位置，7 放到数组的第五个位置；4 和 1 比较，因为 4>1，因此 4 和 1 交换，1 放到第三个位置，4 放到第四个位置。此时，划分结束，元素 4 之前的所有元素小于 4，之后的所有元素大于 4。

从上面分析的过程可以看出，进行一趟划分需要遍历一遍数组，因此时间复杂度为 O(*n*)。

参考答案

（62）C　（63）C

试题（64）

某简单无向连通图 G 的顶点数为 n，则图 G 最少和最多分别有＿（64）＿条边。

（64）A．$n, n^2/2$　　B．$n-1, n\times(n-1)/2$

C．$n, n\times(n-1)/2$　　D．$n-1, n^2/2$

试题（64）分析

本题考查图数据结构的基础知识。

要求考生熟练掌握常用的线性数据结构和非线性数据结构的基本概念、存储结构和典型操作。题干给出具有 n 个顶点的图 G 是简单无向连通图，因此最少的边数是 $n-1$，是保持 n 个顶点能够连接在一起的最低条件，最多的边数是任意两个点之间均有边相连，即 $n\times(n-1)/2$。

参考答案

（64）B

试题（65）

根据渐进分析，表达式序列：n^4, lg$n$, 2^n, 1000n, $n^{2/3}$, n!从低到高排序为＿（65）＿。

（65）A．lg$n$,1000n, $n^{2/3}$, n^4, n!, 2^n　　B．$n^{2/3}$,1000n, lg$n$, n^4, n!, 2^n

C．lg$n$, 1000n, $n^{2/3}$, 2^n, n^4, n!　　D．lg$n$, $n^{2/3}$, 1000n, n^4, 2^n, n!

试题（65）分析

本题考查算法分析的基础知识。

要求考生要能判断渐进分析、函数增长率等基本的概念，了解当 n 趋向于无穷大的时候，这些表达式增长的快慢。因此，仅需要考虑表达式中最高阶项，不需要考虑最高阶项的系数和低阶项。其中，lg$n$ 的增长率介于 1 和 n 的大于零次方，2^n 小于 n!。

参考答案

（65）D

试题（66）

采用 DHCP 动态分配 IP 地址，如果某主机开机后没有得到 DHCP 服务器的响应，则该主机获取的 IP 地址属于网络＿（66）＿。

（66）A．202.117.0.0/16　　B．192.168.1.0/24

C．172.16.0.0/24　　D．169.254.0.0/16

试题（66）分析

本题考查计算机网络基础知识。

当一台没有 IP 地址的主机接入了网络中时，如果设置的是 DHCP 自动获取地址，就会向网络中发送 DHCP 请求获得 IP 地址。

当客户端为 Windows 主机、网卡配置为 DHCP 获得地址时，就开始向网络中请求地址，先发送一个广播包，等待 1 秒之后，如果没有服务器应答，就发送第二个广播包，如果 9 秒后没有收到应答，则发送第三个广播包，等待 13 秒，还没有应答，最后再发送一个包，等待 16 秒后，最终在四个广播包没有应答的情况下，默认是放弃请求，为网卡自动配上一个私有 IP 地址，地址段为 169.254.0.0/16，网络状态为“受限制或无连接”，169.254.0.0/16 这个地址段就是 local link address（链路本地地址）。

参考答案

（66）D

试题（67）

在浏览器的地址栏中输入 xxxyftp.abc.com.cn，该 URL 中＿（67）＿是要访问的主机名。

（67）A．xxxyftp　B．abc　C．com　D．cn

试题（67）分析

本题考查计算机网络基础知识。

URL 由三部分组成：资源类型、存放资源的主机域名、资源文件名。

URL 语法：protocol://hostname[:port]/path/[;parameters][?query]#fragment

参考答案

（67）A

试题（68）、（69）

当接收邮件时，客户端与 POP3 服务器之间通过＿（68）＿建立连接，所使用的端口是＿（69）＿。

（68）A．HTTP　B．TCP　C．UDP　D．HTTPS

（69）A．52　B．25　C．1100　D．110

试题（68）、（69）分析

本题考查计算机网络基础知识。

POP3 采用 TCP 通信方式，默认端口是 TCP 110。

参考答案

（68）B　（69）D

试题（70）

因特网中的域名系统（Domain Name System）是一个分层的域名树，在根域下面是顶级域。以下顶级域中，＿（70）＿属于国家顶级域。

（70）A．NET　B．EDU　C．COM　D．UK

试题（70）分析

本题考查计算机网络基础知识。

域名级数是指一个域名由多少级组成，域名的各个级别被“.”分开，最右边的那个词称为顶级域名（或一级域名）。

NET 表示网络服务机构，EDU 表示教育机构，COM 表示商业机构，还有表示国家的顶级域名，UK 表示英国。

参考答案

（70）D

试题（71）～（75）

Regardless of how well designed, constructed, and tested a system or application may be, errors or bugs will inevitably occur. Once a system has been ＿（71）＿, it enters operations and support.

Systems support is the ongoing technical support for users, as well as the maintenance required to fix any errors, omissions, or new requirements that may arise. Before an information system can be __(72)__, it must be in operation. System operation is the day-to-day, week-to-week, month-to-month, and year-to-year __(73)__ of an information system's business processes and application programs.

Unlike systems analysis, design, and implementation, systems support cannot sensibly be __(74)__ into actual phases that a support project must perform. Rather, systems support consists of four ongoing activities that are program maintenance, system recovery, technical support, and system enhancement. Each activity is a type of support project that is __(75)__ by a particular problem, event, or opportunity encountered with the implemented system.

（71）A．designed　B．implemented　C．investigated　D．analyzed

（72）A．supported　B．tested　C．implemented　D．constructed

（73）A．construction　B．maintenance　C．execution　D．implementation

（74）A．broke　B．formed　C．composed　D．decomposed

（75）A．triggered　B．leaded　C．caused　D．produced

参考译文

无论系统或应用程序设计、构造和测试得多么完善，错误或故障总是会不可避免地出现。一旦一个系统实现了，这个系统就进入运行和支持阶段。

系统支持是对用户的不间断的技术支持以及改正错误、遗漏或者可能产生的新需求所需的维护。在信息系统可以被支持之前，它必须首先投入运行。系统运行是信息系统的业务过程和应用程序逐日的、逐周的、逐月的和逐年的执行。

不像系统分析、设计和实现那样，系统支持不能明显地分解成一些系统支持项目必须执行的任务阶段。相反，系统支持包括 4 个进行中的活动，这些活动是程序维护、系统恢复、技术支持和系统改进。每个活动都是一类系统支持项目，这些活动由已经实现的系统遇到的特定问题、事件或机会触发。

参考答案

（71）B　（72）A　（73）C　（74）D　（75）A

第18章　2020下半年软件设计师下午试题分析与解答

试题一（共15分）

阅读下列说明和图，回答问题1至问题4，将解答填入答题纸的对应栏内。

【说明】

某工业制造企业欲开发一款智能缺陷检测系统，以有效提升检测效率，节约人力资源。该系统的主要功能是：

（1）基础信息管理。管理员对检测质量标准和监控规则等基础信息进行设置。

（2）检测模型部署。管理员对采用机器学习方法建立的检测模型进行部署。

（3）图像采集。实时接收生产线上检测设备拍摄的产品待检信息进行存储和缺陷检测，待检信息包括产品编号、生产时间、图像序号和产品图像。

（4）缺陷检测。根据检测模型和检测质量标准对图像采集接收到的产品待检信息中所有图像进行检测。若所有图像检测合格，设置检测结果信息为合格；若一个产品出现一张图像检测不合格，就表示该产品不合格。对不合格的产品，其检测结果包括产品编号和不合格类型。给检测设备发送检测结果，检测设备剔除掉不合格产品。

（5）质量监控。根据监控规则对产品质量进行监控，将检测情况展示给检测业务员；若满足报警条件，向检测业务员发送质量报警。检测业务员发起远程控制命令，系统给检测设备发送控制指令进行处理。

（6）模型监控。对系统中部署的模型、产品的检测信息结合基础信息进行监测分析，将模型运行情况发送给监控人员。

现采用结构化方法对智能缺陷检测系统进行分析与设计，获得如图1-1所示的上下文数据流图和图1-2所示的0层数据流图。

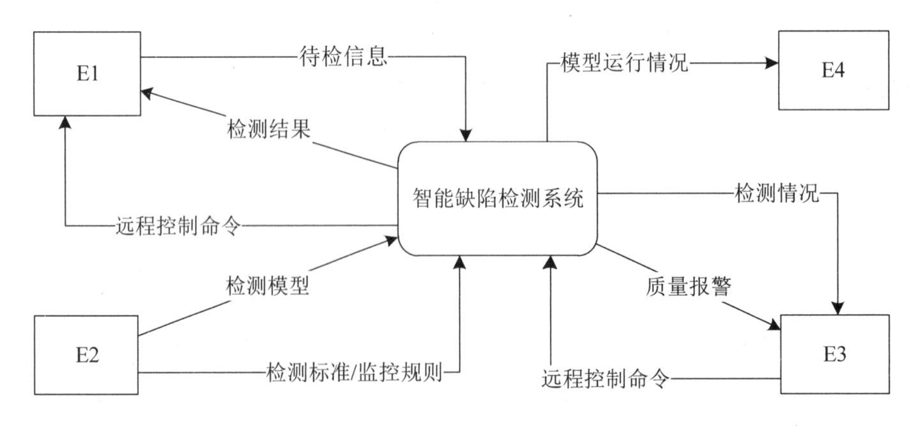

图1-1　上下文数据流图

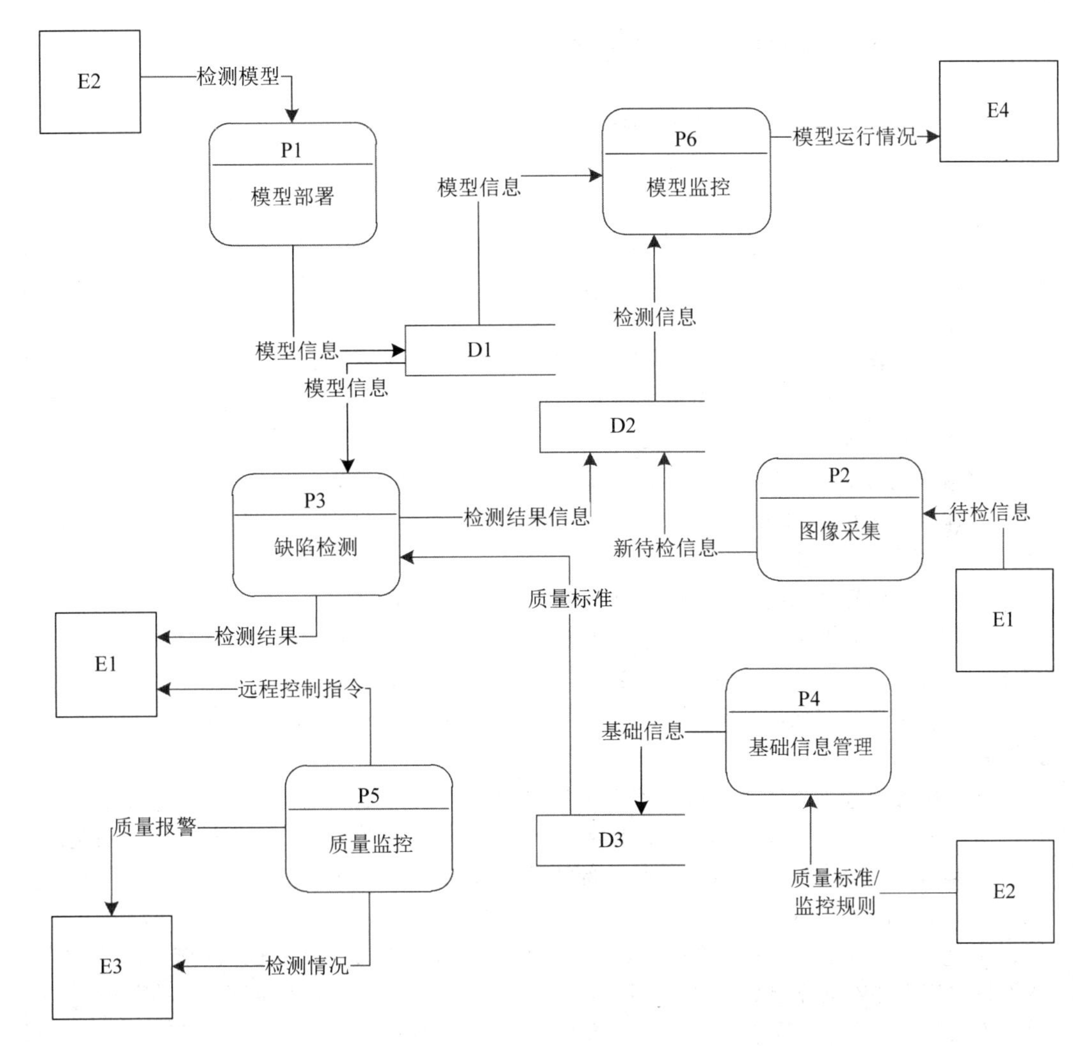

图 1-2　0 层数据流图

【问题 1】（4 分）

使用说明中的词语，给出图 1-1 中的实体 E1～E4 的名称。

【问题 2】（3 分）

使用说明中的词语，给出图 1-2 中的数据存储 D1～D3 的名称。

【问题 3】（5 分）

根据说明和图中术语，补充图 1-2 中缺失的数据流及其起点和终点。

【问题 4】（3 分）

根据说明，采用结构化语言对“缺陷检测”的加工逻辑进行描述。

试题一分析

本题考查采用结构化方法进行软件系统的分析与设计，主要考查利用面向数据流建模的工具 DFD（数据流图）进行需求分析和建模。DFD 的基本图形元素包括数据流、加工（处理）、数据存储和外部实体。

数据流由一组固定成分的数据组成，带有方向表示数据的流向。可以从一个加工流向另外一个加工；从加工流向数据存储；从数据存储流向加工；从外部实体流向加工；从加工流向外部实体。即：数据流须和加工相关，即数据流至少有一头为加工。数据流用一个定义明确的名字表示（除了流向数据存储和从数据存储流出的数据流可以不必命名）。数据流或者由具体的数据属性（数据结构）构成，或者由其他数据流构成，用于高层数据流图中组合相似的组合数据流。

加工描述输入数据流到输出数据流之间的变换，也就是输入数据流经过什么处理后变成了输出数据流。一个加工可以有多个输入数据流和多个输出数据流，但至少有一个输入数据流和一个输出数据流。

数据存储用来存储数据，用于把软件中某些信息保存下来以供以后使用。

外部实体是指软件系统之外的人员或组织或其他系统，它指出系统所需数据的发源地（源）和系统所产生的数据的归宿地（宿）。

一个复杂的软件系统可能涉及的数据流、加工、存储等非常多，因此，采用自顶向下分层建模进行逐层细化的思想对软件进行建模。建立数据字典，对数据流图中的每条数据流、存储、加工和组成数据流或存储的数据项、加工的逻辑再进一步说明。

题目题干描述清晰，易于分析，要求考生细心分析题目中所描述的内容。

【问题 1】

本问题考查的是上下文 DFD，要求确定外部实体。顶层 DFD（上下文数据流图）建模用于确定系统边界以及系统的输入输出数据，待开发软件系统被看作一个加工，为系统提供输入数据以及接受系统输出数据的是外部实体，外部实体和加工之间的输入输出即为数据流。数据流或者由具体的数据属性构成，或者是由其他数据流构成的组合数据流，用于高层数据流图中。在题干中待开发系统“智能缺陷检测系统”作为唯一加工，为这一加工提供输入数据流或者接收其输出数据流的外部实体，涉及软件之外的人员有管理员、检测业务员和监控人员，还有本系统需收发信息的外部检测设备。再根据描述相关信息进行对应，对照图 1-1，即可确定 E1 为“检测设备”实体，E2 为“管理员”实体，E3 为“检测业务员”实体，E4 为“监控人员”实体。

【问题 2】和【问题 3】

本问题要求确定图 1-2 0 层数据流图中的数据存储和缺失的数据流及其起点和终点。0 层 DFD 是将上下文 DFD 中的加工分解成多个加工，识别每个加工的输入数据流以及经过加工变换后的输出数据流。根据 0 层 DFD 中加工的复杂程度进一步建模加工的内容。根据需求情况可以将数据存储建模在不同层次的 DFD 中。

题干中将数据存储建模在 0 层 DFD 中。对照图 1-2 中已经给出的信息，要确定数据存储，可以重点分析说明中与数据存储有关的描述。说明（2）中“管理员对采用机器学习方法建立的检测模型进行部署”，图 1-2 中加工“模型部署”向 D1 写入新检测模型信息，由此可知 D1 为“检测模型”；再由说明（4）中“实时接收生产线上检测设备拍摄的产品待检信息进行存储”“设置检测结果信息”，说明（6）中“对系统中部署的模型、产品的检测信息结合基础信息进行监测分析”等信息，可知加工“图像采集”需要向 D2 中写入新待检信息、加工“缺陷检测”需要向 D2 中更新检测结果信息、加工“模型检测”需要从 D2 读出检测信息，由此可知 D2 为“检测信息”。说明（1）中“管理员对检测质量标准和监控规则等基础信息进行设置”可知加工“基础信息管理”向 D3 中写入基础信息，基础信息中包括质量标准，加工“缺陷检测”从 D3 读出质量标准，由此可知 D3 为“基础信息”。

补充缺失数据流时，注意在建模 0 层 DFD 时，加工和数据流的正确使用，以及保持父图与子图平衡，即父图中某加工的输入输出数据流必须与其子图的输入输出数据流在数量和名字上相同，或者父图中的一个输入（或输出）数据流对应于子图中几个输入（或输出）数据流的组合数据流。对照图 1-1 和图 1-2 的输入、输出数据流，缺少了起点外部实体 E3 到加工的数据流——“远程控制命令”，说明（5）中，“检测业务员发起远程控制命令，系统给检测设备发送控制指令进行处理”，可知此数据流终点为 P5（质量监控）。

再考查题干中的说明判定是否缺失内部的数据流，不难发现图 1-2 中，缺少说明（5）中的输入数据流，“根据监控规则对产品质量进行监控，将检测情况展示”说明加工“质量监控”需要 D3“基础信息”中监控规则，产品信息来源于对产品图像的 D2“检测信息”；没有把说明（3）加工“图像采集”相关输出的数据流完整给出，缺少“产品待检信息进行缺陷检测”，即 P2 为起点、P3 为终点的“待检信息”；说明（6）根据描述“对系统中部署的模型、产品的检测信息结合基础信息进行监测分析”可知需要从 D3 中读取“基础信息”。

【问题 4】

本问题要求采用结构化语言描述“缺陷检测”的加工逻辑。常用的加工逻辑描述方法有结构化语言、判定表和判定树 3 种。

结构化语言（如结构化英语）是一种介于自然语言和形式化语言之间的半形式化语言，是自然语言的一个受限子集，没有严格的语法，其结构通常可分为内层和外层。外层有严格的语法，内层的语法比较灵活，可以接近于自然语言的描述。

（1）外层。用来描述控制结构，采用顺序、选择和重复 3 种基本结构。

① 顺序结构。一组祈使语句、选择语句、重复语句的顺序排列。祈使语句是指至少包含一个动词及一个名词，指出要执行的动作及接受动作的对象。

② 选择结构。一般用 IF-THEN-ELSE-ENDIF、CASE-OF-ENDCASE 等关键词。

③ 重复结构。一般用 DO-WHILE-ENDDO、REPEAT-UNTIL 等关键词。

（2）内层。一般采用祈使语句的自然语言短语，使用数据字典中的名词和有限的自定义词，其动词含义要具体，尽量不用形容词和副词来修饰，还可使用一些简单的算法运算和逻辑运算符号。

缺陷检测相关描述中，根据检测模型和检测质量标准对图像采集接收到的产品待检信息中所有图像进行检测。根据产品是否合格进行不同设置，最后，给检测设备发送检测结果。因此，首先是对所有图像进行检测；然后根据所有图像检测合格与否，设置合格状态与不合格类型；最后，给检测设备发送检测结果。根据是否合格采用选择结构，选择结构可选择 IF-THEN-ELSE-ENDIF，也可以抽象出 CASE 情况，使用 CASE-OF-ENDCASE。

参考答案

【问题 1】

E1：检测设备

E2：管理员

E3：检测业务员

E4：监控人员

【问题 2】

D1：检测模型

D2：检测信息

D3：基础信息

【问题 3】

数据流	起点	终点
待检信息	P2 或 图像采集	P3 或 缺陷检测
检测信息	D2 或 检测信息	P5 或 质量监控
基础信息	D3 或 基础信息	P5 或 质量监控
监控规则	D3 或 基础信息	P6 或 模型监控
远程控制命令	E3 或 检测业务员	P5 或 质量监控

【问题 4】

检测产品的所有图像

IF 全部合格

THEN 设置检测结果信息为合格

ELSE 设置检测结果信息为不合格类型

ENDIF

给检测设备发送检测结果

试题二（共 15 分）

阅读下列说明，回答问题 1 至问题 4，将解答填入答题纸的对应栏内。

【说明】

M 集团公司拥有多个分公司，为了方便集团公司对各分公司及职员进行有效管理，集团公司决定构建一个信息系统以满足公司各项业务管理需求。

【需求分析】

1. 分公司关系模式需要记录的信息包括分公司编号、名称、经理号、联系地址和电话。分公司编号唯一标识分公司关系模式中的每一个元组。每个分公司只有一名经理，负责该分公司的管理工作。每个分公司设立仅为本分公司服务的多个业务部。业务部包括：研发部、财务部、采购部、销售部等。

2. 业务部关系模式需要记录的信息包括业务部编号、名称、主管号、电话和分公司编号。业务部编号唯一标识业务部关系模式中的每一个元组。每个业务部只有一名主管，负责该业务部的管理工作。每个业务部有多名职员，每名职员只能隶属于一个业务部。

3. 职员关系模式需要记录的信息包括职员号、姓名、所属业务部编号、岗位、电话、家庭成员姓名和成员关系。其中，职员号唯一标识职员关系模式中的每一个元组。岗位包括：经理、主管、研发员、业务员等。

【概念模型设计】

根据需求分析阶段收集的信息，设计的实体联系图和关系模式（不完整）如图 2-1 所示：

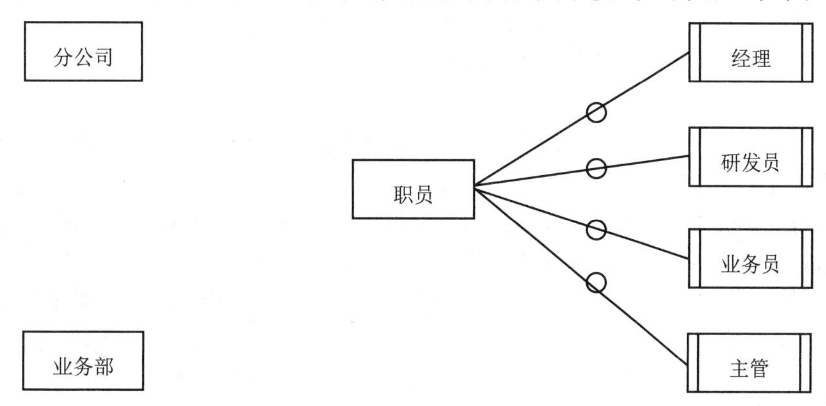

图 2-1　实体联系图

【关系模式设计】

分公司 (分公司编号，名称，___(a)___，联系地址)

业务部 (业务部号，名称，___(b)___，电话)

职员 (职员号，姓名，岗位，___(c)___，电话，家庭成员姓名，成员关系)

【问题 1】（4 分）

根据问题描述，补充 4 个联系，完善图 2-1 的实体联系图。联系名可用联系 1、联系 2、联系 3 和联系 4 代替，联系的类型为 1∶1、1∶n 和 m∶n（或 1∶1、1∶*和*∶*）。

【问题 2】（3 分）

根据题意，将以上关系模式中的空（a）～（c）的属性补充完整，并填入答题纸对应的位置上。

【问题 3】（5 分）

（1）给出分公司关系模式的主键和外键。

（2）给出业务部关系模式的主键和外键。

【问题 4】（3 分）

在职员关系模式中，假设每个职员有多名家庭成员，那么该关系模式存在什么问题？应该如何解决？

试题二分析

本题考查数据库系统中实体联系模型（E-R 模型）和关系模式设计的基础知识及应用。

【问题 1】

需要补充的联系如下：

根据题意“每个分公司只有一名经理，负责该分公司的管理工作”，所以分公司和经理之间有一个“管理”联系，联系类型为 1∶1。

根据题意“每个分公司设立仅为本分公司服务的多个业务部”，分公司和业务部之间的“组成”联系的类型为 1∶*。

根据题意“每个业务部只有一名主管，只负责管理本部门的工作”， 所以业务部和主管之间有一个“主管”联系，联系类型为 1∶1。

根据题意“每个业务部有多名职员，每名职员只能隶属于一个业务部”，所以业务部和职员之间有一个“所属”联系，联系类型为 1∶*。

【问题 2】

根据需求分析 1“分公司关系模式需要记录的信息包括分公司编号、名称、经理号、联系地址和电话”，所以空（a）应填入“经理号，电话”。

根据需求分析 2“业务部关系模式需要记录的信息包括业务部编号、名称、主管号、电话和分公司编号”，所以空（b）应为“主管号，分公司编号”。

根据需求分析 3“职员关系模式需要记录的信息包括职员号、姓名、所属业务部编号、岗位、电话、家庭成员姓名和成员关系，所以空（c）应为“所属业务部编号”。

【问题 3】

根据需求分析 1 中所述“分公司编号唯一标识分公司关系模式中的每一个元组”，分公司关系的主键为分公司编号。由于分公司关系中的“经理号”需要参照职工关系的职工号，故分公司关系的外键为经理号。

根据需求分析 2 中所述“业务部编号唯一标识业务部关系模式中的每一个元组”，故业务部关系的主键为业务部编号；由于业务部关系中的“主管号”需要参照职工关系的职工号，业务部关系中的“分公司编号”需要参照分公司关系的分公司编号，故业务部关系的外键为主管号、分公司编号。

【问题 4】

存在冗余问题。例如，假设职员关系如表 2-1 所示，从表 2-1 可以看出，若 1001 职员有 4 名家庭成员，那么该职员的“职员号、姓名、所属业务部号、岗位、电话”信息重复了 3 次。

表 2-1　职员

职员号	姓名	岗位	所属业务部号	电话	家庭成员姓名	成员关系
1001	黎昊	主管	001	13*****1111	黎远超	父
1001	黎昊	主管	001	13*****1111	万丽萍	母
1001	黎昊	主管	001	13*****1111	李晓梅	妻
1001	黎昊	主管	001	13*****1111	黎玫苑	女儿
1002	赵霖	业务员	001	13*****2109	赵军华	父
1002	赵霖	业务员	001	13*****2109	张丽萍	母
…	…	…	…	…	…	…

解决办法是将职员关系模式分解，分解后的模式为：职员 1（职员号，姓名，岗位，所

属业务部号，电话），职员 2（职员号，家庭成员姓名，成员关系）。

参考答案

【问题 1】

完善后的实体联系图如下所示（所补充的联系和类型如虚线所示）。

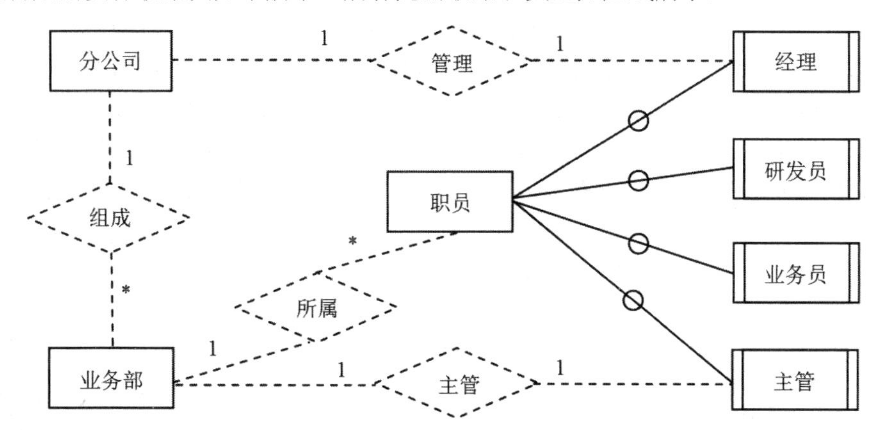

【问题 2】

（a）经理号，电话

（b）主管号，分公司编号

（c）所属业务部编号

【问题 3】

（1）主键：分公司编号

　　外键：经理号

（2）主键：业务部编号

　　外键：主管号，分公司编号

【问题 4】

① 存在冗余；

② 将职员关系模式分解；

③ 分解为职员 1（职员号，姓名，岗位，所属业务部号，电话），职员 2（职员号，家庭成员姓名，成员关系）。

试题三（共 15 分）

阅读下列说明和图，回答问题 1 至问题 3，将解答填入答题纸的对应栏内。

【说明】

某房产中介公司欲开发一个房产信息管理系统，其主要功能描述如下：

1. 公司销售的房产（Property）分为住宅（House）和公寓（Cando）两类。针对每套房产，系统存储房产证明、地址、建造年份、建筑面积、销售报价、房产照片以及销售状态（在售、售出、停售）等信息。对于住宅，还需存储楼层、公摊面积、是否有地下室等信息；对于公寓，还需存储是否有阳台等信息。

2. 公司雇佣了多名房产经纪（Agent）负责销售房产。系统中需存储房产经纪的基本信息，包括：姓名、家庭住址、联系电话、受雇的起止时间等。一套房产同一时段仅由一名房产经纪负责销售，系统中会记录房产经纪负责每套房产的起始时间和终止时间。

3. 系统用户（User）包括房产经纪和系统管理员（Manager）。用户需经过系统身份验证之后才能登录系统。房产经纪登录系统之后，可以录入负责销售的房产信息，也可以查询所负责的房产信息。房产经纪可以修改其负责的房产信息，但需要经过系统管理员的审批授权。

4. 系统管理员可以从系统中导出所有房产的信息报表。系统管理员定期将售出和停售的房产信息进行归档。若公司确定不再销售某套房产，系统管理员将该房产信息从系统中删除。

现采用面向对象方法开发该系统，得到如图 3-1 所示的用例图和图 3-2 所示的初始类图。

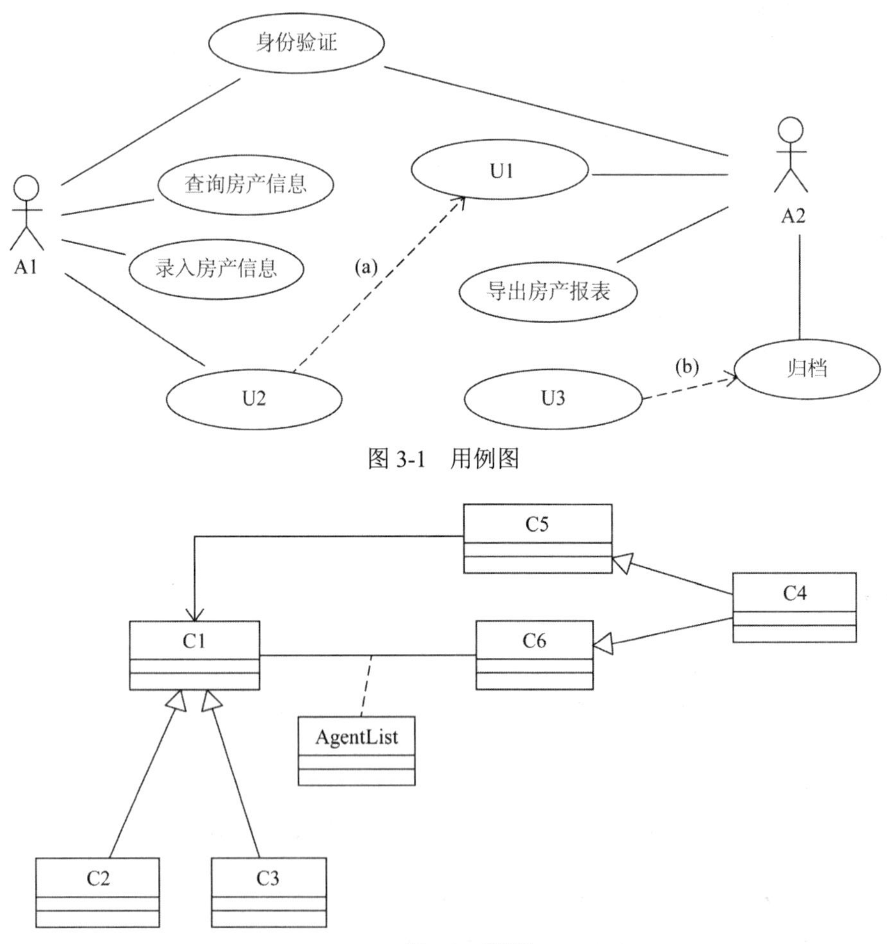

图 3-1 用例图

图 3-2 类图

【问题 1】（7 分）

（1）根据说明中的描述，分别给出图 3-1 中 A1～A2 所对应的参与者名称以及 U1～U3 所对应的用例名称。

（2）根据说明中的描述，给出图 3-1 中（a）和（b）所对应的用例之间的关系。

【问题 2】（6 分）

根据说明中的描述，给出图 3-2 中 C1～C6 所对应的类名。

【问题 3】（2 分）

图 3-2 中的类 AgentList 是一个关联类，用来进一步表达类 C1 和 C6 之间的关系。根据说明中的描述，给出类 AgentList 的主要属性。

试题三分析

本题主要考查面向对象分析与设计的基本概念。在建模方面，本题仅涉及了 UML 的用例图和类图，考查的方式是根据需求说明将模型补充完整。题目较为简单，属于经典考题。

【问题 1】

本题给出的应用场景是一个房产信息管理系统。本问题要求补充用例图。用例图展现了一组用例、参与者以及它们之间的关系。用例建模是按照业务事件、谁发起事件，以及系统如何响应事件建模系统功能的过程。

参与者表示需要与系统交互以交换信息的任何事物。参与者可以是一个用户，可以是外部系统的一个角色，也可以是一个人。从题目的说明中可以很容易发现，该系统中有两类与系统交互的角色：房产经纪（Agent）和系统管理员（Manager)。根据说明描述的每个角色所参与的功能，可以判断出：A1 对应的参与者是房产经纪、A2 对应的参与者是系统管理员。

用例是一组相关行为的自动的和手动的步骤序列，其目的是完成单个业务任务。下面需要确定与参与者 A1（房产经纪）相关联的用例。根据说明可知，A1 参与或激发的用例包括：录入、查询、修改房产信息等，所以用例 U2 对应的用例应该是“修改房产信息”。A2 参与或激发的用例包括：审批授权、导出房产报表、归档房产信息以及删除房产信息。房产经纪在修改房产信息时，需要经过系统管理员的审批授权，所以 U1 对应的用例应该是“审批授权”；U3 对应的用例就是“删除房产信息”。

对于用例 U1 和 U2 之间的关系，“审批授权”是完成“修改房产信息”的不可缺少的步骤，适用于包含关系（include)。

对于用例 U3 和用例“归档”，“删除房产信息（停售房产）”是“归档”业务中一个独立且可选的动作，适用于扩展关系（extend)。

【问题 2】

本问题要求将图 3-2 所示的类图补充完整。首先观察该类图，发现在图中存在两个继承结构：C1-C2-C3、C4-C5-C6。从题目的说明中，可以找到明显的“一般-特殊”关系的表述：“公司销售的房产（Property）分为住宅（House）和公寓（Cando）两类”和“系统用户（User）包括房产经纪和系统管理员（Manager)”。用户通过房产信息管理系统维护房产信息，所以房产对应继承结构 C1-C2-C3；用户对应继承结构 C4-C5-C6。因此类 C1 对应“房产”、类 C2 对应“住宅”或“公寓”、类 C3 对应“公寓”或“住宅”；类 C4 对应“用户”、类 C5 对应“管理员”、类 C6 对应“房产经纪”。

【问题 3】

关联类是表达类与类之间关系的一种形式。本题中，关联类 AgentList 用于表达类“房产”和类“房产经纪”之间的关系，以明确表达“一套房产同一时段仅由一名房产经纪负责销售”这一要求。因此 AgentList 中包含的主要属性应包括房产经纪负责该房产的起始时间、结束时间。

参考答案

【问题 1】

A1：房产经纪

A2：系统管理员

U1：审批授权

U2：修改房产信息

U3：删除房产信息

（a）<<include>>

（b）<<extend>>

【问题 2】

C1：Property 或房产

C2：House 或住宅

C3：Cando 或公寓（C2 和 C3 可互换）

C4：User 或用户

C5：Manager 或管理员

C6：Agent 或房产经纪

【问题 3】

AgentList 的主要属性：房产经纪负责该房产的起始时间、结束时间。

试题四（共 15 分）

阅读下列说明和 C 代码，回答问题 1 至问题 3，将解答写在答题纸的对应栏内。

【说明】

希尔排序算法又称为最小增量排序算法，其基本思想是：

步骤 1：构造一个步长序列 $delta_1,delta_2, \cdots, delta_k$，其中 $delta_1 = n / 2$，后面的每个 delta 是前一个的 1/2，$delta_k = 1$；

步骤 2：根据步长序列，进行 k 趟排序；

步骤 3：对第 i 趟排序，根据对应的步长 $delta_i$，将等步长位置的元素分组，并对同一组内元素在原位置上进行直接插入排序。

【C 代码】

下面是算法的 C 语言实现。

（1）常量和变量说明

data：待排序数组 data，长度为 n，待排序数据存在 a[0], a[1], … , a[n–1]中

n：数组 a 中的元素个数

delta：步长数组

（2）C 程序

```
#include<stdio.h>

void shellSort(int data[], int n){
    int *delta, k, i, t, dk, j;
    k = n;
    delta = (int *) malloc(sizeof(int) * (n/2));

    i = 0;
    do{
        __(1)__;
        delta[i++] = k;
    } while (__(2)__);

    i = 0;
    while((dk = delta[i]) > 0){
        for(k = delta[i]; k < n; ++k){
            if(__(3)__){
                t = data[k];
                for(j = k - dk; j >= 0 && t < data[j]; j -= dk){
                    data[j + dk] = data[j];
                }
                __(4)__;
            }
        }
        ++i;
    }
}
```

【问题 1】（8 分）

根据说明和 C 代码，填充 C 代码中的空（1）～（4）。

【问题 2】（4 分）

根据说明和 C 代码，该算法的时间复杂度＿（5）＿$O(n^2)$（小于、等于或大于）。该算法是否稳定＿（6）＿（是或否）。

【问题 3】（3 分）

对数组(15, 9, 7, 8, 20, –1, 4)用希尔排序方法进行排序，经过第一趟排序后得到的数组为＿（7）＿。

试题四分析

本题考查算法设计策略、算法分析方法和算法的 C 语言实现。考生应该熟练掌握分治法、动态规划算法、贪心算法以及典型的例子，熟练掌握各种排序算法、查找算法及其应用场合，掌握算法的时间和空间复杂的分析方法，对具体的算法能进行计算复杂度分析。考生应熟悉 C 程序设计语言的语法，并能用 C 程序设计语言实现算法。

此类题目要求考生认真阅读题目对问题和对算法思想的描述，在理解算法思想的基础上，能用 C 程序设计语言来实现。

【问题 1】

本问题要求考生熟悉常用的排序算法和查找算法。希尔排序是一种经典的、高效的插入排序算法。在该算法中，给定步长序列作为划分待排序子序列的依据。每趟排序时，将待排序序列根据步长 delta 分成多个不连续的子序列，对每个子序列采用直接插入排序算法。如对某数组 A=(a1,a2,a3,…,a10)，在某趟排序时，若 delta=3，则将 A 分成三个子序列，A1=(a1,a4,a7,a10)，A2=(a2,a5,a8)，A3=(a3,a6,a9)，然后分别在原位置上对 A1、A2 和 A3 进行直接插入排序处理。最后一趟排序中，delta=1，这样可以确保输出序列是有序的。delta 序列是希尔排序算法在具体实现的过程中定义的，本题在题干中已经给出，$delta_1 = n / 2$，后面的每个 delta 是前一个的 1/2，最后的 $delta_k = 1$。题中 C 代码的 do…while 循环给 delta 序列赋值，根据题干，很容易得到空（1）为 k = k / 2，空（2）填 k > 1。

接下来的代码段是根据 delta 值进行每一趟的排序，每趟排序是对不连续的每个子序列进行插入排序，因此，空（3）填 data[k] < data[k – dk]，即判断是否需要进行插入，空（4）填 data[j + dk] = t，即确定了待插入的元素的位置。

【问题 2】

在理论上分析希尔排序算法的时间复杂度是一个复杂的问题，与数据分布和增量序列都有关系。大量的实验结果说明，希尔排序算法比直接插入排序算法的效率更高，直接插入排序算法的时间复杂度为 $O(n^2)$，而希尔排序算法的时间复杂度大约为 $O(n^{1.3})$。

根据算法思想和操作步骤，在排序过程中，每次移动元素时会跳过中间的若干个元素，不能保证关键字相同的两个元素其相对位序不改变，因此该算法是不稳定的。

【问题 3】

对数组 A= (15, 9, 7, 8, 20, –1, 4)，n=7，根据题干说明 delta1=n/2=3, A1= (15, 8, 4)，A2= (9, 20)和 A3= (7, –1)，对每个子序列排序后得到，A1= (4, 8, 15)，A2= (9, 20)和 A3= (–1, 7)，还原到原数组得到第一趟排序后的数组 A=(4, 9, –1, 8, 20, 7, 15)。

参考答案

【问题 1】

（1）k = k / 2 或等价形式

（2）k > 1

（3）data[k] < data[k –dk]

（4）data[j + dk] = t

【问题 2】

（5）小于

（6）否

【问题 3】

（7）(4, 9, –1, 8, 20, 7, 15)

注意：从试题五和试题六中，任选一道题解答。

试题五（共 15 分）

阅读下列说明和 C++代码，将应填入<u>（n）</u>处的字句写在答题纸的对应栏内。

【说明】

在线支付是电子商务的一个重要环节，不同的电子商务平台提供了不同的支付接口。现在需要整合不同电子商务平台的支付接口，使得客户在不同平台上购物时，不需要关心具体的支付接口。拟采用中介者（Mediator）设计模式来实现该需求，所设计的类图如图 5-1 所示。

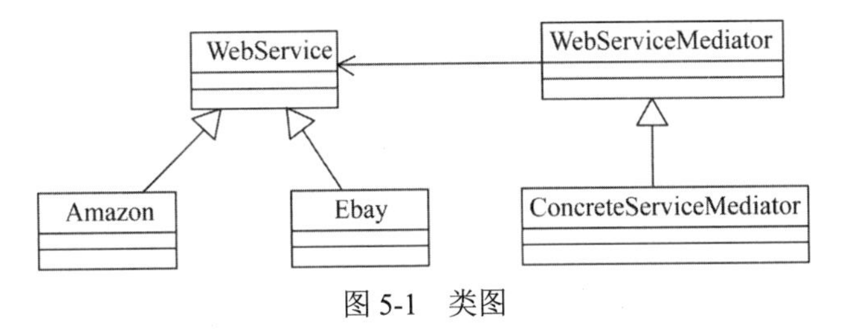

图 5-1　类图

【C++代码】

```
class WebService;
class WebServiceMediator {
public:
  ___(1)___ = 0;
  virtual void SetAmazon(WebService *amazon) = 0;
  virtual void SetEbay(WebService *ebay) = 0;
};
class WebService {
protected:
    ___(2)___ mediator;
public:
    virtual void SetMediator(WebServiceMediator *mediator) = 0;
    ___(3)___;
    virtual void search(double money) = 0;
};
class ConcreteServiceMediator : public WebServiceMediator {  // Concrete
Mediator
private:
    WebService *amazon;
    WebService *ebay;
public:
    ConcreteServiceMediator() : amazon(NULL), ebay(NULL){  }
    void SetAmazon(WebService *amazon) {   this->amazon = amazon;  }
    void SetEbay(WebService *ebay) {
        this->ebay = ebay;
    }
    void buy(double money, WebService *service) {
        if(service == amazon)   amazon->search(money);
        else    ebay->search(money);
    }
};
```

```
class Amazon : public WebService {
public:
    void SetMediator(WebServiceMediator *mediator){
        this->mediator = mediator;
    }
    void buyService(double money) {
        ___(4)___;
    }
    void search(double money) {
         cout << "Amazon receive: " << money << endl;
    }
};
class Ebay : public WebService {
public:
    void SetMediator(WebServiceMediator *mediator){
        this->mediator = mediator;
    }
    void buyService(double money) {
        ___(5)___;
    }
    void search(double money) {
         cout << "Ebay receive: " << money << endl;
    }
};
```

试题五分析

本题主要考查中介者（Mediator）设计模式的基本概念和应用。

中介者模式是行为设计模式的一种，其意图是用一个中介对象来封装一系列的对象交互。中介者使各对象不需要显示地相互引用，从而使其耦合松散，而且可以独立地改变它们之间的交互。中介者模式的结构图如图 5-2 所示。

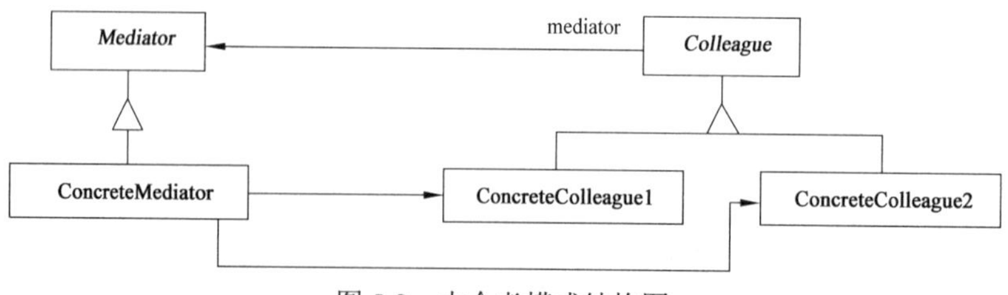

图 5-2 中介者模式结构图

其中：

- Mediator（中介者）定义一个接口用于各同事（Colleague）对象通信。
- ConcreteMediator（具体中介者）通过协调各同事对象实现协作行为；了解并维护它的各个同事。
- Colleague class（同事类）知道它的中介者对象；每一个同事类对象在需要与其他同

事通信的时候与它的中介者通信。

中介者模式适用于：

- 一组对象以定义良好但是复杂的方式进行通信，产生的相互依赖关系结构混乱且难以理解。
- 一个对象引用其他很多对象并且直接与这些对象通信，导致难以复用该对象。
- 想定制一个分布在多个类中的行为，而又不想生成太多的子类。

本题将中介者模式应用于在线支付应用场景中，解决整合不同在线支付接口、使客户在不同平台上购物时不需要关心具体支付结构的应用要求。根据题目中给出的类图，可以确定其中的 WebServiceMediator 就是中介者，WebService 及其两个子类为 Colleague class。

在补充代码时，需结合中介者模式的内涵以及面向对象程序设计机制来完成。类 WebServiceMediator 和 WebService 都是抽象类。在 C++中，包含了至少一个纯虚拟函数的类被称为抽象类。纯虚拟函数在基类中定义，在其派生类中进行重置。空（1）和（3）需要补充的均是操作接口，可以从这两个类的子类中确定接口的定义。空（1）和（3）处分别应填入 virtual void buy(double money, WebService *service)、virtual void buyService(double money) = 0。

由图 5-2 可知，Colleague 与 Mediator 之间的关联关系由属性 mediator 实现，所以空（2）处应该填入 WebServiceMediator *。

空（4）和（5）是具体的同事类 Amazon、Ebay 与中介者之间的通信，调用中介者提供的支付接口，所以空（4）和（5）都应填入 mediator->buy(money, this)。

参考答案

（1）virtual void buy(double money, WebService *service)

（2）WebServiceMediator *

（3）virtual void buyService(double money) = 0

（4）mediator->buy(money, this)

（5）mediator->buy(money, this)

试题六（共 15 分）

阅读下列说明和 Java 代码，将应填入__（n）__处的字句写在答题纸的对应栏内。

【说明】

在线支付是电子商务的一个重要环节，不同的电子商务平台提供了不同的支付接口。现在需要整合不同电子商务平台的支付接口，使得客户在不同平台上购物时，不需要关心具体的支付接口。拟采用中介者（Mediator）设计模式来实现该需求，所设计的类图如图 6-1 所示。

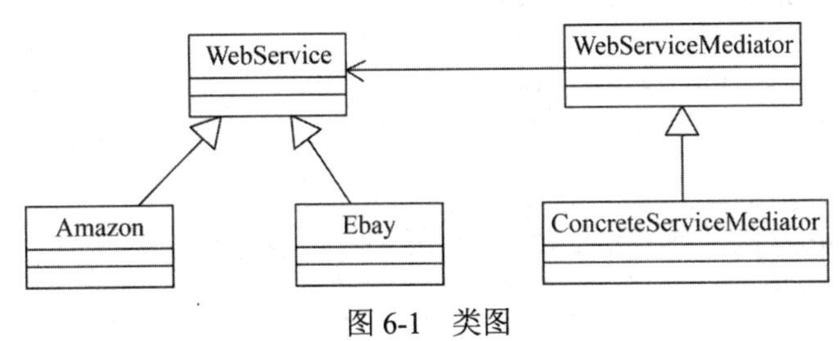

图 6-1　类图

【Java 代码】

```
import java.util.*;

interface WebServiceMediator {
  public ___(1)___;
  public void SetAmazon(WebService amazon);
  public void SetEbay(WebService ebay);
}
abstract class WebService {
    protected ___(2)___ mediator;
    public abstract void SetMediator(WebServiceMediator mediator);
    public ___(3)___;
    public abstract void search(double money);
}
class ConcreteServiceMediator implements WebServiceMediator {
    private WebService amazon;
    private WebService ebay;
    public ConcreteServiceMediator() {
        amazon = null;
        ebay = null;
    }
    public void SetAmazon(WebService amazon) {
        this.amazon = amazon;
    }
    public void SetEbay(WebService ebay) {
        this.ebay = ebay;
    }
    public void buy(double money, WebService service) {
        if(service == amazon)
            amazon.search(money);
        else
            ebay.search(money);
    }
}
class Amazon extends WebService {
    public void SetMediator(WebServiceMediator mediator) {
        this.mediator = mediator;
    }
    public void buyService(double money) {
        ___(4)___;
    }
    public void search (double money) {
        System.out.println("Amazon receive: " + money) ;
    }
}
```

```
class Ebay extends WebService {
    public void SetMediator(WebServiceMediator mediator) {
        this.mediator = mediator;
    }
    public void buyService(double money) {
        ___(5)___;
    }
    public void search (double money) {
        System.out.println("Ebay receive: " + money) ;
    }
}
```

试题六分析

本题主要考查中介者（Mediator）设计模式的基本概念和应用。

中介者模式是行为设计模式的一种，其意图是用一个中介对象来封装一系列的对象交互。中介者使各对象不需要显示地相互引用，从而使其耦合松散，而且可以独立地改变它们之间的交互。中介者模式的结构图如图6-2所示。

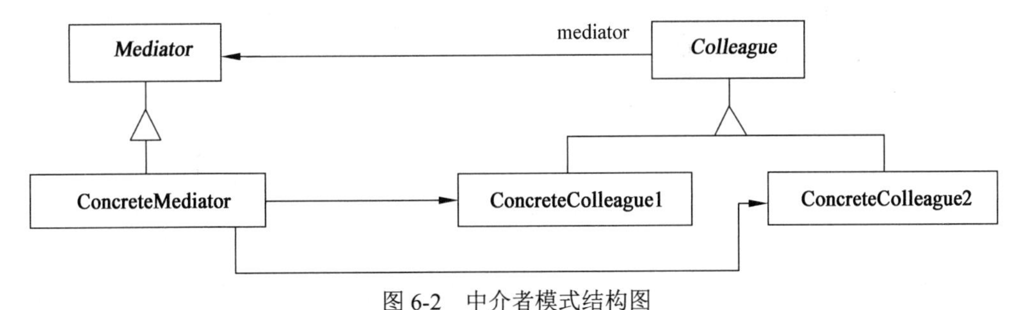

图6-2　中介者模式结构图

其中：

- Mediator（中介者）定义一个接口用于各同事（Colleague）对象通信。
- ConcreteMediator（具体中介者）通过协调各同事对象实现协作行为；了解并维护它的各个同事。
- Colleague class（同事类）知道它的中介者对象；每一个同事类对象在需要与其他同事通信的时候与它的中介者通信。

中介者模式适用于：

- 一组对象以定义良好但是复杂的方式进行通信，产生的相互依赖关系结构混乱且难以理解。
- 一个对象引用其他很多对象并且直接与这些对象通信，导致难以复用该对象。
- 想定制一个分布在多个类中的行为，而又不想生成太多的子类。

本题将中介者模式应用于在线支付应用场景中，解决整合不同在线支付接口、使客户在不同平台上购物时不需要关心具体支付结构的应用要求。根据题目中给出的类图，可以确定其中的WebServiceMediator就是中介者，WebService及其两个子类为Colleague class。

在补充代码时，需结合中介者模式的内涵以及面向对象程序设计机制来完成。WebServiceMediator 是 Java 中的接口，空（1）应填入的是方法接口。类 ConcreteServiceMediator 实现了接口 WebServiceMediator，根据代码上下文可以确定，空（1）处应填入 void buy(double money, WebService service)。

类 WebService 是抽象类，由 WebService 的子类 Amazon 和 Ebay 可知，空（3）处应填入抽象方法 abstract void buyService(double money)。

由图 6-2 可知，Colleague 与 Mediator 之间的关联关系由属性 mediator 实现，所以空（2）处应该填入 WebServiceMediator*。

空（4）和（5）是具体的同事类 Amazon、Ebay 与中介者之间的通信，调用中介者提供的支付接口，所以空（4）和（5）都应填入 mediator.buy(money, this)。

参考答案

（1）void buy(double money, WebService service)

（2）WebServiceMediator*

（3）abstract void buyService(double money)

（4）mediator.buy(money, this)

（5）mediator.buy(money, this)